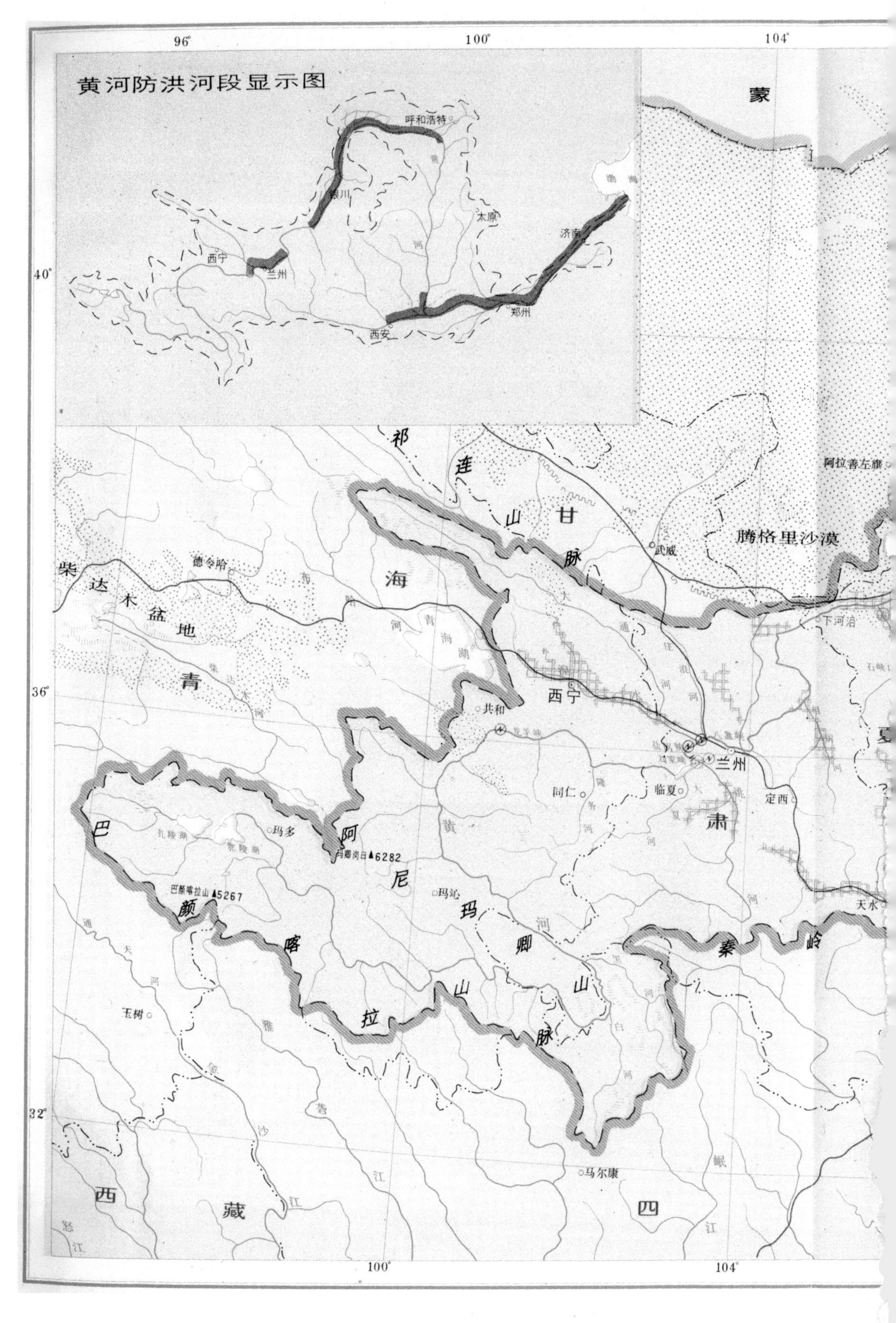

黄河防洪河段显示图
呼和浩特
银川
太原
济南
西宁
兰州
郑州
西安
渤海
祁
连
山
甘
脉
武威
腾格里沙漠
阿拉善左旗
柴
达
木
盆
地
德令哈
海
青
青海湖
西宁
共和
兰州
临夏
同仁
定西
肃
下河沿
夏
巴
颜
喀
拉
山
阿
尼
玛
卿
山
脉
玛多
扎陵湖
鄂陵湖
玛沁
巴颜喀拉山 ▲5267
秦
岭
天水
玉树
马尔康
西
藏
四
蒙
96°
100°
104°
40°
36°
32°

黄河志

卷七

黄河防洪志

黄河防洪志编纂委员会　黄河志总编辑室　编

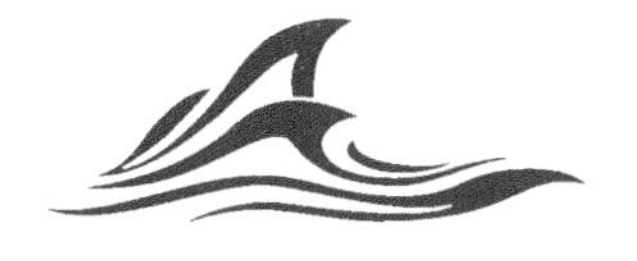

河南人民出版社

图书在版编目(CIP)数据

黄河防洪志／黄河防洪志编纂委员会黄河志总编辑室编．—2版．—郑州：河南人民出版社，2017.1
（黄河志；卷七）
ISBN 978-7-215-10565-2

Ⅰ．①黄… Ⅱ．①黄… Ⅲ．①黄河-防洪工程-概况 Ⅳ．①TV882.1

中国版本图书馆CIP数据核字(2016)第261986号

河南人民出版社出版发行
（地址：郑州市经五路66号　邮政编码：450002　电话：65788056）
新华书店经销　　河南新华印刷集团有限公司印刷
开本 787毫米×1092毫米　1/16　印张 42.5
字数 693千字
2017年1月第2版　　2017年1月第1次印刷

定价：296.00元

序

李　鹏

黄河，源远流长，历史悠久，是中华民族的衍源地。黄河与华夏几千年的文明史密切相关，共同闻名于世界。

黄河自古以来，洪水灾害频繁。历代治河专家和广大人民，在同黄河水患的长期斗争中，付出了巨大的代价，积累了丰富的经验。但是，由于受社会制度和科学技术条件的限制，一直未能改变黄河严重为害的历史，丰富的水资源也得不到应有的开发利用。

中华人民共和国成立后，党中央、国务院对治理黄河十分重视。1955年7月，一届全国人大二次会议通过了《关于根治黄河水害和开发黄河水利的综合规划的决议》。毛泽东、周恩来等老一代领导人心系人民的安危祸福，对治黄事业非常关怀，亲自处理了治理黄河中的许多重大问题。经过黄河流域亿万人民及水利专家、技术人员几十年坚持不懈的努力，防治黄河水害、开发黄河水利取得了伟大的成就。黄河流域的面貌发生了深刻变化。

治理和开发黄河，兴其利而除其害，是一项光荣伟大的事业，也是一个实践、认识、再实践、再认识的过程。治黄事业虽已取得令人鼓舞的成就，但今后的任务仍然十分艰巨。黄河的治理开发，直接关系到国民经济和社会的发展，我们需要继续作出艰苦的努力。黄河水利委员会主编的《黄河志》，较详尽地反映了黄河的基本状况，记载了治理黄河的斗争史，汇集了治黄的成果与经验，不仅对认识黄河、治理开发黄河将发挥重要作用，而且对我国其他大江大河的治理也有借鉴意义。

1991年8月20日

序

田纪云

举世著名的黄河，穿行我国九个省区，奔腾入海。数千年来，它哺育了中华民族的成长，为我国政治经济文化的发展贡献出巨大的力量。然而，黄河有其利亦有其弊。在它流经的甘肃兰州和宁夏、内蒙古平原，直到下游河南、山东两省沿河地区，历史上都曾发生洪水和凌洪的灾害，尤以黄河下游为最严重。因此，历代治河，都以下游防洪为重点，现在仍然是这样。

黄河的一大特点是沙多善淤。下游河道因泥沙淤积而被抬高，使黄河逐渐形成地上悬河。一旦堤防决口，后果不堪设想。数千年来，黄河决口改道频繁，或向东北流入渤海，侵袭津沽；或转东南流入黄海，泛滥江淮。其所波及的范围，达25万平方公里。自西汉到1949年中华人民共和国成立前夕，二千多年间，黄河下游决口1500多次，给国家和人民反复造成深重的灾难。历史上，不少杰出人物和广大劳动群众与洪水斗争，付出了巨大努力，积累了宝贵经验。但是，由于受当时历史条件的限制，始终不能控制黄河水患。

新中国成立以来，党和政府对黄河的治理非常重视。毛泽东、周恩来、邓小平、陈云等领导同志对治黄工作都十分关注，曾有过许多重要指示。建国伊始，在“除害兴利”的治河方针指导下，国家将大江大河的防洪放在第一位。从此，黄河流域的各级党委和政府，领导亿万群众，展开了大规模的治黄建设：对黄河下游的堤防工程，至今已进行三次大培修，并进行了河道整治；沿河两岸开辟了滞洪蓄洪区，建设了黄河三门峡水库及伊河陆浑、洛河故县水库，在黄河下游一带，已经形成“上拦下排，两岸分滞”的防洪工程体系，从而取得了四十年来黄河伏秋大汛没有决过口的伟大胜利。同时，上中游的防洪防凌工作，也取得了很大的成就。当然，黄河洪水泥沙的危害，还未能完全得到控制，黄河防洪仍是摆在我们面前的一项长期而艰巨的任务。

黄河水利委员会编纂出版的《黄河防洪志》，记述了黄河流域人民长期与洪水斗争的史实和经验教训，特别是详尽而客观地反映了建国四十年来黄河防洪的巨大成就和丰富经验，是具有鲜明时代特点的第一部黄河防洪志。这部新志书问世，不仅为今后治黄事业的继承和发展起到“存史”、“资治”作用，对其他江河的治理也会有借鉴的价值。

1991年5月7日

前　言

黄河是我国第二条万里巨川，源远流长，历史悠久。黄河流域在一百万年以前，就有人类生息活动，是我国文明的重要发祥地。黄河流域自然资源丰富，黄河上游草原辽阔，中下游有广阔的黄土高原和冲积大平原，是我国农业发展的基地。沿河又有丰富的煤炭、石油、铝、铁等矿藏。长期以来，黄河中下游一直是我国政治、经济和文化中心。黄河哺育了中华民族的成长，为我国的发展作出了巨大的贡献。在当今社会主义现代化建设中，黄河流域的治理开发仍占有重要的战略地位。

黄河是世界上闻名的多沙河流，善淤善徙，它既是我国华北大平原的塑造者，同时也给人民造成巨大灾害。计自西汉以来的两千多年中，黄河下游有记载的决溢达一千余次，并有多次大改道。以孟津为顶点北到津沽，南至江淮约25万平方公里的广大地区，均有黄河洪水泛滥的痕迹，被称为“中国之忧患”。

自古以来，黄河的治理与国家的政治安定和经济盛衰紧密相关。为了驯服黄河，除害兴利，远在四千多年前，就有大禹治洪水、疏九河、平息水患的传说。随着社会生产力的发展，春秋战国时期，就开始修筑堤防、引水灌溉。历代治河名人、治河专家和广大人民在长期治河实践中积累了丰富的经验，并留下了许多治河典籍，为推动黄河的治理和治河技术的发展作出了重要贡献。1840年鸦片战争以后，我国由封建社会沦为半封建半殖民地的社会，随着内忧外患的加剧，黄河失治，决溢频繁，虽然西方科学技术逐步引进我国，许多著名水利专家也曾提出不少有创见的治河建议和主张，但由于受社会制度和科学技术的限制，一直未能改变黄河为害的历史。

中国共产党领导的人民治黄事业，是从1946年开始的，在解放战争年代渡过了艰难的岁月。中华人民共和国成立后，我国进入社会主义革命和社会主义建设的伟大时代，人民治黄工作也进入了新纪元。中国共产党和人民政府十分关怀治黄工作，1952年10月，毛泽东主席亲临黄河视察，发出“要把黄河的事情办好”的号召。周恩来总理亲自处理治黄工作的重大问题。为了根治黄河水害和开发黄河水利，从50年代初就有组织、有计划地对黄河进行了多次大规模的考察，积累了大量第一手资料，做了许多基础工作。1954年编制出《黄河综合利用规划技术经济报告》，1955年第一届全国人民代表大会第二次会议审议通过了《关于根治黄河水害和开发黄河水利的综合规划的决议》，人民治黄事业从此进入了一个全面治理、综合开发的历史新阶段。在国务院和黄河流域各级党委、政府的领导下，经过亿万群众和广大治黄职工的艰苦奋斗，黄河的治理开发取得了前所未有的巨大成就。在黄河下游基本建成防洪工程体系，并组建了强大的人防体系，已连续夺取40多年伏秋大汛不决口的伟大胜利，使社会主义建设事业得以顺利进行；在中上游建成了许多大中型水利水电工程，流域内灌溉面积和向城市、工矿企业供水有了很大发展，取得了巨大的经济效益和社会效益；在黄土高原地区开展了大规模的群众性的水土保持工作，取得了为当地兴利、为黄河减沙的明显成效；河口的治理为三角洲的开发创造了条件。如今，古老黄河发生了历史性的重大变化。这些成就被公认为社会主义制度优越性的重要体现。

治理和开发黄河，是一项光荣而伟大的事业，也是一个实践、认识、再实践、再认识的过程。治黄事业已经取得了重大胜利，但今后的任务还很艰巨，黄河本身未被认识的领域还很多，有待于人们的继续实践和认识。

编纂这部《黄河志》，主要是根据水利部关于编纂江河水利志的安排部署，翔实而系统地反映黄河流域自然和社会经济概况，古今治河事业的兴衰起伏、重大成就、技术水平和经济效益以及经验教训，从而探索规律，策励将来。由于黄河历史悠久，治河的典籍较多，这部志书本着“详今略古”的原则，既概要地介绍了古代的治河活动，又着重记述中华人民共和国成立以来黄河治理开发的历程。编志的指导思想，是以马列主义、毛泽东思想为理论基础，遵循中共十一届三中全会以来的路线、方针和政策，实事求是地记述黄河的历史和现状。

《黄河志》共分十一卷，各卷自成一册。卷一大事记；卷二流域综述；卷三水文志；卷四勘测志；卷五科研志；卷六规划志；卷七防洪志；卷八水土保持志；卷九水利工程志；卷十河政志；卷十一人文志。各卷分别由黄河水利委员会所属单位及组织的专志编纂委员会承编。全志以文为主，图、表、照片分别穿插各志之中。力求文图并茂，资料翔实，使它成为较详尽地反映黄河的河情，具体记载中国人民治理黄河的艰苦斗争史，能体现时代特点的新型志书。它将为今后治黄工作提供可以借鉴的历史经验，并使关心黄河的人士了解治黄事业的历史和现状，在伟大的治黄事业中发挥经世致用的功能。

新编《黄河志》工程浩大，规模空前，是治黄史上的一项盛举。在水利部的亲切关怀下，黄河水利委员会和黄河流域各省(区)水利(水保)厅(局)投入许多人力，进行了大量的工作，并得到流域内外编志部门、科研单位、大专院校和国内外专家、学者及广大热心治黄人士的大力支持与帮助。由于对大规模的、系统全面的编志工作缺乏经验，加之采取分卷逐步出版，增加了总纂的难度，难免还会有许多缺漏和不足之处，恳切希望各界人士多加指正。

黄河志编纂委员会

1991年1月20日

凡　例

一、《黄河志》是中国江河志的重要组成部分。本志编写以马列主义、毛泽东思想为指导，运用辩证唯物主义和历史唯物主义观点，准确地反映史实，力求达到思想性、科学性和资料性相统一。

二、本志按照中国地方志指导小组《新编地方志工作暂行规定》和中国江河水利志研究会《江河水利志编写工作试行规定》的要求编写，坚持“统合古今，详今略古”和“存真求实”的原则，突出黄河治理的特点，如实地记述事物的客观实际，充分反映当代治河的巨大成就。

三、本志以志为主体，辅以述、记、传、考、图、表、录、照片等。

篇目采取横排门类、纵述始末，兼有纵横结合的编排。一般设篇、章、节三级，以下层次用一、(一)、1、(1)序号表示。

四、本志除引文外，一律使用语体文、记述体，文风力求简洁、明快、严谨、朴实，做到言简意赅，文约事丰，述而不论，寓褒贬于事物的记叙之中。

五、本志的断限：上限不求一致，追溯事物起源，以阐明历史演变过程。下限一般至1987年，但根据各卷编志进程，有的下延至1989年或以后，个别重大事件下延至脱稿之日。

六、本志在编写过程中广采博取资料，并详加考订核实，力求做到去粗取精，去伪存真，准确完整，翔实可靠。重要的事实和数据均注明出处，以备核对。

七、本志文字采用简化字，以1964年国务院公布的简化字总表为准，古籍引文及古人名、地名简化后容易引起误解的仍用繁体字。标点符号以1990年3月国家语言文字工作委员会、国家新闻出版署修订发布的《标点符号用法》为准。

八、本志中机构名称在分卷志书中首次出现时用全称，并加括号注明简称，再次出现时可用简称。

人名一般不冠褒贬。古今地名不同的，首次出现时加注今名。译名首次出现时，其后加注外文，历史朝代称号除汪伪政权和伪满洲国外，均不加“伪”字。

外国的国名、人名、机构、政治团体、报刊等译名采用国内通用译名，或以现今新华通讯社译名为准，不常见或容易混淆的加注外文。

九、本志计量单位，以1984年2月27日国务院颁发的《中华人民共和国法定计量单位的规定》为准，其中千克、千米、平方千米仍采用现行报刊通用的公斤、公里、平方公里。历史上使用的旧计量单位，则照实记载。

十、本志纪年时间，1912年（民国元年）以前，一律用历代年号，用括号注明公元纪年（在同篇中出现较多、时间接近，便于推算的，则不必屡注）。1912年以后，一般用公元纪年。

公元前及公元1000年以内的纪年冠以“公元前”或“公元”字样，公元1000年以后者不加。

十一、为便于阅读，本志编写中一般不用引文，在确需引用时则直接引用原著，并用“注释”注明出处，以便查考。引文注释一般采用脚注（即页末注）或文末注方式。

黄河志编纂委员会

黄河志总编辑室

黄河防洪志编纂委员会

主 任 委 员 杨庆安

副主任委员 张学信 叶宗笠 谭宗基 宾光楣

委　　　员 （按姓氏笔划排列）

叶宗笠 包锡成 刘于礼 沈启麒 杨庆安 杨国顺
杨业法 张学信 赵天义 宾光楣 徐福龄 高克昌
窦守宽 谭宗基

黄河防洪志编写人员

主　　编 高克昌

副 主 编 刘于礼 窦守宽 杨国顺

编写人员 高克昌 杨国顺 刘于礼 胡一三 窦守宽 杨业发
陈赞廷 李若宏 金乾元 袁乃序 裴 捷 杜绳祖
罗庆君 席家治 曹俊峰 尤绍祖 卢德明 陈耳东
杨亚军 罗启民 王建文 刘如云

编图设计 刘如云

制　　图 陶学廉

编辑说明

一、《黄河防洪志》是大型多卷本《黄河志》的第七卷。本志主要记述黄河防洪工作的起源、发展和现状，历代劳动人民治理黄河洪水的艰苦历程，以及中华人民共和国成立以来黄河防洪斗争的伟大成就和经验教训等。

二、本志以记述黄河干流防洪为主体，以黄河下游为重点。篇目结构主要以防洪工作的特有门类为依据，同时结合黄河上、中游的实际情况，按河段设篇，以便反映各地的特点，以先下游后上、中游的次序排列。另外，附录记载了 1949～1987 年黄河下游各年的汛情、沙情、凌情、险情以及防守抢险简况。

三、本志编纂工作是在黄河水利委员会黄河志总编辑室具体组织下进行的。根据编纂工作需要，1987 年 3 月成立了《黄河防洪志》编纂委员会，随后制定了《黄河防洪志编写规约》，安排了编写分工，逐步开展了编写工作。1990 年 6 月，在初稿完成后，于三门峡市召开了包括国家防总、水利部、水利水电科学研究院、中国江河水利志研究会，黄河流域各省(区)水利厅(局)及黄委会系统有关单位的专家、学者和熟悉黄河防洪情况的同志参加的"黄河防洪志评审会"进行了评审。然后，编志人员根据评审意见进行了补充修改，于 1990 年 12 月完成修改稿。本志在审定过程中，黄委会高级工程师徐福龄对志稿进行了审阅，黄委会副主任庄景林、仝琳琅曾审阅了部分志稿，《黄河防洪志》编委会主任杨庆安审核定稿。

四、本志在编写过程中承甘肃、宁夏、内蒙古水利厅(局)水利志编辑室，甘肃省防汛指挥部及陕西省三门峡库区管理局等单位的大力支持与通力合作。栗志、侯起秀、王梅枝同志参加了校对工作。

五、本书是治黄史上第一部系统的防洪志，由于编写时间较短，加之缺乏经验，难免有缺漏及讹误之处，敬希多加指正。

编　者

1991 年 8 月

目　　录

第三篇　工程管理

第四篇 防 汛

第五篇 沁河下游防洪

第六篇 防洪效益

下编 黄河上中游防洪

第七篇 甘肃河段

第八篇 宁夏河段

第九篇 内蒙古河段

第十篇 龙门至三门峡河段

概　述

黄河是我国第二大河，发源于青海省巴颜喀拉山北麓的约古宗列盆地，流经青海、四川、甘肃、宁夏、内蒙古、山西、陕西、河南、山东等九省（区），在山东省垦利县注入渤海，全长5464公里，流域面积75.2万平方公里。全河天然径流量多年平均为574亿立方米，多年平均输沙量为16亿吨。流域内有耕地1.8亿亩，人口8959万人。如包括下游河南、山东两省沿河关系密切的地区，总耕地达2.8亿亩，总人口为1.57亿人。

黄河按地理位置及河流特征划分为上、中、下游。从河源到内蒙古托克托县的河口镇为上游，河道长3472公里，落差3496米，平均比降为千分之一左右，流域面积38.6万平方公里，占全河流域面积的51%。本河段水多沙少，蕴藏着丰富的水力资源；从河口镇到河南郑州桃花峪为中游，长1206公里，落差890米，平均比降为一千四百分之一，流域面积34.4万平方公里，占全河流域面积的46%。本河段水少沙多，是黄河下游洪水和泥沙的主要来源区；桃花峪以下至河口为下游，长786公里，落差94米，平均比降约八千分之一，流域面积2.2万平方公里，占全河流域面积的3%。本河段两岸大部修有堤防工程，是黄河防洪的重点河段。

历史上，黄河上、中、下游不断发生洪水灾害，而突出的则是下游的决口泛滥。

我国人民同黄河水患进行了长期不懈的斗争，但由于社会制度和生产力水平的限制，始终未能根本扭转黄河为害的局面。中华人民共和国成立后（以下简称建国后），中国共产党领导沿河人民，在“除害兴利”的方针指导下，把下游防洪放在治黄工作的首位，依靠广大群众，修建大量的防洪工程，组建强大的人民防汛队伍，取得黄河下游伏秋大汛连续40年不曾决口的伟大胜利。同时，上、中游地区的沿河人民，也进行了卓有成效的防洪防凌工作，大大缩小洪凌灾害，成绩也是显著的。

一、下游防洪

黄河下游流经河南、山东两省15个地(市)区、43个县,两岸土地肥沃,人口稠密,交通便利。沿黄主要城市有郑州、开封、新乡、濮阳、菏泽、济南、滨州、东营等,并有胜利和中原两大油田,是我国工农业生产比较发达的重要地区。

黄河自河南孟津出峡谷后,进入华北平原,除南岸京广铁路桥以上及山东平阴、长清一带紧临山岭外,其余河段两岸均修有堤防束范水流。建国前,这里决口改道频繁。据历史记载,自西汉(公元前206年)至1949年的2155年中,黄河决口1500余次,并有多次大改道。洪水波及范围,西起孟津,北至天津,南抵江淮,泛区涉及黄、淮、海平原的冀、鲁、豫、皖、苏五省25万平方公里,一亿多人口。

黄河下游的洪水,主要来自中游三个河段,即河口镇至龙门间(简称河龙间);龙门至三门峡间(简称龙三间);三门峡至花园口间(简称三花间)。这三个区间产生的洪水是构成下游洪水的主体。上述三个不同来源区的洪水,组成花园口站三种不同类型的洪水:一是以三门峡以上的河龙间和龙三间来水为主形成的大洪水(称为上大洪水)。如1933年洪水,陕县站实测洪峰流量22000立方米每秒;1843年大洪水,据调查估算陕县站洪峰流量为36000立方米每秒。这类洪水具有峰高、量大、含沙量大的特点,对下游防洪威胁严重。二是三门峡以下三花间来水为主(称为下大洪水)。如1958年花园口站实测洪峰流量22300立方米每秒和调查的1761年花园口站32000立方米每秒洪水。这类洪水的特点是涨势猛、洪峰高、含沙量小、预见期短,对黄河下游防洪威胁最大。三是以三门峡以上的龙三间和三门峡以下的三花间共同来水组成(称为上下较大洪水)。如1957年及1964年洪水,花园口站流量分别为13000立方米每秒和9430立方米每秒。其特点是洪峰较低,但历时较长,对下游堤防威胁也相当严重。

长期以来,黄河下游决溢灾害之所以特别严重,不仅因洪水大,更重要的是泥沙淤积河道,河床不断升高,排洪能力降低。黄河下游多年平均输沙量为16亿吨,每年约有4亿吨泥沙淤积在下游河道内,以致河床日益升高,使其一般高出两岸地面3～5米,最高达10米,成为世界上著名的“地上悬河”,洪水时常有漫堤或冲决的危险。1933年陕县站洪峰流量22000立方米每秒洪水，水大沙多，边涨边淤，水位特高，洪水一出峡谷，从温县、武陟到兰考、长垣，两岸堤防共决口61处，不少是洪水漫过堤顶决口成灾。由于泥沙淤积，还导致河床宽浅，溜势多变，一旦大溜顶冲大堤，也常发生冲决。黄河决口后，如长期不能堵合，即形成河道迁徙改道。因此，历史上黄河以“善淤、善决、善徙”著称于世。

千百年来，我国人民同黄河洪水进行了艰苦卓绝的斗争。远在上古时代，人类傍水而居，一遇洪水，“择丘陵而处之”(《淮南子》)，采取避洪的办法。后来氏族部落开始定居，为保障居住和农田安全，采用障洪法，如共工“壅防百川，堕高堙庳”(《国语·周语下》)，就是用简单的堤埂把居住区和农田围护起来。传说中的大禹治水，则是接受其父鲧的教训，改“障洪水”的办法为“疏川导滞”，符合水性就下的自然规律，治水取得了成功。

春秋时期，铁器普遍使用，社会生产力提高，促进了经济、人口的发展，黄河下游出现了筑堤御水，到战国时，黄河下游堤防的发展已具有相当规模。以后随着社会发展和科学技术的进步，堤防的设计施工、管理养护及防守抢险不断发展提高。长期以来，堤防一直是黄河下游防洪的主体工程。

明代治河名臣潘季驯，总结前人治河经验，根据黄河水沙特点，提出“束水攻沙”的治河方策，并对堤防精心设置，创立了遥堤、缕堤、格堤、月堤，因地制宜地在黄河两岸配合使用，以达“筑堤束水，以水攻沙”的目的，对治水治沙，建树较多。清代靳辅、陈潢承袭潘氏治河主张，而有所发展，对治河保漕做出了较大成绩。

经过历代治河专家们的不断努力，对黄河洪水泥沙规律的认识逐步深刻，治河技术措施不断改进，但其治河思想大都着眼于在下游排洪排沙的范畴，主要措施是依靠堤防排泄入海，治理活动也多限于下游。

1946年中国共产党领导的冀鲁豫和渤海解放区开始建立治黄机构，开展治黄工作，领导和发动组织沿黄人民进行大规模的复堤整险工程，修复和加强了堤防，安全渡过1947年、1948年汛期，战胜了1949年花园口站出现的12300立方米每秒的较大洪水。

建国后，成立黄河水利委员会(以下简称黄委会)，治黄工作由分区治理走向统一治理，治理的首要任务是确保黄河不决口。在1950年治黄工作会议上，确定的治理方针是:“以防御比1949年更大的洪水为目标，加强堤坝工程，大力组织防汛，确保大堤，不准溃决，同时观测工作、水土保持工作及灌溉工作亦应认真地、迅速地进行，搜集基本资料，加以研究分析，为根本治理黄河创造足够的条件”。会议还提出:“治理的最终任务是变害河为利河”。

根据上述任务要求，总结历史经验，确定在下游实行“宽河固堤”的方针，主要是大力巩固堤防。从1950年开始进行第一次大修堤，加高培厚堤防，锥探消灭大堤隐患，捕捉害堤动物，植树种草，绿化大堤，改建险工坝岸，将秸料埽改为石坝，废除滩区民埝，有利排洪排沙。为防御黄河异常洪水，经政务院批准，开辟了沁南、北金堤及东平湖滞洪区。在此基础上，依靠群众，组织建立强大的人防队伍，建立水情雨情测报站网和通信线路，开展水文情报预报工作。依靠这些措施，战胜了1954年花园口站15000立方米每秒洪水和1958年22300立方米每秒大洪水。

1955年7月，第一届全国人民代表大会第二次会议通过《关于根治黄河水害和开发黄河水利的综合规划的决议》后兴建的三门峡水利枢纽工程，为黄河下游防洪创造了有利的条件。

但是，在50年代末至60年代初，曾一度认为三门峡水库建成后，黄河下游洪水即可基本解决；同时根据永定河官厅水库修建后下游河道治理的经验和模型试验的结果，认为三门峡水库蓄水拦沙下泄清水后，下游河道将会出现强烈冲刷，河势摆动，河床下切，给防洪、灌溉引水带来困难。为此，在没有摸清黄河洪水、泥沙规律的情况下，并受当时“大跃进”形势影响，错误地提出在下游采取纵向控制与束水攻沙相结合的办法治理下游河道，相继修建了花园口、位山、泺口、王旺庄4座拦河枢纽（后两座只建成泄洪闸即停工），在下游滩区提倡修起了生产堤和“树、泥、草”控导护滩工程，缩小了河道排洪排沙能力。1960年三门峡水库建成运用后，库区淤积严重，危及关中平原，影响西安，水库被迫改变运用方式，由“蓄水拦沙”改为“滞洪排沙”，下游洪水、泥沙较前没有多大变化。建成的花园口、位山拦河枢纽，因上游河道严重淤积，对防洪排沙极为不利，遂于1963年均予破除。“树、泥、草”治河工程也大部冲垮，造成人力、物力的很大损失，这是治黄工作中极为深刻的教训。

1962年三门峡水库改为“滞洪排沙”运用后，泥沙下泄，下游河道恢复淤积，加之防洪工程失修，使防洪能力降低。为了保证黄河防洪安全，从1962年开始，按防御花园口站22000立方米每秒的标准，进行第二次大修堤，同时整修加固北金堤，整修恢复北金堤滞洪区避洪工程，加固东平湖水库围坝，修复二级湖堤，增建进湖、出湖闸，扩大分、泄洪能力。

三门峡水库运用方式改变后，因水库淤积问题还不能完全解决，1964年12月周恩来总理主持召开治黄会议，批准三门峡枢纽改建。第一次改建工程完成后，枢纽泄流规模增大了一倍，对减少潼关以下淤积起了一定作用，但仍有20%的来沙淤在库内，潼关以上库区仍继续淤积。1969年6月，根据周恩来总理指示，在三门峡市召开了陕、晋、豫、鲁四省会议，着重讨论了三门峡枢纽工程改建和黄河近期治理问题。按照会议确定的改建原则，对三门峡工程进行第二次改建。会议关于黄河下游治理，提出要加固堤防，滞洪放淤，整治河道，治理河口等。据此在下游有计划地开展了堤背放淤和河道整治工程。

三门峡枢纽改建工程全部投入运用后，集中排沙，下游河道出现了严重淤积，1969年到1972年下游河道平均每年淤积泥沙6亿吨，比多年平均值增加了2亿吨。同时淤积部位发生了新变化。过去淤积分布是滩地和主槽各半，而在此期间由于滩区生产堤的影响，洪水漫滩机会减少，泥沙主要淤在主槽内，使河道排洪能力急剧下降。1973年汛期，花园口出现5890立方米每秒的小洪峰，但花园口到长垣石头庄长160公里的河段内，水位比1958年花园口站22300立方米每秒洪水位还高0.2～0.4米。根据黄河下游出现的新情况和新问题，1973年11月，黄河治理领导小组在郑州召开黄河下游治理工作会议，提出了确保下游防洪安全的措施。主要是大力加高加固堤防，仍按防御花园口站22000立方米每秒的标准，采用人工修堤和放淤固堤相结合的办法培修堤防，加高加固险工坝岸，进行河道整治，改建涵闸，搞好滞洪区，废除滩区生产堤，修筑避水台，实行"一水一麦"，一季留足群众全年口粮的政策。

上述措施经国务院批准，从1974年开始进行第三次大修堤，历时12年，到1985年基本完成。施工高峰时，动员59个县的民工67万人参加施工，上拖拉机2100台，最多一年完成土方5500万立方米。两岸临黄堤平均加高2.15米，最大加高3.6米，共完成加高培厚土方2.27亿立方米，采用简易吸泥船、提水站引黄放淤固堤长562公里，达到设计标准的278公里，将大堤背河淤宽50～100米，共放淤土方3亿立方米。同时对大堤上的134处险工共5248道坝垛护岸进行了加高改建，共用石275万立方米。经过第三次大修堤，临黄大堤一般高8～10米，顶宽7～12米，达到防御花园口站22000立方米每秒的防洪标准。

在进行第三次大修堤期间，进一步有计划有步骤地开展了河道整治工程，对山东50年代修筑护滩控导工程，护滩保堤稳定河势的经验，全面推广。采取以石坝为主体，本着以防洪为主的原则，按照"控导主流，护滩保堤"的方针，采取"短丁坝，小裆距，以坝护湾，以湾导流"的措施，因势利导，有计划有步骤地逐年由下而上整治，截至1987年下游共修控导护滩工程

184处，坝垛护岸3344道，工程长303公里，陶城铺以下弯曲性河段，河势已基本得到控制；高村至陶城铺河段，河势得到初步控制；高村以上的游荡性河道，也修了许多节点控制工程，缩小了主溜游荡范围。经过1982年大洪水的考验，显示了河道整治对防洪的重大作用，在历年工农业引水、护滩保村及航运方面也都发挥了较好作用。

1975年8月上旬，淮河发生特大暴雨成灾后，为吸取教训，黄委会经过分析研究，此类雨型如在三花间出现，花园口站可能发生46000立方米每秒特大洪水。为预筹防御措施，水电部、石油化工部、铁道部、黄委会与河南、山东省负责人举行黄河下游防洪座谈会，会议认为当前黄河下游防洪标准偏低，河道逐年淤高，远不能适应防御特大洪水的需要。为了保证黄河下游防洪安全，建议采取"上拦下排，两岸分滞"的方针，即在三门峡以下兴建干支流工程拦蓄洪水，改建现有滞洪设施，提高分滞能力；加大下游河道泄量，排洪入海。上述建议经报国务院批复原则同意后，积极进行小浪底水库的规划设计，为施工作好准备；复核加固了陆浑水库；恢复修建故县水库；在下游除继续抓紧完成第三次大修堤外，改建北金堤滞洪区，废弃石头庄溢洪堰，建成分洪能力10000立方米每秒的濮阳渠村分洪闸，加高加固了北金堤，同时也加固了东平湖水库围坝，增建司垓退水闸，提高了分滞洪水的能力。

黄河下游防洪除大力加强防洪工程措施外，对防洪非工程措施的建设也不断加强和充实完善。建国后在大河上下，不断增设水文(位)站，建立水情测报站网，积极开展气象、水情、冰凌预报工作；组建了中下游有线和无线通信网及三花间实时遥测洪水预报系统，保证了防洪指挥调度和通信联系。每年汛期，在黄河防汛总指挥部领导下，河南、山东两省及沿河各地、市、县(区)均建立防汛指挥部，实行统一指挥调度和分级分段防守责任制，组建和培训了一支万余人的治黄专业队伍，驻防下游两岸及主要险工；每年汛期发动组织沿河群众，组成50多万人的抢险队伍和百万以上的人民防汛大军。人民解放军每年都积极参加黄河抗洪抢险，形成军民联防，成为战胜洪水的可靠保证。

黄河凌汛灾害，是历史上长期没有解决的问题，自1855年至1938年的83年间，凌汛决口达27年，历代视凌汛为人力不可抗拒的灾害。建国后，为防御凌汛，积极研究采取多种措施，于黄河结冰期，加强水情、凌情观测工作；在解冻开河前，组织防汛队伍打冰撒土、炸药爆破、炮轰、飞机炸冰；修建减凌溢水堰等，取得一定成效，但都不能从根本上解除凌汛威胁。1951年及1955年凌汛曾在利津王庄和五庄发生两次决口。1960年三门峡水库建成运用以来，采用水库蓄水防凌。从实践中逐渐认识到凌汛的主导因素是水。"冰借水势，水助冰威"。水鼓冰开的"武开河"是凌汛的主要危险，因此，调节凌汛期河槽水量是解决凌汛"釜底抽薪"的有效措施。自运用三门峡水库防凌控制下泄流量以来，配合破冰防守等措施，安全渡过了历年凌汛。

建国前，黄河下游决溢频繁，灾害严重。从1946年开始，在中国共产党的领导下，依靠群众，修建了大量的防洪工程，截至1987年，共培修堤防、加固险工及整治河道等完成土方9亿多立方米，用石1600万立方米，锥探大堤9631万眼，消灭堤身隐患35万处，捕捉害堤动物96万只，大大增强了堤防的抗洪能力。连同修建的三门峡、陆浑等水库，北金堤、东平湖和齐河、垦利展宽分滞洪工程，初步建成了"上拦下排，两岸分滞"的防洪工程体系，加上群众组成的人防体制，从而取得了连续40年伏秋大汛不决口的胜利。从1911年到1946年的35年间，黄河下游发生10000立方米每秒以上洪水8次，有7次决口泛滥，灾害严重。而人民治黄40年来，共发生同样大的洪水12次，却没有一次决口成灾。1958年花园口站发生人民治黄以来的最大洪水，洪峰流量达22300立方米每秒，比1933年洪水还大，经过河南、山东两省200多万军民的严密防守和大力抢护，终于在不分洪的情况下战胜了洪水。而1933年洪水，花园口站洪峰流量为20400立方米每秒，两岸共决口61处，淹没冀、鲁、豫、苏四省30县6592平方公里，受灾人口273万，死亡12700人。1982年花园口站洪峰流量为15300立方米每秒，经30万军民的努力防守，安全入海。而1935年花园站洪峰流量为14900立方米每秒，在山东鄄城董庄决口，溃水淹及鲁、苏两省27县，受灾人口341万，受灾面积12215平方公里。两个时代形成了鲜明的对比。据初步分析，建国以来共减免洪灾经济损失约450亿元。

黄河是一条极其难治的多泥沙河流，经过长期的治黄实践，逐步加深了对黄河洪水泥沙运动规律的认识，积累了治理经验，黄河下游防洪、防凌取得显著成效。但是，黄河洪水泥沙还未得到完全控制，下游河道不断淤积抬高，下游防洪仍然是一项长期而艰巨的任务，必须继续贯彻"宽河固堤"和"上拦下排、两岸分滞"的方针，尽快修建小浪底水库，进一步加强完善防洪措施，通过拦、排、放(放淤)等多种途径解决黄河洪水泥沙问题。

二、上游防洪

黄河在兰州以上，流经青藏高原和高山峡谷，人烟稀少，防洪任务不大。自兰州至内蒙古的河口镇，河长1352公里，流经甘肃、宁夏、内蒙古的28个县(旗)市，是上游河段的防洪重点段。沿河有兰州、包头两大城市，宁夏、内蒙古自治区的商品粮基地—河套平原，以及包兰铁路等。确保这一河段黄河防洪安全，对于西北地区的社会主义现代化建设，尤其对甘、宁、内蒙古三省(区)的经济发展和人民生活的安定都具有重要意义。

建国前这一地区地广人稀，工农业生产不发达，修建防洪工程较少，且标准很低，经常遭受洪凌灾害。建国后在三省(区)人民政府领导下，依靠群众，修堤建库，整治河道，组建人防队伍，加强抗洪抢险，大大缩小了洪凌灾害，取得了历年抗洪斗争的胜利。

黄河上游的洪水主要来自吉迈至唐乃亥和循化至兰州两段区间。该两区间汇集了洮河、大通河、湟水等20多条支流，集水面积广，降雨历时长，强度小，洪水历时长，洪峰较低。兰州站一次洪水历时平均为40天，短的22天，长的66天，较大洪水流量为4000～6000立方米每秒。如1981年唐乃亥以上地区从8月13日～9月13日连续降雨，降雨量在100毫米以上的面积约12万平方公里。此次洪水经龙羊峡、刘家峡两水库调节后，9月15日至兰州站洪峰达5600立方米每秒。据调查1904年7月18日兰州站洪峰达8500立方米每秒。黄河在甘肃境的洪水危害主要在兰州河段。据《兰州文史资料》记载，自1753～1946年共发生10次较大洪水，每次大水都有冲断桥梁、淹没滩地、倒塌房屋、冲毁良田、损伤人畜的记述。如1904年洪水，兰州桑园峡口被洪水漂来的草木所壅塞，河水逆流，回水淹没东郊18个滩地和兰州市城周，南至皋兰山麓，西至阿干河，东城浸墙丈余，以沙袋壅堵城门。下游浸淹至什川、青城及靖远沿河一带，田地房屋损失极大，灾民万余，半月后水始退。

黄河在宁夏流经引黄灌区11个县市，基本属地下河，但河势多变，过去常出现大水漫滩，小水塌岸，危害两岸安全。当洪水超过4000立方米每秒时，即开始漫滩。历史上宁夏洪凌灾害记载很多，如民国23年，黄河在宁夏境沿河一带到处漫淹，中卫、金积、灵武、平罗、磴口等县冲击村落一千余个，灾民数十万人。中卫、金积两县灾情尤甚。黄河在内蒙古境防洪防凌重点在老磴口至喇嘛湾的362公里河段。本段属河套灌区，有三盛公枢纽、包兰铁路大桥、镫口大型扬水站等工程。建国前本段不断发生洪凌灾害，据历史文献记载，清同治六年(1867年)，“黄河由今之第三区王八窑之决口，水势东流，直达邑境东界，长流一百五十里，除沿山高地外，皆汪洋一片，悉成泽国。房屋倒塌，村落为墟，以至人无栖止，马无停厩，生命财产付诸流水”。

黄河上游的宁夏、内蒙古河段，河道的流向形势同下游相似，自南而北，由低纬度流向高纬度，每年冬春，常常出现凌汛，成为这个地区安全的又一严重威胁。

上述地区人民，过去同黄河洪凌灾害不断进行斗争，但限于当时的条件，成效很小。建国后在三省(区)党和政府的领导下，逐渐修筑堤防，加固险工，整治河道。据统计兰州市两岸已修堤防30.49公里；宁夏段共修堤防447公里；内蒙古段两岸共修堤防895公里。设防标准按防当地5000～6000立方米每秒。修建险工和河道整治工程坝、垛1178个，护岸5541米。同时，修建了青铜峡、刘家峡、龙羊峡等水库，对防洪防凌均发挥了一定作用。

防洪非工程措施建设多年来也不断发展完善，各省(区)都建立了黄河防汛指挥机构，每年组织防汛抢险的人防队伍，架设了部分电话线路和设立电台，开展水文气象预报工作等。

建国后近四十年来，上游地区人民通过上述措施，战胜了1964年、1967年、1981年大洪水和一年一度的凌汛。特别是1981年洪水，青铜峡站洪峰流量达6040立方米每秒，这次洪水的特点是：峰高量大持续时间长，5000立方米每秒以上的时间持续6天。在甘、宁、内蒙古省(区)防汛指挥部的统一领导下，经过奋力防守和抢护，赢得了胜利，保卫了人民生命财产的安全。随着社会主义现代化建设的发展，对防洪的要求越来越高，堤防工程还需要进一步加固，提高抗洪能力，继续整治河道，控制河势游荡，稳滩固槽，建立现代化的洪水测报系统和水库调度，兴建黄河干流大型水库，进一步解决宁夏、内蒙古河段的洪凌威胁。

三、中游防洪

黄河龙门至三门峡段处于黄河中游河段，此段黄河由北向南至潼关折而向东，是晋陕、晋豫三省的界河。

黄河出龙门峡谷后，穿行于汾渭盆地，河身骤然放宽，比降变缓，两岸为黄土台塬，高出河床50～200米。龙门至潼关长132.5公里，素称黄河小北干流，属淤积型游荡性河道，主流摆动不定，有“三十年河东，三十年河西”之说。潼关至三门峡长113.5公里，河流穿行于秦岭和中条山塬阶地之间，两岸峡谷对峙，河身狭窄，比降大，河床稳定。

三门峡水库修建以前，龙（门）三（门峡）段及渭河下游，都是天然河道，除小北干流段由于主流游荡，经常冲塌两岸滩地外，潼（关）三（门峡）段是峡谷型河道，两岸滩地少；渭河下游是微淤河道，一直是地下河，两岸没有堤防。长期以来，本河段基本上无大的水患。

1960年三门峡水库建成运用以后，对本河段产生了很大的影响。首先是潼（关）三（门峡）段由自然河道变成常年水库区，河道普遍淤积抬高，库周高岸耕地、村庄、扬水站等受水库蓄水影响，坍塌严重；其次是渭河下游因受水库回水影响，淤积急剧增加，河道抬高，排洪能力锐减，使渭河下游的洪涝碱灾发展十分严重；第三是小北干流段同样受水库回水影响，淤积加重，河势摆动频繁，对两岸工农业生产极为不利。

为了解决上述出现的问题，在中央的关怀下，陕、晋、豫三省分别建立了库区治理机构，组织群众进行了大量的防治工作。

1960年陕西省建立了三门峡库区管理局，开展了对渭河下游及小北干流的治理，从1960年开始修建渭河下游堤防，整治河道，排涝治碱，兴建支流水库等各类工程。截至1987年，共修建渭河防护堤178.65公里，修河道整治工程45处，排水站11处，抽排能力20.65立方米每秒，控制排水面积45万亩。建支流水库6座，并修建群众避水楼4000多座。这些工程对保卫渭河下游两岸人民的安全和生产发挥了重大作用。

龙（门）三（门峡）河段的防治工作，1985年以前，由陕、晋、豫三省分别进行。1985年经国务院批准，成立了统一管理机构，统属黄委会领导。据统计从1960年至1987年，龙（门）潼（关）段两岸共修防治工程25处，总长104.7公里；潼（关）三（门峡）段修建防护工程26处，总长32.5公里。通过治理河势基本稳定，塌岸塌滩初步控制。

龙三段的治理包括渭河下游防洪，与三门峡水库的冲淤变化密切相关。随着库区的冲淤变化，治理工作需要继续进行，治理任务还是长期的。

上　　编

黄河下游防洪

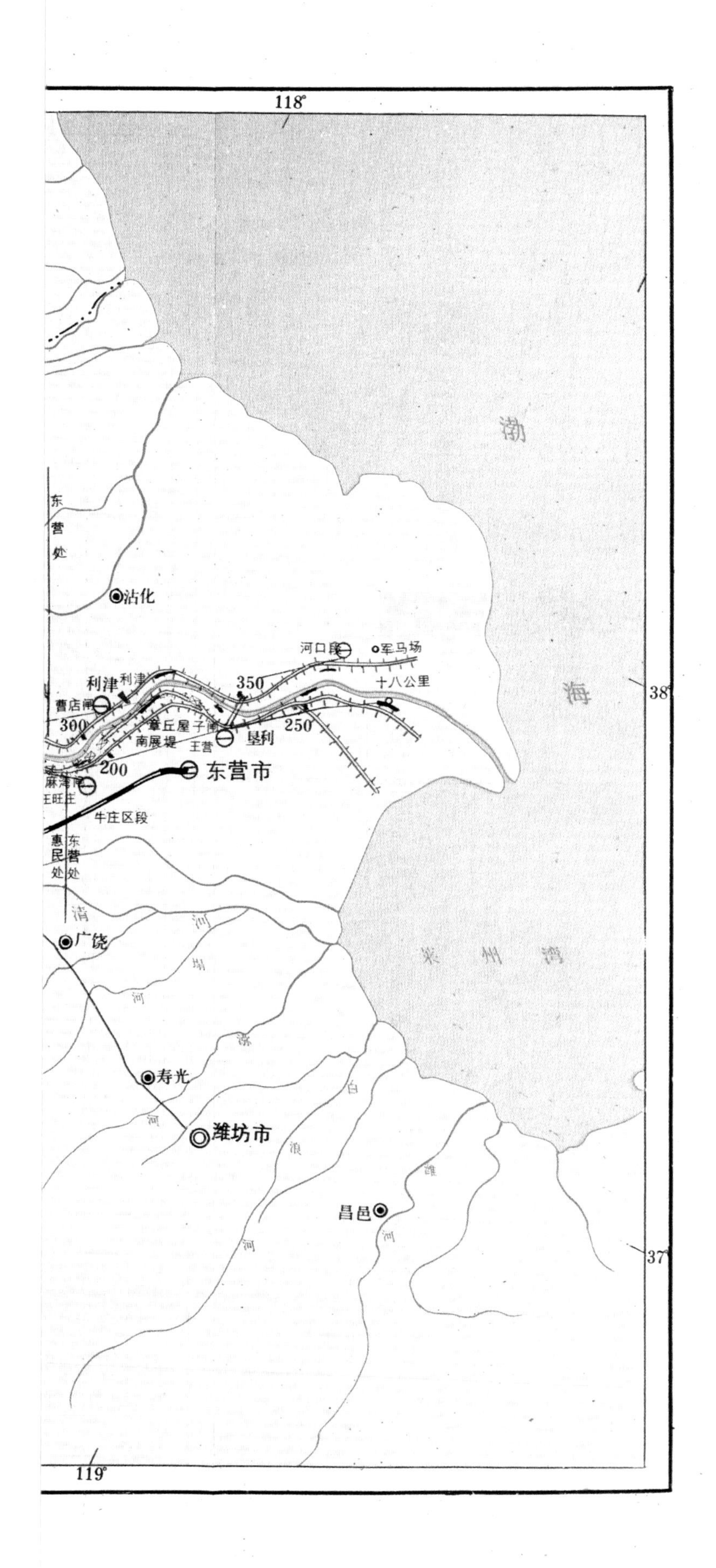
118°
119°
38°
37°
渤
海
莱州湾
东营处
沾化
河口段
军马场
十八公里
利津
利津
350
曹店闸
300
章丘屋子闸
南展堤
王营
垦利
250
200
东营市
麻湾闸
王旺庄
牛庄区段
惠民处
东营处
清河
广饶
淄河
弥河
寿光
潍坊市
白浪河
潍河
昌邑

第一篇

洪水与灾害

黄河洪水，在远古时期就很严重。传说在帝尧时期，黄河流域经常发生洪水，“汤汤洪水方割，荡荡怀山襄陵，浩浩滔天，下民其咨”（《尚书·尧典》），“洪水横流，泛滥于天下”（《孟子·滕文公上》），反映了当时大洪水的严重情况。

黄河下游洪水有暴雨洪水和冰凌洪水。暴雨洪水发生在每年夏秋季节，称为伏秋大汛；冰凌洪水多发生在元、二月份，称为凌汛。伏秋大汛的洪水主要来自黄河中游，历史上著名的清道光二十三年（1843年）大洪水，据调查分析陕县洪峰流量达36000立方米每秒，主要来源于三门峡以上的中游地区。黄河中游有大面积的黄土高原，土质疏松，植被稀疏，每遇暴雨，水土流失严重，常常形成含沙量很高的洪水，流经下游河道，泥沙淤积，使河床形成高出两岸的地上“悬河”，极易决口泛滥成灾。

黄河在历史上决溢改道频繁，从战国时期演变到现行河道近2500多年中，有多次大的改道，其中重大的迁徙9次。改道迁徙的范围，西起孟津，北抵天津，南达江淮，纵横25万平方公里。据统计这一广大地区自西汉文帝十二年（公元前168年）到清道光二十年（1840年）的2008年中，计316年有黄河决溢灾害，平均6年半一次；从近代1841年到民国27年（1938年）的98年当中，计52年有黄河决溢，平均两年一次。黄河每次决口，水冲沙压，田庐人畜荡然无存者屡见不鲜，给人民生命财产带来巨大损失。1933年大水，长垣县受灾最重，据《长垣县志》记载：“两岸水势皆深至丈余，洪流所经，万派奔腾，庐舍倒塌，牲畜漂没，人民多半淹毙，财产悉付波臣。县城垂危，且挟沙带泥淤淀一、二尺至七、八尺不等。当水之初，人民竞趋高埠，或蹲屋顶，或攀树枝，馁饿露宿；器皿食粮，或被漂没，或为湮埋。人民于饥寒之后，率皆挖掘臭粮以充饥腹。情形之惨，不可言状……。”洪水决溢灾害而外，还有凌汛决溢。据统计自1855年～1955年的100年中，有29年凌汛决溢，平均3年半一次。

第一章　洪　　水

第一节　暴雨洪水

一、暴雨特性

黄河的暴雨主要出现在中、下游地区，上游兰州以上特别是龙羊峡以上，基本上只有大雨（强连阴雨）而少暴雨。

黄河流域的暴雨直接受大气环流变化的影响。每年春夏，西太平洋副热带高压，自南向北移动，到九、十月份则由北向南移动，随着副热带高压的进退，雨带也不断地变化。一般七月中旬，雨带即越过淮河进入黄河中下游地区，八月中旬到达最北位置，九月初即很快南移。所以黄河流域七、八月份暴雨次数多、强度大。黄河下游较大的洪水大都发生在七、八月份。九、十月份则常出现秋汛洪水。

黄河流域暴雨形成的天气系统，在地面多为冷锋，在高空多为切变线、西风槽、三合点和台风等。较大暴雨一般是由几种低压系统综合作用形成的。根据历史资料分析有以下几种类型：(一)南北向切变线，使三门峡以下地区维持强劲的东南风，有利于大量水汽的补给，同时，往往低涡沿切变线北移，再加上三门峡以下的有利地形因素，往往形成南北向强度大、笼罩面积广的雨带。1958年7月中旬的黄河三花间大暴雨，山西省垣曲日降水量366.5毫米，涧河任村调查日降水量650毫米，大于50毫米的雨区范围达22000平方公里，出现了黄河花园口有记录以来的最大洪峰流量为22300立方米每秒。(二)西南东北向切变线，在河口镇到三门峡地区出现的机会较多，约占45%，使三门峡以上维持强劲的西南风，有利于水汽的补给，再加上冷空气有利地形等因素的配合，往往形成强度较大、笼罩面积广的西南东北向大雨带。1933年黄河中游大暴雨，最大暴雨中心在马莲河上游环县附近；其次是渭河的散渡河、泾河的泾源及延水、清涧河等。大于50毫米的范围达10万平方公里，发生了陕县22000立方米每秒的大洪水。兰州以上地区降雨，往往也是由西南东北向切变线加低涡所形成。

由于黄河流域面积广阔及各地暴雨天气条件的不同，上、中、下游的大暴雨和特大暴雨多不同时发生。当河口镇到三门峡地区出现西南东北向切变线暴雨时，三门峡至花园口区间受西太平洋副高控制而无雨或处于雨区边缘，降雨很小甚或无雨，1933 年就是这种情况。当三门峡到花园口间出现南北向切变线暴雨时，三门峡以上中游地区除汾河中下游常处于雨区边缘外，其他地区由于受青藏高原副热带高压的控制，一般不会有大的暴雨产生，三门峡上、下同时发生较大洪水的机率并不常见。

黄河上游在兰州以上地区，大部分属青藏高原气候，草原面积占 85%，植被较好。本区降雨特点是面积大(10～20 万平方公里)，历时长(10～15 天)，但降雨强度不大，一般不超过 50 毫米/日。1981 年 8 月中旬至 9 月上旬连续降雨约一个月，150 毫米雨区面积 10.6 万平方公里，降雨中心久治站自 8 月 13 日至 9 月 13 日共降雨 313 毫米，其中日雨量达 43 毫米的仅有一天，其余均小于 25 毫米。

二、洪水来源

黄河下游洪水主要来自中游三个地区，即河口镇到龙门区间，龙门到三门峡区间和三门峡到花园口区间。而来自上游的洪水，构成了黄河下游洪水的基流。

黄河中游三个不同来源区的洪水，组成花园口站三种类型的洪水：

一是以三门峡以上的河龙间和龙三间来水为主形成的大洪水，三花间来水较小，简称上大型洪水，1933 年和 1843 年大洪水均属此类。这类洪水具有洪峰高、洪量大、含沙量大的特点，对黄河下游防洪威胁严重。三门峡水库建成后，这类洪水得到了适当控制。

二是三门峡以下的三花间干支流来水为主，三门峡以上来水较小，简称下大型洪水，1958 年、1761 年大洪水均是。这类洪水的特点是涨势猛、洪峰高、含沙量小、预见期短。对下游防洪威胁最为严重。

三是以三门峡以上的龙三间和三门峡以下的三花间共同来水组成，简称上下较大型洪水，1957 年、1964 年的洪水属于此类。这类洪水的特点是洪峰较低、历时较长、含沙量较小，对下游防洪亦有相当威胁。

上大型洪水，三门峡洪峰流量占花园口洪峰流量的 80%以上。下大型洪水，三花间洪峰流量占花园口洪峰流量 70%以上。但从洪水总量来看，无论哪种类型的洪水，三门峡以上洪水所占洪量的比例均是较大的，有时多达

80%～90%。就是下大型洪水，三门峡以上所占短历时洪量的比例也在40%以上；长历时洪量，三门峡以上所占的比例更大，可达70%～80%。

三、洪水特性

黄河洪水因其来源地区不同，洪水特性也各异。黄河上游的洪水特点是洪峰低、历时长（一般40天左右），洪水过程线为矮胖型，含沙量小。兰州以上发生大洪水可产生5000立方米每秒以上的洪峰流量，与中游的小水相遇，也可形成花园口洪峰，不过这种洪峰尚未有超过8000立方米每秒以上者。1981年9月，黄河上游发生了近二百年一遇的洪水，经过龙羊峡施工围堰和刘家峡水库调蓄后，9月15日，兰州发生了5600立方米每秒洪峰，历时31天，洪水总量达135亿立方米，为1981年历时最长、流量最大的一次洪水。大多数年份，在黄河中游发生洪水期间，上游来水一般只有2000～3000立方米每秒的流量，是组成下游洪水的基流。

黄河中游洪水，伏汛和秋汛有所不同。这个地区七、八月份的暴雨强度大、历时短，加之多属黄土高原，沟壑纵横，产汇流快，故伏汛洪水，洪峰高、历时短、含沙量大，洪峰形式为高瘦型。一次洪水历时，龙门站1～4天，三门峡、花园口站为2～10天。实测洪水最大含沙量，龙门为933公斤每立方米，三门峡为911公斤每立方米。九、十月份的降雨多为强连阴雨，而且降雨区主要在石山区所占比重较大的渭河和伊、洛河流域，因而秋汛洪水洪峰型式较为低胖，含沙量比伏汛洪水小。

四、历史洪水

根据实测和调查分析，近三百年以来，在黄河中下游发生过以下几次大洪水。

（一）1761年（清乾隆二十六年）洪水。据地方志记载，乾隆二十六年，自农历七月十五日至十九日，伊、洛、沁河和黄河潼关至孟津干流区间时有大雨。暴雨中心在河南新安县。伊、洛河大溢，水破偃师外堤灌城。黄河下游黑岗口七月十五日观测，“原存长水二尺九寸，十六日午时起，至十八日巳时止，陆续共长水五尺，连前共长水七尺九寸。十八日午时至酉时又长水四寸”。据分析花园口洪峰流量为32000立方米每秒。洪水到达下游后，“武陟、荥泽、阳武、祥符、兰阳同时决十五口，中牟之杨桥决数百丈，大溜直趋贾鲁河”(《清史稿・河渠志》)。

(二)1843年(清道光二十三年)洪水。根据当时官方上报,陕县万锦滩的水情是:七月十三日(农历)巳时“长水七尺五寸,十四日辰时至十五日寅刻,复长水一丈三尺三寸,前水尚未见消,后水踵至,计一日十时之间,长水至二丈八寸之多,浪若排山,历考成案,未有长水如此猛骤。”(《再续行水金鉴》引《中牟大工奏稿》)至今还流传着“道光二十三,黄河涨上天,冲走太阳渡,捎带万锦滩”的民谣。是年六月(农历)下游中牟已经决口,这次洪水到后,中牟决口口门扩大至三百余丈,大溜分两股直趋东南。经调查洪水痕迹后分析推算,陕县洪峰流量约为36000立方米每秒。

(三)1933年洪水。1933年8月10日,黄河陕县水文站发生了自1919年建站以来的一次最大洪水。这次洪水主要来自黄河中游河口镇至陕县间,其暴雨分布呈西南东北向,西至渭河上游,东至汾河上游,以及黄河上游的庄浪河、大夏河和清水河等流域。这次暴雨绝大部分降在黄土高原区,植被差,水土流失严重,洪水含沙量大,陕县站最大含沙量达519公斤每立方米,最大12天沙量达21.1亿吨。

这次洪水,黄河干流陕县站和北洛河洑头站有较全的资料,泾河张家山站和渭河咸阳站有水位记录,但洪峰时因水尺冲失而缺测。经实测及事后调查资料知,8月5日至10日共有两次降雨过程。第一次发生在8月6日至7日凌晨,降雨普及整个雨区;第二次发生在8月9日,雨区主要在渭河上游及泾河中上游,8月10日暴雨停止。整个雨区约10万平方公里。暴雨中心有4处:一是渭河上游的散渡河、葫芦河;二是泾河支流马莲河的东西川;三是大理河、延水、清涧河中游一带;四是三川河及汾河中游。降雨量最大者为清涧河清涧站8月5日至8日的记载,四天降雨量255毫米,其次是无定河绥德站,最大一日雨量(8月6日)71毫米。

这次洪水,在泾、渭河及黄河河口镇到龙门区间都先后出现两次洪峰。泾河张家山站8月8日14时出现9200立方米每秒洪峰,渭河咸阳站8月8日17时出现4780立方米每秒洪峰。黄河龙门站8月7日13时起涨,8日14时出现12900立方米每秒洪峰。洪峰落后,9日5时又出现13300立方米每秒洪峰。干支流洪峰汇合,形成陕县站8月10日最大洪峰流量22000立方米每秒。第二次洪峰泾河张家山站10日17时流量7700立方米每秒,渭河咸阳站11日19时洪峰流量6260立方米每秒,干流龙门站10日6时出现7700立方米每秒的洪峰,干支流的第二次洪峰使陕县站22000立方米每秒峰后退水流量加大,高水过程延长。洪峰到达下游,在长垣大车集上下至石头庄一带决口33处，溃水沿北金堤至陶城铺退入黄河，右岸在兰封小新堤、考城四明堂、东明庞庄决口，水分三路，汇入南四湖。

(四)1958年洪水。1958年汛期洪水次数多，花园口站出现5000立方米每秒以上洪峰13次，10000立方米每秒以上洪峰5次，其中以7月17日24时出现的洪峰流量22300立方米每秒为最大，是1919年有水文记录以来实测的最大洪水。

7月11日至15日太平洋高压中心移至朝鲜以南海面上，15日以后又向西南移至黄海南部，此时由菲律宾产生的台风自广东登岸，迅速增强了东南暖湿气流，自东南沿西北顺坡上爬，形成了黄河流域中下游相继连降暴雨，尤以陕(州)秦(厂)间干流及伊、洛河雨量最大。7月12日至18日，包头至花园口间的广大地区，除渭河上游及泾河、汾河上游部分地区外，降水量在50毫米以上的暴雨面积为24.4万平方公里，100毫米以上的暴雨面积达10万平方公里，暴雨中心在三门峡至花园口间。暴雨的最强中心在洛河支流涧河上的仁村，据调查最大24小时雨量达650毫米，实测最大降雨量是晋东南垣曲气候站，7月16日雨量达366.5毫米，因此，形成花园口22300立方米每秒洪峰流量。花园口洪峰流量的组成是:陕县相应流量6000立方米每秒，黑石关站相应流量9200立方米每秒，沁河小董站相应流量1100立方米每秒，小浪底站相应流量17000立方米每秒(陕县至小浪底间增加11000立方米每秒)，最大洪峰流量主要由三秦间洪水形成，合计相应干支流洪峰流量为27300立方米每秒。由于洪峰涨率较大和河滩蓄水影响，至花园口时为22300立方米每秒。此次洪水流量在10000立方米每秒以上持续时间达81小时，最大7日洪水总量达61.11亿立方米，其中来自干流陕县33.17亿立方米，占54.3%，来自洛河黑石关18.52亿立方米，占30.3%，来自沁河小董2.68亿立方米，占4.4%，来自三花干流区间6.74亿立方米，占11%。

这场洪水峰高量大，来势凶猛，一出峡谷，就将京广线老铁路桥冲坏两孔，铁路中断。洪水在东坝头以下，普遍漫滩偎堤，在豫、鲁两省组织的200万防汛大军防守下，顺利排泄入海。

1958年洪水行经下游各站的情况如表1—1。

1958 年洪水行经下游各站情况表 表 1—1

站　名	洪峰流量 (米³/秒)	洪峰水位 (米)	洪峰出现时间
花园口	22300	94.42	7 月 17 日
夹河滩	20500	74.31	7 月 18 日
高　村	17900	62.96	7 月 19 日
孙　口	15900	49.28	7 月 20 日
艾　山	12600	43.13	7 月 21 日
泺　口	11900	32.09	7 月 23 日
利　津	10400	13.76	7 月 25 日

上述四次大洪水的峰量组成情况如表 1—2。

实测及历史调查大洪水组成情况表 表 1—2

洪水类型	年份	洪峰流量(米³/秒)			12 天洪量(亿立方米)			洪峰占花园口%		洪量占花园口%	
		三门峡	三花间	花园口	三门峡	三花间	花园口	三门峡	三花间	三门峡	三花间
三门峡以上来水为主	1843(调查)	36000	1000	33000	119	17	136	97	3	86	14
	1933(实测)	22000	1900	20400	91.9	8.6	100.5	90.7	9.3	91.4	8.6
三花间来水为主	1761(调查)	6000	26000	32000	50	70	120	18.8	81.2	41.6	58.4
	1958(实测)	6400	15900	22300	49.5	32	81.5	28.8	71.2	60.5	39.5

(五)1982 年洪水。1982 年 7 月底第 9 号台风深入黄淮地区,西风冷槽在河套受到高强东风阻挡,使三花间和黄河中游东部处于副高和高原高压对峙区,由河套南下的冷空气与台风边缘的强东南暖湿空气持续交绥,使三花间和黄河中游形成大范围的南北向雨带。这次暴雨自西向东先后开始,7 月 29 日下午泾、洛、渭河和山陕间相继降暴雨,接着暴雨中心沿黄河逐渐东移,7 月 29 日夜间伊、洛河中游出现暴雨和大暴雨,次日暴雨又移向沁河中下游。最大暴雨中心在伊河中游的石碣镇。陆浑、石碣镇 12 小时最大暴雨量分别为 527.3 和 652.5 毫米,连续 5 天最大降水量分别为 766.2 和 904.8

毫米，沁河山路平 5 天最大降水量为 449.8 毫米。这次洪水，主要来自三花间干支流。三门峡水库下泄 4840 立方米每秒，由于以下区间加水，8 月 2 日小浪底出现洪峰流量为 9340 立方米每秒，同日，洛河黑石关站出现洪峰流量 4110 立方米每秒，沁河武陟站出现洪峰流量 4130 立方米每秒，干支流洪水汇合后形成 8 月 2 日 19 时花园口站洪峰流量 15300 立方米每秒。最大 5 天和 12 天洪量分别为 41.19 和 65.27 亿立方米。

洪水行经下游河道时，除原阳、中牟、开封部分高滩外，其余滩区全部上水，水深一般一米多，孙口站洪峰流量为 10100 立方米每秒。为了艾山以下防洪安全，运用了东平湖老湖区滞洪，由十里堡、林辛两闸最大进湖流量 2400 立方米每秒，分洪水量约 4 亿立方米，艾山站洪峰流量削减为 7430 立方米每秒。8 月 9 日洪峰达到利津站，流量为 5810 立方米每秒，安全入海。

1975 年 8 月淮河大洪水后，黄委会采用历史洪水分析、频率计算及从可能最大暴雨推求可能最大洪水等三种方法，进行综合分析，提出了黄河下游特大洪水（可能最大洪水）的分析计算成果，1976 年经水电部审定同意暂作为黄河下游防洪规划的依据。其审定成果如表 1—3。

黄河下游设计洪水计算成果表 表 1—3

项目 / 频率(%) / 站或区间	洪峰流量（米³/秒）			洪水总量（亿立方米）								
				5天			12天			45天		
	0.01	0.1	1.0	0.01	0.1	1.0	0.01	0.1	1.0	0.01	0.1	1.0
花园口	55000	42300	29300				200	164	125	420	358	294
三花间	45000	35100	23000	95	64.7	42.8	120	91.1	61	165	132	96.5
三门峡	52300	40000	27500	109.9	85.6	61.2	168	136	103.5	360	306	251
小花间	36700			75								
小故陆花间	30000			65								

注：小故陆花间，即小浪底、故县、陆浑、花园口的无控制区。

由于黄河干支流上已修建了三门峡、陆浑水库，经三门峡水库控制（不考虑陆浑水库控制），花园口站特大洪水（可能最大洪水）的洪峰流量由 55000 立方米每秒削减为 46000 立方米每秒（其中三花间为 45000 立方米每秒），12 天洪量为 200 亿立方米（其中三花间为 120 亿立方米）。

第二节 冰凌洪水

黄河流域冬季受来自西伯利亚的季风影响,气候干燥寒冷,降水稀少,河流主要靠地下水补给,流量较小。冬季最低气温,一般都在0℃以下,纬度越高,气温越低。故在黄河许多河段,冬季都要结冰封河。但能造成冰凌洪水威胁两岸的,只有上游的黑山峡到河口镇和下游的花园口到河口两段。

这两个河段的共同特点是,河道比降小,流速缓慢,流向都是由低纬度流向高纬度(由西南流向东北),两端纬度上游段差5度,下游段差3度多。冬季气温上暖下寒,结冰上薄下厚,封河时溯源而上,开河时自上而下。当上游先开河时而下游仍处于封冻状态,上游解冻的大量冰水沿程汇集拥向下游,越集越多,即形成冰凌洪峰。

冰凌洪峰发生时间比较固定,上游宁夏、内蒙古河段一般在三月中下旬;下游河段一般在二月上、中旬。冰凌洪水峰低量小,历时较短。凌峰流量一般为1500～3000立方米每秒,实测最大不超过4000立方米每秒,洪水总量上游河口镇一般为5至8亿立方米,下游利津为6至10亿立方米。冰凌洪水的主要特点:一是洪峰流量小而水位高,1955年利津站凌峰流量仅1960立方米每秒,水位达15.31米,比1958年伏汛洪峰10400立方米每秒的水位13.76米高出1.55米。二是在水鼓冰开时,凌峰流量沿程递增,与伏秋大汛正好相反,这是因为河道封冻以后,水流阻力增大,水位抬高,使河槽蓄水量不断增加。当这部分河槽蓄水量随着开河急剧地释放出来后随流而下,沿程冰水越积越多,形成向下递增的凌峰。

黄河下游冰凌洪水,自三门峡水库建成后,由于水库的防凌蓄水运用,大大减少了"武开河"的机遇,因此凌汛洪水情况也较以前有了很大的变化。

第二章 泥 沙

第一节 来沙特性

黄河是举世闻名的多沙河流。古人以黄水一石，含泥六斗来描述黄河的多沙状况。黄河下游水患之所以严重，其主要根源是水少沙多而导致河道严重淤积。黄河水沙有以下主要特点：

一、含沙量高

根据1919～1985年66年资料统计（以干流三门峡站、支流洛河黑石关站、沁河小董站三站水、沙之和计算，下同），黄河下游多年平均来水量为464亿立方米，来沙量为15.59亿吨，平均含沙量约为33.6公斤每立方米。与世界多泥沙河流相比，美国柯罗拉多河的含沙量为11.6公斤每立方米，但水量为156亿立方米，年输沙总量仅1.81亿吨，比黄河少得多，可见黄河年沙量之多，含沙量之高，居世界河流之冠。

二、水沙异源

黄河泥沙90%来自中游的黄土高原。内蒙古河口镇以上的来水量占下游来水量的54%，来沙量占9%，多年平均含沙量为5.6公斤每立方米；三门峡以下的支流伊、洛、沁河的来水量占10%，来沙量占2%，多年平均含沙量为6.2公斤每立方米。这两个地区相对其它地区来说是水多沙少，是黄河的清水来源区。河口镇至龙门区间两岸支流的来水量占下游来水量的14%，来沙量占55%，多年平均含沙量为126.4公斤每立方米；龙门至潼关区间的两岸支流来水量占22%，来沙量占34%，平均含沙量为52.4公斤每立方米。这两个地区水少沙多，是黄河泥沙主要来源区，属黄河浑水区。

三、年际变化大,年内分布不均

黄河水沙量在长时期内呈现丰、枯水段和丰、枯水年交替循环变化。自有观测资料的1919年以来,出现1922～1932年连续11年和1969～1974连续6年的枯水期,各年的水量均小于多年平均值。1933～1968年的36年间为丰、平、枯交替的丰水期。由于“水沙异源”,来沙多少并不完全与来水丰、枯同步。1958年来水量697亿立方米,来沙量31.3亿吨,属丰水多沙年;1983年来水量583亿立方米,来沙量10亿吨,属丰水少沙年;1959年来水量392亿立方米,来沙量27.1亿吨,属枯水多沙年;1987年来水量220亿立方米,来沙量2.75亿吨,属枯水少沙年。水量年际变化,以1964年来水量754亿立方米为最大,1987年来水量220亿立方米为最小,最大值为最小值的3.4倍。沙量变幅更大于水量的变幅,1933年来沙量高达37.67亿吨,而受三门峡水库蓄水拦沙运用影响的1961年仅有1.86亿吨,两者相差20倍。水沙在年内的分布很不均衡,汛期(7～10月)的水量占全年水量的60%,沙量集中的程度比水量更高,汛期沙量在天然情况下占全年沙量的85%以上。在三门峡水库采取“蓄清排浑”运用的几年中,非汛期基本下泄清水,全年的泥沙都集中汛期下泄,汛期沙量约占全年沙量的97%。汛期的来沙往往集中于几场暴雨洪水中,三门峡站洪水期实测最大5天沙量占年沙量的31%,而水量仅占4.4%。

四、含沙量变幅大

黄河泥沙主要来自洪水期,不同地区来的洪水含沙量差别很大,即使来自同一地区的洪水,其含沙量也有明显的不同。每年前几场洪水的含沙量较大,而以后的洪水含沙量就较小。这种差异可使同一流量下的含沙量相差10倍左右。黄河多年平均含沙量为33.6公斤每立方米,而发生高含沙水流时,含沙量可达几百公斤至近1000公斤每立方米,如三门峡站1950年以后的实测最大含沙量,有20年大于300公斤每立方米,有8年大于500公斤每立方米,有5年大于600公斤每立方米。1977年8月的高含沙量洪水,三门峡站和小浪底站的最大含沙量分别达到911公斤每立方米和941公斤每立方米,这是有水文记载以来最高的记录。同年8月8日花园口站出现546公斤每立方米的含沙量。这种高含沙水流,对河道冲淤和防洪威胁都较严重。该年河南中牟县的杨桥、万滩、赵口险工及开封柳园口险工都发生较大险情。

每年冬季黄河含沙量较低,一般小于10公斤每立方米。三门峡水库初期运用和“蓄清排浑”运用的非汛期下泄水流的含沙量极小,有时甚至是清水。

第二节 河道冲淤

黄河多年平均进入下游的泥沙约16亿吨。其中四分之一输入深海,有二分之一堆积在河口三角洲,其余四分之一约4亿吨淤在下游河道内。年复一年,河床不断抬高,形成举世闻名的地上“悬河”。河床高出两岸地面3～5米,京广铁路桥附近,河床平均高度高出新乡市地面23米,黑岗口河床平均高度高出开封市地面11米,这种形势对防洪极为不利。

黄河下游河道淤积抬高的过程中,有时也有冲刷。河道的冲淤,随来水来沙情况的不同而变。

在水多沙少年份,河道发生冲刷;而在水少沙多的年份,则发生淤积。三门峡水库建成投入运用后,由于水库控制了黄河下游来水量的89%,控制来沙量的98%,所以三门峡水库的运用方式及下泄水沙情况,对下游河道的冲淤及冲淤的部位起着决定性作用。

根据1950～1985年各水文站的水沙观测资料(下游来水来沙以干流三门峡站,洛河黑石关站,沁河小董站三站的水沙之和计算),这36年间从三门峡到利津河段共淤积泥沙69.24亿吨(已扣除沿程渠道引沙和东平湖淤沙)。其中1950年7月至1960年6月为三门峡水库建库前的天然情况,黄河下游平均每年淤积泥沙3.6亿吨;1960年10月至1964年10月,三门峡水库蓄水拦沙,下游河道除河口段外均发生强烈的冲刷,共冲刷泥沙约20多亿吨,冲刷量自上而下递减,高村以上游荡性河段的冲刷量占下游河道总冲刷量的72.8%,高村至艾山占21.6%,艾山以下占5.6%。

1964年11月～1973年10月,三门峡水库经过二次改建,提高了泄洪排沙能力,实行“滞洪排沙”运用,大量排沙,下游河道又恢复淤积,9年共淤积泥沙39.5亿吨,平均每年淤积4.39亿吨,大于1950年7月至1960年6月平均淤积量3.6亿吨。1973年11月至1985年10月,三门峡水库采取“蓄清排浑”运用,黄河下游来水来沙条件改变,下游河道淤积量较少,平均每年仅淤积1.26亿吨。

从淤积部位的纵向分布来看,呈现两头少,中间多的特点。

一、孟津至东坝头河段

本河段是1855年铜瓦厢决口改道前的老河道,历史悠久,铜瓦厢决口改道初期由于溯源冲刷,河槽下切至沁河口附近,形成高滩深槽。1875年至1905年,东坝头以下两岸修筑了堤防,东坝头至沁河口段出现溯源淤积,河槽一般淤高1~2米,1905年至1985年,河槽淤高2~3米。截至1985年底,东坝头附近现河道滩面仍低于1855年老河道滩面2.5~3米,相应河槽亦低2.5~3米。花园口附近老滩仅比新淤的滩面高1米左右。孟津至沁河口段,1855年至1934年一般淤积1~2米,滩地主要是1933年大水时淤积的;1935~1985年因受1938年花园口决口改道及三门峡水库运用的影响,50年内,该段河道基本平衡。

二、东坝头至陶城铺河段

1855年铜瓦厢决口后至1875年间,本河段北岸有北金堤作屏障,南岸无堤防,20年内洪水泛滥宽达100多公里,平均淤厚1~2米,1875年筑堤后至1960年共淤厚2~3米。截至1985年底,本河段共淤高4~5米,平均每年淤高0.03~0.04米。

三、陶城铺以下窄河段

1855年以前,本河段是大清河河道,属地下河,河宽不过十余丈,深不到一丈。铜瓦厢决口后,黄河夺大清河注入渤海,初期由于黄河在陶城铺以上漫流落淤,进入大清河的水流较清,大清河很快冲宽刷深。1875年以后,随着上段堤防的形成,进入大清河的沙量增加,大清河逐渐由冲变淤。至1884年时,大清河由于淤积抬高,泛决之患年甚一年。1855年~1893年大清河两岸堤线基本形成,据地形图资料,陶城铺以下河道修堤之后,淤积很快,至1891年大堤临河滩面已较背河地面高出1~2米,平均每年淤高0.2~0.3米。

陶城铺以下窄河段的冲淤变化,与其以上宽河段的水沙调整有关,由于大量粗粒径泥沙在上段落淤，进入陶城铺以下的水沙条件比较有利，所以窄河段的淤积速率比宽河段为小。据 1934～1985 年实测资料计算，陶城铺以下东阿大义屯至章丘传辛庄淤高 1～2 米，传辛庄以下淤高 0.5～1 米。

下游河道淤积的横向分布，与漫滩洪水的大小、出现的机遇、持续时间及滩区生产堤有关。据统计滩地淤积量约占总淤积量的 70%，与滩地面积占下游河道总面积的百分比相近。但淤积不均匀，滩唇淤积多，堤根淤积少，生产堤临河淤积厚，生产堤背河淤积薄，加大了滩面横比降，在局部河段形成"悬河"中的"悬河"。

黄河下游河道淤积物的粒径，上游段比下游段粗，深层比表层粗，主槽比滩地粗。小于 0.025 毫米的冲泻质泥沙占全部沙量的 50%左右，而淤积量仅占总淤积量的 15%～35%，淤积主要发生在洪水漫滩后淤在滩地上，淤在主槽的很少，而大于 0.025 毫米的床沙质占全部沙量的 50%左右，但其淤积量占总淤积量的 85%～65%；大于 0.05 毫米的粗粒径泥沙，仅占全部沙量的 20%，但其淤积量则占总淤积量的 50%，主要淤积在主槽内。

河道的冲淤反映为水位的升降，1950 年以来，黄河下游各河段的水位升降情况见表 1—4。流量 3000 立方米每秒时的水位变化基本上可以反映主槽的冲淤变化。1950～1960 年下游同流量的水位普遍升高，孙口附近升高幅度最大为 1.72 米；1960～1964 年下游河道冲刷，水位降低，幅度自上而下，由 1 米多到几分米，1964～1973 年下游河道严重淤积，沿程各站的水位普遍升高 2 米左右；1973～1985 年山东鄄城苏泗庄以上和齐河官庄以下两头各站的水位，因河道主槽冲刷下降，中间河段略有上升。1950～1985 年累积结果，河南兰考夹河滩以上河段上升了 1 米左右，山东高村至泺口河段普遍抬高 2 米左右，张肖堂以下各断面为 1 米多，呈现两头小中间大的不均衡分布。

黄河下游各时期汛末同流量（3000 米^3/秒）水位升降值　　表 1—4

站　名	水位升降值（米）						年平均水位升降值（米）					
	1950～1960年	1960～1964年	1964～1973年	1973～1985年	1980～1985年	1950～1985年	1950～1960年	1960～1964年	1964～1973年	1973～1985年	1980～1985年	1950～1985年
铁　谢		－2.81	0.64					－0.70	0.07			
裴　峪		－2.16	1.54					－0.54	0.17			
官庄峪		－2.07	2.02					－0.52	0.22			
花园口	1.2	－1.30	1.85	－0.43	－0.57	1.32	0.12	－0.33	0.21	－0.04	－0.11	0.04

续表

站名	水位升降值(米)						年平均水位升降值(米)					
	1950～1960年	1960～1964年	1964～1973年	1973～1985年	1980～1985年	1950～1985年	1950～1960年	1960～1964年	1964～1973年	1973～1985年	1980～1985年	1950～1985年
夹河滩	1.13*	−1.32	1.94	−0.53	−0.69	1.22*	0.14	−0.33	0.22	−0.04	−0.14	0.04
石头庄		−1.44	2.07	−0.23	−0.51			−0.36	0.23	−0.02	−0.10	
高村	1.17	−1.33	2.37	−0.26	−0.65	1.95	0.12	−0.33	0.26	−0.02	−0.13	0.06
刘庄	1.05	−1.30	2.35				0.11	−0.33	0.26			
苏泗庄		−1.35	2.20	0.05	−0.65			−0.34	0.24	0.004	−0.13	
邢庙		−1.78	2.94	0.19	−0.41			−0.45	0.33	0.016	−0.08	
杨集		−1.85	2.24	0.04	−0.28			−0.46	0.25	0.003	−0.06	
孙口	1.72*	−1.56	1.86	0.04	−0.31	2.06*	0.22	−0.39	0.21	0.003	−0.06	0.06
南桥		−0.65	2.21	0.05	−0.25			−0.16	0.25	0.006	−0.09	0.05
艾山	0.56	−0.75	2.25	−0.28	−0.30	2.01	0.056	−0.19	0.25	−0.004	−0.17	0.05
官庄		−0.45	2.35	−0.10	−0.43	1.65		−0.11	0.26	0.004	−0.09	0.06
北店子	0.35	−1.10	2.90	−0.11	−0.86	1.87	0.035	−0.28	0.32	−0.023	−0.02	0.04
泺口	0.26	−0.69	2.63	−0.39	−0.45	2.10	0.026	−0.17	0.92	−0.008	−0.14	0.04
刘家园		−0.17	2.17	−0.47	−0.11			−0.043	0.24	−0.009	−0.14	
张肖堂	0.22	−0.22	1.94	−0.67	−0.72	1.55	0.022	−0.055	0.22	−0.03	−0.16	
道旭	0.23	−0.30	1.95	−0.56	−0.68	1.41	0.023	−0.075	0.22	−0.04	−0.14	0.04
麻湾		−0.40	2.12	0.08	−0.79			−0.10	0.24	−0.056	−0.05	
利津	0.02	0.010	0.164	−0.05	−0.07	1.29	0.02	0.002	0.18	−0.05	−0.06	0.09

注：*为1952年

第三章　河道变迁与决溢灾害

第一节　河道变迁

春秋时代及其以前，黄河出积石山（今青海南部或甘肃临夏西北）“至于龙门，南至于华阴，东至于砥柱，又东至于孟津。东过洛汭，至于大伾，北过降水，至于大陆，又北播为九河，同为逆河，入于海”。龙门以下一段南流至华阴向东，经三门过孟津与洛河汇流，其流道大体与今河相同。再下过大伾山北流，穿过漳河，经今河北周曲县以东向北，然后分为数支，分道入海。最北一支为主流，到今深县南折而向东，循漳河至青县西南，又东北经天津东南入于渤海。这条河最早为《禹贡》所载，故又称“禹河”。

春秋至今，两千余年，黄河下游河道多次迁徙，重大者有以下数次。

一、周宿胥口河徙

《汉书·沟洫志》引王莽大司空掾王横语：“周谱云，定王五年河徙”，史称此为黄河第一次大改道。清胡渭《禹贡锥指》进一步指出，“周定王五年（公元前602年）河徙，自宿胥口东行漯川，右经滑台城（滑县旧城），又东北经黎阳县（浚县东北三里）南，又东北经凉城县，又东北为长寿津，河至此与漯川别行而东北入海，水经谓之大河故渎。”按《水经·河水》所记，大河故渎大致经今河南滑县、浚县、濮阳、内黄、清丰、南乐，河北大名、馆陶，山东冠县、高唐、平原、德州等县市境，德州以下复入河北，经吴桥、东光、南皮、沧县而东入渤海。

宿胥口河徙之后，禹河旧道，有时还行水，至战国中期才完全断流。

二、新莽魏郡改道

新莽始建国三年（公元11年），“河决魏郡，泛清河以东数郡”。在此以前，王莽常恐“河决为元城冢墓害，及决东去，元城不忧水，故遂不堤塞”，致使河道第二次大变。

魏郡河决之初，水无定槽，泛滥于平原、千乘之间，后经王景治理始得以稳定。据《水经》记载，此河大致走今濮阳南，范县北，阳谷西，莘县东，茌平东，禹城西，平原东，临邑北，商河南，滨州北，利津南而入渤海。该河道保持了800余年，至北宋景祐初始塞。

三、北宋澶州横陇改道

北宋景祐元年(1034年)七月，河决澶州横陇埽，于汉唐旧河之北另辟一新道，史称横陇河。横陇河的流经，《续资治通鉴长编》卷165载，“河独从横陇出，至平原分金、赤、游三河，经棣、滨之北入海”。姚汉元《中国水利史纲要》说，“河决时弥漫而下，东北至南乐(今县)、清平(今为镇)县境，……自清平再东北至德州平原(今县)分金、赤、游三河，经棣(治厌次，今惠民县)、滨(治渤海，今滨县北)之北入海”。邹逸麟《宋代黄河下游横陇北流诸道考》定此河“经今清丰、南乐，进入大名府境，大约在今馆陶、冠县一带折而东北流，经今聊城、高唐、平原一带，经京东故道之北，下游分成数股，其中赤、金、游等分支，经棣(治今惠民县)、滨(治今滨县)二州之北入海”。今清丰六塔集以东尚有遗迹，向北经莘县韩张集(故朝城)以西，下经聊城堂邑镇、陵县县城以右，高唐、平原、惠民以左。此河道形成之初，“水流就下，所以十余年间，河未为患”，但到庆历三四年，“横陇之水，又自下流海口先淤，凡一百四十余里”，“其后游、金、赤三河相次又淤”，下流既淤，必决上流，终于在庆历八年发生了商胡决口改道。

四、庆历八年澶州商胡改道

宋庆历八年(1048年)六月，“河决商胡埽(濮阳东北二十余里栾昌胡附近)”，改道北流，经大名(今县)、恩州(清河县西北)、冀州(冀县)、深州(深县)、瀛州(河间县)、永静军(东光)等地，至乾宁军(青县)合御河入于渤海，史称北流。后12年，即嘉祐五年(1060年)，又决大名第六埽，下流“一百三十里至魏(大名)、恩、德、博之境曰四界首河”，再下合笃马河(今马颊河)由无棣入海，时称二股河，也称东流。东流与北流并存了近40年，且互为开闭，直至元符二年(1099年)六月末河决内黄口之后，东流遂绝。商胡改道，也是一次大改道，北流河道已移在西汉屯氏别河和张甲河以西，其下游与禹河主流已十分逼近。

五、南宋建炎二年杜充决河改道

建炎二年(1128年)冬,东京留守杜充,“决黄河自泗入淮,以阻金兵”,黄河下游河道,从此又一大变。杜充决河的地点,史无明文,《中国自然地理·历史自然地理》定在滑县上流的李固渡(滑县西南沙店集南三里许)以西。决口以下,河水东流,经今滑县南,濮阳、东明之间,再东经鄄城、巨野、嘉祥、金乡一带汇入泗水,经泗水南流,夺淮河注入黄海。此后数十年间,“或决或塞,迁徙无定”。迁徙的范围,主要在今豫北、鲁西南和豫东地区。此次决河改道,使黄河由合御河入海一变而为合泗入淮,长时期由淮河入海。

六、南宋蒙古军决黄河寸金淀改道

南宋端平元年(金天兴三年,1234年),蒙古军“决黄河寸金淀之水以灌宋军”,黄河河道又一次较大的变化。寸金淀在今延津县胙城东偏北三十里的滑县境内。决河之水南流,经封丘西、开封东入陈留县(今开封县陈留镇)境,以下“分而为三,杞居其中”。杞县“城之北面为水所圮,遂为大河之道,乃于故城北二里,河水北岸,筑新城置县,继又修故城,号南杞县”。“大河流于二城之间,其一流于新城之北郭睢河中,其一在故城之南东流”。新城北一支夺濉河由睢州、宁陵、归德至夏邑,以下分流经濉水至宿迁合泗和经汴水故道至泗州入淮。中间一支为主流,由新旧杞县城之间南流入涡,经鹿邑、亳州、蒙城至怀远入淮。旧城南一支,经太康、陈州入颍,经颍州、颍上入淮,同时也分流入涡。后因归德、太康二地要求,“相次堙塞南北二汊,遂使三河之水合而为一”,全由涡河入淮。此河行水60余年,到元成宗大德元年(1297年)河决杞县蒲口,沿旧河东流合泗入淮为止。

七、明洪武至嘉靖间河道变迁

明初黄河,经河南荥泽、原武、开封,“自商、虞而下,由丁家道口抵韩家道口、赵家圈、石将军庙、两河口,出小浮桥下二洪”,经宿迁南流入淮。洪武二十四年(1391年),河决原武黑羊山,“东经开封城北五里,又东南由陈州、项城、太和、颍上,东至寿州正阳镇全入于淮。曹、单间贾鲁所治的旧河遂淤,主流徙经今西华、淮阳间入颍河，由颍河经颍上入淮。

正统十三年(1448年)，河先决新乡八柳树，"漫曹、濮，抵东昌，冲张秋，溃寿张沙湾，坏运道，东入海"。后又决荥泽孙家渡口，"漫流于原武，抵开封、祥符、扶沟、通许、洧川、尉氏、临颍、郾城、陈州、商水、西华、项城、太和"，沿颍水入淮。二河分流之初，北河势大，故沙湾屡塞不成；景泰四年(1453年)以后，南河水势渐盛，"原武、西华皆迁县治以避水"。时为便利漕运，纳河南御史张澜的建议，自八柳树以东挑挖一河以接旧道，"灌徐、吕"。

景泰六年(1455年)七月，塞沙湾，黄河主流复回开封以北，沿归、徐一路旧道，经宿迁、淮阴入淮。弘治二年(1489年)以后，白昂、刘大夏采取"北岸筑堤，南岸分流"的方策，一再疏浚孙家渡旧河，分杀下流水势。嘉靖二十三年(1544年)，"南岸故道尽塞"，"全河尽出徐、邳，夺入淮泗"，至隆庆六年(1572年)，"南岸续筑旧堤，绝南射之路"，进一步使河道得以稳定。此后，黄河归为一槽，由开封、兰阳、归德、虞城，下徐、邳入淮，一直维持了280余年。

八、清咸丰铜瓦厢改道

清咸丰五年(1855年)六月十九日，兰阳铜瓦厢三堡下无工堤段溃决，二十日全河夺溜。

铜瓦厢决口后，溃水折向东北，至长垣分而为三，一由赵王河东注，一经东明之北，一经东明县之南，三河至张秋汇穿运河，入山东大清河。当时清廷忙于镇压太平军，无暇塞治，文宗谕示："现值军务未平，饷糈不继，一时断难兴筑，……所有兰阳漫口，即可暂行缓堵"。黄河自此改道东北经今长垣、濮阳、范县、台前入山东，夺山东大清河由利津入海。

九、民国27年郑州花园口决河南徙

民国27年(1938年)6月，南京国民政府为了阻止日本侵略军的进攻，派军队扒决黄河。6月5日，先将中牟县赵口河堤掘开，因过水甚小，又另掘郑州花园口堤。9日花园口河堤掘开过水。后三日，大河盛涨，"洪水滔滔而下，将所掘堤口冲宽至百余米"。大部河水由贾鲁河入颍河，由颍河入淮；少部分由涡河入淮。至民国36年(1947年)3月15日堵复花园口决口，大河复回故道。

黄河下游河道变迁情况见图1—1。

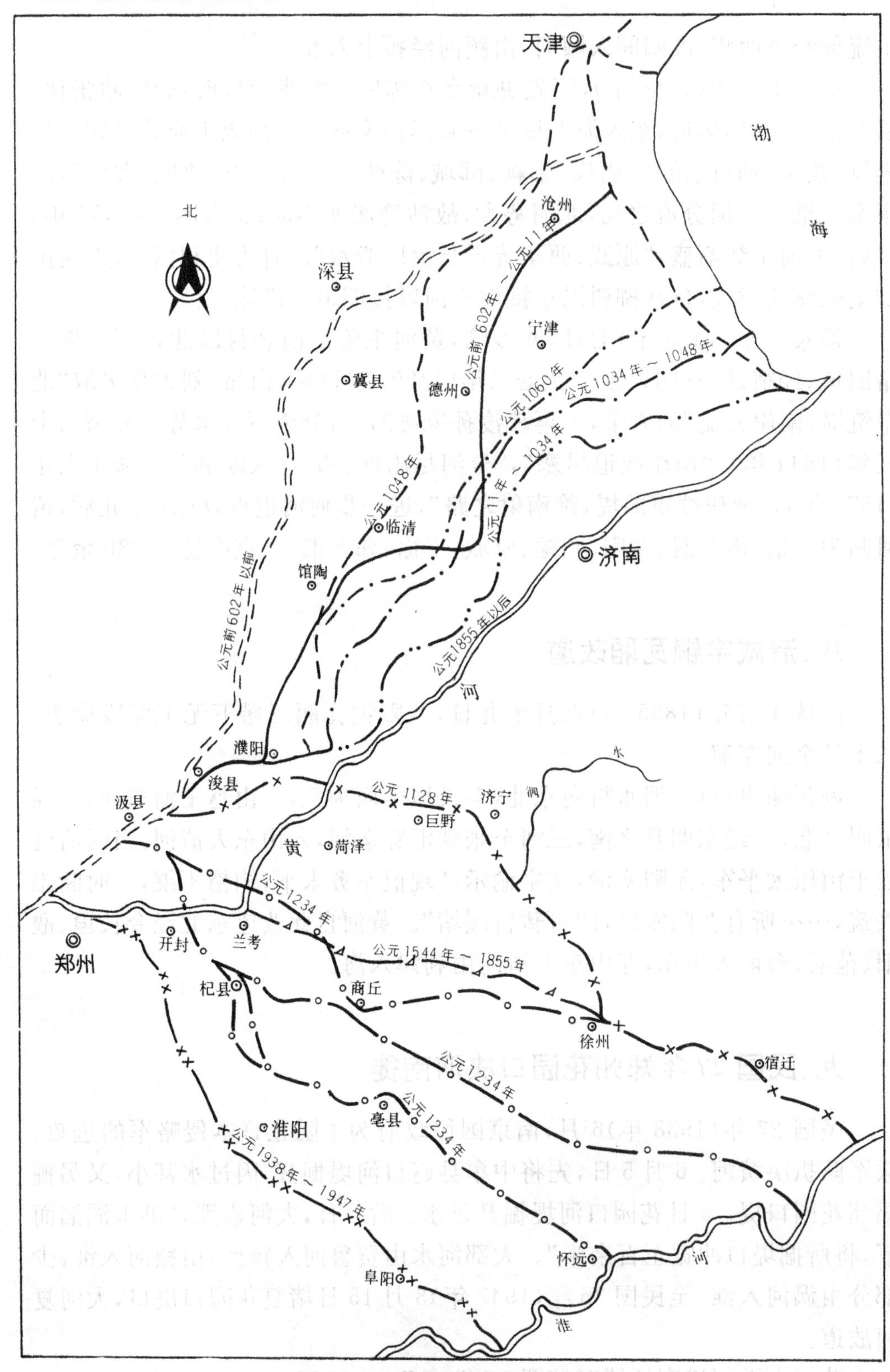

图1—1　黄河下游河道变迁图

第二节　洪水决溢

帝尧时代，黄河有一个“洪水横流，泛滥于天下”的时期。商民族居住在黄河下游，为避黄河洪水灾害也曾数迁其都。周定王五年（公元前602年）时，黄河下游曾发生一次大决徙，这是迄今所知最早的一次黄河大改道。战国魏襄王十年（公元前309年）“河水溢酸枣郛”，这是黄河洪水漫溢为害的最早一次记载。秦“决通川防”使黄河下游河道、堤防统一。此后，河床逐渐淤积抬高，洪水决溢之害日益增多。

自西汉文帝十二年（公元前168年）河决酸枣东溃金堤起，洪水决溢之患不绝于书。灾难极其重大者有：武帝元光三年（公元前132年），河决濮阳瓠子堤，“东南注巨野，通于淮泗”，泛郡十六，为时二十余年。成帝建始四年（公元前29年）河决馆陶及东郡金堤，“泛溢兖、豫，入平原、千乘、济南，凡灌四郡三十二县，水居地十五万余顷，深者三丈，坏败官亭室庐且四万所”。平帝元始年间（公元1～5年），荥阳以东至原武（今原阳西南）一带，黄河东侵，害及汴渠，至王莽始建国三年（公元11年）又决魏郡，泛清河以东数郡，上下泛滥达数十年之久。唐开元十四年（公元726年）秋，黄河及其支流皆溢，“怀、卫、郑、洛、汴、濮民，或巢舟以居，死者千计”。五代周显德元年（公元945年）以后，“河自杨刘至于博州百二十里，连年东溃，分为二派，汇为大泽，弥漫数百里。又东北坏古堤而出，灌齐、棣、淄诸州，至于海涯，漂没民田不可胜计”。宋太平兴国八年（公元983年）五月，河大决滑州韩村，“泛澶、濮、曹、济诸州民田，坏居人庐舍”。“夏及秋，开封、浚仪、酸枣、阳武、封丘、长垣、中牟、尉氏、襄邑、雍丘等县，河水害民田”。天禧三年（1019年）六月，河溢滑州天台山，“俄复溃于城西南，岸摧七百步，漫溢州城，历澶、濮、曹、郓，注梁山泊，又合清水、古汴渠东南入于淮，州邑罹患者三十二”。元至元二十五年（1288年），河决汴梁路阳武等县共二十二所，“漂荡麦禾、房舍”。至正四年（1344年）五月，“大雨二十余日，黄河暴溢，水平地深二丈许，北决白茅堤。六月又北决金堤。并河郡邑济宁、单州、虞城、砀山、金乡、鱼台、丰、沛、定陶、楚丘、成武以至曹州、东明、巨野、郓城、嘉祥、汶上、任城等处皆罹水患”。

明洪武二十四年（1391年）四月，“河水暴溢，决原武黑洋山，东经开封城北五里，又东南由陈州、项城、太和、颍州、颍上，东至寿州正阳镇入淮”。宣德六年(1431年),开封府祥符、中牟、尉氏、扶沟、太康、通许、阳武、夏邑八县,七月,黄河泛溢,冲决堤岸,淹没官民田五千二百二十五顷有余。成化十四年(1478年),“南北直棣、山东、河南等处,五月以后骤雨连绵,河水泛涨,平陆成川,禾稼漂没,人畜漂流,死者不可胜计。”万历四年(1576年)河决丰县韦家楼,“又决沛县缕水堤和丰、曹二县长堤,丰、沛、徐州、睢宁、金乡、鱼台、曹、单田庐漂溺无算”。三十五年(1607年),秋水泛涨,河决单县,“四望弥漫,杨村集以下,陈家楼以上,两岸堤冲决多口,徐属州县汇为巨浸,而萧、砀受害更深”。崇祯四年(1631年)六月,“黄淮交涨,海口壅塞,河决建义诸口,下灌兴化、盐城,水深二丈,村落尽漂没”。清顺治元年(1644年),“伏秋汛发,北岸小宋口、曹家寨堤溃,河水漫曹、单、金乡、鱼台四县,自南阳入运河,田庐尽没”。康熙元年(1662年)五月,河决曹县石香炉、武陟大村、睢宁孟家湾。“六月,决开封黄练集,灌祥符、中牟、阳武、杞、通许、尉氏、扶沟七县”,“田禾尽被淹没”。乾隆二十六年(1761年),三门峡至花园口区间发生特大洪水,伊、洛河夹滩地区水深一丈以上,洛阳、巩县城均灌漫进水,沁阳、修武、武陟、博爱大水灌城,水深五、六尺至丈余。这场洪水到达中牟后在杨桥决口夺流,由贾鲁、惠济河分道入淮,使河南、山东、安徽三省的28个州县被淹。道光二十一年(1841年),河决祥符三十一堡,灌开封省城,害及河南、安徽两省二十三州县,“自河南省城至安徽盱眙县,凡黄流经行之处,下有河槽,溜势湍激,深八九尺至二丈余尺,其由平地漫行者,渺无边际,深四、五尺至七、八尺,宽二三十里至百数十里不等,……河南以祥符、陈留、通许、杞县、太康、鹿邑为最重,睢州、柘城次之”。道光二十三年(1843年),决中牟九堡,溜分两股,正溜由贾鲁河经开封府中牟、尉氏,陈州府扶沟、西华等县入大沙河,东汇淮河归洪泽湖;旁溜由惠济河经开封府祥符、通许,陈州府太康,归德府鹿邑,颍州府亳州入涡,南汇淮河归洪泽湖。正溜“溜势湍涌,夺全黄之七,旁溜由鹿邑南经白沟、清水、茨茨、霍肥诸河入淮,丛支曲港,溜势停回,故仅夺全黄之二三”。正溜、旁溜又有分支,相互交织,陈州府淮宁县、颍州府太和县,四面受水。“漫水经过豫皖各境,其受水最重者,豫省之中牟、祥符、尉氏、通许、陈留、淮宁、扶沟、西华、太康,皖省之太和;次重者豫省之杞县、鹿邑,皖省之阜阳、颍上、凤台;其较轻者豫省之沈丘,皖省之霍邱、亳州;其波及旋涸勘不成灾者豫省之郑州、商水、项城,皖省之蒙城、凤阳、寿州、灵璧”。民国15年(1926年)8月14日,黄河南岸东明刘庄河决,决口四十余丈,水势东泻,流入巨野县赵王河,宽15里,金乡、嘉祥二县全被淹没”。民国22年(1933年)8月,河南温县、武陟、长垣、兰封、考城5县多处决口,淹及当时的河南、山东、河北、江苏4省30县，被灾面积6592平方公里，273万人受灾，死亡12700人。曹县、巨野、定陶、单县惨遭淹没。徐州环城黄河故堤十余里决开7处。水势一路北流，使濮、范、寿张、阳谷4县尽成泽国；一路南流，侵入安徽之亳县、涡阳，所幸水流略缓，成灾未巨。河北长垣县受灾最重，东起东岸大堤以及庞庄、李集、苏集、程庄，西至县西之青岗、张屯、相如等村，广60里，袤40余里，受灾面积占全县总面积的十分之九。民国24年(1935年)，花园口洪峰流量14900立方米每秒，在山东鄄城董庄决口，使鲁、苏等省27县受灾，受灾面积1.2万平方公里，灾民341万人。

从西汉文帝十二年到清道光二十年的2008年间，计316年有黄河洪水灾害，平均六年半就有一个洪灾年。表1—5是清道光二十一年至民国27年黄河洪灾的统计，98年当中，黄河洪灾年有64年，平均不到两年就有一年发生洪水灾害。

1841～1938年黄河洪水决溢表　　　　**表1—5**

年代	决溢地点	灾情
道光二十一年(1841年)	祥符	六月，决祥符张家湾，大溜全掣，水围省城。
道光二十二年(1842年)	桃园	七月，决桃源十五堡、萧家庄，溜穿运由六塘河下注，……正河断流。
道光二十三年(1843年)	中牟	六月，决中牟，水趋朱仙镇，历通许、扶沟、太康入涡会淮。
咸丰元年(1851年)	丰县	八月，丰下汛三堡以上无工处所，先已漫水，塌宽至一百八十五丈，水深三四丈不等，大溜全行掣动，正河业已断流。
咸丰五年(1855年)	兰阳	六月，兰阳三堡无工处所漫决(即铜瓦厢决口)夺溜，下游正河断流。决河之水先向西北斜注，淹及封丘、祥符二县。复折转东北，漫淹兰阳、仪封、考城及直隶长垣等县，至张秋镇穿运河，由大清河入海。
同治四年(1865年)	惠民	六月，惠民县白龙湾以东张家坟河决，计开二百二十余丈，六月十七日堵合。
同治六年(1867年)	聊城 郓城 平阴	八月，聊城等处民埝冲决，郓城朱家湾河堤亦复决口。　平阴县黄水暴涨，溢没民居。

续表

年代	决溢地点	灾情
同治七年(1868年)	荥泽 郓城 菏泽	六月,上南厅溜势提至荥泽十堡,坐湾淘刷,水势抬高,漫堤过水,口宽二百余丈。决河之水经中牟、祥符、陈留、杞县、尉氏、扶沟泻注入淮,灾及安徽。 秋,黄流盛涨,冲决赵王河之红川口、霍家桥,大溜由安山入大清河,而沈家口、田家湾、新兴屯皆漫溢。 菏泽胡家堰决口。
同治八年(1869年)	郓城	秋,胡家堰以南孙家庄又决一口,次年二月三十日堵合。
同治九年(1870年)	郓城 菏泽 齐河	春,三月初一日,黄水涨发,红川口新堵坝工复决。 三月初四日,胡家堰复行冲决。 五月,齐河豆腐窝因漏洞决口。
同治十年(1871年)	济阳 郓城	六月二十四日,济阳县北岸徐家道口黄堤漫决,口门宽一百米,受灾二十余村,八月堵合。 八月七日,郓城县东南沮河东岸侯家林冲决民埝,决口宽八九十丈,水由沮河民埝漫入南旺湖,经汶上、嘉祥、济宁之赵王、牛头等河入南阳湖,淹巨野、金乡、鱼台、铜、沛等县,次年二月二十四日堵合。
同治十二年(1873年)	济阳 郓城 开州 濮州 东明	闰六月、七月中旬,东明岳新庄、石庄户民埝复决口两处,石庄户口宽二百七十余丈,石庄户与张家支门对冲,支门不塞,其东郓城王老户邓楼漫溢,刷成河槽,牛头河、南阳湖均吃重。 郓城侯家林民埝刷残过水,淹巨野、金乡、鱼台等县。 秋,侯家林以南王老户等处又复溃决。 是年秋河决开州焦丘、濮州兰庄,与东明岳新庄、石庄户之决水分溜趋金乡、嘉祥、宿迁、沭阳入六塘河。
光绪三年(1877年)	齐河	齐河县王家窑决口。
光绪四年(1878年)	惠民 历城 章丘 济阳 长清 东明 鄄城	七月二十八日,惠民县白龙湾上游白毛坟决一口,水入徒骇河,九月十五日,又决白龙湾下游之张家坟,徒骇河不能容,泛滥四出,滨县二百七十余村,惠民县六十三村被灾,两处决口宽约共八百丈。 鄄城县周桥决口。 九月中旬,历城县北泺口民埝冲决两段,口门各数丈,浸灌南会清河等处。两岸漫水所淹被灾者一百余村,三义庙、骚沟、秦家道口共倒塌民房九十余家。章丘之传辛庄、济阳之沟头、长清之官庄等处皆漫溢,塌田受灾。 秋东明境高村决口,堤工漫决,水入菏泽县境。
光绪五年(1879年)	历城 阳谷	河决历城之骚沟、河套圈。 河决阳谷县陶城铺,口门宽七百一十米,未堵。

续表

年　代	决溢地点	灾　情
光绪六年(1880年)	历城东明	河复决历城县骚沟。　霜清后水势复涨,大溜侧注,刷塌堤身,高村漫刷成口,宽约百余丈。
光绪七年(1881年)	历城 鄄城 齐河 章丘	历城县太平庄伏汛大水冲决,口宽七十米,十一月堵复。濮州(鄄城)河决营坊。　齐河北岸席家道口河决。　又决章丘二图店。
光绪八年(1882年)	历城 章丘 齐东 齐河 利津	五月底、六月初,黄水陡涨一丈多,历城、章丘、齐东等处民埝漫决。　六月历城盖家沟漫决,淹十余村,七月由村民堵合。八月历城刘七沟漫决,口宽160米,十一月堵口。　六月二十四日齐河大王庙漫决,十二月堵合。　七、八月间,历城县泺口上游屈律店等处连开四口,又漫决骚沟,历城、章丘、济阳、齐东、临邑、乐陵、惠民、信阳、商河、滨州、海丰、蒲台等州县多陷巨浸,淹死人口不可胜计,骚沟于十月二十三日堵合。　又冲决蒋家口。　秋,利津南北岭堤岸漫决。九月,历城桃园民埝被黄水迭次冲决,水由济阳入徒骇河经商河、惠民、滨州、沾化入海,口门宽一百四十余丈,十一月十一日堵合。
光绪九年(1883年)	历城 齐东 齐河 济阳 利津 章丘 蒲台	黄水自五月初十以后,迭次涨至一丈二三尺,十八日齐东县船家道口民埝漫决,口宽数十丈。利津县崔家庄亦于是日晚冲决,民埝刷口至二百余丈,盐窝、十四户庄亦同时漫决。又历城于二十一日夜刷开北岸张家庄民埝,南岸小鲁庄民埝亦被刷开,水势直逼省城北关外。又齐河县顾家沟于二十三日漫溢过埝,齐河县北岸郭闸于十五日决溢,口门宽二十五丈,灾区百余里,六月二十日堵合。历城南岸堰头镇北,于初六日决口,口宽一百二十余丈,淹百余村,九月九日堵合。　六月齐河县大王庙因大堤出现漏洞决口,次年二月堵复。　秋,历城南岸之鲁家庄、徐家庄、刘七沟,齐河县之五里堡、顾家沟等处原口门正在堵筑,复决被淹。　因汛涨积水难以疏导,章丘民众持械在上游扒开张家林堤岸,水流东趋一片汪洋,冲塌齐东县城数十丈,城内水深二三尺。　霜清后黄水复涨,济阳曹家庄民埝冲决一丈余,齐东县坝河西岸马家庄冲决二十余丈。蒲台县四图、赵庄、许家沟等处漫溢数十丈,均先后堵合。　十月,利津县北岸十四户、小李庄因漏洞决口,淹利津望营乡七十余村,溃水汇徒骇河入海,两口门次年二月堵合。

续表

年　　代	决溢地点	灾　　　　情
光绪十年（1884年）	历城 齐东 利津 章丘 齐河 东阿 平阴 东明	历城县霍家溜，河套圈民埝，五月十九日漫决二口，共宽百余丈，漫水从小清河入海。　闰五月十二日，齐东县肖家庄、闰家庄民埝漫溢成口，水趋城南，居民将东月堤扒开泄水，大堤刷宽八十余丈，八月二十五日堵合。　闰五月十一日，利津南岸宁海庄漫决数十丈，同日城南张家滩漫决数丈，七月初十日堵合。又决利津北十四户，旋即堵合。　六月三日，历城县蒋家庄民埝漫口两处，共宽二十余丈。　章丘县罗家庄扒开大堤泄水，决口宽亦二十余丈。　六月十日，齐河县李家岸、红庙民埝决溢两处，共宽八、九十丈。同月初九日黑家洼大堤冲决，十二日姚吕家庄大堤冲决。　六月十四日，东阿县史家桥以上民埝漫溢，漫水冲开运岸，水入新运河。　又平阴县滑口圈堤冲决。　七月十五日，东阿郎家营、于家庄大堤冲决两处，宽二十余丈。　东明县中汛十一、二铺堤身七月十三日漫刷成口，约二百余丈，七月二十一日堵合。　此外如东阿之三里庄、吴家坝、陶城铺、张秋镇、挂剑台、于家庄，齐河县之柳家屯，历城之北小街、纸坊、冯家庄，齐东之东月堤、西月堤、许家园、盛家庄、大张家庄、邵家庄、生家寨，利津之卞家庄、张家庄等缕堤、遥堤决口还有十九处。
光绪十一年（1885年）	章丘 齐东 济阳 历城 齐河 青城 邹平 利津 长清	三月六日，章丘县毛家店大堤为民间掘开数丈泄水东流，口宽十余丈，五月二十九日合龙。又，该县二图村冲决一处，口门宽约154米，当即堵合。　齐东肖家庄桃汛决口，次年二月合龙。又，济阳县王圈因背河坟上涌水溃决。　五月，历城县堰头镇、姚庄、骚沟、郭家寨，青城县杨家庄，齐河县赵家庄各民埝先后冲决，姚庄、骚沟之水直冲郭家寨大堤，漫过堤顶，刷开数十丈。赵家庄民埝刷开约七十余丈，水因格堤阻拦，逆行至上年决口处入徒骇河。骚沟十二月二十七日合龙，赵家庄十二月八日合龙，堰头镇、杨家庄五月底堵合。五月十七日历城县刘七沟漫溢决口，口宽一百余尺，十二月二日堵合。本年伏汛决口，历城、章丘等处灾区甚广，被灾人口有三十余万之多。　又齐河县荆隆口冲决，次年春堵合。　邹平县肖家庄五月民埝决溢。　利津县三不赶庄决口，黄水围城，旋由民众堵合。　六月间，齐河县官庄决口，李家岸合龙后复决。七月冲决长清大码头，入徒骇河。上自长清，下至济阳、齐东尽被水淹。大码头八月堵合，李家岸次年二月堵合。　七月十五日，章丘县兴国寺因漏洞决口，宽约490米，十月堵合。

续表

年　　代	决溢地点	灾　　　　情
光绪十二年（1886年）	章丘 济阳 惠民 齐河 历城 东阿	三月六日，章丘县南岸吴家寨大堤漫溢一处，同日济阳县北岸十里堡民埝、安家庙大堤同时漫溢，初七日济阳县王家圈民埝当冲顶溜，遂行冲决，口宽八十丈，大溜直冲霍家庄大堤，顷刻塌陷四十四丈。同日惠民县北岸姚家口民埝及套堤一齐冲决，水灌陈家庙、任陈庄，水冲大堤刷开两段，大小口门六个，宽约二百余丈，十一月二十六日堵合。　六月十一日，齐河赵家庄东坝民埝漫溢，口宽六十余丈，水趋赫家洼，大堤漫溢而过，口宽八十余丈。历城南岸河套圈民埝是日决口，口宽四十余丈，水冲郭家寨大堤，漫决七十余丈。　东阿县牛屯、关山东、丁口堤埝因漏洞决口，于庄西因管涌决口，均于当年堵复。　七月历城县南岸大鲁庄黄水漫溢，口宽一百余丈，被淹数十村，十月堵合。
光绪十三年（1887年）	齐河 历城 东明 寿张 东阿 惠民 开州 郑州	五月十九日齐河北岸朱家圈（朱河圈）决口，次年三月水退淤塞。　二十日齐河县高庄漫决，口门宽五十米，次年三月堵合。二十七日历城县堰头大堤因漏洞决口，口宽八十米，六月七日堵复。　长垣（今东明）中堡漫决，堵筑。　六月，寿张县白岗堤决。水冲县城下数里，刷大堤决口，倒折灌城，城垣官署民舍倒塌，几成泽国。　七月十三日，东阿县北岸张秋镇东南距城三里处，黄堤决口，水趋东北，由旧运河故道至天津入海，口宽十四丈，三月堵合。　七月十四日，惠民县王家集黄堤背河低洼，水井冒水一人多高，堤陷决溢。　六月，决开州大辛庄，水灌东境，濮、范、寿张、阳谷、东阿、平阴、禹城均以灾告。八月决郑州，夺溜由贾鲁河入淮，直注洪泽湖。
光绪十四年（1888年）	齐河 东阿 惠民 东明	五月二十三日，齐河县王窑东因漏洞决口，口宽七百五十米，十月堵复。　东阿县鱼山南头，南桥坝后、南桥七坝后决溢三处。　七月九日，惠民县北岸刘家庄决口，口宽四十余丈，次年九月堵合。　七月决长垣范庄（在今东明境）。　济阳南岸大寨、四王庄二处决口。
光绪十五年（1889年）	历城 章丘 惠民 齐河 长清 利津 濮州 长垣	六月八日，历城县北岸纸坊民埝漫溢，漫水由济阳以北分入徒骇河，十二月十日堵合。　六月二十五日，章丘县大寨、金王庄等庄护庄埝被冲，水入围埝，即将南傍大堤漫溢三十余丈，漫水由小清河入海，十月十六日堵复。　六月二十九日，惠民县白茅坟决口。　七月十三日，齐河县北岸纸营因堤埝低矮漫溢成口，口宽260米，九月堵复。　七月十四日齐河张村民埝漫溢，宽四十五丈，八月二十五日堵复。　七月十五日又决齐河八里庙、小刘庄，水入徒骇河。　同时长清县阴河以上司李庄民埝被水漫出一段，水入齐河境，铁匠庄遥堤溃决，长清、齐河以下多被其灾，十一月堵复。七月二十三日北岸杨史道口漫溢成口，水落遂塞，九月堵复。　又，七月濮州刘柳村一带堤根被淘刷透气，漫决成口。　九月直隶长垣县民埝冲决，黄水漫入滑县。

续表

年　代	决溢地点	灾　情
光绪十六年(1890年)	齐河 济阳 章丘 长垣	五月十八日齐河县韩庄扒口,口宽525米,秋堵复。张村、曹营大堤亦于五月十八日因漏洞决二处,均于当年秋堵合。五月二十二日高家套堰身被刷塌三十余丈,七月二十七日堵合。济阳县也因黄水盛涨,堤堰漫决,自傅家庄起至王家庄止共决口门七处,计长六百七十三丈,当年堵复。六月二十四日章丘县新街口漫决,口宽500米,十月堵复。济阳桑家渡因漏洞决口。是年黄河北岸长垣县东了墙漫溢决口。
光绪十七年(1891年)	鄄城 历城 利津	五月二十七日,鄄城县西李庄、殷庄两处决口,口宽均为百米左右,同日历城县河套圈亦决一口。六月,利津南岸路家庄决口,水由南旺河入海。利津东北乡、广饶乡均被水灾,口宽五百余丈,十月堵复。
光绪十八年(1892年)	鄄城 惠民 利津 郓城 济阳 章丘 平阴 历城	五月二十七日,黄河大水,鄄城民埝(现临黄堤)殷庄决口,口宽六百米,同日,西李庄决口,口宽一百三十米,当年堵合。闰六月二十九日,惠民县白茅坟民埝漫水,口门刷开三十丈,夺溜北行由徒骇河入海。同日,利津北岸王庄以下之张屋(今张家庄)埝顶漫溢,将新做后戗冲刷塌陷三十余丈。六月利津县彩家庄决口,七月堵合。七月三日,郓城县高太安决口一处。七月三日,济阳县桑家渡民埝出现漏洞,埝身冲刷三十余丈。初四日灰坝亦被冲刷决口四十余丈,漫水与桑家渡之水汇集惠民白茅坟入徒骇河。均于九月堵合。七月七日,章丘县南岸胡家民埝,水漫埝顶而过,旋即退守大堤,水冲大堤塌陷成口。水入小清河从羊角沟入海。九月堵合。
光绪十九年(1893年)	东阿 长清 平阴 青城 博兴 阳谷 高青	六月,东阿县滑口,长清县路家庄、焦家寨,平阴县邓庄,青城县郭家梨行等处民埝间有漫溢。博兴县李家庄大堤决口,次年退修今临黄堤。东阿县小生庄决口一处。阳谷县陶城铺被扒开口门一处,当年堵合。六月二十日,高青马扎子大堤被北岸王枣家来人扒开五百米,十月堵合。
光绪二十年(1894年)	博兴 东阿	伏汛,博兴县陈家庄大堤决口,次年退修今临黄堤。东阿县张庄决口,口宽45米,当年堵合。

续表

年代	决溢地点	灾情
光绪二十一年(1895年)	利津 齐东 梁山 济阳 高青	六月十二日,利津县宫家洼漫溢成口,口宽五六十丈,水由正北入海。 十六日,利津县南岸南岭以下民修之小埝坍塌过水刷成口门五十余丈。北岸赵家菜园大溜北趋,一夜之间将堤顶塌尽决口。二十日,又决南岸十六户。 二十二日齐东县北赵家因旧城冲塌,大溜由东南门直注,堤身冲塌数十丈,十月初七堵合。 六月二十二日又决寿张县南岸杨庄,东平、东阿、汶上、寿张各县被淹,十一月初堵合。 二十二日,寿张南岸高家大庙大堤坍塌过水,漫水注沮河东南至梁山、安山一带仍入黄河,十一月二十五日堵复。 六月二十四日济阳桑家渡大堤冲决,口宽约一千六百米。 高青县马扎子大堤决溢,当年堵合。
光绪二十二年(1896年)	利津 齐河	五月十八日,利津北岸赵家菜园五十一段埽以下堤坝漫溢,口宽五六丈,水入圈堤复决,口宽至七八十丈。堵口时退后修堤八百丈至董庄。 六月利津县南岸西韩家民堰水漫堤顶而过,口门刷宽三百四十丈,次年九月四日堵复。同月,又决利津左家庄,十二月堵合。 六月二十四日齐河县娄集溃决成口,口宽 320米,二十四年春堵合。 七月六日齐河县潘庄因漏洞决口,口门宽约 1432 米,次年堵合。
光绪二十三年(1897年)	利津 鄄城 东阿	利津县北岭子以下里许及西滩二处,五月被水漫过埝顶,埝顶刷塌,北岭子冲开五六丈,西滩冲开二十余丈,两水汇集由旧岔河入海。 六月二日鄄城县旧城玉皇阁民埝(今大堤)因漏洞决口,口门宽一千六百米,水落断流,十月堵旱口,二十日鄄城八孔桥民埝因漏洞决口,当年冬堵合。因八孔桥漫水倒漾浸泡,陈刘庄民埝(今大堤)决口,口宽一千米,次年堵合。 东阿县张庄、朱圈、黄渡、鱼山西南四处因堤矮决溢,当年堵合。
光绪二十四年(1898年)	历城 济阳 东阿 鄄城 郓城 梁山 东明 寿张	六月二十一日夜,历城南岸杨史道口民埝漫溢,冲刷约十余丈,又以下百余丈堤身塌陷,刷宽一百余丈,漫水由郭家寨旧堤缺口注高苑、博兴、乐安一带入海,十二月四日堵复。 六月二十五日,济阳县北岸桑家渡大堤漫溢成口,水灌圈堤决口十五六丈,漫水经惠民、滨州、沾化等县由徒骇河入洚河,由洚河入海,十月十三日堵合。 六月二十四日东阿县北岸王家庙大堤漫溢,东阿西北各村及茌平、高唐、聊城、临清等县均受灾,同日旧城民埝决口,王坡民埝漫溢成口。 六月东阿北岸香山大堤决,位山东因漏洞决口。 鄄城八孔桥、谭庄民埝伏汛漫决,郓城民埝罗楼、吕店先后决口,漫水东冲障东堤。六月二十一日梁山县杨庄(南金堤)漫溢成口。罗楼、吕店两口十月十二日堵合。八孔桥口门十月二十五日堵合后复决。杨庄和八孔桥两口,次年春先后堵合。 秋东明县赵盘寨(赵潘寨)决口,口门宽约 35 米,未久堵合。 寿张县(今梁山)杨庄堤又决。

续表

年代	决溢地点	灾情
光绪二十五年(1899年)	东阿	东阿县郭口被扒决，邓庄决口，当年堵复。
光绪二十六年(1900年)	菏泽	六月二十八日菏泽双河岭原障东堤大溜冲刷成口，口门宽一千一百米，七月退修圈堤，原堤浇土合龙。
光绪二十七年(1901年)	章丘 惠民 濮阳 兰仪	六月二十四日章丘县南岸陈家窑大堤漫溢，口门宽一百九十二丈，十一月十八日堵合。惠民县北岸五甲杨大堤漫决成口，口宽六十八丈，淹二百余村，十一月堵合。六月，章丘华庄扒口一处，口门宽八十米，十月堵复。北岸濮阳县陈家屯漫决。河溢，兰仪、考城二县成灾。
光绪二十八年(1902年)	利津 惠民 阳谷 郓城 东阿 寿张 范县	八月，上游各县属民埝，如寿张南岸的魏庄，北岸的大寺、张庄、米家、徐家、刘桥，范县北岸之邵家集、邢沙窝等庄漫溢成口。八月八日，利津南岸冯家庄大堤决口刷宽至三十余丈，漫水由东河入海。十三日惠民县北岸刘旺庄河水漫决，口宽一百八十余丈，次年二月二十日堵合。十四日阳谷北岸大寺张决口，漫水由陶城铺入大河，淹范、寿、阳、东四县，十一月十七日堵复。八月郓城县(原寿张)南岸之伟庄成口。东阿县于窝北因民埝质量差，无人防守决口，次年堵合。
光绪二十九年(1903年)	利津 东明 濮阳	六月十三日，利津南岸宁海庄漫决成口，口宽约三十丈，漫水泛及东南从丝网口入海。十二月十四日堵合。东明南岸焦庙决口。北岸濮阳牛家寨漫决。南岸夹堤、焦庙，北岸白岗亦决，濮州城外大水。
光绪三十年(1904年)	郓城 利津	五月，郓城仲堌堆民埝决口，十一月堵合。六月二十八日，利津县北岸薄庄堤陡蛰漫溢，口门宽三百余丈，漫水入徒骇河从老鸹咀入海。
光绪三十二年(1906年)	濮阳	濮阳杜寨村漫决。
光绪三十三至三十四年(1907～1908年)	濮阳	三十三年及三十四年，河连决王城堌，复筑圈堰，上自开州耿密城，下至濮州温庄，长一千八百五十丈。
宣统元年(1909年)	开州 濮州	河决开州孟民庄。濮州北岸马刘家开口。
宣统二年(1910年)	利津 长垣 濮阳	八月，北岸长垣二郎庙漫决，濮阳县李忠陵漫口。九月五日，利津南岸工尾以下新冯家堤埝，因形势顶冲，大溜侧注，塌及堤身，冲成决口一百余丈，河水东趋由杨家河老河身分为二股，一由丝网口旧道入海，一由毛丝坨旧道入海。

续表

年代	决溢地点	灾情
宣统三年(1911年)	鄄城 东明	七月鄄城县董庄大堤因大溜刷蛰砖坝八百余丈,背后迭出漏洞决口。又南岸杨屯民埝漫决。又决左营。河决东明刘庄西数里。
民国元年(1912年)	鄄城	鄄城县蔡堌堆民埝因漏洞河决,口门宽600米,民国2年合龙。
民国2年(1913年)	濮阳 濮县 范县	7月河决于刁城以西之双合岭。又,决濮县杨屯、黄桥、落台寺,范县宋大庙、陈楼、王大庄民埝,先后堵合。
民国4年(1915年)	濮阳	4月,濮阳大工合龙,刁城又漫决,经堵筑,十旬而毕。
民国6年(1917年)	东明 范县 寿张	7月1日,东明县二分庄堤埝漫决,口宽约200米。20日樊(范)庄漫决,口宽160米,以上两口10月堵合。8月7日,小庞庄因漏洞决口,旋即堵合,同时谢寨漫溢决口。8月再决黄堌。山东民埝决范县徐屯、寿张县夏楼,先后堵合。
民国7年(1918年)	郓城	8月,双李庄扒决两处,水落口门干涸,冬季堵复。
民国8年(1919年)	郓城 寿张	郓城县香王西民埝因漏洞决口,次年堵合。又决寿张县梁集、影堂民埝,先后堵合。
民国10年(1921年)	东明 利津 菏泽 郓城	6月11日,东明县黄堌因漏洞决口,口宽150丈,9月堵合。黄堌决口全县被灾者320村。又决高村。7月19日,决利津宫家坝,口宽450丈,淹利津仁义乡200余村,沾化70余村,12年6月堵合。夏河水泛溢,决菏泽刘庄。秋郓城四杰村(汪庄)民埝被扒决。
民国11年(1922年)	濮县	7月,濮县廖桥民埝决口。9月合龙。
民国12年(1923年)	东明 濮县	7月初大水,四决于长垣(今东明)之郭庄。8月12日亥刻,濮县廖桥小埝漫溢。
民国14年(1925年)	鄄城 梁山 郓城	8月13日濮阳(今鄄城)李升屯民埝漫决600余丈。9月21日决黄花寺南岸大堤,27日又决黄花寺下游三里处,次年合龙。李升屯决口后漫水由障东堤和民埝间东泄,在野猪淖、黑虎庙与小路口间,将障东堤冲决两处。四杰村民埝(现临黄堤)因黄花寺决口倒漾,将堤漫决,次年堵合。

续表

年　　代	决溢地点	灾　　　　情
民国15年(1926年)	利津 东明	6月，利津县八里店民埝决口。8月14日，东明刘庄决口，口宽40余丈，水入巨野赵王河，淹金乡、嘉祥两县，冬堵合。 秋，利津县芦家园民埝漫溢成口。
民国18年(1929年)	利津 东明	8月，利津纪庄决口，大河改道由陡崖头入海。八月，东明县黄庄漫口，9月合龙。
民国19年(1930年)	濮县 利津	8月上游北岸(濮县)廖桥、王庄一带民埝决口，口宽200余丈，12月堵合。秋利津县甘草窝因漏洞决口，口宽325米，9月堵合。
民国20年(1931年)	利津	8月，尚家屋子民埝单薄，抢护不及被冲决。
民国22年(1933年)	齐河 东阿 东明 温县 武陟 兰封 长垣	8月，黄河决温县、武陟、长垣三县北堤数十口，决水沿金堤北流，至陶城铺流归正河。又决长垣南岸庞庄西北，漫淹兰封、考城，兰封小新堤、考城四明堂也各决一口，分水入南河故道。7月，齐河县董桥大堤被水冲决，口宽150米，10月堵合。东阿邵庄决口两处，相距二公里半，口宽60米，当年堵合。
民国23年(1934年)	利津 封丘 长垣	10月18日，利津南岸寿光围子民埝漫溢决口。又北岸李家呈子与郭家屋子之间民埝亦决。同年，上游决封丘贯台和长垣九股路、东了墙等处。
民国24年(1935年)	鄄城	7月，河决鄄城董庄临河民埝，分正河水十之七八，……决官堤6大口，溜分二股，小股由赵王河穿东平县运河，合汶水复归正河；大股则平漫于菏泽、郓城、嘉祥、巨野、济宁、金乡、鱼台等县，由运河入江苏。
民国26年(1937年)	长清 博兴 梁山 利津 垦利	8月14日长清县宋家桥民埝决口，口门宽500米，水沿小清河下行，淹及济南商埠一带及张庄飞机场。历城、章丘、齐东县数百村受灾，当年堵合。26日博兴正觉寺(麻湾)大堤冲决，分流至寿光从小清河入海。又梁山县黄花寺民埝与障东堤之间秋涝，民众扒开障东堤排水冲成决口。利津县甘草窝子扒口一处，口宽110米，水落后干堵。垦利县三合村因漏洞决口，口宽140米，水落后干堵。
民国27年(1938年)	郑州 中牟	日本侵略军进迫开封，国民政府军队为阻止日军西侵，于中牟赵口、郑县花园口扒决大堤，黄河夺淮入海，淹及豫、皖、苏3省44县市，受灾人口1250万，淹死89万。

注：本表据《黄河水利史述要》和《山东黄河大事记》编制。

第三节　凌汛决溢

黄河下游凌汛决口成灾，早有发生，西汉文帝十二年(公元前168年)，“冬十二月，河决东郡”。五代周广顺三年(公元952年)，“十二月丙戊，河决郑、滑，遣使行视修塞”。宋大中祥符五年(1012年)正月，决棣州东南李民湾，“环城数十里，民舍多坏”。元至元二十五年(1288年)十二月，汴梁路河溢害稼。泰定四年(1327年)十二月，夏邑县河溢。至正四年(1344年)，“春正月，……庚寅，河决曹州，……是月，河又决汴梁”，八年(1348年)，“正月辛亥，河决陷济宁路”。明正统十四年(1449年)，“正月，河复决聊城”。成化十三年(1477年)，“今岁首，黄河水溢，淹没民居，弥漫田野，不得播种”。清康熙六十一年(1722年)，“正月，马营口复决，灌张秋，奔注大清河，……十二月塞之”。光绪九年(1883年)“正月十四、五日，凌水陡涨丈余，历城境内之北泺口一带泛滥二处。又赵家道口、刘家道口各漫溢一处。……又齐河县之李家岸于十六日漫溢一处”，至二月，沿河十数州县，漫口竟达三十处。光绪十一年至十三年(1885～1887年)凌汛，山东河段连连决口，长清、齐河、济阳、历城等县受灾。民国15年至26年(1926～1937年)几乎连年凌汛决口，民国17年(1928年)，利津县棘子刘、王家院、后彩庄、二棚村等先后决口6处，淹没70余村。民国18年(1929年)凌汛期又在利津扈家滩决口，淹利津、沾化两县60余村，扈家滩口门，“水势浩荡，冰积如山，当年未堵，12月凌汛复至，附近村庄尽成泽国”，房屋倒塌无算，淹死人口、牲畜、财产难以数计。建国初期的1951和1955年，凌汛期在利津前左、王庄等处冰凌插塞，形成冰坝，水位猛涨，冰坝以上26公里堤段超出保证水位，大堤出水仅0.5米左右。当时堤身隐患未除，出现漏洞多处，又因天寒地冻，抢护艰难，终于在利津王庄、五庄各决一口，淹及利津、沾化、滨县土地133万亩，受灾人口26万多。表1—6是1855年铜瓦厢改道以后黄河下游凌汛决溢的统计，截至1955年的一百年中，发生凌汛决溢的有29年，平均三年半就有一年有凌汛灾害。

1875年～1955年黄河下游凌汛决溢表 表1—6

年代	月、日	决溢地点	决口原因	决口处数	灾情
光绪元年(1875年)		滨县		1	滨县张家庄凌汛决溢。
光绪六年(1880年)	1	齐河	漫决	2	齐河县赵庄因凌汛漫溢决口。 正月十五日邱家岸凌汛漫决，次年春堵复。
光绪八年(1882年)	1、15	滨县	漫决	1	滨县刁石李庄因冰凌卡塞漫决。口门宽约三十米，二月堵旱口。
光绪九年(1883年)	1、14	历城	漫决	5	凌水陡涨丈余，历城县北泺口一带泛滥二处，又赵家道口、刘家道口各漫溢一处，东纸坊、骚沟等村被淹。
	1、16	齐河	冲决	1	齐河县李家岸于十六日漫溢一处，水分两股：一入徒骇河，一由该县舒家湾冲开民埝，合流后至城西南关冲塌城垣二十六丈。
	1、21	齐东	扒决	1	齐东县坝河东岸民埝被章丘县民偷扒泄水，在堵筑中适值凌汛，大溜由绣江河及章丘之蒋家沟汇注，村庄被淹较重。
	2	历城 齐东 章丘 惠民 利津	漫决	12	二月，沿河十数州县，因凌汛大涨，历城骚沟，齐东之赵奉站、坝河，章丘之九龙口，惠民之清河镇，利津之南北岭、韩家垣、辛庄、左家庄等处决口。骚沟决口三处，宽约一百余丈，漫水不深，当即堵合。韩家垣、左家庄三月堵合。南北岭四月堵合。坝河、赵奉站、九龙口、清河镇等约在三月均堵合。
	12	利津	漫决	10	十二月十五、六日，利津小李庄一带连决六口，内有小口五处，先后堵合，大口宽约四十丈，次年四月初二堵合。又下家庄连决四口，合计宽约七十余丈，四月十五日堵合。
		齐河	漫决	1	齐河县官庄因凌汛上开下封，水位壅高决溢。
光绪十年(1884年)	1	长清	漫决	1	长清县北岸孔官庄，积凌冰涨，漫溢成口，大堤溃决三十余丈，长清、齐河多被淹，二月堵合。
	2	利津		1	利津县王家庄险工一至五坝凌汛决口，口门宽约150米。

续表

年代	月、日	决溢地点	决口原因	决口处数	灾情
光绪十一年(1885年)	1	长清 济阳 历城	漫决	3	春正月,长清河漫溢。正月二十六日济阳县韩家寺漫决成口,口门宽620米,当年堵复。历城县郑家庄凌汛决口。
	2、8	齐河	冲决	1	齐河县陈家林民埝陡陷二十余丈决口,四月十日堵合。
光绪十二年(1886年)	1	济阳	漫决	1	初旬,因上游冰壅涨水,济阳县何王庄民埝漫溢一处,水循大堤由利津界之宁沟入海。
光绪十三年(1887年)	1	齐河 济阳 历城	漫决	6	正月二十三日,上游冰解,下游惠民以下固封,上游浮冰填河而下,齐河县谯庄,济阳县郭家纸坊冰壅水高,冰水漫出。正月二十五日齐河县纸坊民埝因冰凌壅塞,河水陡涨决口。同日段庄北亦因冰壅水涨漫溢成口。正月二十七日,济阳县韩家寺(北岸)凌汛决溢,被灾十余村,三月二十日堵合。又,历城县王家楼凌汛决溢,口门当即堵复。
光绪十五年(1889年)	3	利津	漫溢	2	利津县南北岭、韩家垣漫口,山东巡抚张曜以地近海奏请不堵,于两岸筑堤各三十里,束水中行为入海之道,从此黄河从毛丝坨入海。
光绪十六年(1890年)	3	齐河	决口	1	北岸齐河高家套凌汛决口。
光绪十八年(1892年)	3	利津		1	利津县扈家滩凌汛决口,次年堵复。
光绪十九年(1893年)	1、3	济阳 惠民 章丘		4	济阳县北岸白衣阁决口,淹及二十余村,三月堵复。正月惠民县北岸大小崔凌汛决口,二月堵合。正月二十一日章丘县胡家岸凌汛决口,三月堵合。又济阳县桑家渡凌汛决溢。
光绪二十一年(1895年)	1、23	济阳	漫溢	1	济阳县高家纸坊,因上游冰凌壅下卡塞,水涨高出堤顶漫刷成口,宽八十余丈,水入徒骇河。
光绪二十二年(1896年)	1、16	历城	漏决	1	历城县青阳湾凌汛因漏洞决口。

续表

年　代	月、日	决溢地点	决口原因	决口处数	灾　　情
光绪二十三年 (1897 年)	1、22	历城 章丘	冲决	2	历城章丘交界之小沙滩、胡家岸因冰凌壅塞水不能泄，致将堰身冲刷成口。小沙滩口门宽二十余丈，胡家岸口门宽四十余丈，水由郭家寨大堤残缺处注齐东、高苑、博兴、乐安等县入海。小沙滩三月初四日合龙，胡家岸二月初七日堵合。
	1、20	齐东		1	齐东县黄河决。
	11、24	利津	冲决	2	十一月二十四日，利津迤下姜庄、马庄民埝被水刷开，顷刻漫过大堤，冰块层结，陡将冲刷之处壅塞断流，而上游急流怒湍，势不可遏，致将姜庄以上之扈家滩大堤冲决成口，刷宽十三、四丈，其水直冲马庄，并倒灌将家等二十余村，由沾化县属之洚河入海。姜庄口门于正月二十日堵合，马庄口于正月二十七日堵合，扈家滩口于正月二十四日堵复。
光绪二十五年 (1899 年)	11	鄄城 梁山 历城 东阿		4	凌汛河决鄄城(原范县)南岸双李庄民埝，又决梁山(原寿张)大堤。 历城南岸王家梨行，东阿(原平阴)北岸陶家咀决口。
光绪二十六年 (1900 年)	1	滨县	漫决	7	滨县(原滨州)北岸马张家漫溢七口，唯张肖堂一处低洼漫口五十余丈，夺溜大半，漫水趋东北历滨州、惠民、阳信、沾化、利津五州县，由洚河入海。张肖堂口门三月初三日堵合，其他六口旋即堵复。
光绪三十年 (1904 年)	1、4	利津	漫决	4	利津县之王庄、扈家滩、马庄、姜庄同时漫溢，淹口门附近五十余村。水由徒骇河入海。王庄口门宽四十六丈，正月十七日堵合，其余涸后堵复。
宣统二年 (1910 年)		濮阳	漫决	1	凌汛河决北岸濮阳李忠陵。
民国 7 年 (1918 年)		郓城	漏决 冲决	1 1	郓城县门庄南因凌汛决口，口门宽 120 米，旋即堵合。 又香王东凌汛大堤冲决，宽约 130 米，次年乾堵。
民国 11 年 (1922 年)		开封 封丘 兰封 长垣	凌水 泛溢		河南灾区南北 30 余里，东西 40 余里。

续表

年代	月、日	决溢地点	决口原因	决口处数	灾情
民国15年(1926年)	12、10	利津	漫决	1	河为冰凌所阻,水势壅滞,复由芦家园民埝缺口处漫溢,淹汀河、辛庄、韩家垣、王二河等村。
民国17年(1928年)	2、2	利津	漫决	6	2月初2日,利津县棘子刘、王家院、后彩庄、二棚村2公里堤段先出漏洞后漫溢6处。王家院、后彩庄漫决处,凌汛过后先后堵合。
民国18年(1929年)	2、28	利津		1	利津县扈家滩因冰凌壅塞水无去路决口,淹利津30余村。水经沾化孔家逾徒骇河从套二河入海。次年6月10日堵合。
民国20年(1931年)	2、2	濮县	漫溢	1	北岸濮县廖桥民埝漫溢决口,口宽25米。
	2、5	利津	漫决	1	利津县崔庄民埝因凌积水涨漫决。
民国25年(1936年)		历城		1	历城县王家梨行凌汛决口,背河成塘,1958年放淤淤平。
	3	长垣	冲决	1	北岸贯孟堤双王决口。
民国26年(1937年)	2、7	长清	漫决	1	长清县宋家桥凌汛漫决,口宽约150米,6月14日堵合。
	12	齐河	扒决	1	齐河县豆腐窝扒口一处,口门宽25米,2月堵复。
1951年	2、3	利津	漏决	1	北岸利津县王庄凌汛决口,灾区宽14公里,长40公里,淹及利津、沾化县耕地42万亩,淹没村庄122个,倒塌房屋8641间,受灾群众85415人,死亡6人。
1955年	1、29	利津	漏决	1	利津王庄至麻湾间冰凌插塞成坝,堵塞河道,水位陡涨,于五庄决口成灾。淹没村庄360个,受灾人口17.7万,淹耕地88万亩,死80人,倒塌房屋5355间。

注:本表据《山东黄河大事记》和《黄河冰情》编制。

第二篇

防洪工程

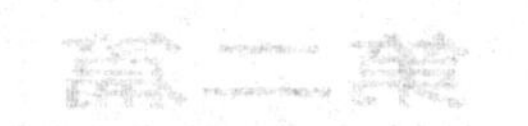

黄河防洪历史悠久，远在春秋战国时期，就有防御洪水的堤防工程。西汉以后，逐步发展有分洪、滞洪、防险等防洪工程。

中华人民共和国成立后，黄河下游在“宽河固堤”方针指导下，连续不断地培修堤防，加固险工，整治河道，修建北金堤和东平湖、大功等分洪滞洪工程。同时在中游干支流上先后建设了三门峡和陆浑、故县防洪水库，逐步形成了“上拦下排，两岸分滞”的防洪工程体系，为处理洪水提供了调（水库调节）、排（河道排泄）、分（分洪滞洪）的多种措施，改变了过去历史上单纯依靠堤防工程防洪的局面，为战胜洪水奠定了可靠的物质基础。

据统计，整个防洪工程体系共完成土方近 12 亿立方米，石方 3701 万立方米，混凝土 385 万立方米，投资 44.25 亿元。其中下游堤防工程（包括河道整治工程）完成土方 9 亿多立方米，石方 1600 万立方米，投资 21 亿元。（详见表 2—1）

黄河下游防洪工程体系完成工程量投资统计表

（1946～1987 年）　　　　**表 2—1**

项　目	土　方（万立方米）	石　方（万立方米）	混凝土（万立方米）	投　资（万元）	备　注
总　计	119396.29	3701.96	385.24	442476.39	
一、堤防工程	78333.18	1119.33	1.46	190464.75	包括培堤、放淤固堤
基本建设	59333.27	288.61	1.46	122696.94	险工和其他工程
防汛岁修	18999.91	830.72		67767.81	包括水毁费 5167 万元
二、河道整治工程	11842.58	470.70	0.7	20059.88	
控导工程	2304.27	467.80	0.68	16590.86	
滩区治理	9538.31	2.90	0.02	3469.02	包括避水台、淤串还土等
三、拦河枢纽	1300.69	44.76	20.58	7635.90	

续表

项　　目	土　　方 (万立方米)	石　　方 (万立方米)	混凝土 (万立方米)	投　资 (万元)	备　　　注
花园口	855.54	39.87	11.78	5085.90	《河南黄河志》
泺　口	133.02	3.17	4.99	1293.00	《山东黄河志》
王旺庄	312.13	1.72	3.81	1257.00	《山东黄河志》
四、分滞洪工程	26902.31	346.41	45.81	58441.86	
东平湖分洪工程	9700.25	277.56	22.17	23001.50	《山东黄河志》
南展工程	3388.81	8.10	3.88	6033.61	《山东黄河志》
北展工程	4884.32	15.68	4.10	8824.24	《山东黄河志》
北金堤滞洪区	8888.83	40.43	15.66	20374.05	《金堤志》
大功分洪区	40.10	4.64		208.46	
五、水库工程	1017.53	1720.76	316.69	165874.0	
三门峡	208.80	1662.85	212.62	94357.0	《三门峡枢纽简志》
三门峡移民				17439.0	
陆　浑	807.68	57.27	2.07	13752.0	
故　县	1.05	0.64	102.0	40326.0	截至1987年完成数

第四章　堤防建设

第一节　堤防沿革

远古时代，人们濒水而居，洪水时避而移居高地。自有农业之后，“降丘宅土”，始自高丘移于平地定居，从事农耕。为防止洪水侵害田舍，遂积柴草、土、石以资围护，于是堤防工程就这样产生了。

据《汉书·沟洫志》记载：“盖堤防之作，近起战国”。考诸史籍，黄河下游堤防，春秋时（公元前770～前476年）已有修筑。《管子·度地》篇中已有“下则堤之”的记载。《尔雅·释地》又载：“梁莫大于溴梁”，“坟莫大于河坟”，其中“溴梁”，即溴水（今称漭河）堤，“河坟”就是黄河的堤防。

春秋战国时代，诸侯国筑堤，壅防百川，各以自利。黄河下游堤防的布局，完全取决于各诸侯国的安排。齐桓公三十五年（公元前651年）秋于葵丘（今民权县西北）会盟诸侯时，曾提出“无曲防”，目的在于限制诸侯国之间修堤不要以邻为壑。黄河下游河道，在历史上有不少变迁，堤防工程，古今变化巨大。

一、古黄河堤

（一）西汉左堤。起自河南武陟县，中经获嘉、新乡、汲县、滑县、浚县、内黄入河北省大名县境，经馆陶、临清至德州北止。据1984年调查，还有残堤数段：第一段自武陟县西原村起至新乡市东北10余公里秦堤村止，俗称古阳堤。第二段自浚县西南大张庄起，止于浚县东北的前嘴头。第三段起自浚县东北了堤头，东北经康札村南，至临河村西折转东南至白茅村东北止。第四段在内黄县境，起自西南三十余里的马集，至河北大名县之苏堤止。第五段自大名县西南之南辛庄起，至吴村北漳河南岸止。第六段在漳河北岸，自大名县曹堤，过大名县城至黄金堤止。第七段在馆陶与临清之间，走向东北。临清以下还有两段，一段自临清市向东而后东北，另一段在德州市东北不远（见图2—1）。

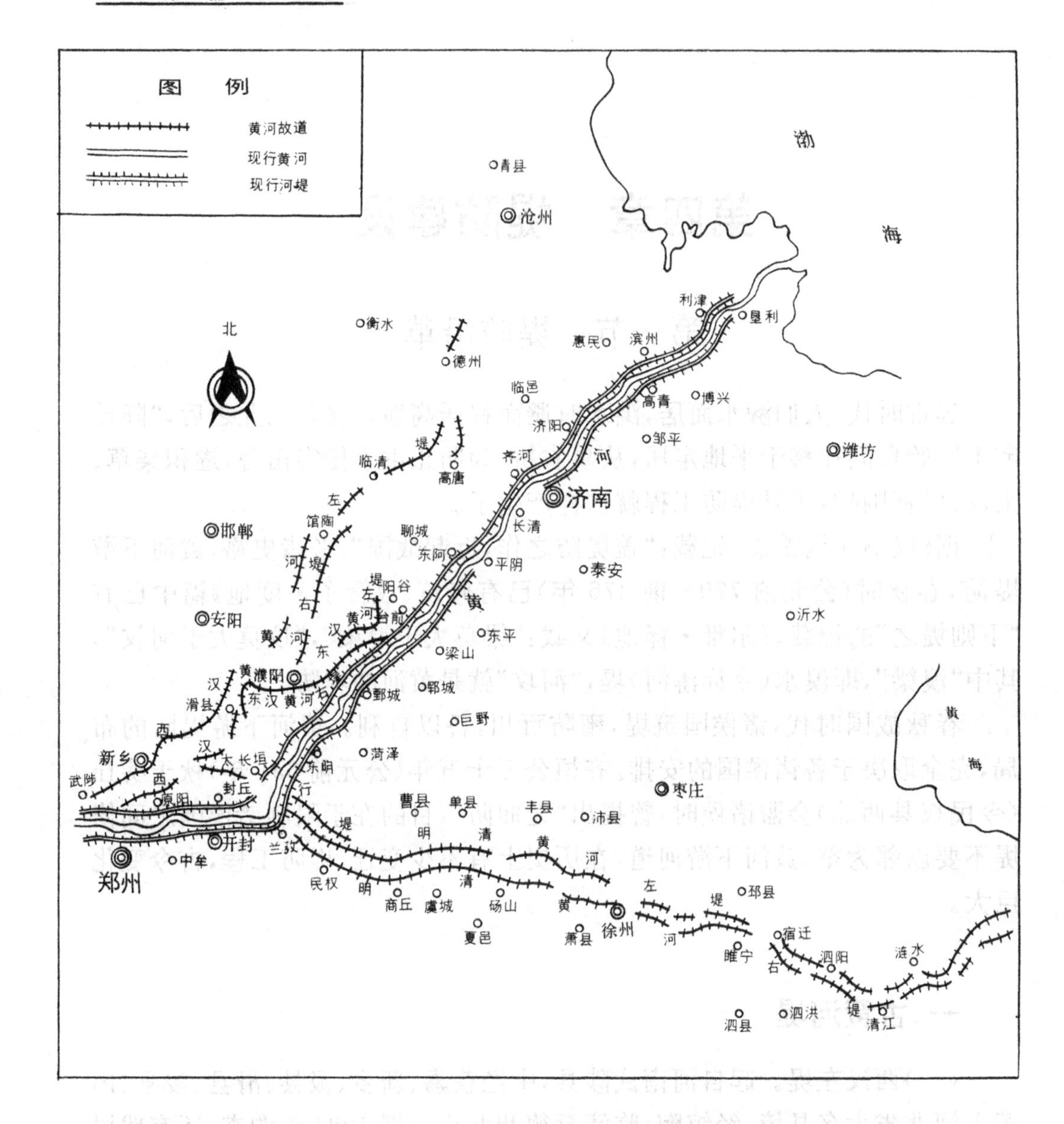

图 2—1　现存黄河古堤示意图

(二)西汉右堤。起自河南省原阳县，中经延津、滑县、浚县、濮阳、清丰、南乐，入河北大名东境，由大名东境向北，经馆陶入山东冠县，至今平原县西止。现存残堤五大段：第一段自原阳磁固堤起，至延津小庄村止。第二段自延津北之胙城起，经滑县、浚县，至濮阳火厢头东北止。第三段自濮阳北境疙瘩庙起，下经清丰县，至大名县之东苑湾止。第四段在大名县金滩镇以北，自南堤村起，至山东冠县境之尹固村以北止。尹固村至高唐县城之间堤断，高唐城北数里复见堤形，正北至平原县西止。

（三）东汉左堤。起自河南清丰吴堤口向东，经卫城北、理古北，入山东莘县境，下经莘县之同智营北，红庙南，樱桃园（河南范县县政府所在地）北，吕堤北，黄堤口南，曹营北，由赵家楼西折而向北，经莘县东台头，张王龙西，仁义村东，俞楼村西，李坊与郭寨之间，东北经宁堂村东，温庄东，王世公庄东，再经张八堤口，李八堤口，向东经草寺村北，至武堤口村东北止。仅有上段吴堤口至曹营 40 余公里，保存较好。

（四）东汉右堤。起自河南濮阳城南之南堤，蜿蜒向东经吴堤口、清河头、官人店，至兴张折而向北，由虎山寨南转向东北，至高堤口入山东莘县，下经孙堤口、王堤口、樱桃园南、古城南，入阳谷县境，经子路堤向北，至金斗营止。此堤清光绪元年（1875 年）增修后改作黄河北岸遥堤。1951 年改作北金堤滞洪区的围堤。

（五）明清左堤。还存二段。

1、胙城至丰县故堤。此堤是明弘治七年（1494 年）副都御史刘大夏主持修建。起河南延津县北的胙城，“历滑县、长垣、东明、曹州、曹县抵虞城，凡三百六十四里”，又称“太行堤”*。清咸丰五年（1855 年），河决兰阳铜瓦厢，中间一段被河水冲毁，今存上下两段。上段起河南延津县北之胙城，东南经王堤、龙王庙、魏丘、大庞固社、蒋村，过封丘县之黄德至长垣县大车集，其中魏丘至大车集 44 公里一段，1956 年开始予以加修，以防止黄河自天然文岩渠入黄口倒灌北溢。下段起山东东明县阎家潭，下经三春集、马头集，入曹县境，经曹县之白茅、魏湾、王吕集，曹县南关、姚万楼、李堤口，单县大谢寨、黄顺堤、辛羊庙，至江苏省丰县五神庙止。

2、河南兰考至江苏滨海故堤。起自河南省兰考县之袁寨，东南经宋营、茨蓬、小宋、许河，由山东曹县之安乐村复入河南民权县境，经民权之旅馆、史楼，再入曹县，经曹县之商堤圈、万福村、仲堤圈、梁堤头、刘高台、赵堤口等村入单县境，经单县之小坝子、蒋堤口、孟寨村、梅庄，入安徽砀山县，由砀山县之孙黑楼、前黄楼入江苏省，经江苏丰县之黄坝，铜山之许集、王山，宿迁之半壁店，泗阳之众兴镇，淮阴之王营镇，涟水县顺安集，响水县之六套和滨海县的程圩等村。此堤原与今河南武陟马营至贯台一段黄河北堤和兰考雷集至谷营一段黄河南堤为一整体，其中封丘于店至兰考小宋集一段是明

---

* 《河防一览》：黄河北岸弘治七年河决黄陵冈，张秋运道淤阻，都御史刘忠宣公筑长堤一道，荆隆口之东西各二百余里，黄陵冈之东西各三百余里。自武陟县詹家店起，直抵砀沛一千余里，名曰太行堤。盖取耸峙蜿蜒如山之状。

弘治七年(1494年)刘大夏主持修建,其余乃是正德以后陆续增修完成的。1855年河决兰阳铜瓦厢以后,贯台至今东坝头一段为河水所冲失。

(六)明清右堤。起自河南兰考三义寨,东经二坝寨、红庙、张新,由南土山寨入民权县境,经民权县之张土山,东南经司楼、土山寨、堤角、杨堤头,下接商丘吴楼、蒙墙寺、刘口集,入虞城县境,经虞城之贾寨、韩楼、朱集、大崔庄,由乔集入安徽砀山县,经砀山县之翟寺、唐寨,肖县之新庄寨、郝集、秦庄入江苏省铜山县境,经铜山县之孟庄、张井、小坝、吴楼,下入睢宁县,经睢宁之宋湾、蔡庄,宿迁县之上坝,泗阳县胡庄、高湾,淮阴县之六堡、梁庄,淮安县之徐码头、韩后堆,阜宁县之杨码头,滨海县之孙庄、夹滩、于庄等村。此堤主要是明嘉靖、隆庆年间所修,隆庆之后也有增筑。清乾隆四十六年(1781年),河决仪封青龙岗,次年,阿桂为塞青龙岗决口,另自兰阳三堡凿开新河170里,并增修南岸新堤一道。新开河自吴楼西北通入旧河。上述原有南堤杨堤头至吴楼一段被拆除,杨堤头以上至二坝寨一段堤改作北堤。

今兰考县三义寨以东河渠至商丘吴楼西,仍存一段故堤。残存堤高3~8米,即阿桂改河所筑之新堤。

二、现在黄河大堤

黄河下游现行河道两岸堤防,是由不同时期修筑形成的,名称各异(见图2—2)。

(一)右岸堤防。右岸堤防有三段,全长640公里。

1.孟津堤。自河南孟津县牛庄至和家庙,长7.6公里,原是清同治十二年(1873年)及其以后陆续建成的民埝,最初只为保护汉光武帝陵,1938年以后始改为官堤。和家庙以下至郑州邙山根,系邙山高崖,向无堤防。

2.临黄堤。分上下两段,上段起郑州邙山根,经花园口、来童寨,中牟杨桥、九堡、狼城岗,开封市黑岗口、柳园口,开封县魏湾、埽街、大丁寨,兰考县傅楼、崔庄、东坝头、长胜寨、袁寨,袁寨以下入山东省境,经山东东明县娄寨、阎潭、樊庄、谢寨、高村集、黄庄,菏泽市刘庄、双合岭,鄄城县大刘屯、苏泗庄、旧城、左营,郓城县之新门庄、杨集、伟庄,梁山县之高堂、国那里、徐庄,长348公里。下段自济南宋家庄起,经泺口、西李家,下经历城县蔡家沟、胡家岸,章丘县席家、金王庄,邹平县田家、西庵,高青县苇园、三合、堤上孟、姜家街,滨州市马仙王、薛家坊,垦利县罗家、大张家、复兴村,至二十一户

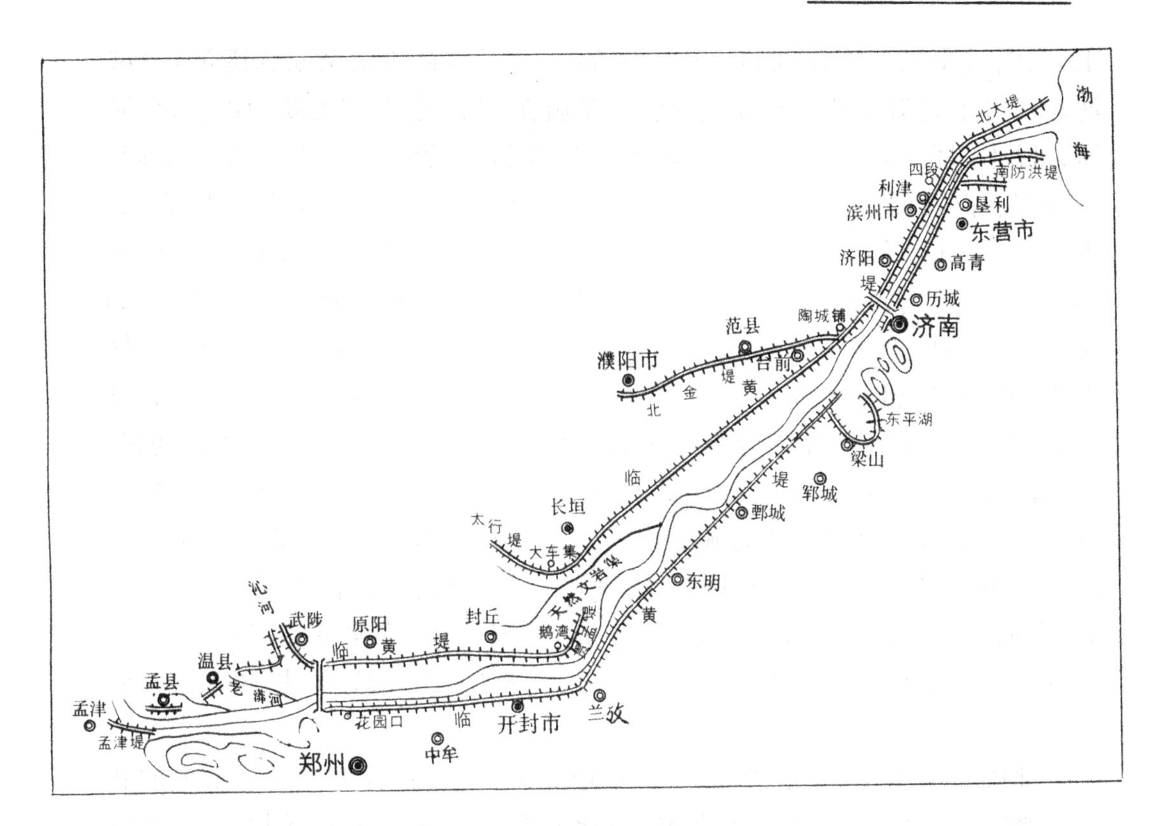

图 2—2 现行黄河下游堤防示意图

止,长 256.59 公里。

以上堤线的保合寨至兰考东坝头一段,是明清黄河旧堤,其中中牟九堡至兰考东坝头,创修于明嘉靖中期,与现存兰考三义寨以下经二坝寨、红庙等地至江苏滨海县于庄的故堤原是一体。保合寨以上原无堤工,1946 年、1955 年和 1976 年三次向西延修之后,堤工始与邙山山脚接近。兰考东坝头以下至袁寨一段,原系明清黄河北堤,与袁寨以下经宋营、茨蓬、小宋等地至江苏滨海县程圩故堤相连,1855 年铜瓦厢河决改道后,改作南堤。起袁寨向北入山东境者,是铜瓦厢改道后的新堤,其中东明谢寨以下堤段先后修筑于光绪元年至八年(1875～1882 年),东明谢寨以上至兰考袁寨一段是光绪二年(1876 年)修筑的。

3. 河口南防洪堤。上接垦利县二十一户临黄堤,下至防潮堤止,长27.79 公里,为 1968 年准备清水沟改道时所修。

(二)左岸堤防。左岸堤防有四段,全长 811.7 公里。

1. 临黄堤。分上、中、下三段:上段起河南孟县中曹坡,中经孟县开仪、化工,至温县南马庄新漭河口。以下由温县阎庄起到陆庄又断为漭河(老漭河)口。再下起南平皋,经武陟县赵庄、东唐郭、索余会至方陵断为沁河口。沁河口以下起西小庄,经詹店、张菜园,原阳姚村、张寨、大三里,封丘县于店、荆隆宫、陈桥,至封丘鹅湾止,长171.051公里。此段堤是明清黄河旧堤。其中原阳、封丘二县境的一段,是明弘治三年至七年(1490~1494年)先后由白昂、刘大夏创筑的。武陟沁河口至詹店一段,创筑于清雍正元年(1723年)。沁河口以上至东唐郭,是嘉庆二十一年(1816年)在前民埝基础上培修而成。而孟县、温县境内的堤防,分别筑于清乾隆二十一年(1756年)和乾隆二十三年(1758年)。中段起自长垣大车集,经孟岗、石头庄、杨小寨、瓦屋寨入濮阳县境,经渠村、刁城、梨园、王称固,范县彭楼、于庄,台前县刘楼、影堂、张庄,至山东省阳谷县陶城铺止,长194.485公里。下段由陶城铺下经东阿县牛屯、艾山、李营,齐河县潘庄、谯庄、席道口、吉家,济阳县解庄、北河套、直河村、老桑家渡,惠民县簸箕李、归仁、五甲杨,滨州市赵家口、滨州城南、张王庄,利津县宋家集、利津城东关、王家庄,至四段止,长345.192公里。

北临黄堤中,下段是清咸丰五年(1855年)兰阳铜瓦厢改道后形成的新堤。当时,正值太平军和捻军起义,清廷无力顾及堵口,劝民筑埝自卫,至咸丰十一年(1861年),"张秋以东自鱼山至利津海口皆筑民埝"。同治四年(1865年)长垣大车集以下修筑民埝60余里,光绪三年(1877年)又接修濮州、范县一段民埝。此后民埝逐渐改修为官堤。

2.贯孟堤。起自河南封丘贯台东一里之西坝头,经前、后辛庄、念张、长垣县左寨,至姜堂止,计长21.12公里。此堤是民国10年(1921年),河南灾区救济会(后改为河南华洋义赈会),为避免封丘贯台至长垣大车集之间近河居民遭受黄河水灾,以工代赈修筑的,后因南岸兰封绅民反对而中止。民国23年(1934年)全国经济委员会会同黄河水灾救济委员会工赈组、黄河水利委员会及豫、冀两省建设厅,续修此堤至姜堂,因原计划修至长垣孟岗,故名贯孟堤。

3.太行堤。起自河南延津县魏丘,中经大庞固村、蒋村,封丘县黄德集至长垣县大车集,计长44公里。此堤原系明代黄河故堤,与魏丘以上至胙城的故堤以及东明阎潭以下经三春集、马头等地至江苏丰县五神庙止的故堤本是一体,因铜瓦厢河决冲断而废弃。1956年,为防止黄河大水自天然文岩渠倒灌北溢,特加修作为屏障。

4.河口北大堤。起自利津四段至垦利县防潮堤,1974年,为准备清水沟改道所修,长35.821公里。

第二节 堤防培修

黄河堤防是防洪的主要屏障,其培修方法不断改进。清朝对于堤线的选定、取土地点、质量要求、施工时间等均有明确的规定。据《安澜纪要·创筑堤工》记载,修堤须五宜二忌。五宜即:"勘估宜审势","取土宜远","坯头宜薄","硪工宜密","验收宜严"。二忌是:一忌隆冬施工,二忌盛夏施工。民国时期,堤防培修多沿用历史传统修堤方法,根据工程情况,制定修堤标准。

建国后,黄委会根据不同时期的防洪任务,制定堤防工程标准、施工规范、工程质量检查验收制度等,分期进行施工,逐步提高防洪标准。

一、解放区复堤工程

1938年,国民党军队扒开郑州花园口黄河大堤,黄河改道近9年。花园口以下故道堤防经战争破坏,多年失修,残破不堪,故道内有40多万人居住耕种。1946年,国民政府决定堵复花园口口门,使黄河回归故道,阴谋水淹解放区。中国共产党以大局为重,提出先复堤和迁移故道居民而后堵口,与国民政府举行谈判并达成部分协议。但国民政府却一再违反协议,提前堵口。为保护解放区人民的切身利益,中国共产党领导黄河两岸人民,对故道堤防开展了大规模的复堤运动。

1946年2月冀鲁豫解放区黄河水利委员会成立,并于沿河各专、县分别设立黄河修防处及修防段,具体组织领导修堤防汛工作。同年6月3日,冀鲁豫黄河水利委员会召开沿河各县修防段长会议部署修堤工程,至6月10日西起长垣、濮阳,东至平阴、长清,上堤民工达23万人,经过一个月的培修,完成了任务。

1946年5月22日,山东省渤海区修治黄河工程总指挥部及济阳以下各县治黄指挥部成立,同时成立了河务局及沿黄济阳、齐东、杨忠、滨县、青城、高苑(高青)、蒲台、惠民、利津、垦利县治河办事处,作为指挥部的办事机构。自5月25日起,渤海解放区19个县组织20万人开始大规模的复堤,计划修复1938年前大堤原状后普遍加高1米。堵复了麻湾决口口门(1937年决口),添修了套堤,垦利以下至河口新修堤30公里,两次修堤共计完成土方 911 万立方米，工日 604 万个，投资 319 万元。

当渤海区人民紧张复堤之际，国民政府一面加紧堵口，一面派飞机、军警、特务破坏复堤工作，不断袭击复堤工地，杀害修堤干部、民工，烧毁、抢劫治河料物，仅齐东、青城、济阳三县的干部工人和民工就有 46 人惨遭国民党军警特务杀害。冀鲁豫解放区鄄城、郓城、濮县、昆山、寿张、范县六县被国民党军烧毁的秸料达 70 多万公斤，麻和麻绳 9 万多公斤，以及大批木桩、麻袋等。解放区军民奋起抗争，"一手拿枪反蒋，一手拿锹治黄"，打退了国民党军队的进攻，终于完成复堤任务。

1947 年 3 月 15 日，国民政府违约提前堵口合龙放水，为争取防洪主动，渤海区行政公署与河务局联合召开沿河各县长及治河办事处负责人会议，决定沿河 11 个县成立地、县治黄委员会，统一调配人力物力进行第二次复堤工程。堤防培修按照高出 1937 年洪水位 1 米，普遍加高补齐。1947 年 3 月，冀鲁豫区黄委会在东阿郭万庄召开治黄工作会议，提出在北岸"确保临黄，固守金堤，不准决口"的方针，在南岸"抓紧一切空隙，利用一切方式进行抢险"。同年 5 月，冀鲁豫解放区人民，掀起第二次大复堤高潮，30 万人治黄大军展开了复堤劳动竞赛。至 7 月 23 日止，西起长垣大车集，东至齐河水牛赵，长达 300 公里的大堤(包括金堤)普遍加高 2 米，培厚 3 米，1947 年共完成土方 827 万立方米，投资 253 万元。

1948 年，解放区的治黄斗争进入新阶段，冀鲁豫黄河水利委员会在观城召开春季复堤会议，确定进一步开展复堤运动，力争达到临黄堤顶超出 1935 年最高洪水位 1.2 米的标准，复堤土方 350 万立方米。黄河北岸复堤工程于 3 月下旬开工，除山东沿黄 11 个县外，聊城、茌平、博平等县也派工支援，共上民工 10.7 万余人。当时修堤民工不断受到国民党飞机和部队的轰炸、炮击，但在地方武装的配合下，突击抢修完成土方 500 万立方米，投资 237 万元。南岸复堤工程因受国民党军队的不断骚扰，修堤极其困难，在北岸渡河援助的情况下，将急需的险工加以修复。1946 年至 1948 年解放区修堤共完成土方 2238 万立方米，工日 1516 万个，投资 808 万元，3 年修堤为战胜 1949 年黄河秦厂站 12300 立方米每秒洪水，奠定了物质基础，粉碎了国民党水淹解放区的阴谋。

二、建国后的三次大修堤

1949 年全国解放后，黄河由分区治理走向统一治理，首要任务是保证黄河不决口。黄河下游采取“宽河固堤”方针，把巩固堤防作为防洪的主要措施。根据各个时期河道淤积情况和防洪标准，对下游堤防进行了三次大规模地加高培厚，1949～1985 年共计完成土方 4.2 亿立方米，用劳力 2.07 亿工日，投资 4.61 亿元，完成了防御花园口站 22000 立方米每秒洪水的标准，为战胜洪水奠定了物质基础。

(一)第一次大修堤

第一次大修堤，是在解放战争期间复堤的基础上，从 1950 年开始至 1957 年，逐年加高加固堤防，提高防洪标准。修堤工程标准各年有所不同。1950 年的治黄工作方针是：“以防比 1949 年更大的洪水为目标，加强堤坝工程，大力组织防汛，确保大堤，不准溃决”。沿黄河南、平原、山东三省结合各省的实际情况，制定了修堤标准，河南省以防陕州站流量 18000 立方米每秒为标准，堤顶超出标准流量相应水位 1 至 1.5 米，堤顶宽 7 米，险工堤段酌量放宽，临河边坡 1∶2 至 1∶3。平原省复堤标准是，设计堤顶中心以高出 1949 年洪水位 1.5 米为标准，卡水堤段高出 1.8 米，堤顶宽 7 至 9 米，张秋金堤顶宽为 10 米，背河边坡 1∶2 不变，加高部分为 1∶3，临河边坡 1∶3。山东省的工程标准是，堤顶超出 1949 年洪水位 1.5 米，堤顶宽一般 6～7 米，堤身坡度临河 1∶2.5，背河 1∶3。

1951 年 1 月黄委会召开第一次委员会议。确定了 1951 年的治黄方针和任务是：“继续加强堤防，巩固坝埽，大力组织防汛，在一般情况下，保证发生比四九年更大的洪水时不生溃决”。河南省大堤加高标准以超过 1949 年洪水位 4 米，顶宽 10 米，边坡不变。平原省黄河两岸大堤，以高出 1949 年洪水位 2 至 2.5 米，顶宽 9 至 11 米，坡度 1∶2 至 1∶3。山东堤段以保证泺口流量 9000 立方米每秒不生溃决。南岸大堤自济南至高青刘春家险工以上，堤顶超高为 2 米；滨县以下大堤规定超高 1.5 米，堤顶宽平工段为 7 米，险工段为 7 至 10 米，临河边坡 1∶2.5，背河边坡 1∶3。

1952 年下游防洪工程，以防御陕州站洪水 23000 立方米每秒，争取防御陕州站 29000 立方米每秒为目标，根据这一目标，各省拟订了堤防工程标准。河南省堤防建设以修补堤防残缺包淤为主。平原省堤段，规定南岸自东明小温庄至高村堤顶高出 1949 年洪水位 2.8 米，自东明高村至梁山十里堡堤顶高出 1949 年洪水位 2.5 米。黄河北岸大堤仅择要修筑后戗及零星土方。山东省工程标准改为防御泺口流量 8500 立方米每秒，堤顶一律超高 1949 年洪水位 2 米，顶宽 7 至 10 米。堤顶高度不足的堤段，应加修够标准，大堤临背河堤坡不足规定者一律补齐，对背河渗水严重的险工和土质较差的堤段加修后戗。

1952年12月平原河务局撤销，菏泽、聊城修防处和濮阳金堤修防段所辖堤防380.8公里划归山东黄河河务局。东明修防段所辖堤段61.9公里，新乡修防处、濮阳修防处所辖黄河堤防380公里，沁河堤防154.96公里，划归河南黄河河务局。

1955年黄委会对黄河下游洪水采用了频率法计算，算出秦厂站百年、二百年、千年、两千年一遇洪水分别为：25000、29000、36500、40000立方米每秒，并提出了1955年防御黄河秦厂站25000立方米每秒为标准，制定了沿河设防水位和培修标准(如表2—2、表2—3)。

按各年规定的黄河修堤工程标准，河南、平原、山东各省，从1950年至1957年各年编制修堤计划，各县组织修堤施工指挥部，动员劳力，开展了大规模的复堤工程，于每年的3月至6月和10月至12月春冬施工。1950年开始，基本上按征工办法，每年组织民工20至25万人上堤施工。1952年以后推行了"按方计资，多劳多得"的工资政策，收下方土塘结算，在施工中贯彻了质量与效率并重的精神，要求坯土厚0.3米，硪实为0.2米，每立方米土壤干容重达到1.5吨/米^{3}为合格。由于沿黄群众经过土地改革和抗美援朝爱国主义的思想教育，政治觉悟普遍提高，工地上出现不少象梁山县王传信、王传家兄弟日推土18标准方的模范。施工工具不断改进，由挑篮、土车，逐渐改进为胶轮车、平车，使效率不断提高。按100米运距1立方米土做为一个标准方计算，1950年开始日工效土方2立方米，1955年以后工效提高至4立方米，甚至不少县和土工队效率达到5至8立方米。硪实工具由片硪、灯台硪改进为碌碡硪，实行逐坯验收，开展评比竞赛，使工程质量有了显著提高，达到了规定要求。经过施工，使堤防的防洪能力逐年提高，1950年至1957年8年间，共完成土方14090万立方米，平均每年完成土方1761万立方米，最高年份1955年完成土方3530万立方米，总投资达7847万元，平均每方土单价0.56元(见表2—4)。第一次大修堤工程，为战胜1958年黄河花园口站22300立方米每秒大洪水打下了可靠的物质基础，在不分洪的情况下，使洪水安全入海。

1955年防御黄河秦厂站25000米³/秒设防水位表　　表2—2

项目＼站名	秦厂	柳园口	夹河滩	石头庄	高村	苏泗庄	孙口	艾山	泺口
流量(米³/秒)	25000	23600	23300	23000	14850	12000	10800	9000	8600
设计水位(米)	98.94	81.23	74.97	67.60	62.20	58.00	48.50	42.15	31.00

注:水位系大沽基点高程

1955年黄河堤防工程标准表　　表2—3

岸别	省别	大堤名称	起讫地点	超设计水位(米)	顶宽(米)		临河边坡	背河边坡
					平工	险工		
北岸	河南省	临黄堤	孟县中曹坡至京广铁桥	2.3	10		1∶3	1∶3
		临黄堤	京广铁桥至封丘鹅湾	2.5	10		1∶3	1∶3
		临黄堤	长垣大车集至30公里处	3.0	10		1∶3	1∶3
		临黄堤	30公里处至濮阳孟居	2.3	10		1∶3	1∶3
		临黄堤	孟居至河南濮阳下界	2.3	9		1∶3	1∶3
	山东省	临黄堤	濮阳下界至东阿艾山	2.3	8	11	1∶3	1∶3
		临黄堤	东阿艾山至齐河南坦	2.1～2.3	7	9	1∶2.5	1∶3
		临黄堤	齐河南坦至垦利四段	2.1	7	9	1∶2.5	1∶3
		北金堤	濮阳上界到范县姬楼	2.0	10		1∶3	1∶3
		北金堤	姬楼至寿张颜营	2.3	10		1∶3	1∶3
	河南	太行堤	长垣大车集以上24公里	2.0	5		1∶2.5	1∶2.5
	山东	寿张民埝	寿张枣包楼至陶城铺	低于临黄堤顶1.0米	7		1∶2.5	1∶2.5

续表

岸别	省别	大堤名称	起迄地点	超设计水位（米）	顶宽（米）		临河边坡	背河边坡
					平工	险工		
南岸	河南	临黄堤	郑州上界至兰考东坝头	2.5	10		1∶3	1∶3
		临黄堤	东坝头至东明李连庄	3.0	10		1∶3	1∶3
		临黄堤	李连庄至东明高村	2.5	10		1∶3	1∶3
		临黄堤	高村至河南东明下界	2.5	9		1∶3	1∶3
	山东	临黄堤	菏泽上界至梁山十里堡	2.5	8	11	1∶3	1∶3
		临黄堤	济南田庄至垦利鱼洼	2.1	7	9	1∶2.5	1∶3
		梁山民埝	梁山十里堡至徐庄	低于临黄堤3.0米	7		1∶2.5	1∶2.5

注：①京广铁桥以上至沁河口北岸大堤，处于京广铁路桥以上壅水段，土质多沙，规定堤顶超出设计洪水位4米，顶宽15米，临背边坡1∶3。

②后戗标准：顶宽2～4米，边坡1∶5，戗顶低于设计洪水1.5米，或按1∶8浸润线考虑。

第一次大修堤历年完成情况表 表2—4

年份	土方（万立方米）	完成投资（万元）	完成工日（万个）
1950年	749.29	301.84	515.98
1951年	3402.12	2072.57	1193.38
1952年	721.44	414.53	405.87
1953年	834.96	477.53	375.09
1954年	1556.35	820.99	371.13
1955年	3530.85	1603.84	1223.48
1956年	2164.07	1445.51	561.14

续表

年　　份	土　　方（万立方米）	完成投资（万元）	完成工日（万个）
1957年	1130.94	710.82	290.65
合　　计	14090.02	7847.63	4936.72

注：资料摘自黄委会《黄河治理统计资料汇编》(1949～1980年)

（二）第二次大修堤

1960年三门峡水库建成后，由于过分乐观地估计了形势，对黄河下游修防工作有所放松，堤防工程一度失修。同时，三门峡水库初期运用后，因淤积严重，1962年4月将"蓄水拦沙"的运用方式改为"滞洪排沙"，加重了下游河道的淤积，黄河下游的防汛任务已由1960年的防御花园口站洪峰流量25000立方米每秒，降为1962年的18000立方米每秒。为恢复河道的排洪能力，1962年黄委会确定"黄河下游近期防洪标准，以防御花园口22000立方米每秒洪水为目标"，开始进行第二次大修堤。（见表2—5）

1962年黄河大堤设计水位表　　　　表2—5

项目＼站名	花园口	柳园口	夹河滩	石头庄	高村	苏泗庄	孙口	艾山	泺口	利津
流量(米^3/秒)	22000	21180	20500	19840	18400	17700	16200	13000	13000	13000
设计水位(米)	94.44	80.48	74.84	68.38	63.46	59.36	49.66	43.33	32.76	15.12

这次设计水位比1955年设计水位在兰考东坝头以下河段水位有所升高，石头庄升高0.78米，高村升高1.26米，孙口升高1.16米，泺口升高1.76米。升高的原因，一是河道淤积，二是高村以下各站提高了排洪流量。高村站流量由14850立方米每秒提高到18400立方米每秒，孙口站流量由10800立方米每秒提高到16200立方米每秒，泺口、艾山流量由9000立方米每秒提高到13000立方米每秒。

根据上述设计水位，制定工程标准。长垣石头庄至位山两岸堤防超高为2.5米，堤顶宽9米，险工段顶宽11米，边坡1：3；位山以下按艾山下泄流量13000立方米每秒水位设防，堤顶超高2.1米。其中位山至豆腐窝左堤顶宽8米,险工段顶宽11米,临河边坡1:2.5,背河边坡1:3(以下同);齐河豆腐窝至綦家庄两岸大堤顶宽9米,险工段顶宽11米;綦家庄至垦利四段、渔洼两岸堤顶宽7米,险工段宽9米;垦利左右岸民埝均按超高1.0米,顶宽5米,临背坡1:2.5设计,堤身断面按浸润线1:8检查,分别情况加修后戗。在大堤培修中对相应的辅道、房台及土牛辅助土方,本着节约精神进行加修。

第二次大修堤开始于1962年,集中在1963至1965年施工,到1965年完成,共计完成土方5396万立方米,投资7347万元,综合土方单价1.36元。这次土方施工比第一次大修堤有显著变化,其特点是挑篮、抬筐被淘汰,主要由胶轮车代替,硪实推广了拖拉机、碌碡硪,淘汰了灯台硪轻型硪具。经测验,拖拉机碾压平均台时400平方米,相当于10盘硪的效率。民工上堤普遍由各公社大队成立土工队,实行包工包做,按方计资,土工队内部实行多劳多得。不少工地采取了机械拉坡、道路木板化等措施,进一步提高了工效和质量。(见表2—6)

第二次大修堤历年完成情况表　　表2—6

年　度	土　方 (万立方米)	投　资 (万元)	工　日 (万个)
1962年	412	673	309
1963年	1780	2416	1153
1964年	1789	2414	1132
1965年	1415	1844	603
合　计	5396	7347	3197

注:表内数字来自黄委会《黄河治理统计资料汇编》(1949～1980年)

(三)第三次大修堤

三门峡水库改建工程投入运用后,泄流能力增大,水库又实行"滞洪排沙"的运用方式,下游河道发生严重淤积主槽的现象。孙口以上河段1969年至1973年河道淤积22.19亿吨,平均每年淤积4.44亿吨,河道排洪能力大为降低。1973年花园口站出现5000立方米每秒的小洪水,花园口至石头庄160公里河段水位比1958年花园口流量22300立方米每秒洪水位还高0.2

至0.4米，而且河势摆动加剧，严重威胁防洪安全。1973年11月黄河治理领导小组在郑州召开了下游治理工作会议，根据下游严重淤积的新情况，提出下游治理意见，首先大力加高加固堤防，改建北金堤滞洪区，完成南北展宽工程，确保防洪防凌安全。1974年黄委会根据会议精神制定了《黄河下游近期(1974～1983年)堤防加高加固工程初步设计》，确定以防御花园口站22000立方米每秒洪水为标准，确保不决口，并拟制了黄河下游1974年至1983年设计防洪流量和水位。(见表2—7)

1974～1983年黄河下游设防流量、水位表　　表2—7

站名	堤线桩号		流量(米³/秒)	水位(米)
	左岸	右岸		
花园口	94+810	9+888	22000	96.80
夹河滩	204+690	122+500	21500	77.98
石头庄	17+113	172+390	21200	70.06
高　村	55+000	207+900	20000	65.42
苏泗庄	80+844	239+950	19400	61.38
邢　庙	123+057	272+965	18200	57.00
孙　口	163+750	323+750	17500	52.47
陶城铺	5+900	(山)	11000	47.38
艾　山	30+500	(山)	11000	45.21
泺　口	137+500	29+800	11000	35.52
利　津	318+171	211+400	11000	17.39

注:水位系新大沽高程

根据上述设计流量及水位，相应洛河口以上至孟津河段堤防，以防御相应花园口站流量22000立方米每秒洪水时，小浪底站流量17000立方米每秒为标准，京广铁路桥以上至沁河口壅水段，以相应花园口流量22000立方米每秒水位，加上按花园口流量30000多立方米每秒时壅高水位2.03米为标准。根据上述流量、水位制定了相应的堤防工程标准。

1、堤防超高—考虑风浪高加安全超高。风浪高是根据黄河下游风速和各河段水面宽度情况，按照苏联钟可夫斯基教授波浪在坝坡跃升的高度公式计算，风速采用7级风的中值为每秒15米。安全加高按Ⅰ级建筑物采用1米。

2、堤防断面—采用经验断面施工。堤防顶宽考虑防汛抢险的交通运输和堤防的重要性而不同。渠村分洪闸以上有可能发生超标准洪水，故顶宽、超高、边坡较大，规定堤顶一般宽10米，险工12米；渠村至艾山一般平工顶宽9米，险工11米，艾山以下一般平工顶宽7米，险工9米。艾山以上临背堤坡均为1：3，艾山以下临河坡为1：2.5，背河坡为1：3。1955年及1957年曾对13处黄河大堤断面进行过稳定分析，其堤坡稳定系数为1.2～4.3。1980年曾对大堤抗震稳定作过计算，其结果背河堤坡安全系数为1.08～1.09，临河坡安全系数为1.33～1.53。1986年编制黄河下游第4期堤防加固河道整治设计任务书时，计划大部分堤防再加高0.5～1米，分析堤坡稳定情况，共选取20个断面，计算分析的结论是：

第一、临河坡在稳定渗流情况下所有断面都是稳定的。当水位骤降时，除垦利章丘屋子、齐河董家寺和齐河南坦三个断面外，其余安全系数值都大于1.1。这三个断面临河坡均为1：2.5，经分别将该三个断面临河坡改为1：2.8、1：3、1：2.8后，其安全系数为1.15、1.17、1.18，满足了要求。

第二、对于背河坡，设计洪水位稳定渗流情况为控制条件，从计算成果看，有5个断面的安全系数小于1.3，其余均达到稳定要求。采取淤背或后戗加固后，安全系数全部达到静力稳定要求。

3、浸润线—为了满足渗流稳定的要求，根据典型断面分析计算和观测，并考虑黄河洪峰持续时间较短和土壤渗透系数大小等情况，规定平工堤段1：8，险工堤段1：10，按此标准检查，堤防断面渗径不足规定的，加修后戗或前戗工程。

根据以上规定标准制定黄河下游大堤各段工程标准如表2—8。

1974～1983 年黄河大堤工程标准情况表　　表 2—8

省别	大堤名称	起止地点	堤顶超高（米）	顶宽（米）		边坡	
				平工	险工	临河	背河
河南	北岸临黄堤	孟县中曹坡至单庄	2.5	8	10	1:3	1:3
	北岸临黄堤	温县南平皋至武陟方陵	2.5	9	11	1:3	1:3
	北岸临黄堤	武陟白马泉至京广铁桥	3.0	15		1:3	1:3
	北岸临黄堤	京广铁桥至濮阳渠村闸	3.0	10	12	1:3	1:3
	北岸临黄堤	渠村闸至台前张庄	2.5	9	11	1:3	1:3
	贯孟堤	封丘鹅湾至长垣姜堂	2.5	8		1:3	1:3
	太行堤	长垣大车集至延津县魏丘	2～2.5	6		1:3	1:3
山东	北岸临黄堤	东阿陶城铺至艾山	2.5	9	11	1:3	1:3
	北岸临黄堤	艾山至八里庄	2.1	8	10	1:3	1:3
	北岸临黄堤	八里庄至四段	2.1	7	9	1:2.5	1:3
	河口两岸堤	四段、二十一户以下	1.1	7	9	1:2.5	1:3
河南	南岸临黄堤	孟津牛庄至小梁庄	2.5	6		1:3	1:3
	南岸临黄堤	郑州邙山根至兰考岳寨	3.0	10	12	1:3	1:3
山东	南岸临黄堤	兰考岳寨至东明高村（无铁路段）	3.0	10	12	1:3	1:3
	南岸临黄堤	有铁路堤段	3.0	12	14	1:3	1:3
	南岸临黄堤	高村至梁山徐庄（无铁路段）	2.5	9	11	1:3	1:3
	南岸临黄堤	有铁路段	2.5	11	13	1:3	1:3
	南岸临黄堤	宋庄至盖家沟	2.1	9	11	1:2.5	1:3
	南岸临黄堤	盖家沟至老于家	2.1	7	9	1:2.5	1:3
	南岸临黄堤	西冯至二十一户	2.1	7	9	1:2.5	1:3

第三次大修堤，按照上述工程标准，自1973年冬开始施工，历经12年，于1985年基本完成。河南、山东两省每年组织民工十几万人，多则达80万人参加施工。除沿黄9地、市，动员38个县(山东23个县，河南15个县)修堤外，并组织非沿黄县民工支援修堤。施工任务分配到社、队，工具由民工自带，运土以胶轮车为主，部分拖拉机、铲运机运土，拖拉机碾压。共计培修堤长1267.3公里，其中临黄堤1236公里，太行堤22公里，贯孟堤9.3公里，完成土方19842万立方米，用工10787万个，投资29455万元，土方综合平均单价为1.48元。(见表2—9)

第三次大修堤历年完成情况表 **表2—9**

年份	土方 (万立方米)	投资 (万元)	工日 (万个)
1974年	1137.84	1199.34	681.35
1975年	1399.96	1700.80	942.90
1976年	6160.72	8221.68	3333.28
1977年	1912.69	2514.40	1068.90
1978年	2066.33	2537.78	973.56
1979年	2181.00	3076.70	1427.34
1980年	503.89	730.85	189.83
1981年	494.00	1685.00	370.40
1982年	2001.00	3428.00	910.47
1983年	1699.00	3440.00	779.45
1984年	187.00	569.00	70.47
1985年	99.00	352.00	39.14
合计	19842.43	29455.55	10787.09

注：资料摘自黄委会《黄河治理统计资料汇编》(1949～1980年、1981～1985年)

三、施工管理

黄河三次大修堤，每年都有数十万人参加施工，为加强施工管理，制定了一系列关于加强施工管理的规章制度，逐步提高了科学管理水平，基本上做到了施工有设计和计划，质量有检查，技术操作有规程，劳动有定额，经费开支有标准，竣工有验收，工完帐结，政策兑现。

（一）组织领导

堤防工程施工，主要依靠沿黄地（市）县、乡各级党委、政府的领导，首先成立县一级复堤工程指挥部，由县政府负责人任指挥，并抽调有关部门干部组成。下设办公室、工务、财务等科室，分工负责民工的政治思想工作，掌握工程进度及质量，搞好民工生活和治安卫生工作。黄河修防部门具体负责施工计划、放样、质量检查、工程验收、收方算帐等业务工作。以乡、村基层单位为主组成施工队上堤施工。在开工之前指挥部要做好施工前的准备工作：首先召开施工会议部署任务，落实劳力机具，安排好民工食宿和生活报酬问题，会后深入乡村基层组织发动群众上堤施工。其次培训施工人员：主要培训施工员、边锨、硪工、机长、质量检查人员，贯彻施工规范、质量要求和工程标准。第三制定施工的各项规定：根据上级有关规定制定工地的实施办法和细则，包括工资办法、民工记分记工办法、工程质量要求、安全操作规程、征用挖压土地赔偿补偿办法、开支标准、奖惩制度等。第四落实施工计划：按出工单位划分工段，核定土方量，划定土塘、道路，做好清基、刨树回填树坑、迁移房屋、搭桥排水等一切施工准备工作。第五施工队组织：主要是贯彻“精工壮工”的原则，防止老弱病残和有宿疾者参加。在建国初期主要由行政区划的各县、乡、村实行征工包做，1953 年以后发展为包工包做，多数为自愿包工队，20～40 人为一队。中共十一届三中全会以后实行承包责任制。建国初期，黄河沿岸灾情较多，施工实行以工代赈，结合救灾，多劳多得，收入归己。公社化以后，适当照顾按交社工资成数记工，以后发展为按劳力推土多少，按方计资，劳力评分记工，按工分配，硪工、边锨工实行以质定等，以等按平方米计资。

（二）质量管理

在三次大修堤中，都强调“百年大计，质量第一”的精神，教育民工和干部自觉地认真执行质量标准,保证工程质量,对清基压实、工段接头、起毛开蹬、虚坯厚度、压实干容重、土料调配、淤土包边封顶、工程尺度标准等八项指标规定,必须认真执行,不符合要求的坚决返工,以达到要求为止。

对质量标准,1950～1954年黄委会与河南、山东河务局在工地上做了大量的硪具、土质、坯厚、含水量压实试验,总的要求土方压实后干容重达到1.5吨/米^{3}为合格。建国初期要求虚土坯厚0.4米,硪实后为0.3米,1953年以后改为虚坯土厚为0.3米,硪实后为0.2米,同时用验硪锤、验硪签检查硪实厚度。1955年水利部颁发了《土方施工技术规范》,同年黄委会制定了《黄河下游修堤土方工程施工技术规范(草案)》,对清基、取土、填筑、工段接头、施工质量检查都有了明确的规定。第三次大修堤时,1974年11月黄委会又颁发了《黄河下游修堤工程质量的几项要求》,其中特别规定了拖拉机碾压的方法和参数,将原来虚坯土厚改为0.25米～0.3米,拖拉机碾压5～8遍,以达到土壤干容重1.5吨/米^{3}的要求。

施工中严格执行检查验收制度。第一次大修堤期间是群众性的检查验收,一般以施工队为单位,由干部带领边锨、硪工积极分子组成检查小组,实行逐坯检查每盘硪实的质量,按坯厚检查;区和县施工指挥部进行定期检查,对检查结果好坏及时进行表扬或批评。第二、三次修堤时,各级指挥部都建立专门的质量检查验收组织,地、市称委员会,县、区称领导小组,都有负责同志参加。乡、镇设质量检查员,负责本段施工质量。拖拉机碾压设专人检查压实遍数,并有专人做干容重检查,逐坯进行质量检查验收,发现不合格者,随时进行返工。为了奖励优质工程,实行以质定等,以等按平方米计资的办法,一般县、区3至5天巡回检查一次,地、市指挥部10天巡回检查一次。竣工时,要经上一级组织验收。

(三)工具改革

1.运土工具:50年代第一次大修堤期间,运土工具主要是抬筐、挑篮和木轮小车,民工劳动强度大、工效低,小木轮车一般14车才能运一立方米土。1951年济南地区使用大胶轮车(即汽马车)和平车运土,试验结果,一辆大胶轮车等于12副抬筐,一辆平车等于2副抬筐。1952年试用小胶轮车,一辆车相当于3.5副抬筐。由于小胶轮车价格便宜,群众容易购买,1953年以后推广小胶轮车运土工具。60年代,第二次大修堤时期,全河基本上实现了胶轮车化。1965年春修,范县等地还创造了利用拖拉机拉坡,胶车路板化,减轻了劳动强度,使工效成倍提高。同时用拖拉机碾压,代替硪具。70年代,第三次大修堤期间,主要是平车运土加拉坡机拉坡,靠城镇近的则用汽马车、拖拉机挂斗。同时,发展机械化施工,河务部门组建起一批机械施工队伍,利用铲运机、装载机、挖掘机及汽车,进行远距离运土。在堤根靠河渠堤段还组织挖泥船修堤。

从 1979 年开始,河南、山东河务局组建机械化施工队,河南局组建有机械化施工总队,濮阳、新乡铲运机队,郑州施工队,共有职工 1413 人,拥有土方机械 266 台,其中铲运机 116 台(其中 2.5 立方米的 103 台,6～8 立方米的 13 台),1 立方米挖掘机 5 台,2 立方米装载机 3 台,推土碾压机 26 台,自动卸汽车 27 部。1982 年山东河务局组建起阳谷、齐河、济南郊区、惠民、高青、垦利等 7 个铲运机队,拥有 2.5 立方米铲运机 104 台,推土机 23 台。这些机械至 1983 年已完成土方 1221 万立方米,平均每台班完成标准方(100 米运距)221 立方米。机械作业节省了大量的农业劳动力和施工补助粮、煤。(见表 2—10)

黄河下游各种运土工具工效统计表　　表 2—10

运土工具	效率（米^3/工日）	运土工具	效率（米^3/工日）
挑　篮	2.72	小胶轮车	8.78
抬　筐	2.46	汽马车	29.50
木轮车	3.89		
平　车	5.00	2.5 立方米铲运机（米^3/台班）	221.00

注:表内工效系指标准方,即 100 米运距 I 类土的立方米数量。

2. 压实工具:1950 年前后硪实工具主要为片硪、灯台硪,硪重 30～40 公斤,直径 30～37 厘米,由 8 人操作,虚坯厚 0.4 米,夯打 4～5 遍,硪实厚可达 0.3 米,因硪轻、拉高不够标准(2.4 米),夯实质量差,遂被淘汰。1950 年开始试用碌碡硪,硪重 75 公斤,底径 0.25 米,拉高 1 米,坯土厚 0.3 米,打两遍硪实厚度可达 0.2 米,它具有质量好、效率高、易于掌握的优点,1953 年以后向全河推广。1963 年春修在梁山试用多种型号的拖拉机进行碾压,试验结果是虚坯土厚改为 0.25 米,碾压 5～8 遍即可达到干容重 1.5 吨/米^3 的要求,坦坡和死角配硪工夯实,一台机每台班可碾压 3000 平方米左右,能顶10盘硪的工作量,可节约100个劳力,比人工硪实降低单价50%,而且压实质量均匀,优于硪工。

(四)民工工资政策

黄河修堤历年都动用大量民工,在1946至1949年解放战争时期,是义务征工性质,只给民工必要的生活补助。建国后,1950年全国水利会议明确提出修堤土方工资要按“义务劳动和统一计算标准”的原则,1951年黄委会确定土方工资每工日3.8市斤小米,并规定每完成一标方(100米运距一方土)给2.625市斤小米,运距不足100米时,70米以内按6%计算,10米为一级,每级递减米0.157市斤,70米至200米,按3%计算,每级增减米0.07875市斤,600米以上按2%计算,每级增米0.0525市斤。硪工按级给米,特级每人每日米10市斤,一级每人每日米9市斤,二级每人每日米7.5市斤,三级每人每日米6.5市斤,四级每人每日米6市斤。1953年改小米为人民币计资,实行按方计资,每标方0.225元,硪工按平方米计资,每平方米0.027元,优质的每平方米0.03元,采用片硪、灯台硪的仍实行评等计资的办法(即分5等,特等每工日1.1元,一等0.9元,二等0.8元,三等0.7元,四等0.65元)。1954年增加了东平湖船运土方单价,下方土每方土运距1公里单价0.96元,10公里单价1.5元(包括挖、装、卸)。边锨工分等计资,每工日0.7～0.75元,特等每工日0.8元。1957年统一工资标准,木轮车每标方0.24元,胶轮车每标方0.22元。1958年由于“左”的思想干扰,河南降为每标方0.15元,山东每工日0.2元,出现平调现象。1962年河南黄河每标方升至0.5元,1963年山东黄河春季施工每标方单价分别为0.417元、0.391元、0.368元,冬季则统一调为0.33元,硪工每平方米0.083元。1974年统一按民工工资1.2元,土工每标方单价0.3元,人工夯实每平方米0.05～0.06元,边锨工每100平方米0.61～0.68元。1981年民工工资由日工资1.2元调增为1.4元,土方每标方单价调增至0.35元。1985年民工日工资调增为2元,土方每标方单价调增至0.5元,各次调增的同时,硪、机、边工都相应调增。(见表2—11)

黄河历年修堤民工工资水平表　　表 2—11

年　度	工　资　情　况				
1951 年	不分土壤类别，100 米运距，每立方米土 2.265 市斤小米，每工日 3.8 市斤小米				
1957 年	不分土壤类别，100 米运距，每立方米土 0.225 元，硪工每平方米 0.027 元～0.03 元				
1962 年	一类土每立方米（100米运距）木轮车0.24元，胶轮车0.15元（河南）、0.22元（山东）				
年　度	一类土（元/米^3）	二类土（元/米^3）	三类土（元/米^3）	硪工单价（元/米^2）	普工（元/工日）
1975 年	0.30	0.34	0.38	0.05～0.06	1.20
1981 年	0.35	0.397	0.443	0.056～0.06	1.40
1985 年	0.50	0.567	0.633	0.0829～0.10	2.0

第三节　堤防加固

黄河下游堤防，除三次大修堤外，还进行了锥探灌浆、消灭隐患和大量的加固工程。

一、处理堤身隐患

历史上黄河因堤防隐患形成的决口屡见不鲜，建国以来，开展了群众性的普查隐患，捕捉害堤动物，锥探压力灌浆、抽水洇堤等工作，取得显著成效。

（一）隐患类型

堤身隐患有以下几种：1. 动物洞穴：主要害堤动物如獾、狐、地鼠、地猴等，在堤身内掏洞筑窝，洞身纵横，相互连通，有的横穿堤身，对堤防危害很大。2. 人为隐患：主要在抗日战争时期，堤上挖有军沟、战壕、防空洞、藏物洞、排水沟、宅基、废砖窑、废涵洞、废铁路基、废井、墓坑、树坑等，此类本为明患，经培堤压在堤身内部后形成隐患。其他还有堤身裂缝、腐烂树根以及大堤上老口门等。

（二）普查隐患

普查隐患，远在清代的河务机构，即有用长 3 尺，上带手柄的铁签，进行签堤发现洞穴的办法。1949 年 9 月黄河下游发生了 12300 立方米每秒大洪水，当时兰考东坝头以下两岸堤防发生漏洞 806 个。大量漏洞的发生表明堤防隐患是严重的。1950年6月黄委会部署:“各地对新旧堤防亟应进行普遍而严格的检查,凡新旧堤结合部,施工分段衔接处,以及穿堤建筑物,都应列为检查的重点,新旧堤一律进行签试”。并制定了《堤防大检查实施办法》。据此,河南、平原、山东河务局广泛发动沿河群众,普遍检查堤身隐患,各修防处、段组成小组沿堤调查,对群众举报隐患者给予奖励,同时采用平原省封丘段工人靳钊创造的用直径5毫米钢锥,在堤身进行锥探,检查堤身隐患。1950年山东发现隐患3519处,平原、河南发现各种隐患共4086处,其中獾狐洞穴559处,战沟残缺175处,坑穴50处,井穴、暗洞、红薯窖198处。1952年山东发现碉堡66处,军沟206条,防空洞110处,其中齐河县发现一条军沟长20多米,宽2米多,洞内有尸体和锅台等物,有些洞口直接与大河相通。1953年河南武陟秦厂村西大堤上发现一个獾狐洞,位于堤顶下3至9米,洞穴横三竖四,上下交错,全长达300米。大量隐患的发现,加深了对消灭隐患重要性和长期性的认识,从而将普查隐患工作定为制度,要求每年各省都组织大量的人力,对堤顶、堤坡进行全面的普锥普查,对隐患重点堤段进行密锥普查,还号召沿河群众举报隐患。1953年封丘县群众就举报堤身洞穴91处,受到奖励。1950年至1987年,全河共发现隐患35万处,50年代采取人工挖填的方法,60年代采取自流灌浆与人工挖填相结合的方法,70年代以来采取机械锥探压力灌浆的办法,对发现的各种隐患都进行了处理,从而增强了堤身抗洪能力。

(三)锥探灌浆方法

1950年开展群众性普查堤防隐患时,封丘黄河修防段段长陈玉峰,启发工人靳钊把用钢丝锥在黄河滩地找煤的技术,用到查找大堤隐患上来。同年3月,由陈玉峰和靳钊带领工人、民工40余人,用钢丝锥在大堤上进行锥探隐患试验。在10天中锥眼5万余个,发现獾狐洞、藏物洞、地窖、鼠洞等90余处,随时进行开挖回填处理。黄委会及时把靳钊锥探隐患的技术在下游全面推广。由于钢丝锥细软,对高大堤防锥深不够,1952年原阳段开始改小锥为大锥,锥径为10至16毫米,锥长6至11米,锥头直径由10毫米增至20至25毫米,大锥四人操作,并配有各种扶锥支架,锥深5至9米,每人每日锥25～60眼。大锥布孔,一般孔距1米,行距1～1.5米,重点堤段孔行距0.5米。改用大锥后,操作人员多,锥力大,对小隐患感觉不灵,采取灌沙增加发现隐患率约40%。1970年曹生俊、彭德钊两位技术人员在河南温陟黄沁河修防段研制出手推式电动打锥机。锥杆直径22毫米,锥头直径30毫米。1974年河南局彭德钊工程师在手推式电动打锥机的基础上，改进为“黄河744型”12马力柴油机自动打锥机，1人操作可锥深9米，每台班可锥300眼左右，相当于人工打锥工效10倍。在河南全面推广30台，并传到汉江及漳运卫河上。1970年山东鄄城段试制成功杠杆式机动打锥机，锥径15～20毫米，锥头直径24～26毫米，2人操作，两分钟可打7米深眼1个。1984年山东引进湖北省洪湖县全液压传动打锥机10台，锥深9至12米。1970年以来主要在堤顶部位进行锥探。

在消灭隐患方面，1950～1952年主要采取人工挖填的办法处理。1952年以后，对大隐患挖填，小隐患灌浆填实。1957年山东河务局从济南铁路局引进手摇灌浆机一台，经试验压力为每平方厘米2.5公斤，每分钟出浆20公升，比人工自流灌浆量大，密实性好。1959年向全河推广。1970年河南温陟黄沁河修防段，将手摇灌浆泵改为机动压力灌浆，比人工手摇提高工效3倍，同时供水、拌浆全部实现机械化，后更换为B·W·250/50衡阳产铁壳泵，每分钟出浆量250公升，比手摇泵提高工效12.5倍。灌浆时将铁管插入锥孔内0.8米左右，压力一般控制在每平方厘米1.2公斤左右。终孔时可升高至1.5公斤/厘米^2。泥浆配制，一般要求流动性大，收缩性小，粘结性好，析水性快为好。粘土性泥浆比重为1.46～1.58，两合土泥浆比重为1.55～1.63，沙性土泥浆比重为1.61～1.68。按洞缝大小可先稀后稠进行灌浆，对较大洞穴，一般灌3遍，特殊的四遍，一般灌实率为96%～98%。

（四）抽水洇堤

在堤顶开挖纵向沟槽，槽底锥孔灌水，用以探查堤身隐患，用人工开挖翻修处理。

1957年东阿段在南桥和大河口进行抽水洇堤，长532米，开挖槽沟底宽1米，深1～2米，沟底锥孔灌水，效果较好。

1959年在齐河老城东门外、王庄、大王庙、丁口、红庙、许坊、李家岸、荆隆口等堤段进行抽水洇堤，共长1420米，发现大小漏洞45个，堤顶陷坑7个，裂缝50条，长1121米，从堤顶槽内灌水，堤身出现冒水口33个，口径一般0.1～0.5米。

1965年河南在中牟赵口、兰考四明堂、原阳篦张堤段进行抽水洇堤，三处共长2599米，这三处均为历史老口门，堤防薄弱，土质多沙。按堤顶宽度二分之一开挖深0.5米的槽，槽底以0.5米间行距锥孔，孔深9米，随后灌水，经洇水，三处发现洞穴112处（赵口34处，四明堂52处，篦张26处），洞径一般0.5米，最大1.5米，堤身、堤戗上出现冒水口26处，出水口径0.1至0.5米。洇水后堤顶有不均匀沉陷，平均沉陷是：四明堂0.173米，篦张中间部位0.136米，赵口0.01米，同时大堤出现许多裂缝。以上所有发现的洞穴、裂缝，都经过开挖填实和灌泥浆填实。据赵口洇堤后测验较洇堤前土壤干容重平均增加0.09吨/米^3，实践证明对大面积虚土层、施工接头，工程质量差、隐患多的堤段，效果较好。其缺点是容易造成新裂缝，使小洞冲成大洞，造成垮堤的危险，一般情况不宜采用。

（五）锥探灌浆效果

压力灌浆之后，通过对武陟朱元村、南贾，孟县凯仪，原阳付庄堤防的解剖检查，结果是：1、所有裂缝小至1毫米宽的缝都被泥浆充填密实，所有连通的缝可走40米远一次灌实。2、对各种洞穴、小碎石层、树根洞、腐烂埽层、腐木桩孔均可灌实。3、对散抛石基础和土石结合部空隙均可灌实。4、经取样试验，灌进土体与周围结合密实，且干容重达1.5吨/米^3。5、经试验对松土层、松沙层不能灌实，对锥孔未锥住的洞穴不进泥浆。由于灌浆效果特别密实，故自1970年以后，不再进行人工开挖，全部用压力灌浆消灭隐患，它解决了以前人工开挖无法解决的细裂缝、碎石和深洞的不足，使消灭隐患向深度和广度上进一步提高。此一新技术不但在我国长江、汉江、淮河等流域推广，而且在我国援外工程斯里兰卡金河堤防上使用，都取得良好的效果。

全河自1950年开展锥探以来，到1987年共锥探9631.7万眼，堤防已反复锥灌2至3遍，压力灌入堤防土方145.7万立方米，处理隐患35万处，通过锥探灌实隐患，提高了堤防抗洪强度。1949年花园口站发生12300立方米每秒洪水时，沿河堤防发生漏洞806处，锥探加固后的1958年，花园口站发生22300立方米每秒洪水，只发生了19处漏洞。1982年花园口站发生15300立方米每秒洪水，全河未发生漏洞。

二、加固工程

堤防加固工程是按照“临河截渗，背河导渗”的原则进行的。临河加固工程包括抽槽换土、粘土斜墙、粘土铺盖、截渗墙、前戗等措施。背河加固工程包括后戗、填塘固基、砂石反滤、圈堤、淤背固堤等。

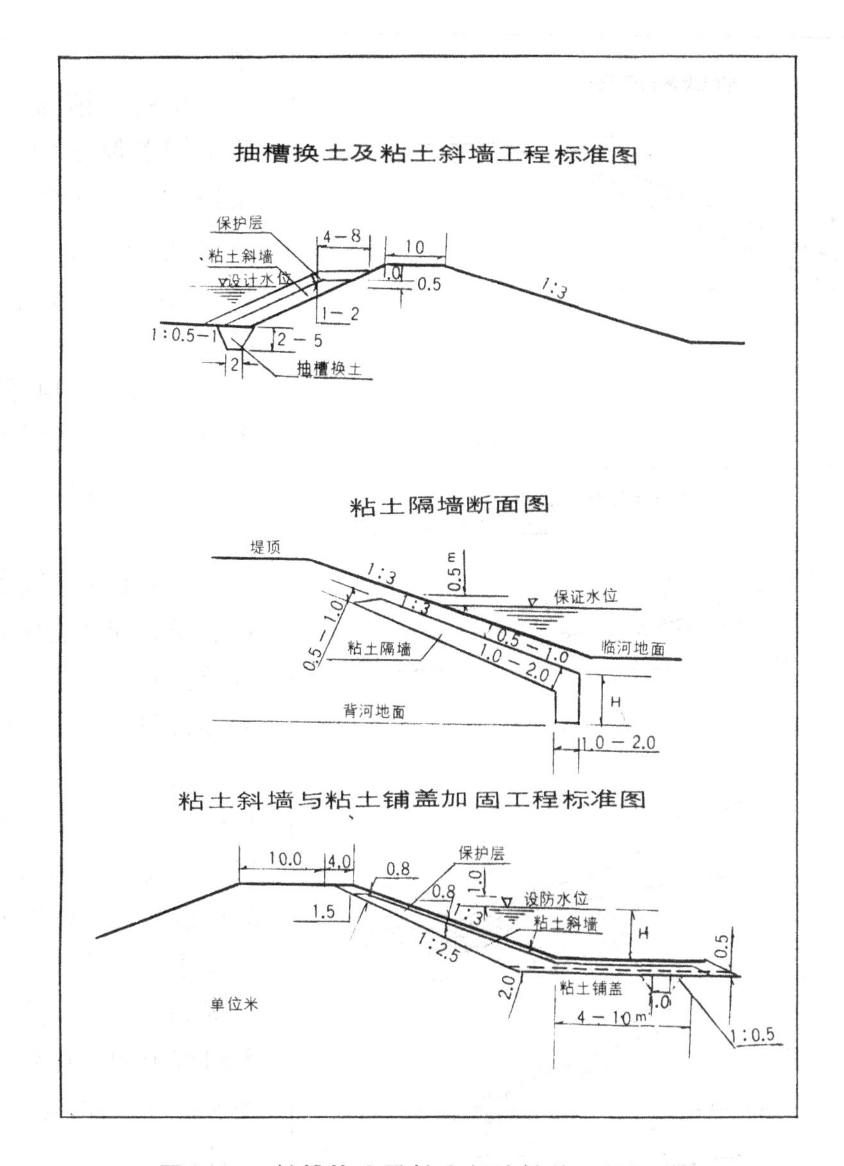

图 2—3 抽槽换土及粘土斜墙铺盖工程标准图

(一)工程标准

1.抽槽换土:抽槽深度一般与背河地面平或低 1 米,槽底宽 2～2.5米,边坡 1∶0.5～1∶1,设计挖槽长度要超过加固堤段两端各 20 米,也可视情况而定。槽内须换成粘土夯实。(见图 2—3)

2.粘土斜墙:墙顶高于设防水位 0.5～1 米,垂直于堤坡厚度 1～2 米,边坡 1∶2.5～1∶3,粘土墙外有壤土保护层,保护层高于斜墙顶 1 米～1.5 米,垂直堤坡厚度 0.8 米,以保护粘土墙身不干裂不冻裂和其他侵害的影

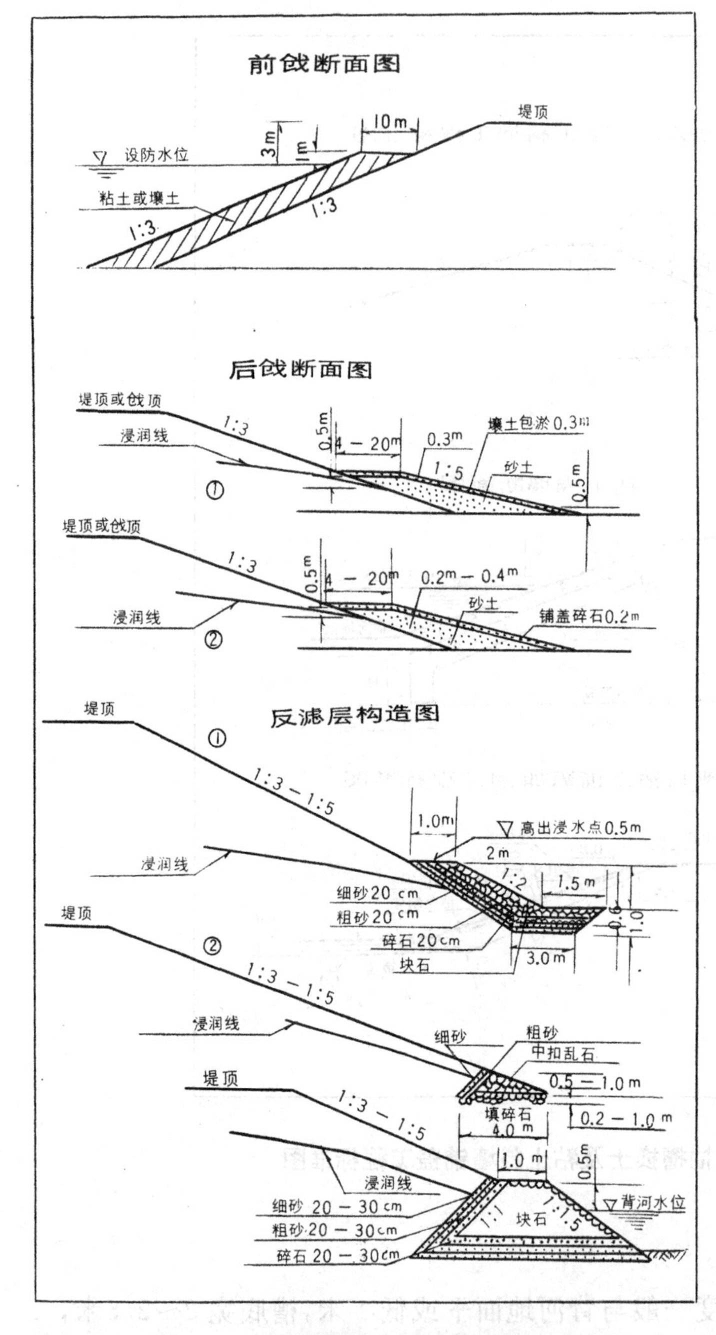

图 2—4　堤戗断面及反滤层构造示意图

响。

3. 粘土铺盖：一般粘土铺盖厚度为 1 米，保护层厚为 1 米，其铺盖宽度，按临河水深的 4～6 倍，长度按需要而定。

4. 前戗：顶宽 10 米，超高设计防洪水位为 1 米，边坡和大堤相同。

5. 后戗：一般戗顶高于浸润线在背河堤坡出逸点以上 0.5～1.5 米，河南固守重点堤段与设防洪水位平，顶宽 4～8 米，边坡 1：5 或 1：3。必要时可修做多级后戗。浸润线的坡度，一般平工堤段 1：8，险工堤段 1：10，重点段齐河南坦和王庄浸润线按实际 1：13 至 1：20 设计。

6. 砂石反滤：砂石反滤分三种型式，按照实际情况运用于背河堤坡、堤脚，以导渗的作用降低浸润线。第一种型式适用于堤坡渗水（见图 2—4），第二种型式适用于堤脚渗水，第三种型式适用于背河雨季积水或因雨水流动冲刷堤段。反滤层的构造，接近土壤的一层为细砂，细砂外面为粗砂，粗砂外面为碎石，每层厚度最小为 20 厘米，表面为块石平扣。

7. 填塘固基：在背河堤脚有老口门、潭坑的堤段，一般采用放淤固基。

8. 减压井：在堤身堤基渗水严重堤段，采取减压井导渗措施，可降低浸润线，加固堤防。

9. 截渗墙：按照"临河截渗"的原则，采用截渗墙，可以延长渗径，降低渗压，防止渗流破坏。

(二)工程实施

1948 年至 1949 年，对主要险工堤段加修后戗，部分平工段修建前戗。1950 年至 1954 年修堤的同时，对老口门合龙处及背河渗水管涌段加帮后戗工程。1955～1957 年期间，在大堤土质普查的基础上，根据 1954 年大水时发生的漏洞、渗水、管涌等险象，在河南的郑州花园口，中牟赵口，开封军张楼，兰考小新堤，武陟秦厂、索余会，长垣九股路、东了墙、瓦屋寨、曹店、孙庄，濮阳的刘海、马屯、炉寨、冯玉堂，共 15 处；山东的鄄城四龙村，济阳马圈、徐家道口、徐家庙，齐河大牛王，菏泽双合岭，济南蒋家沟、丁家口、牛角峪，博兴的徐陈家，章丘尖口寺，滨县张家庄，共 13 处，全河总共 28 处堤段，修做了抽槽换土与粘土斜墙工程。

1962 年开始第二次大修堤时，结合修堤工程，做了部分前后戗及随堤复戗工程。

1974 年至 1985 年第三次大修堤期间，山东堤段一般以放淤固堤为主，河南 1980 年结合抗震要求，重点堤段增加了前后戗工程。

黄河下游堤防加固工程，截至 1985 年，河南河务局完成加固堤段长 183.3 公里，占规划长度的 63%，完成土方 1229.91 万立方米，投资 2517 万元。山东河务局截至 1958 年，完成加固堤段 549 段，长 460 公里，占堤线长的 57%，完成土方 768.3 万立方米，投资 662.3 万元。此后山东堤防加固主要采取放淤措施。

1960 年 5 月东平湖蓄水前，对围坝渗水管涌严重坝段作减压井。在武家漫坝段长 547 米，作减压井 57 眼。湖东坝段作陶管井 103 眼，坝段长 1018 米；竹管井 74 眼，坝段长 696 米；砂石井 467 眼，坝段长 5170 米。1960～1961 年在小坝、葛针园、杨城坝三处设竹管减压井。1967 年在河南武陟白马泉严重渗水段 200 米内，设钢管混凝土管井 16 个。1960 年 5 月还在东平湖围坝的韩村、二郎庙、牛圈、杨城坝作粘土管柱截渗墙，管柱直径 56 厘米，两柱搭接宽 10 厘米，管柱长 8 米，深入砂层以下 0.5 米与粘土层相接。

（三）工程效果

自1947年至1985年，经过三次大修堤，锥探灌浆消灭隐患，特别是1955年以后，进行了大规模的加固工程，加固了薄弱堤段，增强了堤防强度，提高了抗洪能力。经过1958年和1982年洪水的考验，大部分加固工程的效果是显著的。郑州花园口1938年决口处，在1947年堵复后，堤基为粗沙，且有堵口大量的柳石、钢丝笼、块石、秸埽等物，形成强透水基础，渗水严重，1955年虽曾作粘土斜墙和抽槽换土1510米长，仍不能解决基础渗水问题。1956年利用花园口闸引黄自流放淤100万立方米，将13米深的大潭坑淤平，堤基得到加固，1958年发生洪水时，基础渗水问题基本得到解决。齐河水牛赵险工，背河历年渗水严重，1954年洪水期曾发生渗漏、管涌、翻沙鼓水、脱坡现象。1955年修做了长375米的背河砂石反滤工程以后，即终止了翻沙和脱坡现象。从1957年汛期堤防观测资料对比，做反滤工程的堤段比没做反滤工程的堤段，浸润线降低0.4～0.5米，没修反滤工程的堤段修做三级后戗，但在戗顶上仍出现渗水现象，只好又做导渗沟。济阳马圈堤段，堤身土质牛头淤多，空隙很大，附近獾洞亦较多，1915年曾出现过漏洞，临河地面以下2.5米处挖出古坟10座。1954年黄河发生15000立方米每秒洪水时，堤脚以上0.5米至1米部位都有渗水，背河堤脚100米外也出现洇水，自1955年做了抽槽换土工程后，经过1958年洪水考验，基本上没有渗水现象。

东平湖1960年7月蓄水运用期间，各种减压井都起了排水减压作用，出水情况良好。以后东平湖长期不蓄水运用，不少减压井失修失效。东平湖所修的粘土管柱在蓄水运用时，二郎庙最好，延长渗径138～220米；韩村次之，延长渗径75～97米；牛圈较差，杨城坝无效。影响管柱防渗效果的原因主要是施工质量不好，管柱顺坝方向封闭不严，两端有绕渗现象。这种措施造价较高，效果差。

第四节　放淤固堤

一、发展过程

黄河放淤固堤创始于清代，据《河渠纪闻》记载："遇大水溢涌，缕堤著重时，开倒沟放水入越堤，灌满堤内，回流漾出，顶溜开行，塘内渐次填淤平满”。即利用洪水多沙时机，把浑水由倒沟灌入大堤与圈堤之间，待落淤之后，清水再顺沟回入黄河。经过一两个汛期，即能将圈堤内淤平，这种放淤办法，不但加宽了堤身，还降低了临背悬差，是加固堤防的一项有效措施。

建国以来，放淤固堤经过自流沉沙、提水淤背、船泵放淤三个阶段。1955年济南王家梨行和杨庄建成第一批虹吸工程，利用杨庄虹吸淤填了3800亩常年积水的美里洼，平均淤高1.2米。王家梨行淤平了1898年黄河决口的老口门。1956年郑州修防处为解决花园口老口门潭坑堤段渗水问题，曾修筑大堤后戗，用土方19万立方米，投资19.4万元，修好的后戗不到一个月，全部滑入潭内。同年汛期，利用花园口引黄闸，引黄放淤13天，将面积2500亩、水深13米的大潭坑淤了11米深，以后又经放淤高出地面，不但制止了堤脚渗水，而且将潭坑改造成良田。1965年1月，山东河务局济南修防处，利用泥浆泵试办一处堤防冲填试验，用一只木船，安装一台75千瓦电机带动水泵和20千瓦电机带动高压水枪泵，在泺口险工下首进行试验，每立方米含沙量可达200～300公斤，共淤填土方14333立方米。这次试验，为以后建造简易吸泥船打下了基础。随着引黄淤背固堤的发展，大堤背河地面逐渐淤高，低水位时涵闸虹吸不能引水，为了向高处沉沙，使背河淤得更高，开始采用机械提水，1965年济南市曹家圈、小鲁庄、傅家庄，济阳沟阳家虹吸下游，修建了第一批扬水站，既解决了灌溉用水，又把大量泥沙淤填在大堤背后加固了堤防。1965年水电部肯定了引黄放淤加固堤防的作用。

1969年在三门峡召开的晋陕豫鲁四省治黄工作会议上提出："在近三年内，应有计划地加固堤防，并积极进行堤背放淤，以利备战。"1971年开始列入基本建设计划，特别是1973年治黄工作会议后，明确把放淤固堤列入第三次大修堤规划，从此，放淤固堤大规模地开展起来。1955～1969年，主要为自流放淤阶段，引黄灌溉结合堤背沉沙，沿堤淤平了不少洼地、老口门、老潭坑等，一般淤高0.5至1米。1970～1987年期间，为有计划的机械提淤阶段，进度快、收效大。

黄河下游临黄堤全长1386公里(不包括太行堤和封丘贯孟堤)，其中险工堤段长308公里，平工堤段长1078公里。截至1987年，共放淤固堤堤段长788公里，其中淤够标准的299公里，占放淤段的38%。放淤段累计完成放淤土方3.1亿立方米，投资2.29亿元，土方综合平均单价为0.738元(不包括船只配套折旧费)，征购土地48725亩，机淤土方平均每立方米耗柴油0.25公斤。

二、工程标准

1971 年山东河务局《关于抓紧完成 1971 年引黄淤背改土工程的通知》中提出:“引黄淤背结合改土,淤宽 100～200 米,高度与临河滩地平,以后再逐年增高,逐步展宽”。

1972 年《河南黄河近期治理规划》中提出:本着平时防洪,战时防炸的目标,规定险工淤背,平工淤临,淤宽 200 米,自流放淤结合改土,可淤宽 200～500 米,淤高超过 1958 年洪水位 1 米。

为了统一全河放淤固堤标准,适当缩窄放淤宽度,加快固堤的速度,1978 年黄委会在《关于黄河下游放淤固堤工作的几项暂行规定》中规定,近期放淤固堤标准为:平工堤段淤宽 50 米,险工段和薄弱堤段淤宽 100 米,背河淤高与 1983 年设防水位平,临河淤高至 1983 年设防水位以上 0.5 米。根据“临河截渗,背河导渗”的原则,背河可淤沙土,临河淤粘土或两合土,沙土淤成后,要用粘土包边盖顶,包边厚度不少于 0.5 米,盖顶厚度不少于0.3 米。1980 年 12 月黄委会在《关于黄河下游放淤固堤工作的几项规定》中提出:“放淤固堤标准,淤宽:平工 50 米,险工 100 米,底宽按边坡 1∶3 至 1∶5 控制,柳荫地顺延;淤高:背河至 1983 年防洪水位,淤临河时超出 1983 年防洪水位 0.5 米;土质:背河在 1983 年防洪水位以下 2 米范围内淤两合土,2 米以下可淤沙土,淤临时只准淤两合土。利用涵闸和扬水站放淤固堤结合进行改土时,下部可适当放宽,但淤高达到改土要求后,宽度要及时缩窄到规定标准”。

1981 年 6 月黄委会在《关于黄河下游防洪工程标准》中提出:“根据国民经济进一步调整的方针,为了压缩基建投资,充分发挥放淤固堤的效果,尽快加固重点堤段和危险堤段,对放淤固堤标准调整如下:淤宽:险工 50 米,平工可因地制宜淤宽 30 至 50 米,自流和扬水站可结合淤改适当放宽。淤背高度,为满足堤身浸润线的要求,按高于浸润线出逸点 1 米(包括盖淤 0.5 米),淤临高度要高出 1983 年设计洪水位 0.5 米,边坡 1∶3 至 1∶5,淤临必须用两合土或淤土淤筑”。

围埝修筑:淤区围埝开始修筑基础围埝,一般高 2 至 2.5 米,顶宽 2 米,临水坡 1∶2,背水坡 1∶3,超高淤区水位 0.5 米。筑埝可从淤区内取壤土或粘壤土修筑,随淤面上升而加高的上部围埝,一般边淤边筑,可用淤区沙土修筑。

三、工程质量

经过放淤固堤施工中测定和检查,机淤固堤土料属于细沙和粉细沙,淤区尾部近似轻质沙壤土,其渗透性能较强,平均渗透系数为 8.4×10^{-4} 厘米/秒,用于背河导渗符合要求,同时在放淤过程中排水快、固结快,能够使放淤工作连续进行。机淤土干容重表层小、底层大,表层 1～3 米为 1.4～1.46 吨/米^3,底层 4～5 米为 1.47～1.58 吨/米^3,平均为 1.45 吨/米^3,挖深 3 米以下相对密度为 0.5。沙土的中数粒径 d_{50} 平均为 0.081 毫米,粒径 0.05～0.005 毫米的粉粒平均占 20%,没有凝聚力,内摩擦角较大,平均为 31 度。

机淤固堤的土质,据齐河王庄、郓城四龙村及台前孙口三个淤区取样试验,分析其物理性质如表 2—12、2—13

四、放淤固堤方法

放淤固堤的原则是,先险工段后平工段,先重点薄弱堤段后一般堤段,在方法上采取先自流淤后机械提淤。

放淤前的准备工作,主要有土地征购、迁移村庄和人口,修筑围堤,组织放淤期的围堤防守,开挖退水沟渠,安排承泄河道,根据动力来源、河势情况,组织落实好机械选型和配套等工作。

(一)自流放淤固堤:截至 1985 年,黄河下游已建成引黄涵闸 79 座、虹吸工程 37 处,设计引水流量 4131 立方米每秒,这些工程从最早的 1950 年利津綦家咀试办引黄放淤工程起,陆续在引黄灌溉堤背沉沙过程中发展起来。自流放淤固堤工作,自 1970 年后才走上有组织有计划地自流放淤,特别是老潭坑、老口门,背河低洼地带临河靠水条件好的,都首先自流放淤。这种放淤的特点是放淤量大、面积大、时间短、投资省,一般平均含沙量达每立方米 20 公斤,可以结合灌溉用水和改造低洼盐碱地进行。缺点是退水量大,当汛期雨涝排水量大时,自流放淤退水使用当地涝河,放淤需停止运行,为涝水让路。据河南河务局统计,自流放淤堤段长 174.4 公里,放淤土方 4649 万立方米,其中淤至规定范围的土方 2591.7 万立方米,投资 329.94 万元,平均单价 0.127 元,相当于人工土方单价的十分之一左右。

(二)提水站放淤:提水站的建设有两种形式,一种建在闸后或虹吸干渠上,一种建在闸下游稍远一点干渠一侧,建站的条件是临河靠河比较稳定,

机淤沙土取样的基本物理性质表　　表2—12

堤段	土样编号	土的名称	颗粒成份(%) 0.5～0.25	0.25～0.10	0.10～0.05	0.05～0.005	<0.005	不均匀系数	中数粒径 D_{50}	比重	I_{max}	I_{min}
孙口	孙13	极细沙		55	35	10	0	2.4	0.109	2.69	1.069	0.611
郓城	郓15	细沙		75	18	7	0	2.7	0.150	2.69	1.033	0.564
齐河	齐20	极细沙		42	42	15	1	2.6	0.094	2.69	1.135	0.642
齐河	齐19	轻质沙壤土		1	45	50	4	4.6	0.046	2.70	1.432	0.656

注:表内土粒径单位为毫米

机淤沙土平均物理性质表　　表2—13

指标名称	单位	平均值	指标名称	单位	平均值
自然容重	吨/米^3	1.82	内摩擦角	度	31
干容重	吨/米^3	1.45	凝聚力		0
饱和容重	吨/米^3	1.91	渗透系数	厘米/秒	8.4×10^{-4}
浮容重	吨/米^3	0.91	D_{10}	毫米	0.039
比重		2.67	D_{50}	毫米	0.081
天然孔隙比		0.844	D_{60}	毫米	0.087
相对密度		0.576	不均匀系数		2.3

具有网电动力,抽淤时大河含沙量不能低于每立方米20公斤。从1970年开始至1985年,全河共建提水站72处,设计流量272立方米每秒(河南19处,流量63.5立方米每秒,山东53处,流量208.5立方米每秒)。在河南境内,每个流量一年可提淤4～6万立方米;在汛期抢沙峰提淤者,年产量可达11～12万立方米。河南利用提水泵站淤32公里,完成土方554万立方米,规定放淤范围内土方549万立方米,综合平均单价为0.62元,仍较人工土方单价便宜。

(三)吸泥船放淤:1969年水电部批修山东齐河展宽工程时,同意利用吸泥船放淤修筑房台,齐河修防段试制简易吸泥船,1970年成立造船组,群策群力,土法上马,于1970年7月建成黄河下游第一只简易吸泥船,安装6160A型135马力柴油机1台,配带泥浆泵,用3B57型离心泵为高压水枪泵。利用水枪冲射河底土质,提高含沙量,泥浆泵随时抽吸泥浆,通过管道送往放淤地点。这种型式称为冲吸式。1971年4月吸泥船在齐河城东投产运用,当年完成土方1.31万立方米。1971年6月济南修防处自制简易吸泥船,安装130千瓦电机配带8PNA泥浆泵,在泺口铁桥以东投产运用,当年完成土方31.36万立方米。至1973年底,山东已造吸泥船21只,累计完成土方293万立方米。1973年,将挖泥船置于背河城市供水蓄水池内,挖取泥沙也可进行放淤固堤。吸泥船放淤固堤经验肯定后,在全河推广。1974年河南开始在开封黑岗口、郑州花园口、兰考夹河滩、长垣孟岗、范县杨集等地组建造船厂,建造简易钢质吸泥船45只,以后为了利用滩地抽吸两合土,又购进绞吸式挖泥船11只,从1971～1985年全河共拥有吸泥船256只,其中山东199只,河南57只,按类型分,简易吸泥船237只,绞吸式挖泥船18只,拖船1只。至1987年底除部分报废外,可运转的船只,山东111只,河南22只,共133只,经过17年的运转工作,全河利用吸泥船完成有效土方2.27亿立方米,其中山东2.09米亿立方米,河南0.18亿立方米,单船产量由于河势变化不同,滩宽不同,单船产量有很大差别。据山东1978年统计,166只船一年完成土方4626万立方米,平均单船完成28万立方米,河南单船每年完成土方15～20万立方米。特别是济阳7号船,1978年全年完成土方71.4万立方米,创造了高产纪录,17年运用情况为每立方米土耗柴油0.25公斤,单价0.7元(不包括设备和折旧费)(见图2—5)。由于简易吸泥船所抽吸河床质全部为细沙或极细沙,要蒙顶盖淤须抽吸两合土。为此,开封市修防处船队利用船在河滩地抽挖7至20万立方米大坑,待汛期洪水漫滩坑中落淤后,再用船抽吸即可得到两合土。同时还改进高压水枪系统,冲土喷咀由2个增为6至8个,泥浆泵圆喇叭吸口改为扁圆型吸口,或用绞吸式挖泥船采滩地土,同样也可获得两合土的效果。采取船只放淤固堤,充分利用黄河水沙资源,具有移动灵活,不受季节限制,可常年运转,工效高、单价低、节省劳力、节省农田等优点。为加固堤防开辟了一条新的途径。主要缺点是土质差,均系沙土,必须及时盖压好土,以免恶化环境,流失土方。

在放淤过程中,对靠河近的险工堤段,都首先完成放淤固堤任务。随着时间的推移,吸泥船的管道排沙距离由三、四百米,逐渐增至1500米至

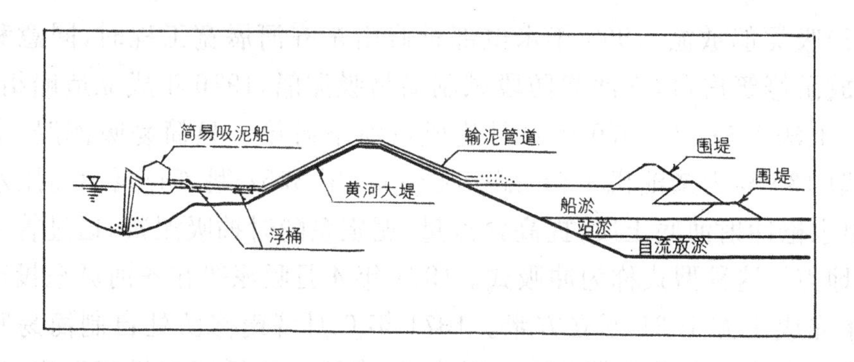

图 2—5 简易吸泥船放淤固堤示意图

3000 米。经过试验，齐河修防段用 16 丰产 24A 型混流泵，单机输送距离可达 1550 米，济阳修防段采用 10PNK—20 型泥浆泵，单机输送可达 2200 米。1981 年利津修防段用两台 16 丰产 24A 型混流泵接力，输沙距离可达 3300 米(接力泵位于总距离的 40%以内)。济阳修防段 1978 年在葛家店淤区，用 U 型混凝土槽，槽长 1000 米，比降 3/1000，当含沙量为每立方米 300 公斤时，输沙不淤槽。济南修防处 1975 年在鹊山西淤区，用底宽 0.3 米、边坡 1∶1、纵坡 1/200，长 950 米的槽，输送含沙量在每立方米 300 公斤以内不淤积。这些试验都为远距离输沙提供了经验。

为了解决泥浆泵磨损问题，1974 年齐河修防段采用环氧树脂和金刚沙等材料，涂抹磨坏了的泵壳和叶轮后，基本上可顶一个新部件使用。

(四)小泥浆泵放淤：1975 年河南中牟赵口闸管理段，为了涵闸清淤，自上海县新泾公社农机厂引进清鱼塘机 4 台，型号为 4PL—230 型立式泥浆泵，经使用效果良好，进行了推广。(性能见表 2—14)

小泥浆泵规格性能表　　表 2—14

型　号	流　量(米³/小时)	产泥量(米³/小时)	转速(转/分)	扬程(米)	配用功率(千瓦)	进口/出口	最大排距(米)
4PL—250	120	18	1460	15	13	φ110 毫米/φ96 毫米	200
4PL—230	100	15	1450	10	10	φ100 毫米/φ100 毫米	200

试用以来，截至 1985 年先后购置达 82 组泵，其主要优点是能解决不临大河的堤段就滩取土问题，移动灵活，操作简便，可常年运转，排水量小，投

资省，节约耕地。自1976～1985年，利用小泥浆泵在河南段完成放淤土方554万立方米，有效土方549万立方米，总投资339.28万元，综合平均单价0.62元，与吸泥船单价相差不多。

五、成果和效益

自1970年正式开展放淤固堤以来，至1987年，全河累计共完成土方3.16亿立方米，投资2.29亿元，土方综合单价为0.725元。放淤固堤段长788公里，其中险工堤段长271公里，平工段长517公里，够标准的堤段长299公里，占放淤堤段长的38%。

通过放淤，沿堤共淤填背河潭坑151个，其中山东125个，河南26个。过去著名的郑州花园口、石桥，中牟赵口，开封黑岗口、柳园口，封丘曹岗、陈桥，濮阳北坝头、南小堤，山东东明周寨、菏泽兰口、鄄城苏泗庄、郓城杨集、济南王家梨行、齐河南坦、惠民白龙湾、滨县张肖堂、垦利县的棘子刘等老口门和大潭坑，都被消除。（见表2—15）

黄河下游历年放淤固堤土方统计表　　表2—15

年　度	累计土方（万立方米）	其中:累计船淤土方（万立方米）	投　资（万元）
1975	3190		1900.00
1976	4710		1500.56
1977	7040		1553.54
1978	9729		3212.83
1979	15149	6995	1430.74
1980	17814	10351	1972.06
1981	20342	12986	1798.60
1982	22040	14615	945.87

续表

年　　度	累计土方（万立方米）	其中：累计船淤土方（万立方米）	投　　资（万元）
1983	25947	18110	1488.84
1984	27989	19920	1995.76
1985	29186	20916	1612.23
1986	30467	21833	1849.97
1987	31630	22718	1681.80
合　计	31630	22718	22942.80

黄河下游堤防通过放淤固堤，已有788公里堤段背河淤宽30～50米，淤高1～5米，使1386公里的临黄堤有57%得到增强，特别是险工段首先得到加强，已达到放淤固堤标准的堤段，缩小了临背悬差，延长了渗径，增强了堤身稳定，为防御洪水奠定了物质基础。

第五章　大堤险工

第一节　险工沿革

据《汉书·沟洫志》记载，西汉成帝时（公元前32～前6年），黄河下游“从河内北至黎阳为石堤，激使东抵东郡平刚；又为石堤，使西北抵黎阳、观下；又为石堤，使东北抵东郡津北；又为石堤，使西北抵魏郡昭阳；又为石堤，……。”又《水经·河水注》载，东汉永初七年（公元113年），在黄河荥口石门以东修筑八激堤，“积石八所，皆如小山，以捍衝波”，所有这些石堤，都是当时黄河的险工。北宋时，险要堤段都修有柴草土石混合结构的防护建筑，名之为“埽”。宋天禧、天圣年间（1017～1023年），黄河下游两岸共有埽45处，孟州（今孟县南）有河南、河北2埽，开封府有阳武埽，滑州（今滑县旧城）有韩村、房村、凭管、石堰、州西、鱼池、迎阳等7埽，通利军（今浚县）有齐贾、苏村2埽，澶州（今濮阳北）有濮阳、大韩、大吴、商胡、王楚、横陇、曹村、依仁、大北、冈孙、陈固、明公、王八等13埽，大名府（今河北大名县）有孙杜、侯村2埽，濮州有任村及东、西、北4埽，郓州有博陵、张秋、关山、子路、王陵、竹口6埽，齐州有采金山、史家涡2埽，滨州（今滨县旧城）有平河、安定2埽，棣州（今惠民县东南）有聂家、梭堤、锯牙、阳城4埽。每一埽就是一处大堤险工。

金初黄河南流入淮，建立新埽。大定前后，沿河共有埽工25处，分布在河阴以下者有雄武、荥泽、原武、阳武、延津5埽，在孟州、怀州境者有怀州、孟津、孟州及城北4埽，在新乡以下者有崇福上下、卫南、淇上4埽，在滑州境者有武城、白马、书城、教城4埽，在东明以下者有东明、西佳、孟华、凌城4埽，在定陶以东者有定陶、济北、寒山、金山4埽。

明代中期，河南河段险工较多。南岸有荥泽县小院村，中牟县黄练集，祥符县瓦子坡、槐疙疸、刘兽医口、陶家店、张家湾、时和驿、兔伯堽、埽头集，陈留县王家楼，兰阳县赵皮寨，仪封县李景高口、普家营，商丘县杨先口；在北岸者有荥泽县甄家庄、郭家潭，阳武县脾沙堽，原武县庙王口，封丘县于家店、中栾城、荆隆口，祥符县黄陵岗、陈桥、贯台、马家口、陈留寨，兰阳县铜瓦厢、板厂、樊家庄、张村集、马坊营，仪封县洼泥河、炼城口、荣花树、三家庄，考城县陈隆庄、芝麻庄、孝城口。山东河段有险工两处，曹县的武家坝和王家坝。淮北河段的险工仅有丰县邵家大坝和宿迁桃源间的归仁石堤。以后山东、江苏河段，险工逐渐增多。

清咸丰五年六月，黄河自兰阳铜瓦厢改道由山东利津入海，铜瓦厢以上老河因决口后形成的溯源冲刷，两岸出现高滩，旧有的堤防险工，除部分仍发挥作用外，其它由于长期不靠河而废弃。铜瓦厢决口以下，随着新河堤防的日益形成，堤防险工也相应建立起来。咸丰七年(1857年)首先修建白龙湾险工。光绪四年(1878年)南岸贾庄大坝一带颇形吃紧。“并以上之张河口亦见塌滩坐险，北岸则王河渠、吴家堆、李家桥、满庄、张忠方庄、白家楼等处多见贴溜顶冲，情形岌岌，均赶紧做厢埽坝，竭力救护。”光绪七年(1881年)修建东明县高村险工，其后又修建路那里、陶城铺、国那里、刘庄五处险工。至光绪十六年(1890年)，杨庄、簸箕李、梯子坝、路家庄、河套圈、大王庙、南坦、于庄、程官庄、阴河、韩刘、官庄、谯庄、王庄、赵庄、泺口、傅家庄等险工也先后修筑完竣。光绪二十五年(1899年)时，铜瓦厢以下新河堤防险工共计有91处。

民国期间，原有黄河堤防险工的数量、分布和名称又有新的变化。据民国26年以前的统计，南北两岸共计有险工64处，全长220.7公里，其中河南省境9处，长46公里，河北省境3处，长33.4公里，山东省境52处，长141.3公里(见表2—16)。

民国26年以前堤防险工统计表 　　表2—16

省	县	险工名称		附注
		北岸	南岸	
河南	武陟	花坡堤、御坝		豫境险工，大都位于河南岸，自郑县保合寨至中牟潭白庄，沿堤均筑有石坝。八堡至沙庄一带河成顶冲之势，除筑坝外，另有埽工。开封境黑岗口、柳园口两险工，共长11公里，均筑有坝并镶有埽。
	郑县		邵庄、保合寨至花园口、兰庄、沈庄	
	阳武	越石坝		
	中牟		赵口、九堡	
	开封		黑岗口、柳园口	
	封丘	古城、曹岗		
	兰封	贯台	夹河滩、小新堤、东坝头、杨庄	

续表

省	县	险工名称 北岸	险工名称 南岸	附注
河北	东明		李连庄、高村	
	濮阳	南小堤		
山东	菏泽		刘庄	
	鄄城		江苏坝、苏泗庄、苏阁、仲固堆、杨集、杓李	
	濮县	史王庄		
	范县	邢庙、前王庄、刘楼		
	寿张	贾垓、刘垓		
	东阿	孟堤口、李堤口、窟窿石、钱楼、曹堤口、东堤、陶城铺、牛屯、位山、范坡、王坡、桥南、大河口、旧城、丁口、王道口、井圈、李坡、姜庄、滑口、前郭、后郭		自东阿至济南，沿河南岸多山，险工大都位于北岸。
	平阴	于洼、生邓、张庄、孙溜、康口、湖西渡、下码头、周门前、朱圈、黄渡、陶邵		
	肥城	李营、潘庄		
	长清	杨孟庄、官庄、五龙潭、大码头、韩刘庄、小码头、官庄、董寺、枯河、于庄、荆隆口、阴河、司理庄、谯庄		
	齐河	张村、豆腐窝、小牛赵、南坦、五里堡、霍家沟、王家庄、席道口、李家岸、油房赵、邱家岸、王家窑		
	济南		长旗屯、北店子、曹家圈、杨庄、老徐庄、丁庄、泺口、小鲁庄、盖家沟、姬庄	

续表

省	县	险工名称		附注
		北岸	南岸	
山东	历城	大王庙、纸房、邢家渡、史家坞、大柳店	后张庄、傅家庄、霍家溜、云庄、陈孟圈、王家梨行、秦家道口	
	济阳	沟阳家、舒家、董家道口、朝阳庄、沟头、鲁家店子、罗家、张辛庄、郭家纸坊、谷家、小街子		
	章丘		胡家岸、土城子、刘家园	
	齐东		梯子坝、马闸子	
	惠民	唐家、李家、苏董、崔常、归仁、杨房、白龙湾、清河镇、薛王邵、大小崔家		
	滨县	五甲杨、兰家、小开河、张肖堂	刘春家、大道王	五甲杨大堤凸出，受大溜冲击而生险，蝎子湾至刘春家险工
	蒲台		道旭、十里堡、王旺庄、麻湾、打渔张	筑有坝，张肖堂险工2公里，麻家、道旭险工4公里亦已筑坝
	利津	宫家、张家滩、綦家咀、刘夹河、小李庄、王家庄	小街子、王庄、佛头寺、卞家庄、王家院、大白庄、路家庄、二棚屋子、宋家庄、前左、鱼洼	宫家口有截溜坝，宫家前街险工筑有坝，张家滩险工2.1公里亦筑有坝工

第二节 险工修建

一、旧工修复

1938年6月至1947年3月，花园口决口夺淮入海，在此期间，豫、鲁旧河险工，多遭破坏。1947年3月15日，花园口口门堵复合龙，黄河回归故道。在此之前，为使黄河归故安全下泄，自1946年起，冀鲁豫和渤海解放区人民政府广泛发动沿河群众，在修复两岸堤防的同时，也修复了堤防险工。当时因国民党军队封锁和军事进攻，物资匮乏，特别是缺少石料。为了解决石料困难，冀鲁豫和渤海解放区都先后在群众中开展了献砖献石活动。人民群众为了革命的胜利，把废砖石、碎石自动贡献出来。不少乡村建立起收集砖石小组，把村里村外的废砖石收集起来，肩挑人抬，小车推，大车拉，自动送到大堤险工上。有的将多年积攒盖新房的砖石，老太太的捶布石都献了出来。一年就献砖石15万立方米，同时还筹集各种秸杂料1500万公斤。利用这些材料，整修了残破不堪的险工埽坝479道，护岸559段。1949年时，黄河下游实有堤防险工共147处，其中河南省境22处，山东省境125处。1950～1952年，黄河堤防险工得到了进一步整修加固，部分险工由于河势的变化还进行了临时抢修和调整。调整后共有险工118处，计长256.01公里，其中河南河段18处(不含御坝险工)，长70.01公里；山东河段100处，长186公里。

二、整修改建

黄河堤防先后进行了三次大规模培修，堤防险工也随之进行了三次加高、改建。

第一次险工整修工程，自1952年开始。整修的标准，以1933年洪水位为坝高的控制指标，南岸以兰封东坝头为界，北岸以鹅湾为界。东坝头、鹅湾以上，主坝超高2米，一般坝超高1.5米；东坝头、鹅湾以下，主坝超高1.5米，一般坝超高1米。此次整修，主要是埽工石化。根据工程基础情况，分别采用石料干砌、平扣、丁扣、排垒、散抛法护坡，用铅丝笼或铅丝网片护底固根。坦石坡度，因砌筑方法不同而异，砌石坡1∶0.3，丁扣石坡1∶1，散抛乱石1∶1.5。根石顶高，主坝低于设计洪水位(1933年洪水位)1～2米，一般坝低于主坝0.5米。根石顶宽0.5～1.5米，根石坡度1∶1～1∶1.5。整修方法也分干砌、平扣、丁扣、排垒、散抛数种。到1957年险工整修工程全部完成，所有秸埽均改修为石护工程。在此期间，根据河势发展变化，还相机修建了十余处新险工，其中河南省有兰考四明堂、长垣小苏庄、濮阳青庄、范县邢庙、台前影堂与石桥；山东省有东明县之黄寨、霍寨、乔口，郓城县之伟庄，梁山县之程那里，垦利县之义和庄等。

第二次险工加高改建，开始于1964年。此次险工加高、改建，以防御花园口 22000 立方米每秒洪水为标准，相应孙口流量为 16000 立方米每秒，艾山以下以防御 13000 立方米每秒洪水为标准。河南河段加高改建的工程，主要分布在东坝头以下，一般加高 0.51～1 米。由于加高高度不大，均按照坝垛的实际情况，顺坡往上接修。山东河段险工坝岸加高 1 至 2 米，土坝基低于大堤顶 0.5 米，高出坝岸顶 0.3～0.5 米，顶宽 8～12 米，边坡 1∶2。砌石坝大部分挖槽顺坡戴帽加高，外坡 1∶0.35，内坡 1∶0.2，斜插原坝身，顶宽 1 米。此次险工加高改建至 1966 年基本完工，河南河段原计划加高改建的 48 道坝，均按计划完成，并新建险工坝岸 21 段，共用石料 11.6 万立方米；山东河段共计加高改建险工坝岸 2600 多段，新建险工坝岸 300 多段，共用石料 48 万立方米。

1974～1985 年，根据第三次大修堤的要求，对险工坝岸又进行了一次全面的加高改建。为了统一加高改建方案，黄委会经过调查研究和对坝岸的稳定分析计算，于 1978 年 7 月印发了《黄河下游险工坝岸加高改建意见》和“施工质量要求”(试行)的通知。对坝岸加高改建的原则、标准、方法及施工质量要求都作了明确规定。豫、鲁两省河务局据此结合具体情况，制定了各种坝岸的标准断面(包括根石)。加高改建工程仍以防御花园口站 22000 立方米每秒洪水为目标。河南河段险工改建的工程标准以渠村分洪闸为界，渠村分洪闸以上超高设计防洪水位 2 米，渠村分洪闸以下至张庄为 1.5 米。坝基顶宽 9 至 11 米，扣石坝和乱石坝坦石顶宽 0.7～1 米，超出设计防洪水位 0.8～1.5 米。坦石坡度，因坝型不同而异。砌石坝 1∶0.3 至 1∶0.5，扣石坝和乱石坝，一般 1∶1 或加大至 1∶1.5。根石顶宽 1～1.5 米，超出枯水位 1～2 米。根石坡度 1∶1.1～1∶1.5。此外，考虑今后再次进行加高的需要，铺底宽度按上述设计坝顶再加 2 米实施。加高改建的标准为：(一)丁扣护岸，顺坡加高，根石也相应抬高。(二)丁扣坝和乱石坝，外坡保持不变，内坡加陡，以增加填石。一般从原设计洪水位进行拆改，拆改起点处填石厚 30～50 厘米，根石亦相应加高。(三)砌石坝，可以顺坡加高，外坡不变，内边抽槽加厚 50～100 厘米，抽槽深 4 米左右，根石相应加高。浆砌石坝也可改为丁扣坝或乱石坝。凡是接高根石台的，一律遵守退坦加高根石的原则。

山东河段加高改建的标准，高村以上超出 1983 年设计洪水位 2 米，高村至艾山超出设计洪水位 1.5 米，艾山以下超出设计洪水位 1.1 米。根石标准，砌石主坝根石顶超出设计枯水位 2～2.5 米，次坝根石顶超出设计枯水位 1.5～2 米，扣石坝和乱石坝根石顶超出设计枯水位 1～2 米。砌石坝拆除改建外坡 1∶0.35～1∶0.4，内坡 1∶0.2，顶宽 1.5～2 米，基础要求拆至设计根石台顶以下 0.5～1 米，戴帽加高内外坡平行，均为 1∶0.35～1∶0.4，顶宽 1.5～2 米。扣石坝拆除改建外坡 1∶1，内坡 1∶0.8，顶宽 1～1.5 米。顺坡加高，内外坡平行，均为 1∶1，顶宽 1～1.5 米。乱石坝顺坡加高，内外坡平行，均为 1∶1 至 1∶1.5。根石不分砌筑方式，顶宽一律 1～1.5 米，外坡1∶1.1～1∶1.5。

此次险工加高改建工程，河南河段，截至 1985 年底统计，12 年累计加高改建坝岸 1339 道，完成石方 80.38 万立方米；山东河段，截至 1985 年统计，12 年累计加高改建坝岸 3065 道，完成石方 182 万立方米。

第三次险工加高改建过程中，山东王家梨行险工 8～11 号砌石坝，东阿井圈险工 40—4 号砌石护岸，河南曹岗险工 4 道砌石坝，以及黑岗口险工 5 道乱石坝（岸），发生了不同程度的垮坝；山东大王庙险工 35 号砌石坝，盖家沟险工 21 号砌石坝出现了严重裂缝险情。主要原因是：加高坝岸时根石前进，新抛的根石修在沙滩上，根基深度不够；改建采用的断面不合理，有的砌石坝几经加高，头重脚轻，抗滑稳定安全系数小；有些坝施工质量不好。黄河下游险工坝岸需随着河道不断淤积而加高，采用坡缓的乱石坝和扣石坝比较适宜，因此，第三次险工坝岸加高改建中，部分砌石坝已改建为扣石坝或乱石坝。

截至 1987 年统计，黄河下游共有险工 134 处，坝、垛、护岸 5248 道，工程长 308 公里，总计完成土方 2484 万立方米，石方 910 万立方米，使用柳秸料 1.7 亿公斤，铅丝 1620 吨，投资 2.7 亿元（见表 2—17）。人民治黄以来，增加新险工 44 处，将旧的秸埽坝全部改为石坝，使堤防险工数量和质量都全面提高，增强了堤防的抗洪能力。

第三节　埽坝技术

一、埽工

春秋时，处在黄河下游的齐国，“常以冬少事之时，令甲士以更次益薪积之水旁”，预防河水冲决堤岸。汉代荥阳汴口以下，每遇大河冲刷堤岸，则“以竹笼石、葺苇土而为遏”。所有这些，可视为黄河埽工的初始。“埽”的称谓，北宋时始见于记载：“淳化二年（公元 991 年）三月，诏长吏以下及巡河主埽使臣，经度行视河堤，勿致坏隳，……”。宋埽的制作，《宋史・河渠志》记载甚

黄河下游险工统计表(1946年至1987年)

表2—17

单位	工程名称	始建年月	起止桩号（大堤公里桩）	工程坝岸数量（道、段）				护砌长（米）	工程长（米）	主要工程量和料物				投资（万元）	工日（万工日）
				合计	坝	垛	护岸			土方（万立方米）	石方（万立方米）	软料（万公斤）	铅丝（吨）		
合计	134处			5248	2525	457	2266	266494	308418	2483.83	909.87	16881.63	1619.58	26915.04	2702.67
河南局	36处			1479	646	389	444	100023	115050	764.68	239.51	6726.19	902.47	8070.37	680.87
焦作处	5处			136	56	59	21	10531	19194	77.14	4.46	626.23	12.05	311.10	39.38
孟县段	1处			10		5	5	387	370	0.96	0.68	452.30	11.73	80.32	3.74
	黄庄	1985.9	14+998—15+368	10		5	5	387	370	0.96	0.68	452.30	11.73	80.32	3.74
武陟二段	4处			126	56	54	16	10144	18824	76.18	3.78	173.93	0.32	230.78	35.64
	赵庄	1901	46+238—52+838	27	8	18	1	1481	6600	2.87	0.10			3.97	2.35
	唐郭	1065	52+989—56+736	30	24	6		1580	3747	0.28				0.80	0.93
	余会	1816	56+823—61+200	40	22	18		2495	4377	30.48	2.46			114.12	15.04
	花坡堤	1934	0+000—4+100	29	2	12	15	4588	4100	42.55	1.22	173.93	0.32	111.89	17.32
新乡处	3处			145	53	56	36	7528	9047	76.78	25.42	902.34	120.36	1095.64	62.35
封丘段	3处			145	53	56	36	7528	9047	76.78	25.42	902.34	120.36	1095.64	62.35
	辛店	1964	169+500—172+170	37	8	29		1905	3390	27.74	6.26	765.74	50.86	334.07	17.66
	曹岗	清初	184+047—189+246	104	41	27	36	5483	5199	42.61	19.09	114.60	69.50	740.51	38.95
	禅房	1961		4	4			140	458	6.43	0.07	22.00		21.06	5.74

续表

单位	工程名称	始建年月	起止桩号（大堤公里桩）	工程坝岸数量（道、段）				护砌长（米）	工程长（米）	主要工程量和料物				投资（万元）	工日（万工日）
				合计	坝	垛	护岸			土方（万立方米）	石方（万立方米）	软料（万公斤）	铅丝（吨）		
濮阳处	12处			171	144	5	22	12657	16824	269.71	66.27	2719.81	366.72	2710.79	256.96
濮阳段	5处			70	48	1	21	4781	6507	75.34	23.43	1403.43	197.70	1136.71	61.16
	青庄	1956	49+000	22	15	1	6	1842	1969	41.20	11.59	754.20	80.80	578.94	27.10
	南小堤	1920	64+190—66+227	39	24		15	2749	3271	19.20	11.59	604.61	115.07	533.19	26.89
	老大坝	1915	62+910	1	1				150		0.10	14.50	0.78	4.21	0.74
	后辛庄	1958	90+031—90+422	4	4			50	391	6.42	0.09	30.12	1.05	10.17	1.50
	吉庄	1964	102+852—103+578	4	4			140	726	8.52	0.06			10.20	4.93
范县段	3处			68	68			5506	6687	120.44	28.07	1100.55	152.59	1181.90	159.01
	彭楼	1962.7	103+918—104+798	36	36			2781	3330	66.70	10.70	385.36	54.67	473.52	46.18
	李桥	1960.3	120+900—122+771	20	20			2080	1871	50.07	14.15	715.19	77.57	572.66	44.45
	邢庙	1950.7	122+771—124+257	12	12			645	1486	3.67	3.22		20.35	135.72	68.38
台前段	4处			33	28	4	1	2370	3630	73.93	14.77	215.83	16.43	392.18	36.79
	影堂	1954	165+640	16	12	4		1409	1520	38.09	10.95	183.70	9.94	268.48	20.29
	梁集	1962.4	170+842	6	6			156	800	6.55	0.11		1.83	12.71	2.42
	后店子	1962.6	180+447	3	3			180	400	6.85	0.36		1.63	18.80	3.92
	张堂	1968.11	186+000—186+910	8	7		1	625	910	22.44	3.35	32.13	3.03	92.19	10.16

续表

单位	工程名称	始建年月	起止桩号（大堤公里桩）	工程坝岸数量（道、段）				护砌长（米）	工程长（米）	主要工程量和料物				投资（万元）	工日（万工日）
				合计	坝	垛	护岸			土方（万立方米）	石方（万立方米）	软料（万公斤）	铅丝（吨）		
孟津段	1 处			125	28	73	24	12093	7360	33.42	9.67	194.63	81.11	252.20	17.31
	铁谢	1873		125	28	73	24	12093	7360	33.42	9.67	194.63	81.11	252.20	17.31
郑州处	10 处			711	279	150	282	45400	47956	128.92	93.42	1926.08	223.26	2642.23	167.80
郑郊段	6 处			479	152	128	199	30678	29654	36.20	55.67	1037.44	167.20	1372.11	98.42
	保合寨	1882	0+360—5+570	63	25	18	20	5210	5210		5.28	165.84	24.50	115.94	9.78
	南裹头	1963	5+570—6+706	1	1			1900	1900		4.81	58.00	33.25	106.01	8.91
	花园口	1722	6+706—15+736	148	49	40	59	8953	10040	16.58	23.72	703.20	87.64	670.47	44.49
	申庄	1736	16+807—22+676	143	35	42	66	7022	5869	9.60	8.30	38.10	12.30	153.54	13.46
	马渡	1722	22+878—26+664	89	21	26	42	4770	3786	5.41	11.55	68.80	8.50	259.05	19.56
	三坝	1737	28+400—30+968	35	21	2	12	2823	2849	4.61	2.01	3.50	1.01	67.10	2.22
中牟段	4 处			232	127	22	83	14722	18302	92.72	37.75	888.64	56.06	1270.12	69.38
	杨桥	1661	30+968—35+590	45	34		11	3145	4622	18.38	7.64	20.46	12.36	246.32	14.15
	万滩	1722	35+590—40+360	49	32		17	2914	4773	18.88	7.82	18.35	18.15	259.63	13.36
	赵口	1759	40+363—44+820	81	25	17	39	4424	4457	22.25	8.69	163.22	5.76	263.57	16.82
	九堡	1845	44+820—49+270	57	36	5	16	4239	4450	33.21	13.60	686.61	19.79	500.60	25.05
开封处	5 处			191	86	46	59	11814	14669	178.71	40.27	357.10	98.97	1058.41	137.07

续表

单位	工程名称	始建年月	起止桩号（大堤公里桩）	工程坝岸数量（道、段）				护砌长（米）	工程长（米）	主要工程量和料物				投资（万元）	工日（万工日）
				合计	坝	垛	护岸			土方（万立方米）	石方（万立方米）	软料（万公斤）	铅丝（吨）		
开郑段	2处			128	53	31	44	8022	9982	133.98	26.19	64.96	89.33	794.88	93.34
	黑岗口	1737	74+100—79+795	84	34	19	31	4568	5695	81.32	13.84	40.55	54.05	417.89	47.82
	柳园口	1841	83+263—87+550	44	19	12	13	3454	4287	52.66	12.35	24.41	35.28	376.99	45.52
兰考段	3处			63	33	15	15	3792	4687	44.73	14.08	292.14	9.64	263.53	43.73
	东坝头	1924	138+000—139+263	28	1	15	12	1536	1460	0.80	5.42	184.37	7.24	118.17	8.76
	杨庄	1649	139+464—140+491	16	13		3	873	1027	10.80	7.58	107.50	2.40	56.30	5.60
	四明堂	1955	153+784—156+000	19	19			1383	2200	33.13	1.08	0.27	0.00	89.06	29.37
山东局	98处			3769	1879	68	1822	166471	193368	1719.15	670.36	10155.44	717.11	18844.67	2021.80
菏泽处	14处			439	374	19	46	31470	43775	746.88	152.52	5218.08	417.88	6685.68	674.61
东明段	4处			131	108	10	13	7156	12800	174.3	33.32	1525.04	148.67	2576.21	149.59
	黄寨	1955	183+207—187+384	35	33	2		1804	4400	59.89	6.51	175.04	18.81	461.96	38.07
	霍寨	1954	187+607—189+820	21	16	5		980	2393	33.99	3.71	94.39	11.08	300.01	20.92
	堡城	1961	190+000—193+350	24	21	3		1929	3000	43.93	8.14	475.70	56.92	648.74	29.35
	高村	1908	206+000—209+000	51	38		13	2443	3007	36.49	14.96	779.91	61.86	1165.50	61.25
菏泽段	2处			91	66	6	19	4635	7620	94.35	19.29	1122.06	70.04	901.79	68.84
	刘庄	1898	219+000—223+500	55	40		15	2350	4420	48.37	15.62	710.23	52.89	684.19	41.10
	贾庄	1968	223+500—225+800	36	26	6	4	2285	3200	45.98	3.67	411.83	17.15	217.60	27.74

续表

单位	工程名称	始建年月	起止桩号（大堤公里桩）	工程坝岸数量（道、段）				护砌长（米）	工程长（米）	主要工程量和料物				投资（万元）	工日（万工日）
				合计	坝	垛	护岸			土方（万立方米）	石方（万立方米）	软料（万公斤）	铅丝（吨）		
鄄城段	3处			93	91	2		8865	8817	192.09	33.85	1217.05	65.95	1538.87	260.13
	苏泗庄	1925	238+750—241+450	30	28	2		2936	2700	59.38	12.14	467.99	25.32	554.34	82.75
	营房	1961	247+050—250+750	43	43			3522	3700	60.41	10.68	219.66	12.22	485.18	80.85
	桑庄	1964	265+000—267+150	20	20			2407	2417	72.30	11.03	529.40	28.41	499.35	96.53
郓城段	3处			70	64		6	6230	8650	167.50	30.76	1124.06	48.00	896.63	105.25
	苏阁	1933	289+400—292+350	26	25		1	2240	2950	46.62	9.88	488.61	16.77	276.08	30.18
	杨集	1936	299+750—303+300	28	23		5	2310	3550	54.27	10.81	442.21	21.36	315.59	33.18
	伟庄	1951	310+300—312+450	16	16			1680	2150	66.61	10.07	193.24	9.87	304.96	41.89
梁山段	2处			54	45	1	8	4584	5888	118.64	35.30	229.87	85.22	772.18	90.80
	程那里	1955	316+800—319+330	17	17			1567	2530	53.54	8.32	148.46	27.46	246.10	37.33
	路那里	1894	333+000—336+600	37	28	1	8	3017	3358	65.10	26.98	81.41	57.76	526.08	53.47
位山局	1处			33	24		9	1981	4175	20.57	15.89	15.57	21.76	194.54	16.60
	国那里	1896	336+600—340+775	33	24		9	1981	4175	20.57	15.89	15.57	21.76	194.54	16.60
聊城处	13处			471	252		219	23034	28100	138.26	103.26	92.50	5.20	1266.87	225.09
阳谷段	1处			16	11		5	1261	1110	29.34	5.10	92.50	5.20	133.84	41.13
	陶城铺	1885	3+600—4+710	16	11		5	1261	1110	29.34	5.10	92.50	5.20	133.84	41.13

续表

单位	工程名称	始建年月	起止桩号（大堤公里桩）	工程坝岸数量（道、段）				护砌长（米）	工程长（米）	主要工程量和料物				投资（万元）	工日（万工日）
				合计	坝	垛	护岸			土方（万立方米）	石方（万立方米）	软料（万公斤）	铅丝（吨）		
东阿段	12 处			455	241		214	21773	26990	108.92	98.16			1133.03	183.96
	位山	1947	6+860 —9+535	51	22		29	2786	3515	15.35	10.25			125.38	25.27
	范坡	1947	12+900 —17+100	113	49		64	4280	4200	21.06	20.97			233.27	38.54
	鱼山	1954	18+400 —18+670	3	3			176	190	1.84	0.52			5.24	2.03
	南桥	1947	20+380 —20+857	12	10		2	402	477	2.77	1.74			22.42	3.71
	旧城	1947	23+030 —25+360	47	34		13	1964	2330	12.97	6.26			103.13	16.08
	井圈	1947	32+400 —38+900	120	57		63	5258	6500	26.63	27.23			317.34	50.17
	毕庄	1947	39+600 —41+685	4	4			462	1565	1.00	0.61			5.62	1.30
	康口	1946	44+360 —46+280	20	15		5	1533	1920	9.11	7.34			84.84	13.40
	周门前	1946	48+700 —50+960	22	14		8	1798	2260	9.25	9.03			96.86	15.14
	朱圈	1947	53+000 —54+108	11	6		5	846	1108	2.20	4.00			32.86	4.88
	陶邵	1947	56+602 —58+360	44	22		22	1799	1758	4.08	8.84			92.12	9.97
	李营	1949	61+350 —62+516	8	5		3	469	1167	2.66	1.37			13.95	3.47
德州处	22 处			1016	452		564	38053	44032	328.56	122.95	392.37	57.72	2793.77	381.63

续表

单位	工程名称	始建年月	起止桩号（大堤公里桩）	工程坝岸数量（道、段）				护砌长（米）	工程长（米）	主要工程量和料物				投资（万元）	工日（万工日）
				合计	坝	垛	护岸			土方（万立方米）	石方（万立方米）	软料（万公斤）	铅丝（吨）		
齐河段	16处			755	306		449	28522	32961	216.86	84.63	22.34	39.28	1748.73	231.77
	潘庄	1937	62+516—64+061	32	21		11	1332	1545	8.36	3.88		0.26	72.51	10.91
	官庄	1890	73+547—76+770	67	34		33	2768	3223	21.65	8.47	0.78	1.19	195.87	22.05
	韩刘	1888	76+770—78+173	31	19		12	1152	1403	8.85	5.17		4.44	108.24	13.84
	程官庄	1887	79+724—82+252	66	13		53	2376	2528	16.45	6.39		4.52	126.97	15.77
	于庄	1887	84+124—85+720	19	18		1	725	1596	5.83	3.03		1.47	74.96	10.21
	阴河	1887	89+409—91+131	38	31		7	1487	1772	11.67	4.08	0.10	0.71	84.43	10.47
	谯庄	1890	96+743—97+785	37	11		26	946	1042	9.78	4.35		3.02	92.23	13.27
	张村	1900	99+432—99+939	4	3		1	191	507	1.87	0.43			11.02	0.68
	豆腐窝	1898	104+181—106+602	72	18		54	2208	2421	22.20	5.56	17.95	3.52	114.02	16.45
	南坦	1885	112+891—115+134	70	17		53	2294	2243	19.39	8.53		4.01	155.11	23.90
	王庄	1890	115+134—118+891	95	25		70	3854	3757	28.55	8.68	2.83	1.98	180.50	22.46
	席道口	1898	118+891—121+187	48	17		31	2408	2296	13.30	5.33	0.17	2.68	108.56	14.67
	李家岸	1891	123+015—124+125	29	12		17	1115	1110	8.03	2.92		0.96	67.08	8.09
	赵庄	1890	124+125—127+276	56	31		25	2342	3151	15.54	6.01		3.14	126.50	17.10
	王窑	1898	127+276—129+088	37	16		21	1500	1812	10.43	5.80	0.41	3.73	119.16	16.22
	大王庙	1885	131+017—133+572	54	20		34	1824	2555	14.96	6.00	0.10	3.65	111.57	15.68

续表

单位	工程名称	始建年月	起止桩号（大堤公里桩）	工程坝岸数量（道、段）				护砌长（米）	工程长（米）	主要工程量和料物				投资（万元）	工日（万工日）
				合计	坝	垛	护岸			土方（万立方米）	石方（万立方米）	软料（万公斤）	铅丝（吨）		
济阳段	6处			261	146		115	9531	11071	111.70	38.32	370.03	18.44	1045.04	149.86
	大柳店	1901	158+500—158+960	17	9		8	943	724	15.65	5.37	9.12	6.33	141.73	27.33
	沟阳家	1897	164+288—166+733	58	32		26	2659	2645	23.40	9.07	29.40	2.63	243.42	30.70
	葛家店	1887	180+000—182+771	78	37		41	2495	2771	36.93	10.85	77.12	6.15	297.67	36.52
	张辛庄	1897	189+358—192+287	80	40		40	2429	2929	20.91	9.47	172.03	2.72	243.86	32.88
	小街子	1949	196+563—197+817	21	21			958	1254	13.31	3.51	82.36	0.61	116.10	22.07
	罗家	1919		7	7			47	748	1.50	0.05			2.26	0.36
济南处	15处			558	225	7	326	22597	21958	235.09	90.71	478.25	81.95	1926.38	252.71
郊区段	8处			330	153	2	175	15307	14380	161.47	64.87	262.42	62.76	1364.24	160.56
	北店子	1898	8+600—9+600	32	15		17	1048	1000	7.59	5.22	22.92	6.40	96.61	11.12
	曹家圈	1898	10+448—12+236	33	17		16	1683	1788	40.62	5.14	5.62	2.40	130.98	12.88
	杨庄	1881	14+590—17+000	43	22	2	19	1783	2410	18.98	8.94	44.87	30.35	195.66	21.46
	老徐庄	1898	23+367—24+900	38	19		19	1736	1533	11.27	7.99	41.29	6.83	147.89	13.08
	泺口	1890	27+070—30+600	87	31		56	4151	3530	33.54	18.34	42.72	8.62	380.75	45.37
	盖家沟	1898	32+807—35+214	57	25		32	2658	2407	16.86	11.37	65.01	3.05	233.83	23.79
	后张庄	1925	39+860—40+250	13	5		8	503	390	6.11	2.21	13.13	2.90	44.98	4.32
	傅家庄	1890	44+578—45+900	27	19		8	1745	1322	26.50	5.66	26.86	2.21	133.54	28.54

续表

单位	工程名称	始建年月	起止桩号（大堤公里桩）	工程坝岸数量（道、段）				护砌长（米）	工程长（米）	主要工程量和料物				投资（万元）	工日（万工日）
				合计	坝	垛	护岸			土方（万立方米）	石方（万立方米）	软料（万公斤）	铅丝（吨）		
历城段	4 处			160	51	5	104	5236	4893	42.76	14.67	96.51	14.22	325.66	57.40
	霍家溜	1892	48+600—49+950	39	16		23	1524	1350	11..70	4.11	16.21	1.08	87.48	11.84
	河套圈	1885	52+910—53+100	10		3	7	132	190	1.89	0.03	3.78	0.02	3.10	3.08
	陈孟圈	1893	56+170—57+240	49	13	2	34	1235	1070	7.15	3.93	35.41	5.84	78.25	14.45
	王家梨行	1898	60+490—62+773	62	22		40	2345	2283	22.02	6.60	41.11	7.28	156.83	28.03
章丘段	3 处			68	21		47	2054	2685	30.86	11.17	119.32	4.97	236.48	34.75
	胡家岸	1911	64+589—65+739	61	14		47	1386	1251	11.81	7.53	79.12	3.96	158.42	17.49
	土城子	1949	73+510—73+726	3	3			298	384	8.15	1.20	17.98	0.89	27.56	7.45
	刘家园	1951	76+156—77+206	4	4			370	1050	10.90	2.44	22.22	0.12	50.50	9.81
惠民处	16 处			668	432	3	233	27767	30050	105.55	108.73	3139.88	95.75	3280.94	237.37
邹平段	1 处			7	2		5	264	400	5.94	1.15	33.42		33.22	6.63
	梯子坝	1883	99+725—100+125	7	2		5	264	400	5.94	1.15	33.42		33.22	6.63
高青段	3 处			79	79			3871	4500	10.47	18.51	737.00	23.45	533.78	30.79
	马扎子	1896	119+430—121+030	17	17			1129	1600	6.00	3.46	69.00	2.18	118.86	8.21
	刘春家	1897	154+350—155+950	34	34			1415	1600	2.07	7.91	382.00	12.00	207.46	10.68
	大道王	1897	163+350—164+650	28	28			1327	1300	2.40	7.14	286.00	9.27	207.46	11.90
博兴段	1 处			38	27		11	1826	1776	12.85	7.75	145.87	0.78	272.83	25.20
	王旺庄	1902	182+500—184+690	38	27		11	1826	1776	12.85	7.75	145.87	0.78	272.83	25.20

续表

单位	工程名称	始建年月	起止桩号（大堤公里桩）	工程坝岸数量（道、段）				护砌长（米）	工程长（米）	主要工程量和料物				投资（万元）	工日（万工日）
				合计	坝	垛	护岸			土方（万立方米）	石方（万立方米）	软料（万公斤）	铅丝（吨）		
惠民段	7 处			355	188	3	164	12761	13623	53.51	45.56	996.02	43.10	1336.14	113.07
	簸箕李	1882	207+460—210+730	92	53	1	38	2925	3270	27.53	11.69	216.66	14.78	349.26	24.62
	崔常	1892	214+205—215+820	32	21		11	1070	1165	4.77	3.35	148.14	2.08	101.49	9.98
	归仁	1904	223+450—225+454	58	32		26	1991	2120	5.80	9.25	155.13	11.78	267.18	21.02
	王集	1910	228+900—230+694	52	24	2	26	1754	1794	3.67	5.00	110.64	4.81	149.06	11.15
	白龙湾	1857	234+480—236+886	53	20		33	2301	2338	6.43	9.05	102.87	2.88	268.18	25.97
	大崔	1907	244+374—246+300	48	24		24	1850	1926	1.64	3.53	46.73	3.92	100.18	6.97
	五甲杨	1900	251+351—252+361	20	14		6	870	1010	3.67	3.69	215.85	2.85	100.79	13.36
滨州段	4 处			189	136		53	9045	9751	22.78	35.76	1227.57	28.42	1104.97	61.68
	王家庄子	1902	169+028—171+400	30	15		15	1524	2372	8.79	3.30	144.76	0.37	102.54	12.87
	道旭	1904	172+716—174+226	44	44			1620	1516	8.38	8.72	89.76	3.63	282.97	21.33
	兰家	1946	252+317—256+800	81	59		22	4237	4483	3.43	16.04	577.96	12.93	471.91	16.70
	张肖堂	1946	263+810—265+190	34	18		16	1664	1380	2.18	7.70	415.09	11.49	247.55	10.78
东营处	17 处			584	120	39	425	21569	21278	144.24	76.30	818.79	36.85	2696.49	233.79
牛庄段	3 处			85	65	3	17	3353	3258	49.73	14.65	805.82	5.65	507.49	70.93
	南坝头	1947	191+357—191+592	13	10		3	410	235	5.40	1.72	96.46	0.44	51.06	7.65
	麻湾	1947	192+695—195+042	56	43	3	10	2338	2347	40.23	11.63	608.55	5.04	409.69	57.39
	打渔张	1900	200+126—200+802	16	12		4	605	676	4.10	1.30	100.81	0.17	46.74	5.89

续表

单位	工程名称	始建年月	起止桩号（大堤公里桩）	工程坝岸数量（道、段）				护砌长（米）	工程长（米）	主要工程量和料物				投资（万元）	工日（万工日）
				合计	坝	垛	护岸			土方（万立方米）	石方（万立方米）	软料（万公斤）	铅丝（吨）		
垦利段	8处			270	18	36	216	8670	9674	74.11	32.65		0.59	1053.67	101.89
	罗家	1948	201+460—202+245	8	4	4		355	785	1.55	0.56		0.33	18.46	1.80
	卞家庄	1898	209+170—209+717	18		3	15	550	547	4.81	2.64			88.90	7.32
	胜利	1898	209+717—210+727	28		6	22	1050	1009	15.85	6.85			204.73	23.3
	王家院	1910	211+550—213+075	52		13	39	1495	1525	8.51	3.65			120.83	12.07
	常庄	1898	214+300—215+790	37		5	32	1500	1490	5.22	2.92			100.97	7.68
	路家庄	1884	215+790—217+518	53		5	48	1706	1728	8.99	6.06		0.02	200.65	14.19
	纪冯	1949	224+610—224+730	3	3			153	120	1.58	0.82			28.06	2.30
	义和庄	1949	236+700—239+170	71	11		60	1861	2470	27.60	9.15		0.24	291.07	33.23
利津段	6处			229	37		192	9546	8346	20.40	29.00	12.97	30.61	1135.33	60.97
	宫家	1899	299+070—301+151	58	11		47	2717	2080	7.63	9.12	5.38	7.08	359.38	19.70
	张家滩	1891	307+086—307+778	20	1		19	797	692	1.20	2.35	4.62	2.04	91.12	5.00
	綦家嘴	1903	315+390—316+200	24			24	893	810	1.47	1.87		0.50	73.55	3.23
	刘家夹河	1909	317+500—318+454	17	1		16	1018	954	1.25	2.13		3.09	82.67	4.53
	小李	1909	320+250—321+534	30	5		25	1201	1284	2.74	3.53		2.99	138.58	7.20
	王庄	1899	326+800—329+300	80	19		61	2920	2526	6.11	10.00	2.97	14.91	390.03	21.31

注：高程为大沽基面

详:“以竹为巨索,长十尺至百尺,有数等。先择宽平之所以为埽场,……密布芟索,铺梢,梢芟相重,压之以土,杂以碎石,以巨竹索横贯其中,谓之心索。卷而束之,复以大芟索系其两端,别以竹索自内旁出,其高数丈,其长倍之。凡用丁夫数百或千人,杂唱齐挽,积置于卑薄之处,谓之埽岸。既下,以橛臬阂之,复以长木贯之,其竹索皆埋巨木于岸以维之,遇河之横决,则复增之,以补其缺。”当时,埽的名目已有马头、锯牙、木岸等。

金代也年年制埽防河,仅埽兵就有一万二千人,每年建埽用薪一百一十一万三千余束,用草一百八十三万零七百余束,“椿杙之木不与,此备河之恒制也”。

宋元期间,黄河险工护岸,均采用卷埽(见图2—6)。

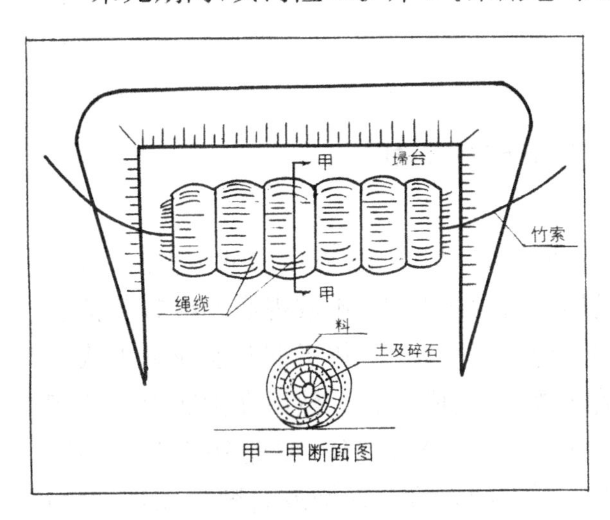

图2—6 宋、元卷埽示意图

明清期间,埽的制作技术又有新的进步,除改进原有卷制之法以外,又创立了软厢法。

1.卷埽　明末清初之际,卷埽的制法有别于宋元。据《清经世文编·河防志略》记载:“卷埽下埽之法,凡应用埽箇须卷长十丈、八丈者方稳。高一丈者,埽台要宽七丈,方卷得紧。如遇堤顶窄狭者,架木平堤,名曰软埽台,然后卷下。先将柳枝捆成埽心,拴束充心绳、揪头绳,取芦柴之黄亮者,纻打小缨,总系于埽心之上,每丈下铺滚肚麻绳一条。或不必用麻者,即用芦缆,又将大芦缆二条,行绳一条,密铺于小缨之上,铺草为筋,以柳为骨,如柳不足,用柴代之,均匀铺平,需夫五六十名。如长十丈者,共需夫五六百名。八丈者四五百名。用勇健熟谙埽总二名,一执旗招呼,一鸣锣以鼓众力,牵拉捆卷,后用牮杆(卷埽工具)戗推。埽临岸时,将小缨均束于埽,埽岸上每丈钉下留橛二根,将滚肚绳挽于留橛之上,每揪头绳一根,亦钉留橛一根,看水势之缓急定揪头绳之多寡,渐次将埽推入水中”。这种卷埽办法,与宋代卷埽的不同之处在于铺草为筋,以柳为骨,不加土石料,进行捆卷,推埽下岸之后,再缓缓压土,将埽体压沉到底(见图2—7)。

2.软厢埽　清乾隆年间(1736～1795年)始见有软厢法的应用,这是埽工的一种改进。此法因布料方式不同,又分顺厢和丁厢两种。厢埽的材料主

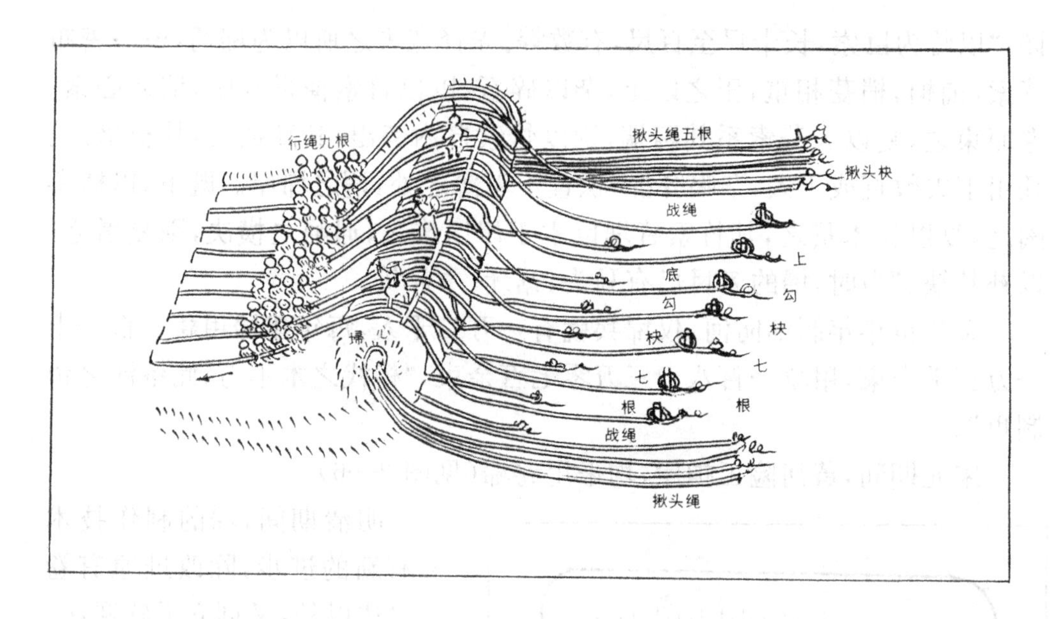

图 2—7 明、清卷埽示意图

要是秸料、土和桩绳。

顺厢。把秸料与水流方向平行铺放，谓之顺厢。需借助捆厢船进行，也可用捆枕代船实施。方法是先于堤岸上钉顶桩数排(排数视底勾绳数与拟厢坯数而定)，在前排顶桩上拴底勾绳，绳的另一端，活扣于捆厢船龙骨上或活扣搭于枕的支杆上，并用核桃绳横连数道，结成网状。然后在网兜上顺铺柳枝或秸料，同时上人踩踏，使料下沉，顺势略松底勾绳，将船外移至底坯宽度，随时打匀花料，使埽体饱满。接着再用细软柳条横铺或斜铺一坯，以增强埽体纵横联结的力量。待料铺够一定厚度，在埽面上打桩栓绳，系于顶桩，压花土，搂第一坯底勾绳，通过后部腰桩，拴于堤岸顶桩上。首坯厢修完毕后，如前法在首坯之上逐坯加厢，直到埽体压到河底时，即将底勾绳全部搂回拉紧拴于顶桩上，再压顶土即成(见图 2—8)。旧时黄河堵口时，常用顺厢法。修筑护岸埽，水下部分用顺厢，出水以后用丁厢。

丁厢。把秸料垂直水流方向铺放，谓之丁厢。采用丁厢建埽，首先在枕上(或船上)拴核桃绳，每隔2～3米一根，作为提枕绳，用木杆将枕支出岸外一定宽度，布置底勾绳，拴横连绳，在枕后顺厢底坯料，然后做头坯丁厢，自中部向两侧上料厢修。头坯上料不可太厚，埽面上打家伙桩(埽工专用名词，是打桩拴绳的一种技巧)，同时将提枕绳、底勾绳绕过家伙桩后部的腰桩，拴在堤岸的顶桩上，务使丁厢部分与底坯顺厢牢固地结合在一起，头坯丁厢完毕。如上法坯坯加料、压土、包眉子进行加厢，直至设计高程止(见图2—9)。

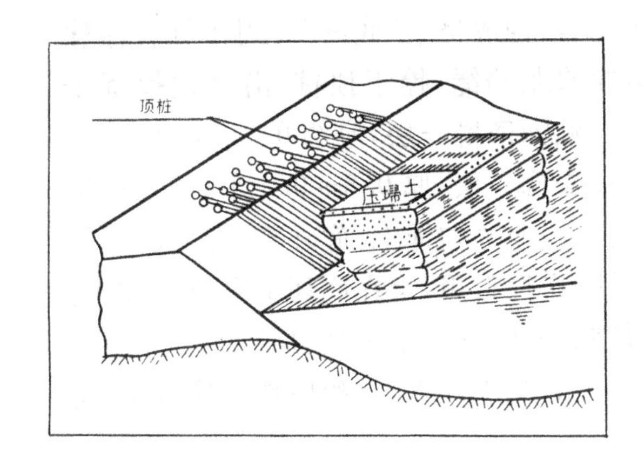

图 2—8 顺厢埽工图

丁厢法常用于修建藏头埽、护尾埽、鱼鳞埽、雁翅埽、磨盘埽、扇面埽等。

无论顺厢或丁厢，在上料压土时，要掌握在埽体未抓泥之前，“厚料薄土”，至抓泥之后，“厚土薄料”的原则，待埽体完全到底之后，上部再压大土。

二、砖、石坝工

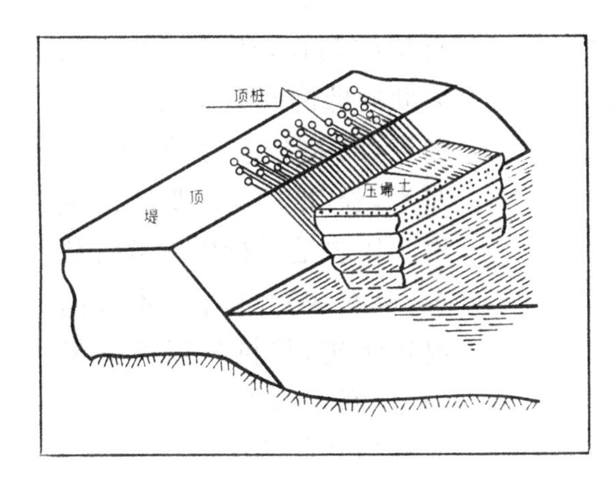

图 2—9 丁厢埽工图

清乾隆后期，开始用碎石散抛在埽工前边护根。道光元年(1821 年)，河督黎世序在《复奏碎石坦坡情形疏》中称：“埽段陡立，易致激水之怒，是以埽前往往刷深至四五丈并有六七丈者。而碎石则铺有二收坦坡，水遇坦坡即不能刷。且碎石坦坡，黄水泥浆灌入，凝结坚实，愈资巩固”。道光十五年(1835 年)，河东河道总督栗毓美倡修砖坝，“乘农隙设窑烧造大砖”，砖上预留一孔，贯以铁条，串连多块，抛于埽前以固坝根。

清末与民国期间，欧美诸国的河工技术渐渐引入，沉梢、沉辊(即今柳石枕之类)、沉排等新型治河工程结构渐渐被采用，促使黄河河工建筑进一步向柳石工、石工方面发展。

(一)柳石工

柳石工，分柳石搂厢和柳石枕两种。柳石搂厢的作法与顺厢埽基本相同：先在堤岸打顶桩数排，桩距 0.8～1.0 米，排距 0.3～0.5 米，前后排向下游错开 0.15 米。捆推浮枕(亦可采用捆厢船)，拴底勾绳，间距 1.0 米左右一根，一端活拴于顶桩上，另一端引过枕外，绕回拴在枕上。再用核桃绳或 12

号铅丝在底勾绳上横连，间距 0.5 米左右，构成格子"底网"。用木杆将浮枕撑离岸边，撑至底坯宽度后，拉紧浮枕的龙筋绳，拴于顶桩，沿浮枕拴练子绳，每条底勾绳一根。然后，在"底网"上顺铺散柳一层，厚约 0.5～1.0 米，压块石厚 0.2～0.3 米，以不入水为度。再盖柳一层，厚 0.3～0.4 米，前后打桩拴绳，将练子绳搂回，拴在后一排桩（腰桩）或底勾绳上，底坯即告完成。底坯完成之后，先在前沿料边每米插一支杆，作拦料用，再在底坯上继续加厢，每坯厚 1.5 米左右，程序与底坯同。每加厢一坯，埽面上前后打长 1.5～2.0 米的木桩（家伙桩），起上下坯结合的作用。如此逐坯进行，相应放松底勾绳，抓泥后，再压顶土。

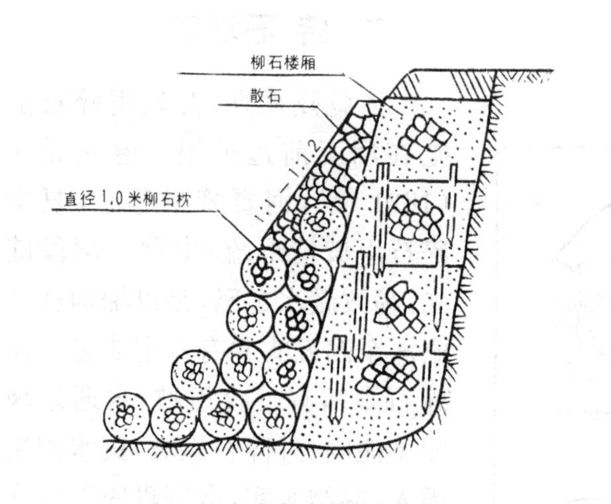

图 2—10　柳石搂厢断面图

柳石枕，一般直径 1 米，最小 0.7 米，长度一般 10～15 米，最短不小于 3 米。柳石枕的制作，选择枝条直长柔韧的低柳或生长旺盛的柳梢进行。柳枝条直径 2～3.5 厘米，长 2～3 米，要随砍随用。作法是平行堤岸放置垫木（或石块），垂直垫木方向放置垫桩，垫桩长以 2.5 米为宜，间距为 0.5～0.7 米，一端担在垫木上，一端置在堤岸边。在两垫桩间放五丈绳，垫桩上铺放柳枝，枝长平行垫木，直径 1 米的枕，铺底柳枝宽约 1 米，压实厚度 15～20 厘米。铺柳之后排石，将石排成圆柱体，直径约 60 厘米，大石小石相间排垒。两端的排石量可适当减少，且留 0.5 米一段不排石，以便盘扎枕头。排石至一半高度时，中间放一条大绳，叫穿心绳，石上加铺柳枝一层，压实厚约 5～7 厘米，以增枕体的柔性。排石完成之后，顶部铺盖柳枝，铺法与铺底同。用五丈绳（或铅丝）捆扎结实。捆绳间距 0.4～0.7 米。捆扎完毕，将穿心绳活扣拴于岸桩上，再掀动垫桩，推枕入水。

修建柳石工中，柳石搂厢与柳石枕配合使用，以搂厢工护岸，以柳石枕护根（见图 2—10）。

(二)石坝工

黄河下游险工坝岸工程,一般由坝(垛)基、护坡、护根三部分组成(见图2—11)。

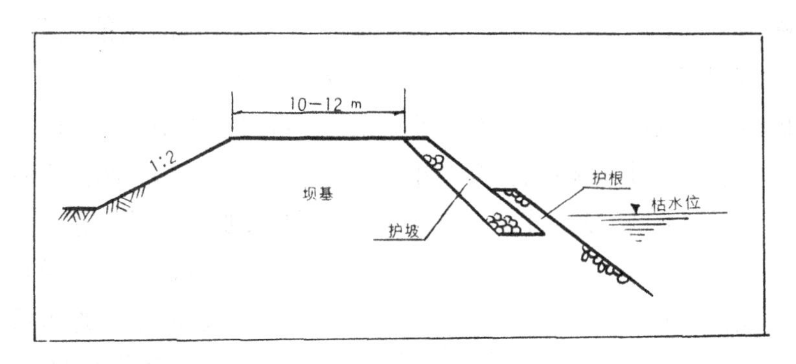

图 2—11 坝(垛)断面图

1. 坝(垛)基 一般为土坝基,由壤土筑成。顶宽 8～12 米,以便堆放料物和汛期抢险活动。背水坡 1∶2,迎水坡与护坡的内坡相同。

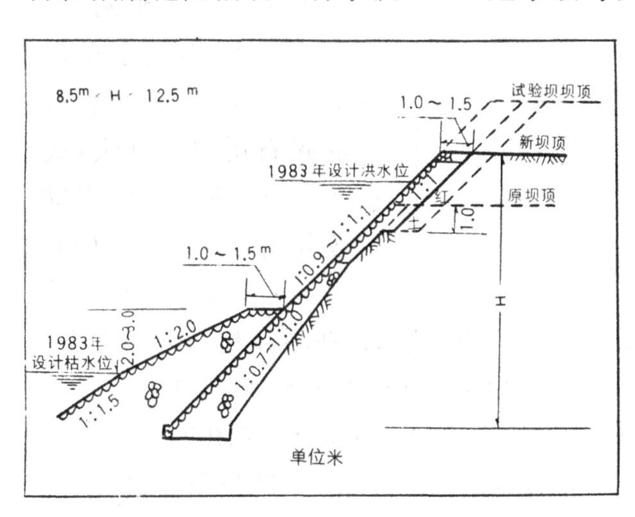

图 2—12 扣石坝断面图

2. 护坡 为了防止水流淘刷坝体,在迎水坡需用抗冲材料进行维护。坝垛护坡的形式很多,大体可分为三种:乱石坝护坡(散抛块石护坡)、扣石坝护坡、砌石坝护坡。

(1)乱石坝的护坡:在坝坡上用块石进行粗略排整。其顶宽 0.7～1.5 米,外坡 1∶1.1～1∶1.5,内坡 1∶0.8～1∶1.3,顶部高程低于坝顶 0～0.5米。

乱石护坡的优点是坡度缓,稳定性好;对根石变形适应性强,险情易于暴露和抢护,一般不致酿成大险后才被发现;结构简单,节约石料,易于施工和管理。对于堆积性河流,它能较好地适应不断加高的特点。其缺点是表面粗糙,在大溜冲刷及暴雨期间易形成吊塘子险情。

(2)扣石坝的护坡:这种护坡形式不能用于新修丁坝。当乱石护坡经若干次抢护加固，基础达到稳定之后，方可将乱石护坡改为扣石护坡。其断面顶宽 1～1.5 米，内坡 1∶0.7～1∶1.0，外坡 1∶0.9～1∶1.1，顶部高程低于坝顶 0～0.5 米（图 2—12 示出的为二次加高后的断面型式）。这种护坡镶面石块的外表面构成一个平整的坡面。较小的块石用于腹石。镶面石块大面朝外的称为平扣，石料端面朝外的称为丁扣。丁扣的御水能力强，因而多所采用，表面石料砌垒之后，往往还用水泥砂浆勾缝。

扣石护坡的优点为：坡度较缓，坝体稳定性较好；扣砌的镶面石抗冲能力较强，用料较省且对水流的阻力较小。主要缺点为：对基础的适应性不如乱石护坡，一旦出险，修复的工程量较大，施工技术要求较高，用工较多。

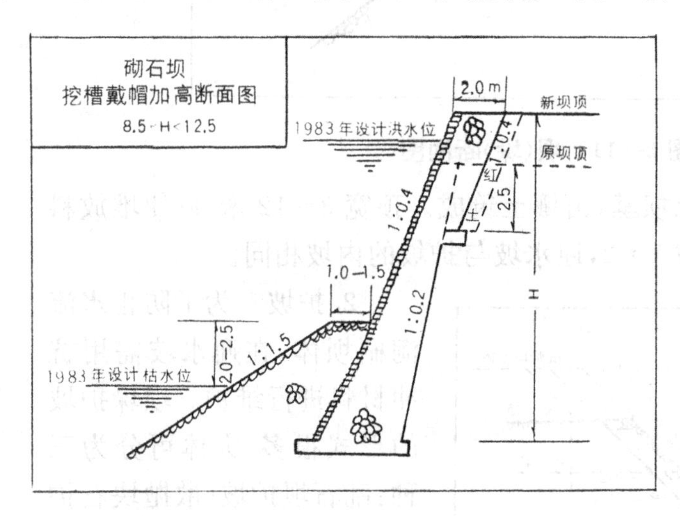

图 2—13　砌石坝断面图

（3）砌石坝的护坡：重力式砌石护坡实系一个挡土墙，凭借本身的重量来抵抗坝体的土压力。基础不稳固的坝垛不能采用。它分为浆砌和干砌两种。前者多用 1∶3 的水泥砂浆沿子石浆砌并勾缝，后面的腹石用白灰砂浆（或白灰水泥砂浆）灌实。干砌护坡分光面与错台两种做法。重力式砌石护坡是坡度最陡的一种护坡形式，因其要承担很大的土压力，在坝高相同的条件下，所用的石料最多。其断面尺度一般为：顶宽 1.5～2.5 米，内坡 1∶0～1∶0.4，外坡 1∶0.3～1∶0.4，顶部高程低于坝顶 0～0.5 米（见图 2—13）。

重力式砌石护坡的主要优点为：坡度陡，易于抢险时抛投根石；抗冲力强，坡面一般不需要维修；坝面整齐美观；砌筑严密，坝顶不会因砌筑不严而出现陷坑等险情。其主要缺点为：因靠重力稳定，体积大，用料多，对施工技术要求高、造价贵；因承受的主动土压力大，整体稳定性差；对基础及根石变形的适应性差；加高困难，一旦砌石体出现问题，后果严重，且修复的工程量大。

3. 护根　也称基础围护。黄河下游系沙质河床，抗冲刷能力弱，坝前常冲成很深的冲刷坑。为保坝体安全，必须及时用块石、铅丝笼、柳石（淤）枕抛护。护根是坝的防护重点，也是用石最多的部位。由于护根的主要料物是石料，习惯上称为“根石”。

根石的顶部叫做根石台，宽一般1～1.5米。高程超过枯水位2米左右，根石的水上部分外坡为1∶1～1∶1.5，水下部分据探测，外坡一般为1∶1.1～1∶1.3。

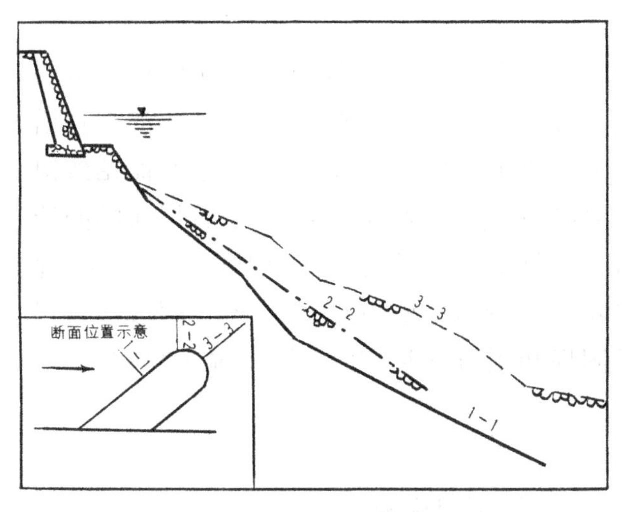

图2—14　花园口险工根石断面图

根石的深度与水流流速、流向、根石坡度、河床土质等因素有关。经抢险达到12～18米深时一般可相对稳定，但遇到不利水流条件时，水深可冲达20米以上，仍需大力抢修。花园口险工将军坝最大根石深度为23.5米，其断面形式如图2—14所示。

第六章　河道整治

黄河下游在历史上决口改道频繁，泛滥成灾，因此，历代都重视下游的防洪，修建了大量的堤防、埽坝等防洪工程。但缺少统一规划，采取的工程措施，多属被动。直到水刷大堤时才临堤下埽抢修，往往因措手不及而招致决口。自1949年以来，在有利防洪的前提下，本着因势利导、左右岸兼顾的原则，从控导主流，稳定河势出发，有计划地开展了河道整治工作。在利用、完善已有险工的同时，还在滩区修建了大量的控导护滩工程。不少河段河势已经得到控制或基本控制，在防洪固堤和引黄兴利方面起到了显著作用。

第一节　河道概况

黄河由河南省孟津县白鹤镇附近出峡谷之后，成为平原河道。自白鹤镇至垦利河口，河道长878公里，按其自然形态可分为以下四段：

白鹤镇至东明高村河段，河道长299公里。郑州京广铁路桥以上，南岸为邙山黄土丘陵，高出河面100～150米左右，在巩县有洛河、在荥阳有汜水汇入。北岸为黄土低崖，称为青风岭，温县以上一般高出河面10～40米，温县以下有沁河汇入，沁河口两侧修建有堤防。京广铁桥以下两岸均有堤防。此河段堤距宽5～20公里，河面宽阔，淤积严重，沙洲出没无常，河床变化不定，主流摆动频繁，河道曲折系数为1.15，比降为2.65～1.72‱，属于游荡性河型。

高村至阳谷陶城铺河段，河道长165公里。两岸堤距宽1.4～8.5公里，大部在5公里以上。左岸在长垣有天然文岩渠及台前有金堤河汇入。河道两岸修建了不少控导工程，河槽大多靠南岸，水流基本归为一股，已有明显的主槽。但由于约束不严，河槽的平面变形还比较大，在修建控导工程之前，滩岸坍塌较快。河道的曲折系数为1.33，平均比降为1.15‱，属于由游荡向弯曲转变的过渡性河型。

陶城铺至垦利宁海河段，河道长322公里。陶城铺以下除南岸东平湖至济南宋庄为山岭外，其余均束范于堤防之间。堤距宽0.4～5公里，一般0.5

～2.0公里，北店子至曹家圈、胡家岸至沟阳家河段及宫家至麻湾，堤距仅400～500米左右。右岸有汶河及玉符河汇入。由于堤距窄且两岸整治工程控制较严，河槽比较稳定，河湾得不到充分发展，河道曲折系数为1.21，河道比降为1.0‱，属于弯曲性河型。

宁海至河口段，河道长92公里，由于泥沙大量淤积，河道不断延伸摆动，当河道延伸过长后，即发生改道。

黄河下游河床，由于泥沙淤积，不断抬高，现在滩面高出背河地面一般3～5米，部分堤段达10米，使黄河下游成为世界上著名的地上悬河（见图2—15）。

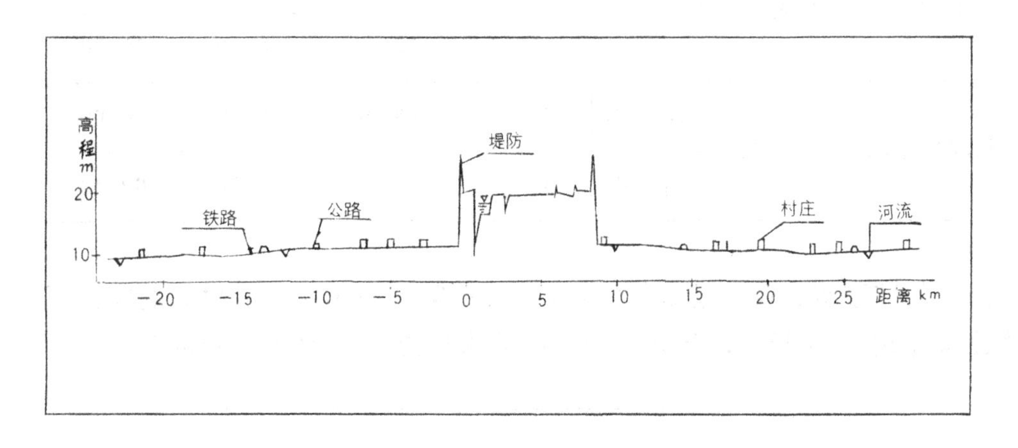

图2—15　黄河下游悬河示意图

1958年后，黄河下游滩区群众，普遍修建了生产堤，缩窄了河道行洪的宽度，减少了洪水漫滩机率，泥沙大部分淤积在两岸生产堤之间的河槽内。生产堤与大堤之间的滩地落淤少，滩槽高差减少。在东坝头以下的部分河段，生产堤临河滩面又高于背河滩面，河槽平均高程高于生产堤背河滩地的平均高程（见表2—18），形成了二级悬河。

由于河床高悬于两岸地面以上，下游除汶河支流较大外，仅有金堤河、天然文岩渠等小支流汇入。下游流域面积仅占全河流域面积的3%。

黄河下游河道绝大部分为复式断面。东坝头以下为两级滩岸，东坝头以上，1855年兰阳铜瓦厢决口改道后，由于溯源冲刷又增加了一级高滩，成为三级滩岸（见图2—16）。通常将枯水河槽和一级滩岸合称为河槽，二级及三级滩岸称为滩地。各河段的滩槽高差如表2—19所示。从表中看出，大部分河段滩地平均高程略高于河槽平均高程。在洪水漫滩落淤过程中，滩唇先落淤。因此，由滩唇至大堤堤根的落淤量逐渐减少，在滩面上形成了横比降，横

1980年10月实测河道断面滩槽平均高程比较表　　表2—18

项目 \ 断面名称		禅房	油房寨	马寨	河道
河槽平均高程(米)		71.83	69.45	67.08	62.92
滩面平均高程(米)		70.95	69.03	66.66	62.79
滩槽高差(米)		−0.88	−0.42	−0.42	−0.13
滩唇高程(米)	左岸	72.00	69.50	69.80	63.30
	右岸	71.50	70.00	66.60	63.60
临河堤根河底高程(米)	左岸	71.60	68.20	62.70	60.60
	右岸	69.30	65.70	65.30	62.40

比降一般陡于纵比降,宽滩滩面的横比降更陡。东坝头至高村间的宽滩区,横比降竟达1/2000～1/3000。一般滩区横比降为1/4000～1/6000。

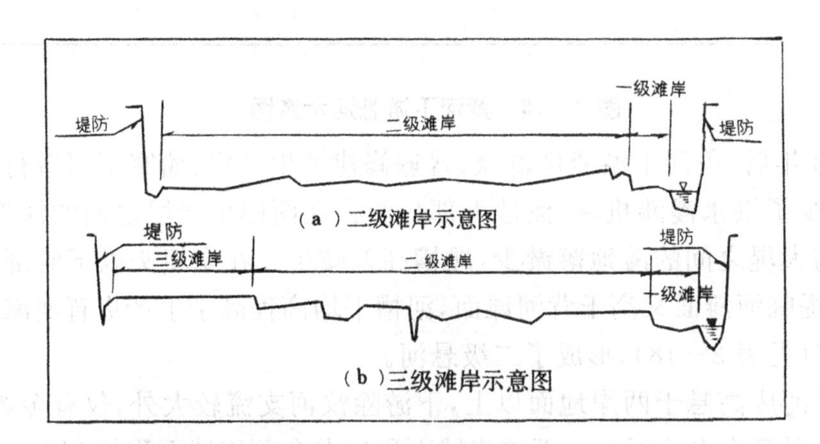

图2—16　黄河下游二级滩岸和三级滩岸示意图

黄河下游河道有广阔的滩地,总面积3155.5平方公里,现有耕地311万亩,村庄2030个,人口138万人(详见表2—20)。

1985年汛后黄河下游河床形态表 表2—19

断面名称	河槽宽度（米）	滩地宽度（米）	河槽平均高程（米）	滩地平均高程（米）	滩槽高差（米）
花园口	4020	5020	92.92	93.55	0.63
来童寨	5220	3830	89.69	90.46	0.77
黑岗口	4100	3710	80.75	83.24	2.49
柳园口	3440	1720	79.16	79.61	0.45
夹河滩	3490	3280	73.28	73.66	0.38
禅　房	5190	7490	71.37	71.02	—0.35
油房寨	5610	8860	69.12	68.68	—0.44
马　寨	4440	10900	66.61	66.73	0.12
杨小寨	4350	4900	65.12	64.59	—0.53
河　道	2980	6390	62.68	62.88	0.20
高　村	2170	2720	61.38	61.55	0.17
南小堤	2000	3174	60.04	60.04	0.0
苏泗庄	1192	6976	56.12	58.18	2.06
彭　楼	2200	2450	54.81	56.05	1.24
史　楼	1800	2960	52.86	53.51	0.65
杨　集	2157	3646	49.24	49.95	0.71
孙　口	1581	4433	46.59	47.13	0.54
路那里	1670	1751	44.41	45.16	0.75
陶城铺	1130	1614	41.28	43.48	2.20
官　庄	600	6280	31.38	35.86	4.48

续表

断面名称	河槽宽度（米）	滩地宽度（米）	河槽平均高程（米）	滩地平均高程（米）	滩槽高差（米）
泺口	316	1071	24.82	30.35	5.53
刘家园	548	1540	21.90	25.60	3.70
杨房	1045	672	19.04	21.53	2.49
王旺庄	535	3704	11.45	14.72	3.27
渔洼	1220	4076	7.84	8.93	1.09

注：滩槽高差为滩地平均高程减去河槽平均高程

1985年黄河下游滩区情况统计表 表2—20

局处段	面积		村庄（个）	人口（万人）	避水台完成情况	
	总面积（平方公里）	其中耕地（万亩）			面积（万平方米）	土方量（万立方米）
合计	3155.5	311.52	2030	138.47	1424.52	10790.13
河南局	2100.5	182.2	1098	81.16	914.60	7729.90
孟津段	27	1.81				
郑州处	160.8	11.43	15	2.33		
巩县段	26	0.90				
郊区段	15.2	0.90	5	0.51		
中牟段	119.6	9.63	10	1.82		
开封处	296.1	22.34	142	11.95	25.42	94.9
郊区段	27.1	1.37	17	1.92		
开封县段	145.0	12.92	96	7.75	5.42	14.9
兰考段	124.0	8.05	29	2.28	20.0	80.0
焦作处	515.2	30.56	39	4.5		

续表

局处段	面积		村庄(个)	人口(万人)	避水台完成情况	
	总面积(平方公里)	其中耕地(万亩)			面积(万平方米)	土方量(万立方米)
孟县段	150.1	10.07	1	0.12		
温县段	197.2	9.69	22	2.37		
武陟段	167.9	10.80	16	2.01		
新乡处	797.6	77.55	525	39.1	389.54	3116.28
原阳段	378.4	37.00	260	15.90		
封丘段	167.2	6.65	42	5.90		
长垣段	252.0	33.90	223	17.30	389.54	3116.28
濮阳处	303.5	38.51	377	23.28	499.64	4518.72
濮阳段	133.3	18.55	171	9.26	238.85	1910.78
范县段	107.1	10.50	84	5.72	115.82	1158.2
台前段	63.1	9.46	122	8.30	144.97	1449.74
山东局	1055.00	129.31	932	57.31	509.92	3060.23
菏泽处	314.59	41.58	349	19.41	144.1	1159.47
东明段	174.60	20.02	190	9.99	81.79	654.32
菏泽段	9.70	1.46	3	0.27	2.25	17.96
鄄城段	78.10	12.91	104	6.37	40.63	325.04
郓城段	24.60	3.76	5	0.09		6.73
梁山段	27.59	3.43	47	2.69	19.43	155.42
位山局	40.31	5.01	47	4.38	59.28	332.92
东平闸管所	40.31	5.01	47	4.38	59.28	332.92

续表

局处段	面积		村庄(个)	人口(万人)	避水台完成情况	
	总面积(平方公里)	其中耕地(万亩)			面积(万平方米)	土方量(万立方米)
济南处	338.90	44.22	397	27.95	258.43	1243.23
平阴段	113.00	15.43	118	11.77	43.43	163.64
长清段	180.40	22.68	248	14.73	208.56	1042.78
郊区段	18.90	2.72	3	0.11		
历城段	3.70	0.39	1	0.04		
章丘段	22.90	3.00	27	1.30	6.44	36.81
聊城处	6.70	0.80				
阳谷段	0.60	0.11				
东阿段	6.10	0.69				
德州处	48.20	6.59	30	1.39	7.21	67.07
齐河段	19.00	1.93	15	0.59	2.24	8.18
济阳段	29.20	4.66	15	0.80	4.97	58.89
惠民处	155.24	17.07	74	3.01	26.23	170.94
惠民段	23.00	2.88	7	0.24	4.00	20.00
滨县段	11.20	1.59	20	0.72	15.97	112.16
滨州段	34.00	2.46	23	1.28	4.50	19.00
邹平段	31.80	3.90				
高青段	45.60	5.17	24	0.77	1.76	19.78
博兴段	9.64	1.07				
东营处	151.06	14.04	35	1.17	14.67	86.60

续表

局处段	面积		村庄(个)	人口(万人)	避水台完成情况	
	总面积(平方公里)	其中耕地(万亩)			面积(万平方米)	土方量(万立方米)
利津段	112.8	9.99	35	1.17	14.67	86.60
牛庄段	4.86	0.54				
垦利段	33.40	3.51				

为了保护滩区人民的生命财产安全，从1974年开始在滩区修建了避水台。修台标准1974年规定为每人3平方米，1982年改为每人5平方米，有修整个村台者为每人50平方米，土方投资国家给予补助。至1985年共修筑避水台及村台4652个，总面积1425万平方米，完成土方10790万立方米，主要分布在东坝头以下的滩区。完成投资2851.84万元(其中河南2349.66万元，山东502.18万元)。已建的避水台在1976年、1982年洪水漫滩时，发挥了很大作用，1982年上台人数达44.77万人，群众称为“救命台”，有些村庄的避水台已向村台发展。

第二节　河势演变

黄河下游是堆积性河道，它是在一定的边界条件下，由含沙水流塑造而成。由于每年进入下游的水量、沙量及水沙组合各不相同，不同年份，不同河段，由泥沙淤积而成的边界条件也不相同，因此，河势始终处于变化之中。兹以水流主溜线① 的变化概述各河段的河势演变。

一、游荡性河段

(一)孟津白鹤镇至郑州桃花峪

该河段处于中游的尾端，比降陡，河床泥沙颗粒粗，在一般宽10公里的河谷内，水面宽一般2～3公里。主流处于变幻不定的状态，支流入黄的位置

① 主溜——在水道中流速大的水流称为溜。在一个横断面内，可出现几股溜，其中走大溜的一股称为主溜。

变化不定。在大河南滚时,洛河自神堤东侧汇入黄河;在大河北滚时,汇流口向东延至孤柏咀,东西相距20多公里。

在50年代,主流遍及河床的大部分地区,仅孤柏咀至官庄峪河段,大河多沿右岸邙山以北1～2公里的地方东流。三门峡水库1960年蓄水运用以后,孟津以下河道普遍大幅度下切冲刷,右岸严重塌滩,主溜多靠右岸。1974年虽新建了几处控导工程,仍不能控制河势。70年代多数年份的大部分河段,主溜仍在右岸。由于孤柏咀以上山弯导流,孤柏咀以下左岸严重坍塌,1973年修建了驾部控导工程。80年代以来,大部分河段主溜在河道的右岸或中部,左岸孟县化工控导工程不能靠溜控制河势,温县大玉兰控导工程一再上延,1985年汛期大河冲刷化工与大玉兰工程之间的滩地,滩地大幅度后退,造成温县、孟县交界处多次抢险的局面。

(二)桃花峪至中牟九堡

该段河道,右岸险工相连,左岸为1855年前的高滩。河势在5公里宽的范围内变化。1949～1954年大溜由京广铁路桥向东南,右靠保合寨险工下至花园口险工对岸坐湾,沿中河至九堡险工。1954～1958年,溜出铁桥后向东北,在大茶堡以南滩地坐湾,经花园口险工,至双井村南滩地,以下多沿中河流经赵口至九堡险工。1958～1960年,溜出花园口险工后,大体分两股至九堡险工。1960年5月花园口枢纽工程修成后,河势受枢纽影响,以下河段主溜沿右岸至九堡险工。1963年花园口枢纽破坝之后,由破口和溢洪堰过流,主槽位置北移了2公里多。塌左岸原阳马庄滩地,最大塌宽达4公里,花园口险工的靠河位置也相应下延。1968年修建马庄控导工程后,在上游左、中、右三种来流情况下,花园口险工经常靠河。由于花园口险工外型平顺,一般不能送溜至左岸双井控导工程。以致右岸申庄以下各险工时靠时脱,河势变化无明显的规律。

(三)九堡至开封府君寺

该河段主溜左右摆动的范围大。如1954年8月底的一次洪峰,柳园口附近主溜靠左岸,洪峰到达后,主溜右移,北岸出滩,继而主溜又从右岸摆到左岸,一昼夜内大溜左右来回摆动竟达6公里。30多年来,大河主溜线在两岸高滩间频繁的摆动不定。

(四)府君寺至兰考东坝头

右岸府君寺高滩至左岸曹岗险工计 2400 米，对水流有一定的约束作用。贯台至东坝头，大河的流路，主要取决于贯台的靠河情况。当左岸贯台靠河较紧时，右岸东坝头险工靠溜；当贯台以上河走右岸时，东坝头一带河趋左岸；当贯台以下河走中间时，东坝头脱河，东坝头以下杨庄险工靠河。

(五)东坝头至东明高村

东坝头至东明新店集，河道宽浅，溜势散乱，主溜变化无常。

新店集至东明堡城在河道整治之前，河势多变，50 年代主溜在左岸，以平顺的河湾流向堡城，黄寨至堡城一段的堤防并不靠主溜。60 年代上半期河靠霍寨、堡城一段，因而续建、新修了这两处险工。1967 年开始修建新店集控导工程，但因其以上缺少配套工程，单独不能控制河势，以致多次上延。尽管靠河位置变化很大，而新店集以下大部分时间仍成为一股河的形式，且多沿新店集、周营、老君堂、于林至堡城的流路。有些年份(1978 年至 1981 年)，主溜沿老君堂而下，滑入黄寨险工，沿右岸至堡城。

堡城至高村已与过渡性河段相接，河道断面较上段单一。50 年代多为从堡城走中河至公西集至高村。1959 年以后，出现了由河道村至青庄至高村的流路，1964 年青庄、高村险工脱河，柿子园一带塌滩生湾，1970 年后青庄险工靠河，高村险工再度靠大溜。1986 年以后，又出现了青庄险工脱河，高村险工大幅度下延的不利河势。

二、过渡性河段

(一)高村至鄄城苏泗庄

50 年代，高村至鄄城苏泗庄一段的流路是由高村至南小堤，由南小堤至刘庄险工。1958 年至 1960 年间，高村险工着溜位置下挫至险工下首滩地，挑溜至对岸南小堤下首于林塌滩坐湾，于是在南小堤至刘庄险工之间出现了“S”形河湾。为了制止河势恶化，1960 年在南小堤险工下首修建了截流坝工程。刘庄至苏泗庄间的河势比较顺直。该河段 60 年代河势变化较大，高村、南小堤、刘庄险工都曾一度脱河。1967 年、1968 年修建了贾庄险工和张阎楼及连山寺控导工程，苏泗庄险工的靠河位置一度上提。70 年代前半期继续修建了一些河道整治工程，其流路大体是高村至南小堤，再至刘庄或贾庄,以下经连山寺到苏泗庄险工。以后河势未再发生大的变化。

(二)苏泗庄至鄄城营房

该河段为一大湾,因湾顶大堤背河有几个村名叫密城,所以称密城湾。苏泗庄险工和营房险工,绝大部分年份均靠河,但湾道内的变化却很大。50年代河势变化大而迅速,河湾常向单向发展,形成“Ω”形河湾,1958～1960年,左岸后辛庄一带已塌至堤根,并修有后辛庄险工,1959年湾颈比达2.81。1960年修筑了尹庄工程,1970年前后修了马张庄和龙常治控导工程,控制了河势,至70年代后期,这段河道渐趋稳定。其流路为苏泗庄至龙常治经马张庄入营房险工。

(三)营房至郓城苏阁

50年代该河段河势变化的幅度较大,其大体流路是由营房险工至彭楼以南,经李桥至苏阁。右岸桑庄至左岸李桥间,1955年后出现“Ω”形河湾。1958年,苏阁一带溜势下滑至苗庄前滩地。60年代营房、彭楼至桑庄一段河势较前稳定,但李桥前河湾仍在发展,以下河势左右摆动。1968年后,该河湾自然取直,河势下滑至史楼、邢庙一带。70年代以后,河势比较稳定,其流路为营房至彭楼至桑庄,经李桥险工下段、郭集、吴老家,到苏阁险工。

(四)苏阁至郓城伟庄

苏阁至杨集一段河道也叫“旧城湾”或“甘草湾”。50年代的流路大体是由苏阁经旧城湾至杨集,在邵集～席胡同一带的滩地坐湾后,至伟庄堤前滩地。1956～1960年在旧城湾、1958年在伟庄附近的刘心实滩岸上形成“Ω”湾道。60年代以后,大体仍走上述流路。但1961年、1963年、1964年杨集险工脱河。1966年旧城湾大量坍塌后退,在甘草堌堆前修建了控导工程,70年代后除旧城湾河势外移,其他变化不大。

(五)伟庄至阳谷陶城铺

50年代前半期,河由伟庄,经杨庄湾至龙湾,经老孙口至枣包楼南滩地坐湾折转向南,进入路那里险工上首;50年代后半期,主溜过杨庄湾,在龙湾坐湾后直趋梁集险工,仍经枣包楼南滩地折向路那里险工上段,以下经邵庄至肖庄,在石桥以东滩地靠河后,流向陶城铺。1961年以后,梁集至路那里之间的河道向弯曲发展,在右岸岔河和左岸枣包楼均出现弯道。1965年后，一些河段河势发生变化，龙湾一带河势下滑至梁路口，右岸蔡楼村西出湾，梁集靠河上提到影唐，枣包楼河湾发展成“Ω”形，肖庄以下湾道深化，对岸石桥河势上提。1966年汛期，枣包楼河湾发生自然裁湾，其他段河势较为稳定。1970年汛后，影唐以下右岸朱丁庄靠河。肖庄以下河成微弯至陶城铺，溜势稳定，未再发生大的变化。

三、弯曲性河段

阳谷陶城铺至垦利宁海为弯曲性河段。50年代初期河势变化较大。1949年汛期出现多次洪峰，有两次花园口站洪峰流量超过10000立方米每秒。中水位持续时间长，主流变化很大，滩地严重坍塌，先后有40余处险工溜势大幅度下延，9处老险工脱河。险工坝埽接连不断出现重大险情，同时又出现许多新险，经过40多昼夜紧急抢护方转危为安。当时章丘土城子至济阳小街子河段，右岸大量坍塌，引起左岸济阳朝阳庄、罗家、沟头、葛家店、张辛庄、小街子等多处险工发生连续不断河势下延，造成长达3公里的临堤抢险，情况危急。博兴麻湾、利津王庄、垦利前左等险工，也都进行大规模抢险。齐河水牛赵至南坦险工之间，因河势变化使红庙村滩地坍塌，小庞庄串沟分流，又经1954年、1957两年汛期大水冲刷，串沟扩大、加深，终于1957年8月1日大河由此夺流走河，自然裁弯，齐河索袁徐险工全部脱河，南坦险工溜势大为下延，加重防守负担。

60年代，三门峡水库运用及改建，陶城铺以下河段，也有些险工与护滩工程发生溜势下延变化。原来控导工程较多的河段，也感工程长度不足。到70年代河道控导工程进一步增建加强，大部分河段河势基本稳定。1981年以后，连续几年水多沙少，河道由淤积变为冲刷，艾山、泺口站1985年汛末主槽平均高程恢复到1975年的状况。刘家园以下河道则因受河口清水沟改道以后演变的影响，已与1970年前后的主槽平均高程接近，滩槽高差增大1～2米，主槽深泓点摆动距离继续减小（见表2—21）。中水河槽基本固定，大水期间险工着溜均在工程控制范围之内，没再发生老险工脱河、出现新险的被动局面。但有的河段也有局部溜势改变，1983年汛期，麻湾险工溜势上提，前左以下近河口河段溜势也有明显的变化。

主槽深泓点变化范围表　　表 2—21

年　份	杨　房	薛王邵	齐　冯	兰　家	户　家	龙王崖
1965～1976 年	305	832	170	359	228	386
1976～1983 年	15	311	199	148	154	368

注：单位为米

第三节　整治沿革

在长期与洪水斗争中，历代对黄河下游的治理都有不同的方策和措施，到明代治理河道得到了进一步的发展，以潘季驯治河称著，他先后四次总理河道，历时将近 10 年。他在进行调查研究的基础上，总结前人在治河中的经验教训，结合黄河含沙量大的特点，提出了“筑堤束水，以水攻沙”的治河方策，对明代以后的治河工作产生深远影响。清代康熙初期，由于黄淮决口甚多，淮阴到河口河段淤积甚为严重。靳辅、陈潢治河时，提出在清江浦以下三百多里的河道内，采用疏浚、筑堤并举的办法整治下游河道。对河道过分弯曲处，开挖引河进行人工裁弯取直，起到顺直河道，避免新险的作用。清乾隆年间，逐步把卷埽的方法，改为沉厢式埽工，这对御水建筑物的结构和施工方法有了进一步的改进。

民国期间，自 1933 年黄河发生大洪水后，成立了黄河水利委员会，提出过一些治理的规划及方案。不少西方国家的专家也对黄河进行过考察、研究工作。著名的德国德累斯顿工科大学教授恩格斯，于 1920 年至 1934 年间，先后三次进行黄河下游的模型试验。提出了“固定中水位河槽”的治河方策。他在《制驭黄河论》中指出：“按黄河之病不在堤距之过宽，而在缺乏固定中水位之河槽”。“治理之道，宜于内堤之间，固定中水位河槽之岸。河湾过曲，则裁之取顺，河流分歧，则塞支强干”。恩格斯的学生方修斯，1928 年应聘来中国，于赞助导淮计划外，兼研究治导黄河之策。他认为“整理洪水河床，乃治黄河之第一步，应筑成与流势适合较窄之新堤以束水，利用普通洪水冲刷河底，使洪水位降低。特别大水漫入新旧两堤之间，使之淤高。”（《豫河修防之商榷》）此即利用中水位河槽排泄一般洪水，大洪水上涨漫滩，在滩区滞洪落淤，清水归中水位河槽，以冲刷河道。我国著名水利专家李仪祉对黄河治理进行过精心的研究，曾提出上、中、下游全面治理的治河方略。对下游防洪，他认为应“筹划出路，务使平流顺规，安全泄洪入海。”其具体意见，一是开辟减河，以减异涨；一是整治河槽。主张按恩格斯的办法，即“固定中常水位河槽，依各段中常水位之流量，规定河槽断面，并依修正主河线，设施工程，以求河槽冲深，滩地淤高。”（《黄河治本计划纲要叙目》）。由于当时的社会历史条件限制，未能实现。

中华人民共和国建立后，才开始在下游有计划地整治河道。1949 年汛期山东窄河道接连不断出现被动抢险的事实，使广大治黄工作者认识到：若不整治河道，控导主溜，任其游荡摆动，防洪工作势将处于被动局面。因此，1949 年汛后，进行了固槽护滩工程的试点工作，开始在滨县韩家试用透水柳坝固滩，获得了良好的效果。1950 年，选择塌滩严重，河势变化大的河湾，试修护滩工程。当年完成了蒋家、苗家、八里庄、邢家渡等 14 处透水柳坝工程，计长 3235 米；完成张桥、大郭家、刘家园等 6 处护滩柳箔工程，计长 21636 米。经汛期洪水考验，透水柳坝可起落淤还滩的作用，护滩柳箔不能适应河底冲刷变化，多数被冲垮。在抢险过程中，张桥、大郭家等处曾改用柳石枕顺岸平排代替柳箔，护滩效果良好。此后经改进发展成为柳石堆工程。从实践中认识到，在连续的几个弯道内有计划地兴建护滩工程，可有效地控导河势。1951 年春，提出“以防洪为主，护滩、定险（工）、固定中水河槽”为基本要求，选择章丘土城子险工至济阳葛家店险工长 9 公里的河道，为重点整治的试验河段，在左右两岸分别修建蒋家险工、刘家园险工的土坝基和何王庄、北李家、戴家 5 处工程。采取水中打木桩、编柳把，做成“一”字形及“之”字形的透水柳坝，作为主体整治建筑物。这是进行河道整治的第一次试验。经过 3 个月的施工，完成透水柳坝 32 道，柳包石堆 6 个，土坝基 3 道。这段试点工程完工后，经过当年汛期的考验，基本达到了控制葛家店及以下河势，防止险工下延的目的。

1952 年至 1955 年窄河段的护滩工程处于大发展阶段。为保证打渔张大型灌区引水口稳定，1952 年重点修建了博兴道旭至王旺庄河段左岸的护滩工程，即在滨县的韩家墩、王大夫至玉皇堂一线的滩岸上修建护滩工程。在此期间内新建工程多，在坝型结构方面，因透水柳坝受材料和施工技术的限制，凌汛防护也有困难，逐渐改为以柳石堆为主体的整治工程。1956～1958 年转为一般维护和重点加固阶段。截至 1958 年 11 月，陶城铺至垦利河段，共修建护滩工程 54 处，防护滩岸长度 57 公里，各种坝垛共 819 道（段）（其中透水桩柳坝 67 道，柳石堆 607 道），投资 251.85 万元。其中泺口以下护滩长度为 48.84 公里，为泺口以下河道长度的 22.4%。这样泺口以下，护滩及险工长度约占河道长度的60%。护滩工程与险工相配合，初步控制了主溜，从根本上改变了汛期抢险的被动局面。这些滩区工程经历了1954年、1957年、1958年大洪水的考验，河势没有发生大的变化。实践证明，修建滩区控导工程与堤防险工相配合，对稳定主溜、控制河势是成功的，也为泺口以上河段的河道整治提供了经验。

50年代后期，认为三门峡水库建成后，下游防洪问题基本解决，今后的主要任务就是兴利，于是在下游搞梯级开发修建拦河枢纽和整治河道。由于受“大跃进”的影响，提出“树、泥、草”治河和“三年初控，五年永定”的口号，盲目推广永定河的“柳盘头”、“雁翅林”等活柳坝的经验，以为用“树、泥、草”措施可以控制河势。1960年2月黄委会在郑州召开了黄河下游治理工作会议。在会议上通过的《1960～1962年黄河下游河道治理规划实施意见》中，要求“采取‘纵向控制，束水攻沙’的治理方策。纵向控制主要是修建梯级枢纽，以抬高水位，保证灌溉引水，加速河床平衡。初步打算，在桃花峪以下修建花园口、柳园口、东坝头、刘庄、彭楼、位山、望口山、泺口、马扎子、王旺庄等10个枢纽工程。枢纽建成后，在坝下的自由河段采取‘以点定线，以线束水，以水攻沙’的办法，以达到消灭或防止回水区淤积游荡，保证堤防安全和灌溉航运之利”。“打算在8年内……将下游河道最后达到治导线所规定的流向和宽度。位山以上河道的河宽为600米，最小流量时水深1.2～1.5米，位山以下河宽为400～450米，水深1.5米。”1962年4月在武陟庙宫召开的河道整治现场会议上提出“纵向控制与束水攻沙并举，纵横结合，堤坝并举，泥柳并用，泥坝为主，柳工为辅，控制主溜，淤滩刷槽”的下游河道治理方针。以后在李七堤、李桥、鱼骨、徐码头、苗徐等河湾处修筑了试点工程。采用淤泥潜坝、淤泥堆、雁翅林、活柳坝、柳盘头等轻型结构型式。计划修建的10座枢纽工程，除花园口、位山建成又破坝外，其余8座有的未建，有的中途停建。实践表明完全采用轻型结构治河，不适应黄河下游的水沙条件，加之三门峡水库1960年拦洪之后，清水下泄，冲刷河床，中水持续时间长，所修建的“树、泥、草”工程，绝大部分被冲垮，造成了人力物力的浪费，是河道整治工作的一次教训。1964年，下游出现了严重的塌滩，河势发生剧烈变化。1965年2月6日，黄委会在《关于黄河下游河道整治工作的安排意见》中指出：河道整治主要是结合现有险工和控导护滩工程，修建一些新的控导工程，控制主溜，稳定险工溜势，避免发生新险，以争取防洪主动。通过总结经验教训，克服“左”的思想影响，扭转了靠“树、泥、草”治河的设想，在结构上恢复以柳、石为主体的结构型式，在布局上利用泺口以下50年代整治河道的经验，展开了河道整治工作。

1966年以后，本着以防洪为主，兼顾引黄淤灌、滩区群众生产及安全的原则，采取"控导主溜，护滩保堤"的方针，有计划地开展了河道整治工作。治理的重点主要是高村至陶城埠的过渡性河段；对高村以上的游荡性河段，在重要位部也修建了控导工程；对陶城铺以下的弯曲性河段进行了补充、完善。1969年在三门峡召开的晋、陕、鲁、豫四省治黄会议上，要求整治河道，提出整治规划，继续兴建必要的控导护滩工程，控导主流，护滩保堤，以利防洪和引黄淤灌。山东、河南河务局分别编制了河道整治规划。黄委会于1972年10月9日至11月11日召开了黄河下游河道整治经验交流会。会议期间，首先查勘了孟津白鹤镇至河口的河道及河道整治工程；座谈交流了河道整治经验；通过了《黄河下游河道整治规划》；制定了《黄河下游河道管理工作的几项暂行规定》。会议指出：二十多年来，除完善、调整、新修险工外，还修建控导护滩工程110处，坝垛1612道，共长131公里。陶城铺以下的弯曲性河道已基本得到控制。高村至陶城铺河段，规划中的控导工程，除少数河湾外已大体布设，河势得到初步控导；高村以上河段修建了部分控导工程。并肯定了控导工程对稳定河势、固定险工、护滩保堤、引黄淤灌的重大作用。

截至1987年，孟津白鹤镇至河口计有控导护滩工程184处，丁坝、垛、护岸3344道，工程长303.9公里，完成土方2304万立方米，石方476.8万立方米，投资1.66亿元。（见表2—22）

第四节　整治措施

一、整治目的

黄河下游河道，由于善淤多变，水流散乱，常常形成横河、斜河等，对防洪极为不利。因此，必须通过河道整治，改善河道的平面和横断面形态，控导主溜，稳定河势，在确保防洪安全的前提下，达到有利于引黄灌溉和滩区群众的生产，又有利于航运的目的。

河道整治遵循的原则是：（一）上下游、左右岸统筹兼顾；（二）河槽及滩地综合治理；（三）修建工程要依河势演变规律因势利导；（四）根据需要与可能，分清主次，有计划有重点地安设工程；（五）建筑物和所用材料要因地制宜，就地取材。

黄河下游河道整治包括河槽整治和滩地整治两部分，河槽主要指中水河槽，治槽是治滩的基础，槽稳滩固；治滩有助于稳定河槽，滩固槽稳。二者相辅相成。

二、河槽整治

河槽整治主要采用修筑控导工程和险工的办法，控导主流，稳定河槽。在工程布局上推广短丁坝，小裆距，以坝护湾，以湾导流的形式。

黄河下游控导护滩工程分段统计表（截至1987年）　　**表2—22**

局处段	处数(处)	工程数量(道、段)				工程长度(米)	土方(万立方米)	石方(万立方米)	软料(万公斤)	投资(万元)	工日(万个)
		合计	坝	埽	护岸						
合　计	184	3344	1249	1605	490	303873	2304.24	476.80	30184.49	16590.59	1823.76
(一)河南局	67	1411	868	392	151	139701	1596.02	268.25	22281.32	10972.06	1255.89
1.焦作处	8	298	169	71	58	26836	338.81	52.53	8488.22	2775.56	398.18
孟县段	4	106	95	11		13741	177.28	29.02	3572.46	1254.58	176.07
温县段	2	73	40	18	15	5810	55.00	5.60	1545.96	396.63	56.54
武陟一段	1	79	10	34	35	3455	9.51	4.28	1505.52	315.36	27.99
武陟二段	1	40	24	8	8	3830	97.02	13.63	1864.28	808.99	137.58
2.新乡处	31	533	271	234	28	53990	645.43	104.17	10096.72	4951.39	492.36
原阳段	20	252	92	158	2	25553	250.19	39.76	4336.53	1713.35	214.64
封丘段	6	153	51	76	26	13372	137.38	33.32	2490.55	1571.39	103.89
长垣段	5	128	128			15065	257.86	31.09	3269.64	1666.65	173.83
3.濮阳处	16	379	310	25	44	34160	408.84	59.12	2889.12	1863.86	202.40
濮阳段	7	170	141		29	13890	239.06	29.99	1663.22	1711.16	113.04
范县段	1	25	25			2280	13.50	2.01	228.97	74.37	6.43
台前段	8	184	144	25	15	17990	156.28	27.12	996.93	78.33	82.93
4.孟津段	3	29	25	4		3860	22.09	5.24	0.65	78.05	20.37

续表

局处段	处数(处)	工程数量(道、段)				工程长度(米)	土方(万立方米)	石方(万立方米)	软料(万公斤)	投资(万元)	工日(万个)
		合计	坝	垛	护岸						
5.郑州处	3	42	41	1		4440	75.01	17.01		258.86	61.87
巩县段	3	42	41	1		4440	75.01	17.01		258.86	61.87
6.开封处	6	130	52	57	21	16415	105.84	30.18	806.61	1044.34	80.71
开封市郊段	1	15	2	12	1	2390	3.08	1.05	68.69	26.34	2.08
开封县段	2	70	28	32	10	8089	40.44	11.10	662.74	532.65	35.28
兰考段	3	45	22	13	10	5936	62.32	18.03	75.18	485.35	43.35
(二)山东局	117	1933	381	1213	339	164172	708.22	208.55	7903.17	5618.53	567.87
1.菏泽处	15	397	303	75	19	35730	291.46	65.79	3619.11	2625.50	300.75
东明段	8	182	173	9		17120	146.78	33.97	2658.48	1498.66	95.50
菏泽段	1	32	32			2310	20.69	2.71	193.05	143.69	78.64
鄄城段	3	68	66		2	8800	75.41	15.86	697.79	667.82	102.45
梁山段	3	115	32	66	17	7500	48.58	13.25	69.79	315.33	24.16
2.位山局	5	60		54	6	7803	24.67	7.28	40.62	77.47	10.53
东平所	5	60		54	6	7803	24.67	7.28	40.62	77.47	10.53
3.聊城处	12	198	17	79	102	11352	3.53	7.49		92.96	4.05
阳谷段	1	1			1	360	0.10	0.34		6.92	0.40
东阿段	11	197	17	79	101	10992	3.43	7.15		86.04	3.65
4.德州处	11	181		143	38	10925	50.77	16.17	666.10	341.79	44.25
齐河段	5	77		39	38	4063	25.66	4.97	0.64	82.64	8.28
济阳段	6	104		104		6862	25.11	11.20	665.46	259.15	35.97
5.济南处	41	601	29	402	170	55261	157.41	52.66	693.67	652.32	89.60
平阴段	10	100		20	80	9112	19.16	10.71		70.07	8.77
长清段	16	328	29	209	90	30173	110.77	27.35	69.56	293.99	55.73
济南市郊段	5	49		49		5411	1.20	3.70	119.01	54.23	2.89
历城段	3	30		30		3250	3.62	2.54	97.54	36.95	4.94

续表

局处段	处数(处)	工程数量(道、段)				工程长度(米)	土方(万立方米)	石方(万立方米)	软料(万公斤)	投资(万元)	工日(万个)
		合计	坝	垛	护岸						
章丘段	7	94		94		7315	22.66	8.36	407.56	197.08	17.27
6.惠民处	20	352	7	345		28850	137.90	44.04	2822.30	1260.12	97.70
惠民段	2	17		17		1590	5.18	2.80	328.11	98.11	3.39
滨州段	9	143		143		11760	33.37	16.64	1474.96	470.13	32.86
邹平段	3	70	7	63		5550	33.25	10.41	434.41	233.73	18.96
高青段	6	122		122		9950	66.10	14.19	584.82	458.15	42.49
7.东营处	13	144	25	115	4	14251	42.48	15.12	61.37	568.37	20.99
垦利段	6	58	25	29	4	4315	25.95	5.75	2.92	250.55	11.80
利津段	7	86		86		9936	16.53	9.37	58.45	317.82	9.19

按照河道整治规划的治导线，在滩地上修建的丁坝、垛、护岸工程，叫做控导工程(或叫护滩工程)，在控导工程与堤防险工共同作用下，控制主流，使河势向有利方向发展。

河槽整治时，控导工程的位置是按照治导线确定的。治导线是指河道经过整治之后，在设计流量下河道的平面轮廓。它一般呈弯段与直段相间的形式。规划治导线的主要因素为：设计流量、整治河宽以及河湾的平面形态。

黄河下游多年测验成果表明，中水河槽时的水深大，糙率小，排洪量一般占全断面的70%～90%，造床作用较强，因此采用中水河槽的平槽流量作为河道整治的设计流量。由于泥沙的冲淤变化，黄河下游的平槽流量随时间不断改变，其值一般为4000～6000立方米每秒。从表2—23可看出，高村断面平槽流量多年平均为5000立方米每秒上下。因此确定采用5000立方米每秒作为设计流量。

高村断面平槽流量表 表2—23

年份	1966	1968	1971	1972	1973	1974	1975	1976	1977	1978	1979	1980	1981	平均
流量(米^3/秒)	5600	5000	3200	3660	3860	3870	5560	8100	8100	5300	5280	4260	4630	5109

整治河宽是指与设计流量相应的直河段的设计宽度。在确定整治河宽时，须考虑保持足够的泄洪能力。根据三门峡水库建库前在中水、洪水情况下，过流断面中主槽宽度的实测统计值，高村以上选用整治河宽为1200～1000米，高村～孙口为800米，孙口～陶城铺为600米，陶城铺以下为500米。

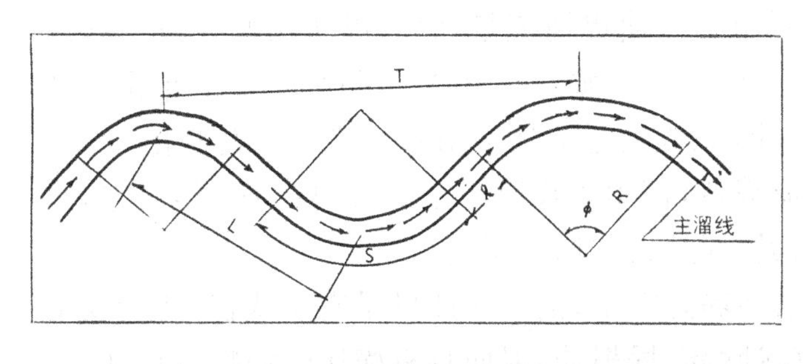

图 2—17　河湾形态符号示意图

治导线的河湾平面形态可用河湾间距(L)、湾曲幅度(P)及河湾跨度(T)来表示，各符号的含义见图2—17(近似的用中心线代表主溜线)。流量是决定河湾间距(L)、河湾跨度(T)，以及直河段长度(ℓ)、河湾半径(R)大小的主要因素。而流量又与河宽成一定的指数关系，所以河湾间的平面形态，直河段长度和弯曲半径也可用与直河段河宽的关系来表达。通过对过渡性河段及弯曲性河段的观测资料分析得出，一般直河段长度是平槽河宽的1～3倍，河湾间距是平槽河宽的5～8倍，河湾跨度是平槽河宽的9～15倍，弯曲半径是平槽河宽的2～6倍。

三、滩地整治

滩地是河道的重要组成部分，在黄河下游滩地面积是河槽面积的2倍以上。因此，要整治河道也必须对滩地进行治理。

在堤距较宽的河段，洪水漫滩之后，滩唇淤积多，堤根淤积少，形成滩唇高，堤根洼，同时滩面横向比降陡于河槽的纵比降。堤根常成为滩区排涝的水道，称为堤河。大洪水时，滩地过水不均，缓流区落淤，集中过流区发生冲刷，在滩面上形成许多串沟，洪水时常引溜冲刷大堤。串沟形成一般在洪水漫滩之后，如不采取措施，部分串沟会发生夺溜生险，甚至造成堤防决口的可能。据统计1985年滩区存在的串沟共89条，总长356公里。其中河南38条，长271公里；山东51条，长85公里。主要集中在几个大滩上，如原阳7条，长87.5公里；长垣16条，长94公里；濮阳9条，长52.9公里。串沟深度一般为0.5～1.5米，平阴桃园串沟、望口山串沟深达2.5米。串沟长度一般为几公里。

大洪水时，漫滩水流与串沟水集中流向堤根，集中下排，形成堤河。因堤河尾端淤积，致使有些堤段形成常年积水。1985年黄河下游堤河总长达682公里，一般宽100～300米，深1～2米。

串沟一般都通向堤河，二者组成了一个水道网，一遇漫滩洪水，串沟过流集中，具有引流至堤河的作用，致使堤河流量加大，堤防拐弯处及一些水流顶冲的平工堤段，常常造成抢险。鄄城刘口及高青孟口在1976年由于顺堤行洪均发生了严重险情。串沟、堤河过流还会引起河势的巨大变化。1957年汛期齐河小庞庄串沟夺流裁弯，使索袁徐险工全部脱河；1978年汛初，东明老君堂下首串沟夺流，顺堤生险，为此修建了吴庄险工。

由于滩地整治直接关系到堤防安全，前人对此已早有所认识。清代靳辅治河时，观察到黄河滩区有滩唇高、堤根洼，滩面具有横比降的特点后认为，当“涨消水落，堤根之水无处宣泄，积为深沟”，遇“风起浪腾，堤根日被汕刷”，威胁堤防安全。为此，他提出“宜于积水上流，量挖一沟，引黄直灌积水处所，使其停沙于此低洼。俟黄水消落之后，再与下流亦量挖一沟，另引清水，从此而去，自然日渐淤平”。此是一种淤高低洼滩区，改善堤河不利形势的措施。堵截串沟也是滩地整治的主要内容。堵截串沟的措施，一般是在串沟的进水口或中部，修筑土坝或桩柳坝数道，洪水漫滩后，可缓溜落淤，逐渐把串沟淤平，起到“塞支强干”的作用。在清代已经注意清除滩区阻水建筑。乾隆二十三年皇帝曾下谕：“豫东黄河大堤相隔二、三十里，河宽堤远，不与水争，乃民间租种滩地，惟恐水漫被淹，只图一时之利，增筑私堰，以致河身渐逼，一遇汛水长发，易于冲溃。汇注堤根，即成险工”。向滩区居民晓以利害，严禁培筑民堰。到乾隆四十六年又下谕，要把滩区居民的房屋迁至堤外，“俾河身空阔，足资容纳洪水”，以利行洪。本世纪30年代李仪祉主张在滩面和滩岸上，均要用桩、柳修成“固滩坝”，既可制止滩地被河溜侵削，又可在洪水漫滩时，滞缓水流，促沙沉积，清水归槽，以助冲刷。滩地淤高后，可继续修建，以达到“河滩涨高，河槽刷深”之目的。

1950年前后，群众为了保护滩区的农作物，自行修建了不少民埝，通过贯彻“废除民埝”政策，这些民埝于1954年已全部破除。1958年在全国“大跃进”的形势下，错误地估计了防洪形势，提倡在滩区修建生产堤。1958年10月至1959年大部分修成，至1960年底计修生产堤707公里。1964年汛期，东坝头以上的生产堤已被水流冲的残缺不全，东坝头以下尚有生产堤407公里。以后在原有生产堤前后又续建了生产堤，由于生产堤阻水，影响

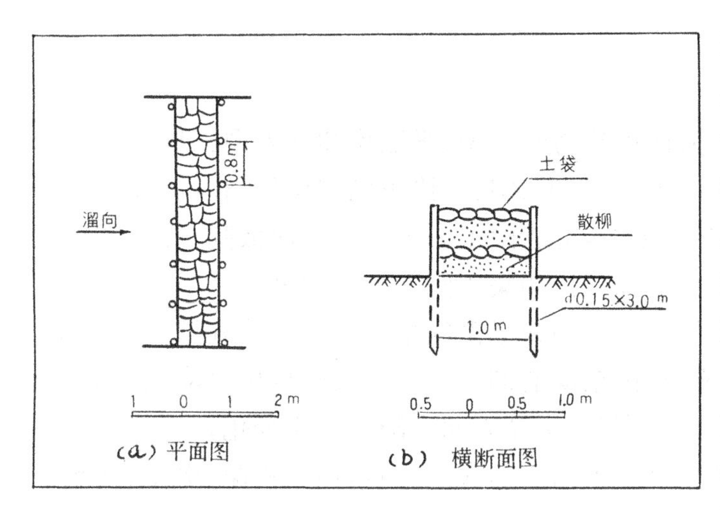

图 2—18 柳柜工程标准图

排洪和淤滩，1974 年国务院在国发〔1974〕27 号文件中指出："从全局和长远考虑，黄河滩区应迅速废除生产堤，修筑避水台，实行'一水一麦'，一季留足群众全年口粮的政策"。但是多年贯彻得不力，至 1987 年仍存有生产堤约 500 公里。1987 年国务院狠抓了防汛行政首长负责制和清障工作，在各级政府的共同努力下，按生产堤长度的 20%，破除了口门。为了保护滩区人民的生产安全，从 1974 年开始在滩区按每人 3 平方米(1982 年改为 5 平方米)的标准修建避水台，有些修了房台和村台。至 1985 年，计有避水台 4652 个，共完成土方 10790 万立方米。串沟、堤河的治理是相辅相成的。50 年代在山东窄河段修建了堵串工程，取得了较好效果。图 2—18 示出的柳柜是当时堵截串沟的工程措施之一。滩区修建生产堤之后，减少了洪水漫滩落淤的机会，滩槽高差日渐减少，尤其在东坝头至高村间的宽河段，出现了河槽平均高程高于滩地平均高程的不利局面。为了淤填串沟、堤河及其附近的洼地，1975 年 7 月，在兰考杨庄险工下首挖引渠 500 米，引水近两月，放淤约 5000 万立方米，淤厚 1～2 米，淤平堤河长 20 多公里，淤地近 5 万亩。1977 年 7 月花园口站洪峰 10800 立方米每秒，濮阳在渠村引黄渠堤扒口放淤两个月，淤积土方 1400 万立方米，淤平堤河 16 公里，将 2.5 公里宽的滩地淤厚 1～2 米。用开口引水的办法，淤垫串沟、堤河及低洼滩地，既有利于防洪安全，又增加了群众耕地。为了及时排出漫滩积水，有一些较大的滩区修有虹吸(濮阳的陈屯虹吸、武祥屯虹吸，范县的李桥虹吸)或利用闸门(东明的阎潭、谢寨闸，范县的于庄闸等)，排除滩区积水，以便群众种麦。

四、整治工程

主要是稳定中水河槽的整治工程措施。

(一)工程布局

黄河下游堤防老险工大体可分为凸出型、平顺型和凹入型三种。

1.凸出型　险工凸入河中,工程上、中、下段不同部位靠溜时,其出溜方向变化很大,不能有效地控制主流,造成险工以下河道水流散乱。河南境的九堡、黑岗口、东坝头,山东境的高村、杨集等险工属此类型。

2.平顺型　工程的外型比较平顺或呈微凹微凸相结合的外型。河南境的保合寨、花园口、杨桥、曹岗,山东境的刘庄、苏阁、大柳树店等险工属此类型。当靠溜部位和来溜方向改变时,出溜方向也随之发生变化。

3.凹入型　工程的外型是一个凹入的弧线。河南境的铁谢、申庄、万滩,山东境的路那里、盖家沟、葛家店等险工为凹入型。弯道内可以调整水流的方向,能较好地控制溜势。

在50年代进行有计划地控导河势以来,新修的险工和控导工程,其外型尽量修成凹入型。有时在续修险工或控导工程时,有计划地改善了一些凸出型和平顺型的老险工。

(二)工程位置线

整治工程位置线是指一处河道整治工程坝(垛)头部的连线,简称工程线。它是依照治导线而确定的一条复合圆弧线。

黄河下游曾采用过不同型式的工程线,主要有以下两种:

1.分组弯道式　这种工程线是一条由几个圆弧线组成的不连续曲线,即将一处整治工程分成几个坝组,各组自成一个小弯道。组与组之间有的还留出一段空档,不修工程。每组由长短坝结合,上短下长。不同的来溜由不同坝组承担,优点是在汛期便于重点抢护。但由于每个坝组所组成的弯道很短,调整流向及送溜能力均较差。当来溜发生变化,着溜的坝组和出溜情况都将随之改变,这将造成防守的被动。

2.连续弯道式　这种型式的工程线是一条光滑的复合圆弧线。水流入弯后,诸坝受力均匀,形成以坝护湾,以湾导流的型式,具有出流方向稳,导流能力强,坝前淘刷较轻,易于修守的优点。

过去还用过单坝挑溜的型式。这种型式需要修建突入河中很长的丁坝,施工防守均较困难,而且回溜大,淘刷深,并往往引起对岸和下游河势的恶化,已不再采用。

(三)丁坝外型

黄河下游多采用下挑式丁坝。其坝头前的水流较为平顺,冲刷坑较小、较浅。

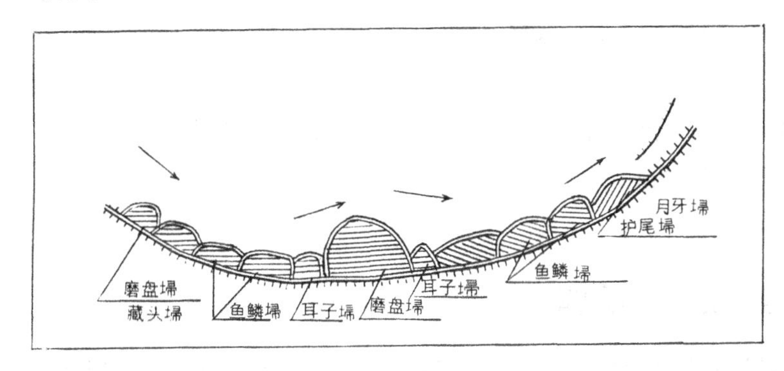

图 2—19 磨盘、月牙、鱼鳞、雁翅、扇面、耳子埽示意图

在历史上丁坝、垛曾采用过多种平面型式(见图2—19)。50年代以来,丁坝外型常采用直线型、抛物线型和拐头型三种(见图2—20)。而以直线型的较多。拐头型宜用于整治工程的中下段,拐头长度为坝间距的1/5～1/4。抛物线型的坝身短,是垛的一种常用型式。

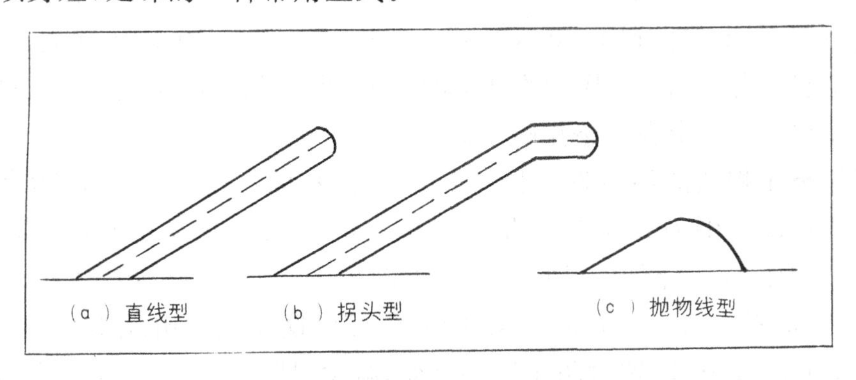

图 2—20 丁坝外型示意图

丁坝(垛)的方位是指坝(垛)的迎水面与整治工程位置线的夹角的大小。在一定坝长情况下,夹角愈大,掩护的岸线愈长,但回流较大,坝身的裹护段长,出险机会多,一般采用30°～45°。

(四)工程标准

河道整治是稳定中水位河槽。控制塑造河床作用最强的一种流量叫造床流量,造床流量的计算方法有最大输沙率法、平槽流量法、汛期平均流量法等。黄河采用平槽流量法,确定5000立方米每秒为整治流量。据此,控导护滩工程的顶部高程,根据河段情况有不同的标准。陶城铺以上河段的标准是:按当地平槽流量5000立方米每秒水位,加超高1米。陶城铺以下河段工程顶部高程与当地滩面平。控导工程坝岸结构与大堤险工同(参见第五章)。

第五节 整治效益

黄河下游从1949年开展河道整治以来,无论在防洪、引水、护滩护村及航运等方面,都发挥了显著效益。

一、改善了河势,减少了险情

在基本控制的陶城铺以下河段,河势稳定;陶城铺至高村河段,1966～1974年修建较多的控导工程后平面形态已相对稳定。从图2—21(a)主溜线摆动情况可以看出,整治前(1948～1960年)较整治后(1975～1984年)断面主溜线平均摆动范围,由1802米变为631米,减少了65%;断面的最大摆动范围由5400米减少到1850米。图2—21(b)为鄄城老宅庄至徐码头河段整治后主溜线套绘图。从图上看出,整治前主溜线基本遍布于两堤之间,整治后主溜线基本集中在一条流路上。

高村至东坝头的游荡性河段,河道宽浅,主溜多变,1949～1960年,主溜线平均摆动范围为2435米,两岸修建控导工程后,主溜摆动范围缩小为1700米;东坝头以上河道,只修建了一少部分整治工程,尚不能有效地完全控制河势,但对河势有一定的约束作用,主溜的摆动幅度由原来的5～7公里,缩小为3～5公里。这对防止河势巨变,减少堤防突然出险具有明显的效果。如1933年大水时,河出东坝头后,冲破贯孟堤,水流直趋长垣大车集上下堤防,出现决口三十多处。1982年花园口发生15300立方米每秒的洪水,河出东坝头的方向与1933年相似,但由于封丘禅房控导工程的导溜作用,避免了长垣大车集以下顺堤行洪的危险。高村到陶城铺河段,解放初期有险工11处,由于河势摆动,使三处脱河,又新建和续建险工22处,增修坝垛340多道;陶城铺以下河道,1949年大水时,有40余处险工因河势大幅度上提下挫,其中9处险工脱河。1982年洪水时,以上河段均未发生一处新险,河势没有大的变化。就抢险情况看,1976年花园口洪峰9210立方米每秒,共出险1879坝次,用石15万立方米,而1982年花园口洪峰15300立方米每秒时,出险为1079坝次,用石8万立方米,说明河道整治工程发挥了重要

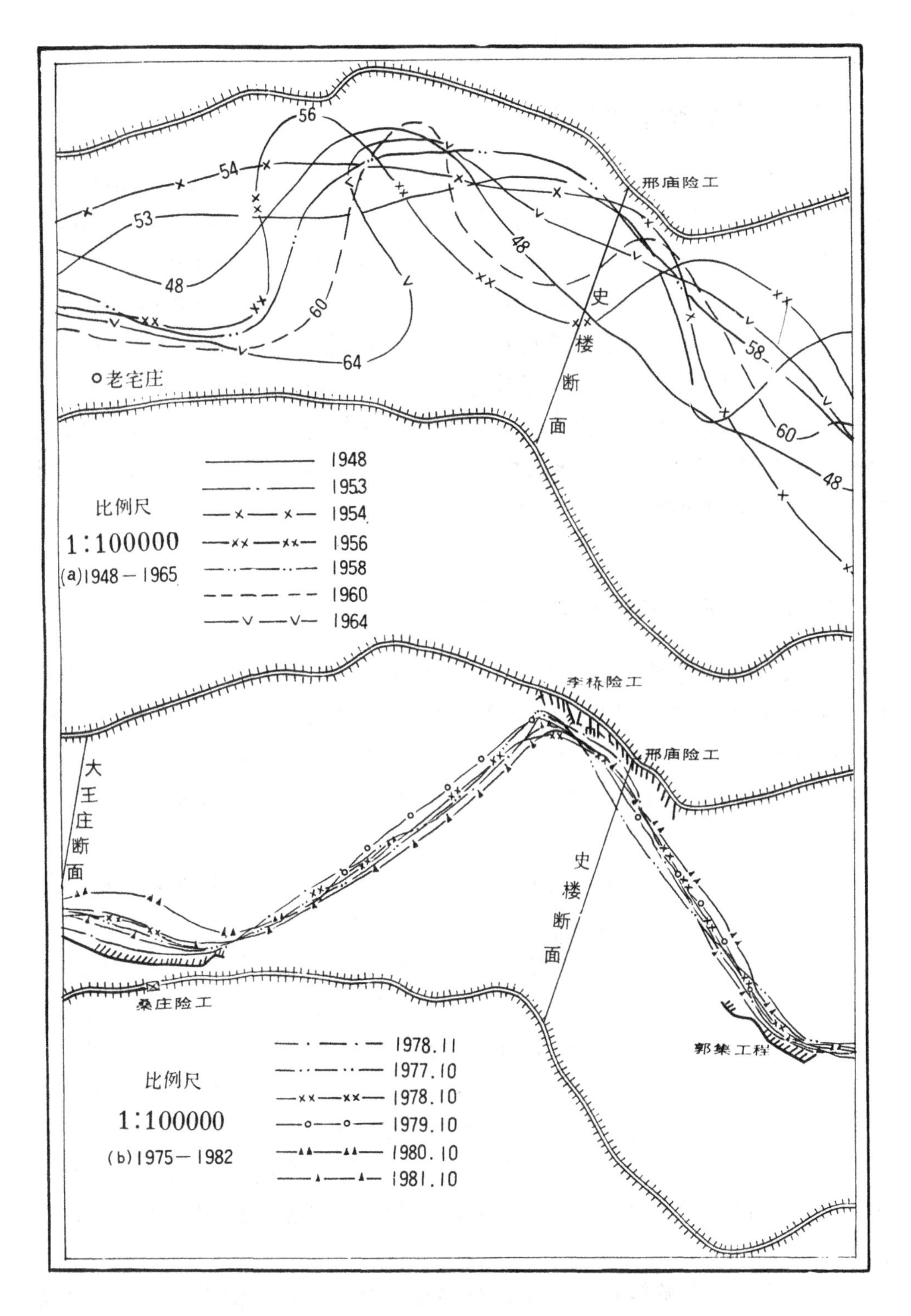

图 2—21 鄄城老宅庄至徐码头河势套绘图

作用。

二、维护了滩地和村庄

过去陶城铺以上宽河道，由于缺乏工程控制，主溜游荡多变，塌滩塌村十分严重。1950年到1970年，该河段共塌村256个，塌失耕地167万亩，密城湾1958年以前就有28个村庄落河，原阳县1961年、1964年、1967年三年塌失滩地高产田18万亩，7个村庄掉入河中。通过整治，十几年来塌滩很少，也没有塌过村庄，并把边滩稳定下来，变为可耕地。如温孟滩，过去受河势变化影响，耕种没有保证，修了控导工程后，有300多平方公里的滩地，已趋稳定，成为温、孟两县的粮仓。东明的新店集控导工程，保护滩地2.18万亩和6个村庄；长垣周营控导工程可保护滩地2.28万亩和4个村庄，其他控导工程都起到固滩保村的作用。

三、有利于涵闸引水和航运

到1985年，黄河下游已有引黄涵闸79座，虹吸37处，设计引水能力4131立方米每秒，86个灌区，设计灌溉面积2516万亩。过去由于河势摆动，常给引水带来很大困难，要耗用大量劳力开挖引渠，且难长久维持，直接影响城市工业、生活用水和农业灌溉供水。80年代以后，有60座涵闸引水基本有了保证，年引水量约100亿立方米，抗旱灌溉面积1800～2800万亩。

黄河的航运一直是比较落后的。原因是河道宽浅，溜势散乱，水深不足，无固定航线，码头也不易固定。解放初期仅能航行载重10～36吨的木船，1953年货运量为17.4万吨。陶城铺以下可通航木船和汽轮。经过整治，水深增大，水流规顺，改善了航行条件。除受冰凌影响的一、二月份及流量过小的六月份外，一般高村以上可航行80吨的机船；高村以下在流量为300～500立方米每秒时，水深0.9～1.4米，可通航300～500吨的机船。航运量一般七、八十万吨。黄河河道整治工程的修建，也为建立航运码头创造了良好条件，东坝头、高村、南小堤上延、旧城、孙口等轮渡码头，河势稳定，码头装卸条件得到了很大改善。为运送防汛石料和支援沿河两岸的生产建设发挥了很大作用。

建国后黄河下游修建了不少铁路、公路大桥，河道整治工程稳定了河势流路，为修建大桥创造了有利条件，如河南原阳的马庄控导工程和开封的府君寺工程，对建设郑州、开封黄河公路桥都很有利。

第六节　河口治理

一、自然条件

黄河河口位于渤海湾与莱州湾之间，属于陆相弱潮强烈性堆积性河口。河口地区包括河流近口段、三角洲和三角洲海域三部分。

滨州市道旭以下至三角洲暂时改道顶点垦利渔洼(1947 年以前为宁海)的河道，为河流近口段，长 70 余公里。其中麻湾至王庄长近 30 公里，堤距宽仅 1 公里左右，最窄处为 460 米，是洪水、凌汛威胁严重的河段。

三角洲一般指以宁海为扇面轴点，北起套尔河口、南至支脉沟口的扇形地区，其范围为东经 118°30′～119°15′ 及北纬 37°10′～38°05′ 之间。三角洲地形西南高，东北低，入海流路多变，遗留故道甚多。故道一般地势较高，故道之间较低。滩涂高程为黄海 10～2 米，其中高程为 4 米以下的占 2/3。沿故道流路方向的洲面比降为 1‰～1.5‰。1947 年以后三角洲轴点下移 28 公里渔洼附近。

三角洲海域指三角洲低潮岸线外侧 20 公里的海域，是渤海湾和莱州湾的一部分。自套尔河口向东至神仙沟口为渤海湾。神仙沟口向南至小清河口为莱州湾，岸线全长约 200 公里。

黄河河口地区是由黄河泥沙逐渐淤积而成的。根据 1984 年国土普查卫星影像及 1986 年陆地卫星 TM 影像计算，以宁海为顶点的河口三角洲面积为 6054 平方公里(包括潮间带面积)。土地利用状况大体可分为八类，十八个亚类(详见表 2—24)。

河口三角洲土地利用状况表　　表 2—24

土地利用类　型	面　积(平方公里)	占三角洲面积(%)	土地利用类　型	面　积(平方公里)	占三角洲面积(%)
1. 耕地	2276.48	37.60	5、水域	273.65	4.52
1a 旱地	772.09	12.75	5ab 水库蓄水池	138.65	2.29
1bc 水浇地	1237.28	20.44	5c 天然水域	101.41	1.67
1d 稻田	267.11	4.41	5d 盐田	11.02	0.18
			5e 养殖水域	22.57	0.37
2. 荒地	1416.63	23.40	6. 滩涂	1555.05	25.68
2a 裸荒地	156.31	2.58	6a 裸滩涂	998.21	16.48
2b 草荒地	1260.32	20.82	6b 长有耐盐植物滩涂	556.84	9.20
3. 林地	66.98	1.11	7. 工业(石油)用地	216.13	3.57
4. 草地	76.38	1.26	8. 居民用地	173.15	2.86
4a 芦苇为主	15.50	0.26			
4b 芦苇、茅草、黄花菜等	60.88	1.00	总　计	6054.45	100.00

河口地区的经济是随着土地面积的增加、垦植耕种及石油开发而发展起来的。铜瓦厢改道初期，很少有人类活动。清光绪八年(1882 年)开始有垦户出没，至宣统二年(1910 年)大量垦户到河口开荒(垦利县由此得名)。1930 年山东省主席韩复榘派军队在此屯垦。1935 年大批受黄河水害的鲁西南等地的农民至此垦荒定居。1940 年至 1949 年，三角洲地区是中国共产党清河地委、渤海区党委的根据地，设立垦荒机构，组织垦荒种田。1949 年后，先后三次从鲁西南和附近县移民垦荒，陆续出现了友林、新林、建林、益林等村镇，并建立了规模较大的农场、林场、军马场。1961 年开始石油开发，建立了胜利油田，80 年代已成为中国第二大油田。农、牧、石油工业的开发，使河口三角洲进入了新的发展阶段。

(一)来水来沙特征

据利津水文站 1950～1987 年水沙资料统计，黄河进入河口地区的多年平均水量为 404 亿立方米，多年平均流量为 1280 立方米每秒，多年平均沙量为10亿吨,含沙量达25.1公斤/米³。历年神仙沟、钓口河和清水沟三个流路期的水量、沙量年际间的变化较大。1964年来水973亿立方米,为1987年最小来水108亿立方米的9倍(1960年因受三门峡水库蓄水的影响,年水量为91.5亿立方米)。1958年来沙量为21亿吨,为1987年最小来沙量0.99亿吨的为21.9倍。水沙的年内分配也不均衡,主要集中于7～10月的汛期。汛期来水量占全年的61%,来沙量占全年的84.7%。1950～1987年的38年间,利津站的年最大洪峰,大于10000立方米每秒的洪峰有1年,大于8000立方米每秒的洪峰有4年,大于6000立方米每秒的洪峰有15年。

(二)三角洲海域特征

黄河三角洲海域总的来说水深较浅,坡度平缓,但各岸段差别较大。以中部神仙沟口外海域最深,最大水深可达20米,15米、10米、5米等深线分别距岸为14公里、8公里和3.3公里。西部渤海湾次之,南部莱州湾最浅,最大水深仅10米,10米、5米等深线距岸分别为22.5公里和8.1公里。由于河口流路变迁的影响,岸线上遗留许多沙咀。沙咀以外海域水深梯度较大,随着沙咀向海中推进,等深线的密度随之加大(见图2—22)。

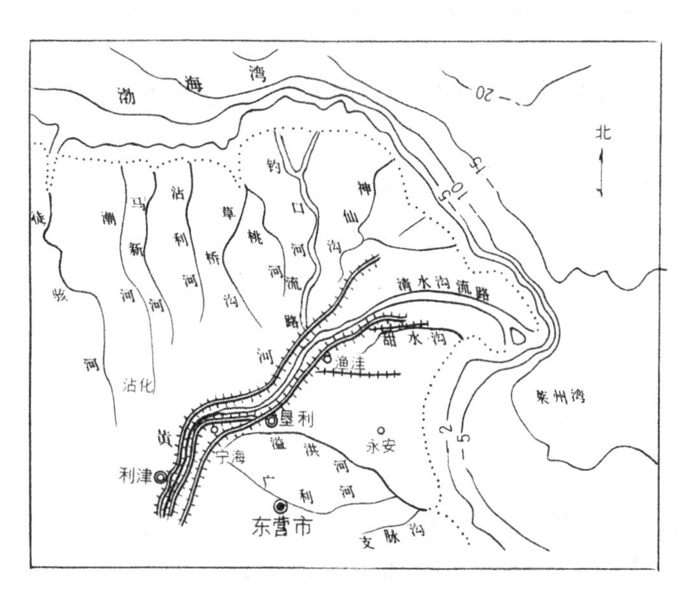

图2—22 黄河河口三角洲海域水深图

黄河三角洲海域的潮汐,受节点在神仙沟口外的旋转驻立波控制。三角洲大部分岸段为不正规半日潮型(即一日发生两次潮高不等的涨、落潮),仅神仙沟附近岸段表现为不正规日潮型。整个海域潮差较小,平均1米左右,以神仙沟外无潮区潮差最小,由此向西、向南逐渐增大(见表2—25)。黄河口由于潮弱,感潮河段短,一般为20公里左右,潮流界一般为1～7公里。三角洲海域的潮流表现为每天两次涨潮流,两次落潮流。最大潮流速发生在神仙沟口外,可达每秒1.2米,向两侧逐渐减小。莱州湾

黄河三角洲沿岸潮汐特征统计表 表2—25

站名	站位经纬度	潮位(厘米)				潮差(厘米)		历时		高潮间隙(时、分)
		高高潮位	低低潮位	平均高潮位	平均低潮位	涨潮	落潮	涨潮(时、分)	落潮(时、分)	
埕口	E117°44′ N38°06′	390	—44	276	54	222	222	5、10	7、15	5、22
东风港	E118°01′ N38°01′	332	—43	246	72	177	177	5、29	6、56	5、14
湾湾沟堡	E118°24′ N38°04′	376	47	265	114	151	152	6、12	6、19	5、00
车沟北	E118°30′ N38°10′	303	24	249	122	128	127	7、07	5、18	4、27
咀西计	E118°51′ N38°07′	289	64	230	153	75	75	6、11	6、14	4、51
黄河口东	E118°56′ N38°09′	246	75	205	123	89	89	8、11	11、16	5、19
神仙沟	E118°56′ N38°06′	234	78	195	111	82	82	8、31	12、01	6、03
甜水沟	E119°56′ N38°06′	296	44	215	124	102	102	4、54	7、25	10、65
羊角沟	E118°52′ N37°16′	356	8	232	105	127	127	5、09	7、16	10、62

的小清河口仅为每秒0.4米。涨落潮流具有往复流性质，其流向大体与岸线平行。

三角洲地区季风盛行，三角洲北部以东北风为主，其次为西南风。东部以东南风为主，其次为东北风。北部、东部之间的地区以东北风为主，其次为东风。持续时间长的大风，在沿岸往往造成风暴潮(海啸)，风暴潮多发生在春季。

二、河口变迁

黄河进入海域后，挟沙能力骤然降低，大部分泥沙淤积在口门附近和三角洲海域，致使河口迅速向海中淤积延伸，当延伸至一定长度后，尾闾部分即出汊摆动。出汊位置一般由下而上，范围由小到大，出汊摆动点可延至有人为控制的地方。就每一条流路而言，其演变过程大体经过三个阶段：第一阶段改道初期的游荡摆动、淤积造床；第二阶段归股、单一、弯曲，且沙咀突出；第三阶段淤积延伸的同时，河床升高，出现出汊摆动，摆动点逐次上移，经过若干次小范围的变迁后，引起范围较大的摆动—改道。

（一）近代流路变迁

1855 年铜瓦厢决口改道经大清河入渤海，扣除河口段以上决口改道的时段，经三角洲的实际行水历时为 98 年。据不完全统计，在三角洲上决口改道达 50 余次，其中较大的改道有 9 次（见表 2—26）。

1855～1987 年黄河尾闾历次变迁情况表　　表 2—26

序号	流路时间（年、月）	流路年数	行水年数	累计行水年数	改道地点	入海位置	改道原因
1	1855、7～1889、4	34	19	19	铜瓦厢	肖神庙牡蛎咀	铜瓦厢决口
2	1889、4～1897、6	8	6	25	韩家垣	毛丝坨（今建林以东）	凌汛决口
3	1897、6～1904、7	7	5.5	30.5	岭子庄	丝网口（今宋家坨子）	伏汛决口
4	1904、7～1926、7	22	17.5	48	盐窝寇家庄	顺江沟车子口	伏汛决口
5	1926、7～1929、9	3	3	51	八里庄	钓口	伏汛决口
6	1929、9～1934、9	5	4	54.5	纪家庄	南旺河	人工扒口
7	1934、9～1953、7	19	9	63.5	一号坝	神仙沟、甜水沟、宋春荣沟	堵岔道未合而改道
8	1953、7～1963、12	10.5	10.5	74	小口子	神仙沟	人工裁弯
9	1964、1～1976、5	12.5	12.5	86.5	罗家屋子	钓口河	凌汛人工改道
10	1976、5～				西河口	清水沟	人工改道

1855 年至 1938 年发生 6 次（1855 年铜瓦厢改道不在河口地区），1947 年至 1985 年发生 3 次。每条流路的行水历时为 3～19 年。由铁门关肖神庙入海的第一条流路行水时间最长，达 18 年 11 个月，1926 年 7 月经汀河由钓口河向东北入海的流路行水时间仅 2 年 11 个月。

1855 年铜瓦厢决口后，由于铜瓦厢至张秋没有修堤，河水漫流落淤，进入河道内的水流较清，河口一带落淤较少。随着上游筑堤，输送至河口段的泥沙增多，河口开始淤积延伸，侵蚀基准面相对抬升，使尾闾河段处于淤积—延伸—摆动—改道的循环过程中。从1855年至1938年河口较大的6次摆动改道，各条流路在三角洲范围内表现为互不重复的循环演变形式（见图2—23）。

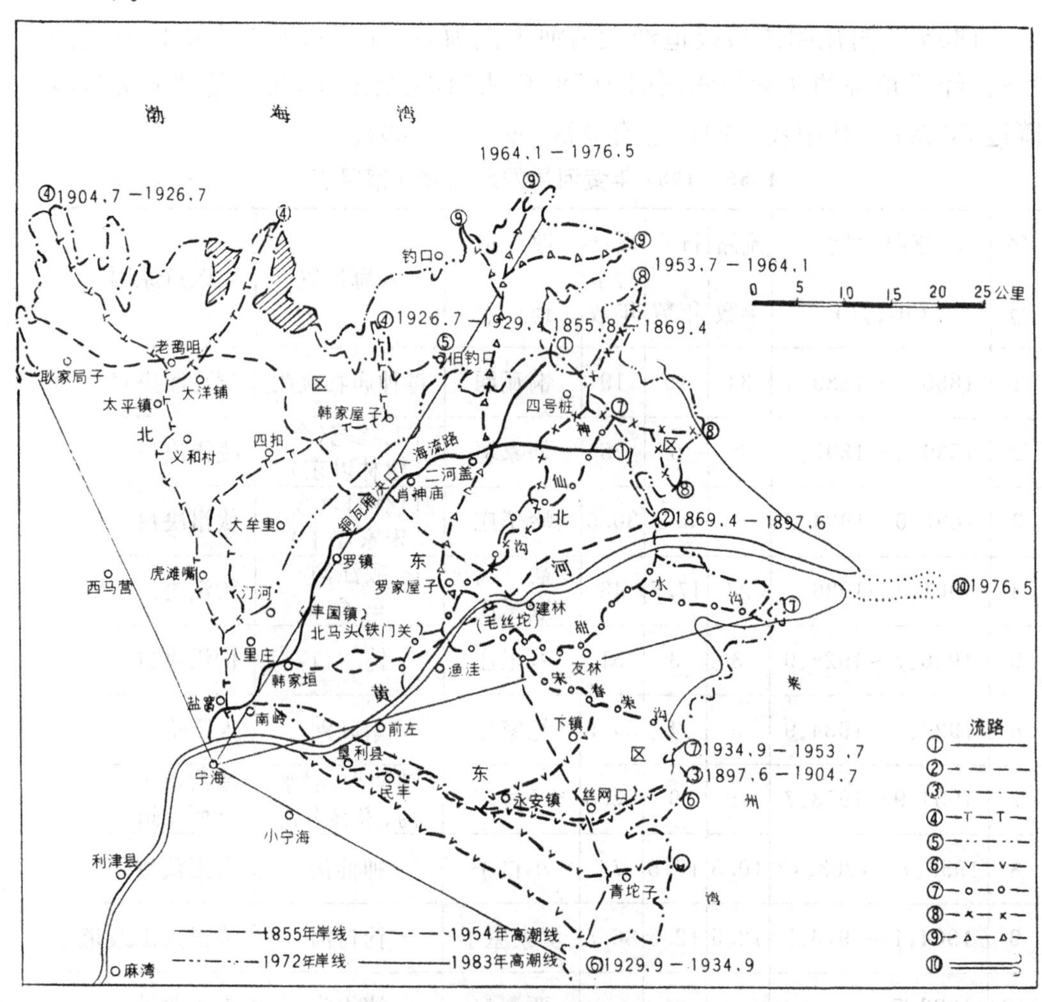

图2—23 黄河口流路变迁图

（二）1947年后的流路变迁

1947年以后，在渔洼附近的河口流路改道共三次，都属于人工改道，其演变情况为：

1. 神仙沟流路—1947年黄河归故以后，河口分由甜水沟、宋春荣沟、神仙沟三股入海。南股甜水沟，过流较大，流路较长，河床抬高后行水不畅，中间又向南岔出宋春荣沟，过水约占甜水沟的10%。北股为神仙沟，河身短、河床低，水流通畅。1952 年 7 月甜水沟流量约占 70%，神仙沟占 30%。1953 年 4 月 3 日神仙沟流量为 387 立方米每秒，而甜水沟为 381 立方米每秒。甜水沟比降为 1‰，神仙沟为 1.4‰。两沟相比，神仙沟的比降陡、河身短、河床低，水流通畅。两股河在渔洼以下 2 公里的小口子附近坐湾，两沟相距最近处仅 95 米，但水位相差达 0.71 米。为了有利于河口以上堤段的防洪，1953 年 7 月在小口子附近，开挖引河连通甜水沟和神仙沟，至 8 月底甜水沟及宋春荣沟断流，由神仙沟独股入海。改道后小口子以下河长 39 公里，较改道前缩短了 11 公里。改道后遇丰沙年，7 年利津站来沙 101 亿吨，河口向外延伸了 18 公里，成为突出的沙咀。1960 年 6 月在四号桩上游 1 公里处，水漫滩向东接岔河入海，分流 70%，成为主河。次年原河淤死，河道缩短 19 公里。汊河行水 4 年，利津来沙 29 亿吨，因口外为小海湾，河道延伸了 14 公里，小口子以下河长 60 公里。尾闾河段水位表现较高，但利津至罗家屋子河段同流量水位与改道初期相比，并未见显著抬高。

2. 钓口河流路—1963 年 12 月河口地区发生冰凌壅塞，水位急剧上涨。罗家屋子以下大部漫滩，水淹孤岛济南军区牧场等 15 个村庄，2600 多人被水包围，淹没土地 41 万亩。1964 年 1 月 1 日晨，滩面普遍上水，罗家屋子水位比 1958 年洪水位还高 0.30 米。为解决壅水高的现象，经现场查勘分析，决定在罗家屋子破堤分水。1964 年 1 月 1 日在罗家屋子以下 1100 米的临河新堤及套堤上起爆破堤，水向北行。口门迅速扩大至 100 米左右，过流 100～150 立方米每秒。1 月 2 日 10 时许，口门过流 300～400 立方米每秒，临河滩地上已冲成河道。5 月过流占 70%，7 月 31 日全部夺流，老河道淤死。河由钓口河一带入海。

改道后缩短流程 22 公里，新河比降 2.13‰。初期，罗家屋子以下水流分散，河宽达 7～10 公里，为沙洲星罗棋布的游荡性河型，致使发生严重淤积，入海口门位置不稳定。继而淤积造床，滩面升高，溜势逐渐分明。1965 年形成多股。1966 年河道归于东股，入海口门也向东摆动，整个河段淤厚超过 2 米，口门平均向外延伸 8 公里，最大延伸 16 公里以上，河势也趋于稳定。至 1972 年汛前，河口累计延伸 30 公里，并开始出现陡弯，平均河底高程高于两侧滩面 1 至 2 米，汛期 2 次向右出汊摆动，溜分两股向东入海。1973 年并为一股，河道延伸，罗家屋子至河口长达 55 公里。1974 年两次出岔向左摆动，新河流程虽缩短 10 余公里，但水流不畅，至 1976 年河口又延伸 16 公里，自罗家屋子至河口共长达 57 公里，河道淤积已十分严重。从 1964 年至 1976 年，河道经历了一个较完整的改道过程，即：散乱游荡—归股—单一顺直—弯曲—出汊摆动散乱—出汊点上移的全过程。

3.清水沟流路—1975年10月利津站流量6500立方米每秒时，在一千二分流1000立方米每秒的情况下，西河口水位接近10米(大沽基面)，水位达到了原定的改道水位。因此，于1976年汛前人工改道至清水沟流路。

1976年4月20日开始截流，5月19日河道断流，20日17时在无水情况下合龙，5月底竣工。5月27日河口改道经清水沟入海，改道后缩短流程37公里。改道初期，水流沿引河下泄，清2断面以下基本走清水沟自然河道，清3断面以下700米处溜分数股，主溜走南股向东入海，自西河口至河口长27公里。北股于9月淤死。河宽为2～3公里。1977年，主溜由原建林残房处下泄，清2断面至十七公里溜靠南防洪堤，清4断面至河门河道趋于弯曲，水流较集中，口门通畅，向南摆动了8公里，河道开始归股成槽。1978年清4断面以下河道向北摆动，分为两股，一股向北，一股向东偏北方向入海。至1979年河口延伸了11公里，在清4断面以下，河道由北向南摆动了23公里，在大稳流海堡正东5公里处入海，水深2米左右。1980年汛后河道已形成比较顺直单一河型。1981年西河口至河口长达45公里。至1985年在清7断面以下水流朝东南方向入海，从西河口至河口长53公里，比改道初期增长了26公里。

(三)三角洲岸线的变迁

由于黄河泥沙沉积，河口不断向海中淤进；同时在不行河的三角洲岸线，缺乏沙源补给，在风浪、海流的作用下，岸线不断蚀退。在淤进与蚀退交替的过程中，三角洲不断地扩展，形成了今天的河口三角洲。

黄河口的海岸线是不断向海域推进的。1855年至1947年是在以宁海为顶点的大三角洲上，1947年以后在以渔洼为顶点的小三角洲上向外推进。1855至1985年海岸线向前推进共计28.5公里，共造陆2620平方公里，实际行水年限96年，每年平均推进速率为0.3公里，造陆速率为年27平方公里。其中1947年以前海岸线向前推进13.3公里，共造陆1400平方公里，实际行水57年，推进速率为年0.23公里，造陆速率为年24.6平方公里；1947～1985年海岸线向前推进15.2公里，共造陆1220平方公里，实际行水39年，推进速率为年0.39公里，造陆速率为年31.3平方公里。后者比前者分别增大了69.6%和27.2%。

在三角洲面积增大的过程中，淤进和蚀退是交叉进行的。河口改道之后，岸线在海流及风浪的作用下而蚀退。即是走河的岸段，由于出汊摆动，岸线也会蚀退。自1947年至1985年的39年中，共蚀退面积330平方公里，约相当于造陆面积的四分之一。在相同条件下，三角洲中部地区的岸线蚀退的速率比两侧大，这是由于该段海洋动力因素强造成的。

（四）泥沙淤积分布

据河道断面和三角洲海域水深图比较计算，每年进入河口的10.5亿吨泥沙，就平均情况而言，有23%淤积在大沽零米线（相当于低潮岸线）以上的河口河道及三角洲洲面上；44%淤在三角洲海域，填海造陆；另有约三分之一的泥沙由海流输送到20公里以外的海域。50年代以后泥沙的淤积情况见表2—27。

黄河河口泥沙淤积分布情况表 表2—27

时段（年、月）		1950～1960		1964.1～1976.5		1976.6～1985.9		平均	
流路名称		神仙沟		钓口河		清水沟			
利津站年平均输沙量		13.2	%	10.7	%	8.61	%	10.5	%
淤积部位	陆上（大沽零米线以上）	3.5	26.0	2.23	21.6	1.52	17.6	2.42	23
	三角洲海域	4.7	36.0	4.76	44.1	4.96	57.6	4.62	44
	输往外海	5.0	38.0	3.71	34.3	2.13	24.8	3.46	33

注：单位亿吨

淤积在三角洲海域的泥沙，主要在入口处两侧共计宽约10～20公里的范围内，其影响宽度一般为40公里。陆上淤积的泥沙，主要在改道初期漫流与洪水漫滩时期的大面积淤高河槽、滩地，以及所流经的海岸带（潮间带）。输往外海泥沙占利津站来沙量的比例为：在中部、北部入海的钓口河流路和神仙沟流路，海流强，占三分之一以上；在南部入海的清水沟流路，海流弱，只占四分之一。

（五）河口变迁对河道的影响

河口河道的延伸及改道使流程发生变化，相当于改变了河流的侵蚀基准面高程，其结果必然会造成河道纵剖面的调整，并对河道的冲淤产生影响。改道初期，流程缩短，比降变陡，造成溯源冲刷；随着河道延伸，比降变缓,致使产生溯源淤积。影响范围,向上可至泺口附近,尤其道旭以下的近口河段反映敏感。改道初期发生溯源冲刷,两次改道引起的溯源冲刷之间发生溯源淤积。由于河口改道造成溯源冲淤,最明显的是1953年在小口子裁弯改走神仙沟流路后,由小口子开始,自下而上发生了溯源冲刷。经分析改道点附近冲刷最大,向上游递减。当流量1000立方米每秒时,1954年发展到杨房,1955年可达到泺口,1956年已发展到泺口以上,影响长度达200公里以上。随着流量的增大,冲刷范围还向上游发展,如1954年流量4000立方米每秒时,冲刷点可达到章丘刘家园。1956年之后又进入溯源淤积,其中1956～1961年比较明显,影响至刘家园附近。当河口改道大致经历一次横扫三角洲的大循环,整个三角洲的岸线普遍外移后,它所造成的水位抬高才不会由于河口改道而消除,从而造成长期的影响。也就是侵蚀基准面发生一次突然变化,以后的河口变迁又在已延伸过的海岸线基础上进行。1855年至1929年(第6次改道时)完成了第一次大循环,此时流路较初始河长延长了近15公里,由此造成河口及邻近河段长期性水位抬高约1米左右,河口段以上的水位也有一定的抬高。

三、治理措施

1855年铜瓦厢决口以后,初期未及时修建堤防,同治十一年(1872年)以后开始修堤,光绪十年(1884年)修至利津,基本形成了堤防体系。以后大量的泥沙输往河口地区,河道迅速延伸,黄河决溢也日益频繁。当时一些廷臣纷纷上疏,主张疏浚河口和河口改道以及接长三角洲顶点以下两岸的堤防,以达束水攻沙之效。由于受社会经济条件的限制,在三角洲虽修有一些堤防,但尾闾河道仍处于自然变迁的状况。光绪十年山东巡抚陈士俊"仿河臣靳辅奏明用船只拖带铁篦子混江龙等工具,上下疏刷,卒以笨重难行未能见效"。光绪十三年山东巡抚张曜复定购法国挖泥机器两只,又在利津太平湾试验,仅能吸水不能挖泥,遂复退还(《山东通志·河防志》)。

民国期间对黄河口的治理曾进行过查勘测量,并采取一些措施。民国7年至22年(1918年～1933年),山东河务局曾两次测量河口地形。民国23年(1934年)黄河水利委员会派员查勘河口,测得河口泥沙之沉积半径为15公里,面积为1000平方公里。民国25年(1936年)在河口进行裁弯,从乱荆子至寿光圩子开挖引河两条长3公里,并修挑水坝两座。官堤右岸修至宁海,左岸修至利津西盐窝,利津以下修有少量民埝。1947年黄河归故之后,渤海解放区分四期进行修堤，至1949年，右岸堤防修至垦利宋家圈东15里，左岸修至四段村。

建国后，为治理河口，进行了查勘、测绘、规划、科研等工作，并采取了一些工程措施，取得了成效。

随着河口地区农、牧、工业的发展，对防洪的要求越来越高。50年代以来进行了3次人工改道，采取了一些工程措施。1953年至1985年，仅渔洼以下的三角洲洲面上，即完成土方5314万立方米，石方8.85万立方米，混凝土3.9万立方米，投资7947.8万元。

(一)人工裁弯—1953年4月神仙沟与甜水沟坐湾，两沟最近处仅95米，为了有利于河口以上堤段的防洪，便于河口治理，使大小孤岛连成一片，确定在小口子进行人工裁弯。5月25日由垦利县政府及修防段等单位组成领导小组负责施工。6月14日开工至16日竣工。开挖引河长119米，上口宽17米，下口宽10米。7月8日引河过水，7月30日引河宽为187米，水深4至6.8米，实测流量为758立方米每秒，过流占64%。8月1日在生产屋子实测流量474立方米每秒，河宽296米，过流占74%。入海段比较顺直，口门处水较深。甜水沟8月26日完全淤死。9月引河宽达300米，正式成为大河，即神仙沟流路。

(二)修筑堤防—渔洼以上的堤防多次进行了加高加固，渔洼以下也多次修筑堤防。在钓口河流路后期，为了确保西河口水位10米不改道，尽量稳定钓口河入海流路，于防洪堤4公里处向北修建了东大堤，全长21.95公里，1971年完成，计土方238万立方米，投资204万元，并培修了四段以下民埝。四段至万子民埝始建于1948年，培修后堤防全长20.4公里。

为改道清水沟流路，采取了以堤防为主的工程措施，主要包括：河口北大堤，计长35.8公里，清水沟引河，长10.7公里，实际开挖8.7公里；南大堤加修接长计28.6公里，防洪堤培修长17.2公里，生产堤培修保林三队以下长12.7公里，修复四段以下至罗家屋子的北堤工程，总长16公里；西河口和东大堤破除过水口门，西河口破口4处，每处60余米，东大堤从生产村到北大堤破口3组，其中清水沟引河处一组破口3个(口门宽为80、120、80米)，清水沟以南一组破口3个(口门宽79、98、78米)，清水沟以北一组破口3个。截流是1976年4月20日开始，由两岸向河中进土，当口宽417米时，过水断面为813平方米，平均水深1.95米，最大水深5.25米，在昼夜抢堵的过程中，流量逐渐减少。5月6日后，三门峡水库控泄500立方米每秒，经沿黄涵闸引水，5月19日上午截流处断流，20日17时合龙，至5月底完成截流口门段的堤防。1976年8月中旬至9月下旬南防洪堤水流偎堤生险，18公里上下共抢5次大险，尤以9月5日至7日为甚，大堤迎水坡在1小时内就塌去3～5米宽，部分堤段快塌至背河堤肩，抢险甚为紧急。为保防洪堤的安全，1977年5月退修了一段向河中突出的防洪堤，退修堤长13.5公里，并在8+308处修筑一条长1000米的堵串坝基。从此原防洪堤12～25公里就不再修守。

（三）控导河势—在渔洼以上完善险工，修建控导护滩工程。在渔洼以下也修建了苇改闸及西河口控导工程。1977年5月在退修防洪堤的同时，还修建了护林控导工程，至1980年共修坝6道，护岸9段，长1550米，该处工程共用石7274立方米，软料32万公斤。这些工程起到了控导主流，稳定流路的作用。

（四）疏浚—1976年改走清水沟之后，新河道自清1断面至18公里一段河底有0.5～1米的红泥层，1976年9月大水仍冲刷不动，溜势散乱，分流五股，影响排洪。为此采取了截支疏干的措施。1978年5月在护林坝以下新修6号坝，长656米，截堵了南部三小股。在护林工程以上的柏油公路上下长1300米，护林工程以下至防洪堤11公里处长1100米的两处，爆破6～7米宽的引沟，人工开挖引河槽长500米。完工后引沟溜势集中，发生冲刷，宣泄顺利。

第七章 蓄滞洪工程

黄河下游为防御大洪水，在西汉时已有开辟滞洪区分滞洪水的主张。汉成帝初，清河郡都尉冯逡提出开支河分洪的建议。成帝绥和二年（公元前7年）待诏贾让奏《治河策》，就提出过“多穿漕渠于冀州地，使民得以灌田，分杀水怒”的分洪措施。王莽时长水校尉关并也提出过空出曹、卫之域，作为大水时分洪停蓄之地（《汉书 · 沟洫志》）。明代以后，黄河下游已兴建减水闸坝，当洪水超过河道排洪能力时，即由减水闸坝分洪，以杀水势。清代靳辅治河，曾在徐州以上黄河南岸修建多座减水坝，分出之水，经过沿程落淤澄清，入于洪泽湖，进行调蓄后，由淮阴清口回归黄河，还起到蓄清刷黄的作用。

中华人民共和国成立后，为防御黄河异常洪水，黄委会经过调查研究，于1951年提出处理异常洪水的意见上报政务院，同年5月政务院财政经济委员会作出《关于预防黄河异常洪水的决定》，同意在中游水库未完成前，在北金堤以南地区、东平湖区分别修筑滞洪工程，藉以削减洪峰，保障安全。自1951年开始，先后在黄河下游两岸修建了北金堤、东平湖、封丘大功等分滞洪工程。为控制中上游洪水，并综合开发水利资源，1960年在中游干流上建成了三门峡水库。1965年以来，先后兴建了伊河陆浑水库和洛河故县水库。70年代后，为解决山东窄河段的防洪防凌问题，修建了垦利和齐河两处展宽工程。上述蓄滞洪工程配合两岸堤防，组成黄河下游“上拦下排、两岸分滞”的防洪工程体系，为防御洪水提供了强大的物质基础。

第一节 三门峡水库

一、水库简况

三门峡水库是根治黄河水害，开发黄河水利修建的第一个大型关键性工程。水库坝址位于河南省三门峡市与山西省平陆县交界的黄河干流上，控制黄河流域面积68.8万平方公里，占全流域面积的91.4%。该水库1957年4月13日动工兴建，1958年汛后截流，1960年9月15日基本建成投入运用。

三门峡水库拦河大坝为混凝土重力坝，最大坝高106米，主坝长713米，坝顶宽22.6～6.5米，坝顶高程353米。水电厂房布置在坝后靠右岸，原设计安装8台机组，改建后安装5台。泄流设施在左岸坝身不同高程有三层泄流孔口，三条压力钢管和左岸两条隧洞。最上层为两个表面溢流孔，现已废弃；中间一层为12个泄流深孔，进口高程为300米；最下层为12个导流底孔，进口高程为280米。8条发电引水压力钢管，其中三条经改建后亦用于泄流排沙，进口高程300米。左岸增建的两条隧洞，进口高程290米。（详见表2—28,2—29,2—30）

枢纽工程原建和两期改建共完成土石方1871万立方米，混凝土212万立方米，总投资9.44亿元（不包括库区治理及后期移民补偿费用）。

二、水库两期改建

1960年9月水库开始蓄水运用，到1961年2月9日，最高蓄水位达332.58米，库区淤积严重，到1962年3月，330米高程以下库容由蓄水前的59.58亿立方米减少到43.6亿立方米，潼关河床高程抬高4.5米左右。受回水淤积延伸的影响，潼关以上黄河干流，渭河和北洛河下游都发生严重淤积。1962年3月水电部在郑州召开会议决定，并经国务院3月20日批准，三门峡水库由“蓄水拦沙”改为“滞洪排沙”运用，将已安装的第一台发电机组拆迁到丹江口水库。水库降低水位运用后，水库的排沙比由原来的6.8%增加到近60%，库区淤积有所缓和，但因水库泄流排沙能力不足，库区淤积仍十分严重。到1964年10月，335米高程以下库容由96.4亿立方米减为57.58亿立方米，损失40.3%；330米高程以下库容由59.58亿立方米减至22.1亿立方米。淤积部位从潼关向渭河迅速发展，形成淤积“翘尾巴”，严重威胁关中平原和西安的安全。

1964年12月5日至18日，周恩来总理主持在北京召开的治黄会议上，本着“既要确保黄河下游，又要确保关中”的指导原则，对三门峡工程作出第一次改建的决定。从1965年开始到1968年完成。改建工程是在大坝左岸增建两条泄流排沙隧洞，并把8条发电引水钢管中的4条（5～8号）改建为泄流排沙管道，使水库水位在315米时泄流能力由3080立方米每秒增大到6060立方米每秒，两洞4管投入运用后，水库淤积有所减少，淤积末端延伸也有所缓和，但仍有20%左右的入库泥沙淤积在库内，潼关河床高程仍缓慢抬高。

1969年6月13日～18日，根据周恩来总理指示，国务院委托河南省革命委员会主任兼黄河防汛总指挥刘建勋主持，在三门峡市召开晋、陕、豫、鲁四省治黄会议，会议总结了第一次改建的经验，决定第二次改建。改建的原则是“在确保西安，确保下游的前提下，实现合理防洪，排沙放淤，径流发电”。改建的规模是“要求一般洪水回水淤积不影响潼关，库水位315米时水库下泄流量达到10000立方米每秒”，较原建泄流能力增加两倍以上。水库运用原则是：“当上游发生特大洪水时，应根据上下游来水情况，关闭部分或全部闸门，增建的泄水孔原则上应提前关闭，以防增加下游负担；冬季应继续承担下游防凌任务。发电的运用原则是，在不影响潼关淤积的前提下，初步计算，汛期的控制水位为305米，必要时降到300米，非汛期为310米。”改建工程是打开大坝底部原来施工泄流用的8个底孔，把另外四条发电引水钢管和一条已经改用于泄流排沙钢管降低13米，安装中国设计制造的5台5万千瓦低水头轴流式水轮发电机组，总装机25万千瓦，从而变高水头发电站为低水头发电站。从1970年开始到1973年12月成功地完成了第二期改建。其效果是加大了泄流排沙能力，水库330米高程以下的库容恢复到32.6亿立方米，潼关河床高程下降1.8米左右，渭河淤积末端延伸也得到了控制，水库已呈长期不冲不淤状态。为在多沙河流上修建保持一定长期有效库容的工程取得宝贵经验。

三、防洪防凌作用

三门峡水库控制了黄河下游洪水三大来源的两个，同时对三门峡至花园口区间的大洪水也能起到错峰和补偿调节作用。从1960年建成运用以来，潼关站入库流量有6次大于10000立方米每秒，由于水库的滞洪调节作用，最大下泄流量8900立方米每秒，从而减轻了下游防洪负担和漫滩淹没损失。例如，1977年最大入库流量15400立方米每秒，三门峡出库流量为8900立方米每秒，削峰率为42.2%，相应花园口最大洪峰流量10800立方米每秒。按现状库容计算，当三门峡以上发生万年、千年、百年一遇洪水，其流量分别为52500、40000、27500立方米每秒时，经三门峡水库调蓄后，最大出库流量分别为14900、14200、13000立方米每秒。当三门峡以下发生27000至55400立方米每秒特大洪水时，水库可关门三至四天，减少下游洪水3100至9700立方米每秒。水库经过改建后，增大了泄洪排沙能力，恢复了部分库容，在335米高程以下有60亿立方米的防洪库容，为控制洪水减轻下游洪水负担将发挥重大作用。

三门峡水库对减轻下游凌洪威胁作用也很大，自1960年建成到1987年的28年中，除有4年(1964～1965年、1965～1966年、1971～1972年、1975～1976年)由于未封河或凌情较轻未运用水库防凌外，其他年份都运用水库调节凌汛期河道水量，推迟了开河时间或造成“文开河”的有利局面，对安渡凌汛发挥了很大作用。

三门峡水库还起着减少下游河道淤积的作用。自1960年9月～1964年10月，水库拦沙淤积44.7亿吨，使黄河下游河道冲刷22.3亿吨。第一次改建后到1970年7月下游河道又回淤到建库前情况，冲淤相抵，使黄河下游河道减少了10年的淤积量。水库自1973年11月采用“蓄清排浑”的运用方式，每年非汛期水库蓄水拦沙，下泄清水，使下游河道由建库前的淤积变为冲刷，把非汛期的泥沙调到汛期下排，改变了建库前非汛期从库区冲刷下去的粗泥沙淤积在下游河槽的状况，汛期利用水库泄水排沙，充分发挥黄河下游河道大水带大沙的特点，有利于下游河道输沙入海，减少河道淤积，对防洪也是有利的。

此外，水库自1973年起，每年为下游春灌蓄水约14亿立方米，可灌溉农田2000万亩，从1973年12月第一台机组投入运用以来，一般年份可发电10亿度，截至1987年已发电118亿度，创产值7.68亿元。兴利效益也是很大的。

三门峡水库各运用时段水位、面积、库容统计表　　表2—28

项目 / 年月 / 水位	面积	库容			
	1960.5	1960.5	1964.10	1973.9	1986.10
280	0	0			
290	5.02	0.14		0.01	
300	35.10	1.75	0.003	0.43	0.1406
302	43.70	2.53	0.007	0.63	0.2468
304	54.00	3.50	0.010	0.87	0.4129

续表

项目 / 年月 / 水位	面 积	库 容			
	1960.5	1960.5	1964.10	1973.9	1986.10
306	69.20	4.73	0.03	1.21	0.6675
308	95.70	6.36	0.04	1.69	1.017
310	123.00	8.54	0.06	3.15	1.481
312	149.00	11.25	0.09	4.14	2.087
314	181.00	14.58	0.17	5.34	2.845
316	206.00	18.41	0.34	6.79	3.820
318	227.00	22.81	0.77	8.73	5.082
320	248.00	27.56	1.70	11.40	7.140
322	270.00	32.67	3.35	15.10	10.110
324	288.00	38.23	5.88	20.03	13.960
326	314.00	44.25	9.95	25.82	18.910
328	381.00	51.08	15.57	32.57	24.830
330	490.00	59.58	22.10	40.62	31.500
332	709.00	71.50	31.94	52.56	39.590
334	938.00	88.02	47.48	60.55	51.630
335		96.40	57.58		59.670

注：面积平方公里，库容亿立方米，水位（米）大沽高程。

三门峡水库主要技经指标表 表 2—29

<table>
<tr><td rowspan="5">水文特征</td><td colspan="2">多年平均径流量 426.69 亿米^3</td><td colspan="2">多年平均输沙量 16 亿吨</td></tr>
<tr><td rowspan="2">千年设计</td><td colspan="3">洪峰流量 40000 米^3/秒</td></tr>
<tr><td colspan="3">12 天洪量 125 亿米^3;45 天洪量 308 亿米^3</td></tr>
<tr><td rowspan="2">万年校核</td><td colspan="3">洪峰流量 52500 米^3/秒</td></tr>
<tr><td colspan="3">12 天洪量 152 亿米^3;45 天洪量 360 亿米^3</td></tr>
<tr><td rowspan="4">水库特征</td><td>设计最高水位</td><td>340 米</td><td>总库容</td><td>162 亿米^3</td></tr>
<tr><td>防洪水位</td><td>335 米</td><td>防洪库容</td><td>60 亿米^3</td></tr>
<tr><td>汛限水位</td><td colspan="3">305～300 米</td></tr>
<tr><td>非汛期运用水位</td><td colspan="3">310 米</td></tr>
<tr><td colspan="2">坝顶高程
最大坝高
坝顶长度</td><td>(主　坝) 353 米
106 米
713.2 米</td><td colspan="2">(副　坝) 353 米
24 米
144 米</td></tr>
<tr><td rowspan="15">泄水建筑物</td><td rowspan="3">深　孔</td><td colspan="3">孔口:7 孔,每孔(宽×高)3×8 米</td></tr>
<tr><td colspan="3">进口底槛高程 300 米,最大泄流能力 3840 米^3/秒</td></tr>
<tr><td colspan="3">闸门:钢平板门　启闭能力 350 吨</td></tr>
<tr><td rowspan="3">底　孔</td><td colspan="3">孔口:3 孔,每孔(宽×高)进口 3×11 米,孔身 3×8 米</td></tr>
<tr><td colspan="3">进口底槛高程 280 米,最大泄流能力 1682 米^3/秒</td></tr>
<tr><td colspan="3">闸门:钢平板门　启闭能力 350/250 吨</td></tr>
<tr><td rowspan="3">双层孔</td><td colspan="3">孔口:共 5 对,每孔(宽×高)3×8 米</td></tr>
<tr><td colspan="3">进口底槛高程深孔 300 米,底孔 280 米</td></tr>
<tr><td colspan="3">最大泄流能力 5350 米^3/秒</td></tr>
<tr><td rowspan="3">隧　洞</td><td colspan="3">型式、尺寸:2 条、圆形压力洞、直径 11 米</td></tr>
<tr><td colspan="3">底槛高程:进口 290 米,出口 287 米</td></tr>
<tr><td colspan="3">最大泄流能力 2980 米^3/秒　闸门:钢弧形门</td></tr>
<tr><td rowspan="3">泄流排水钢管</td><td colspan="3">型式、尺寸:3 条、圆形、直径 7.5 米</td></tr>
<tr><td colspan="3">进口底槛高程 300 米,最大泄流能力 906 米^3/秒</td></tr>
<tr><td colspan="3">闸门型式:钢平板门,启闭能力 180/150 吨</td></tr>
</table>

续表

发电机组		台数、尺寸:5 台 ф7.5 米
		进口底槛高程 287 米,计算引用流量 210 米^3/秒
效益	防洪削峰	
	发　电	装机容量 25 万千瓦,年发电量 12 亿度
	灌　溉	蓄水量 14～16 亿米^3,灌溉面积 2000 万亩

三门峡水库各泄流建筑物(单孔、管、洞)水位泄量关系表　　表 2—30

泄量 水位 / 建筑物	290	295	300	305	310	315	320	325	330	335
深　孔				51	144	257	337	400	455	503
一对双层孔	110	205	270	380	535	658	760	850	935	985
底　孔	110	205	270	320	365	405	440	474	505	535
钢　管					199	225	246	262	277	290
隧　洞		127	356	656	926	1040	1142	1239	1329	1410
机　组			213	210	197	209	179	157	142	
总泄流能力	880	1894	2872	4529	7227	9059	10501	11736	12864	13741

注:1. 水位(米)为大沽高程,泄量米^3/秒。2. 在 300 米水位以下双层孔的泄流只计底孔。3. 总泄流能力不包括五台机组泄量。

第二节　支流水库

一、陆浑水库

陆浑水库位于黄河支流伊河中游的河南嵩县田湖附近,控制伊河流域面积 3492 平方公里,占该河流域面积 6029 平方公里的 57.9%。坝址处多年平均径流量为 10.25 亿立方米,多年平均输沙量 301.6 万吨。总库容为

12.9亿立方米，是以防洪为主，结合灌溉、发电、供水和养鱼等综合利用水库。工程由黄委会、陕西工业大学设计，水电部三门峡工程局、河南省水利厅施工总队施工，于1959年12月开工，1965年8月建成，1970年增建灌溉及发电工程。共计完成土方807.7万立方米，石方57.3万立方米，混凝土20.7万立方米，投资1.38亿元。

陆浑水库主要建筑物有：粘土斜墙砂卵石大坝、溢洪道、输水洞、泄洪洞、灌溉洞、渠首、电站等。大坝高52米，另加防浪墙高1.2米，坝顶宽8米，长710米。1976～1977年进行特大洪水保坝初步设计和补充设计。1976年采用重力式挡土墙，将大坝垂直加高2米，1978年又加高1米。溢洪道位于右岸，共3孔，孔宽12米、高11米，溢洪道长435米。输水洞为压力流圆形洞，直径3.5米，全长307米，设计发电流量为2×3.8立方米每秒。泄洪洞为城门型明流洞，宽8米、高10米，进口分2孔，每孔4×7米。灌溉洞为压力流圆洞，内径5.7米，主洞长306米。泄洪流量471立方米每秒。另从出口上游约30米处向左分出岔管引入5000千瓦发电厂房。

(一)水库运用

1961年10月根据水电部批示，水库的开发目标改为以防洪为主，结合灌溉和发电。水库的主要任务是配合三门峡水库削减三门峡至花园口区间的洪峰流量，以减轻黄河下游的防汛负担。水库的运用原则是：

1.当坝址以上发生50年一遇洪水时，水库自由泄水，当泄量达到1000立方米每秒时，用闸门控制，使泄量保持不超过1000立方米每秒。当库水位达到50年一遇洪水位319.5米，黄河下游防洪没有关闸要求时，各泄洪建筑物闸门全开，尽量下泄。

2.当三门峡至花园口间出现大洪水时，陆浑水库关门两天不泄水，关门时间以花园口出现瞬时最大洪峰流量为准，在此前后各关门一天。

3.汛期调洪起始水位为300米，当水库来水达千年或万年一遇洪水时，最高库水位分别为325米和328.8米，其相应最大泄量分别为3470立方米每秒和4910立方米每秒。

1970年增建灌溉、发电洞时变更设计，水库运用原则修改为：

1.当黄河三花间出现大洪水时，水库按起始水位317米(汛期最高兴利水位)自由下泄，当泄量达到1000立方米每秒时，用闸门控制，只泄1000立方米每秒，当库水位达到20年一遇洪水的防洪水位322.4米，黄河下游防洪没有关闸要求时，各泄洪建筑物闸门全部打开，自由下泄。

2. 当五个水文站(黄河八里胡同、伊河龙门镇、洛河白马寺、沁河五龙口、丹河山路平)根据实测流量预报花园口出现流量 12000 立方米每秒(有效预见期取 8 小时),并有续涨趋势时,水库关门不泄水。

3. 当库水位达到 323 米左右(即距溢洪道闸门最高挡水位 324 米还有 1 米左右),水库打开全部闸门,自由下泄。

4. 当水库水位降至 323 米时,为减轻黄河下游东平湖的负担,即用闸门控制,来多少,泄多少,使库水位保持 323 米不变。

5. 当花园口实测流量降至 10000 立方米每秒,并有续降趋势时,水库用闸门控制,平泄 1000 立方米每秒保持 3 天,然后自由下泄,逐渐放至灌溉蓄水位 317 米。

(二)防洪效益

1960 年至 1985 年,26 年间未发生较大洪水。1982 年伊河中游发生大暴雨,7 月 29 日 23 时至 8 月 1 日 23 时,累计降雨量 782 毫米,其中 7 月 29 日 23 时至 30 日 6 时降大暴雨 544 毫米,7 月 30 日 6 时入库最大流量 5282 立方米每秒,库水位从 302.4 米上升到 311.6 米,库水位平均每小时上升 0.3～0.4 米,蓄水量达 4.5 亿立方米,水库最大泄量为 820 立方米每秒,一般为 570 立方米每秒。8 月 2 日河南省防汛指挥部电示下泄 300 立方米每秒,水库削减洪峰 85%,减轻了下游洪水威胁。

详见表 2—31、2—32、2—33。

陆浑水库主要技经指标表　　表 2—31

<table>
<tr><td rowspan="5">水文特征</td><td colspan="2">多年平均径流量 10.25 亿米^3</td><td colspan="2">多年平均输沙量 301.6 万吨</td></tr>
<tr><td rowspan="2">千年设计</td><td colspan="3">洪峰流量 12400 米^3/秒</td></tr>
<tr><td colspan="3">五日洪量 13.18 亿米^3</td></tr>
<tr><td rowspan="2">P.M.P 校核</td><td colspan="3">洪峰流量 20520 米^3/秒</td></tr>
<tr><td colspan="3">五日洪量 23.0 亿米^3</td></tr>
<tr><td rowspan="3">水库特征</td><td>设计水位</td><td>327.10 米</td><td>总 库 容</td><td>12.9 亿米^3</td></tr>
<tr><td>校核水位</td><td>331.30 米</td><td>防洪库容</td><td>6.46 亿米^3</td></tr>
<tr><td>汛限水位</td><td>317.0 米</td><td></td><td></td></tr>
<tr><td colspan="2">坝顶高程</td><td colspan="3">333.0 米</td></tr>
<tr><td colspan="2">最大坝高</td><td colspan="3">(主坝)55 米</td></tr>
</table>

续表

<table>
<tr><td colspan="2">坝顶长度</td><td colspan="2">710 米</td></tr>
<tr><td rowspan="17">泄水建筑物</td><td rowspan="4">输水洞</td><td colspan="2">1 孔、园形压力洞、直径 3.5 米</td></tr>
<tr><td>进口底槛高程 279.25 米</td><td>最大泄流能力 200 米³/秒</td></tr>
<tr><td colspan="2">闸门:进口平板门(3.8×4.1 米)
出口弧形门(3×3.5 米)</td></tr>
<tr><td colspan="2">启闭能力 1×50 吨</td></tr>
<tr><td rowspan="4">灌溉洞</td><td colspan="2">1 孔、圆形压力洞、直径 5.7 米</td></tr>
<tr><td>进口底槛高程 291.0 米</td><td>最大泄流能力 471 米³/秒</td></tr>
<tr><td colspan="2">闸门:进口平板门(1—5.4×5.8 米)
出口平板门(2—3.3×6.1 米)</td></tr>
<tr><td colspan="2">启闭能力:进口 1×125 吨,出口 2×63 吨</td></tr>
<tr><td rowspan="4">泄洪洞</td><td colspan="2">1 条、城门型无压洞、断面 8×10 米</td></tr>
<tr><td>进口底槛高程 289.72 米</td><td>最大泄流能力 1175 米³/秒</td></tr>
<tr><td colspan="2">闸门:进口平板门(2—5.6×7.4 米)</td></tr>
<tr><td colspan="2">启闭能力:2×300 吨</td></tr>
<tr><td rowspan="3">溢洪道</td><td colspan="2">3 孔,每孔 12×11 米</td></tr>
<tr><td colspan="2">进口底板高程 313.0 米,最大泄流能力 3740 米³/秒</td></tr>
<tr><td colspan="2">闸门:弧形闸门 启闭能力 3×75 吨</td></tr>
<tr><td rowspan="2">非常溢洪道</td><td colspan="2">1 孔、河岸开敞溢流式(未开挖)</td></tr>
<tr><td>进口底槛高程 319.5 米</td><td>最大泄流能力 10600 米³/秒</td></tr>
<tr><td rowspan="3">效益</td><td>防洪</td><td colspan="2">当黄河特大洪水时,可削减花园口洪峰 2380 米³/秒</td></tr>
<tr><td>发电</td><td colspan="2">五台机组、装机容量 0.65 万千瓦、年发电量 0.145 亿度</td></tr>
<tr><td>灌溉</td><td colspan="2">蓄水量 3.125 亿米³ 灌溉面积 134 万亩</td></tr>
</table>

注:①表内水文特征为(1985)水电水规字 36 号文"关于伊河陆浑水库特大洪水保坝加固工程初步设计(修正)的审查意见"中确定的数值。

②高程为黄海系统。

陆浑水库水位、面积、库容及淹没情况表 表 2—32

水　位　(米)		280	285	290	295	300	302	304	306	308	310	312	314
面积(平方公里)				10.33	13.08	15.98	17.85	(20.30)	(22.80)	(25.79)	28.33	(30.75)	(33.60)
库　容(亿立方米)	1962年计算采用	0.011	0.280	0.580	1.120	1.895					4.104	4.726	5.34
	1984年实　测		0.206	0.2929	0.7112	1.4148	1.781	2.0977	2.5472	3.0063	3.4994	4.0401	4.7199

水　位(米)		316	318	320	322	324	326	328	330	332	333		
面积(平方公里)		(36.30)	(38.60)	(40.93)	(43.00)	(45.20)	(47.50)	49.86	52.05	54.55	54.80		
库　容(亿立方米)	1962年计算采用	6.026	6.768	7.547	8.381	9.274	10.166	11.160	12.226				
	1984年实　测	5.4346	6.1911	6.949	7.8324	8.7835	9.6682	10.6313	11.5953	12.6912	13.3412		

注:1.水位黄海标高,2.水位326.2米以下淹没耕地4.08万亩,淹没人口4.0328万,3.(　)内为根据曲线查得数字。

陆浑水库各泄水建筑物水位与泄量关系表　　表 2—33

建筑物＼水位	290	295	300	305	310	315	320	325	330
泄洪洞	0	155	354	578	736	867	982	1100	1130
输水洞	91	110	127	141	153	165	177	187	199
灌溉洞		66	113	184	240	289	333	375	412
溢洪道						130	918	2250	3540
非常溢洪道							(200)	(3300)	(8870)
总泄流能力		331	594	903	1125	1451	2410	3912	5281

注：①水位（米）黄海标高，泄量米^3/秒。②非常溢洪道未建。

（三）灌溉

水库设计灌溉面积 134 万亩，截至 1987 年实灌面积 68 万亩，总干渠的东一干渠已延伸至巩县，可解决 4 万人的干旱期用水困难。

（四）发电

电站设计装机容量为 6500 千瓦，已安装 3500 千瓦，每年发电 400～900 万度。

二、故县水库

故县水库位于黄河支流洛河中游河南洛宁县境的故县村附近，距洛阳市 165 公里，控制流域面积 5370 平方公里，占洛河流域面积 12037 平方公里的 44.6%，占三门峡至花园口区间流域面积的 13%。坝址处多年平均径流量为 12.8 亿立方米（1951～1984 年系列）。坝址以上为三花间洪水主要来源之一，相应洪量占花园口 10000 立方米每秒以上洪量的 18～32%。实测最大洪水 4310 立方米每秒（1954 年 8 月），调查历史最大洪水 5400 立方米每秒（1898 年）。该库是防洪、灌溉、发电、供水综合利用的水库。

故县水库主要建筑物有混凝土重力坝、溢洪道、泄洪中孔、泄洪底孔、电站等。大坝顶设计高程553米，最大坝高125米，坝顶宽10～16米，长315米。溢洪道位于右岸，表面溢流5孔，每孔净宽13米，堰顶高程532米，最大泄量11000立方米每秒。泄洪底孔为深孔明流洞，共2孔，断面为3.5×4.5米。泄洪中孔1孔，孔口6×9米，最大泄洪1476立方米每秒，设计灌溉面积102万亩，发电装机6万千瓦，工业供水5立方米每秒。该工程设计工程量，混凝土162万立方米，总投资6.22亿元。截至1987年已完成混凝土工程的63%。

水库按千年洪水洪峰流量11400立方米每秒设计，万年洪水洪峰流量15300立方米每秒校核。设计水位548.55米，校核水位551.02米。总库容12亿立方米，死水位初期为495米，后期为500米，防洪库容初期为7亿立方米，后期为5亿立方米，水库淤积年限按50年计算。

该工程由黄委会设计院设计，于1958年10月开工，由于工程条件复杂，曾经三次停工，1978年复工后由水电部十一工程局施工。1991年2月10日通过下闸蓄水阶段验收，并下闸蓄水。

故县水库的主要作用是减轻黄河下游洪水威胁，提高洛阳市的防洪标准。其运用原则是：

(一)汛限水位初期为500/510米，后期为527.3米。

(二)当水库上游来水小于1000立方米每秒时，不控制。当来水大于1000立方米每秒，控泄1000立方米每秒。发生20年一遇洪水时，最高水位达543.2米。

(三)当库水位高于543.2米，除底孔外，再打开正常溢洪道泄洪。当水库上游来水小于4000立方米每秒时，不控制；来水大于4000立方米每秒时，控泄4000立方米每秒，当发生50年一遇洪水时，最高水位达548米。

(四)当库水位高于548米时，若来水量小于泄水建筑物的实有泄水能力则按来水量控制，来水大于正常泄水建筑物的实有泄水能力时，则按实有泄水能力敞泄，当发生千年一遇洪水时，最高水位达548.55米。

(五)当库水位超过548.55米，并有上涨趋势时，在发生万年一遇洪水时，水库最高水位达551.02米。

(六)根据5个水文站(黄河八里胡同、洛河白马寺、伊河龙门镇、沁河五龙口、丹河山路平)预报花园口流量达12000立方米每秒且有上涨趋势时，要求故县水库提前8小时关闸停止泄洪，但当库水位达到20年一遇洪水位543.2米时，按上述各项调洪原则启闸泄洪保坝。

故县水库建成后，可将洛阳市洛河断面20年一遇洪水削减2000～

5500立方米每秒。发电装机6万千瓦，初期年发电量1.45～1.62亿度，另可改善滩地灌溉52万亩，发展高地灌溉50万亩，为洛阳供水5立方米每秒。当黄河花园口站发生百年一遇洪水时，故县水库、三门峡、陆浑水库联合运用，可使北金堤滞洪区的分洪机率，从70年一遇变为90年一遇运用一次。

详见表2—34、2—35、2—36。

故县水库主要技经指标表　　表2—34

<table>
<tr><td rowspan="3">水文特征</td><td colspan="2">多年平均径流量12.8亿米^3</td><td colspan="2">多年平均输沙量790万吨</td></tr>
<tr><td>千年设计</td><td colspan="3">洪峰流量　11400米^3/秒
五日洪量　17.5亿米^3</td></tr>
<tr><td>万年校核</td><td colspan="3">洪峰流量　15300米^3/秒
五日洪量　23.6亿米^3</td></tr>
<tr><td rowspan="3">水库特征</td><td>设计水位</td><td>548.55米</td><td colspan="2">总库容　12.0亿米^3</td></tr>
<tr><td>校核水位</td><td>551.02米</td><td colspan="2">防洪库容近期7亿米^3，远期5亿米^3</td></tr>
<tr><td>汛限水位</td><td colspan="3">500/510，527.3米（近期 降低水位/正常运行，远期）</td></tr>
<tr><td colspan="2">坝顶高程
最大坝高
坝顶长度</td><td colspan="3">553米
（主　坝）125米
315米</td></tr>
<tr><td>溢流坝段</td><td>型　　式
堰顶高程
最大泄量</td><td colspan="3">5孔，表面溢流孔，每孔宽13米
532米
11000米^3/秒</td></tr>
<tr><td rowspan="3">泄洪底孔</td><td>型　　式</td><td colspan="3">2孔（深孔明流洞）、断面3.5×4.5米</td></tr>
<tr><td>进口底高程</td><td>473.265米</td><td>最大泄量</td><td>1000米^3/秒</td></tr>
<tr><td>启闭设备</td><td colspan="3">油压启闭150/100吨</td></tr>
<tr><td rowspan="3">泄洪中孔</td><td>型　　式</td><td colspan="3">1孔、断面6×9米</td></tr>
<tr><td>进口高程</td><td>494米</td><td>最大泄量</td><td>1500米^3/秒</td></tr>
<tr><td>启闭设备</td><td colspan="3">油压启闭310/60吨</td></tr>
<tr><td rowspan="3">效益</td><td>防洪削峰</td><td colspan="3"></td></tr>
<tr><td>发　　电</td><td colspan="3">3台机组、装机容量6万千瓦、年发电量1.76亿度</td></tr>
<tr><td>灌溉面积</td><td colspan="3">原规划247.8万亩，实际为102万亩</td></tr>
</table>

故县水库水位、面积、库容关系及淹没情况表 表 2—35

项目＼水位	449.75	480	500	520	530	540	545	550	560
库容(亿立方米)	0	0.735	2.218	4.386	5.865	8.123	9.610	11.333	15.580
面积(平方公里)		5.84	8.91	12.75	16.83	28.32		35.32	
淹没耕地(万亩)								2.08	
迁移人口(万人)								1.6	

注:①水位(米)为大沽高程,②库容为原设计值。

故县水库各泄水建筑物水位与泄量关系表 表 2—36

建筑物＼泄量＼水位	472	480	490	500	510	520	530	536	540	550
底孔	0	213	418	552	658	750	832	928	906	976
溢洪道								1447	2801	10020
泄洪中孔					619	906	1122	1234	1303	1460
总泄流能力	0	213	418	552	1277	1656	1954	3609	5010	12456

注:水位(米)为大沽高程,底孔底槛高程 472 米,中孔底槛高程 494 米,溢流堰顶高程 532 米。泄量单位为米^3/秒

第三节 北金堤滞洪区

一、滞洪区概况

50 年代初,黄河下游堤防的防御标准为陕州站流量 18000 立方米每秒。但据历史水文记载和实际调查,1933 年陕州站洪峰流量曾达 23000(后修正为 22000)立方米每秒,1942 年陕州以上龙门站流量达到 24000 立方米每秒,均超过下游高村站安全泄洪量 12000 立方米每秒。为防止异常洪水堤防决口,需要采取有计划的分洪措施。黄委会商得平原、河南、山东三省同

意，拟出防御异常洪水的报告，提出开辟黄、沁河滞洪区，报请政务院批示。1951年4月30日，政务院财政经济委员会做出《关于预防黄河异常洪水的决定》，水利部以〔1951〕工字第4383号文下达，原则同意举办沁黄滞洪区、北金堤滞洪区，利用东平湖自然分洪。当陕州站发生23000立方米每秒时，北金堤分洪口门要以分洪5000～6000立方米每秒为设计标准，分洪口门选择在高村以上宽河段末端，确定在长垣石头庄兴建溢洪堰，于1951年修筑了溢洪堰工程，设计分洪5100立方米每秒，利用临黄堤与北金堤之间的区域作为滞洪区，分滞黄河洪水。(见图2—24)

北金堤滞洪区位于黄河左岸河南省濮阳市与山东省聊城地区之间，呈西南东北向。滞洪区上起河南长垣石头庄，下迄台前张庄，上宽40公里，下宽7公里，长171公里，面积2918平方公里。上部地面高程57.60米(黄海高程，以下同)，下部地面高程41.40米。区内包括河南省长垣、滑县、濮阳、范县、台前和山东省莘县、阳谷县(市)的一部分或全部。山东面积93平方公里，河南面积2825平方公里。1960年三门峡水库建成投入运用后，该滞洪区一度停止使用，工程曾遭到不同程度的破坏。

1963年11月20日国务院《关于黄河下游防洪问题的几项决定》中明确规定:"当花园口发生超过22000立方米每秒的洪峰时，应利用长垣县石头庄溢洪堰或者河南省内其他地点，向北金堤滞洪区分滞洪水，以控制到孙口的流量最多不超过17000立方米每秒左右"。同时决定"大力整修加固北金堤的堤防，确保北金堤的安全，在北金堤滞洪区应逐年整修恢复围村埝、避水台、交通道路以及通讯设备等。以保证滞洪区群众的安全"。从此，恢复了北金堤滞洪区。

1975年8月淮河发生特大暴雨成灾后，黄委会计算分析，黄河下游在利用三门峡水库控制上游来水后，花园口站仍可能出现46000立方米每秒的洪水，据此，1976年河南、山东两省革命委员会及水利电力部向国务院上报《关于防御黄河下游特大洪水意见的报告》中提出:改建现有滞洪设施，提高分洪能力，废除石头庄溢洪堰，新建濮阳县渠村分洪闸，并加高加固北金堤。渠村分洪闸，设计分洪流量10000立方米每秒，于1978年建成，可分泄黄河洪量20亿立方米。改建后的滞洪区长141公里，总面积2316平方公里，比原来减少602平方公里。据1986年调查滞洪区内有7个市、县，62个乡镇，2113个自然村，耕地233.8万亩，人口140.9万人，滞洪区内还有中原油田建设工程，并在继续发展。(详见表2—37)

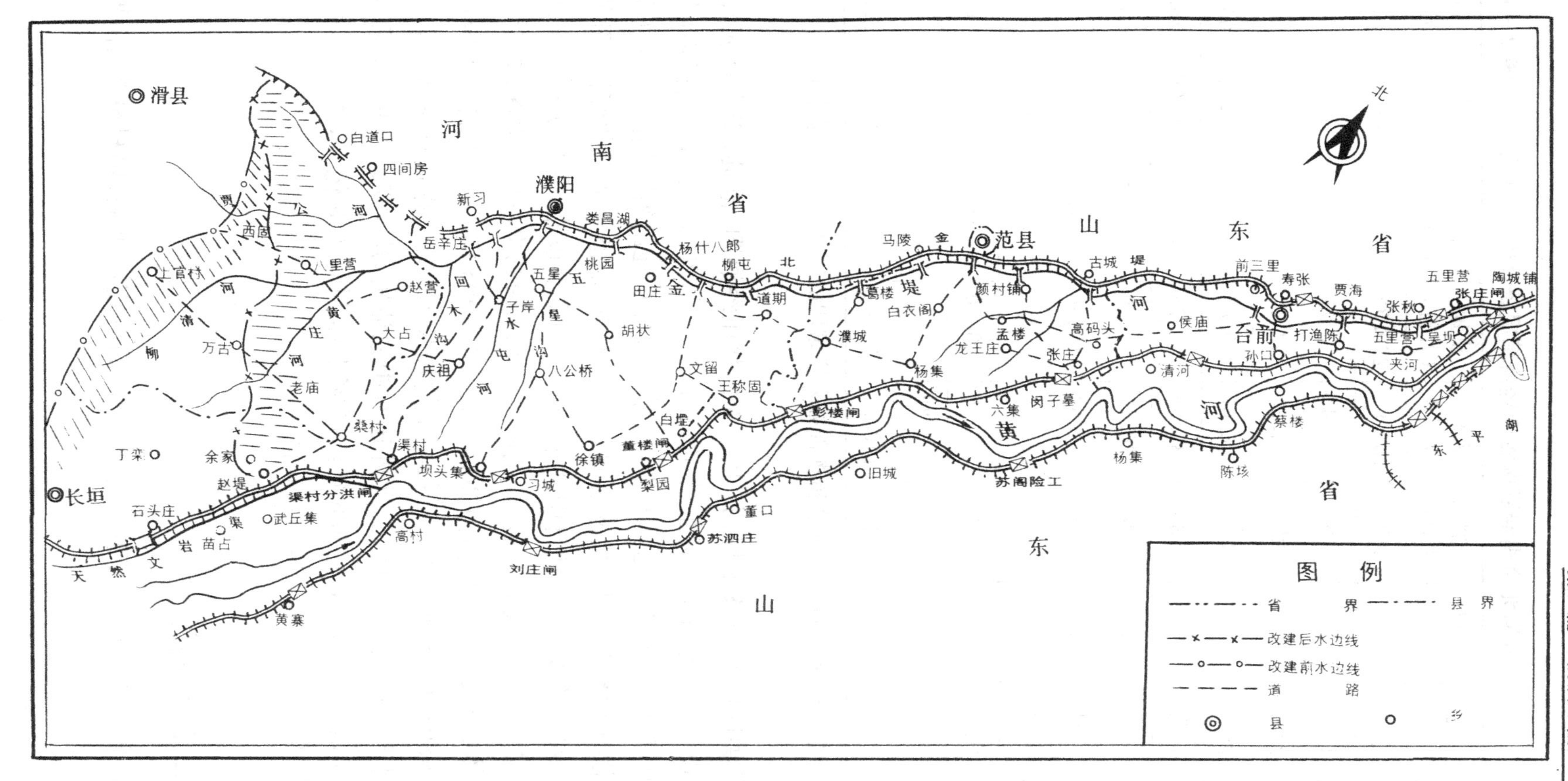

图2—24 北金堤滞洪区平面位置示意图

黄河北金堤滞洪区社会经济情况统计表(1986 年)　　表 2—37

省别	县名	乡数(个)	自然村(个)	人口(万人)	耕地(万亩)	面积(平方公里)	户数(万户)	房屋(万间)
河南	小计	53	2097	136.65	220.32	2223.0	30.18	154.17
	长垣	2	50	2.44	3.78	33.3	0.52	3.17
	滑县	11	285	24.33	52.14	562.0	5.13	28.57
	濮阳	19	879	58.07	100.85	1119.0	12.47	65.44
	范县	12	585	31.66	43.76	372.5	6.90	36.62
	台前	9	298	20.15	19.79	136.2	5.16	20.37
山东	小计	9	16	0.94	13.50	92.6	0.19	0.87
	莘县	5	7	0.15	5.0	34.3	0.03	0.09
	阳谷	4	9	0.79	8.50	58.3	0.16	0.78
中原油田				3.32				
总计		62	2113	140.91	233.82	2315.6	30.37	155.04

注:摘自 1988 年黄河防汛总指挥部办公室编印的《黄河下游防汛手册》

滞洪区内有一条金堤河,上起滑县耿庄经濮阳、范县,于台前张庄入黄河,全长 158.6 公里,流域面积 5047 平方公里,20 年一遇排涝标准流量 800 立方米每秒,总水量 7 亿立方米,是滞洪时群众迁出须跨越的主要河流。另外,滞洪区内已建有渠村、南小堤、彭楼、王集、刘楼 5 个引黄灌区,引黄灌溉促进了农业的发展。特别自中共十一届三中全会以来,农村实行联产承包责任制,农副业有了很大发展,社会财富增加。1983 年 11 月调查,滞洪区内国家、集体、个人的财产总值为 24.7 亿元,按 1985 年《河南省农情手册》记载,该区 1980～1985 年农业总产每年平均增长 15.3%。据此增率计算,1985 年滞洪财产总值应为 42 亿元。此外还有中原油田,从 1975～1986 年累计投资 69 亿元,该油田 1981～1986 年给国家上缴利润 1.5 亿元,税金 3.4 亿元,折旧费 1.7 亿元,三项共计 6.6 亿元。

二、工程建设

北金堤滞洪区工程主要有北金堤、石头庄溢洪堰、渠村分洪闸、张庄入黄闸以及避水堰台、迁移路桥、通讯设施等。

（一）北金堤：北金堤是滞洪区的北围堤，始修于东汉，原为黄河的南堤。1855年黄河在铜瓦厢改道后，该堤位于现行河道以北，故称北金堤。现在的北金堤上起河南濮阳南关，下至山东陶城铺，全长123.33公里。起点向上为土岭，地势较高，成一自然堤，由濮阳经滑县至浚县长约40公里。清末至民国时期曾多次加培北金堤，作为北岸屏障。1933年长垣县决口33处，洪水沿北金堤至陶城铺归黄河。北金堤发生漏洞22处，渗水23处，长3600米。民国时期1935年进行一次培修，自滑县至陶城铺的官堤与民堤交界处，计培堤长183.68公里，做土方165万立方米，堤顶超出1933年洪水位1.3米，顶宽7米，边坡1∶3。并在临河险要堤段，修建有白庄、葛楼、道口、张青营、姬楼、贾垓、张秋、东堤等处险工。

自1946年黄河大复堤开始，对北金堤进行培修。1947年冀鲁豫黄河水利委员会提出："确保临黄，固守金堤，不准决口"的方针，继续培修，截至1949年完成土方89.5万立方米。

建国后根据不同时期的防洪任务和标准，对北金堤进行了三次大规模的培修。累计完成土方3170.2万立方米，石方11.95万立方米，投资3320.4万元。

第一次培修，从1950年开始，以防御陕州流量23000立方米每秒为目标，河南高堤口以上堤顶超高设防水位2米，山东姬楼至颜营堤顶超高设防水位2.3米，全部堤顶宽10米，临背河边坡1∶3。1950至1958年共完成土方1293万立方米，投资699.9万元。

第二次培修，从1963年开始进行北金堤的全面加高加固工程。1964年黄委会《关于大力加固北金堤的堤防确保北金堤安全的指示》，确定北金堤设防水位濮阳南关53米（黄海高程，以下同），高堤口50.2米，张秋44.5米，陶城铺44.3米。堤顶超出设防水位2.5米，顶宽与边坡同第一次。这次培修的重点堤段是阳谷斗虎店至陶城铺长49.9公里，河南堤段实修顶宽8米，其他堤段为加固补残土方。截至1973年，培修完成土方518万立方米，投资629万元。

第三次培修，由于滞洪区改建，渠村分洪闸设计分洪流量10000立方米每秒，较以前溢洪堰分洪6000立方米每秒有所提高，滞洪区水位亦增高而进行培堤。1976年2月黄委会制定《北金堤滞洪区改建规划实施意见》，确定进一步加固北金堤。设防水位按分洪10000立方米每秒，分洪量20亿立方米，另加金堤河涝水遭遇水量7亿立方米，张庄闸处大河水位按1985年水平考虑，设计滞洪水位濮阳南关 54.5 米、高堤口 50.8 米、樱桃园 48.2 米、陶城铺 47.6 米，培堤标准同上次培修标准。按上述标准培修堤长98.39 公里，其中山东段 83.39 公里全部完成，河南堤段完成 15 公里，尚有 25 公里顶宽不足。

在培修北金堤的同时，1954 年对北金堤零公里以上 16.5 公里内的金堤岭内沟口进行了填筑，并对簿弱堤段进行了加固处理，1950 至 1958 年，共修前后戗 41 段，总长 36.3 公里，完成土方 248 万立方米。在 6+000 处作粘土斜墙 1 处，在陶城铺作抽槽换土 1 处，填塘 49 处，计长 4.9 公里。1976 至 1985 年利用虹吸和吸泥船进行放淤固堤 1.7 公里，完成土方 97 万立方米，淤高一般 5 至 8 米，增强了堤防的御水能力。

1950 年以来，对北金堤险工埽坝进行了改建增建，将土坝和草埽全部改建为石坝。并增建 6 处险工、坝岸 77 道。截至 1985 年，北金堤修有险工 18 处，坝垛护岸 151 道，工程长度 32.15 公里（河南 9.52 公里，山东 22.63 公里）。河南的 5 处险工是濮阳的城南、焦占、刘庄、兴张、赵庄；山东的 13 处险工是莘县的白庄、葛楼、道口、张清营、姬楼、朱楼、古城，阳谷县的斗虎店、金斗营、莲花池、贾垓、张秋、东堤。共计用石料 11.95 万立方米。

1950 年前后，沿堤群众为排除背河涝水入金堤河，还在金堤上修建了涵闸工程。河南有金堤闸（金堤临河水向背河马颊河排）、东清河头、柳屯、这河寨、肖楼、东陈庄，山东有张庄、陈堤口、张台、王堤口等穿堤涵闸。以后结合发展农业生产，先后兴建和改建涵闸 18 座（其中河南 1 座），其中改建 4 座，围堵 5 座，拆除 1 座，现有涵闸 8 座，设计引水能力 103 立方米每秒（河南 15 立方米每秒），设计灌溉面积 172.5 万亩（其中山东 132.5 万亩，河南 40 万亩），为农业增产发挥了作用。

（二）石头庄溢洪堰：系北金堤滞洪区分洪口门，现已废除。该堰于 1951 年 8 月建成，堰长 1500 米，宽 49 米，两端为砌石裹头，为印度式第Ⅲ型填石堰。堰前修有控制堤，分洪时爆破控制堤分洪，分洪能力为 5100 立方米每秒。

（三）渠村分洪闸：位于濮阳渠村乡青庄险工上首黄河大堤上，在石头庄溢洪堰以下 28 公里处，1976 年 11 月开工，1978 年 5 月完工。该闸为钢筋混凝土灌注桩基开敞式结构，设计分洪流量 10000 立方米每秒，采用以 2000 年为设计水平年之水位 66.75 米（黄海高程），相应于花园口 22000 立方米每秒之水位，作为分洪设计水位。

渠村分洪闸前设控制堤一道，长 1200 米，顶部高程 65 米，顶宽 4 至5.5

米，临河边坡 1∶2，背河边坡 1∶1.5。平时保证安全，分洪时控制堤爆破主口门 6 个，副口门 5 个。

渠村闸总宽 749 米，总长 209.5 米，共 56 孔，每孔宽 12 米，高 4.15 米，设 12.86×4.36 米钢筋混凝土闸板，每块闸板重 80.2 吨，闸底板高程 59 米，闸顶高程 68.65 米，闸下游设有二级消力池。闸门开启方式为，56 孔闸门，每孔设 2×80 吨固定卷扬启闭机，均以电动机带动，闸门全开为半小时，使用备用电源需分 4 组启开，全开历时一个半小时。

（四）张庄入黄闸：位于金堤河汇入黄河处，1965 年 7 月建成，该闸为钢筋混凝土开敞式结构，共 6 孔，每孔宽 10 米，高 4.7 米。该闸负担滞洪退水入黄、排涝、倒灌和挡黄任务。闸上设计水位 42.22 米，闸下水位 42.14 米，泄流 270 立方米每秒；防洪设计水位 46 米，倒灌流量 1000 立方米每秒。由于黄河河道逐年淤高，该闸排水入黄日益困难。

（五）避水堰台：滞洪区内修建了大量的围村堰和避水台，除 0.5 米水深以下不修堰台外，其余都修了工程，其工程标准如下：

围村堰工程：水深在 2 米以上的，超高水位 1.5 米，顶宽 2 至 4 米，边坡 1∶2；水深在 1.5 至 2 米的，超高水位 1 米，顶宽、边坡同上。水深 1 至 1.5 米的，超高水位为 0.7 米，水深 0.5 至 1 米的，超高水位为 0.5 米，顶宽边坡同上。

避水台工程：每人按 5 平方米兴建，建台位置放在村的背溜区，以防洪水冲毁。水深 1.5 米以上，台顶超高水位 1 米；水深 1 至 1.5 米的，台顶超高水位 0.5 米，边坡 1∶2，其余标准同围村堰。

滞洪区避水工程修建大体分三期进行。第一期 1953 年至 1958 年，这个时期以修围村埝为主。第二期 1964 年至 1969 年，这个时期以修台为主，对以前没做够标准和残缺堰台进行补修，两期共修围村埝 360 个，修避水台 1919 个。以上总计完成土方 5674 万立方米，投资 2021 万元。第三期工程，由于分洪口门下移 28 公里，改在渠村分洪闸，分洪流量提高到 10000 立方米每秒，水位普遍比 1964 年设计水位抬高 0.7 至 3.2 米，区内主溜区、深水区都有相应变化，原有堰台绝大部分丧失了防洪能力。1978 年改建滞洪区后，贯彻“以外迁为主”的方针。1983 年在濮阳市滞洪工作会议上，又确定“防守和转移并举，以防守为主，就近迁移（临时）”的方针，在主流区和库区以迁移为主，加速路桥建设，其余水域需恢复和新建堰台 880 个，土方 1170 万立方米，计划三年完成，可将原来迁移的 110 万人口，减少 57.6 万，迁移 52.4 万人。1984 年至 1987 年完成堰台 711 个，其中加固恢复 341 个，新建台370个,新建避水台面积13.36万平方米。完成土方1229万立方米,投资1024万元。截至1987年统计,全区需外迁72.6万人,堰台保护46.35万人,浅水区自守21.6万人。(见表2—38)

(六)桥梁和道路建设:为保证滞洪后主溜区及深水区群众的安全迁移,截至1987年已改建和新建柏油路29条,计长268公里,加上地方和中原油田修路241公里,共计509公里。建成桥梁11座(其中金堤河上9座,回木沟、孟楼河各1座),加上地方和中原油田修桥7座,共计18座。

(七)通信设施:为便于滞洪运用时通讯联系,各级滞洪指挥机构与滞洪区各县、乡间均架设了专用电话线路及总机。1984年7月又建设起滞洪区无线通讯网,在全区内建立中心站及中继站11处,其他台站33处,备有无线电台85部,可与滞洪区各县、乡通话。

北金堤滞洪区情况汇总表(截至1987年)　　**表2—38**

县名	滞洪水位(米)	一至三米深水区							一米以下浅水区		主流区		蓄水区		外迁人数
		村	人口	堰	安置人口	台	台面积	安置人口	村	人口	村	人口	村	人口	
滑县	54.85~58.90	181	16.53	54	4.94	109	284061	8.26	93	7.13	11	0.67			4.00
长垣	57.78~59.40	30	1.58	12	0.82	16	28997	0.33	20	0.86					0.43
濮阳	51.45~59.70	322	20.53	47	4.95	199	377023	12.11	232	13.35	325	24.19			27.66
范县	48.00~52.96	389	20.55	11	2.68	263	675022	12.26	11	0.62	92	4.97	93	5.52	16.10
台前													298	20.15	20.15
莘县														0.15	0.15
阳谷														0.79	0.79
油田														3.32	3.32
合计		922	59.19	124	13.39	587	1365103	32.96	356	21.96	428	29.83	391	29.93	72.60

注:单位:村、堰、台为个,台面积为平方米,人口为万,水位高程:黄海。

三、迁安救护

北金堤滞洪区截至1987年总人口达140.91万人(包括油田3.32万人),除围村埝、避水台保护46.33万人外,其余外迁人口72.6万人,包括向临黄大堤迁22.6万人,向北金堤以北迁50万人。

黄河出现特大洪水时，花园口站预见期为8小时，洪水由花园口传至渠村闸为24小时，在这期间研究水情上报中央决策需7小时。按此推算，各地安全迁移时间是：分洪闸附近，濮阳市郊主流区、滑县部分为17个小时；濮阳、滑县、长垣距闸远一些地区17至24小时；范县36至48小时；台前为60小时。

滞洪区分洪，由于面积大、人口多、时间紧，迁移任务十分艰巨。为保证区内群众安全迁移，事前由各级滞洪指挥机构做好充分准备，人民解放军大力支援迁安救护。截至1987年滞洪区内已备有钢丝水泥船1681只，冲锋舟16只，救生衣5900件，扎筏用木材4949.4立方米，竹杆5212根，塑料壶9050个。同时，号召群众自备部分救护用品。

北金堤滞洪区自1951年开辟以来，加固培修了北金堤，修筑了围村埝和避水台，修筑了迁安撤离柏油路和桥梁，准备了救生船只、木材、漂浮用品，建设了洪水预报报警通信系统，修建了进洪闸和退水闸工程，总计完成土方0.89亿立方米，石方40万立方米，混凝土15.7万立方米，投资2.04亿元。各项工程完成情况见表2—39。

北金堤滞洪区工程完成情况表（1946～1987年）　　表2—39

项目	内容	完成时间（年）	土方（万立方米）	石方（万立方米）	混凝土（立方米）	工日（万个）	投资（万元）	备注
北金堤	培修	1946～1949	89.51			78.54	35.78	
	培修	1950～1987	2763.72			1375.15	2983.98	
	加固	1950—1958	248.04				126.89	
	修建险工	1978—1987	68.94	11.95		38.09	173.78	险工18处，坝151个，长度32.13公里
	合计		3170.21	11.95		1491.78	3320.43	
避水埝台	修埝时期	1953～1958	2118.70				1259.40	修埝798个，台150个
	恢复完善期	1964～1969	1914.60				761.60	完成台1919个，埝360个
	改建后重修期	1984～1988	1228.65				1024.22	全区改建埝完成台587个，埝124个
	台前护城堤	1978—1984	138.90				62.00	
	合计		5400.85				3107.22	

续表

项目	内容	完成时间（年）	土方（万立方米）	石方（万立方米）	混凝土（立方米）	工日（万个）	投资（万元）	备注
修桥	金堤河	1979～1988	23.57	0.43	12019		803.81	
	维修桥	1981～1984	3.65	0.51			21.82	
修路	柏油路29条268公里	1978～1988					1429.13	
船只	木船512只	1964～1969					187.20	用木材2314米^3
	水泥船1681只	1977～1988					405.29	
建筑物	石头庄溢洪堰	1951	104.90	10.30		150	740.80	
	渠村分洪闸	1976～1978	136.00	15.10	120700		8700.00	
	张庄闸	1963～1965	47.00	1.90	23900		996.00	
	预留退水口门	1964	2.65	0.24			4.44	口门宽325米
	合计		290.55	27.54	144600	150	10441.24	
其他	防特大洪经费	1983					300.00	
	建办公室	1980～1988					83.13	
	通讯及其他						274.78	
总计			8888.83	40.43	156619	1641.78	20374.05	

四、滞洪运用

北金堤滞洪区的运用方案，根据不同时期的防洪任务和河道排洪能力，由黄河防汛总指挥部拟定，滞洪运用时须报经国务院批准。运用原则：当黄河花园口站发生特大洪水，若运用三门峡、陆浑及东平湖水库滞蓄仍不能解除堤防危急时，即报请中央批准使用北金堤滞洪区分滞洪水，以保证堤防安全。1963年国务院《关于黄河下游防洪问题的几项决定》中明确规定："当花园口发生超过22000立方米每秒洪峰时，应利用长垣县石头庄溢洪堰或河南其他地点分洪，以控制孙口流量最多不超过17000立方米每秒左右"。

1985年6月，国务院批转水利电力部《关于黄河、长江、淮河、永定河防御特大洪水方案报告的通知》中确定："花园口站发生22000立方米每秒以上至 30000 立方米每秒洪水时，除运用东平湖滞洪外，还要根据情况，确定是否开放北金堤滞洪区。花园口站发生 30000 立方米每秒以上至 46000 立方米每秒特大洪水时，除充分运用三门峡、陆浑、北金堤和东平湖拦滞洪外，还要努力固守南岸郑州至东坝头和北岸沁河口至原阳大堤。要运用北岸封丘县大功临时溢洪堰分洪 5000 立方米每秒。”

北金堤滞洪区滞洪后，退水方式采取高水自流入黄，即利用张庄闸泄水及在闸北端堤防破口 300 余米泄水入黄。低水可利用已建成的 64 立方米每秒电排站抽水入黄。到白露以后由北金堤张秋闸向徒骇河泄水 20 立方米每秒。

北金堤滞洪区自 1951 年开辟以来尚未运用过。

第四节　东平湖分洪工程

一、东平湖历史沿革

东平湖位于黄河与汶河下游冲积平原相接的条形洼地上，原为古大野泽及宋代梁山泊的一部分。由于黄河决溢改道，泥沙淤积，大部涸为平陆。元末至正十一年(1352 年)贾鲁治河后，断绝河水的补济，梁山泊逐渐分割为几个较小湖泊，即所谓北五湖—安山、南旺、马踏、马场、蜀山湖。

清咸丰五年(1855 年)铜瓦厢决口改道夺大清河入海后，汶河来水及黄河洪水倒灌扩大了安山湖区面积，逐渐形成了东平湖。据民国 22 年(1933 年)调查东平湖面积为 229 平方公里，与现在东平湖老湖区面积基本一致。

1947 年黄河回归故道后，东平湖仍然通过清河门和十里堡以下山口与黄河联通。滩地和山口间有群众自发修作的部分低矮民埝。湖区内老运河两岸修有堤防。堤的宽高均约为 1～2 米，工程标准低、残缺不全。1948 年、1949 年黄河洪水倒灌入湖。尤其 1949 年 9 月洪水，运东、运西堤及民埝或漫溢或溃决，东平、汶上、梁山、南旺等县被淹村庄 964 个，耕地约 78 万亩，灾情比较严重。由于自然滞蓄，减轻了洪水对下游堤防的威胁。

1950 年 7 月黄河防汛总指挥部《关于防汛工作的决定》中确定东平湖区为黄河自然滞洪区，作为确保黄河下游安全的重要措施。同年 8 月，黄委会经过勘测并与平原、山东两省协商研究，由黄河防汛总指挥部向中央防汛总指挥部提出《关于东平湖蓄洪问题处理意见的报告》，明确规定防洪标准、蓄洪任务、运用方式，以及各段堤防堵复标准等。据此，山东省于1951年春堵复旧临黄堤，全部修复了运东堤，平原省修复了运西堤。至此，基本上形成东平湖滞洪区分级运用的格局。即运西堤、运东堤和旧临黄堤是第一道防线，在这个区内称为第一滞洪区；金线岭堤和新临黄堤是第二道防线，在这个区内称为第二滞洪区。滞洪区总面积943平方公里，其中，第一滞洪区为223平方公里，第二滞洪区中梁山滞洪区为624平方公里，东平滞洪区为96平方公里，蓄水高程到44米时(大沽高程，下同)库容约为33亿立方米。当时滞洪区包括南旺、郓城、梁山、东平4个县、735个自然村，275711人，有耕地92.5万亩。

为了落实滞洪区工程措施，山东河务局于1952年对新旧临黄堤、运西堤、金线岭堤等进行培修加固，重点整修了护岸护坡工程。

1953年和1954年黄河、汶河均发生较大洪水，东平湖水位均超过1949年洪水位0.5～0.7米，湖堤出水一般在0.5左右，防守抢险十分紧张。1954年在黑虎庙爆破分洪向东平滞洪区滞洪，有3万多人受灾。经过多年洪水考验说明湖区堤防标准低，不能抵御较大洪水。为了减少淹没损失，确保蓄洪安全，山东河务局于1954年9月提出了《东平湖蓄洪区加强堤防草案》，经批准后，进行第二次培堤工程。第一蓄洪区的运西堤、运东堤和旧临黄堤，防洪水位提高到43.5米，堤顶超高1.3米，宽5米。第二蓄洪区的金线岭堤、新临黄堤及运东堤汶上段，防洪水位提高到44米，堤顶超高1.5米，宽5米。上述堤防培修工程于1957年完成。

二、水库工程建设

东平湖水库是原位山枢纽的主要工程项目。* 位山枢纽原规划设想是："本着以兴利为主，以蓄为主，充分利用黄河水利资源，兴利与除害相结合的方针，综合解决山东黄河的防洪、防凌、灌溉、航运、渔业及工业用水等问题"。1958年大洪水后，山东省人民委员会于7月26日向国务院报送《山东省关于防御29000立方米每秒洪水提前修建东平湖水库工程规划要点和施工意见》提出：原东平湖滞洪区在自然调蓄运用情况下，对下游防洪起到一定作用，但因河湖不分，不能控制下游洪峰流量，削减洪峰的作用较小，原有

---

* 东平湖水库是原位山枢纽的主要工程项目，原按枢纽规划兴建。1963年位山枢纽拦河坝破除，经国务院批准该水库改为防洪运用，进行改建，已成为黄河下游的主要分洪工程。

堤防工程防洪标准低，尚不能满足近期防洪需要。有必要尽快提高东平湖分滞洪水的能力，扩建为综合利用的平原水库。东平湖水库规划设计的主要工程项目包括进、出湖闸、围坝、湖区移民安置和避水工程等。

（一）围坝工程：水库东北以群山为依托，西北修筑隔堤堵复各山口，使河湖分家。从徐庄至国那里培修临黄大堤作围坝；从国那里至司垓全部新修围坝为西坝段，将梁山第二滞洪区缩小一半。从司垓至张坝口为南坝段，其中利用金线岭堤培修一段，其余为新修围坝；东坝段从张坝口至武家漫与大清河南堤相接，利用原新临黄堤加培。以上环湖围坝长 100 公里，坝高 8 至 10 米，库区总面积 632 平方公里，设计蓄水位最高为 46 米，蓄水量 40 亿立方米。

（二）进湖建筑物：规划兴建徐庄、耿山口、十里堡三座进湖闸及穿黄船闸等建筑物。徐庄进湖闸 5 孔，设计分洪流量 1000 立方米每秒；耿山口进湖闸 6 孔、设计分洪流量 1840 立方米每秒；十里堡进湖闸 10 孔、设计分洪流量 2000 立方米每秒。

（三）出湖建筑物：规划兴建陈山口出湖闸、出湖电站及出湖船闸等建筑物。陈山口出湖闸设计泄量为 1200 立方米每秒，可双向泄水运用。

1958 年 8 月经国务院批准，动工兴建东平湖水库，全部工程分五期施工。第一期工程修筑水库围坝。调集菏泽、聊城、泰安、济宁四地区 21 个县的民工 24.4 万人突击抢修，于当年 10 月修筑完成水库围坝工程。

1958 年 11 月至 1960 年 1 月进行第二、三期工程，组织开山运石抢修围坝石护坡及堵山口隔堤等土石方工程。同时施工的还有耿山口、徐庄进湖闸和陈山口出湖闸。为尽快蓄水运用，从 1960 年 2 月开始第四期工程。主要工程项目有：围坝排渗截渗加固处理工程、石护坡加高，以及十里堡进湖闸等工程。同年 7 月第四期工程基本完成，位山枢纽拦河坝于 1959 年 12 月截流，1960 年 7 月 26 日水库开始蓄水，蓄水位达 43.5 米，共蓄水 24.5 亿立方米。

东平湖水库蓄水后，围坝发生严重渗水、管涌、漏洞及石护坡坍塌等险情。根据蓄水后出现的问题，黄委会组织有关部门进行现场试验研究，提出围坝加固方案，开始进行第五期工程。主要工程项目有：1. 水库排渗工程，包括开挖湖东、湖西排渗沟，梁山、东平城关排渗工程等；2. 对围坝险情严重坝段进行加固处理。这两项工程于 1962 年底完成。

以上五期工程共计完成土方 2923.44 万立方米，石方 115.30 万立方米，实用人工 2744.4 万个工日，投资 3974.31 万元。

三、改建加固工程

东平湖水库是1958年仓促上马雨季抢修的，水库围坝未按长期蓄水要求进行地质勘探、设计和施工，蓄水后出现不少问题：

(一)围坝基础渗漏。蓄水后出现渗水、管涌、漏洞、坝身裂缝及石护坡坍塌等险情，渗水严重的坝段长48.6公里。滨湖地区3～5公里范围内地下水急剧上升，盐碱化、沼泽化发展很快，据调查浸没区内约21.43万亩耕地碱化，农业大面积减产。

(二)水库利用枢纽控制壅高水位蓄水的运用方式，回水区河道造成严重淤积，影响防汛安全。

(三)运用水库常年蓄水，由于工程不配套，土地大面积碱化。蓄水不能充分发挥效益，给滨湖地区工农业生产和移民安置带来很大困难。

1962年4月水电部派出专家组到现场进行调查研究，提出改建方案，确定"东平湖近期运用以黄河防洪为主，暂不蓄水兴利"。要求对东平湖滞洪运用重新编制规划和设计任务书，并提出"水库蓄水运用的机率大为减少，有条件考虑采取一定的工程措施，降低水库死水位，使部分土地还耕"。山东河务局于1962年8月编报《东平湖水库排水种麦规划(草案)》，主要工程有，新建向南四湖泄水的流长河泄水闸、湖西排水沟(即大运河)开挖疏浚、出湖闸上下游引河疏浚、清河门围坝破口堵复、二级湖堤堵复和稻屯洼排水等项目。经水电部批准列入位山枢纽工程改建规划进行施工。

1963年10月国务院确定东平湖水库采取二级运用。同年11月国务院《关于黄河下游防洪问题的几项决定》中批示："继续整修加固东平湖水库围堤。东平湖目前防洪运用水位按海拔高程四十四米，争取四十四点五米。整修加固后，运用水位提高到四十四点五米"。据此，从1963年开始进行围坝重点加固、二级湖堤堵复与培修及流长河泄水闸等工程的施工。截至1965年近期规划的上述工程完成后，水库形成新老湖区二级运用的格局，新、老湖区面积分别为209和423平方公里。

1966年在国务院召开的黄河防洪会议上，鉴于东平湖现有进湖能力不足，确定增建进、出湖闸，截至1968年石洼、林辛进湖闸，清河门出湖闸相继建成，石洼、林辛进湖闸设计分洪能力分别为5000、1500立方米每秒，清河门出湖闸设计流量1300立方米每秒。

1975年淮河发生特大暴雨成灾后，同年12月，河南、山东省及水电部向国务院上报《关于防御黄河下游特大洪水意见的报告》，1976 年 5 月国务院批复原则同意。报告中提出了处理特大洪水采取“上拦下排，两岸分滞”的方针，东平湖水库考虑超标准运用，蓄水位按 46 米研究进一步加固措施。超标准运用时需组织群众撤退，做好抢护工作。为了落实各项加固措施，黄委会经过调查研究，下达《提高东平湖水库蓄洪运用水位的具体措施及实施意见》，提出四项工程：1. 围坝加固；2. 涵闸改建；3. 增建司垓泄水闸；4. 库区群众避水及撤离措施。据此，从 1976 年至 1980 年相继完成了石洼、林辛、十里堡三座进湖闸改建工程，重点修做东坝段基础防渗截渗工程。1979 年 12 月山东河务局根据几年实践，编报《对东平湖水库工程超标准运用的规划意见》，规划中围坝加固、涵闸改建、水库配套、库区群众避水、撤离措施等项目，工程量很大，需要较长时间才能完成。

东平湖水库改建后，现有分洪闸为石洼、林辛、十里堡、徐庄、耿山口五座，原设计总分洪能力为 11340 立方米每秒。其中徐庄、耿山口进湖闸，因上游引河和闸后淤积严重，达不到原设计的分洪能力，因此，现有实际分洪能力约 8500 立方米每秒。向黄河退水的有陈山口、清河门二座出湖闸，设计泄流能力 2500 立方米每秒。因黄河河床淤高和闸后引河淤积及阻水工程影响，也达不到原设计泄流能力。为湖区排水的有码头、流长河两座泄水闸，设计流量 100 立方米每秒，计划增建司垓退水闸，设计流量 1000 立方米每秒，排水入梁济运河。为库区引水灌溉的国那里引黄闸，引水 100 立方米每秒。东平湖水库各阶段完成工程量、投资情况见表 2—40，东平湖水库主要建筑物兴建改建情况见表 2—41。

东平湖水库各阶段工程量、投资完成情况统计表　　表 2—40

阶段	工程量			工日（万个）	投资来源情况（万元）				
	土方（万米^3）	石方（万米^3）	混凝土（万米^3）		部属基建	地方基建	黄河事业费	其它	合计
1. 1954 年前	595.73	6.56		503.46				392.78	392.78
2. 建库前 1954～1958 年	717.12	9.92		586.47			809.17		809.17
3. 建库和蓄水期（1958～1962 年）	5781.36	177.84	9.69	5442.82	12457.61		183.70		12641.31

续表

阶段	工程量			工日（万个）	投资来源情况（万元）				
	土方（万米^3）	石方（万米^3）	混凝土（万米^3）		部属基建	地方基建	黄河事业费	其它	合计
4.水库改建加固期（1963～1975年）	1221.80	65.83	4.73	1230.44	3950.59	243.81	836.35		5030.75
5.水库超标准运用加固期（1976～1985年）	1384.24	17.41	7.75	624.41	3447.71	40	630.84		4118.55
合计	9700.25	277.56	22.17	8387.60	19855.91	283.81	2460.06	392.78	22992.56

注：资料摘自《山东黄河志》，其中建库和蓄水期工程投资包括位山枢纽建筑物投资和工程量。

四、避洪迁安工程

东平湖水库区有梁山、东平、平阴、汶上四县村庄527个，居民57405户、278332人。为妥善安置库区移民，山东省及有关专区和县分别建立移民安置机构，由国家拨款5568万元安置移民生产生活。库区移民于1960年7月蓄水前全部迁出，计迁往黑龙江、辽宁、吉林三省安置109516人；在省内垦利等县安置155816人；自行外迁投亲靠友安置的13000人。此后，由于外迁移民不适应当地气候、生活环境以及安置标准低、生产生活困难等原因，先后大部返回湖区。

1963年东平湖水库改为防洪运用后，为妥善安置新湖区移民，有关地区、县成立了专管移民安置机构，抽调干部，统一规划，集中安置返湖移民的生产生活。并本着有利于防洪，有利于安全、有利于生产的原则，分期分批修做了大量避水工程。基本方案是：（一）老湖区移民，在山坡洪水线以上建房定居；（二）新湖区移民，土地在湖区距围坝三公里以内的村庄，一律在库外围坝附近筑台统一建房定居，湖内生产；（三）新老湖区移民所种土地离围坝或山坡较远的，统一规划在库区内筑大村台集中建房定居。

到1983年已建成沥清路面和砂石路面的晴雨公路干线126公里；修筑村台221个，完成土方2233万立方米。其中，沿湖外修筑低台69个，安置50400人，一级湖修筑房台17个，安置13406人；二级湖修筑房台135个，安置66660人；在村台下居住的51005人（不包括湖外居住返湖的25000人）；安置山坡定居的54556人，实有移民236117人（不包括46米高程以上

东平湖水库主要建筑物兴建改建情况汇总表

表 2—41

工程名称	建筑物类型	主要指标							主要工程量			投资（万元）
		孔数	每孔净高（米）	每孔净宽（米）	闸室长（米）	闸室总宽（米）	设计流量（米³/秒）	设计防洪水位（米）	土方（万米³）	石方（万米³）	混凝土（万米³）	
1. 石洼进湖闸	桩基开敞式	49	5.5	6	13	342	5000	48.0	54.0	8.43	2.03	668.89
石洼闸改建	桩基开敞式	49	4.0	6	19	342	5000	52.5	26.99	4.90	3.74	1106.55
小计									80.99	13.33	5.77	1775.44
2. 林辛进湖闸	桩基开敞式	15	5.5	6	12.8	104	1500	47.0	15.24	2.75	0.64	179.71
林辛闸改建	桩基开敞式	15	4.0	6	19.3	104	1500	52.0	7.94	2.10	1.04	341.55
小计									23.18	4.85	1.68	521.26
3. 十里堡进湖闸	开敞式	10	6	10	21.5	115.5	2000	48	78.34	5.57	3.04	617.28
十里堡闸改建	桩基开敞式	10	4	9.7	38.5	115.5	2000	52.0	9.0	0.88	1.28	439.50
小计									87.34	6.45	4.32	1056.78
4. 徐庄进湖闸	开敞式	5	7	10	23.5	57.2	1000	46.14	1.30	5.09	0.28	174.10
5. 耿山口进湖闸	开敞式	6	8	10	23.85	69.0	1840	46.14	3.03	11.24	0.35	215.65
6. 陈山口出湖闸	开敞式	7	8	10	18.6	10.8	1200	46.0	3.04	35.0	0.56	245.21
7. 清河门出湖闸	桩基开敞式	16	5.5	6	14.7	105	1300	46.0	21.46	2.37	0.89	268.09
8. 国那里引黄闸	涵洞	3	5	5	26.0	16.6	45	48.1	7.5	0.69	0.32	90.51
国那里闸改建	涵洞	3	4.5	中 5 边 4.5	31.5	18.2	101.8	50.0	2.81	0.05	0.12	26.85
小计									10.31	0.74	0.44	117.36

山坡定居的群众)。截至1985年,国家拨给移民经费1.08亿元,其中实际用于移民的8893万元,建房121537间;开支不当挪做他用的1907万元。移民安置中遗留问题很多,群众生产、生活仍很困难,为此,1986年国家拨款1200万元,使湖区群众在有利于防洪的前提下,尽快发展生产,脱贫致富。

五、分洪运用

东平湖水库自1963年改为防洪运用以来,其任务是控制、调蓄黄河、汶河洪水,使艾山下泄流量不超过10000立方米每秒,或按上级决定的艾山控制下泄流量指标,有计划地进行分洪,以确保黄河堤防安全。分洪区保证水位为44米,争取44.5米。

分洪运用原则,应掌握充分发挥老湖作用,根据黄、汶河洪水的峰、量情况,能用老湖解决的就不用新湖。当老湖不能满足分洪要求,需要新老湖并用时,应先用新湖分滞黄河洪水,以减少老湖淤积。

分洪区运用方案,历年由山东省抗旱防汛指挥部根据黄河防汛总指挥部确定的防洪任务和各类洪水处理方案,拟定具体运用方案实施。

从1953年至1982年实际运用情况分析,东平湖在自然调蓄时,削峰作用不显著。一般中常洪水,削减洪峰在7%左右。1958年大洪水时削减洪峰20.8%。东平湖水库建成为控制蓄泄的滞洪水库后,削峰作用显著,1982年大水削减洪峰流量达28.6%。(详见表2—42)

东平湖历年洪水削峰情况表 表2—42

年 度	孙口站洪峰流量(米^3/秒)	东平湖水位(米)	艾山站洪峰流量(米^3/秒)	削峰作用%	备 注
1953年	8120	43.33	7640	6.0	黄汶并涨
1954年	8640	42.97	7900	8.6	黄汶并涨
1957年	11600	44.06	10800	7.0	黄汶并涨
1958年	15900	44.81	12600	20.8	
1982年	10400	42.11	7430	28.6	

1982年8月2日花园口站发生15300立方米每秒洪水,孙口站洪峰流

量10400立方米每秒，这是继1958年以来的最大洪水。为确保济南市、津浦铁路、胜利油田及下游两岸人民生命财产安全，根据中央防汛总指挥部指示，山东省政府决定运用东平湖老湖区分洪，控制艾山下泄流量不超过8000立方米每秒。经运用林辛、十里堡两座进湖闸分洪，最大分洪流量2400立方米每秒，蓄水4亿立方米。分洪后艾山下泄流量7430立方米每秒，削减洪峰流量28.6%。从分洪效果看，水库起到控制调蓄洪水的作用，减轻了下游防洪负担。但是水库下游防洪工程设计标准为艾山站10000立方米每秒，此次分洪后，艾山、洛口、利津站洪峰流量仅达到设计洪水的70%左右。分洪后，闸后淤沙11平方公里，最大淤厚3米，总淤沙量500万立方米，造成闸下射流区部分村庄群众生产生活困难。老湖区有2.9万人临时迁移，财产受到损失。国家补偿1000万元，仍有遗留问题。

东平湖水库改建加固后，经过运用实践，还存在一些问题：(一)防洪标准低，现有防洪标准仅相当于1958年洪水(约60年一遇)，防御特大洪水超标准运用的措施尚不落实。(二)防洪工程强度低、不配套、不完善，还需进行续建、改建和加固。(三)分洪运用后，闸后土地沙化问题严重，湖区部分土地不能尽快恢复耕种。

东平湖水库工程情况见图2—25。

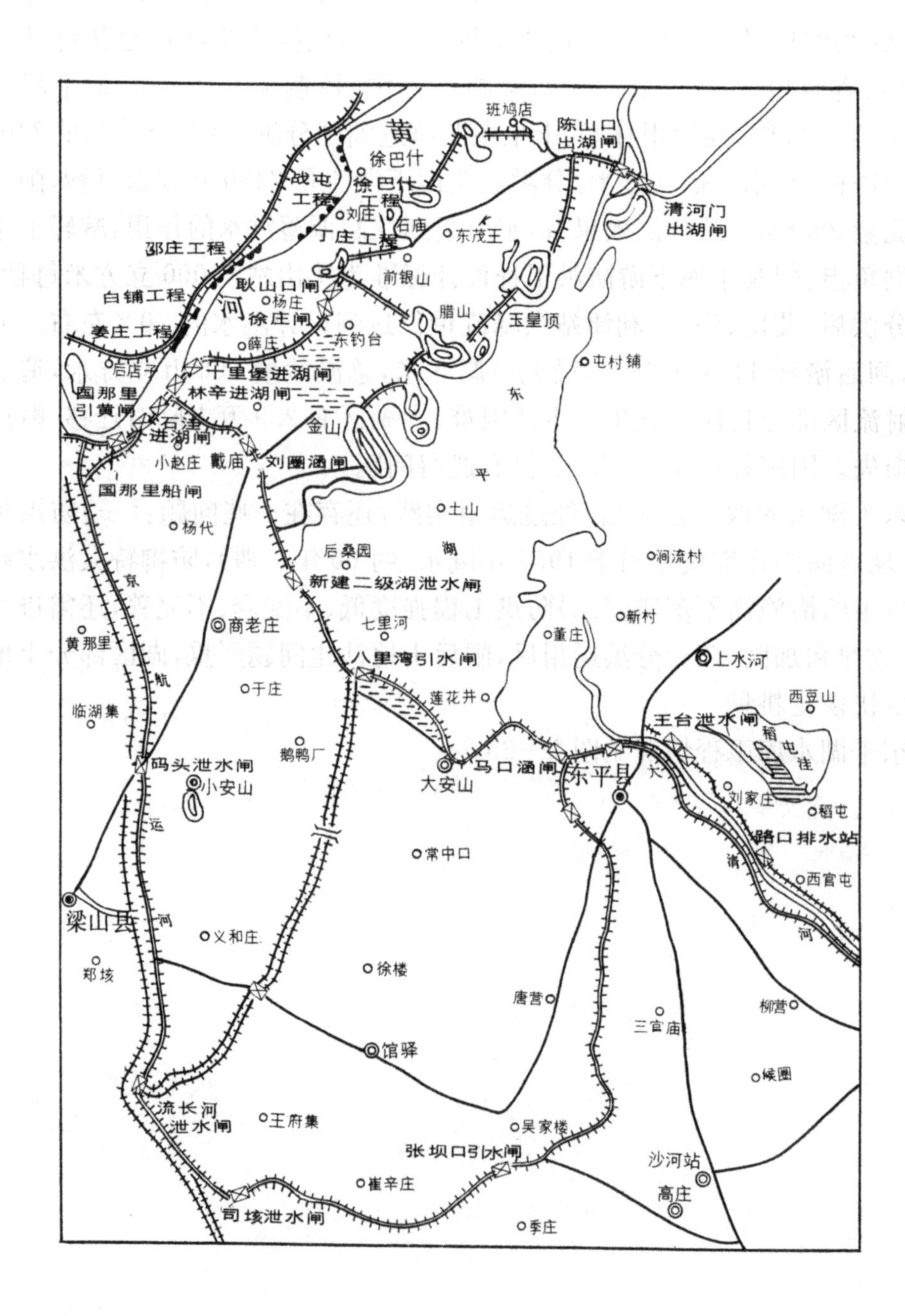

图 2—25　东平湖水库工程示意图

第五节　大功分洪区

一、分洪区概况

为防御特大洪水，1956年开辟大功分洪区。分洪区位于新乡地区东南部黄河北岸大堤与北金堤之间，分洪区南北宽平均24公里，东西长85公里，面积2040平方公里，涉及河南封丘、长垣、延津、滑县四个县。1985年调查，区内有自然村1357个，人口123万，耕地229万亩。该区分洪后大部洪水将穿越太行堤进入北金堤滞洪区，由台前张庄回归黄河。同时，部分洪水将顺太行堤至长垣大车集回归黄河。

大功分洪口门，位于河南省封丘县大功村南临黄堤上。1956年确定秦厂站流量36500立方米每秒时，大功分洪6000立方米每秒，秦厂站流量40000立方米每秒时，分洪流量10500立方米每秒，设计分洪水位81米(大沽基点，以下同)，分洪水头3米，背河地面高程78米，取口门宽度为1500米，分洪最大流速4.4米。为控制口门底部冲刷，1956年在分洪口门筑有临时溢洪堰工程，堰身宽1500米，堰身长40米，堰顶高程78米，堰身主要由厚0.5米的块石、铅丝笼砌成，工程下游和上游各做有深1.5米、宽1米的铅丝笼块石隔墙一道，两端筑有裹头工程。上游裹头长330米，下游裹头长180米，裹头顶高程83米，顶宽20米，裹头采用抛石护坡，护坡长395米，护坡顶宽1.5～1.8米，外坡1∶1.5。

该工程位于大堤前100米滩面上，于1956年4月29日开工，7月4日完工，修做土方40.1万立方米，石方4.64万立方米，用铅丝203.73吨，投资208.46万元。

1960年三门峡水库建成后，当时认为黄河洪水基本上得到了控制，该分洪区也被停用。淮河1975年8月发生特大暴雨洪水后，经分析计算，花园口站最大洪水仍有46000立方米每秒，因此1985年国务院明确重新使用大功分洪区。

二、分洪运用

1985年6月国务院国发〔1985〕79号文中规定："花园口站发生三万秒

立米以上至四万六千秒立米特大洪水时，除充分运用三门峡、陆浑、北金堤和东平湖拦洪滞洪外，还要努力固守南岸郑州至东坝头和北岸沁河口至原阳堤，要运用黄河北岸封丘县大功临时溢洪堰分洪五千秒立米……”。

按照国务院指示，1985 年对分洪区重新进行调查研究了实施方案，经过对洪水分析计算，在三门峡和陆浑水库作用下，特大洪水花园口洪峰流量为 46000 立方米每秒，最大 12 日洪量 157.4 亿立方米，其中大于河道安全下泄 10000 立方米每秒的洪量 57.31 亿立方米。利用北金堤滞洪区分洪 20 亿立方米，东平湖分洪区分洪 16 亿立方米，加上河道储蓄部分洪量，尚有近 20 亿立方米洪量，考虑由大功分洪处理。

根据计算，当花园口站发生 46000 立方米每秒时，大功口门处相应大河流量为 44000 多立方米每秒，控制大功分洪 5000 立方米每秒，有效分洪量 19 亿立方米，洪水将穿过太行堤进入北金堤滞洪区，在濮阳南关附近与渠村闸分洪的洪水汇流，至张庄闸回归黄河。(见图 2—26)

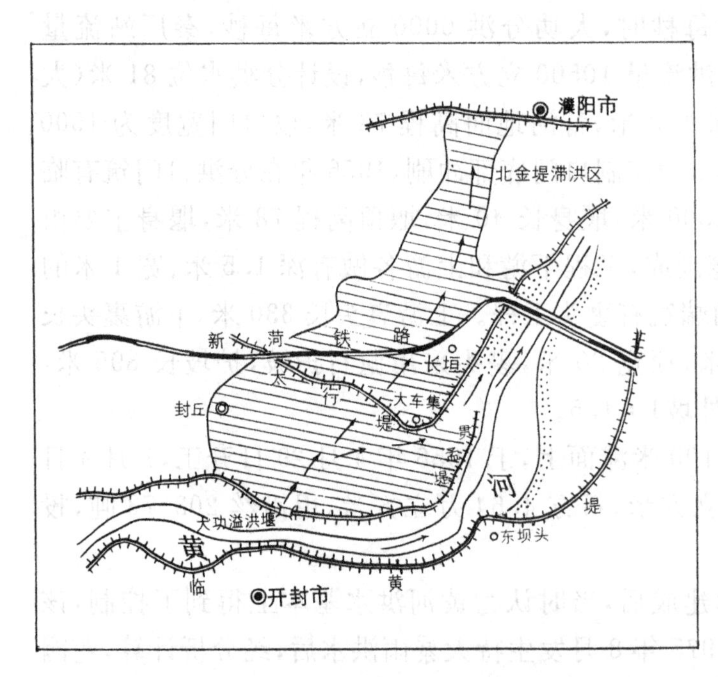

图 2—26 黄河大功分洪区平面示意图

大功分洪区是防特大洪水的应急措施，除有简易的溢洪堰分洪口门外，区内无任何避洪工程和通讯设施，存在的问题较多：(一)分洪流量无控制，1956 年修建溢洪堰时，设计堰顶水头 3 米，至 1985 年因河道泥沙淤积，同流量水头增加 3 米左右，如口门不控制，分洪时堰身可能被冲毁，可能造成对洪水失控。(二)滞洪区面积大、人口多，洪水预见期约 10 小时，又缺乏迁移道路、桥梁、通讯警报设施，人口向外迁移困难，群众生命财产安全难以保证。(三)滞洪区淹没范围难以控制，按照洪水处理方案，封丘太行堤，滑县红旗总干渠与国防公路路基均要起限制淹没范围的作用，但这些工程均较薄弱，有的高度不足，难以发挥原设想的作用。上述问题有待今后进一步研究解决。

大功分洪区淹没区划情况见表 2—43。

黄河大功分洪区淹没区划表 表 2—43

县名	淹没项目＼水深区	主流区	3 米以上水深区	1～3 米水深区	1 米以下水深区	合计
原阳	面积				42.00	42.00
	村庄				24.00	24.00
	人口				2.33	2.33
延津	面积			62.00	27.00	89.00
	村庄			27.00	9.00	36.00
	人口			2.62	0.87	3.49
封丘	面积	188.00	489.00	283.00	8.00	968.00
	村庄	78.00	282.00	160.00	5.00	525.00
	人口	7.56	27.34	15.50	0.15	50.55
长垣	面积	203.00	150.00	252.00	25.00	630.00
	村庄	94.00	163.00	231.00	23.00	511.00
	人口	7.59	13.17	18.66	1.86	41.28
滑县	面积	45.00		65.00	201.00	311.00
	村庄	35.00		70.00	156.00	261.00
	人口	3.36		6.73	14.98	25.07
合计	面积	436.00	639.00	662.00	303.00	2040.00
	村庄	207.00	445.00	488.00	217.00	1357.00
	人口	18.51	40.51	43.51	20.19	122.72

注:①单位:面积平方公里,村庄个,人口万人。②淹没区划系 1986 年根据新乡水利局 1979 年测绘的十万分之一天然文岩渠工程布置图勾绘估算。

第六节　南北岸展宽工程

一、北岸(齐河)展宽工程

山东黄河北岸(齐河)展宽工程,是为解决济南北店子至洛口间窄河段的凌洪威胁,1971年9月经水电部批准兴建的。济南、齐河段是山东河道窄河段之一,两岸堤距平均宽为1公里,齐河王庄和济南北店子险工间,最窄处465米,形成卡口。凌汛期间这段河道多次因冰凌卡塞形成冰坝壅塞河道,冰水漫滩,威胁堤防安全。1958年大洪水,这段河道水位表现高,大堤出水0.5米左右,险工坝顶漫水,大堤背河出现漏洞4处及渗水等险情。历史上这段河道曾发生决口43次,建国后仍是防洪、防凌的重点堤段,威胁济南市及津浦铁路的安全。

齐河展宽工程是通过展宽齐河曹营至济南泺口间窄河段的堤距,形成分滞凌洪区。展宽堤上起齐河曹营,下至八里庄均与临黄堤相接,展宽堤与临黄堤相距4公里左右。展宽区面积106平方公里。按八里庄设防水位31.58米(大沽基点,下同),最大库容4.75亿立方米,考虑分滞洪水淤积一米作为死库容,有效库容3.69亿立方米。

齐河展宽工程自1971年10月动工兴建,于1982年基本建成。共计完成土方4884.32万立方米,石方15.68万立方米,混凝土4.09万立方米,用工2671万工日,投资8824.24万元。

(一)工程建设

1.修筑新堤:展宽区修新堤长37.78公里,培修标准与临黄大堤同,顶宽9米,超高2.1米。动员有关地区和县民工21万人施工,截至1982年共计完成培堤土方1755.3万立方米,植树25.9万株,建防汛屋40座,仓库、守险房各500平方米。架设电话45公里,备防石料0.47万立方米。

2.分洪泄洪闸:为有控制地分泄凌洪,在临黄堤上建有豆腐窝分洪闸、李家岸分洪灌溉闸和在展宽堤上建大吴泄洪闸。

豆腐窝分洪闸位于展宽区上首临黄堤上,闸分7孔,孔宽20米,当闸上水位34.6米时设计分洪流量2000立方米每秒。李家岸分洪灌溉闸位于展宽区中段临黄堤上,闸分10孔,高孔4孔,低孔6孔,主要分洪分凌和引黄灌溉。当闸上水位32.9米时，设计分洪流量800立方米每秒，灌溉引水流量100立方米每秒。由于李家岸闸防洪标准低，1985年又在该闸上首另建引黄闸一座，设计流量100立方米每秒。

大吴泄洪闸位于展宽区下首新堤上，闸分9孔，其中高孔8孔，低孔1孔用于排涝。按近期防洪水位32.4米设计，泄洪流量300立方米每秒。远期泄洪流量500立方米每秒。

3. 排灌工程：为解决展宽区排涝和分洪运用后的积水排泄，在展宽堤上修建王府沟、小八里、齐济河和大吴排水闸4座，排水流量共60立方米每秒。另建有赫庄排灌闸和王窑干灌溉闸，在临黄堤上还建有豆腐窝引黄淤灌闸。

赫庄排灌闸，闸分9孔，其中高孔8孔，低孔1孔。低孔承担李家岸输沙渠以西10.5平方公里的原六六河排涝，高孔灌溉引水100立方米每秒。王窑干灌溉闸，为单孔涵洞，灌溉引水10立方米每秒。

豆腐窝引黄淤灌闸，为2孔涵洞，引水10立方米每秒。主要解决展宽区内放淤固堤、落淤改土还耕和齐河城关等7个乡镇的灌溉用水。

为解决展宽区分洪运用后退水问题，原设计从大吴泄洪闸起，开挖泄洪河46.44公里，至济阳西魏家铺村北入徒骇河。按最大泄量500立方米每秒筑堤防洪，沿泄洪河修筑桥涵等建筑物82座，除完成张仙寨穿渠涵洞1座外，因投资所限泄洪河及其它建筑物未安排施工。另在津浦铁路穿过新堤处建有挡水闸1座，防止分洪时洪水外溢。

（二）群众迁移安置

展宽区内有齐河县和济南郊区109个自然村及齐河县城搬迁，共有居民43788人，为妥善安置群众生产生活，凡靠近展宽堤的村庄迁至展宽堤外，靠近临黄堤的村庄迁至临黄堤背河，修筑村台建房定居，齐河县城迁至晏城。展宽区内排灌渠系、土场还耕，通讯、输电线路和公路等均予调整恢复。

村台工程：村台面积按每人45平方米修筑，共建村台63个，面积271.9万平方米。其中在临黄堤背坡外筑村台34个，安置28466人。村台高程李家岸以上高出设计水位0.6米，李家岸以下高出设计水位1米。在展宽堤外筑台29个，安置15322人。村台高出地面1.5米。

房屋迁建：展宽区内共需拆迁民房62601间，由国家补助841.23万元进行迁建。至1985年共完成建房48184间，打井140眼，修排水沟278条，搬迁到村台定居的31933人。尚有11855人和房屋14417间,因距耕地远生产生活不便等原因不愿搬迁。

为恢复发展生产,使展宽工程挖压的3.5万亩土地尽早还耕,修建豆腐窝、赫庄淤灌闸和改建大王庙虹吸工程,引水20立方米每秒,建成扬水站6处,开挖修整排水渠道62公里及输沙渠和围堤65.8公里,修筑桥涵183座。截至1982年引水6.09亿立方米,淤改土场1.7万亩,改种水稻4.5万亩,灌溉50万亩次,实行"一水一麦"亩产600多斤。展宽区部分群众生产生活有所改善,大部分群众因土地少产量低,生活仍很困难。

齐河县城搬迁:在展宽区内驻有机关、学校、工厂及企事业单位71个,原有建筑面积212922平方米,通讯、广播、输变电线路149.5公里和公路3条均需迁建。经报国务院批准县城迁往晏城,国家补助迁建费1250万元。由齐河县政府组织迁建。自1973年6月开始,至1978年全部完成迁建任务。

(三)分洪(凌)运用

1.防凌:凌汛期当济南窄河段形成冰桥冰坝,壅水达到设计防洪水位以上,危及济南市和堤防安全时,即可开启豆腐窝分洪闸向展宽区分凌。

2.防洪:根据1985年6月国务院批转水电部《关于黄河、长江、永定河防御特大洪水方案报告的通知》中确定:当花园口站发生30000立方米每秒以上至46000立方米每秒特大洪水时,除采取其它拦洪滞洪措施外,再运用豆腐窝和李家岸分洪闸,向北展区分洪2000立方米每秒,再由北展区大吴泄洪闸向徒骇河分洪700立方米每秒。

3.泄洪退水,初步安排:一由大吴泄洪闸入徒骇河;二是在八里庄附近破堤入黄河。底水由6座排水闸排泄入内河,总泄水能力170立方米每秒。

4.北展宽工程的运用权限,因影响津浦铁路通车,由黄河防汛总指挥部与山东省人民政府商定实施。

5.展宽区分洪后,沿堤走溜淘刷堤身,尚无防护工程,展宽区村台易受风浪冲刷,缺乏防浪措施。临黄堤背河修筑的村台沉陷较多,已达不到防洪设计标准,需加修围埝或降低运用水位。(见图2—27、表2—44)

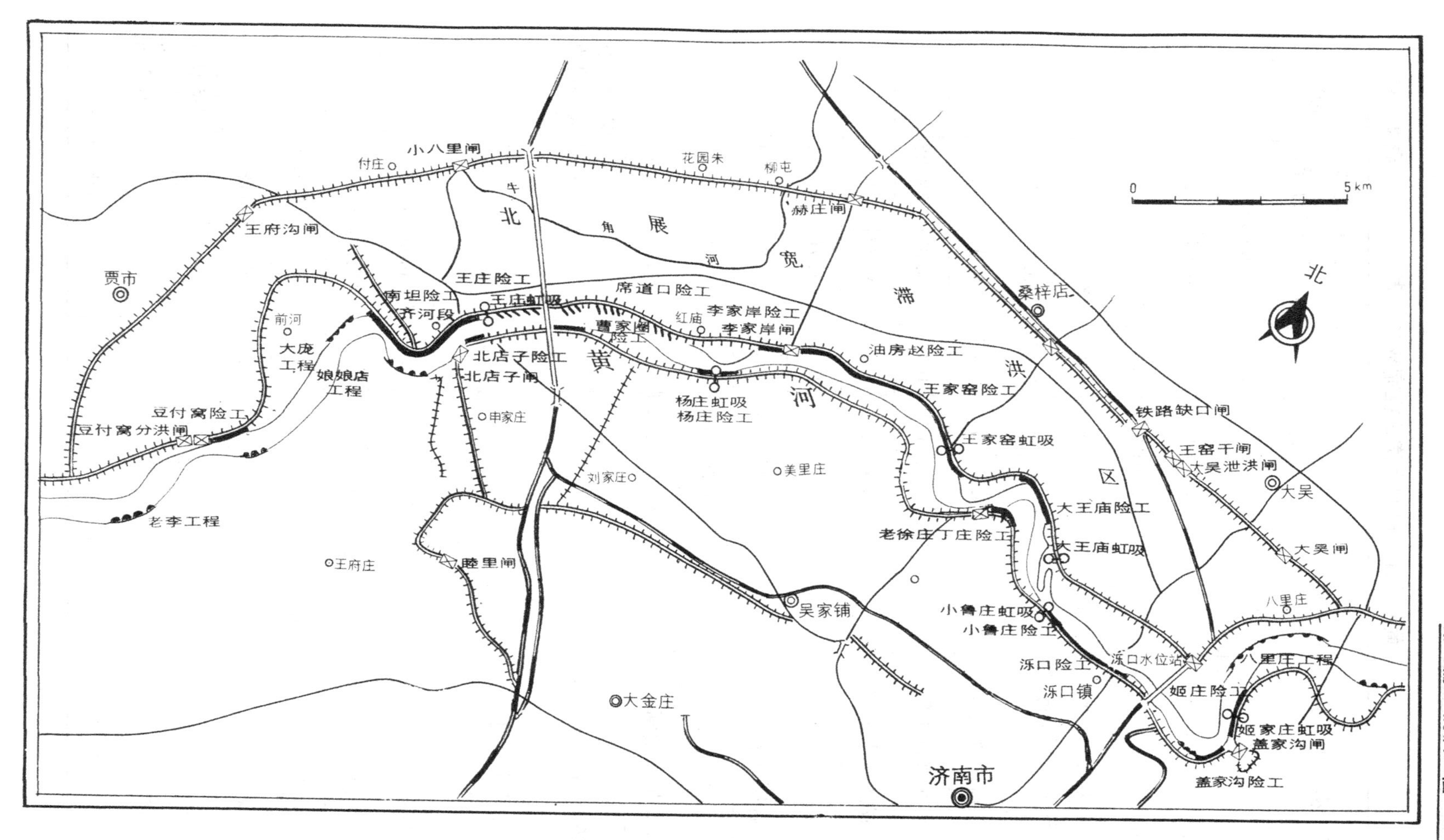

图2—27　山东黄河北岸（齐河）展宽工程图

黄河北岸(齐河)展宽工程完成情况表　　表2—44

工程项目	单位	数量	工程量(万立方米)			劳力(万工日)	投资(万元)	备注
			土方	石方	混凝土			
总计			4884.32	15.68	4.09	2671.69	8824.24	
一、新大堤工程			1755.3	0.47		1038.64	1639.41	
二、涵闸工程			183.06	10.26	3.62	324.09	1729.06	
1.豆腐窝分洪闸			56.95	4.17	1.61	86.37	669.46	
2.李家岸分洪灌溉闸			34.3	2.33	0.62	49.77	245.83	
3.王府沟排水闸			5.92	0.22	0.05	9.90	28.50	
4.小八里排水闸			9.83	0.27	0.08	18.37	62.28	
5.齐济河排水闸			4.98	0.23	0.04	9.77	35.86	
6.大吴排水闸			8.66	0.27	0.08	11.70	49.81	
7.赫庄排灌闸			20.37	0.61	0.35	40.65	143.51	
8.王窑干灌溉闸			5.76	0.12	0.04	5.62	27.10	
9.大吴泄洪闸			36.29	2.04	0.75	86.53	451.84	
10.八里庄泄洪闸						5.41	14.87	停建改修大吴泄洪闸
三、大吴泄洪河道工程	公里	46.44	14.65	0.60	0.32	22.10	190.00	
四、群众安置			2931.31	4.35	0.15	1286.86	3826.57	
1.村台工程	个	63	2649.78	0.65		1109.96	2487.17	
2.民房迁建	间	48184					841.23	
3.恢复生产			281.53	3.70	0.15	176.9	418.17	
4.展区输电线路恢复							80.00	包括高压线交叉处理10万元
五、齐河县城迁建							1250.00	

续表

工程项目	单位	数量	工程量(万立方米)			劳力(万工日)	投资(万元)	备注
			土方	石方	混凝土			
六、通讯广播线路改建							67.60	
七、高低压线路改建							90.00	
八、排水工程							31.60	

二、南岸(垦利)展宽工程

山东黄河南岸垦利展宽工程，是通过展宽窄河道的堤距，以解决凌汛为主，结合防洪、放淤和灌溉而兴建的。黄河下游河道从博兴麻湾至利津王庄30公里内，具有窄、弯、险、历史决口多的特点。两岸堤距一般一公里左右，最窄处小李险工仅441米。麻湾、王庄险工坐弯几乎成90度，一旦冰凌卡塞，水无泄路，水位陡涨极易成险，甚至决口成灾。据统计，近百年来该河段决口31次，其中凌汛决口有15次，1951年、1955年凌汛两次决口就发生在此河段。同时，由于河口不断延伸，溯源淤积影响，河道相应淤高，使洪水位不断上升。

为减轻窄河道的凌洪威胁，1970年5月水电部副部长钱正英会同黄委会、山东省人民政府及胜利油田负责人查勘了河口，商定近期河口治理意见，即南岸展宽堤距、北岸分洪、新修东大堤等措施。1971年9月经水电部批准兴建黄河南岸展宽工程。

垦利展宽工程是从博兴老于家皇坝至垦利西冯南岸新修一条展宽堤，距临黄堤3.5公里左右，展宽区面积123.3平方公里。滞洪库容3.27亿立方米。于临黄堤上修建分洪、泄水闸3座，有控制地分泄凌洪。在展宽堤上修建排灌闸5座，以解决展宽区内的排水及灌溉和胜利油田用水。

南展宽工程于1971年10月动工兴建，1978年底完成主体工程。截至1983年累计完成土方3388.81万立方米，石方8.1万立方米，混凝土3.88万立方米，用工1485万个，完成投资6038.61万元。规划尚有部份尾工，主要是截渗排水、放淤还田、农田基本建设等。

(一)工程建设

1.修筑新堤:自博兴县老于家皇坝接临黄堤起至垦利县西冯与临黄堤相接止,培修新堤长38.65公里。修堤的标准,按1962年设计水平,艾山流量13000立方米每秒相应水位超高2.1米,堤顶起点高程19.39米(大沽基点,下同),终点高程14.81米,顶宽7米,临背边坡1.3。大堤按1∶8浸润线出逸点高于1米的标准加修后戗。展宽堤土方工程于1971年开始施工,于1972年竣工。完成土方970.75万立方米。

新堤完成后,植树12.04万株,绿化面积141万平方米。建防汛屋76座,备石3000立方米,守险房两处1060平方米。新建电话线路38.6公里。

2.分洪泄洪工程:为保证分洪,在麻湾、曹店、章丘屋子修建分洪、泄水闸,有控制地分洪泄水。

麻湾分洪闸,位于展宽区上端,为桩基开敞式闸型,6孔,每孔净宽30米,设计防洪水位17米,分凌洪流量1640立方米每秒。于1972年10月开工,1974年10月竣工。

曹店分洪放淤闸,主要任务是分凌和放淤造滩,同时考虑展宽区灌溉用水。闸为桩基开敞式钢筋混凝土结构,共5孔,每孔净宽12米。设计防洪水位15.7米,分洪流量1090立方米每秒,设计放淤流量800立方米每秒,灌溉引水50立方米每秒。于1971年10月26日开工,1973年6月竣工。该闸因防洪标准低,已在闸前修筑围埝保护,必要时破埝分洪。为解决油田用水,1984年12月建成曹店引黄闸,设计引水流量30立方米每秒。

章丘屋子泄洪闸,位于展宽区下端,为展宽区退水入黄河的泄洪闸,同时担负展宽区放淤造滩退水任务。全闸16孔,每孔净宽8米,设计防洪水位16米,近期展宽区分凌水位13米时,分泄流量1530立方米每秒。1973年10月开工,于1976年竣工。

3.排灌工程:展宽堤修建后,拦截了原来的排灌系统。为解决展宽区排涝、分洪运用后的积水排泄和灌溉问题,1971年至1973年在新堤上修建胜干、路干、清户排灌闸及大孙、王营排水闸。后因原规划的排灌闸不能满足展宽区内外的排灌需要,1974年至1978年又扩建了胜干、王营排水闸。以上7座排灌闸,设计排水能力159立方米每秒,灌溉引水85立方米每秒。

展宽区排涝水和放淤积水分四片进行。清户干渠以南展宽区面积29.68平方公里,排涝流量10立方米每秒,由清户闸排入老广蒲沟,由大孙闸排入新广蒲沟;清户干渠以北、胜干以南面积35平方公里,排涝流量12立方米每秒，由胜干闸排入清户沟；胜干以北、路干以南面积 44 平方公里，排涝流量 14 立方米每秒，由王营闸排入广利河；路干以北至展宽区末面积 22.6 平方公里，排涝流量 8 立方米每秒，由路干闸排入溢洪河。

自 1971 年至 1973 年，先后完成展宽区内的灌排渠系 17 条，长83.2公里及相应建筑物。1979 年 7 月建成麻湾电力扬水站，设计流量 5 立方米每秒，1979 年 11 月底建成垦利县一号电力扬水站，设计流量 5 立方米每秒。1980 年开挖垦利清户至刘王的截渗沟 9.9 公里和清户沟疏浚 8 公里。1981 年完成一号电力扬水站穿堤涵洞两处和章丘屋子闸倒灌淤改。1982 年建成罗家电力扬水站。1983 年建成纪冯扬水站及其穿堤涵洞等。

(二)群众迁移安置

展宽区内有博兴、垦利县 80 个自然村，耕地 10.24 万亩，共有居民 48976 人。为保证分洪安全，确定在展宽区内外修筑村台建房安置。修筑村台考虑到人口的自然增长和在外职工退休后需要安置等因素，按 1973 年实有人数另增加 15%作为计划安置人口数，每人 45 平方米(包括集体房屋面积)，共建村台 38 处，总面积 328 万平方米(其中展宽区内 31 处、288 万平方米，展宽区外 7 处、40 万平方米)。村台高度，展宽区内按展宽堤设计水位超高 0.6 米，展宽区外高于附近地面 1～1.5 米，边坡 1∶2。为便于群众生产和交通，每个生产大队修筑辅道一条。村台每 1 万平方米修排水沟 1 条。展宽堤外村台坡脚外的可耕地一律征购 30 米，作为埝台，归村台居住者使用。展宽区内房屋 1980 年核实为 80142 间。房屋迁建国家补助 1079.8 万元，由群众拆迁另建。

(三)展宽区放淤

1976 年龙居公社曹店、三李等大队汛前放淤一个月，淤改土地 5000 亩，粮食增产一倍。1979 年汛期利用曹店、胜利闸、路庄虹吸管，在垦利县境内实施大放淤，放水 26 天，淤改土地 8.2 万亩，淤厚一般为 1 米左右，最厚 2.5 米，最薄 0.3 米。通过放淤改变了展宽区的生产面貌。有 25 个大队平均每人淤出红土地 2～3 亩。辛庄公社放淤后，1981 年粮食总产 453.5 万公斤，比 1980 年总产 103 万公斤提高 3 倍多。

(四)运用方案

1.防凌：当凌汛水位达到或超过窄河道设防水位时，即开闸分水，使用南展宽工程滞洪。展宽区的滞洪能力和各分洪泄洪闸的规模，按1955年杨房水文站实测凌汛来水过程线设计。展宽区库容(相应章丘屋子处大堤保证水位13米时)，造滩前为3.27亿立方米，造滩后为1.1亿立方米，由于库容不大，按滞洪方式运用。具体方案是：冰坝末端在綦家嘴险工以上壅水到设防水位时，利用麻湾、曹店闸联合分凌；冰坝末端在小李险工或王庄险工时，运用曹店闸和小街子减凌溢洪堰联合分凌；当冰坝末端在曹店以上，运用麻湾闸单独分凌，最大泄量1640立方米每秒。以上方案均由章丘屋子闸泄入黄河，若该闸泄洪不足，危及南展堤时，于闸西破临黄堤退水。上述各方案是在1970年工程基础上拟定的。临黄堤经1981年、1982年加高培厚，设防水位提高，同样的来水过程需分洪的水量相应变化。

2.防洪：窄河道展宽后，伏秋汛期如利用麻湾、曹店两闸分洪削峰，展宽区起滞洪作用，经计算，分洪后窄河道水位可降低0.2～0.4米。

3.放淤造滩：展宽区临黄堤背河地面低于河滩2米左右，渍碱严重，历史决口沙丘地较多。为达到展宽河道的目的，原规划指导思想是展宽区通过放淤造滩，改造沙碱土地，逐步改变展宽区的地形和生产条件。规划设想平均淤高2米，淤积总量为2.4亿立方米，需8～10年的时间完成。放淤后临黄堤险工视为护滩工程，退守南展堤实现河道展宽。在建设过程中，对这一指导思想发生争议，因此，放淤造滩展宽河道工程尚未实施。(参见表2—45、图2—28)

黄河南岸(垦利)展宽工程完成情况表

表 2—45

工程项目	单位	数量	工程量(万立方米)			劳力(万工日)	投资(万元)	说明
			土方	石方	混凝土			
总计			3388.81	8.1	3.88	1485.19	6033.61	截至 1983 年
一、堤防工程	米	38651	970.75	(3000)		398.58	689.21	包括汛屋 76 座、电话架设、绿化等
二、群众安置			1859.43			756.06	2955.63	
1.村台工程	万平方米	328	1859.43			756.06	1875.79	村台 38 个(展区内 31 个、展区外 7 个)。
2.房屋迁建	间	80142					1079.84	包括附属设施和展区内部分守险房
三、截渗排水	公里/条	120/18	252.16			92.8	124.49	其中:截渗沟 1 条 9.9 公里
四、涵闸工程			140.49	8.04	3.85	237.75	2076.23	
其中:麻湾闸			42.27	2.66	1.47	77.7	745.23	
曹店闸			12.99	1.6	0.45	33.42	287.57	
章丘屋子闸			40.31	2.04	1.32	84.13	640.48	
一号电力扬水站			2.63	0.32	0.05		77.95	包括穿堤涵洞二个
五、恢复生产			165.98	0.08	0.03		179.60	包括展区放淤,纪冯穿涵、扬水站等
六、设备购置							2.75	
七、广播线迁建补助							5.70	

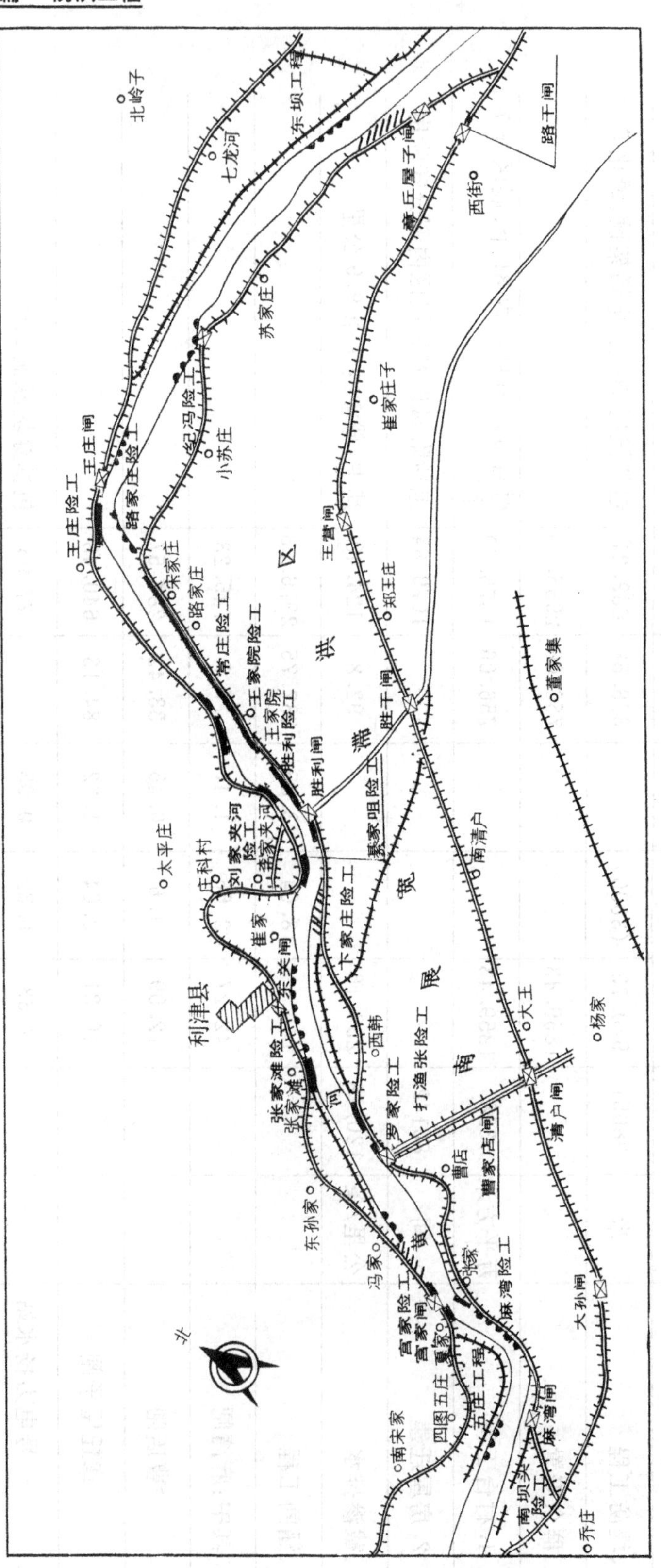

图 2—28　山东黄河南岸（垦利）展宽工程图

第三篇

工程管理

黄河下游自有堤防以后，工程管理体制随之逐步建立。西汉时设有“河堤都尉”、“河堤谒者”等官职，沿河各郡专职管理河堤的人员，一般约为数千人。至宋代明确规定沿河地方官管理河防的责任制度，诏令沿河州府长吏，并兼本州河堤使。宋太宗皇帝还下诏：“长吏以下及巡河主埽使臣，经度行视河堤，勿致坏隳，违者置于法”（《宋史·河渠志》）。金元时期因河患严重，对堤防更为重视。金初，下游沿河置二十五埽，每埽设散巡河官一员。大定年间，金世宗下令：“沿河四府十六州之长贰皆提举河防事，四十四县之令佐皆管勾河防事”（《金史·河渠志》）。明代始设总理河道大臣，统一治河，组织机构和管理制度有所加强。潘季驯四次总理河道，十分重视堤防管理，沿河设置黄河管理机构，下有河兵分段修守。清代仍沿用明代管理体制，雍正七年（1729 年）分设南河、东河河道总督，分段管理江南及河南、山东河务，沿河两岸按地区分设管河同知、通判、县丞等专职官员，另设河防营分地驻守管理堤防。民国时期，黄河下游河南、河北、山东三省设有河务局（后改为修防处），下设分局（后改为总段），沿河有汛兵和工程队常年驻工修守。

建国后，治黄工作走向全面规划、统一治理、统一管理的新阶段，在黄河下游建立健全了系统的管理机构和科学的管理规章制度。对堤防、河道、涵闸工程，确定观测、维修、综合经营、收益分配等年度任务指标，保证了河防工程的安全和完整，增强了抗洪能力。近年来，工程管理的各项基础工作，正向制度化科学化方面发展。

第八章　堤防管理

第一节　管理组织

一、组织形式

历代治河重视堤防工程，从汉代起沿河各郡(州)都有专职防守河堤的官员和巡视河堤的制度。金初黄河有埽兵一万二千人，分段管理河堤。明代除有河兵分段管理外，还规定"每里十人以防"，建立了"三里一铺，四铺一老人巡视"的护堤组织，按分管堤段修补堤岸，浇灌树株(《明史·河渠志》)。清代除设河防营修守堤防外，另规定"每二里设一堡房，每堡设夫二名，住宿堡内，常川巡守"。"堡夫均由河上汛员管辖，平时无事搜寻大堤獾洞鼠穴，修补水沟浪窝，积土植树；有警，鸣锣集众抢护"。民国时期堤防管理仍实行汛兵制，1936 年孔祥榕任黄河水利委员会委员长期间，开始成立若干工程队，每队百人左右，分住河南、河北、山东三省险工地段与修防段协防。

1947 年黄河归故后，沿黄冀鲁豫、山东渤海解放区，成立了黄河修防处及修防段，普遍建立了护堤委员会，领导广大人民群众进行护堤防汛。1948 年 3 月山东渤海区行政公署作出决定：各县于沿河村村政委员中设护堤委员，专管护堤看树等工作。1949 年中华人民共和国成立后，建立黄河水利委员会，全河实行统一管理，河南、平原、山东三省沿河按地、市、县(区)健全了各级修防机构，县以下建立群众性护堤组织，实行专业管理与群众管理相结合。1951 年山东河务局规定：沿河各乡增设工程员一名，为半脱产干部，待遇与乡干部同，在修防段及乡的双层领导下进行护堤工作。1955 年前后，沿河各县、区、乡相继建立堤防管理委员会和管理小组，由当地政府负责人兼任管理委员会主任，下设委员若干名。管委会和管理小组，其任务是负责组织、协调、检查、监督管辖范围内的堤防管理工作。护堤员由管委会选派，负责本段堤防管理工作，同时与沿河各村订立护堤合同，增强其对堤防管理的责任心。1956 年农业合作化后，堤防普遍执行由农业合作社分段包干管理的办法，由农业合作社确定长期护堤员，并组成护堤班，负责管理养护工作。

堤上收益与护堤员报酬,修防段与农业合作社签订合同,明确权利与义务。对堤防管理和减轻社队负担增加收益均较有利。农村实现人民公社化后,堤防管理仍由社队分段承包管理养护。河南、山东共固定长期护堤员3460人,每公里堤段有二、三人,常年住堤平整堤顶,填垫水沟浪窝,捕捉害堤动物,植树种草,保持堤防完整和林草旺盛。

1978年根据水电部"把水利工作的重点转移到以工程管理为中心上来"的指示,为加强工程管理工作的领导,河南、山东河务局及所属修防处、段,相继调整充实了各级管理组织,各级领导均有一名副职分管管理工作。1982年至1983年河南、山东河务局先后成立工程管理处,各修防处成立工程管理科,修防段成立工程管理股。

按照黄委会《黄河下游工程管理考核标准》的要求,河南、山东普遍对县、乡、村三级管理组织和护堤员进行调整充实,一般按5公里左右配备一名专职堤防管理人员,每半公里配备一名护堤员,到1987年底,共有堤防专管职工2667人,其中河南1092人,山东1575人;共有护堤员4897人,其中河南1952人,山东2945人。堤防管理专职人员的职责是:负责组织宣传、发动群众,管理护堤员与护堤村的联系工作。护堤员的主要职责是:(一)经常保持堤身完整,堤顶平坦,及时填垫水沟浪窝。(二)经常检查堤身,发现隐患及时报告处理,发动群众捕捉害堤动物。(三)保持树草旺盛,旱天浇树保活,夏季治虫修树,冬春季补植树草,有计划地更新树木。(四)保护堤上防汛备料、公里桩、坝头桩、边界桩、分界牌标志等。(五)雨雪天堤上禁止车辆通行(防汛车除外)。(六)禁止在堤防管理范围内挖土、打井、建窑、埋葬、盖房、开沟、挖洞、放牧、种植农作物、铲草、爆破、排放废物废渣等。群众护堤队伍经过调整和整顿,护堤员从年龄、身体状况、文化程度、政治素质等方面都有一定改善。

1982年以后,根据水利电力部、公安部有关通知,各修防段先后建立了公安派出所或派遣公安特派员。截至1987年山东建有派出所24处,配干警114人,河南建有派出所11处,配干警48人。在当地公安部门的领导下,向沿黄干部、群众进行法制宣传教育,制止违章行为,清除违章建筑,查处违章案件,有效地打击了一些盗伐树株、偷盗防汛物料、偷盗通信电线、破坏工程设施的不法分子的破坏活动,维护工程管理秩序,保障了堤防管理工作的正常开展。

二、护堤政策

护堤员的报酬和河产收益分配是护堤的一项重要政策。50年代初期，护堤员收入，主要是堤草和树枝。河南境内也可在柳荫地内种植少量农作物，填垫水沟浪窝在一天以上时，每天发给0.4元生活补助费，在大汛时期，护堤员每日发防汛工资1.2元，每月发3～5元奖金，汛后停止。1955年以后，按照“国有队营，收益分成”的办法执行。护堤员由生产队记工参加统一分配，一般堤草和修剪树枝归生产队，成材林按比例分成。1962年河南执行情况是：成材林社队与国家按二八或四六分成；果林结果后社队与国家按五五或二八分成；对收益特少的护堤员，国家酌情补助。1982年河南分成比例改为：成材林社队与国家按四六分成，各种果类按七三分成。

1972年山东规定成材树木国家与社队各分五成，灌木条类国家分二成，社队分八成，护堤员在社队记工分，领取不低于中等劳力工分的报酬。中国共产党十一届三中全会以后，农村以户为单位实行联产承包责任制，社队记工分的形式取消，护堤员从集体分得的树草中提成，作为护堤员的劳动报酬。1983年11月黄委会规定堤坡不准植树后，收入减少，影响了护堤员的积极性。为妥善解决护堤员的报酬问题，河南、山东河务局各修防段逐步试行经济承包责任制。因护堤村生产条件和堤防收益情况不同，承包办法和收益分配也因地制宜，大致有以下类型：

（一）护堤员全面承包：修防段与护堤员签订承包合同，明确堤防管理的各项责任和收益分成办法，一定多年不变，分成比例根据收益多少由双方协商议定。

（二）集体承包：即由护堤村承包，由村选调护堤员，收益分成交村委会，护堤员报酬由村委会支付。除护堤员担负经常性管理养护任务外，工作量较大的护堤任务，由村委会组织劳力完成。

（三）联户承包：由临堤村三五户自愿联合组成护堤承包组，从中推选护堤员负责经常性管理养护任务，工作量较大的护堤任务，由承包组完成，收益分成归承包组，护堤员报酬由承包组评定。

（四）单项承包：把植树、杂项土方、淤区作物种植等单项承包给护堤员，双方议定适当报酬。

上述经济承包办法，随着经济体制改革的不断深化，堤防管理承包办法也在不断改进和完善。1985年济阳县政府制定《关于黄河堤防管理承包责任制若干问题的意见》下达沿黄乡、村。新的承包办法是：招标承包，折价保本，增值分成，义务不变。承包期10至15年，允许继承或转让。招标的具体办法是：由黄河修防分段和村民委员会配合发动村民公开投标，县段、分段、村委会对承包者认真调查摸底排队，择优定标。关于收益分成办法，承包时由分段、村委会、承包户三方对河产（主要是树株）评议划价，记录存档，收入后原折价款仍按国五队五分成。承包后的增值部分，国家分五成，其余五成由承包者与村委会分得，分成比例双方协商议定。承包者在承包的工程范围内种植作物，要服从黄河工程管理部门的统一规划，树株胸径达到15厘米左右时逐年更新。

第二节　规章制度

一、管理制度

隋唐五代时期堤防管理已受到重视，制定了一些明确的管理维修制度。“每岁差堤长检巡”，“令沿河广晋开封府尹逐处观察，防御使刺史职并兼河堤使……有堤堰薄怯，水势冲注处，预先计度，不得临时失于防护”（《册府元龟·邦计部·河渠》）。至宋代并有“知州、通判两月一巡堤，县令佐迭巡堤防”的规定。对堤防维修，北宋规定“黄河岁调夫修筑埽岸”（《宋史·河渠志》）。明成化七年（1471年）对堤防管理制定过“四防二守”的制度，还规定有盗决、故决河防罪，保留失时不修堤防罪条例。清代除继承明代“四防二守”制度外，还规定每年初春开始，对堤防签试探查隐患的制度，用3尺长带尖的铁签，上安丁字木柄，每3尺宽设一兵夫，在堤坦之中、左、右每进一步签试3签，发现隐患者重奖。

民国初期，军阀割据，河防工程失修。1933年国民政府黄河水利委员会成立后，下游河南、河北、山东三省黄河管理机构逐步建立健全，同时也制定了一些堤防管理的规章制度。

解放战争时期，冀鲁豫和渤海解放区在发动群众修堤整险的同时，重视堤防工程的管理工作。1948年4月山东省河务局在《关于平工管理的指示》中对维护堤防完整、限制堤顶行车等方面作了具体规定。1949年冀鲁豫行政公署颁发《保护黄河大堤公约》，依靠和发动沿河群众护堤护林。

建国后，为保护堤防工程的安全和完整，黄委会、河务局及省、地、市、县人民政府都分别制定和颁发了有关工程管理的通令、布告、条例、办法等，建立健全必要的规章制度，在沿河广泛宣传工程管理的重要意义和有关规定，依靠和发动群众，管好堤防工程，保证防洪安全。

1950 年平原省人民政府颁发《保护黄河、沁河大堤办法》。同年 9 月山东省人民政府发布公告，为巩固堤防，消灭隐患，严令禁止在大堤堤顶、堤坡建房居住，不准私用堤土，刨挖堤脚及挖沟、凿洞；大堤堤脚以外两丈内，一律划为植树区，不准种植农作物等，违者从严惩办。1952 年 3 月山东省人民政府发出通知，对黄河两岸留地及确权发证问题作出规定：黄河大堤背河堤脚外 7 米，临河堤脚外 10 米均归国有，作为植树护堤区域。1955 年黄委会制定《黄河下游堤防观测办法》，要求一般险工地段进行水位、险情观测，选择重点数处，增加浸润线观测。同年 10 月山东河务局制定《堤防养护暂行实施办法》试行。1962 年元月，河南省人民委员会颁发《河南省黄河沁河堤防工程管理养护办法》。1964 年 4 月 7 日水利电力部颁发《堤防工程管理通则(试行)》的规定。上述通令、规定等由于各级政府和管理部门的重视和贯彻执行，对搞好工程管理、保证工程安全完整发挥了作用。

1959 年至 1961 年国家困难时期管理制度受到干扰，有 876 座堤屋被破坏，沿堤树木被砍伐 120 余万株。“文化大革命”期间，堤防工程也有不同程度的失修和破坏。

1978 年 3 月水利电力部召开全国水利管理会议，提出“把水利工作的重点转移到以工程管理为中心上来”。为贯彻落实水利管理会议精神，黄委会及河南、山东河务局针对工程管理存在的问题，修订或制定了管理办法。河南省人民政府于 1978 年颁发《河南省黄(沁)河工程管理办法》。1979 年黄委会制定《黄河下游工程管理条例》颁发试行，条例中对堤防工程管理规定如下：

(一)堤防工程是防洪的屏障，必须加强管理，经常保持工程完整坚固。

(二)堤防工程，实行统一领导，分级分段管理，各修防处、段要配备专职干部，负责此项工作，同时，在当地党委领导下，沿堤县、社、队应分别建立堤防管理委员会，组织发动群众，搞好护堤工作。护堤员一般一华里一人，由沿堤大队挑选政治觉悟高，热爱护堤工作，身体健康者担任。堤防管理委员会和护堤员的任务与职责是：

1、堤防管理委员会的任务：(1)组织护堤员认真学习马列主义、毛泽东思想，学习堤防管理技术知识，提高为革命管好堤防的自觉性；(2)经常对群众进行护堤教育，宣传有关护堤的政策、规定；(3)组织护堤员搞好堤防管理养护工作，开展检查评比；(4)向破坏堤防的坏人坏事作斗争，协助处理违章行为。

2、护堤员的职责：(1)向群众宣传护堤意义和有关政策、规定；(2)保护堤防和堤上的树木、料物、通讯线路、测量标志及其他附属设施，与违犯和破坏堤防管理规定的行为作斗争；(3)经常进行堤防养护，平整堤身，修整补植树草；(4)经常检查工程，发现问题及时报修防处、段处理。

(三)发动群众，捕捉害堤动物，经常检查和处理堤身隐患，有计划地进行锥探灌浆，不断提高堤防抗洪能力。

(四)为确保大堤安全，禁止在堤身和柳荫地内取土、种地、放牧，黄河大堤临河 50 米，背河 100 米以内，不准打井、挖沟、建房、建窑、埋葬和修建其他危害堤身安全的工程。

(五)禁止在堤顶行驶铁木轮车和履带式拖拉机，雨雪泥泞期间，除防汛车外，禁止其他车辆通行。

(六)凡在黄河大堤上破堤修建工程，必须报黄河水利委员会批准。

(七)按照"临河防浪，背河取材，速生根浅，乔灌结合，以柳为主"的原则，积极植树造林，为便于防汛抢险，临河堤坡原则上不植树，普遍种植葛芭草；也可在 1983 年防洪水位以上种植紫穗槐等灌木。淤背区淤到设计标准的堤段，应积极培植成林带，有条件的地方，也可适当划出一定范围作为开展多种经营的生产基地；淤临区按大堤绿化原则执行。

树木管理采取国有队营、收益分成的办法，由修防部门有计划地组织更新，更新时要把树根清除，以免留下隐患。严禁任何部门和个人擅自砍伐。堤草收入全部归队。

(八)交通、石油等单位，长期在堤顶上行车应按有关规定向黄河部门交纳维修养护费。

(九)沿黄专用铁路，必须在保证堤身巩固，有利防洪的前提下，管好用好，具体办法由铁路部门制定，报河务局批准。

本着上述精神，河南省五届人民代表大会常务委员会第十六次会议于 1982 年 6 月 26 日通过《河南省黄河工程管理条例》，在沿黄地区贯彻执行；山东河务局于 1980 年向沿黄地区颁发《山东黄河工程管理办法》。在堤防工程管理制度全面贯彻执行的情况下，为进一步推动堤防管理工作，各局每年进行工程管理检查评比。

沿河各级政府或堤防管理委员会颁发的布告、条例等法规性文件，对加强堤防管理的法制建设，都发挥了很大作用。

二、堤防检查评比

1949年洪水后，根据堤防出现的问题，1950年汛前按中央防汛总指挥部的部署，黄委会向全河通知，开展了一次堤防大检查，主要检查：堤顶高度不足，堤坦残缺，大堤辅道缺口，军沟树坑，碉堡壕沟等隐患；旧有穿堤涵洞、闸板及放淤工程、进水口等不安全因素。山东黄河防汛指挥部，在这次堤防大检查之后，又制定了《重点检查堤防办法》，主要检查堤上民房和堤身隐患，要求沿堤居住群众自报屋内隐患，经过核实后给予奖励。1953年，河南河务局制定了检举隐患实行奖励的规定，调动了群众的积极性。

1955年黄委会下达了关于调查堤身及基础情况和黄河下游堤防观测办法，当年山东河务局制定了《堤防普查重点钻探观测办法》，办法规定：

（一）大堤普查：堤身和堤脚地基以螺旋式取土钻结合用10米长锥进行探查。对断面选定、丈量、断面钻孔数和方法、探摸深度、土质分类、绘制大堤土质横断面图的方法等作了统一的规定和要求。

（二）重点钻探：对计划进行加固工程的堤段，老口门及堤身薄弱堤段利用钻探工具进行重点钻探。

（三）调查堤身及基础情况：内容包括老口门处地点、桩号、长度、时间、断面大小、决口时间、堵合方法、堤身及基础的土质情况和历年汛期抢险情况等。

（四）堤防观测：每次洪水漫滩时，观测临堤水位，临河滩面及堤脚附近冲淤情况，风浪高度及风向风力等。

1955～1957年间，河南河务局各修防处、段，利用洛阳铲和打井工具对大堤堤身土质进行普查，并绘制了横断面土质柱状图及堤防土质纵断面图。利用土钻对老口门渗水堤段重点进行了土质钻探，土样分析。根据钻探资料分析结果认为，黄河下游大堤的土质基本上属于粉质土，非粉质土占比重极小，基本上没有粒径大于0.25毫米的中砂。对重点断面河南的曹店、西格堤、渠村，山东的四隆村、颜营、东平湖、董寺、马扎子、大王庄、井圈、济阳、王庄、刘家夹河共13处，安设测压管进行堤防浸润线观测，为以后堤防设计和堤防管理提供了资料。

1964年黄委会下达关于开展大堤埽坝普查鉴定的指示，全河开展了一次工程普查鉴定。1973年按照全国水利管理会议的要求，全河又一次进行了大规模的工程大检查。通过检查，基本上弄清了沿黄工程中存在的主要问题，进一步总结了工程管理经验，研究了今后改进意见。通过检查还充实和加强管理人员，建立健全群众性的管理组织，消除了工程无人管理的现象。对工程检查中查出的堤身隐患及薄弱堤段等，分别采取措施，进行维修加固。

自 1978 年全国水利管理会议以来，扭转了重建轻管的思想，加强了工程管理的领导，按照工程管理条例，河南、山东河务局广泛开展了工程检查和评比活动，推动了管理工作的开展。

1980 年水利部制定《水利工程管理单位评比条件》，1982 年黄委会颁发《黄河下游工程管理考核标准(试行)》。1983 年河南、山东河务局按照上述考核标准，对堤防、险工、护滩控导工程、引黄涵闸等管理工作进行了检查评比，通过评比涌现出一批工程管理先进单位。它们是河南的原阳、沁阳、兰考、台前、博爱修防段，张菜园、三义寨闸管理段；山东的菏泽、济南郊区、济阳、邹平修防段，东阿修防段牛店护堤组，梁山进湖闸管理所。他们管理的堤段基本上达到了堤身完整，堤顶平坦，树草旺盛，土牛堆放整齐，各种工程标志界牌清晰。山东济阳修防段模范护堤员苏振奎，从 1969 年护堤以来，始终坚持以堤为家，精心管理养护堤防树草。无论逢年过节，酷暑寒冬，一心扑在护堤上，他管理的一段大堤，常年保持堤顶平整，堤身完整，树草茂盛，十多年从未发生树木被盗、破坏堤防等现象。堤上收益按规定交国家和集体，近几年来为集体创收二万多元，年收割堤草一万多公斤。同年 11 月黄委会召开黄河下游工程管理会议，对上述工程管理先进单位和 37 名先进个人进行了表彰。

1984 年河南、山东河务局先后制定了《黄河工程管理检查评比试行办法》，进一步开展检查评比活动。河南河务局规定：修防段实行月检查季评比，修防处实行半年初评，河务局派人参加修防处的检查评比，年终由河务局进行检查总评。评比的办法按照黄委会颁发的《黄河下游工程管理考核标准》和对堤防、险工(控导)和涵闸检查评比办法，把考核标准内容按项分解为百分进行考评。1985 年河南河务局经过全局总评，评选出博爱、沁阳、台前、原阳、中牟、兰考、武陟一、武陟二、长垣等 9 个修防段为工程管理的全面先进单位；评选出郑州郊区、范县、温县、孟津等 4 个修防段为堤防管理先进单位。山东河务局对工程管理检查评比进行改革，按照修防段管辖堤防的长短，分为甲、乙两组进行检查评比。经过计分评比，利津、济阳、东阿段获得修防段甲组前三名；郓城、牛庄、邹平段获得修防段乙组前三名，位山闸、打渔张闸、旧城闸获得引黄闸管理前三名；分洪闸第一名由林辛闸获得。评选出先进护堤员、护堤职工、公安干警和涵闸管理职工 26 人。通过联合检查评比,达到了交流经验,互相学习,共同提高的目的。

第三节　维修养护

一、堤身维修

堤防工程的维修养护,主要包括:堤顶、辅道和堤身补残,填垫水沟浪窝,锥探灌浆消灭堤身隐患,备积土牛[①] 等。每年在黄河防汛岁修经费中安排专款进行此项工作。

解放战争时期,黄河修防部门和沿黄各级政府对堤防维修养护工作十分重视。1948 年 4 月渤海行政公署和山东河务局就发出《关于平工管理指示》,要求沿黄护堤委员领导村民捕捉害堤动物,检查鼠穴獾洞,平填水沟浪窝。建国后,黄河修防部门坚持"专管与群管"相结合的原则,开展堤防维修养护工作,并不断完善维修制度,改革维修养护机具和技术,保持堤防完整,增强堤防抗洪能力,在历年防洪、防凌中起到重要作用。

黄河大堤经常性的维修养护,由护堤员承担,根据堤身土质、气候、降雨等不同特点,采取不同的养护方法。冬、春干旱季节,沙土堤段堤顶剥蚀严重,凸凹不平,护堤员需经常洒水撒土,填垫夯实,维护堤顶平整。夏秋季节雨多,冲刷堤身易生水沟浪窝,要经常填垫平整。广大护堤员总结出"平时备土雨天垫,雨后平整是关键"的经验。对于大的浪窝,护堤员承担不了的,须列入计划,专门组织力量修补。自 1949 年至 1987 年,全河堤防岁修共完成土方 15368 万立方米,投资 65712 万元。为减少和防止水沟浪窝的发生,除广种葛芭草护堤外,还有以下措施:

(一)修做排水沟。一般间隔 100 米左右,在临背河堤坡上修一条小排水沟,与堤顶两侧集水沟相通,可排泄 200～400 毫米的日降雨量。其型式结构有混凝土预制梯形槽、砖砌槽、三合土槽及淤泥草皮排水沟等,以利排水。河南黄河大堤已修各种排水沟 6056 条。

(二)坚持冒雨排堵制度。一般在没有修建排水沟的情况下在暴雨时,护堤员冒雨排水,可防止水沟浪窝的发生。1963 年齐河修防段在冒雨排水工

---

① 土牛,积存在堤肩上的备用土,因"牛"五行属土,故称土牛。

作中总结出:(1)察—细致观察水势;(2)排—使雨水按人的意图流入排水沟;(3)堵—堵截雨水易冲刷的地方;(4)补—发现排水沟有了残缺,立即进行修补。这一经验曾在全河普遍推广。

(三)平整堤顶。由于面积大,用工多,70年代以前,只靠铁锹、丁耙平整,工效低。1978年以后,逐渐向机械化发展,使用拖拉机牵引刮平机平整,碾压机碾压,洒水车喷水养护堤顶等方法,逐渐普及。

二、消灭隐患

千里金堤,溃于蚁穴。历史上黄河因堤身隐患形成漏洞、决口的屡见不鲜。建国后,把消灭堤身隐患作为一项重要工作来抓,采取普查隐患、捕捉害堤动物、锥探灌浆、抽水洇堤等措施,取得了很大成绩。

(一)群众普查。1947年黄河回归故道后,因堤防遭受战争的严重破坏,已残破不堪,洞穴丛生。为保证防洪安全,冀鲁豫黄委会、渤海解放区河务局和沿黄地区人民政府,在复堤中,组织群众进行一次调查大堤隐患工作,查到洞穴、水沟浪窝、战壕、碉堡等各种隐患。1949年汛期花园口发生了12300立方米每秒洪水,河南东坝头以下两岸堤防发生漏洞806处,两岸人民群众日夜巡堤查水,发现险情及时抢堵,转危为安。1950年黄河水利委员会发出下游普查大堤隐患的号召,各修防处、段与沿河地方政府组成普查领导小组,掀起了群众性的普查隐患工作。这次普查,河南堤防共发现獾洞狐穴559处,水沟浪窝3099处,战沟残缺175处,坑穴50处,井穴、暗洞及红薯窖198处;山东堤防共发现獾洞161处,地猴洞1224处,军沟79处,碉堡303处,红薯窖97处,人挖洞7处,水沟浪窝5399处,对上述隐患都及时进行了处理。为使消灭隐患的工作能够深入持久地开展下去,黄委会制定了检举隐患实行奖励的规定,以调动沿河群众的积极性。封丘县通过宣传发动,访问老人,11天内就报出堤身洞穴91处。武陟县秦厂村一老汉,报出在村西大堤内有一个大洞,按指定地点反复锥探,在距堤顶3～9米深处,发现洞穴横七竖八、上下交错,长约300米,全部进行了开挖填实。

(二)捕捉害堤动物。獾狐等害堤动物在堤身造成的洞穴威胁堤防安全最为严重。在清代,河务机构曾在堤段设置有捉獾专职"獾兵",常年坚持捕捉害堤动物。建国后,黄委会及河南、山东河务局先后制定了捕捉害堤动物奖励办法,发动沿河群众捕捉獾狐地鼠等害堤动物。从建国初至60年代末是群众性捕捉害堤动物高潮时期。1950年武陟县7区组织3个捉獾小组,共27人,20天内捉獾狐10只,开挖回填洞穴30多个,每人得小米560斤。在他们的影响下,不少群众自动组织起来,积极捕捉害堤动物。东明县专门组织力量,捕捉獾狐,翻挖洞穴,当年活捉獾狐82只,翻填洞穴137处。截至1987年全河共捕捉獾狐等害堤动物96万只。河南河务局共捕获害堤动物63万只,山东河务局共捕获害堤动物33万只。

第四节　堤防绿化

一、植树造林

黄河堤防植树有悠久的历史。北宋开宝五年(公元972年)赵匡胤下诏:"缘黄、汴、清、御等河州县,除准旧制种艺桑枣外,委长吏课民别树榆柳及土地所宜之木"(《宋史·河渠志》)。咸平三年(公元1000年),宋真宗又"申严盗伐河上榆柳之禁"。《宋史·王嗣宗传》载称:王嗣宗"以秘书丞通判澶州,并河东西,植树万株,以固堤防"。并严令不得私自砍伐。明代刘天和总结堤岸植柳的经验,制定了植柳六法(即卧柳、低柳、编柳、深柳、漫柳、高柳),除植柳以外,还因地制宜在堤前"密栽芦苇和茭草",防浪护坡(《问水集·植柳六法》)。至清代已明确规定"堤内外十丈",都属于官地,培柳成林,既可护堤,还可就地取材,提供修防料物。

1947年黄河归故后,解放区人民在党和政府的领导下,在沿河两岸开展植树造林活动。1948年渤海行署和山东河务局联合发布训令:"为保护堤身,巩固堤根,应于内外堤脚二丈以内广植树木,禁止耕种稼禾,以期保证大堤稳固。"1949年公布《渤海区黄河大堤植树暂行办法》中规定:植树种类以柳为标准,植树范围:无论平工险工,一律在大堤堤脚下二丈以内。

建国后,总结历史经验,提出"临河防浪,背河取材"的植树原则,将植树种草绿化堤防列入工程计划,每年春冬两季开展植树活动。1956年规定:临黄堤及北金堤在临河堤坡栽植白蜡条、紫穗槐、杞柳等灌木。险工的坝基、后戗、南北金堤的背河堤坡等地,可以根据具体条件栽植一部分苹果树。所有堤线的背河坡,除上述植苹果的堤段外,可植榆杨椿等一般树株或其它经济林木如桃杏等。在临河柳荫地内,从距外沿1米开始,栽植丛柳低柳各一行,高柳两行。1958年根据"临河防浪,背河取材"的原则,对绿化堤防,发展河产实行统一规划,规定凡设防的堤线,堤身一律暂不植树,除堤顶中心酌留

4～5 米交通道外，普遍植草。

1958 年受“大跃进”影响，沿堤盲目种植果树，植树造林大搞群众运动，树株成活率低。在三年自然灾害时期，树木遭到严重破坏。“文化大革命”期间，部分堤段树木再次被乱砍滥伐，盗窃树木案件也很严重。

在水利电力部的倡导下，1970 年 3 月山东河务局在鄄城县召开了山东黄河绿化工作会议，会议决定：“黄河大堤(包括南北金堤、大清河堤、东平湖堤、河口防洪堤)临背河柳荫地、临背堤肩、背河堤坡和临河防洪水位以上堤坡种植乔木；临河柳荫地和临河防洪水位以上堤坡也可乔灌结合，适当种植条料；临河堤坡(包括戗坡)全部种植葛芭草(或铁板牙草)，废堤废坝、空闲地带除留作育苗的部分外，其它一律植树。”

1976 年黄委会《关于临黄堤绿化的意见》提出：为了便于防汛抢险，避免洪水期间倒树出险和腐根造成隐患，临河堤坡一律不植树，均种葛芭草护堤，临背河堤坡原有乔灌木，应结合复堤逐步清除。临河柳荫地可植丛柳，缓溜护堤，使其成为内高外低的三级防浪林。背河柳荫地以发展速生用材林为主。堤肩可植行道林，选植根少、浅的杨树、苦楝、泡桐等。

1979 年至 1985 年堤防植树均按照“临河堤坡设防水位以下不植树；背河堤坡已经淤背的全部可以植树，没有淤背的在计划淤背的高程以上可以植树；临河柳荫地植一行丛柳，其余为高柳，背河柳荫地因地制宜，种植经济用材林；临背堤肩以下半米各植两行行道林，但不准侵占堤顶，堤顶两旁(除行车道外)及临背堤坡种植葛芭草，逐步清除杂草；淤背区主要发展用材林和苗圃”。对济南市郊区(北店子至公路大桥)铁路、公路大桥、主要涵闸及城镇附近重点堤段，要求高标准绿化，已经做出了成效。

自 1979 年起，山东河务局要求各单位利用淤背(临)区等土地，大搞育苗，以修防段、管理所为单位，临黄堤平均每华里至少有 1 亩苗圃，力争两年后树苗自给有余。1979 年到 1980 年，济阳、东阿、郓城、利津修防段育苗实现了每华里堤防有一亩苗圃的要求，汶上段做到树苗自给有余。1982 年山东河务局下达《关于增加苗圃加速育苗的通知》，各单位明确专人负责，有的在职工内部实行承包责任制，苗圃发展较快。1984 年苗圃面积达到 2762 亩，临河大堤超过了平均每华里 1 亩苗圃的要求。1985 年控制苗圃面积，提高育苗质量，苗圃稳定在 2000 亩左右。

1981 年河南河务局，利用大堤和险工的空闲地进行育苗，1982 年规定，黄河大堤东坝头以上每公里育苗 1.5 亩，东坝头以下每公里育苗 1 亩。1982 年冬和 1983 年春出圃树苗达 45 万株。十几年来，发展苗圃建设，节省国家开支,改良树种,提高植树成活率,取得成效。同时,发展苗圃建设还成为各单位发展综合经营、组织收入的一个重要项目,收到促进植树造林、绿化堤防和发展综合经营的双重效益。

共青团中央经过对沿黄几个省(区)的实地考查,与中央绿化委员会、林业部、水电部共同研究提出:组织宁夏、内蒙古、陕西、山西、河南、山东六省(区)的青少年,建设黄河防护林绿化工程。从1984年开始,河南、山东两省以共青团组织为主,林业厅、河务局及各级政府积极配合,发动沿黄青少年开展营造黄河防护林带活动。1984和1985两年黄河堤防共植树442万株,新增片林4512亩,育苗1803亩,栽植灌木134.6万墩,植草251.7万平方米,超计划完成了植树绿化任务。

建国以来,在沿河各级政府的领导和支持下,黄河下游两岸堤防统一规划,逐年进行植树造林和采伐更新,不仅绿化了堤防,营造了黄河防护林带,改善自然环境,而且为治黄工程和防汛抢险提供了大量木材和稍料。截至1987年全河累计植树3.69亿株,两岸堤防存活树木1302万株,其中河南693万株(包括沁河堤防),山东609万株。

二、种草护坡

建国前,黄河堤防杂草丛生,护堤作用差,易出水沟浪窝和隐患。1950年河南第一次黄河大复堤时,濮县修防段开始种植葛芭草。由吴清芝负责先在桑庄试种,植草十余里。葛芭草根浅枝蔓,节生根,叶旺盛,就地爬,棵不高,每平方米四丛,可以覆盖严实,护堤很好,群众说:"堤上种了葛芭草,不怕雨冲浪来扫"。濮县修防段的植草经验在全河普遍推广,对保护大堤起到了很好的作用。1979年6月18日沁阳县降雨45毫米,据查全堤线出现水沟浪窝183条,填垫用土142立方米,投工316个。而沁阳南关堤段长21公里,由于草皮覆盖好,堤身没有冲成水沟。截至1987年,植草河南36404亩,山东45519亩。

第五节　综合经营

一、河产与经营

建国初期，河产收入仅限于柳荫地、堤身树株及历年修工征购挖毁的土地，就近交由护堤村、镇发展适宜生产，如种藕、蒲草、养鱼、养鸭等。柳荫地及堤身树株均属国有，一切河产收入，由护堤群众和国家分成。1955 年 4 月，黄委会制定《河产管理暂行办法》规定：凡黄河所有柳荫地，各种树木、土地、房屋、池塘（小坑）、苗圃等均属河产管理范围，应由各基层单位成立河产管理委员会，负责管好现有河产，并在护好大堤的原则下，绿化堤防，养护大堤，培养财源，增加国家收入。

1965 年 9 月，中共中央、国务院批转水电部《关于当前水利管理工作的报告》指出："水利部门必须坚持自力更生精神，通过征收水费和综合开发工程周围的水土资源（如开展绿化、养鱼、水利加工等）做到管理经费自给，并力争有余"。但是，多数黄河工程管理部门，长期以来对中央的批示精神认识不足，对发展综合经营缺乏信心，甚至有的认为是不务正业，综合经营一直发展不起来。生产收入也仅限于树株方面。据统计，黄河下游豫、鲁两省从 1966 年至 1978 年的 13 年中平均每年收入，河南河务局为 21.05 万元，山东河务局为 15.5 万元。

1978 年全国水利管理会议中心内容是加强工程管理，明确工程管理部门的基本任务是："安全、效益、综合经营"。把综合经营提到重要位置。许多先进典型的综合经营收入，不仅实现了管理人员和工程维修养护经费自给，还可提供积累，改建扩建工程，并且支持面上的水利建设。这次会议之后，提高了黄河工程管理部门对开展综合经营重要性的认识，对综合经营工作起了促进作用。

1980 年，黄委会下达《关于加强工程管理开展综合经营工作的意见》，提出："为搞好黄河下游工程管理工作，确保防洪安全，发挥工程效益，利用水土资源，因地制宜，大搞综合经营，增加国家收入，改善职工生活"。要求各级领导和工程管理部门，加强工程管理和综合经营工作的领导，列入议事日程，固定专人，明确职责，制定各项规章制度，稳定专业管理人员。工程管理部门要实行四定：（一）定安全效益；（二）定人员；（三）定综合经营项目、规模、任务;(四)定收支。由本单位提出四定指标,报上级部门审批,定期进行考核。

黄河下游工程管理部门开展综合经营,主要是堤防植树造林,同时,积极发展条料,发展林粮间作,林条间作,扩大苗圃面积,逐步达到树苗自给。因地制宜,搞加工、编织、水产、养殖、捕捞、种植粮菜等,广开门路,组织收入,为国家创造财富。

对引黄灌溉和工业用水,按国家规定征收水费。关于征收水费和综合经营收入留成使用问题,按有关规定冲减相应支出以后的净收入,纳入收入留成的范围,按独立核算的会计单位计算,收入在本单位职工工资总额10%以内的,全部留本单位使用,超过部分,河南、山东河务局60%留局(包括处、段)使用,40%上交黄委会。

1980年11月黄委会在山东济阳县召开黄河下游工程管理综合经营经验交流现场会。会议交流了济阳等修防段因地制宜发展多种经营增加收益的经验;表彰了济阳、邹平、东阿、博爱、中牟、濮阳修防段等综合经营开展先进单位。通过会议,提高了认识,明确了综合经营的发展方向,规定了综合经营收入实行“定额上交,三年不变”的办法,对黄河下游开展综合经营起到了推动作用。这一年山东河务局综合经营收入93.9万元,比1979年增加二倍多。

为了充分发挥水利工程的经济效益,促进水利工程综合经营的发展,1983年4月水利电力部转发了江苏省人民政府《关于推行联产承包责任制积极发展水利工程综合经营的通知》,对水利管理单位开展综合经营的指导思想,因地制宜组建生产经营基地,扩大管理单位的自主权,推行联产承包责任制,组织多种形式的联营,畅通供产销渠道,加强经济核算和建立健全综合经营组织等八个方面,都制定了有关政策性规定。

通过贯彻落实全国水利管理会议及上述“通知”精神,使黄河广大管理职工解放思想,进一步开拓经营门路,落实按劳分配政策,注意国家、集体、个人三者利益相结合,职工福利和劳动成果相联系,扩大管理单位自主权,打破“大锅饭”,克服平均主义,推动了综合经营向广度和深度发展。河南、山东两局初步调查综合经营开展项目有近四十种,主要有家俱厂、服装厂、橡胶厂、珍珠岩、预制混凝土构件厂、砂轮厂、罐头厂、面粉加工厂、养鸡场、机械修理、建筑安装、商店、饭店、服务部、旅社、医务门诊、养兔、养花、养蘑菇、煤球厂、闭路电视、运输承包副业队等,共计百余处;经营性质有承包、个体、集体、联营等形式;资金来源有事业费、发展基金及自筹等方面。据不完全统计,投资额河南河务局为245万元,年产值为140万元,利润40万元;山东河务局投资额92万元,年产值约10万元。河南、山东两局1981～1985年河产收入及综合经营总收入3759.1万元。1985年河南河务局总收入949.6万元,山东河务局总收入437.8万元。

二、分配政策

1980年以前,河产收入全部上交。管理单位没有自主权,不利于调动基层积极性。1980年实行"定额上交,超收留用,三年不变"的办法,在完成上交定额后,收多、多留,收少、少留,以鼓励广开生产门路,努力组织收入,逐步实现管理经费自给。黄委会确定,从1981年开始,河南局定额为10万元,山东局15万元,三年不变。上交范围,包括水费和综合经营净收入。考虑到综合经营刚刚开始,底子薄,三年期间,工程管理包干事业费照发,三年后达到自给。上交后的留用资金,主要用于生产发展基金和集体福利奖励基金,生产发展基金主要用于自给范围内的开支和扩大再生产。

1985年实行经济改革,水电部提出"全面服务,转轨变型"和水利管理工作的"两个支柱,一把钥匙",即水费征收、综合经营为两个支柱,联产承包为一把钥匙。根据这一精神,收入留成办法修改为河南局定额为10万元,山东局45万元。局以下以修防处为单位统算:(一)河产收入,河产品加工收入仍实行"定额上交,超收留用,三年不变"的政策。(二)事业费收入实行定额留用,超额分成的办法。事业费收入包括水费收入(指毛收入减交局30%的事业发展基金,减批准开支的人员经费和运转费以后的净收入),基建、事业费包干节余和其他事业费收入,以修防处为单位,按事业人数计算,全年人均在250元以下者全部留用,人均超过250元的部分,交省局40%。(三)综合经营收入冲减相应支出以后的净收入,交局20%,逐级建立承包责任制,实行评比计奖。

第九章　河道管理

黄河下游河道，由河南、山东河务局及其所属修防处、段分段管理，按照黄委会制定颁发的有关规定条例执行，充分发挥河道的排洪排沙作用，保证防洪安全。

河道管理包括险工及控导工程的维修，河道清障及河道观测工作。对防洪工程的维修养护，平时由各修防段的工程队负责。

建国后，本着“建管并重”的原则，对险工进行了全面整修，并分期分批对险工坝埽加以改建，到1955年，全河险工秸埽基本上都改建为石坝。从1957年开始，相继对工程进行了鉴定，建立了坝埽档案，为工程管理运用积累了系统的资料。黄河下游河道整治工程，从50年代试办护滩工程开始，60年代已有很大发展，管理工作逐步加强，各级政府及黄河各级管理部门制定了一系列工程管理条例、制度、办法，将河道工程列为重要项目之一。1978年以来，以“安全、效益、综合经营”作为管理工作的三项基本任务，管理措施和规章制度进一步完善，工程强度和效益得到提高。四十年来，在防洪、引黄灌溉、保护滩区方面发挥了重大作用。

第一节　管理规定

一、在下游河道内开发水利，整治河道，兴建跨河、穿河、穿堤、临河的桥梁、码头、管道、缆线、渡口、道路等建筑物及设施，建设单位必须按照河道管理权限，将工程建设方案报送河道主管机关审查同意后，方可按照基本建设程序履行审批手续，经批准后方可施工。修建桥梁、码头和其它设施，必须按照规定的防洪河宽进行，不得缩窄行洪通道，桥梁的底部高程设计，必须高于设计防洪水位，并预留50年河道淤积超高，考虑通航的要求。跨越河道的管道、线路的净空高度，必须符合防洪和通航的要求。

二、在通过堤防、河道兴建的工程竣工后，必须经河道主管机关验收合格后方可启用。在运用期间，河道主管部门对其安全进行检查，不符合工程安全要求，危害防洪工程，影响河道排洪的要限期改建。

三、在河道管理范围内，禁止修建围堤、阻水渠道、阻水道路、种植阻水片林、设置拦河障碍，向河内弃置矿渣、石渣、煤灰、泥土、垃圾等。禁止在工程安全护区内取土、挖鱼塘、埋葬、盖房等危害工程安全的活动。禁止向河道内排放汞、砷、氟化氰、碱等污染水体和各种有害油类，以免影响水质，影响工农业用水和生活用水。

四、严禁在堤防、险工、涵闸、河道整治工程附近进行爆破、炸鱼，以免影响工程安全。

第二节　工程维修

河道工程管理主要任务是维护工程完整，保证工程安全，发挥工程效益。

一、每年冬春枯水季节，对险工、控导护滩工程损毁和残缺部分，进行拆修、整修、补抛根石等，以保持工程完整巩固，主要管理维修任务如下：

（一）填垫坝岸顶、坡的水沟浪窝，整理备防石料，使坝顶坡面平整，保持抢险道路通畅，保护树木、草皮，铲除高杆杂草。

（二）维修坝岸石坦、根石坡度，保持平顺完整。

（三）检查工程隐患，进行记载，及时报告处理。

（四）观测水位和河势变化，坚持探摸根石，掌握根石坡度变化情况，主动加固整修，遇有险情，及时抢护。汛前汛后要进行一次全面检查整修。

二、探摸根石。根石是坝岸的基础，是维护坝体稳定的重要部分，用石量约占坝岸用石的66％。根石处于冲刷部位，经常发生走失，需要及时增补。探摸根石一般在每年汛后进行一次，对当年靠过溜的坝垛普遍探摸，了解根石变化情况，作为整险计划的依据。坝、垛、护岸整修后，应再探摸一次根石，以检验整修后的根石坡度是否达到了计划要求，作为验收的依据。对经过严重抢险的坝垛，在抢险结束后应进行一次探摸，以了解该工程抢险后的水下根石坡度深度情况，对于水下坡度不足1∶1～1∶1.5者，应及时补抛根石，保持坝基稳定。

第三节　查勘与观测

黄河下游每年都要进行河道查勘、施测河道大断面等基本工作，以便积累资料，研究河势演变规律及河道冲淤，预估河势发展趋势，为防洪、河道整治、工程抢险、引黄灌溉工程规划设计提供科学依据。

一、河道查勘

河道查勘每年汛前5、6月份及汛后11月份各进行一次，由河务局组织，下属各修防处、段参加，有时黄委会及北京水利水电科学研究院等单位参加。河南负责由孟津白鹤黄河出山口至台前张庄，河道长464公里。山东负责从豫鲁交界至河口河段，全长617公里，其中东坝头以下至张庄为豫鲁两省交错河段，长约200公里。查勘方法多是以乘船为主，顺流而下，在河湾、塌岸、控导工程、险工等重点地方，下船登陆徒步查勘，利用望远镜、激光测距仪辅助设施，在宽阔的河道里观察河势的汊流、沙洲等分布情况。每年河势查勘均绘制五万分之一的河势图，将汛前汛后河势套绘在五万分之一图上，对照比较一年来的河势变化，作为一年的基本河势图。汛期遇有大洪水，都随时组织查勘河势，绘制河势图，掌握河势变化，对局部河段发生严重变化导致堤防出险或引黄工程脱河等河势，由修防处、段增绘河势图。另外还有航测照片资料可以利用。为了使用便利还特别套绘有历年主溜线变化图。

河道查勘除了解和掌握河势变化趋势外，还重点调查以下内容：(一)对堤河、串沟的方向、大小、深度都应调查清楚，标于河势图上，以便研究堤河、串沟的治理方案和对堤防的影响。(二)调查滩面淤积，一方面按照河床大断面测验作为依据，但断面间距较大，代表性差，还须对大洪水后漫滩淤积进行补充调查，按照当地房屋、树木、滩面桩等标志，访问群众，调查了解，记载滩面淤积厚度。(三)对重要的滩区生产堤、民埝、引水高渠堤、高路基进行测量标在图上，对大面积阻水片林、堆积泥沙等现象要标明位置、范围、高度，为河道清障提供依据。河道查勘后，由查勘组进行座谈讨论，根据各修防处、段汇报所辖河段的河势变化、存在问题及应修工程等，提出河势查勘报告和河势图。

二、大断面观测

黄河下游河道断面观测自1951年开始，从秦厂至利津布设16个断面。为了便于分析河道冲淤变化，于1962年起改为统一性测验，由黄委会大体按水流传播时间规定由铁谢至河口79个断面测量日期并由各有关水文站相应施测输沙率。至1987年观测断面增为107个。一般每年汛前汛后测两次，如遇汛期冲淤变化较大增测1～2次。观测任务每年先后由河南、山东河务局和郑州、济南水文总站完成。为了加强重点段的河道观测研究工作，从1957年起先后开展了花园口游荡性河段，伟那里弯曲性河段，土城子挟沙能力河段，前左河口区及位山枢纽壅水段的加密断面和水沙因子等观测工作。断面测验技术要求主要依据1957年4月黄委会颁发的《黄河下游河道普遍观测工作暂行办法(初稿)》、1964年10月颁发的《黄河下游河道观测技术试行规定》。1971年11月黄委会印发《黄河下游河道观测资料整编试行办法》后，由河南、山东河务局和郑州、济南水文总站先后完成1951年至1985年河道断面资料整编工作，并刊印出版五册。

河道大断面观测，截至1987年自孟津铁谢到河口全河共布设107个固定大断面，其中河南27个，山东80个，由河南、山东河务局分别进行测量，每年由黄委会按照河道流量情况通知统一测量日期，每年汛前5月份，汛后11月份各统测一次。通过大断面测量，了解河道冲淤变化、滩槽高差、主槽河宽、深泓点位置、河床纵向剖面变化等情况，分析排洪能力，为河道整治提供依据(详见表3—1)。

第四节　河道清障

一、民埝兴废

黄河下游河道的民埝，起自1855年铜瓦厢决口后的初期，河道滩区居民为保护村舍筑埝自卫。当时清廷因忙于镇压农民起义，无力顾及修堤，只好"劝谕各州、县自筹经费，顺河筑埝"。于是沿河两岸先后修起了一些民埝。据咸丰十年(1860年)官方的一次调查称："张秋以东自鱼山到利津海口皆经地方官劝筑民埝"(《再续行水金鉴》)。后来随着新河道逐渐形成，有部分

1952～1987 年黄河下游大断面实测成果表 表 3—1

断面名称	实测时间（年月日）	年数（年）	断面宽度(米)			平均高程(米)			淤积厚度(米)			平均年升率(米)		
			全断面	主槽	滩地	全断面	主槽	滩地	全断面	主槽	滩地	全断面	主槽	滩地
铁谢	1960、7、4		4400	3620	780	120.17								
	1987、5、7	28	4330	3620	710	119.78	119.30	122.23	—0.39			—0.01		
裴峪	1958、6		6030	3820	2210	109.88	109.98	109.71						
	1987、5、14	30	6080	5470	610	108.77	108.68	109.57	—1.11	—1.30	—0.14	—0.04	—0.04	—0.01
花园口	1954、6、22		9750	5440	4310	92.63	92.02	93.39						
	1987、5、7	34	9040	4020	5020	93.25	92.87	93.55	0.62	0.85	0.16	0.02	0.03	0.01
柳园口	1952.6、22		5790	4140	1650	78.77	78.60	79.19						
	1987.5、7	36	5160	3440	1720	79.24	79.06	79.61	0.47	0.46	0.42	0.01	0.01	0.01
夹河滩	1952、6、10		6770	2530	4240	72.68	72.29	72.91						
	1987、5、7	36	6770	3490	3280	73.37	73.09	73.66	0.69	0.80	0.75	0.02	0.02	0.02
马寨	1952、7、6		15410	4450	10960	65.54	65.07	65.73						
	1987、5、18	36	15340	4440	10900	66.76	66.81	66.73	1.22	1.74	1.00	0.03	0.05	0.03
高村	1951、6、13		4930	2170	2760	59.45	59.14	59.69						
	1987、5、9	37	4890	2170	2720	61.39	61.20	61.55	1.94	2.06	1.77	0.05	0.06	0.05
孙口	1952、8、7		6100	2000	4100	45.30	44.95	45.47						

续表

断面名称	实测时间（年月日）	年数（年）	断面宽度（米）			平均高程（米）			淤积厚度（米）			平均年升率（米）		
			全断面	主槽	滩地	全断面	主槽	滩地	全断面	主槽	滩地	全断面	主槽	滩地
孙　口	1987、5、16	36	6014	1581	4433	47.03	46.76	47.13	1.73	1.81	1.66	0.05	0.05	0.05
艾　山	1968、5、21		484	484		35.95	35.95							
	1987、5、7	20	484	484		37.83	37.83		1.88	1.88		0.09	0.09	
泺　口	1951、4、14		1404	303	1101	28.64	24.05	29.90						
	1987、5、7	37	1387	316	1071	29.40	26.21	30.35	0.76	2.16	0.45	0.02	0.06	0.01
刘家园	1965、4、19		2128	548	1580	24.30	21.20	25.37						
	1987、5、14	23	2088	548	1540	25.00	23.28	25.60	0.80	2.08	0.23	0.03	0.09	0.01
道　旭	1965、4、21		3515	465	3050	15.23	12.54	15.64						
	1987、5、7	23	3479	465	3014	15.54	13.63	15.83	0.31	1.09	0.19	0.01	0.05	0.01
利　津	1951、4、16		612	612		9.59	9.59							
	1987、5、9	37	605	605		10.88	10.88		1.29	1.29		0.03	0.03	
前　左	1964、3、18		1420	1420		8.20	8.20							
	1987、5、12	24	1420	1420		9.06	9.06		0.86	0.86		0.04	0.04	

注：①高程大沽。②高村断面 1987 年基点高程较 1951 年高 0.09 米。

民埝收归官守，历经培修，遂基本形成两岸的临黄堤。但是，滩地居民为保护村舍、耕地仍近水修埝自卫。民国时期下游河道有官修大堤，近水民埝由民修民守，并设有埝工局管理。遇到汛期涨水，居民先守埝，埝溃后大堤亦决。过去这种情况屡见不鲜。实践证明，民埝对河防不利。民国22年（1933年）山东河务局呈请省政府制止民众在滩地修筑民埝，称："民众临河筑埝，希图圈护滩地垦种，一旦汛涨水发，河窄不能容纳，势必逼溜危及堤防安全。为此，请下指令，严行制止临河修埝，以安河流"（《山东河务特刊》）。1938年黄河从花园口改道南流后，故道内居民增加，河道大部垦为农田。1947年黄河归故后，滩区居民为保护生产，修补并增修了一些民埝。

建国后，黄河下游治理贯彻"宽河固堤"的方针，实行废除滩区民埝的政策。1950年黄河防汛总指挥部《关于防汛工作的决定》中指出："废除民埝应确定为下游治河政策之一"。已经冲毁的不准再修，未毁的不准加培。河南、平原、山东三省执行这一政策后，大部分地区已停止修筑民埝，部分旧民埝亦有拆除。据1954年统计，东坝头至梁山河段仅有民埝36.31公里。为进一步贯彻废除民埝政策，1954年中共山东分局批转了中共山东河务局党组《关于废除滩区民埝问题的报告》。同年，中共河南省委发出《为确保黄河安全贯彻废除民埝政策的指示》，指出在河床滩地修民埝与水争地，缩窄河道必然逼高水位，增加大堤危险，影响全河治理。为扩大河道排洪能力，增强堤防安全，必须继续贯彻废除河床民埝政策，未修者杜绝再修，新修者立即有步骤地废除。由于各级党委及政府的重视，措施得力，废除滩区民埝政策得以贯彻落实。

1958年末，在"大跃进"的影响下，由于对黄河泥沙淤积问题认识不足，片面地认为在三门峡水库建成后，黄河防洪问题基本解决，致使滩区群众普遍修起了生产堤（即民埝）。据1959年底统计，河南滩区修建生产堤长322公里，山东省的菏泽至长清河段内修筑生产堤长161.2公里。此后，对生产堤的兴废有不同认识，曾执行过"防小水不防大水"的政策。

1960年黄河防汛总指挥部确定：黄河下游生产堤的防御标准为花园口站流量10000立方米每秒，超过这一标准时，根据"舍小救大，缩小灾害"的原则，有计划地自下而上或自上而下分片开放分滞洪水。此后每年执行生产堤破口计划。

1974年3月，国务院在批转黄河治理领导小组《关于黄河下游治理工作会议的报告》中指出："从全局和长远考虑，黄河滩区应迅速废除生产堤，修筑避水台，实行'一水一麦'，一季留足群众全年口粮的政策。"由于生产堤直接关系到群众生产生活的切身利益，又系多年形成，彻底破除阻力很大，仍执行汛期安排生产堤破口计划。据 1975 年汛前统计，黄河下游滩区生产堤和渠堤全长 838 公里，计划破除口门 293 处(河南 82 处，山东 211 处)，已破除 228 处(河南 43 处，山东 185 处)，占计划的 77.8%。1982 年，为进一步贯彻废除生产堤政策，对各地生产堤破除实行责任制，拒不执行的要追查责任，严肃处理，使大部分生产堤执行了按生产堤长度的百分之二十破除的破口计划。该年 8 月花园口洪峰流量 15300 立方米每秒，洪水期间，生产堤绝大部分破除进水行洪，使滩区起到了滞洪削峰的作用。

二、清除行洪障碍

下游河道在贯彻废除生产堤的同时，对阻碍行洪的建筑物，如灌溉渠堤、公路路基、格堤、片林等，汛前进行检查清除，清除标准为与当地地面平，最高不高于当地地面 0.5 米。对河道堤防两侧的违章建筑物，如房屋、砖瓦窑、石灰窑、坟头、水井等进行了清除，按照黄委会的管理制度规定：

(一)严禁在黄河河道内任意修建阻水、挑水工程，确实需要修建时，要在不影响河道行洪和上下游、左右岸堤防安全及不引起河势变化的前提下，事先征得当地治黄部门的同意，做出设计，按规定程序，经省黄河河务局审核后，转报黄河水利委员会批准，方能施工。对河道内已建工程，凡不符合工程管理规定的，要限期拆除，拆除费由原来建筑单位担负。

(二)严禁向河道内排放废渣、矿渣、煤灰及垃圾等杂物。已排放的，按照“谁设障，谁清除”的精神，限期由排放单位清除。严禁任何单位将有毒有害的污水排入河道，需要排放的，必须经过净化处理，符合国家规定排放标准，经环境保护主管部门批准方可排放。

(三)护堤林、护坝林需在规定范围内种植。严禁在行洪区植树造林，种植芦苇和其他高杆阻水作物。

按照上述规定，实行行政首长负责制后，对违章建筑进行了处理。截至 1987 年，河南沿堤搬迁房屋 604 间，拆除砖(灰)窑 123 座，移坟 1352 个，平井 100 眼。

第十章　分滞洪工程管理

第一节　北金堤滞洪区

一、管理机构

北金堤滞洪区系1951年开辟，同年8月长垣石头庄溢洪堰建成后，随即成立长垣石头庄溢洪堰管理处，归平原河务局领导。1952年平原省濮阳专区及其所属各县建立临时滞洪办公室，负责修建避水工程。1952年11月平原省撤销后，濮阳专区及所属的滑县、长垣、濮阳县划归河南省，聊城专区的范县、寿张县划归山东省，均成立属地方政府建制的滞洪机构。濮阳、聊城专区成立滞洪处，各县建立治黄科，各乡配备滞洪助理员，负责滞洪工作。滞洪机构共配备管理人员141人，其中滞洪助理员44人。此后随着行政区划的调整，相应调整滞洪机构及隶属关系。1959年北金堤滞洪区停止使用，管理机构撤销。

1963年11月20日，国务院《关于黄河下游防洪问题的几项决定》中要求恢复北金堤滞洪区并决定，“大力整修加固北金堤堤防，确保北金堤的安全，在北金堤滞洪区内，应逐年整修恢复围村堰、避水台、交通道路以及通讯设备等，以保证滞洪区内群众安全”。1964年区划调整，北金堤以南地区划归河南省，撤销寿张县，原金堤以南寿张县地区划归范县，金堤以南部分耕地和村庄，划归山东省莘县和阳谷县。这次调整有利于金堤河排水入黄，也有利于北金堤滞洪区的统一管理。1964年7月，河南省人民政府确定成立安阳专署滞洪办公室，所属长垣、滑县、濮阳、范县设立滞洪办公室。1964至1969年共配备滞洪干部111人，其中乡滞洪助理员51人，主要任务是管理滞洪区避水工程的建设和修复，并负责组织群众迁移安置工作。

1970年安阳地区滞洪处与安阳黄河修防处合并，从此滞洪机构属黄河部门领导。在安阳黄河修防处、段中成立滞洪组。至1978年滞洪干部配备83人，其中乡滞洪助理员28人。1978年12月，经国务院批准建立安阳地区台前县，至此北金堤滞洪区所辖河南省长垣、滑县、濮阳、范县、台前，山东省莘县、阳谷共七个县。

1976年北金堤滞洪区进行改建，分洪口门下移28公里，1978年濮阳渠村分洪闸建成，撤销长垣石头庄溢洪堰管理段，成立渠村分洪闸管理处，配备干部44人，归河南河务局领导。1979年5月滞洪管理机构从修防处、段内分离出来，成立安阳黄河滞洪处，长垣、滑县、濮阳、范县、台前县成立滞洪办公室及钢丝网水泥造船厂。全处共配备滞洪人员242人，其中造船厂149人。1983年河南省设立濮阳市，原安阳地区滞洪区五个县划归濮阳市领导，改称濮阳市滞洪处，各县滞洪办公室建制不变。1986年，河南河务局进行机构改革，将濮阳市黄河滞洪处和修防处合并，处内设滞洪办公室，下属各县滞洪办公室建制不变。1986年，河南省进行新市划分，将长垣划归新乡市，滑县划归安阳市，形成滞洪区三市共管的状况。为工作方便滑县滞洪管理段由濮阳市黄河修防处代管，长垣仍归新乡不动，其它各县滞洪办公室未动。

北金堤修防机构设置：濮阳金堤管理段，归河南河务局建制；莘县、阳谷修防段归山东河务局建制。渠村分洪闸管理处有职工84人，1986年改为渠村分洪闸管理段，有职工89人。

二、管理任务

北金堤滞洪区担负分滞洪水的任务，为保证安全，及时分洪，北金堤及有关涵闸、避水工程，由专职人员和群众护堤组织，负责管理养护工作。

北金堤全长123.3公里。属河南管辖的长39.93公里，山东管辖长83.37公里。堤防管理参照黄河堤防管理体制，县成立堤防工程管理委员会。濮阳金堤管理段，莘县、阳谷修防段具体负责管理养护，设专职护堤干部20人，沿堤村选派护堤员。截至1985年共有护堤员256人，按照黄河大堤管理办法，平垫水沟浪窝，保持工程完整，植树种草绿化堤防，发动群众捕捉害堤动物，锥探灌浆消灭隐患，依法管理堤防、树木、料物、通讯设施和测量标志等，防止破坏和盗劫，一旦滞洪则投入巡堤查水和抢险工作。

（一）避水工程管理养护

从1953年至1987年共分三期完成避水堰台工程，其中1976年改建前修围村埝360个，避水台1919个，改建后又完成新台堰754个（其中新建413个，加固341个）。这些新堰台的修建可以减少外迁人口57.6万人，减轻了原来外迁110万人的负担。各县滞洪办公室平时鼓励群众植树种草，绿化堰台，村内设护埝(台)员，对工程进行看守和维修养护。

为解决滞洪时群众安全迁移，滞洪区内已修筑晴雨公路467.3公里，跨越金堤河桥梁14座。上述桥梁公路均由滞洪处负责管理，但养护费尚不落实。

(二)群众迁移安置

在濮阳市防汛指挥部的统一领导下，市滞洪办公室及各县滞洪办公室，负责滞洪区群众迁移安置的组织安排。每年进行人口调查，编制迁移安置计划，划分迁移道路和落实安置乡村。据1987年统计，河南、山东在滞洪区内人口总数达140.79万人，扣除埝台工程保护68.19万人外，需外迁人口72.6万人。按照就近迁移的原则，向北金堤以北迁移人口50万人，向临黄大堤上迁移人口22.6万人。按照洪水预报期各地迁移时间是：分洪闸附近、濮阳市郊主流区及滑县的一部分为17小时，距分洪闸稍远的濮阳、滑县、长垣为17至24小时，范县为36至48小时，台前为60小时。中原油田按照迁移计划自行组织迁移。

由于滞洪区内人口逐年增加，原建避水台面积不足；按原规划修建的公路尚差263公里，桥梁差10座，已有桥每座平均承担3.7万人的迁移，任务太重。若能增加10座即降为2万人。分洪后存在部分积水排不出去，加之抽排设备和电力不落实，对恢复生产无保障。

(三)分洪闸管理运用

在濮阳市防汛指挥部统一领导下，渠村分洪闸管理段负责平时的管理和建筑物的维修养护，汛期准备分洪，按照黄河防汛总指挥部的命令执行分洪任务。

1.分洪前准备工作：

闸门启闭：事先由防汛指挥部，按照当年黄河各级流量水位，拟订闸门启闭计划，成立分洪闸门启闭小组，分别负责闸门的启闭工作。

破除闸前围堤：渠村分洪闸前设有一道围堤，长1200米，顶宽4至5米，顶部高程65至65.6米(黄海系统，以下同)，背河地面59米，临河地面61米。设计爆破围堤长600米，设计分洪水位62.65米，相应大河流量14500立方米每秒，设计爆破主口门6个，限8小时内完成爆破作业，由中国人民解放军驻闸部队执行爆破任务。

2.分洪闸操作运用：

分洪闸启闭时，领导须亲临现场指导，保证电网供电，若供电有故，由备用发电机供电，技术人员负责，保证闸门操作准确无误。一旦滞洪要建立完善的记录和请示报告制度，每次启闭任务的指令、启闭程序、开度、时间、上下游水位、流量及执行人员都要详细记载，启闭完成后，向上级报告。分洪期间，要经常观测闸门、建筑物、启闭运行情况和上下游流态、水位、流量、闸上下游冲淤情况，定时向上级报告。

（四）滞洪区观测

分洪后要组织力量对滞洪区流势、流路进行观测，同时在北金堤及临黄堤组织实测滞洪水位，并记录水头的行程时间。

（五）组织北金堤防守

北金堤各修防段工程队人员较少，抢险经验差。为了确保北金堤的安全，滞洪后应组织临黄堤各修防段工程队支援北金堤抢险，必要时请中国人民解放军支援。

第二节 东平湖分洪工程

一、管理机构

东平湖分洪区原系黄河自然滞洪区，1952 年在安山镇建立东平湖管理处，由黄委会直接领导，1953 年 1 月，划归山东河务局领导。同年 10 月东平湖管理处改为东平湖修防处，下设东平、汶上、运西、金线岭修防段。

1958 年位山枢纽工程开始兴建，1960 年东平湖水库建成。为了加强枢纽工程的施工和管理，于 1961 年 5 月建立位山枢纽工程管理局，驻东阿县关山村，下设拦河闸、防沙闸、引黄闸和十里堡、耿山口、徐庄、陈山口进、出湖闸、张坝口引水闸等管理所；东平湖水库围堤、大清河堤、银山围堤，按行政区划分别建立梁山湖堤第一、二、三修防段，汶上湖堤修防段，编制名额共 1085 名（其中干部 246 名）。

1962 年 8 月，根据中央精减机构指示，位山枢纽工程管理局下设拦河闸和徐庄、耿山口、十里堡进湖闸、陈山口出湖闸管理所，东平湖修防处下设梁山湖堤第一、二修防段，东平、汶上湖堤修防段。

1963年位山枢纽拦河坝破除，位山工程管理局与东平湖修防处合并为位山工程局（仍保留东平湖修防处名义），编制减为552人。原下属闸管所和修防段不动。位山工程局迁至梁山县城东平湖修防处住地办公。

截至1985年，位山工程局下设梁山、东平、汶上湖堤修防段及梁山进湖闸管理所，分管石洼、林辛、十里堡、耿山口、徐庄5座分洪闸，平阴出湖闸管理所，分管陈山口、清河门两座出湖闸和陈山口引湖闸。

二、管理任务与要求

近期黄河下游防洪任务为："确保花园口站22000立方米每秒洪水不决口，遇特大洪水时，尽最大努力，采取一切办法，缩小灾害。"花园口站发生10000～22000立方米每秒洪水，利用东平湖分洪工程滞洪，控制艾山下泄流量不超过10000立方米每秒，分洪运用水位为44米，争取44.5米。分洪工程管理要做到"分得进，守得住，排得出，群众保安全"。同时，也要做好超标准运用的准备。

（一）东平湖分洪工程运用，须由黄河防汛总指挥部会同山东省人民政府确定。进、出湖闸闸门启闭，由山东省防汛指挥部下达命令，由东平湖防汛指挥部组织实施。

（二）在运用中，必须依据工程的设计指标，不得超设计运用，以确保安全。如因特殊需要超设计运用时，必须进行技术鉴定，报请上级主管部门批准。

（三）分洪前准备工作：1.闸门启闭，由防汛指挥部拟订闸门启闭计划，成立分洪和泄洪闸启闭小组，分别负责分泄洪闸的启闭任务。2.破除闸前围埝。分洪闸前均筑有围埝，根据花园口站洪水预报确定需要分洪时，围埝破除人员应立即上堤。待花园口站报峰，确定运用方案后首先在破口处削弱围埝断面，接到分洪命令，迅速进行全面破除。有的采用人力破除，有的辅以小药量爆破。

（四）分洪泄洪闸操作运用：1.各闸启闭时间及分洪泄洪指标，必须严格按照上级防汛指挥部下达的命令执行，保证完成。2.分泄洪闸启闭时，领导现场指挥，技术人员负责，保证操作正确无误。3.建立请示报告制度。启闭记录，每次启闭任务的有关指令，闸门启闭方式、程序、开度、时间、水位、流量等，都要详细记录，启闭完成后立即向上级汇报。4.经常观测闸门、建筑物、启闭机运行情况及上、下游流态，闸门上、下游冲淤情况。5、为了分洪闸安全运行，各闸启闭均需分批分级均匀开启，按照制定的启闭程序进行，并应由中间孔到两侧依次对称开启，由两岸到中间依次对称关闭。分洪期间，须注意各闸的分洪过程。根据闸上、下游河段水文站实测水位、流量，及时加以调整。

（五）围堤防守：在蓄洪期间，按照省防汛指挥部的部署，划定防守责任段，组织好群众防汛队伍，做到组织严密，技术过硬，能根据蓄洪需要及时上堤防守，抢护险情，确保围堤安全。

（六）分洪区群众迁安救护：各县防汛指挥部，专门建立迁移抢救组织，按照"就近安置"的原则，乡、村、户对口挂钩，做好迁移群众安置工作。做到保证不死人，财产少受损失。

三、检查观测

（一）工程检查

分洪工程检查分为经常检查、定期检查、特别检查和安全鉴定。经常检查，结合岗位责任制固定专人对建筑物各部位、启闭机械、动力设备、通讯设施等经常进行。定期检查，规定各进出湖闸在汛前、汛期、汛后及启闭运用前后定期进行。特别检查，在特殊情况下，如遇特大洪水工程出现异常现象或发生重大事故时进行。安全鉴定，根据需要对工程安全进行特殊的检查与评定工作。1973 年工程大普查和 1981 年开展工程"三查三定"时，东平湖分洪工程均进行过全面系统的检查，检查结果，均整理归档，对检查发现的重大问题，及时进行了处理。

（二）工程观测

工程观测分定期和运用观测，按照工程管理条例和水工建筑物观测办法，对工程进行经常和系统的观测。通过观测资料的分析，了解建筑物的动态，发现异常变化，及时采取措施，保证工程安全。观测项目包括：

1. 水位观测。各闸分别设置闸上、下游水尺，当黄河流量超过 7000 立方米每秒时，各分洪闸观测闸上水位。分洪运用时，按 24 段 12 次观测和发报。每次闸门调整后，流态稳定时加测一次。

2. 流量观测。各进湖闸开始分泄流量可按泄流曲线查报，随后按河道上、下游控制站实测的流量差数，修正各闸的泄流曲线使其逐步正确，据以查报。出湖闸流量由水文站测报，根据测报数值修正泄流曲线。

3. 水流情况观测。包括流向、水跃、水流形态三项。水跃观测，主要观测收缩断面位置起点、终点、跃前水深、跃后水深等项，观测方法可采用方格坐标法，事先在发生水跃范围内的两岸翼墙上绘制方格坐标，用目测法进行。流向观测，主要观测水流的方向，可用投放浮标或其他漂浮物的办法观测。水流形态观测，主要观测水流的水面形态，包括急流、摆动流、回流、滚波、旋涡、上游行近流速、过闸水流形式、水面横比降及水花翻滚强弱地点范围等，一般可用目测。

4. 渗压观测。汛期闸门偎水每天观测一次，当闸上水位变化幅度每涨落1米时，应加测一次。并应同时观测上、下游水位。

5. 沉陷观测。运用期间，石洼、林辛、十里堡闸在洪水峰前、峰顶、峰后及清河门出湖闸在挡水、泄空、最大泄量时各测一次外，汛前、汛后各闸要求统测一次。同时观测气温、水位、渗压。

6. 位移观测。运用期间与沉陷观测同时进行，非运用期间不测。

7. 工程动态检查观测。为了工程安全运用及今后改善运用方式提供依据，各闸在运用期间，均指定专人，对主要工程部位经常进行检查观测，主要有：混凝土工程、土石方工程、反滤排水井、沉陷伸缩缝、闸门、启闭机以及其它有必要观察的部位，观察次数除运用前后各普查一遍外，运用期间需经常组织检查做出记录存档，并上报备查。

第三节　南北岸展宽工程

一、管理机构

山东南北岸两处展宽工程建成初期，管理机构比较健全，凡分凌(洪)泄洪闸，均按要求建立了管理所，属修防处领导，管理人员配备较齐，负责正常的观测、维修养护工作。后来，由于工程运用机遇较少，管理任务较小，管理机构先后撤销，仅留少数人看管工程。到1985年，北岸齐河展宽工程尚有李家岸闸管所1处(分凌、灌溉兼用)，其它均由分段兼管，配有管理人员39人；南岸垦利展宽工程全部由修防段或分段兼管，配有管理人员20人。

二、管理任务

(一)北岸展宽工程

当济南市北店子至洛口窄河段冰凌卡塞,凌洪排泄不畅,威胁济南市和津浦铁路安全时,运用豆腐窝及李家岸分洪闸向北展区内分泄凌洪,保证安全。

当花园口站发生30000立方米每秒以上至46000立方米每秒特大洪水时,除采取其它拦洪滞洪措施外,运用豆腐窝、李家岸分洪闸向北展区分洪2000立方米每秒,再由大吴泄洪闸向徒骇河分洪700立方米每秒。

(二)南岸展宽工程

当博兴麻湾至利津王庄窄河道形成冰坝,水无出路,凌洪威胁胜利油田和沿黄人民生命财产安全时,运用南展宽工程的麻湾、曹店分洪闸分泄凌洪,保证安全,当汛期洪水位超过设防水位时,亦可向南展宽区分洪,降低洪水位,以保证安全。

(三)运用前的准备工作

1. 破除闸前围埝及阻凌障碍:

(1)北岸展宽工程—豆腐窝分洪闸前筑有围埝。围埝长337米,埝顶高程37米(大沽),顶宽4米,分凌时采用爆破法破除围埝,按设计爆破3个口门,宽度分别为5.9米、8.4米、5.6米,爆深2米,最初过水断面7.95平方米,初分流量12立方米每秒,之后逐步扩大分流。爆破前的准备工作有电源线路安装、安全保卫和器材管理等,爆破任务请公安部门或中国人民解放军承担。

(2)南岸展宽工程—南展宽区麻湾分洪闸和章丘屋子泄洪闸前均设有围埝,两处围埝按计划破26个口门,展宽区内破除行洪障碍18处,口门54个,共计破80个口门。爆破作业共需66人。

2. 分泄洪闸管理人员,按照岗位责任制,平时对机械、工程作好维修,汛前做好试运转,做到闸门启闭灵活,排除一切故障。并制定闸门启闭运用程序。

3. 展宽区各级防汛指挥部,接到分凌分洪预报后,立即组织基干班和抢险队,上堤防守。同时,做好展宽区群众的迁移、抢救、安置工作。南展宽区的油井,事前封堵井口,以尽量减少分凌损失。

4.北展堤与津浦铁路交叉处有缺口，与铁路部门协议，运用前，由铁路部门拆轨、清石碴；接到分洪预报，由防汛指挥部组织力量关闭缺口闸门。

第四篇

防　汛

在远古时代，人类为了生存对洪水采取躲避的办法，后来氏族部落开始定居，为保障居住和农田安全，对洪水采取围护的办法。如共工“壅防百川，堕高堙庳”，就是用堤埂把居住区和农田围护起来。春秋战国时，黄河下游开始修筑堤防以御洪水，逐渐形成了堤防岁修、汛期防守等制度。金章宗泰和二年（1202 年）制定颁布的《河防令》，根据一年中的水情规定“六月一日至八月终（旧历）”，为黄河“涨水”期，沿河州县官员必须轮流“守涨”（《金史·河渠志》）。明代还制定了“四防二守”制度。四防即风防、雨防、昼防、夜防。在汛期大水时，强调无论风雨昼夜，都要加意防守；二守即官守和民守。官守即沿河的管河机构，设有河兵分段防守，民守即规定黄河堤上“每里十人以防”，建立了“三里一铺”、“四铺一老人巡视”的护堤组织，当“伏秋”水发时，“五月十五日上堤，九月十五日下堤”（《明史·河渠志》）。以后即沿袭这一制度，在不断改进中，使防守制度进一步完善。

黄河防汛一年共分桃汛、伏汛、秋汛、凌汛四汛。

桃汛，指每年三、四月间，流域内冰雪融化及宁夏、内蒙古河段前期河槽蓄水下泄在下游出现较小洪峰，这时正值桃花盛开季节，故称“桃汛”。花园口站实测最大桃峰流量为 3480 立方米每秒（1968 年），多年平均流量为 2110 立方米每秒。

伏汛，七、八月间，中游常降暴雨，造成河水暴涨，称为“伏汛”。黄河历史大洪水，多发生在伏汛期间。据调查，1843 年（道光二十三年）大洪水，陕县洪峰流量为 36000 立方米每秒，出现于 8 月 10 日。实测最大的 1933 年洪水，陕县洪峰流量 22000 立方米每秒，出现于 8 月 10 日。1958 年花园口站出现的 22300 立方米每秒洪水，发生于 7 月 17 日。1982 年花园口站出现的洪峰流量 15300 立方米每秒洪水，发生在 8 月 2 日。

秋汛，九、十月间，秋雨连绵，黄河基流加大，遇降暴雨，也会出现大洪水。1949 年花园口站曾发生 12300 立方米每秒洪水，出现在 9 月 14 日。伏秋两汛相连，又是黄河主要汛期，习惯上称为“伏秋大汛”。

凌汛，黄河在宁夏、内蒙古和山东境内，因各河段所处的地理纬度不同，气温变化有所差异，每年立春前后，甘肃和河南河段回暖较早，冰凌开始融化，而内蒙古和山东河段转暖较迟仍在封冻。这样，从上段流下来的冰块，在尚未解冻的河段里阻塞，形成冰塞、冰坝，阻碍凌水下泄，使河水陡涨，称为凌汛。凌汛在下游河段多发生在二月，在宁夏、内蒙古河段多发生于三月。

1946 年至 1949 年解放战争时期，黄河下游冀鲁豫和渤海解放区人民，在各级党委和政府的领导下，为粉碎国民政府提前堵复花园口决口引黄归故水淹解放区的图谋，开始修复黄河堤防，为确保防洪安全，提出了“确保临黄，固守金堤，不准决口”的防汛方针，发动和依靠群众，战胜了 1949 年洪水。

建国后，总结历史经验，对黄河下游治理采取“宽河固堤”方策，逐步建立健全了修防体制，把防洪保安全列为首要任务。进行了三次大规模的修堤，并石化了险工，进行了河道整治，兴建了北金堤和东平湖分滞洪工程及三门峡等水库，起到了调节洪水和防凌蓄水的作用。依靠上述防洪工程和沿河两岸组织的强大人防大军，连续战胜了花园口站出现的 10000 立方米每秒以上的 12 次洪水，特别是战胜了有水文记载以来最大的 1958 年花园口站 22300 立方米每秒的大洪水及 1982 年花园口站 15300 立方米每秒洪水；1967 年以来，运用三门峡水库调节和爆破等措施，安全渡过了 6 次严重凌汛。

第十一章　防伏秋汛

第一节　方针任务

1946年冀鲁豫、渤海解放区开始治黄，鉴于黄河洪水灾害是历史上长期没有解决的严重问题，1947年提出“确保临黄，固守金堤，不准决口”的方针，依靠群众培修堤防和加强防守的措施，保证防洪安全。1950年黄委会制定了“依靠群众，保证不决口、不改道，以保障人民生命财产安全和国家建设”的方针，并确定以防御陕县站17000立方米每秒洪水为目标，艾山以下按8500立方米每秒的标准设防。在上述方针指导下，黄河下游修复了堤防工程，组织群众防汛队伍，加强防守，战胜了1949年花园口站12300立方米每秒的洪水。1951年政务院财政经济委员会作出《关于预防黄河异常洪水的决定》。指出为了在遭遇异常洪水时，能有计划地缩小灾害，决定开辟沁黄、北金堤、东平湖滞洪区，要求1951年汛前完成。黄河防总每年根据防洪工程及河道排洪能力情况，确定各年黄河下游的防汛任务。

1958年7月，战胜了花园口站出现22300立方米每秒的洪水，黄河下游即以此级洪水为防御目标。1960年三门峡水库建成后，误认为黄河洪水问题基本解决，对下游防洪管理有所放松，同时受三年自然灾害影响，防洪工程失修，加以前期河道淤积，到1962年，黄河下游防洪目标降至防花园口站18000立方米每秒。以后经过第二、三次大修堤，又恢复到防御花园口站22000立方米每秒的洪水目标。

从50年代开始，黄河下游在每年防汛工作中，贯彻了“及早动手，有备无患”的方针，一切防汛准备工作，都要求早部署、早检查、早准备。对防御目标以内的洪水，要保证不决口，对于超过防御目标的洪水，也要做到有准备、有对策，以防止严重的决口和改道。60年代以后，防汛工作采取“以防为主，防重于抢”的方针，强调防汛工作要立足于早来水、来大水做好准备，以争取主动。

随着治黄实践经验的积累发展，下游防洪方针和任务也不断有所变化。三门峡工程的实践，认识到解决泥沙问题的长期性，决定了下游防洪的长期性，只要还有洪水和泥沙，黄河下游就有排洪排沙的防洪任务。另外，对下游洪水的认识也不断有新的变化。50年代初期只知道有1933年陕县22000立方米每秒和1843年36000立方米每秒的洪水，这两次洪水都发生在三门峡以上地区，当时认为三门峡水库建成后黄河下游防洪问题可以基本上得到解决。但是，1958年黄河发生了22300立方米每秒的洪水，这次洪水主要来自三门峡以下干支流区间，同时，又发现了1761年洪水，这次洪水主要也是来自三门峡以下地区，据计算花园口站洪峰流量为32000立方米每秒。1975年淮河大水后，根据水文气象和历史洪水资料分析计算，在三门峡水库控制运用的情况下，黄河下游还有发生46000立方米每秒特大洪水的可能。

自1950年黄河防汛总指挥部成立以来，每年都明确了防御目标和任务（见表4—1），要求各级黄河防汛指挥部贯彻执行。

第二节　组织领导

1950年中央人民政府政务院政秘董〔50〕第709号《关于建立各级防汛机构的决定》中指出："为战胜洪水，保障农业生产，各河湖堤防，虽已普遍整修，尚赖大力防守，方可确保安全，今年防汛工作，经中央人民政府和水利部召开全国防汛会议，讨论结果，认为必须以地方行政为主体，并邀请各地人民解放军代表参加，组织统一的防汛机构，以发动并依靠群众力量，才能顺利完成任务。"并明确指示："黄河上游防汛，即由所在各省负责办理，下游山东、平原、河南三省设黄河防汛总指挥部，受中央防汛总指挥部之领导，主任一人，副主任三人，由平原、山东、河南三省人民政府主席或副主席及黄委会主任兼任。三省各设黄河防汛指挥部，主任一人由省人民政府主席或副主席兼任，副主任二人由该省军区代表及黄河河务局局长兼任，受黄河防汛总指挥部之领导。"

黄河下游防汛工作，在中央防汛总指挥部的领导下，建立了黄河防汛总指挥部，由河南、平原、山东省人民政府的负责人及黄委会主任担任领导。以黄委会为办事机构，设立黄河防总办公室，负责日常的防汛工作。河南、平原、山东各省设立省防汛指挥部（或抗旱防汛指挥部），由党、政、军主要负责同志任指挥、副指挥，下设内河、黄河两个防汛办公室（有的省还设有城市防洪办公室）。黄河防汛办公室设在各省黄河河务局，负责省内黄河防汛工作。

黄河下游 1950～1987 年防汛任务及保证水位一览表

表 4—1

年份	各年防汛任务	花园口		夹河滩		高村		孙口		艾山		泺口		利津	
		Q	H	Q	H	Q	H	Q	H	Q	H	Q	H	Q	H
1950年	防陕州流量 17000 米³/秒					11000						8500			
1951年	防陕州 1933 年洪水 23000 米³/秒	20000				12000						8500			
1952年	防陕州 1933 年洪水 23000 米³/秒	20000	93.60			12600						8500			
953年	防陕州1933 年洪水位 299.14 米的洪水	20000	93.60				61.5						31.00		
1954年	防陕州 1933 年洪水位 299.14 米的洪水	20000	93.60				61.5						31.00		
1955年	防秦厂百年一遇 25000 米³/秒	秦 25000	秦 98.94	23300	74.97	14800	62.20	10800	48.50	9000	42.20	8600	31.00		
1956年	防秦厂百年一遇 25000 米³/秒	秦 25000	秦 99.14	23300	74.86	14800	62.20	10700	48.30	9000	42.15	8600	31.00		
1957年	防秦厂百年一遇 25000 米³/秒	秦 25000	秦 99.14	23300	74.53	14800	62.58	11000	48.50	9000	42.20	8600	31.00		
1958年	防秦厂百年一遇 25000 米³/秒	秦 25000	秦 99.14	23300	74.53	14800	62.58	11000	48.50	9000	42.20	8600	31.00		
1959年	防秦厂 1958 年型 30000 米³/秒	秦 30000	秦 99.59	26200	74.81	21000	63.34	18000	49.80	13000	43.35				
1960年	防花园口千年一遇 25000 米³/秒	25000	94.60	22800	74.69	19700	63.52	16500		8000	41.10				
1961年	防花园口洪峰流量 20000 米³/秒	20000	94.52	18100	74.91	15900	63.15	13900	49.50	9200	41.44				
1962年	防花园口洪峰流量 18000 米³/秒	18000													
1963年	防花园口洪峰流量 20000 米³/秒	20000	93.90	18300	74.40	16000	63.20	14000	49.60	9000	41.60	9000	31.10	9000	13.70

续表

年份	各年防汛任务	花园口		夹河滩		高村		孙口		艾山		泺口		利津	
		Q	H	Q	H	Q	H	Q	H	Q	H	Q	H	Q	H
1964年	防花园口洪峰流量20000米³/秒	20000	94.24	18300	74.38	16000	63.20	14000	49.16	10000	42.00	10000	31.54		
1965年	防花园口洪峰流量20000米³/秒	20000	94.24	18300	74.38	16000	63.20	14000	49.16	10000	42.00	10000	31.54		
1966年	防花园口洪峰流量20000米³/秒	20000	94.21	18300	74.38	16000	63.00	14000	48.49	10000	41.33	10000	31.16	10000	14.43
1967年	防花园口洪峰流量22300米³/秒	22300	94.43	21300	74.60	19600	63.05	17100	48.94	10500	41.35	10500	31.25	10500	14.45
1968年	防花园口洪峰流量22000米³/秒	22000	94.27	21300	74.55	19600	63.44	17100	49.77	10000	41.91	10000	31.47	10000	14.90
1969年	防花园口洪峰流量22000米³/秒	22000	94.49	21300	74.68	19600	63.00	17100	49.92	10000	42.04	10000	31.67	10000	14.78
1970年	防花园口洪峰流量22000米³/秒	22000	94.52	21400	74.86	20300	63.06	17700	49.50	10000	42.01	10000	31.32	10000	14.88
1971年	防花园口洪峰流量22000米³/秒	22000	94.61	21400	75.62	20300	63.53	17700	49.54	10000	42.33	10000	31.78	10000	14.94
1972年	防花园口洪峰流量22000米³/秒	22000	94.66	21500	75.79	20000	63.47	17500	49.96	10000	42.56	10000	32.02	10000	15.14
1973年	防花园口洪峰流量22000米³/秒	22000	94.66	21500	75.79	20000	63.49	17500	50.28	10000	42.88	10000	32.40	10000	15.37
1974年	防花园口洪峰流量22000米³/秒	22000	95.89	21500	76.42	20000	64.45	17500	51.05	10000	43.60	10000	33.35	10000	15.60
1975年	防花园口洪峰流量22000米³/秒	22000	95.75	21300	76.49	19800	64.45	17300	51.20	10000	43.60	10000	33.60	10000	15.80
1976年	防花园口洪峰流量22000米³/秒	22000	94.42	20900	76.75	19200	64.83	17500	51.12	10000	43.90	10000	33.93	10000	15.72
1977年	防花园口洪峰流量22000米³/秒	22000	95.34	20900	77.35	19200	64.58	17500	50.96	10000	43.90	10000	33.48	10000	15.45

续表

年份	各年防汛任务	花园口		夹河滩		高村		孙口		艾山		泺口		利津	
		Q	H	Q	H	Q	H	Q	H	Q	H	Q	H	Q	H
1978年	防花园口洪峰流量22000米³/秒	22000	95.30	20900	77.14	19200	64.60	17500	51.10	10000	43.90	10000	33.48	10000	15.45
1979年	防花园口洪峰流量22000米³/秒	22000	95.38	20900	77.14	19200	64.80	17500	51.13	10000	43.90	10000	33.75	10000	15.78
1980年	防花园口洪峰流量22000米³/秒	22000	95.40	21500	76.96	20000	64.79	17500	51.03	10000	43.85	10000	33.76	10000	16.10
1981年	防花园口洪峰流量22000米³/秒	22000	95.40	21500	76.96	20000	64.91	17500	51.29	10000	43.96	10000	33.95	10000	16.10
1982年	防花园口洪峰流量22000米³/秒	22000	95.47	21500	76.60	20000	65.01	17500	51.86	10000	44.17	10000	33.99	10000	15.70
1983年	防花园口洪峰流量22000米³/秒	22000	95.40	21500	76.72	20000	65.03	17500	51.67	10000	44.20	10000	34.00	10000	15.70
1984年	防花园口洪峰流量22000米³/秒	22000	95.40	21500	76.72	20000	65.03	17500	51.67	10000	44.20	10000	34.00	10000	15.70
1985年	防花园口洪峰流量22000米³/秒	22000	95.40	21500	76.72	20000	65.03	17500	51.67	10000	44.20	10000	34.00	10000	15.70
1986年	防花园口洪峰流量22000米³/秒	22000	95.40	21500	76.72	20000	65.03	17500	51.67	10000	44.20	10000	34.00	10000	15.70
1987年	防花园口洪峰流量22000米³/秒	22000	95.40	21500	76.72	20000	65.03	17500	51.67	10000	44.46	10000	34.20	10000	15.99

注：①“Q”，保证流量，单位为米³/秒；②“H”，保证水位，大沽基点以米计；③1955～1959年在花园口栏内的Q及H均为秦厂站数。

省黄河防汛办公室受省防汛指挥部和黄河防总的双重领导，并负责向其报告工作。沿黄各地、市、县、区也成立相应的防汛指挥机构，并在黄河各修防处、段设立黄河防汛办公室，负责所辖河段的防汛工作。生产队、村设立黄河防汛领导小组，负责组织群众防汛队伍和有关防汛料物工具的准备，洪水时听从指挥，带领群众上堤防守，进行查水、抢险等工作。

1960年三门峡水库建成运用后，把水库上、下游的防汛工作联在一起。1961年中央就召集晋、陕、豫、鲁、冀省的负责人共同研究黄河防汛问题，1962年国务院通知，黄河防汛总指挥部由晋、陕、豫、鲁四省负责人组成，由刘建勋（河南）任总指挥，周兴（山东）、谢怀德（陕西）、刘开基（山西）、王化云（黄委会）任副总指挥，办公地点设在黄委会。库区有关地、县也建立了相应的防汛机构，负责库区、渭河下游及黄河小北干流的防汛工作。

1983年水电部鉴于有关省和黄委会的领导常有变动，为使防汛工作不间断，提出建议报请国务院批准，黄河防汛总指挥部由河南省省长任总指挥，山东、山西、陕西省主管农业的副省长和黄委会主任任副总指挥。今后，不再因领导成员变更，逐年报请国务院任命，均由上述任职的领导同志自然接任。此后黄河防总各指挥即按上述情况办理。

黄河防汛总指挥部一般每年召开一次黄河防汛会议，分析当年的防汛形势，制定方针任务，研究各类洪水的处理方案和对策，部署防汛工作。洪水时协同各省指挥全河防汛工作，实行岗位责任制，明确分工，各就其位，尽职尽责，保证安全。

建国以来黄河防汛总指挥部领导人更迭情况见表4—2。

黄河防汛总指挥部领导成员主要变更情况表　　　　**表4—2**

年　份	黄河防汛总指挥部职　务	姓　名	工　作　单　位	工　作　职　务
1950年～1951年	主　任	吴芝圃	河南省人民政府	主　席
	副主任	郭子化	山东省人民政府	副主席
	副主任	韩哲一	平原省人民政府	副主席
	副主任	王化云	黄河水利委员会	主　任

续表

年　份	黄河防汛总指挥部职　务	姓　名	工　作　单　位	工　作　职　务
1952年	主　任	吴芝圃	河南省人民政府	主　席
	副主任	罗玉川	平原省人民政府	副主席
	副主任	王卓如	山东省人民政府	财经委员会副主任
	副主任	王化云	黄河水利委员会	主　任
1953年～1955年	主　任	吴芝圃	河南省人民政府	主　席
	副主任	王卓如	山东省人民政府	财经委员会副主任
	副主任	王化云	黄河水利委员会	主　任
1956年	主　任	吴芝圃	河南省人民政府	主　席
	副主任	王卓如	山东省人民政府	财经委员会副主任
	副主任	王化云	黄河水利委员会	主　任
	副主任	江衍坤	黄河水利委员会	副主任
1957年	主　任	吴芝圃	河南省人民政府	主　席
	副主任	王卓如	山东省人民政府	财经委员会副主任
	副主任	江衍坤	黄河水利委员会	副主任
	副主任	赵明甫	黄河水利委员会	副主任
1960年	主　任	吴芝圃	中共河南省委	第一书记
	副主任	谭启龙	山东省人民政府	省　长
	副主任	王化云	黄河水利委员会	主　任
	副主任	江衍坤	黄河水利委员会	副主任
1962年～1963年	总指挥	刘建勋	中共河南省委	第一书记
	副总指挥	周　兴	中共山东省委	书　记
	副总指挥	谢怀德	中共陕西省委	书　记
	副总指挥	刘开基	山西省人民政府	副省长
	副总指挥	王化云	黄河水利委员会	主　任

续表

年 份	黄河防汛总指挥部职 务	姓 名	工 作 单 位	工 作 职 务
1968年	总 指 挥	刘建勋	河南省革命委员会	主 任
	副总指挥	童国贵	山东省军区	司令员
	副总指挥	刘子隆	陕西省革委会生产组、省军区后勤部	组 长 副部长
	副总指挥	曹玉清	山西省军区	副司令员
	副总指挥	王生源	黄委会革委会	副主任
1970年	总 指 挥	刘建勋	河南省革命委员会	主 任
	副总指挥	童国贵	山东省军区	司令员
	副总指挥	鱼得江	陕西省革命委员会	常 委
	副总指挥	刘开基	山西省革命委员会	常 委
	副总指挥	王生源	黄委会革命委员会	副主任
1971年～1973年	总 指 挥	刘建勋	河南省革委会	主 任
	副总指挥	童国贵	山东省军区	司令员
	副总指挥	鱼得江	陕西省革委会	常 委
	副总指挥	刘开基	山西省革委会	常 委
	副总指挥	周 泉	黄委会革委会	主 任
1977年	总 指 挥	刘建勋	河南省革委会	主 任
	副总指挥	穆 林	山东省革委会	副主任
	副总指挥	刘开基	中共山西省委	常 委
	副总指挥	鱼得江	陕西农办党的核心小组	副组长
	副总指挥	周 泉	黄委会革委会	主 任
1978年	总 指 挥	刘建勋	中共河南省委	第一书记
	副总指挥	李 振	中共山东省委	书 记
	副总指挥	姜 一	中共陕西省委	书 记
	副总指挥	刘开基	中共山西省委	常 委
	副总指挥	王化云	黄河水利委员会	主 任

续表

年 份	黄河防汛总指挥部职 务	姓 名	工 作 单 位	工 作 职 务
1979年～1980年	总 指 挥	段君毅	中共河南省委	第一书记
	副总指挥	白如冰	中共山东省委	第一书记
	副总指挥	王 谦	中共山西省委	第一书记
	副总指挥	马文瑞	中共陕西省委	第一书记
	副总指挥	王化云	黄河水利委员会	主 任
1981年～1982年	总 指 挥	戴苏理	河南省人民政府	代省长
	副总指挥	苏毅然	山东省人民政府	省 长
	副总指挥	于明涛	陕西省人民政府	省 长
	副总指挥	赵力之	山西省人民政府	副省长
	副总指挥	王化云	黄河水利委员会	水利部副部长兼黄委会主任
1983年～1984年	总 指 挥	何竹康	河南省人民政府	省 长
	副总指挥	卢 洪	山东省人民政府	副省长
	副总指挥	郭裕怀	山西省人民政府	副省长
	副总指挥	徐山林	陕西省人民政府	副省长
	副总指挥	袁 隆	黄河水利委员会	主 任
1985年	总 指 挥	何竹康	河南省人民政府	省 长
	副总指挥	卢 洪	山东省人民政府	副省长
	副总指挥	徐山林	陕西省人民政府	副省长
	副总指挥	郭裕怀	山西省人民政府	副省长
	代副总指挥	刘连铭	黄河水利委员会	副主任
1986年	总 指 挥	何竹康	河南省人民政府	省 长
	副总指挥	马忠臣	山东省人民政府	副省长
	副总指挥	徐山林	陕西省人民政府	副省长
	副总指挥	郭裕怀	山西省人民政府	副省长
	副总指挥	龚时旸	黄河水利委员会	主 任

续表

年 份	黄河防汛总指挥部职 务	姓 名	工 作 单 位	工 作 职 务
1987年	总 指 挥	程维高	河南省人民政府	省 长
	副总指挥	徐山林	陕西省人民政府	副省长
	副总指挥	郭裕怀	山西省人民政府	副省长
	副总指挥	马忠臣	山东省人民政府	副省长
	副总指挥	龚时旸	黄河水利委员会	主 任
1988年	总 指 挥	程维高	河南省人民政府	省 长
	副总指挥	马忠臣	山东省人民政府	副省长
	副总指挥	徐山林	陕西省人民政府	副省长
	副总指挥	郭裕怀	山西省人民政府	副省长
	副总指挥	钮茂生	黄河水利委员会	主 任

第三节 人防队伍

历代治河，为防决溢，沿河两岸均设有专职官员和兵夫负责汛期防守。西汉时，“濒河吏卒，郡数千人”(《汉书·沟洫志》)。金元时期，黄河有埽兵12000人负责汛期防守。明代潘季驯重视人防的作用，曾提出：“河防在堤，而守堤在人，有堤不守，守堤无人，与无堤同矣。”同时还制定了“四防二守”制度(《河防一览·河南修守疏》)。清代沿袭旧制，除设专职河官外，光绪十一年(1885年)山东河防按“三里一堡，每堡设防兵五名”，另有河防11营，约五千余人分段防守。民国时期有河防18营驻重要险工防守，后改建为工程队，汛期另雇民夫协防。

1946年至1949年解放战争时期，冀鲁豫、渤海解放区党委、政府开始治黄，确定了依靠和发动组织两岸广大群众修堤防汛的群众路线，群众献砖献石献料，克服各种困难，组成人防大军战胜了历年洪水。

建国后即制定了“依靠群众，保证不决口、不改道，以保障人民生命财产安全和国家建设”的方针，每年汛期，在沿河乡村进行广泛的思想发动，组织群众防汛队伍。历年来,各级防汛指挥部都把防汛思想教育始终放在首位,采取召开群众会议,利用黑板报、广播筒、书写标语等多种形式,宣传黄河防汛的方针、任务及重大意义等,并组织有防汛经验的老人,诉说黄河过去决口后人、畜财产漂流一空的悲惨景象,藉以克服形形色色的麻痹思想和侥幸心理,树立有备无患和常备不懈的思想,认真做好各项防汛准备。

黄河防汛队伍的组织实行专业队伍和群众队伍相结合,军民联防的原则。群众防汛队伍是防汛的主力军,由临黄大堤乡、村组成基干班、抢险队、护闸队为一线防汛队伍;根据各地情况,其他县、乡组织预备队为二线防汛队伍;滩区、滞洪区、库区组织迁安队、留守队、救护队。基干班按临黄堤分别不同河段每公里组织 12～20 个班,每班 12 人。每县组织一至几个抢险队,每队 30～50 人。涵闸、虹吸工程一般组织护闸队 30～50 人。险闸、分洪闸适当增加。基干班的主要任务是负责大堤防守、巡堤查险和一般险情抢护。预备队是防汛的后备力量,主要运送抢险料物,必要时上堤参加防护工作。黄河下游每年组织的防汛队伍总数为 150～200 万人。

一线防汛队伍要求组织健全,官兵相识,纪律严明,有明确的防守堤段,进行必要的技术培训,做到思想、组织、工具料物和抢险技术四落实,达到召之即来,来之能战,战之能胜。二线防汛队伍要使其了解黄河防汛的重大意义和防汛要求,服从命令听指挥。

中国人民解放军是防汛抢险的突击力量,黄河防汛每年都邀请解放军指战员参加,承担大堤防守和抢险救护工作。入汛前由各省防汛指挥部与省军区商定,明确防守堤段和任务要求,部队可预先或洪水时到达防守位置,参加抗洪斗争。

第四节　料物与交通

一、料物筹备

料物是防汛抢险的重要物质,须在汛前筹备妥当,以保证抢险的需要。黄河防汛料物按照料物的不同情况,分别由国家、社会团体、群众三方进行储备。石料、铅丝、麻袋、麻绳、木桩、燃料等主要料物,由黄河修防部门负责筹备,作为防汛的常备料物。有些大宗物资,如苇席、竹竿、麻绳、麻袋、草袋、帆布、电线、电石、电池等,每年汛期由商业供销部门代储,预订合同,用后付款，未用时按照规定给予保管费，汛后由商业部门处理。对于临时抢险所需的柳枝、麦秸、苇席、木桩、麻布袋、棉衣、棉被、草捆等，由群众储备，由各级防汛指挥部预先进行登记号料，议定价格，备而不集，用后付款。黄河下游每年常备的石料一般为150万立方米，铅丝600多吨，麻袋300～400万条。

石料是修建防洪工程和抗洪抢险的主要料物。解放战争期间，石料缺乏，依靠发动群众献砖献石。建国后随着治黄事业的发展，石料需要量不断增加，为此，治黄部门采取自建采石厂与社会收购相结合的办法，从1949年开始，河南黄河河务局相继建立了偃师五龙庙沟、博爱九府坟、巩县红石山、辉县共山、巩县水头5个石料厂。截至1983年共产石米200万立方米，并组织收购豫、皖、苏20余个社会石厂的石料373万立方米；山东黄河河务局先后建立了济南黄台山、将山石料厂及淄博张店四宝山、平阴望口山、东平银山等石料收购站，同时又到省外的山场收购石料。据统计黄台山、将山石料厂从1949到1985年共产石料324万立方米，四宝山石料站从1963～1983年共收购石料94.9万立方米，望口山石料站从1950～1978年，每年收购3～5万立方米，1978年撤销。

黄河防洪石料运输主要靠黄河航运、铁路和公路完成。

二、交通运输

为了满足治黄料物和防汛抢险需要，人民治黄以来，逐渐兴办了铁路运输、公路运输和黄河航运。

(一)铁路运输

除了利用国家修建的铁路外，黄河修防部门修建了治黄铁路专用线，主要运输防洪石料。

河南黄河河务局自1950年以来，共铺设运石铁路专用线153公里，其中标轨(即宽轨)铁路3条，长37.733公里。1.广武—花园口铁路支线。位于郑州市北郊，自京广铁路广武车站北端出岔，沿黄河大堤至花园口险工东大坝，全长16.62公里，其中正线长14.892公里，站线长1.732公里，年均运输量为7.5万吨，该线于1950年修建。2.兰考—东坝头铁路支线。位于河南省兰考县境，该线自陇海铁路兰考车站出岔，至黄河兰考东坝头险工，全长14.006公里，始建于1950年。主要供应兰考、封丘、长垣、濮阳和山东东明等修防段的防汛用石，并为地方运送粮、棉、油等物资。3.巩县米河红石山石场铁路支线。位于巩县米河与荥阳刘河交界处,接轨于郑州铝厂铁路专用线,正线全长7.107公里,1969年修建。另修窄轨铁路3条共110.6公里。(1)开封—柳园口窄轨铁路。位于开封市郊,由陇海线开封车站向北行到黄河柳园口险工。(2)新乡地区治黄窄轨铁路。一是新辉线,长34.03公里,由辉县共山石料场引出至新乡抬头站接新(乡)封(丘)铁路线,建于1976年;二是封清线,由封丘车站东南引出,向东南经黄河曹岗险工至清河集大堤上,长24公里,建于1973年。(3)长垣—渠村窄轨铁路。由长垣县南关新封铁路长垣站接轨,经布寨沿黄河大堤下行到渠村,长43.67公里。1977年建成后,为建设渠村分洪闸运石发挥了重要作用。

山东黄河河务局主要修建了东银窄轨铁路。原设计由山东梁山县银山起至河南兰考县东坝头止,从1972年开始到1980年完成由梁山银山到东明霍寨线路183.6公里。该线从1976年开始边建设边运输,到1985年底共为菏泽地区运输防汛石料54.04万立方米,从根本上解决了菏泽地区黄河防洪的用石问题。另修的两段铁路专用线,一是博兴小营至王旺庄码头,长11.7公里,1962年兴建,1963年6月交给张北地方铁路局管理。由四宝山石料收购站收购的石料,可直接从杜科车站经张(店)北(镇)轻轨铁路运往黄河王旺庄码头。1973年张北铁路改为重轨标准铁路后,王旺庄至小营的轻轨铁路废弃。二是四宝山(张店附近)到杜科车站。为了解决四宝山石料场到杜科车站石料的短途倒运问题,1970年3月动工,全长2.93公里,1975年12月竣工通车使用。

(二)公路运输

1976年以前,黄河下游修防机构汽车较少,公路运输任务主要使用民间运输力量,多为架子车与畜力车。1976年以后,河南、山东黄河河务局组建了汽车运输队,主要担负运输防洪石料及抢险料物。河南局组建了辉县石料厂、新乡修防处、濮阳修防处、郑州修防处运输队及河务局施工总队汽车队,共有汽车91辆,拖拉机85台。山东局成立了洛口、惠民、位山三个汽车队,截至1985年全局共有汽车298辆。黄委会汽车队是在接收国民政府黄河水利工程总局汽车人员的基础上发展起来的。1950年汽车队人员70多名,有汽车和机械设备60多台,1951年改为机械大队。1952年为了黄河防汛、查勘等使用汽车方便,又成立了黄委会小车班,1963年改为汽车队,有60人,50多辆汽车,以黄河防汛为主,兼顾黄河修防处、段的运输业务,1978年汽车队改为两队,大车队下放到河南局施工总队,小车队担任交通和防汛抢险照明用车。

为了保证防汛抢险时的交通运输,各级防汛指挥部在汛前安排好运输车辆,规划好车辆行驶路线,并从70年代开始,为了保证防汛抢险上堤便利,有计划地在沿黄各县修筑2～4条通向黄河大堤的柏油路,并对重要险工堤段和上堤的重要辅道路口,进行路面硬化。治黄部门所修柏油路,一般交给地方交通部门负责修建和管理,治黄部门补助一定的投资,共同使用。

(三)航运

为了开展水运,河南、山东黄河河务局都建立了航运队。河南航运队是由原平原省黄河河务局运输大队演变而来的。1951年平原黄河河务局所辖两个运输大队,共有木帆船100只,总吨位2100吨,职工1100人。1952年平原河务局撤销,运输二大队改称河南黄河河务局航运大队,有木船33只,以后不断发展,木船淘汰更换为机船,到1979年,航运大队共有机动驳船24只,职工590名。河南黄河自1960年至1983年用船运石共312万吨,其中河南河务局航运队运石194万吨。

山东黄河河务局于1947年6月即建立了航运科,干部30人,其主要任务一是加速自己造船和发动群众造船;二是组织黄河的航运工作。1948年济南解放后,民船发展很快,到1950年,民船发展到2256只,计21954吨位,船工10050人。航运科有木帆船60只,计1421吨位,共有职工502人,完成黄河年用石23万立方米。1952年8月,航运工作移交给山东省交通厅管理,成立了省交通厅黄河航运局。航运科的船只仍属河务局管理。河务局将航运科改称山东黄河河务局航运大队。1960年5月河务局决定将木帆船改为机船,到1965年技术改造完成,共有机轮9艘,计990马力,驳船21只,计2090吨位,人员由原来的645人,减少到363人,人力船变成了机动船,大大提高了运输能力。以后随着航运设备的技术改造,航运能力到1980年已增加到2302吨位。山东河务局航运大队,自1947年到1985年共完成黄河防汛用石166.23万立方米,折合266万吨。

第五节 水文情报预报

水文情报预报是防洪的耳目。黄河历史上三千多年前就有水文情报预报。到了民国时期,开始有了科学的洪水测报工作,但进展十分缓慢。建国后才得到迅速发展。水情站网由建国初期的16处增加到70年代的500多处。拍报方法,传递手段,服务范围和质量都不断提高,80年代已在三门峡至花园口间建立自动测报系统。水文预报自建国后,由无到有,由干流到支流,由下游到上游,由短期洪水到洪、枯、冰、长、中、短各种预报全面开展。洪水预报方法,由简单的洪峰相关,到流域水文模型,冰情预报方法由粗略的经验相关到冰情模型,并且广泛应用电子计算机,形成了一套较全面的具有黄河特色的预报系统。服务范围由50年代初的4个单位增加到80年代的100多个单位。水情拍报质量由50年代初差错率6%减少到1.3%,拍报流量的精度由50年代85%提高到95%。为了增长洪水和冰情预报的预见期,还开展了降雨和气温预报。四十年来,黄河水文情报预报在黄河下游防洪防凌斗争中发挥了重大作用。

一、历史概况

早在殷商时代,就有预报安阳河洪水的记载。北宋时期(公元960～1127年),提出“水信有常,率以为准。”定出各月水情的名称:一月为信水,二月为桃花水,三月为菜花水,四月为麦黄水,五月为瓜蔓水,六月为矾山水,七月为豆花水,八月为荻苗水,九月为登高水,十月为复槽水,十一月、十二月为蹙凌水,把一年中四个明显的涨水期定为“桃、伏、秋、凌”四汛。明万历元年(1573年)已仿照“飞报边情摆设塘马”的办法,创立了乘快马传递水情的制度。上自潼关,下至宿迁,以一昼夜驰五百里的速度向下游接力传递水情,并按照“凡黄水消长,必有先兆,水先泡则方盛,泡先水则将衰”的洪水涨落规律,进行洪水预报。到了清康熙四十八年(1709年),开始用浑脱装载文报向下游传递水情,并于皋兰、青铜峡设立水志桩,遇涨水用羊报(将大羊挖空其腹,密缝浸以麻油,使不透水)先传警汛,选卒勇壮者,缚于羊背,腰系水签数十支,至河南境沿溜掷之,捡签知水尺寸,得以准备抢护。到了清乾隆元年(1736年)至三十一年(1766年),在河南沁河武陟的木栾店,黄河干流陕县的万锦滩和洛河巩县相继设立水志桩,记载涨落水位,当陡涨二、三尺以上,即驰报河道总督再上报皇帝。至清光绪十五年(1889年)开始使用电报传递水情。清光绪二十五年(1899年),在黄河两岸开始架设电话。清光绪二十八年(1902年),山东河务局各河务分局都架设了电话,至清光绪三十四年(1908年),黄河两岸已架通电话线七百多公里,黄河水情便可用电话随时向黄河两岸传递。清宣统三年(1911年),万锦滩的水情开始由当地电报局传递。民国八年(1919年)在河南陕县和山东泺口,设立水文站测报水情,此后在干支流相继设立水文站,并于1934年国民政府黄河水利委员会制定了报汛办法。1937年水情站最多时达26处,后因抗日战争影响,减至11处。抗日战争胜利后,1946年国民政府黄委会在开封设立无线电总台,并于陕县、孟津、武陟木栾店、花园口及沿防泛新堤的扶沟县吕潭、淮阳县水寨、尉氏县寺前张设立电台,传递水情。1947年花园口堵口后,解放区冀鲁豫黄委会和渤海区山东河务局,于1948年在平陆县茅津渡设立水文站传递陕县水情。

冰情方面,早在商周时期就有记述,到东汉(公元25～220年),《礼记月令》中记有冰情的演变过程:“孟冬之月水始冰,地始冻,仲冬之月冰益壮,地始坼,季冬之月冰方盛,水泽腹坚。”宋朝(公元960～1279年)《谈苑收冰之法》记有“黄河亦必以冬至之前冻合,冬至后虽冻不复合矣。”至明朝在《金台记闻》中则记有“天明三星入地,为河冻之候”的天文与河冰的关系。

在历史上为了生产的需要,也积累了不少冰情生消规律,如黄河下游有“天冷水小北风托,弯多流缓易封河”、“三九不封河,就怕西风戳”、“一九封河三九开,三九不开等春来”等有预报意义的谚语。

二、水文情报

(一)水情站网

黄河水情站网是由黄委会和沿河各省(区)的水文站网中,根据防汛需要选出部分水文站、水位站和雨量站及委托各省(区)的少数气象站组成的。大汛水情站网中,根据所在位置的重要性,分为基本水情站和辅助水情站。大汛水情站分布在干支流和流域面上,凌汛水情站主要分布在有关的干流河段和主要支流把口处。

大汛水情站自1950年的16处,发展到1961年的513处,呈直线上升。1962年调减了111处,1963年、1964年略有回升,1965年又减了90处,1966年后到1970年减为293处,1971年后恢复上升,到1977年为500多处,此后无大增减。

大汛期水情站网的分布,自下游向上游逐渐减少。各区站网密度(以单站控制面积表示)的发展情况如表4—3。

1981年开始在三门峡至花园口间建设自动遥测联机实时洪水预报系统,确定在全区设立遥测站293处,分为七个小区。1987年已建成伊河上游

表 4—3

黄河流域大汛期水情站控制面积表

黄河	区域	面积(平方公里)	1955年				1965年				1975年				1985年			
			雨量		水文		雨量		水文		雨量		水文		雨量		水文	
			站数	控制面积	站数	控制面积	站数	控制面积	站数	控制面积	站数	控制面积	站数	控制面积	站数	控制面积	站数	控制面积
上游	兰州以上	222551	22	10100	6	37100	29	7670	16	13900	21	10600	15	14800	35	6360	13	17100
	兰州一头道拐	145347	3	48400	3	48400	16	9080	10	14500	8	18200	15	9690	10	14500	7	20800
中游	头道拐～龙门	129659	38	3410	11	11800	63	2060	40	3240	71	1830	24	5400	81	1600	27	4800
	泾洛渭河	134766	67	2010	20	6740	106	1270	38	3550	60	2250	33	4080	104	1300	40	3370
	汾河	39471	16	2470	2	19700	15	2630	3	13200	14	2820	4	9870	14	2820	3	13200
	龙门、华县、河津洑头～三门峡	20484	14	1460	6	3410	15	1370	8	2560	12	1710	15	1370	13	1580	14	1460
	三门峡～花园口	41615	41	1020	14	2970	75	555	34	1220	90	462	29	1440	178	234	41	1020
下游	金堤河	4869					2	2440	2	2440	8	609	2	2440	8	609	2	2440
	汶河	8633	7	1230	3	2880	27	320	6	1440	15	576	4	2160	14	617	4	2160

注:1. 雨量站数含水文站;2. 水文站数含水位站,3. 面积单位为平方公里。

陆浑小区22个自动遥测站。1984年着手建设黄河下游漫滩水位自动测报系统，1987年设立了9处遥测水位站，通过鄄城、高村、东坝头、开封四处中继站向郑州中心收集站测报水位。

站网密度到1987年为止，除三门峡至花园口间最大，基本上符合防洪的需要外，其余各区的水情站网，尤其雨量站网，不同程度的偏稀，往往控制不住暴雨中心和小区暴雨，有时出现水大雨小，甚至有水无雨的现象。这主要由于有些地区电讯条件差，如头道拐至龙门间已设雨量站中只有18%的站报汛。还有些地区十分偏僻，地广人稀，能够胜任观测雨量的人员很少。在尚无自动遥测系统的情况下，无法设立足够的雨量站。

凌汛期的水情站网自1953年正式报凌以来变化不大，均在20处左右，与常年水情站和修防段的测报相配合，基本上适应需要。

（二）水情拍报

拍报时限：大汛期的拍报开始日期1956年前均定为7月1日，此后到1990年，有16年为6月15日，18年为6月1日。终止日期1949年～1950年为霜降，后因1950年霜降后又发生了一次洪水，陕县10月21日洪峰流量5580立方米每秒，以后延长到10月底，如10月份水情平稳，流量较小时，可以提前终止，有5年提早至10月15日结束。

凌汛期拍报时限：在五、六十年代，吴堡以上为11月1日至次年4月10日，吴堡以下为12月20日至次年2月底。1970年改为头道拐以上为11月1日至次年4月10日，头道拐以下为12月20日至次年2月底。1971年又改为青铜峡至头道拐为11月1日至次年4月10日，花园口以下为11月20日至次年2月底。1985年将青铜峡至头道拐改为11月1日至次年4月14日。

各省(区)大汛开始日期早，有5月1日和6月1日两种，终止日期有9月30日、10月1日、10月21日和10月31日四种。凌汛期拍报时限有10月1日至次年4月1日，11月1日至次年4月1日，也有的为11月1日至次年3月31日。

水情拍报办法，主要是根据水利部的规定结合黄河情况进行补充制定的。1950年水利部制定了第一个报汛办法18条，黄委会补充了8条，有定时拍报和随时加报两种，定时拍报每日8时和10时各拍报一次，加报则不拘时刻，达到标准随时拍报。1952年水利部将雨量加报改为段次制，即除固定每日8时拍报外，到时段末达到加报标准即行拍报。黄委会具体规定一般站为一段制，即每24小时拍报一次，部分站定为二段制，即每12小时拍报一次，降雨达到加报标准时及时拍报。1953年水利部的规定增加了凌汛拍报办法，1956年水利部将拍报规定增加到28条，并制定了七个附件，把水情站分为基本站和辅助站。规定基本站每日定时拍报一次，如雨情水情变化较大达到加报标准，在时段末及时拍报。辅助站有起始拍报标准。此次修订还增加了闸门拍报规定和洪水预报电码。黄委会具体修订了测报雨量的段次，将泾、洛、渭河下游，三门峡库区和伊、洛、沁河规定为4段，加报标准20毫米。1957年黄委会对雨量、水位、流量、冰情、风力、风向等分别制定了补充拍报办法，并应用段次制加报流量，还补充了非汛期和施工期的水情拍报办法。1960年水电部颁布了《水文情报预报拍报办法》，1964年水电部又正式颁布了《水文情报预报暂行规范(草案)》的附录二《水文情报预报拍报办法》及《降水量、水位拍报办法》，使水文情报预报拍报规定更加系统完整。此后黄委会每年均根据具体情况调整拍报段次，修订补充拍报规定。1968年提高了雨情拍报段次，伊洛沁河、三花干流区间和汶河均改为12段制，头道拐至龙门间、泾洛渭河、三门峡库区和金堤河流域均改为4段制，其余均为1或2段制。1985年水电部正式颁发了《水文情报预报规范》，包括水情管理、水文情报预报工作规定、水文情报质量检查考核、水文预报方案评定检验标准等。黄委会及沿河各省(区)均贯彻执行了这个规范，进一步提高了黄河水文情报预报的正规化、系统化水平。

(三)水情传递

黄河的水情传递手段，主要有电信部门的有线电报、专用无线电台和黄河下游的专用电话三种。

第一种，水情站一般距电信局较远，多利用地方电话或架设专用电话，将水情传报至电信局拍发。

第二种，在50年代初期，每年大汛期租用电信局的电台和报务员，入汛前设立，汛后撤除。设台最多的年份有十余处，如1953年设立专台的站有吴堡、华县、龙门、河津、洑城、陕县、八里胡同、黑石关、菏泽、石头庄、封丘等十一处，并为钻探需要又在小浪底、安昌和开封设立三处。1970年后为了保证通信安全，尽量不设专台，改用电话，各专台全部撤销。

在三门峡至花园口间，借鉴淮河1975年8月特大暴雨洪水时电讯遭到严重破坏，水情不能及时传递，防洪指挥失灵的教训，于1976年开始建立无线电通信网，截至1987年，建成以三门峡、洛阳、陆浑、郑州为中心，连接三门峡、花园口等35个水文(水位)站和17个雨量站的无线电报汛网,逐步实现以无线报汛为主,有线为辅的水情传递方式。1981年开始建设的自动遥测联机实时洪水预报系统,直接自动向郑州测报中心传递水情。

第三种,黄河下游干流各水情站的水情,1985年以前均由专用电话传递,以后改为无线电报为主,专用电话为辅。

水情的接收处理,1958年前每年汛期电信局派人负责抄收水情电报,1958年开始租用郑州电信局的55型有线电传机接收水情电报,1982年改用Tx—20型电传机,提高了接收效率,1984年郑州电信局安装了64路自动传报机,效率又进一步提高。1987年前主要是人工译电登记,1982年开始研制设立自动接收译电系统,于1987年运行。这个系统有四个功能:一是在通信线路正常情况下,保证同时接收电信局和黄委会无线通信系统传递的水情;二是自动译电和存贮接收的水情资料;三是迅速打印各种水情报表和雨量图;四是检索雨、水、沙、冰等资料。为了确保水情电报及时接收处理,1987年又设立了水电部水文水利调度中心研制的实时水情信息接收处理系统,两套水情译电系统并用,各站水情均用这两套系统自动接收处理。

(四)情报质量

情报质量,主要有水情拍报差错率和拍报流量的精度两个方面。水情拍报差错率50年代较大,1955年为6%,60年代减少到1～1.5%,70年代初上升到2.3%,以后又逐年下降,到1981年降到0.57%。流量拍报精度,随着测报设备的改进和测报技术的提高,由建国初期的85%提高到1987年的95%。在50年代初期有的拍报流量误差甚大,如1951年8月17日龙门水文站发生了一次洪水,基本水尺冲毁,该站将13700立方米每秒的洪峰流量估报为25000立方米每秒,误差达82%,致使黄河下游群众急忙抢收了滩区尚未成熟的庄稼,造成不必要的紧张和损失。1954年8月5日花园口洪峰流量为15000立方米每秒,拍报为12300立方米每秒,偏小18%。1955年后流量拍报精度逐步提高,1958年7月17日花园口的洪峰流量22300立方米每秒,拍报为21000立方米每秒,误差6%。此后拍报流量的误差,一般不超过10%。

三、水文预报

(一)短期洪水预报

黄河正式预报洪水,是1951年开始的,当时只在黄河下游部分站作洪峰预报。1955年组织进行了第一次编制黄河流域中、下游洪水预报方案,全面开展了干流及主要支流的洪峰预报、黄河下游河道洪水过程预报、三门峡至花园口间为重点的降雨径流预报,为黄河下游建立洪水预报系统奠定了基础。1956年把洪水预报扩展到黄河上游,同时制定了东平湖分洪预报方案。60年代为了提高预报精度,对三门峡至花园口间的降雨径流预报和下游的河道洪水演算以及受生产堤影响下的洪水预报方案进行研究改进。70年代对各种洪水预报方案进行全面补充修订,同时由水电部水利调度研究所组织全国有关单位,由谢家泽、陈赞廷等参加领导,为建立黄河三门峡以下的洪水预报系统进行了一次大会战,重点分析研究了三门峡至花园口间的产汇流规律,黄河下游变动河床及生产堤影响下的洪水演算方法,特别是特大洪水的预报方法,第一次在伊河陆浑水库以上运用降雨径流相关,变动单元汇流单位线建立了产汇流模型,并推广到洛河长水以上应用。这次会战使黄河洪水预报技术得到了很大提高,并开始应用电子计算机编制预报方案。自70年代后期至80年代,电子计算机已在黄河洪水预报中广泛应用。在黄河三门峡至花园口间、汶河流域及三门峡以上部分地区,相继建立了分散式产汇流模型,进一步提高了花园口以下干流生产堤影响下的洪水演算方法。同时由黄委会水文局牵头组织沿河各省(区)有关单位补充修订汇编了全河干支流各种预报方案。洪水预报方案84个,甲级占77%,乙级占23%,形成了一套具有黄河特色的洪水预报系统。

为了增长洪水预报预见期,需要降雨预报。1977年前主要应用山西、陕西、河南、山东等省气象台的短期降雨预报,1977年开始,黄委会水文处的气象组织,正式开展了短期降雨预报。为了提高降雨预报精度,1976年12月成立了以河南气象局为组长单位,黄委会为副组长单位,山西、陕西、山东省气象局,中国科学院大气物理研究所,兰州大学地理系,北京大学地球物理系参加的黄河中游暴雨分析科研组,1977年和1978年进行会战并召开经验交流会。1980年至1983年,由中央气象局主持成立了山西、陕西、河南、山东四省气象局和黄委会参加的汛期暴雨联防,由河南省气象局和黄委会牵头,每年汛前召开一次成员单位和有关地、县气象站参加的工作协商会议，汛期遇有暴雨进行预报会商。到80年代末，黄委会水文局增设了测雨雷达终端和卫星云图接收设备，与天气图配合，加强了短期降雨预报。

（二）短期冰情预报

黄河下游是一个不稳定封冻河段，约有10%的年份不封冻，各年封冻解冻的形式不同，有的年份三封三开，冰情十分复杂。为了防凌需要，自1956年起开展了冰情预报，根据分析形成封冻解冻的气温和流量条件，应用封冻解冻指标预报冰情。1958年在全国水文预报经验交流会上，吸收了内蒙古水文总站对内蒙古河段冰情的预报经验，1959年又学习了水电部水文局编写的河道冰情预报方法，在黄河下游应用热力和动力因素，逐步建立了各种冰情预报方案。1960年9月三门峡水库开始蓄水运用，黄河下游冰情规律发生变化，冰情预报方法又进行了全面补充修订。1964年全国水文预报经验交流会上，由黄委会代表负责冰情预报的总报告，会前对黄河的冰情预报方法进行了系统的分析研究，并在三门峡水库防凌运用的推动下，又进一步改进了黄河的冰情预报方案。1978年由黄委会水文处牵头的全国冰情研究工作协调组成立后，根据冰情预报的需要开展了内蒙古和山东重点河段的冰情观测研究和昭君坟、利津两个水文站的冰情实验。1981年在第三次全国水文预报经验交流会上，黄委会代表作了冰情预报的综合发言。1982年全国冰情研究工作协调组召开了全国冰情研究经验交流会，吸取了国内各单位的冰情预报经验。鉴于运用三门峡水库防凌调度后，黄河下游仍出现1968～1969年，1969～1970年，1972～1973年和1978～1979年度的严重冰情，迫切要求作好黄河下游冰情预报。为此组织翻译了大量的国外冰情预报方面的论文，并于1986年、1988年黄委会水文局派人参加了第八、第九届国际冰情讨论会和组织代表团到美国、加拿大进行冰情研究和预报情况的考察，逐步引进了国外的先进预报方法，促进了黄河冰情预报的发展，开始研究建立黄河下游的冰情数学模型。

黄河下游桃汛是在三月下旬，由内蒙古解冻槽蓄水量下泄形成的。作黄河下游桃汛预报必须作内蒙古河段的解冻预报，因此黄河的冰情预报也包括上游内蒙古河段的冰情预报，其内容主要是开始封冻日期、封冻形式、封冻长度、开河日期，开河形式、开河最大流量、最高水位等。冰情预报方法大体分为四类：1. 以物理成因为基础的热力、水力指标法；2. 上下游经验相关法；3. 成因计算法；4. 冰情模型。经过全河汇编，共有冰情预报方案58个，甲级占53%，乙级占47%。

(三)中、长期预报

长期预报是1959年开始的，在黄委会水文处未建立气象组织前，由水文预报人员编制发布。预报的内容主要是大汛期的月平均流量和最大流量。预报方法主要是历史演变，前期气象指标法。预报方案有两种，一种是直接预报流量，另一种是先预报降水，再由降水推算流量。作预报时还常应用各省(区)的长期降水预报。为了提高黄河长期洪水预报精度，1967年至1968年由黄委会水文处主持，黄委会设计院、黄河水利科学研究所、兰州水文总站和中央气象局气象科学研究所、中国科学院地理研究所、北京大学地球物理系、北京天文台、南京紫金山天文台、上海徐家汇天文台等九个单位参加，进行黄河长期降雨、径流、洪水、泥沙预报的研究。综合各家意见发布了1968年黄河长期降雨、径流和洪水预报，这次预报比较准确。自1975年黄委会水文处建立气象组织后，又加强了大汛期降雨、径流、洪水和凌汛期气温长期预报。1980年～1983年和1988年以来，每年大汛前召开一次黄河流域大汛期降雨长期预报会商会议，会后结合各单位的预报，发布黄河汛期降雨、径流和洪水预报。

中期预报在1982年前，主要由有关省(区)气象台提供大汛期中期降雨和凌汛期中期气温预报。1982年开始，均由黄委会水文局自行发布。

中、长期预报方法，主要根据预报因素的演变规律和有关因子的前后期相关分析，建立经验关系和物理成因为基础的数理统计法。

四、情报预报系统

黄河下游水文情报预报系统如图4—1。

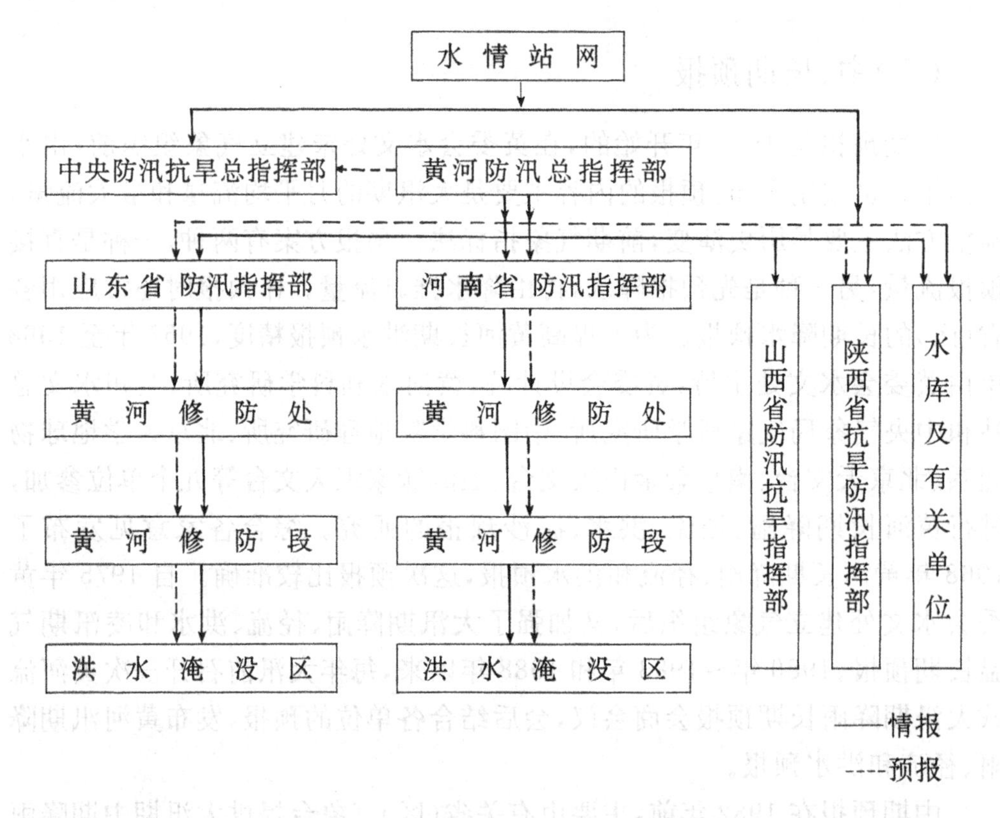

图 4—1 黄河下游水文情报预报系统图

提供情报的方式有两种:一是各水情站向中央防汛抗旱总指挥部、黄河防汛总指挥部,河南、山东省黄河防汛指挥部,山西省防汛抗旱指挥部、陕西省抗旱防汛指挥部及沿河大型水库、交通、施工、军事等有关单位直接拍报水情;二是由黄河防汛总指挥部,各黄河防汛指挥部收到水情后,经翻译整理用电报、电话或报表等方式,向各级领导、各级防汛部门及各有关单位逐级提供。

短期洪水预报的发布分三个步骤:

(一)根据降雨预报作洪水预报,花园口的预见期可达 24 小时以上。降雨预报 1977 年前,由沿黄有关气象台提供,1977 年后由黄委会水文处(1980 年后为水文局)自行发布,由於降雨预报精度不高,只供有关领导及防汛指挥部门参考。

(二)根据雨情预报洪水,花园口的预见期为 12～18 小时,预报精度一般可达 80%以上,但因黄河的产汇流规律十分复杂,并受人为的影响,有时产生较大误差。此步洪水预报尚不能作为防洪决策的依据,只能提供有关领导和防汛指挥部门作防汛准备。

(三)根据上游洪水预报下游洪水,花园口的预见期为8~14小时,预报精度一般可达90%以上,按上述系统用电报、电话、表报等形式,正式发布,作为防汛决策的依据。

发布预报的标准,在五、六十年代没有具体规定,大小洪水均作预报。70年代,考虑发布小洪水预报作用不大,只提供情报已满足要求,便制定了干支流发布预报的标准为:渭河华县2000立方米每秒,干流龙门5000立方米每秒,潼关3000立方米每秒,三门峡、花园口和洛河黑石关3000立方米每秒,沁河武陟2000立方米每秒。当预报洪峰流量达到或超过上述标准时才发布预报。在80年代后期,花园口的标准提高到5000立方米每秒。

冰情预报一般用表格发布,紧急时也用电报或电话发布。

中、长期预报,均用表报发布。

五、主要效益

(一)1958年7月中旬,花园口发生了一次1933年以来的大洪水,暴雨主要发生在三门峡至花园口间。垣曲站16日最大日雨量达366.5毫米,最大6小时雨量达244.5毫米,洛河宜阳最大6小时降雨量156.7毫米。干支流相继涨水。于17日9时发布了17日23时花园口洪峰流量22000立方米每秒,水位94.40米的预报。17日24时花园口站出现洪峰流量22300立方米每秒,最高水位94.42米。预报流量精度达99%,预报最高水位误差只有0.02米。接着作出了下游干流各站洪峰流量、水位和东平湖最高水位的预报。并根据上游水情和天气情况分析,预报出此次洪水后无后续大水,据此黄河防总作出了依靠群众,固守大堤,不分洪,不滞洪坚决战胜洪水的防洪决策。整个下游预报均接近实际。经200万防洪大军的日夜奋战,终于战胜了这次大洪水。

(二)1976年秋,降雨连绵,8月27日和9月1日,花园口相继出现9210和9060立方米每秒的两次洪水,洪量大,历时长,沿程无大削减,对下游尤其山东河段威胁很大。泺口流量若达到9000立方米每秒,就可能造成泺口铁桥壅水,异常危险。第一次预报泺口洪峰流量8200立方米每秒,后经修正为8500立方米每秒,实际为8000立方米每秒,预报精度达到94%。经过大力防守使这次洪水安全入海。

(三)1977年8月上旬,发生了一次来自三门峡以上山陕区间的高含沙量洪水。7日21时小浪底洪峰流量10100立方米每秒,含沙量达941公斤立方米。此次洪水在演进中出现了异常变化。当洪水到达赵沟水位站时，于7日20至22时在上涨过程中，突然下落0.4米，至8日2时半又上涨1.8米。到达驾部水位站，涨水时也突然在6小时内水位下降0.95米，接着1个半小时又猛升2.84米。经分析主要由高含沙量造成。预计花园口也会有同样现象，洪峰可能高于小浪底。当8日2时花园口水位上涨至92.08米、流量6060立方米每秒后水位下落。8日8时落至91.77米，流量4600立方米每秒。此后猛升，8日12时升至最高水位93.19米，洪峰流量10800立方米每秒。不但没有削减，反而大于小浪底700立方米每秒，与分析完全一致。对于花园口以下的预报，考虑到洪峰比较尖瘦，又根据生产堤的影响，预报高村洪峰流量最大不超过6000立方米每秒(按一般情况预报应为8500立方米每秒)，实际为5060立方米每秒。为防洪提供了可靠依据。

(四)1982年7月底至8月初，黄河三门峡至花园口间发生了1958年以来的最大暴雨。面平均五天降雨量257.3毫米，比1958年7月五天雨量149毫米还大108毫米。由于降雨分布比较分散和小水库群及伊、洛河夹滩决堤等影响，洪峰流量比1958年小31%，为15300立方米每秒。7天洪水总量为50.2亿立方米，比1958年洪水的7天总量61亿立方米少18%。当时根据上游水情，按预报方案推算为14000立方米每秒，但考虑到区间降雨，经分析应有1000立方米每秒的区间入流。当即预报花园口洪峰流量15000立方米每秒，实际为15300立方米每秒，预报精度为98%。经演算至孙口水文站，5日下午洪峰流量为10000立方米每秒，后修正为10500立方米每秒。这次洪水在运行过程中，由于生产堤溃决，尤其受高村至孙口间左岸生产堤上首大量进水和下首退水的影响，使洪峰推迟1天半，但实测洪峰流量仍达到10100立方米每秒。为确保防洪安全在孙口流量超过8000立方米每秒时，开始运用东平湖分泄洪水。艾山洪峰流量削减为7430立方米每秒，泺口洪峰流量削减为6010立方米每秒。洪峰于9日安全入海。

(五)在防凌斗争中，尤其自三门峡水库防凌预报调度以来，无论在1960～1961年度至1971～1972年度，开河前关闸蓄水运用，还是1973～1974年度后，冰期全面调节下游流量运用，都是根据实时水情冰情的情报和预报，结合气温预报，进行适当的调节，使下游凌汛威胁大为减缓。

截至1987年，黄河水文情报预报在防洪防凌斗争中，总计提供情报约295万站次，发布预报约4000站次。为战胜历年洪水、凌汛起到了重要作用。

第六节 洪水调度

一、调度原则

黄河安危，关系大局，要求在任何情况下，保证黄河不发生严重的决口，更不许改道。三门峡水库按照“确保西安，确保下游”的原则运用。因此，对可能发生的任何洪水，都要做到有准备有对策，按照牺牲局部，保全整体的精神，对洪水进行合理调度，以达到缩小灾害的目的。

二、调度依据

黄河下游每年的防汛任务，是黄河防汛总指挥部研究确定报送中央防总备案的，在防汛任务范围内的洪水，按合理方案进行调度。

（一）各河段的排洪能力（河道安全泄量）。河道排洪能力随着河道冲淤而变化，每年汛前由黄河防汛总指挥部办公室及河南、山东两省黄河防汛指挥部办公室共同进行河道排洪能力的分析计算。主要根据汛前或上年汛后实测的黄河下游大断面资料，以及花园口、夹河滩、高村、孙口、艾山、泺口、利津等水文站及有关水位站的资料，分析过去一年来的河道冲淤变化，并按洪水要素及冲淤规律，分析计算各主要控制站的水位流量关系，求得在各级水位下的河道过洪能力，作为洪水调度的依据。

（二）根据三门峡、东平湖、陆浑水库和北金堤滞洪区、大功分洪区、南北展宽区的蓄、滞洪能力及进、退洪条件进行运用。

（三）根据水情预报的花园口站洪峰流量、洪水总量及洪水过程线，进行合理的洪水调度。

三、历年各级洪水的原则安排

（一）花园口站发生 10000 立方米每秒以下洪水，利用河道排泄入海。

（二）花园口站发生 10000 立方米每秒至 15000 立方米每秒洪水，根据孙口站洪峰大小及汶河来水情况，相机利用东平湖老湖区分洪，控制艾山下泄流量不超过 10000 立方米每秒。

(三)花园口站发生15000立方米每秒至20000立方米每秒洪水,根据汶河来水情况,确定使用东平湖老湖区或新湖区分洪,控制艾山下泄流量不超过10000立方米每秒。

(四)花园口站发生22000立方米每秒洪水时,运用东平湖新老湖滞洪,控制艾山下泄流量不超过10000立方米每秒。

(五)花园口站发生22000立方米每秒至30000立方米每秒洪水时,除运用东平湖滞洪外,还要根据洪水情况,确定是否使用北金堤滞洪区分洪。对三门峡水库运用,要根据洪水来自三门峡以上地区还是以下地区的不同情况进行控制运用。若洪水主要来自三门峡以下,三门峡水库应按照1969年四省会议确定的"根据上、下游来水情况,关闭部分或全部闸门,增建的泄水孔,原则上应提前关闭,以防增加下游负担"的运用原则处理。若洪水主要发生在三门峡以上地区,三门峡水库应敞开闸门泄洪。

(六)花园口站发生30000立方米每秒至46000立方米每秒特大洪水时,除充分运用三门峡水库,北金堤滞洪区和东平湖拦洪滞洪外,还要努力固守右岸郑州至东坝头和左岸沁河口至原阳堤段,运用黄河左岸封丘县大功临时溢洪堰和山东齐河展宽区分滞洪水。

黄河北金堤滞洪区的滞洪运用和大功临时溢洪堰的分洪运用,需报请国务院批准。

东平湖水库和齐河展宽区的分洪运用,由黄河防汛总指挥部商请山东省人民政府决定。

四、分滞洪措施的实施办法

(一)洪水预见期

根据1987年对黄河中游和三门峡至花园口区间的测报预报能力,花园口站采用的预见期为:

流量预见期8～10小时

雨情预见期12～18小时

气象预见期24小时

在制定洪水处理方案中,以流量预报作依据,以雨情预报作准备,以气象预报作参考。

(二)洪水传播时间(见表4—4)

各级洪水传播时间表　　表4—4

洪水级 / 传播时间(小时) / 站名	洪峰流量(米³/秒)			
	5000	10000	15000	≥20000
三　门　峡				
	10	10	10	10
小　浪　底				
	14	12	13	14
花　园　口				
	18	12	12	16
夹　河　滩				
	14	12	14	16～18
高　　村				
	16	23	28	24～32
孙　　口				
	8	24		
艾　　山				
	10	36		
泺　　口				
	20	40		
利　　津				

(三)运用程序

各水库、滞洪区的运用程序是:根据洪水上涨情况,首先充分利用河道排泄,相机运用东平湖、三门峡、陆浑、故县水库,北金堤滞洪区。发生特大洪水时,再开放大功分洪区。山东齐河、垦利展宽区,视泺口站流量情况相机运用。

(四)运用方式及时机

1. 东平湖水库:(1)运用方式:老湖区单用—新湖区单用—新、老湖并用—老湖和新湖配合用;(2)运用时机:当花园口站实际出现12000～15000立方米每秒洪水时,提出运用方案,报请批准。进湖闸开闸时间为孙口站实际出现10000、11000、12000立方米每秒等洪水级时。

2. 三门峡水库:(1)运用方式:当花园口站可能发生超过22000立方米

每秒洪水时，应根据上下游来水情况，关闭部分或全部闸门，增建的泄水孔原则上应提前关闭。(2)关门时机：花园口站出现 12000～15000 立方米每秒，流量预报接近 20000 立方米每秒，雨情预报超过 22000 立方米每秒。

3. 北金堤滞洪区：(1)运用条件：当花园口站发生 22000 立方米每秒以上的洪水，且 10000 立方米每秒以上的洪水量超过 17 亿立方米，运用东平湖水库后还解决不了时。(2)运用时机：花园口站实际出现 18000～20000 立方米每秒，流量预报 25000～28000 立方米每秒，雨情预报流量仍继续上涨时提出运用方案，报请上级批准。渠村闸开闸分洪时间为，高村站实际出现 20000 立方米每秒，且预报洪水继续上涨时。(3)分洪水量：运用东平湖水库后无法解决的剩余水量，黄河最大分洪量不大于 20 亿立方米。

4. 大功分洪：(1)运用条件：当花园口站发生 40000 立方米每秒以上洪水，且 10000 立方米每秒以上水量超过 40 亿立方米，运用东平湖、北金堤滞洪区后尚解决不了时。(2)运用时机：当花园口站实际出现 27000 立方米每秒，流量预报超过 30000 立方米每秒，雨情预报超过 40000 立方米每秒，报请上级批准运用。口门爆破时间为花园口实际出现 40000 立方米每秒以上的洪峰后 2 小时。

第十二章　防凌汛

黄河凌汛也是黄河下游的严重威胁,历史上凌汛决溢屡见不鲜。自1855年至1955年因凌汛决溢的有29年,决溢年占29%。建国后,在党和政府领导下,依靠群众,采取防守、破冰、分水、三门峡水库调蓄等措施,战胜了多次严重凌汛。但是,凌汛问题尚未彻底解决,仍是今后治黄的一项重要任务。

第一节　凌汛成因

黄河下游每当冬春时节,多数年份发生结冰、淌凌、封冻和解冻开河等现象。有的年份只淌凌不封冻,有的年份封冻或解冻时,冰块堆积,抬高水位,形成凌汛。其成因有:

一、地理位置与气温影响

黄河下游位于北纬34°50′至38°,东经113°30′至118°40′之间,由于上下河段纬度相差3°多,冬季气温上暖下寒,山东北镇历年冬季平均气温比河南郑州低3℃左右,月平均气温低2.4~3.5℃。上段河道冷的晚、回暖早,零下气温持续时间短,下段河道则反之。因此上段河道封冻晚冰层薄,融冰开河早。下段河道封冻早冰层厚,解冻历时长开河晚。山东利津河段较郑州花园口河段,流凌日期早8天,封冻期早10天左右,开河期晚10天左右。当上段解冻开河冰水齐下时,而下段河道往往处于冰层固封状态,故易发生冰凌插塞堆积,甚而形成冰坝,阻塞水流,导致冰坝以上水位陡涨,轻者漫滩偎堤,重则漫堤决口成灾。

二、流量的影响

黄河下游冬季河道流量为上中游地下径流汇集,据1950~1985年水文资料统计，冬12月至次年2月，花园口、高村、利津站月平均流量分别为610、590、588立方米每秒。河道流量因受宁夏、内蒙古河段淌凌、封冻河槽蓄水增大的影响，呈现由大到小，再由小到大的马鞍形过程。凌汛期小流量时段，同时也是低气温时段，流量小气温低容易封冻，形成封冻早冰盖低，冰下过流断面小。当流量增大时，迫使冰盖随水位上涨抬高，尤其是来水突然增大时，水位急剧上涨，水鼓冰开，冰水齐下，但下段河道冰凌固封阻水，因骤然壅高水位，形成凌峰，以致水鼓冰开，称为“武开河”。当气温转暖，冰凌大部就地融解，虽有少量流冰，但水头小，形不成凌峰，称为“文开河”。

凌汛与伏秋大汛不同，伏秋汛期洪水，经过河槽调蓄，洪峰流量自上而下是递减过程。而凌汛是河道封冻后，冰盖下水流阻力大，流速小，封冻河段水位抬高，河槽蓄水量增加，开河时冰盖破裂，河槽蓄水量释放出来，沿程冰水越集越多，凌峰流量沿程增大。1957年开河时夹河滩流量685立方米每秒，到高村增为920立方米每秒，到利津增大为3430立方米每秒。伏秋汛期洪水位自上而下普遍升高，而凌汛期在封河、开河时，一旦冰凌插塞河道，局部河段水位陡涨，有发生漫溢决口的可能，给防守抢护造成严重困难。

三、河道形态的影响

黄河下游河道上宽下窄，窄河段且多弯曲，凌汛开河时水冰齐下，极易在狭窄弯曲或宽浅河段插塞，形成冰坝阻水，致使水位陡涨，冰水漫滩偎堤。利津王庄、张家滩、宫家等窄弯河段多次发生冰凌插塞。河口段河道宽浅散乱，沙洲多，冬季淌凌时容易插封，历年封河多是先从河口段开始。开河时气温低冰层厚，冰凌易阻塞河道，漫滩机遇多。此外，河道逐年淤积抬高，河势变化大，滩槽高差逐年减小，加剧了凌汛漫滩机遇。

黄河下游自1948年至1985年37年中计有32年封冻，在封冻年份中，陶城铺以上有10年未封冻，封冻最长时上达河南荥阳汜水河口，长度为703公里，最短时仅封至垦利十八户，长度为40公里。冰量最大为1.42亿立方米，最小为150万立方米。在封冻的32年中，利津以上山东河段发生冰凌堆积形成严重凌汛的有8年，其中1969年凌汛曾出现历史上少见的“三封三开”的严重局面(见图4—2)。1951年、1955年凌汛曾在利津王庄和五庄决口。

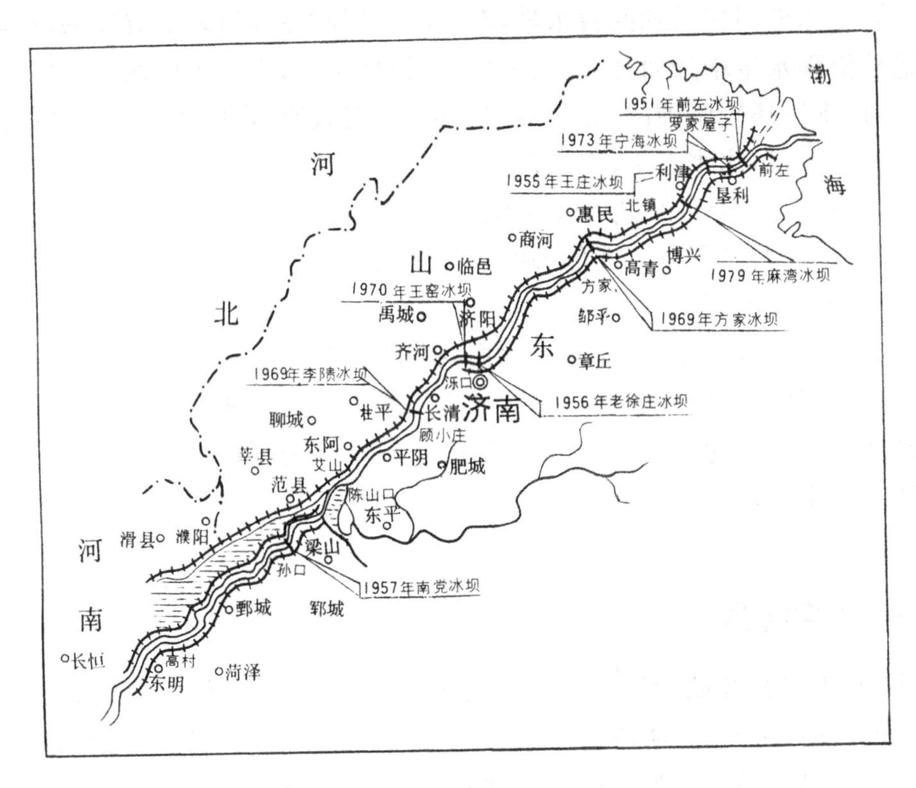

图 4—2 黄河下游冰坝位置示意图

第二节 防凌措施

晚清及民国期间，每届凌汛除在险工埽坝上挂凌排、打冰防止冰凌铲毁埽体，水涨漫滩偎堤则调人防守，别无其他有效措施。建国以来，在防凌措施上经过多年实践，不断总结经验，采取多种防凌措施，在认识和实践方面都有重大突破，并日益完善，对保证凌汛安全起到了重大作用。近 40 年来，在防凌措施的改进上经过以下两个阶段：

50 年代，认为凌汛发生是由于河道冰凌的存在，没有冰凌就没有凌汛，冰凌是产生凌汛的主导因素。因此在防凌措施上主要采取打冰、撒土、炸药爆破、破冰船破冰，大炮轰击、飞机投弹炸冰等。实践证明，凌汛期间因受气温、水量、河道形态等多种因素影响，凌洪变化急速复杂，单纯依靠破冰措施，不能从根本上解决凌汛问题。

60 年代，经过历年凌汛实践，分析矛盾，逐渐认识到凌汛形成危害的主要原因是封冻期河槽增加的蓄水量，在解冻开河时释放出来形成凌洪；洪峰流量随着沿程水量增加而加大，向下传送，越聚越大，由于水位涨高，水压力增大，迫使下游还较坚硬的冰层，破裂开河。如遇狭窄、弯曲河段，或气温低、冰坚冰厚的河段，冰水齐下，水位上涨，鼓不开封冻的冰层时，就产生插凌堵塞河道，堆积形成冰坝，成为严重凌汛。如果没有水流作动力，冰凌就形不成危害，所以水流乃是形成冰凌危害的主导因素。如能控制河道水量，就不致形成凌峰和水鼓冰开的“武开河”。

1960年三门峡水库建成投入运用，提供了蓄水防凌的有利条件，黄河两岸引黄涵闸的大量建成，也有可能分水防凌。此后，黄河下游的防凌措施，便由破冰为主发展为以调节河道水量为主，以破冰为辅的阶段。

防凌的主要措施有：

一、冰凌观测

从50年代初开始相继制定了冰凌观测的制度和规范，各修防处、段和水文站网，逐年观测，为防凌提供了大量资料。冰凌观测项目和要求如下：

（一）冰情观测：1.结冰流冰期，观测结冰面积、冰量、淌凌密度、冰块面积、凌速等。2.封冻期，观测封冻地点、位置、长度、宽度、段数，封冻形势、平封、插封、冰厚等。3.解冻开河期，观测冰色冰质变化、岸冰脱边滑动，解冻开河的位置、长度、速度，冰凌插塞、堆积、冰堆形成的位置、发展变化情况，堤防出险情况等。4.冰情普查，于封冻后冰上能行人作业时，由河务局将所属河段，以修防处、段为单位划分观测责任段，统一时间进行普查。主要普查封冻河段的冰厚、冰量、冰质，冰下过水面积、水流畅通情况等。通过冰凌普查全面了解情况，分析凌情发展变化趋势。

（二）水文、气象观测：水文、气象直接影响河道冰情变化，冬季布点进行观测。水文测验项目由水文站按规范要求进行。气象观测由水文站及沿黄各市、县气象站按气象观测规范要求进行。

二、组织群众防守

凌汛期间，组织发动沿河群众，按防大汛要求，在12月底前组织好防守、抢险队伍，备好工具、料物、防寒、照明设备。凌水偎堤时听从指挥上堤，严密组织巡堤查水，遇险抢护，保证堤防安全。解放军也参加紧急抢护。

三、破冰措施

根据多年经验,60年代以前采取的人工打冰撒土(在封冻冰盖上纵横打成20厘米宽的冰沟,形成100～200米方格网,将封冰分割,在冰沟内撒土,开河时封冰容易破碎,减少卡凌机遇)、炮击、飞机投弹炸冰等措施,一般不再采用,主要用炸药包爆破冰坝和扫除窄河段流冰障碍,配合三门峡水库调节下泄水量。每年凌汛期间,河务局及各修防处都组织好爆破队,备好爆破器材及车辆,在重点河段驻守。在即将开河之际,按照统一部署,将狭窄弯曲河段易于插冰之处,先行爆破,扫除流冰障碍,以防冰凌插塞形成冰坝。在解冻开河时,爆破队在两岸随凌观察,遇有冰凌插塞,突击爆破,防止冰凌堆积形成冰坝。一旦冰坝形成,根据冰坝位置和开河情况,采取爆破措施。

四、分水防凌

(一)减凌溢水堰:1951年利津王庄凌汛决口后,为解决利津窄河段极易插凌壅水造成危害的问题,当年冬在利津小街子建成减凌溢水堰,如遇冰凌插塞河道,即利用溢水堰分泄凌洪,以减轻堤防威胁。1955年凌汛,冰凌在利津王庄插塞形成冰坝,堵塞河道,水位陡涨,偎堤出险。当即决定运用溢水堰分洪,由于天寒地冻围埝爆破困难,未起分水作用,利津五庄决口成灾。垦利南展宽工程兴建后,将小街子分水工程包括在内,溢水堰停止使用。

(二)涵闸分水:1959年11月,黄河水利委员会《关于一九五九年黄河下游防凌措施意见》中,提出利用沿黄已建涵闸分水防凌的措施,列入每年的防凌工作计划,做好分水准备。利用涵闸分水,作为应急措施结合灌溉用水实施。

(三)东平湖分水防凌:凌汛开河时,如在东阿河段发生插凌阻水,威胁堤防安全,或河槽蓄水多,为预防开河时产生较大凌洪,可开启进湖闸或出湖闸倒灌分水入东平湖老湖滞蓄,待开河后再退水入黄或利用蓄水灌溉。每年都作必要的准备。

(四)南、北展宽工程:70年代分别在南、北岸建成垦利、齐河两处展宽堤距工程,当凌汛发生插冰堵塞河道,水位陡涨威胁堤防安全时,可运用展宽区分滞凌洪。

五、三门峡水库调节

1960年三门峡水库建成后，为黄河下游防凌调节河道流量创造了有利条件。水库的防凌运用是在实践中不断总结提高的。最初采用单纯的蓄水方式，由于水库每年用于防凌的蓄水库容，一般仅为18亿立方米，而黄河下游凌汛期（12月、1月、2月）的多年平均总径流量达46亿立方米，不可能用水库全部蓄起来，因此，采用凌汛后期蓄水的运用方式，即在河道解冻前控制下泄流量，减小下游河道的槽蓄量，抑制水流避免形成"武开河"。从多年水文资料分析，每年内蒙河段封冻早于下游河段，黄河下游冬季流量由于受上游内蒙河段封冻的影响，常出现一个下凹形的变化过程。当内蒙河段初封河时，河槽蓄水量大幅度上升，致使黄河下游流量突然减小；内蒙河段封冻稳定后，冰盖下过流能力提高，下游流量增加，常使下游流量出现由大到小，又由小到大的变化过程。这种情况对下游防凌很不利。当流量变小时，一遇低气温，就容易封河，其封河的特点是：封河早，冰盖低，冰下过水面积小，造成河槽蓄水量大，在后期流量又复增大时，就会破坏封冻的稳定性，尤其在流量突然增大时，往往造成"武开河"的不利局面。为了改变这种不利形势，在下游封河前利用水库预蓄部分水量，增大并调匀封冻前出现的小流量，达到推迟封河日期和抬高冰盖封河的目的，这样就把水库防凌运用由单纯蓄水变为有泄有蓄。按照封冻时不产生冰塞，不漫滩以及尽量减少水库预蓄水量的原则，根据多年运用经验，将封冻前的流量一般调匀在500立方米每秒左右，这样不仅可以避免200～300立方米每秒小流量封冻，增加冰下过流能力，而且三门峡水库的预蓄水量不大，一般不超过4亿立方米，对库区淤积影响较小。

1963年水电部确定三门峡水库防凌运用水位，控制在320米，1964年防凌运用水位控制在326米，特殊情况提高运用水位，须经国务院批准。1969年凌汛三次封河三次开河，凌情严重。三门峡水库于1月25日开始控制下泄流量600立方米每秒左右，到2月10日断续全关或一孔泄流。因凌情严重，国务院批准蓄水位提高到328米。3月15日库水位最高达327.72米，控制运用达52天，蓄水18亿立方米，安全渡过了凌汛。

自1963年至1985年，凌汛期间共有19年运用三门峡水库控制调节下泄流量，水库蓄水位最高达327.91米，最大蓄水量19.5亿立方米，为下游防凌发挥了重大作用（见表4—5）。

三门峡水库历年防凌运用情况统计表

表4—5

年度	关闸				开闸				运用			最高库水位			下游开河		备注
	时间		库水位（米）	蓄水量（亿立方米）	时间		库水位（米）	蓄水量（亿立方米）	控制（天）	关死（天）	蓄水量（亿立方米）	时间		库水位（米）	时间		
	月	日			月	日						月	日		月	日	
1960—1961年	1	6	330.95	64.2	2	8	332.56	75.3	33	31	11.1	2	9	332.58	2	20	
1961—1962年	1	17	321.38	19.7	2	17	327.93	37.4	31	30	17.7	2	17	327.96			未封河
1962—1963年	2	2	305.68	0.11	2	18	316.78		17	16		2	18	316.78	2	27	控制库水位320米
1963—1964年	2	1	306.82	0.02	3	3	321.91	11.9	36	20	11.9	3	6	321.93	3	5	
1964—1965年																	未封河
1965—1966年																	未运用蓄水
1966—1967年	1	20	305.37	0	2	15	325.19	11.5	33	28	11.4	2	21	325.20	2	27	
1967—1968年	1	16	310.86	0.3	2	27	327.91	18.1	43	0	17.8	2	29	327.91	3	4	
1968—1969年	1	27	312.10	1.71	3	19	327.63	18.0	52	19	16.3	3	15	327.72	3	17	
1969—1970年	1	24	306.70		3	16	320.88	9.27	52	7		3	8	323.31	2	14	
1970—1971年	2	13	296.32		3	16	322.74	10.6	32	20		3	11	324.42	3	12	
1971—1972年																	未运用
1972—1973年	1	18	291.61		4	10	326.05		1	0		4	10	326.05	1	19	

续表

年度	关闸				开闸				运用			最高库水位			下游开河		备注
	时间		库水位（米）	蓄水量（亿立方米）	时间		库水位（米）	蓄水量（亿立方米）	控制（天）	关死（天）	蓄水量（亿立方米）	时间		库水位（米）	时间		
	月	日			月	日						月	日		月	日	
1973—1974年	1	4	303.75		2	26	324.73	15.2	47	0	15.0	2	25	324.81	2	20	
1974—1975年	11	13	310.81		12	9	319.62		27			12	4	320.07			未封河
1975—1976年															2	12	未运用
1976—1977年	1	1	311.93	1.47	2	15	324.14	14.7	67	0	13.2	3	2	325.99	3	8	蓄水19.5亿立方米
1977—1978年	1	19	309.74	0.96	2	22	320.77	7.74	36	0	6.78	4	8	324.26	2	21	蓄水13.9亿立方米
1978—1979年	1	23	312.15	1.74	2	18	322.98	11.6	27	0	9.86	3	14	323.14	2	17	蓄水11.9亿立方米
1979—1980年	2	5	309.39	0.92	2	22	320.44	7.71	17	0	6.79	4	13	323.89	2	25	蓄水13.8亿立方米
1980—1981年	1	24	311.73	1.91	2	13	321.88	10.5	20	0	8.59	2	18	322.41	2	20	蓄水10.7亿立方米
1981—1982年	1	22	310.00	1.40	2	17	322.54	11.4	27	0	10.0	2	20	322.73	2	22	蓄水11.5亿立方米
1982—1983年	1	17	309.81	1.26	2	18	320.41	7.52	33	0	6.26	2	19	320.42	2	17	蓄水15.4亿立方米
1983—1984年	1	4	310.32	0.99	2	23	324.18	14.4	50	0	13.41	3	1	324.58	3	10	蓄水15.4亿立方米
1984—1985年	1	18	311.92	1.90	3	9	324.90	16.3	50	0	14.4	3	9	324.90	3	9	蓄水16.3亿立方米
1985—1986年	12	30	311.34	1.74	2	20	322.63	11.60	53	0	9.86	2	20	322.63	2	20	蓄水11.6亿立方米

第十三章　通信建设

黄河上较早的水情传递是塘马报汛。明万历元年(1573年),万恭在他的《治河筌蹄》中写道:“黄河盛发,照飞报边情摆设塘马,上自潼关下至宿迁,每三十里为一节,一日夜驰五百里,其行速于水汛,凡患害急缓,堤防善败,声息消长,总督必先知之,而后血脉通贯,可从而治理也”。清代还曾用过“羊报”传递汛情。

19世纪中叶,西方电讯技术传入我国,黄河通信报汛有所发展。清光绪十三年(1887年),直隶总督李鸿章和河南巡抚倪文蔚奏请清帝批准,架设了山东济宁(河东河道总督衙门所在地)至开封(河南巡抚衙门和开归河道衙门所在地)的电报电线,次年正月竣工。这是黄河上架设的第一条电信线路。

清光绪二十五年(1899年),李鸿章在《勘河大治之议》中建议:“南北两堤设德律风(电话,英语Telephone的译音)传语”。光绪二十八年(1902年)山东河防局与河防分局都架设了电话线,至光绪三十四年(1908年)黄河两岸已架通了七百多公里的电话线。

民国期间,黄河上的通信建设逐渐有所发展,但规模不大。建国后随着治黄事业的发展,黄河通信从有线到无线,逐步走向现代化。从建国初的单线、杂木杆、单机、几十个人的电话队伍开始,到1987年,上自孟津、下至河口,南北两岸已架设水泥杆、槽钢横担、铜线及通信铁线等干支线路约4000杆公里(13920.82对公里),长途、市话电缆100余皮公里。较建国初杆程增加8.5倍,线对公里增加30余倍,长途电缆、市话电缆从无到有,各种交换设备79台,总机8400门,实用5500门,单机4580部。与建国前相比,交换设备增加15倍,总门数增加100余倍,单机增加120余倍。同时,引进了新技术和新设备。1976年开始建设无线通信网,上至三门峡下至垦利,建立了微波、短波单边带、超短波电台通信,形成了有线无线综合通信网。

通信建设到1987年,基本上形成了上至北京水利部和河南、山东两省省会,下至沿黄河各修防处、段、涵闸、险工、站、学校,以及各沿河地市、县政府、重要乡镇、邮电局,构成了黄河专用通信网络。在历年治黄工作中,特别在防汛、防凌斗争中,通信建设对及时交流信息、传递水情、工情等方面发挥了重要作用。

第一节　有线通信

一、通信网站建设

1948年初，冀鲁豫黄委会设有电话排，并接管了国民政府黄河水利工程总局电讯所。1948年10月，将电话排扩充为电话队，共有干部、技工80余人。1949年，黄委会电话队撤销，成立平原河务局电话队，山东河务局电话站，同时在利津、洛口等地设置10个电话分站。河南河务局也成立了电话队。

1952年平原省撤销，原平原河务局所辖电话站分别划归山东、河南河务局。1957年河南、山东河务局及所属修防处段均设了电话维护站。至1963年，山东河务局所属电话维护站已有38个，各类人员176人，河南河务局所属电话维护站20个，各类人员100多人。

1977年黄委会成立通信总站。1980年，黄委会通信总站改为二级机构，下设洛阳、三门峡、陆浑三个通信站，共180人。1983年，黄委会新成立的三门峡水利枢纽管理局下设通信站，有40余人。

1985年，黄委会通信总站下设郑州、洛阳、三门峡、陆浑四个通信站，人员增加为340人，河南河务局电话队改为通信站。1987年，山东河务局电话总站亦改为通信站。截至1987年，全河通信系统共有80个通信站，有职工1200余人。

二、线路架设

清光绪二十八年(1902年)，山东巡抚周馥奏准沿黄河大堤开始架设通信线路，到光绪三十四年，沿河两岸已架设木杆单线回路700余公里。民国21年(1932年)，上自沁河两岸，下至河北地段(今河南濮阳段)下界沿河各段汛，均安设了电话。民国22年，在东明刘庄险工架设一条过河电话线路，这是黄河上架通的第一条专用电话过河线路。民国23年，敷设黑岗口黄河水底电缆。1935年在下游道旭、洛口两地架木杆过河飞线，在位山至解山间架设铁塔过河飞线。抗日战争及解放战争期间，电话线路被破坏。

1946 年 5 月，解放区山东渤海行政公署决定在黄河北岸架设长途电话线路，直达利津、滨县、惠民、杨忠、济阳等县治河办事处。

1947 年，架设山东观城县百寨（冀鲁豫黄委会所在地）至范县李桥 30 余公里线路，又架设了黄河北岸从长垣至关山 250 余公里的电话线路。

1949 年，平原河务局成立，先后架设高村经江苏坝至菏泽 69 杆公里，鄄城至昆山孙楼 105 公里，鄄城至东阿八里庄 140 杆公里，坝头镇至封丘 125 杆公里，王芦集至新乡 80 杆公里，庙宫至小董 40 杆公里的电话线路。同年在黄河南岸恢复了开封至大马庄、开封至高村、开封至花园口、花园口至庙宫的电话线路共计 224.5 杆公里。1951 年黄委会决定架设开封到济南及山东泺口到北镇两条通信干线。汴济干线设计为杉松木杆，四线木担双线线路，挂一对 8 号铜线和一对 10 号铁线，由河南、山东河务局分段完成。山东河务局组建了 140 人的架线队，于 6 月底完成了 170 杆公里的架线任务。泺北干线全长 145 杆公里，为杉木杆、四线担，挂一对 10 号铜线，委托山东省邮电局架设完成。同时，还在梁山、苏泗庄、刘庄、柳园口、京广铁路黄河老桥、小董、沁阳分别架设电缆和过河飞线 7 道，从而上起沁阳、下到山东北镇以下，均可直通电话。

1953 年及 1954 年，山东河务局架设了各地电话线路 619.2 杆公里。至此，黄河两岸各修防处、段以及沿黄各县的通信线路已初步建成。

三、线路改造

1950 至 1952 年将全河的杂木线杆更换成杉松木杆，并将原来的单线通信改成双线通信，郑州至济南线路改为 4 毫米铜线或 3 毫米以上铁线，改善了通信质量。1952 至 1953 年改架线路 300 多公里。1958 年至 1960 年又先后改架线路达 400 余杆公里。

为保证通话，1962 年黄委会决定对郑济干线进行改造，将原杉木杆更换为水泥杆，将原四线木担更换为 8 线槽钢担。于 1963 年完成。

1964 年两省河务局又架设了 330.75 杆公里（1630.44 对公里）郑（州）关（山）干线，1965 年河南河务局电话队改造了武陟、庙宫至沁阳 65 杆公里。山东河务局改造了泺口到北镇线路 150 余公里。

至此，沿河两岸由水泥杆组架的通信干线计达 1129.1 杆公里（22582 根水泥杆），折合 6000 余对公里线路，总投资 2000 多万元，使黄河通信干线成为我国通信线路最早利用水泥杆、铁担架设的高质量通信线路。

四、线路抢修

建国以来，每遇狂风暴雨及冰雪天气，都常出现线路倒杆断线，中断通话故障。三十多年来，多次组织了线路的紧急抢修，保持了治黄的通话联络。线路发生大的自然灾害和抢修情况摘要如下：

1952年11月，连遭大风雨雪袭击，郑州以下150余公里的通信线路被毁，电话中断50余天，经组织民、技工100余人抢修20天，才恢复通话。

1962年汛期，郑州至关山干线遭受两次大暴雨袭击，电话中断，经7昼夜抢修通话。

1969年2月，利津段通信线路，因受冰凌和大风袭击，倒杆200多根，时值春节前夕，处段通信职工都未回家过节，及时抢修。山东河务局电话站派工作组参加，奋战半月，恢复了线路。

1979年2月，黄河下游受强冷空气及雨雪大风侵袭，倒断线杆4000多根，济南以上有线电话全部中断。组织500多人、15部汽车进行抢修，40天完成了抢修任务。

1985年8月3日，山东先后遭到暴风雨和冰雹袭击，菏泽至济南共折断水泥电杆652根，倒杆735根，砸乱线条百余处，开通无线电台解决临时通话。经过一周的抢修，大部分恢复了通话。东银铁路局有36杆公里需重新架设，全部经济损失达58万元。

五、设备更新与发展

随着国家经济建设的发展，黄河通信设备也不断得到更新和发展，50年代黄委会及河南、山东河务局各修防处、段均使用磁石交换机，60年代黄委会及下属单位换用供电式交换机。1978年黄委会购置纵横制HJ905型400门自动交换机，于1979年投入使用。1987年，黄委会引进了日本NEC公司生产的NEAX—2400IMS型2000门程控交换机。

由于交换机的不断更新，自动化程度越来越高，相应也增加了磁石式单机、自动单机和多功能单机，并在机关领导人和防汛重点部门配备了录音电话机。1982年，黄委会机关安装了122型文字传真机，随之，山东河务局安装了30余部，后来都又更新为高速传真机，传递信息及时准确。

从60年代开始，黄委会与河务局、修防处之间增设1～3路载波机，提高了有线线路利用率和音质音量。70年代以后换用晶体管多路载波机。至1986年底,黄委会至山东河务局、河南河务局至各修防处间开通了12路载波机;各修防处至段和部分防汛点逐步开通3路或单路载波机,基本实现了黄河有线通信载波化。

截至1986年底,黄河系统安装12路载波机22端,3路载波机54端,单路载波机36端,并配有各种电源仪表等附属设备,载波人员编制48人。

1977年,山东河务局开始配备电话会议汇接机和终端设备。1982年河南河务局也安装了电话会议设备,到1983年全河实现了电话会议网络。

六、组织管理

为加强通信线路的维修和管理,建立了线路维护站,平时按所划责任段,根据季节和线路环境情况,进行检查维修。汛期增设临时维护站,并适当增加巡线次数,以保证线路畅通。

从50年代开始,通信部门就制定了一系列的规章制度,有电话管理原则、线路维护制度、守机规则、保密规则、维护报表、线路维护规则等。1978年以后陆续制定了各种符合实际情况的值班、操作、维修培训、竞赛等各种规章制度及各类人员的岗位责任制。1988年,为使全河通信达到正规化、规范化的要求,又制定了《黄河通信保障规定》,提高了通信质量。

第二节 无线通信

1975年8月淮河发生大洪水时,有线通信中断,指挥失灵,造成巨大损失。接受这一教训,1976年水电部决定在黄河流域组建无线电通信网(三门峡至黄河口),计划从1976年开始,于1980年建成。当时无线通信网的规划为:干线以郑州为中心,西至三门峡用6171型散射机和208型超短波,12路接力机;东至济南用204型24路微波接力机和208机组成,全长680公里,济南至垦利200公里,用TWJ—1型增量微波机。干线两侧用208型机沟通水库,用超短波3路接力机,超短波单工机,10瓦短波单边带电台等沟通有报汛任务的53个水文站、2个滞洪区、1个修防处(其他修防处均在干线上)及37个修防段(闸)等。另配水文站2～6部单工机或对讲机组成测验网。主要修防处、段配3～5部单工机组成抢险网,共设置128个台站,计划购置各种类型电台700部，总投资1700万元。

1976年开始筹建黄河中、下游无线电通信网，组建工作由黄委会与山东、河南河务局共同进行。

一、山东无线通信建设

1976年，计划以二年左右的时间，建成郑垦（郑州至垦利）微波通信干线，以此干线为依托，组成局、处、站、东平湖区及重要滩区三级无线通信网。1977年由四机部安装工程公司架起了鄄城、关山铁塔，在龟山山顶建成60平方米的机房和7.8米高的活动无线铁塔。后因原微波接力机停产，通信情况又不好，遂于1978年至1979年将泺口、济南、泰山站的机器设备撤回。

1976年至1983年，黄委会调给山东局74系列双工、单工超短波无线电话机182部及配套的检测、电源设备和18座轻便无线铁塔，组建对各修防处、段和水文站无线通信网及汛期机动抢险网。因74系列电台可靠通信距离仅30公里，有些距离较远的处段无法保障通信，1983年又选用了80系列电台3JDD—2、JDD—2/308、3JDD—4无线电台，用于济南对滑口、龟山、鄄城，1985年东营修防处、位山局又选用JHM—41Y10D/E无线电台，分别对其所属段、所沟通网络，通话良好，但该机尚不能接入电话交换机。

二、河南无线通信建设

1966年，河南在长垣石头庄至东坝头装配了第一部四路特高频（双工）无线通信机，当有线过黄河线路中断，便使用四路特高频把黄河两岸通信网沟通起来。

1976年3月，河南河务局开始调配无线通信人员学习技术，10月架设了郑州—原阳—庙宫，原阳—封丘“A—350”型三路超短波无线电台；郑州—庙宫、郑州—开封208型12路超短波电台。

1979年至1983年，河南河务局所属开封—东坝头—北坝头204型微波干线（24路）工程全部完成，并投入使用。

1983年汛前，水电部、河南省委、黄委会、河南河务局，决定组建滞洪区无线通信网，拨款65万元。1984年5月开始建塔，8月14日全部竣工。以滞洪处为无线通信网的中心站，下建中心分站7个，中继站3个，其他台站33个，共安装3JDD—2/308电台87部，经汛期使用，效果良好。但近几年因中原油田使用同类电台较多，对该网干扰较大，准备采取的措施是：(一)建立广播式的防洪警报网(已于1990年7月建成)；(二)在今后实施下游移动通信网方案中彻底解决与油田相互干扰问题。

三、三花间无线通信建设

三门峡至花园口间是报汛的重要区段。郑州至三门峡干线用6171型和208型12路接力机，干线两侧用208机沟通陆浑水库，用超短波3路接力机、超短波单工机、10瓦短波单边带电台等沟通53个水文站。1976年由760厂和黄委会派人共同组成试验建站队伍，对郑州、洛阳、三门峡三个通信站的建站和散射通信进行试验，1976年汛期前，沟通了郑州—洛阳—三门峡间的通信联络。(见图4—3)

郑州至洛阳的6171型12路散射机，从1976年4月架通以来，白天一直通话。洛阳至陆浑的208型12路超短波接力机，自1977年汛期架设后，每年汛期开通使用。郑州至三门峡的6171散射12路无线设备，于1980年7月下旬金银山中继站建成后，改为昼夜开通使用。同年7月又沟通了三门峡对三门峡大坝水情组的3路超短波接力机，可从郑州经洛阳、三门峡与大坝直接通话。陆浑和洛阳分别对伊、洛河及其周围有报汛任务的水文站沟通了单工、双工电台。1981年正式担负报汛和传递业务，比租用邮电部门的有线线路报汛提前24小时左右。

三门峡库区各水文(位)站，1981年基本上组成了单工或对讲机网络，全部沟通了联络。

1981年汛期，投入使用电台667部，组成72个网络，128个站点。黄委会要求三花间报汛以无线为主，有线无线双保险，不再租用邮电部门的无线电台。从6月1日起，三花间26个水文(位)站的水情、雨量电报，通过郑州至洛阳，郑州至三门峡两条干线和17个无线网(专向)6条电传线路共239部电台，全面实施了无线电报汛。

三门峡库区报汛网，共开设36个网络，使用电台80部，济南、榆次、兰州三个水文总站，共使用单工机、对讲机123部，其中济南35部、榆次36部、兰州52部。特别是兰州水文总站及下属唐乃亥、玛曲、享堂、下河沿等站，配合兄弟单位使用无线报汛，对防汛起了很好的作用。

1982～1986年，由水电部、中南电管局、黄委会和河南省电业局四家集资，引进日本NEC公司的设备，兴建了黄委会通信总站—省电业局—峡窝

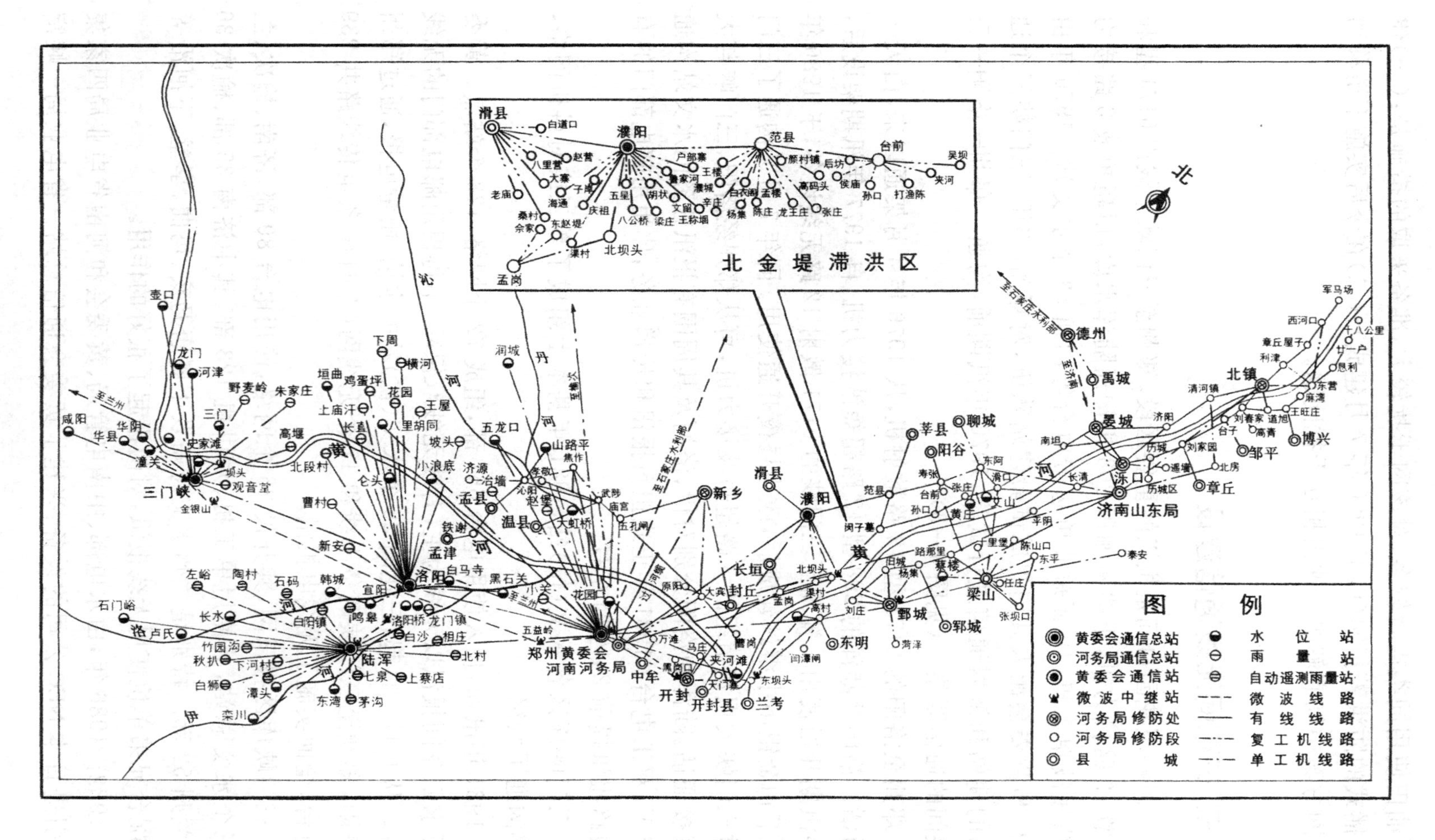

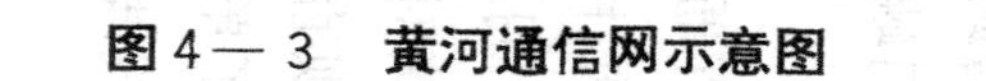

图4—3 黄河通信网示意图

—五指岭—首阳山—东马沟—洛阳供电局—大沟口—金银山—马家庄—三门峡供电局—三门峡通信站—三门峡大坝 2GC、480 路数字微波通信干线。黄委会拥有线路权和 120 路使用权,其中黄委会通信总站至洛阳通信站用 60 路,至三门峡通信站 60 路。另至省电业局方向还有 30 路区间话路。

郑州至三门峡微波线路于 1984 年开始筹备,1986 年 10 月投入使用。通信总站管理的微波站有郑州、五指岭、洛阳(东马沟)、金银山、三门峡通信站、三门峡大坝六个。河南省电业局管理的有郑州(电业局)、峡窝、首阳山、洛阳供电局、大沟口、马家庄、三门峡供电局,拥有使用权 120 路,水电部和中南电管局各有 120 路使用权。郑三微波干线在通信联络、防汛调度、传递水情工情和信息方面发挥了重要作用。

第十四章　工程抢险

第一节　抢险组织

黄河下游防汛抢险队伍，有群众抢险队和专业抢险队两种。群众抢险队是从18～50岁的精壮男子中，选择政治可靠，有抢险技术经验的人员组成，一般每个乡、镇组织一个队。专业抢险队是以黄河专业工程队为主，由沿河各县修防段负责人和主要技术干部组成，负责所辖段内工程抢险任务，是县防汛指挥部的机动突击力量。另外，为了使抢险队专业化、机械化，反应快，以适应工程抢险需要，河南、山东黄河河务局各成立2个机动抢险队，由领导、技术干部、技术工人组成，配备现代化的交通工具和抢险所需的工具、照明设备，熟悉掌握各种险情的抢护方法，研究各种险情的抢护技术和材料，由省防汛指挥部统一调动使用。另外，黄委会机关每年也组织抢险队，由有防汛抢险经验的老技术干部和中青年技术干部组成，并备有抢险照明设备车和交通车，每届汛期，做好随时出动准备，一旦需要，立即出动，协助豫、鲁两省抢险。1954年、1982年等洪水时，都曾参加抢险。

第二节　技术培训

黄河防洪抢险有一支庞大的专业技术队伍。分布于沿河各修防单位的工程队，是防汛抢险的常备技术骨干力量。因此，各修防单位都不断组织他们开展技术学习，平时结合修防施工，边干边学，并成立各种学习班，学文化，学防汛抢险技术。1983年黄委会及河务局按工种分别编写了应知应会提纲，对初级工技术补课，主要学习初级技术理论（应知）和进行实际操作技能（应会）训练，组织技术干部和老工人上课辅导，并进行考试，应知应会及格的发给合格证书。同时于每年汛前或汛期举办抢险技术学习班，对黄河职工、工程队进行短期轮训，并重点组织抢险堵漏模拟演习，学习捆枕、搂厢、堵漏等抢险技术，逐步提高其技术水平。

群众防汛队伍的技术培训，一般采取两种办法：一是汛期举办短期训练班，由县防汛指挥部负责组织，主要培训基干班长、抢险队长，重点学习巡堤查险办法、报警信号，一般抢险技术知识，学习时间3至5天。有时采用实地演习的办法，进行巡堤查险、探摸漏洞、抢堵漏洞等抢险技术实际操作训练，有较好效果。二是组织群众性的技术学习，由省防汛指挥部印发有关防汛抢险的技术教材和图片，采取多种形式，深入沿河各村向群众防汛队伍宣讲，普及一般防汛抢险的技术知识。

第三节 巡堤查险

每届汛期，大水偎堤，河势突变，堤防险工迭出大险，抢险成败关系黄河安危。大水时严密组织巡堤查险，及时发现险情抢早抢小，防患于未然。建国以来，各级防汛指挥部制定和颁发了《巡堤查险办法》和《抢险技术手册》等有关规定，供各级防汛组织和防汛队伍学习掌握和执行。

一、组织领导

汛期洪水到来之前，由防汛指挥部根据水情和工情，确定上堤防守和查险的人数，调集防汛队伍上堤，逐级划分防守责任堤段，实行领导干部分级包工程的责任制度。平工堤段以汛屋为单位，由乡镇选派干部驻屋领导基干班巡堤查险。险工坝岸由工程队为主组织严密巡查。险工坝岸巡查重点是坚持摸水制度，及时探摸根石走失情况；观察溜势变化，检查坝垛护岸是否出现裂缝、下蛰、位移、滑动等险情，发现险情及时抢护。

二、巡查前的准备

巡查队伍组成后，先将负责巡查段内的高杆杂草、刺棵、蒺藜等割除，以免妨碍巡查，并在临河临水附近和背河堤坡、堤脚，各平整出查水小道一条。然后由干部带领全体防汛人员到现场熟悉责任段的堤防情况，做到心中有数。

三、巡查方法

一般水情,可由一个组(三人为宜,一人持灯,一人拿摸水杆,一人拿工具料物)沿临、背河巡回检查,去时走临河,返回走背河,巡查堤段内两头要超过责任段20米左右。巡查时一人走水边用摸水杆不断探摸水下有无险情,一人走堤半坡,看堤防工程有无裂缝、陷坑等,一人背草捆走堤顶,其他工具放在防汛屋待用。夜间一人持马灯或手电筒于水边照明。背河堤脚以外20～50米范围内的潭坑,应另派小组巡查。水情紧张时,由两组同时一临一背交换巡查。水情严重或发生暴雨时,应适当增派巡查组次,各小组出发间隔时间要均匀。如发生特大洪水上堤人数增多时,也可按人分段进行监视。巡查中发现险象或险情,一面留人观察抢护,一面上报,若遇重大险情要立即发出报险信号,迅速组织抢护。

四、巡查制度

(一)巡查人员必须听从指挥,尽职尽责,严格按巡查办法和要求进行工作。

(二)交接班要在巡查堤线上就地交班,接班者要提前到达工地,交班者要全面交待巡查情况,对尚未查清的可疑险点,要共同巡查一次。

(三)驻堤屋干部和带队队长要轮流值班,及时掌握换班时间,了解巡查情况,做好巡查记录,并及时向上级汇报情况,有了险情要立即组织抢护。

(四)巡查人员要就地休息,不准擅离岗位,有事要请假。

(五)巡查人员应开展评比活动,好的表扬奖励,玩忽职守的严肃处理。

五、巡查注意事项和要求

巡堤查险是一项极为重要和艰苦细致的工作,越是天气恶劣(狂风、暴雨、黑夜),查险工作越要认真。根据以往经验,巡堤查险要做到"六时"、"五到"、"三清三快"。

(一)六时是:黎明时(人最疲劳)、吃饭时(思想易松劲)、换班时(容易间断)、天黑时(容易看不清)、刮风下雨时(易出险分辨不清)、水位陡涨陡落时(易于出险),注意"六时"不可松懈巡查。

(二)五到是:眼到(用眼细心查看)、耳到(用耳细听水声有无异常声音,以及风浪和坍岸等响声)、手到(随时用摸水杆探摸水深、根石有无走失、坍塌等情况)、脚到(用赤脚查探险情,注意脚下湿软、渗水等情况)、工具料物随人到(以便发现险情及时抢护)。

(三)三清三快:"三清"就是险情要查清、报告险情要说清、报警信号要记清;"三快",就是发现险情快、报告快、抢护快。

第四节 险情抢护

黄河汛期,由于水位涨落或河势变化,常使防洪工程出现各种险情,各级防汛指挥部根据汛前河势工情检查进行分析研究,对不同类型洪水可能出现的险情,制定相应的防守规划及措施,及早做好防守抢险的充分准备。

黄河防汛经过近40年的实践,对堤防、涵闸、控导工程等出现的各种险情,在抢险技术方面积累了不少经验。在平工堤段经常出现的险情有漏洞、管涌、渗水、脱坡、裂缝、风浪、陷坑等;险工及控导工程的坝岸经常出现的险情有坦石或根石墩蛰、根石走失、坝体坍塌、坝身蛰裂、洪水漫顶等。涵闸工程主要险情有:土石结合部渗水、闸身滑动、翼墙倾倒、闸下游海漫处渗水、闸后脱坡、闸底板或侧墙裂缝等。虹吸工程出险主要是:虹吸管壁锈蚀或破裂漏水,管道封闭不严或铁石土结合部渗漏等。

大堤出险最危险的是漏洞,抢护不及或措施不当,极易造成决口。历史上的决口除漫溢外,多数因漏洞所致。1951年和1955年凌汛利津王庄及五庄都是因漏洞而决口。1949年洪水,下游堤防出现漏洞806处,1958年大洪水出现漏洞19处,均经及时抢堵化险为夷。抢堵漏洞的方法较多,关键在于及早找到进水洞口,抢早抢小。根据多年抢堵经验,首先应在临河找到洞口及时堵塞;必要时在背河出水口处抢修滤水工程,制止堤土流失,阻止险情扩大。在临河堵漏多用草捆、软楔、棉衣被、铁锅等将洞口堵塞填实,然后压土袋及浇土闭气。如洞口较大或有多处洞口,可用篷布或棉被等在临河将洞口覆盖,上压土袋及浇土闭气,背河抢修反滤设施。如漏洞发生在险工坝岸处,一时找不到洞口或找到洞口因坝前用上述方法抢堵困难时,可在进水口大体位置,大量抛填土袋抢护,同时在背河抢修反滤设施,待土袋抛出水面后,迅速倾倒粘土筑前戗闭气。如水大溜急,土袋易被冲走,可用搂厢截堵后,再浇土筑戗闭气。

渗水、管涌是常见的险情,如不及时抢护,可能发展成漏洞或脱坡塌堤,危及堤防安全。抢护方法,一般按照"临河截渗,背河导渗"的原则,于临河抛土筑戗,背河抢修柴草反滤或砂石反滤导渗,制止水流带出泥沙。为防止意外,在反滤措施不凑手时,多在背河抢修后戗,延长渗径。由于河势变化,大溜冲刷堤身,出现堤身坍塌险情时,多用柳石枕抛护或柳石搂厢抢护。

洪水漫滩,风浪淘刷堤岸,抢护方法多用挂柳、挂枕防浪和柴草护岸。如堤坡坍塌,可用土袋抛护还坡,险情严重时采用柳石枕抛护或柳石搂厢抢护。

险工和控导工程坝垛出现蛰裂、滑塌等险情,多数因溜势变化,大溜淘刷坝基,根石大量走失,或因坝身基础被淘刷,坝体蛰陷滑动,招致坝垛墩蛰或坍塌。如发现根石走失,应迅速补抛根石或铅丝笼装石护基。如遇大溜顶冲坝垛坍塌或墩蛰入水,则以抛柳石枕抢护为好。坝垛坍塌墩蛰急剧时,可用柳石搂厢抢护。

涵闸虹吸工程出险,主要是防洪标准不足及工程质量问题,多采取修筑闸前围埝及其他抢护措施。

第五节 重大险情纪要

一、东明高村抢险

1948年汛期是黄河归故后的第二个汛期,当时,大河流路尚未归顺,原有堤防工程自1938年黄河改道后失修破坏严重,1946年至1947年,解放区人民曾进行了修复。但1948年国民党军队占据高村后,对该险工堤坝工程又进行了破坏。

高村险工是东明县的老险工,系1880年决口堵复后形成的,原有16道草埽,基础薄弱,入汛后即连续出险。6月中旬开始,由于黄河在上游北岸青庄与柿园村之间坐湾,大溜直冲高村7至10号坝,埽坝出现下蛰险情。东明县委、县政府全力以赴,组织群众抢护,梁子庠县长坐阵指挥,经过10余天抢修8段秸埽,险情暂趋缓和。7月6日主溜又顶冲14坝,并将原先抢修的秸埽全部冲垮,随着13至18号坝也相继出险,险情恶化。黄委会接到险情报告后,立即调派第一修防处主任韩培诚组织抢险,并增调南华、鄄城两个工程队增援。当时抢险最困难的是料物不足,柳枝、秸料、桩、绳等大多从黄河北岸运来，困难很多，特别是石料缺乏，当时把东明县的部分城墙砖和大街上的牌坊都拆掉用于抢险了。

正当广大干部和群众日夜抢护时，国民党军队的飞机，从7月7日到17日，每天数次骚扰，7月9日夜轰炸达13次之多，死伤群众10多人。同时驻菏泽的国民党军68师出动一个团，奔袭高村抢险工地，抢险员工被迫撤离工地。韩培诚和警卫员李广成，为掩护抢险员工安全转移，不顾个人安危，坚持到国民党军攻占大堤后才跳进黄河，被冲向下游5公里多，遇到一只木船被救上岸。

国民党军占据高村后，驱散了抢险的群众，险情进一步恶化。为了保卫险工，冀鲁豫第五军分区派崔子明率领基干旅打退国民党军，重新组织抢险。7月31日，大溜已滑到16坝，由于埽坝塌陷，溜靠大堤，堤身被冲塌三分之一，出现了临堤抢险的危急局面。黄委会主任王化云和冀鲁豫行署副主任韩哲一赶到工地，与在工地的五地委副书记逯昆玉和专署副专员郭心斋等研究决定，在原计划100万公斤柳料的基础上再增加秸柳料300万公斤，除东明、昆吾（今濮阳）、南华（今菏泽）、鄄城4个修防段工程队外，再增调郓城、寿南（今郓城县）、昆山（今梁山县）、寿张、范县、濮阳、长垣、滑县等8个县的工程队、干部200余人，并以马静庭、袁隆、李仲才组成技术指导小组，采取临堤下埽、挂柳头、抛枕多种措施，日夜抢护。当时正是淫雨天气，道路泥泞，运输困难，不得已采用买现钱土的办法用土压埽。在生活艰苦、飞机袭扰、气候恶劣的条件下，风雨无阻，日夜苦干。

8月12日，15坝到16坝间大堤塌去三分之一，险情发展到万分危急的时刻，五地委副书记逯昆玉，五专署兵站司令员王子平赶到工地指挥抢险，并带来了地委、专署、军分区的慰问信，经研究作出了如下紧急决定：

（一）除北岸长垣、濮阳两县突击赶运秸料支援外，当即从险工附近村庄，火速砍伐青高粱秆，临堤修做护沿埽长400余米。

（二）在抢护堤段的背河赶修后戗。

（三）突击补修背河从白店至后杨的围堤，作二道防线准备，以防万一。

（四）在对岸柿园村、河道坐湾处挖引河，以改善河势。

沿河各县组织大批车辆运送料物，北岸长垣、寿张、范县每天出车200多辆，南岸菏泽、齐宾、考城、东明等县出大车1000多辆，赶运秸柳料、砖石、麻绳等，各种抢险物资源源运到工地，经过1周的紧张抢护，终于转危为安。

高村抢险历时2个多月，至8月21日抢修脱险，共动用民工30多万工日，秸柳料450多万公斤，砖200多万块，石料500多立方米，麻料20多万公斤,先后临堤抢修12道坝、21段护沿埽。

二、封丘贯台抢险

贯台位于黄河北岸封丘县境,和对岸兰考东坝头隔河相望。1855年黄河在铜瓦厢决口改道后,由曹岗来溜直冲贯台前高滩,高滩逐渐后退,河槽展宽,主溜游荡不定。1949年汛期大溜靠南岸,在开封张庄坐湾,出湾后直冲北岸贯台险工。

7月1日开始,大溜直冲贯台合龙处圈堤上的2、3坝及以下护岸,由于基础是沙底,虽经抢护,2、3坝相继掉蛰入水。濮阳地委迅速组成抢险指挥部,由副专员李立格任指挥,张方、仪顺江、陈玉峰任副指挥,当时确定重点修守老合龙处以上2道坝及5段护岸。为了预防万一,在圈堤之后,由曹圪塔至鹅湾退修新堤一段长1400米,高2米,顶宽7米,并在圈堤东南角扒口,还挖了宽18米、长1800米的引河,可引黄放淤,以固险工,万一圈堤失守,后面有新堤作屏障,前面有引河导水入黄,避免黄河直冲长垣大堤。6日黄河出现第一次洪峰,主溜外移,贯台暂时脱险。

7月13日大河水落,贯台再靠大溜,1至3段护岸掉蛰2至3米,接着溜势上提,再次顶冲2、3坝,2坝约15米一段掉蛰入水,急调东明、菏泽工程队支援。险情不断发展,在3坝秸埽上新加修的柳埽又蛰入水,回溜淘刷2、3坝间的堤坦,迅速坍塌,边塌边抢,塌了再修。但一昼夜间2、3坝多次下蛰,坝身所剩无几,2、3坝间之埽和堤坦也几乎坍尽,大堤已塌去一半,其余坝埽也大都入水,险情十分严重,在此危急时刻,地委、专署负责人来到工地,坐阵指挥抢险,并由行署和黄委会抽调一批干部赶赴工地,参加抢险。

为了保证抢险胜利,曲河(今封丘县)、长垣、濮阳等县民工昼夜赶运料物,广大群众发扬主人翁精神,有的群众忍痛将房箔秫秸,甚至拆下房上的砖石支援抢险。同时,组织民工5000多人,在险工后边修起了一道高2米、宽5米,长1400米的新堤,并开挖一道宽18米、深1米,长1800米的引河。

经过十多个日日夜夜的抢护,直到7月下旬,黄河第二次涨水,溜势外移,险情才告解除。这次抢险,从6月下旬开始,至8月20日结束,历时50多天,共用秸柳料235万公斤,砖130万块,石料1000立方米,木桩4100根,用工8万多工日。

三、垦利一号坝抢险

垦利一号坝位于垦利义和险工，该险工是黄河归故后所修，一号坝长1660米突出河中，坝头修有7段裹头及护沿埽。1949年秋汛大水，一号坝顶冲大溜。8月30日一号裹头出险，驻一号坝的7个工程班及民工500余人立即投入抢险，连续抢护15个昼夜，终因水大流急，一号裹头及2、3、4号鱼鳞埽相继被大溜冲走。9月15日至16日5、6号鱼鳞埽又被冲走。险情恶化，经继续抢修新埽7段，9月26日水渐退，险情缓和。当花园口第五次洪峰进入垦利河道后，险情又有发展，10月2日至6日，2、3、4、5号新修鱼鳞埽又被冲走。至此已连续抢险28昼夜，共被洪水冲走12段埽。10月7日重开新埽，一直坚持抢修不懈。

在一号坝抢险中，渤海行署秘书长于励忱、垦利专署防汛指挥部指挥王沛云亲临指挥，地委宣传部长崔庸和250名干部，渤海区党委调研室主任王连芳、行署民政处长张玉圃等50余名干部相继前来，协助动员组织群众抢险运料运土。河务局派出技术干部和直属工程队90余人。渤海军区九、十两个警卫团均参加抢险。渤海贸易公司及沾化、垦利、利津、惠民等县调派胶轮大车132辆，河务局航运队派船30只赶运料物。从广饶、博兴、沾化、垦利各县调集抢险民工3290人，附近民丰、临河、永安等区乡群众自动前来运料者多达3500余人，运送秸料710万公斤。有的老年和儿童也参加运料，兴隆村19个姐妹、14名儿童从30里外冒雨向工地送料。还从泺口、惠民、章历、高青、滨县、利津、蒲台、齐东、惠济、济阳等地调运石料3000多立方米，大绳4400条，木桩8500根，麻袋6500条，红泥6000立方米支援抢险。所有干部民工都搭窝铺住在工地，吃凉干粮喝黄水，饱受风雨之苦，经过43个昼夜奋战，终于保住了一号坝，于10月13日抢险结束。

四、郑州保合寨抢险

1952年9月28日，黄河在京广线黄河铁路桥北岸坐湾，由于铁桥下游河槽内出现鸡心滩，迫使大溜从西北折向东南，形成横河，直冲脱河多年的保合寨险工孙庄一带，急剧坍塌，主槽冲深下切。当时大河流量仅2000多立方米每秒(花园口站9月29日流量为2130立方米每秒)，水面宽由千余米缩窄为百余米，形成大河入袖之势，溜势集中，淘刷迅猛，冲塌大堤长45米，

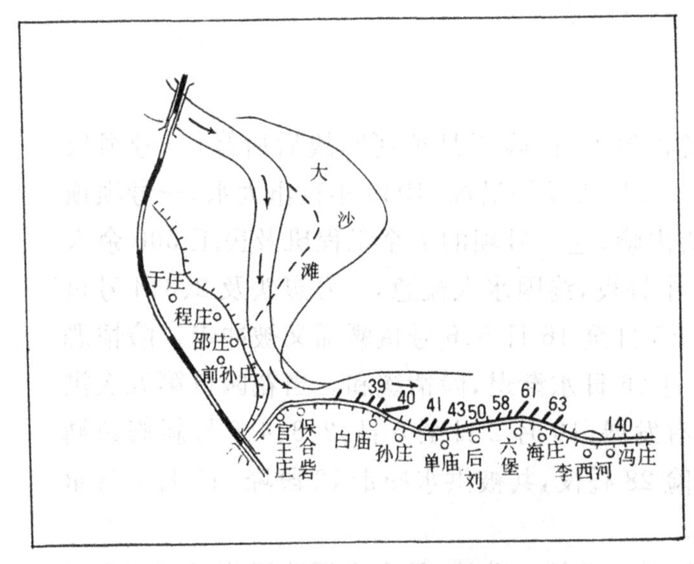

图 4—4 1952 年郑州保合寨出险形势图

塌宽 6 米，水深 10 米以上，险情十分严重。

开封地委、专署及河南黄河河务局的负责人闻讯后，当夜赶赴工地，立即调集陈兰、中牟、开封、广郑四个黄河修防段的技术工人 200 余名，调集成（皋）、郑两县民工 4000 余人，采用抛枕、搂厢及加修后戗等办法，共加固旧坝岸 4 道，新修石垛 4 道，经过 10 个昼夜的紧急抢护，才转危为安，共用石 6000 立方米，柳枝 50 余万公斤。（见图 4—4）

五、菏泽刘庄抢险

刘庄险工长 3474 米，共有埽坝 29 道，护岸 32 段，工程基础薄弱。1953 年 8 月 3 日秦厂站出现 11200 立方米每秒的洪水，在涨水过程中，11 号坝以上基础薄弱的各坝先后出险。

自 8 月 2 日至 4 日晚，7 号坝至 25 号坝先后坍塌，掉蛰 30 余处，长 400 余米，有的坝埽平墩入水，许多护岸全部坍塌。特别是 11 号坝以上，多系由秸柳埽新改的石工，基础薄弱，大多平墩入水。8 月 3 日高村流量涨至 6720 立方米每秒，当夜险情最为严重。险情发生后，菏泽专署、菏泽县负责人亲自带领群众日夜抢护。黄委会赵明甫副主任亲自率领黄委会抢险队、黄河总工会、河南省黄河工程队等 60 余人，带抢险工具和汽车、发电机等，于 8 月 4 日赶到工地，协同当地专、县，立即召开紧急会议。根据当时洪水上涨趋势，险工继续出险的严重局面，决定全线防守，重点抢修，按照“先主坝后次坝，先急要后次要，先坝埽后护岸，先上游后下游”的原则，以地方领导为主，所有人员，均由菏泽防汛抢险指挥部集中统一领导，组织了专门检查组，及时进行深入的调查研究，随时掌握险情、水情与河势变化，注意把技术交给群众，使整个抢险工作很快转向了主动。接着山东黄河河务局刘传朋副局长也率领工程总队及工程师赶到了工地，投入抢险。

抢险最紧张的是5日夜间，为了在最短期间打下工程基础，扭转危局，指挥部下了总动员令，把全体干部和民、技工划分为7个工区，并决定用1000立方米石料和15万公斤柳料，实行全面抢修。经过通夜的突击抢修，巩固了阵地，稳定了工程。抢护中一面抛柳石枕或铅丝笼护根固基，一面用柳石搂厢保护堤身，根基薄弱的主坝抛柳石枕护基。

抢险急需大量石料和秸柳料，上下游全力支援，沿河群众28000多人，以村为单位组成运料小组由区长率领，昼夜冒雨赶运。由于淫雨连绵，道路泥泞，车辆难以通行，群众扛着柳料冒雨蹚水，按时把秸柳料运到工地。河南河务局支援石料1500立方米，有200多只船从东坝头、南小堤运送石料。经过六昼夜冒雨抢修，共修埽坝26段，护岸15段，抢险用石料2400立方米，柳枝30万公斤，麻料1.2万公斤，木桩835根，耗资43.86万元。

六、济南老徐庄堵漏

1958年大洪水于7月23日进入济南河段，泺口水位涨至32.09米，超过保证水位1.09米，临河水深2～2.5米。23日1时后，在老徐庄险工上首47号防汛屋附近长85米堤段内先后发现3个漏洞过水。当日1时首先在临河堤脚处查水发现2个陷坑，当即用草捆土袋堵塞。4时多在陷坑下首约50米处背河戗顶与坡道结合处出现直径约0.1米的漏洞流黄水。漏洞险情发生后，在济南坐阵指挥的中共山东省委书记谭启龙、副省长张竹生，济南市副市长狄井芗，亲赴现场指挥抢险，当即调集抢险队及解放军4000余人投入抢堵。第一个漏洞出现后，抢险员工下水探摸到进水洞口，随即用草捆和麻袋将洞口堵塞，在背河出水口用土袋抢筑半径1米围埝，内铺填麦穰厚0.2米，上压土袋。不久在第一个洞口下首4米处又出现一个漏洞流水。经抢险员工下水探摸到洞口后，用草捆柳枝及土袋堵塞。由于临河洞口堵闭不严，背河反滤围井范围小麦穰薄，半小时后，第一个漏洞又冒出黄水，水流更急，同时背河后戗顶部又出现一个漏洞流水。险情发展十分危急，经研究决定在临背河扩大范围紧急抢护，一面集中人力、料物，在临河抢修长85米的围埝，用土袋4000条，内填土2000立方米，堵截漏洞进水口；在背河将反滤围井扩大到10米半径，用麦穰7500公斤铺培厚0.5米，上压土袋。抢堵至16时结束，三处漏洞均停止流水，完全闭气，化险为夷。

七、黄河高含沙量时出现的几处险情

1977年7、8月，黄河下游出现了历史上少有的两次高含沙洪水。第一次洪水7月9日花园口站洪峰流量为8100立方米每秒，最大含沙量为546公斤每立方米，为历年最大值。第二次洪水8月8日花园口站洪峰流量10800立方米每秒，最大含沙量达437公斤每立方米。高含沙水流在高村以上的宽浅河道出现严重淤积，水流由多股集中到一股，主溜集中，单宽流量增大，冲刷力强，引起了以下几处重大险情：

（一）中牟赵口险工　洪水时险工以上河流由三股汇成一股，7月9日22时河势突然变化，大溜顶冲该险工41号坝，顶冲约20分钟，使18米长的浆砌石坦全部坍塌，最大塌宽4米，7米长的根石下蛰（该坝系1914修建，经过多年抢修，根石深13米），坝头上下水位差1米多。10日零时开始抢护，组织900多人，先抛铅丝笼，后抛乱石，到5时由于洪水退落，河势外移，险情稳定，随后用铅丝笼加固，共用石520立方米，铅丝笼200个。

（二）中牟万滩险工　洪水时险工47号～55号坝靠大溜，7月10日4时，50号～55号坝根石下蛰出险，随即抛铅丝笼抢护，当日下午稳定。下午5时50号坝下首护岸土胎裂缝一道，采取挖开填实措施，由于根石蛰动，又继续裂缝。当时水深13米，用机船抛铅丝笼50个，用石1838立方米，才趋稳定。

（三）中牟杨桥险工　该险工多年未靠过大溜，是洪峰过后出险。洪水前大河在对岸滩上坐湾，溜趋杨桥闸，大水时对岸滩尖刷掉，河势由杨桥闸下滑到19号坝以下。7月15日6时20号坝迎水面靠大溜，石护坡全部塌下，15日夜19号坝上跨角坍塌出险，21日下午4时21号、22号坝上跨角坍塌出险，先后用柳石搂厢和抛铅丝笼抢护，共用石5832立方米，铅丝笼178个，用柳17.5万公斤，制止了险情发展。

（四）柳园口险工　该险工多年未靠过大溜，坝垛为浆砌石护面。第一次洪峰过后，溜势不断上提，由原来37号、38号坝处上提到19号～21号垛。7月19日（洪峰后10天）下午6时，19号、20号、21号垛土胎出现裂缝，长80多米，缝宽0.5～2厘米，晚9时半护坡石蛰动，23时左右，20号护岸护坡石长50米全部塌入水中。当即调汽车100辆，架子车500辆运石，调民兵700人，解放军500人抢护，动员7个生产大队几千人砍运柳枝。当时下大雨，道路泥泞，上堤车辆因路滑上不去，用草袋15000条垫路，到20日5时石料、柳枝才到工地，采用铅丝笼、柳石枕和柳石搂厢抢护，到20日17时始告稳定，共用石3600立方米，柳枝8.5万公斤。

八、封丘曹岗抢险

河南封丘曹岗险工是老险工，系历史上决口处。险工平面呈凸字形，全长5250米，共有坝岸107段，其中，坝41道，垛28道，护岸38段。

1981年8月26日，花园口出现6210立方米每秒洪峰后，上游府君寺工程上首约2公里处嫩滩坐湾，导致曹岗险工6～10号坝靠河，嫩滩坐湾后河湾向后坐，坍塌很快，使险工着河点很快上提。6、7天即上提至1坝以上，使建国后新修的土坝基于8月30日靠河出险，直至9月20日，险工上、下两段两次轮番靠河，各坝垛先后出险，共有28道坝垛出现45次大小险情。抢护共用石料15940立方米，柳杂料59200公斤，铅丝笼2400个，铅丝23.336吨，人工8600工日。

该险工出险情况大体为以下三种类型：(一)由于乱石坝改为干砌坝，根石台进行了增高和帮宽，当时为旱滩施工，受挖槽深度所限，新帮宽的根石台坡石未能和原根石坡相接，一旦靠溜根石即发生蛰动；(二)坝体有的根石深度不足；(三)由于原来的"人"字坝坝面比较窄，加高改建时一般展宽下跨角，虽然新加部分为乱石结构，这部分座落在淤泥面上，由于不均匀沉陷，这部分对砌体部分有牵动作用，因而引起滑坦。

九、历城王家梨行险工出险

山东历城王家梨行险工8、9、11号三段浆砌石护岸及10号浆砌石坝，于1981年12月25日夜突然滑塌，险情甚为严重，是建国后罕见的。

王家梨行险工，原称杨史险工，系1898年(光绪二十四年)决口堵复处，合龙处约在9、10号坝间，现险工长2280米，有坝岸62段(道)，背河为大潭坑，1954年实测最大水深14米，后经淤填。这次出险的4段坝，建国前为乱石坝。其中9、10、11号3段坝岸于1952年翻修改为浆砌石坝，坝基均挖至22.3米左右(大沽基点，下同)，当时曾挖出黑泥及烂秸料。以后进行过两次坝体加高，共3.7米。8号护岸，于1974年改为浆砌石护岸，坝基高程为23.52米，在翻修时开挖到24.3米高程，也发现有黑泥和烂秸料，并在顺河方向基础内侧挖出10根6尺长木桩，1979年加高2.6米。这四段坝岸均系王家梨行险工的次要坝岸，坝顶高程在33.3米左右，工程高度达10～11米。截至1980年，这几段坝岸平均每米抛根石数量为：8号护岸7.8立方米，9号护岸6.9立方米，10号坝5.2立方米，11号护岸7.9立方米。

（一）险情发展的三个阶段

出险的8、9、10、11号四段坝岸，自1981年9月14日发现裂缝，到12月25日夜滑塌破坏，历时103天。险情发展过程大致为开始裂缝、裂缝发展、工程破坏三个阶段。1981年9月14日上午，8号浆砌石护岸距沿子石外缘5.5米处，护岸顶面发现有顺堤裂缝一条，缝长25米，缝宽8毫米；同时在8号护岸上跨角沿子石有竖缝两条，两缝相距5米，其中一条深2.5米，缝宽10毫米，另一条深1.5米，缝宽4毫米。7号坝下跨角坝面上裂细缝两条，深2米，缝宽3～4毫米。自出现裂缝至11月中旬，这期间曾发生两次洪峰，原裂缝并未发现有扩大现象。直到11月17日，大河水位消落，背河机淤水位升至32.3米时，裂缝开始发展，11月21日裂缝伸展到11号护岸，缝长达70米，缝宽也随之增大，其中护岸裂缝较严重，缝宽达20毫米，坝基断裂体顶面下陷18厘米。从11月下旬到12月10日，险情没有发生新的变化。当时误认为坝岸墩蛰，并于12月13日组织力量开始翻修，沿坝身裂缝开挖一条长70米、深2.5米，上口宽5米、下口宽1米的沟，逐坯夯实回填，12月25日下午竣工，但当夜四段坝岸即滑塌破坏。

四段坝岸工程滑塌共长81.6米，坝体滑落深度两头小，中间大，两头滑落约0.4～0.6米，中间9号护岸滑落深度最大达6.6米，坝顶外移1～3米。滑体的顶部宽度两头为4～5米，中间最大达6.5米，滑塌后土胎成1∶0.2～1∶0.5的坡度。滑塌后坝体蛰裂破碎，大部入水。滑塌后水下乱石平均坡度为1∶1.2～1∶1.4。

为了解大堤土质情况，在出险堤段临河堤顶钻探了四个钻孔，孔距40米，孔身28～30米。从钻孔柱状图看出：1、四个钻孔在高程12～19米间均夹杂有秸料，有的完全属秸料层，抗剪强度很低；2、钻孔上部（高程15～19米以上），土质多为灰色砂壤土，靠上游两孔，高程17.5～19.4米间分布为粘土层；3、钻孔下部（高程15～19米以下）砂壤土和粘土层相间分布。高程13米左右有一连通粘土层，厚0.5～3米。

（二）工程破坏的原因

1.该险工坝岸高达11米，浆砌石外坡1∶0.35，根石量每米仅有5～8

立方米。由于坝高坡陡，根石单薄，基础坐落在软土夹层上(并有老秸料)，这是造成滑塌的基本因素。去年汛期水量较丰，中水位持续时间长，汛后小流量时，水流归槽，坝前走溜，根石被淘刷，是坝体滑塌的重要原因，经对8、9号坝坡进行稳定分析验算，安全系数均小于1。

2.自1981年3月27日到11月5日，这段堤防背河放淤固堤，长期积水，8、9号护岸背河淤区，1980年淤积厚达6米，汛期坝前大河水位高，对坝身有支撑作用。汛后大河水位回落，较汛期降落3.8米，而背河淤区水位则逐步上升，到11月17日淤区水位达32.2米，高出坝前大河水位7.8米，使坝身土壤饱和，土的荷重增加，渗透压力也相应增加，这对坝体稳定是不利的。据稳定分析，由于背河水位增高，大河水位降低，其稳定安全系数约减小10%，说明工程滑动裂缝发展的第二阶段与临背水位变化有关。

3.在工程处于出险的临界状态时，由于沿坝身裂缝挖槽回填夯土，犹如楔子作用，在受外力振动的情况下，增加了动力荷载，促使了滑塌破坏。

(三)处理措施

当时为了确保凌汛期安全，本着固基、缓坡、减载的原则，采取临时抢护措施，将所塌坝岸抛石固基700立方米，顺滑塌坝岸顶部加高用石方500立方米，使顶部高程超过凌期大河流量3000立方米每秒相应水位1米，以防漫溢。1982年汛前将这几段坝岸进行彻底翻修，由陡坡改为缓坡乱石坝。为防止土胎淘刷，坝胎土采用红土修做，垂直厚度不大于1米逐坯夯实，干容重达到1.5吨/米^{3}以上，并在乱石与红土坝胎之间修碎石垫层。

十、开封市黑岗口抢险

黑岗口险工位于开封市西北18公里，是历史上黄河决口的口门处。1982年8月2日，花园口站出现洪峰流量15300立方米每秒，8月7日至11日，在洪峰降落过程中，黑岗口险工19号至29号护岸工程，先后发生坦石脚坍塌下蛰及整个坦石滑塌入水，经过大力抢护，排除了险情。

黑岗口险工共有坝、垛、护岸84段，工程长5695米，始建于清乾隆至道光年间(1737年～1841年)。出险的19号～29号护岸，工程长度376米，坦石围长502米，出险坝段处于黑岗口盖坝以下至黑岗口闸门之间。盖坝以上有坝岸14段，形式凸出，当上游河势入对岸大张庄湾时，盖坝靠溜经其下18号坝挑溜外移，至闸门30号坝始着溜，使该段工程靠溜较轻，因而过去抛根石较少，根石深度不足，护岸根石深度为5.4米至8.9米，垛根石深度为10～12.9米。1974年以来，该段工程经过两次加高改建，1974年顺坡加高2米，坦石顶宽0.5米；1981年坦石加高1米，帮宽1米，坦石顶宽1米，外坡1∶1.5。坦石帮宽时，是在原坦石外加宽，不仅把原有根石台包在坦石内，而且使坦石脚外延伸3米，坝基坐落在新的淤沙上，一旦靠溜，下蛰在所难免。

（一）出险情况

这次险情表现为两种形式：一是坦石脚坍塌下蛰。黑岗口险工20号～26号7段坝岸工程，坦石总围长296米。8月7日4时至11时，坦石下部普遍出现坍塌下蛰，宽度1.5～2米，高度2～4.5米。坍塌长度270米，占总围长的91.2%；二是坦石整体滑塌入水，原25号护岸坦石长39米，26号垛迎水面坦石长11米，共计50米，水面以上高7米，宽1.5米。8月9日20时30分，整体滑塌入水，坦石顶入水深0.6～0.8米，8月10日17时，23号护岸坦石长30米，又出现整体滑塌入水，使土胎暴露在洪水之中，直接威胁大堤的安全，险情严重。

（二）出险原因及抢护措施

造成险情的主要原因有二：一是斜河顶冲，坝垛根石深度不足。该段工程原根石较少，垛的根石深度为10～12.9米，护岸仅为5.4～8.9米。1982年第二次洪峰过后，河势变化较大，溜出对岸张庄滩嘴，受以下新滩所阻，形成斜河，直冲黑岗口险工20～26垛。出险时流量2660～3450立方米每秒，工程前河宽仅200～300米，水流集中，冲刷力大。8月14日实测垛岸前水深8～12米，超过护岸的根石深度。二是险工改建时错误的增大坦石厚度，使坝体坐基于旱滩上。1981年坦石加高帮宽时在旱滩上施工，帮宽部分不仅包括了原根石台，而且坦脚还外伸3米。靠溜后坦脚以下土体被淘刷，失去支撑，造成坦脚坍塌下蛰的险情。

从坦石整体滑动的滑裂面来看，在出险水位以上，明显地沿着坦石与土胎的接触面滑动；在出险水位以下，则系根石体内发生滑裂，整个裂面为abc折线（见图4—5），其折点为出险水位与滑裂面的交点b。由于坦石厚度过大，增加了下滑力，当坝前冲刷坑增深时，根石坡度变陡，阻滑力减小，坝体失去稳定，因而滑塌入水。

根据上述险情，采取了以抛铅丝笼为主，抛散石为辅的措施，在垛的上

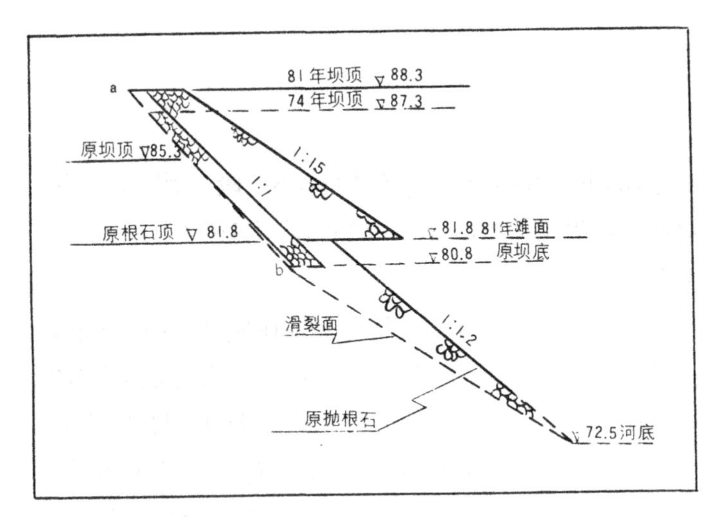

图 4—5　黑岗口险工 21～26 垛岸断面图

跨角及前头抛铅丝笼两排；垛的迎水面及护岸的中部抛铅丝笼一排；垛的背水面及护岸的两端抛散石。为了减轻坦石的下滑力，拣出一部分坦石抛根，使坦石坡度不小于1∶1.2，新做根石台顶宽 1.5～2 米，超出施工水位 1 米。从抢险到加固历时 12 天，共抛铅丝笼 1084 个，装笼石及散抛石共用石料 6552 立方米。

十一、东阿井圈抢险

东阿井圈险工 40—4 护岸长 56 米，坦石外坡 1∶0.3。1982 年 8 月 10 日 15 时，大雨刚过发生坍塌，中段坍塌长 31 米，另 19 米长塘子石出现蛰陷裂缝，坝面外鼓。该护岸原为干砌石结构，1964 年加高 1.6 米为平扣浆砌石，宽 0.8 米，内外坡 1∶0.3。1982 年做浆砌石戴帽加高，原坝拆除 1.2 米。4 月 23 日～6 月 23 日做 2.75 米，8 月 7 日～10 日做封顶石，尚未勾缝，因大雨停工，雨后垮坝。

坍塌原因：(一)坝高坡陡，头重脚轻，根石单薄，新加部分总高 4.15 米，宽 2 米，坦坡 1∶0.35，浆砌石结构。下部为干砌石结构，顶宽 1.1 米，坡度 1∶0.3。由于该护岸不靠主溜，根石多年失修。(二)施工质量差，砌护质量不高，腹石灰泥浆填塞不严，回填土既非红土，又未行硪，施工不是一气呵成，而是停停做做，直到坍塌前尚未封顶勾缝，根石亦未加固。(三)暴雨导致坍塌。8 月 10 日 11 时开始下暴雨，一连几个小时，由于未封好顶，沿子石高，塘子土低，雨水顺土石结合部全流入坝内，造成土壤饱和土压力增加，以致坍塌。

十二、泺口抢险

泺口险工位于济南市北郊，长 3618 米，共有坝岸 87 段。堤顶高程 37.9～37.92米，背河为淤背区，淤背高程 36.5 米，淤背区于 1984 年完成淤背任务，1985 年汛期放淤盖顶。

1985 年 11 月 17 日零时，泺口险工 10 至 12 号坝岸，在晴天小流量下，突然发生坝岸整体滑塌入水的险情。出险部位自 10 号护岸 9 米处起，至 12 号坝岸末端止，围长 78 米(其中 10 号护岸 23 米，11 号护岸及 12 号坝各为 34 米和 21 米)，滑塌宽度一般 2～5 米，最大塌宽 9 米，水面以上坝体滑塌高度 8.5 米左右，滑塌后坝前最大水深达 10 米，滑塌土方 3300 余立方米，石方 2918 立方米。出险前的 11 月 16 日，泺口水文站实测流量 1690 立方米每秒，测点最大流速为 2.35 米每秒，断面平均流速 1.93 米每秒，出险坝段处相应水位为 28.36 米。

出险原因分析：

(一)这三段坝岸均为 1930 年修建的埽坝，1950 年翻改为干砌石坝，自 50 年代至今分别经过两、三次戴帽加高，共加高 4.08～4.83 米，砌石体总高度为 11.38～11.63 米，外坡为 1∶0.35。在坝型结构上存在着坡陡、重量大，头重脚轻的不稳定性，这是垮坝的内在因素。

(二)坝前淘刷，根石不足。1985 年汛末以来，泺口流量回落到 3000 立方米每秒以下，泺口河段河势上提，出险坝段靠溜较紧，时间也长，坝前冲刷坑加深。据垮坝后实测，坝前最大水深达 10 米，出险坝段上、下的未垮部位，根石上部坡度陡于 1∶1 和 1∶1.2，在没有及时补充根石的情况下，坝体失去稳定，产生整体滑塌入水。

(三)管理制度不健全。险工靠溜后，未及时探测根石变化情况，采取适当的补救措施，以致发生突变，造成垮坝。

(四)坝身、坝基土质影响。坝身系沙土，土质差。坝基未钻探，有无软弱夹层等不利条件，尚难确定。

(五)出险前 11 月 16 日，出险坝段有载重汽车运石料，共运三车，单车重 10 吨，动荷载促使了出险的突然发生。

垮坝后的处理措施，是将该三段坝岸全改为缓坡型的乱石坝，并加强险工的观测和管理工作。

第十五章 防洪防凌斗争纪实

第一节 1949年洪水

1949年是丰水年,花园口站年径流总量达676.5亿立方米,汛期共发生7次洪峰,其中最大为9月14日花园口站出现的洪峰12300立方米每秒。7日、15日最大洪量分别为55.39亿立方米和101.3亿立方米。流量在10000立方米每秒以上的持续时间达49小时,5000立方米每秒以上的持续时间达半月多。该年汛期洪水的特点是:洪峰多,水位高,持续时间长。泺口站汛期最大洪峰流量为7410立方米每秒,最高洪水位30.7米(大沽基点,以下同),超过1937年最高洪水位0.21米。泺口站日平均水位在29米以上达31天,在30米以上的16天,水位之高,持续时间之长,均创几十年来的最高记录。

当时黄河归故不久,堤坝工程尚未来得及彻底整修加固,抗洪能力很差,7月份洪水期间,即不断出险。9月洪水时,河南东坝头以下全部漫滩,洪水迫岸盈堤,一般堤顶出水高1米左右,部分堤段出水高仅0.2~0.3米。在高水位长时间的考验下,堤坝工程内部存在的隐患和弱点全部暴露出来,险象丛生。平原省所辖堤防5日之内,发生漏洞224处,所有埽坝工程不断坍塌蛰陷,加以淫雨连绵,大风时起,造成堤坦蛰陷,堤顶坍塌,堤背渗水等险情。山东济南、齐河以下堤防发生漏洞582处,险工埽坝大部分水漫坝顶,千里堤防出现了严重的抗洪抢险紧张局面。

河南、平原、山东各省对战胜这次洪水都很重视。平原、山东两省立即决定沿河各级党政机关、部队、学校全力以赴抗御洪水。

平原省调集专、县、区干部4000余人,沿河群众15万余人,迅速组成防洪抢险大军,日夜防守抢护,在30小时内修筑子埝200公里,运集秸柳750万公斤,抢修了5000米长的风波护岸。为了保全大局,平原省除动员说服滩区群众全部破除了临河民埝外,并主动扒开寿张严善人民埝张庄段,随后寿张枣包楼及南岸梁山大陆庄两地民埝亦相继溃决,溃水分别进入北金堤与临黄堤之间和东平湖区,起到了滞洪削峰作用,减轻了位山以下窄河段的堤防负担。据平原省当时统计，该省共淹滩区村庄约700个，受灾人口20余万人，南岸东平湖梁山被淹村700余个，受灾人口约31万人，南旺被淹村250个，受灾人口约10万人，北岸寿(张)范(县)金堤和临黄堤之间被淹村400余个，受灾人口约18万人。总计该省共淹村2050个，受灾人口约79万人。灾情严重者占二分之一，倒塌房屋三分之一到二分之一，掉河村庄20余个。经过大力抢救，虽大部人口救出，仍淹死25人，田禾被毁，衣物冲失，灾情相当严重。

山东省政府郭子化副主席，山东军区傅秋涛副政委、袁野烈副司令员，济南市长姚仲明等领导人，在泺口召开各级指挥人员会议，研究部署防守措施，并赴各险工堤段，检查工程和防守措施。

由于秋汛高水位持续时间长，山东大堤偎水40多天，堤身隐患全部暴露，埽坝出险1465处，抢护大堤渗透蛰陷等54882米，险情之多，抢护时间之长是历史上少见的。在40多个昼夜的抗洪抢险斗争中，涌现了许多激动人心的英雄事迹。

9月10日夜，济阳沟阳家险工背河出现一个盆口大的漏洞，洪水喷流而出，大堤岌岌可危，工程队员戴令德、王吉利、刘玉俊等发现后立即下水抢堵。戴令德率先奋不顾身用自己的身体堵住漏洞，争取了时间，赢得了抢堵胜利。郓城县义和庄西大堤出现了一个漏洞，背河流水已达200米以外，义和庄群众刘登雨及时找到了临河洞口。县委书记邑国华、县长刘子仁等赶到现场，带领群众500多人堵住了漏洞。梁山县妇女干部王秀荣，夜里听到抢险堵漏的叫喊声，从泥水里挣扎着赶到出险地点，带领群众抢堵。

各地险工也先后告急，如菏泽县朱口、东明县高村、鄄城县苏泗庄、惠民县谷家、济阳县董道口、蒲台县麻湾、利津县王庄和垦利县前左等险工相继出险，抢护紧张，持续时间长。苏泗庄有5段石坝4段秸埽着溜下蛰，险情严重，从开封、陈兰、濮阳等段调来工程队支援抢险，后方群众运来秸柳料170多万斤，经过半月抢护，新修9段坝，才脱离险情。

9月24日，利津县王庄险工有7段秸埽墩蛰入水，埽前水深从4米刷深到20米，工务股长于佐堂率领800多人，抢险14个昼夜。因水深溜急，埽坝屡抢屡蛰，当石料用完后，于佐堂采用以麻袋装红泥代替石料抢护埽坝根基的办法，共用10000多条麻袋，装红泥3400多立方米，加固了根基，排除了险情。

在紧张抢险的日子里，山东20多万群众组成了抢险大军，遇有漏洞就抢堵，堤防渗水就加宽，不够高的就加高，埽坝坍陷就抢护，埽坝垮了再重修，料物不够后方送，干部、工人、部队、学生、群众，在雨里、泥里、水里守着堤坝，日夜抢护，眼睛熬肿，喉咙叫哑的不计其数。为了保证抢险用料，连六、七十岁的老人和妇女、儿童也参加向工地送料。所有参加抗洪抢险斗争的干部、民工，住在工地上，吃凉干粮，喝黄河水，不喊苦，不叫累，经过 40 多个日日夜夜的顽强奋战，终于战胜了黄河归故后的首次较大洪水，迎接了中华人民共和国的成立。

第二节　1958 年洪水

1958 年汛期，黄河水情的特点是：雨量充沛，洪水量大，洪水主要来源于三门峡以下干支流地区。据统计花园口站 1958 年汛期洪水总量为 454 亿立方米，约占全年总水量 610 亿立方米的 74.4%，超过了历史记录。

1958 年进入汛期后，黄河流域即连续降雨，7 月 7 日以前，山、陕区间和渭河中下游普遍降雨 50～60 毫米，伊、洛、沁河流域降雨 70～100 毫米，花园口站先后出现多次洪峰。从 7 月 14 日开始，山、陕区间和三门峡到花园口干支流区间又连降暴雨，暴雨中心垣曲 5 天累计雨量 498.6 毫米，24 小时雨量 366.5 毫米，暴雨主要降在三花区间的干流区间和伊、洛、沁河中下游，汾河中下游。7 月 16 日 20 时至 17 日 8 时，是造成花园口站 7 月 17 日出现的 22300 立方米每秒洪峰最关键的一场暴雨。这场雨强度最大，漭河济源雨量站、洛河宜阳流量站，12 小时降雨量分别为 227.8 毫米及 174.4 毫米，暴雨中心垣曲 12 小时降雨量达 249 毫米。

由于各地不断降雨，使黄河下游接连出现洪峰。7、8 两月花园口站共出现 5000 立方米每秒以上的洪峰 13 次，10000 立方米每秒以上的洪峰 5 次，其中最大的为 7 月 17 日 24 时花园口站出现的洪峰流量 22300 立方米每秒，是黄河有水文观测以来实测的最大洪水。洪水 19 日到达高村，洪峰流量为 17900 立方米每秒；22 日到达艾山，洪峰流量为 12600 立方米每秒；23 日到达泺口，洪峰流量为 11900 立方米每秒；25 日到达利津，洪峰流量为 10400 立方米每秒。

这次洪水主要由三门峡以下干支流地区普降暴雨所形成。洪峰具有水位高、水量大、来势猛、含沙量小、持续时间长的特点。花园口站 10000 立方米每秒以上的流量持续 81 小时，7 日洪水总量 61 亿立方米。其中三门峡以上来水 33 亿立方米，占 54%；三花间来水 28 亿立方米，占 46%。三花间的水量主要来自伊、洛河18.5亿立方米，其次是干流区间6.8亿立方米，沁河2.7亿立方米。按12天洪量87亿立方米计算，三门峡以上相应来水量为52亿立方米，占59%；三花间来水量为35亿立方米，占41%。

洪水到兰考东坝头以下，普遍漫滩偎堤，约有400公里长的堤段水位超过保证水位，其中高村站超过保证水位0.38米，孙口站超过0.78米，艾山站超过0.93米，泺口站超过1.09米。各地超过保证水位的历时分别在35～80小时之间。堤根水深一般达3～4米，个别堤段达5～6米。经东平湖自然滞洪，湖内最高水位达44.81米，个别堤段洪水位高于湖堤堤顶0.1米，黄河堤防和东平湖围堤都呈现了十分险恶的局面。

洪水发生后，黄委会机关全力以赴投入防汛斗争。黄河防汛总指挥部面临着一项重大的抉择，即是否动用北金堤滞洪区分洪。因为按照预定的防洪措施方案，当秦厂站（在京广铁路北岸上游附近）发生20000立方米每秒以上洪水时，即相机开放石头庄溢洪堰或其他分洪口门向北金堤滞洪区分洪，以控制孙口水位不超过48.76米，相应流量12000立方米每秒。按当时统计，北金堤滞洪区内有100多万人，200多万亩耕地，运用一次财产损失达4亿元。但如不分洪，大堤万一失事，将给国家造成不可估量的损失。因此分洪与否关系重大，黄委会作为黄河防汛总指挥部的办事机构，必须对此问题提出决策建议，起到参谋作用。当时黄委会王化云主任根据雨情水情工情的分析，在决策过程中大胆地提出了不分洪战胜洪水的建议。

7月16日夜里，三门峡到花园口干流区间和伊、洛、沁河普降大暴雨，一般都在100毫米以上。17日2时洛河白马寺站实测流量5200立方米每秒，洪水继续上涨，7时伊河龙门镇洪峰流量6850立方米每秒，9时八里胡同洪峰流量达到16700立方米每秒，沁河洪水也在上涨，形势十分严重。

17日清晨5时左右，王化云主任听取了夜里的雨情、水情情况汇报后，随即召开了紧急会议。副主任江衍坤、赵明甫，秘书长陈东明，工务处长田浮萍、水文处副处长张林枫等参加了会议。水文处水情科长陈赞廷汇报了水情，当时水情预报还未作出，但根据雨情和干支流来水情况初步估算，花园口站洪峰流量可能超过20000立方米每秒。这一级洪水是原定分洪与不分洪的界线，他们讨论的议题集中在是否分洪的问题上。王化云主任当时分析认为，现在还不是考虑分洪的时候，根据降雨和干支流已经出现的洪水情况，同1933年洪水相似，是建国以来的最大洪水，要继续注视水情变化，尽快作出预报，报告中央并通知两省，要求全党全民动员，加强防守，同时做好长垣石头庄分洪的准备。如果雨情、水情不再发展，可全力防守，不再分洪。

并确定派赵明甫、汪雨亭、陈东明等分别到山东菏泽、东平湖和河南兰考东坝头、长垣石头庄协助两省指挥防守。

17日9时许王化云带领张林枫、陈赞廷到河南省委汇报，并参加了省委召开的紧急防汛会议，省委书记处书记史向生主持会议。王化云汇报了水情预报花园口站将出现22000立方米每秒的洪峰，并提出了加强堤线防守和做好石头庄分洪准备的意见。会议对分洪准备和堤线防守作了紧急部署，确定派彭笑千、赵明甫到石头庄做好分洪准备。

17日13时半，洛河黑石关站出现洪峰流量9450立方米每秒，这时洪水预报已经作出，预计18日2时花园口站将出现22000立方米每秒洪峰，相应水位94.4米。预报洪峰到达高村水位63.3米，流量18500立方米每秒。17时黄河防汛总指挥部向河南、山东黄河防汛指挥部发出通知并报中央防总和国务院。通知指出："1.这次洪水与1933年洪水相似，是解放以来的最大洪水，情况相当严重，因此，两省应立即作好石头庄、张庄的分洪准备工作，但洪峰较瘦，如果情况不再发展可全力防守，争取不分洪；2.建议两省全党动员，全民动员，严加防守，特别是涵闸及薄弱堤段，更应加强；3.为了及时了解洪水到达各地情况，加强各级联系，我部派赵明甫等同志到山东刘庄，陈东明等同志去东坝头，协助两省指挥防守。以上意见当否请中央指示。"

17日夜王化云、田浮萍、张林枫和黄河防总办公室的工作人员，都坚守在工作岗位上，密切注视着雨情变化和洪水向下游推进的情况，酝酿着最后决策的建议。17日24时花园口站洪水水位达到94.42米，当时推算流量为21000立方米每秒，洪水是否继续上涨，急待着水文站的报告。18日晨花园口水位开始回落。17日24时出现的最高水位已是洪峰，伊、洛、沁河和三门峡以下干流区间雨势也减弱，和洪水预报基本相同。据此王化云提出了不分洪，加强防守，战胜洪水的意见。首先电话报告了黄河防汛总指挥、河南省委第一书记吴芝圃。吴当即表示同意，接着又打电话给山东省省长赵健民，征求山东的意见。赵健民省长说：此事重大，省委常委要商量一下。王化云说：洪峰正在向下游推进，必须在2小时内答复。山东回复同意后，王化云亲自拟电向国务院、中央防汛总指挥部、水利电力部和河南、山东省委报告："本次洪水洪峰17日24时到达花园口，水位94.42米，低于1933年洪水位约5公寸，推算流量约为21000立方米每秒。现在花园口以上水位已经普遍下降，伊、洛、沁河至秦厂区间今日只有小雨、中阵雨，有的地方无雨，本次后续洪水已不大，截至今日上午10时花园口以上大堤险工和闸口，由于河南党政军民严密防守,均甚平稳,唯京广黄河铁桥因洪水过猛被冲垮两孔。目前洪水正向下游推进,进入渤海尚需一周时间。本次洪水为1933年后最大的一次洪水,情况是严重的,但特点是峰高而瘦,洪水总量比1933年约少25亿或30亿(没考虑第二个洪峰水量),再加黄河原来底水低,汶河水不大,在高村以上宽河道里和东平湖能够充分发挥蓄滞洪水作用情况下,整个下游可能出现中间高(高村至孙口高于保证水位5~7公寸)两头低的形势。据此我们认为河南、山东党政军民坚决防守,昼夜巡查,注意弱点,防止破坏,勇敢谨慎,苦战一周,不使分洪区蓄滞洪水,就完全能战胜洪水。希两省黄河防汛指挥部根据上述情况和精神,结合各地具体情况部署防守,加强指挥,不达完全胜利不收兵。上述意见如有不妥之处,请中央和省委指示"。

中央防汛总指挥部接到17日17时的报告后,当日即发出了指示电。要求黄河防汛总指挥部及各级防汛指挥部"必须密切注意雨情、水情的发展。以最高的警惕,最大的决心,坚决保卫人民的生产成果,坚决制止洪涝为患"。同时派李葆华副部长前来黄河视察水情,指挥防守,并报告了国务院。当时周恩来总理正在上海开会,接到报告后,立即停止会议,18日乘专机飞临黄河,首先从空中视察了洪水情况,下午4时飞抵郑州。吴芝圃到机场迎接总理。周总理到省委后立即听取了汇报。王化云汇报了水情和防守部署。最后提出:这次洪水总的看情况是很严重的,对堤防工程是一次严峻的考验。但是洪量比1933年洪水小,后续水量不大,堤防工程经过十年培修加固,抗洪能力有了很大提高,特别是干部群众战斗情绪很高,建议不使用北金堤滞洪区,依靠堤防工程和人力防守战胜洪水。总理问:"征求两省意见没有?"王化云答:"两省都表示同意"。总理又详细询问了降雨情况和洪峰到达下游的沿程水位。于是批准了不分洪的防洪方案,指示两省加强防守,党政军民全力以赴,战胜洪水,确保安全。让秘书立即打电话通知山东省委。

周总理对黄河防洪作出安排后,不顾连续工作的劳累,又登上列车,前往郑州黄河铁路大桥视察。在车上,总理亲切地与有关负责人交谈,详细询问黄河大桥建桥史和洪水冲毁的情况。郑州铁路局的负责人深感内疚地说:"我们没有保住大桥,应该向总理作检讨!"总理连忙安慰说:"这不是你们的责任,百年不遇的特大洪水嘛,要紧的是积极想办法去抢修"。当晚11点半钟周总理在河南省委、铁道部、水电部、郑州铁路局、黄委会负责同志陪同下,从南岸车站下车查勘了大桥冲毁的情况,然后走进大桥局一处的大院,在院子里冒雨向职工讲话,总理勉励大家"要同暴风雨和洪水作斗争,要象革命战争年代那样,工农兵一齐干,尽快修复黄河大桥,我代表党中央感谢你们”。接着就在这里的一间房子里召开了抢修大桥的座谈会。总理很关心南北交通问题，深夜回到省委后又打电话叫工程兵司令员陈士榘到郑州来。夜很深了总理才休息，第二天总理又乘飞机视察了水情，沿黄河飞行到山东再飞回上海。

在这之前，17日上午黄河水情发布后，河南省人民委员会即召开紧急会议作了部署。接着省委、省人委发出了“关于紧急动员起来，战胜特大洪水的紧急指示”。号召全党全民紧急动员起来，全力以赴，动员一切人力、物力，坚决搞好防汛工作，保证战胜特大洪水。河南省委第一书记、黄河防总总指挥吴芝圃到花园口视察水情，检查防守情况，省委书记处书记史向生搬到河南黄河防汛指挥部办公，省委委员、副省长、厅局长多人率领干部分赴兰考县东坝头、武陟县庙宫、长垣县石头庄等堤段坐阵指挥。沿河各地、市、县书记都亲临前线，领导干部分堤段包干负责，大批干部深入各乡、社防守责任段，和群众一起巡堤查水，抗洪抢险，并迅速组织了滩区群众迁移、救护，后方组织了物资支援和撤离滩区群众的安置工作。河南省军区副司令员苏鳌亲率1100多名官兵，守护花园口大堤。洪峰出现时，各地已严阵以待做好了一切防守准备。共计投入堤线防守和滩区群众迁安救护的各级干部5000多人，人民解放军各兵种部队4000多人，群众防守队伍30多万人，加上后方支援的二线预备队达百余万人，出动船只500只，汽车500多辆，形成了一支强大的抗洪大军。

洪水来到后，东坝头以上大堤部分靠水，东坝头以下洪水迫岸盈堤，一般水深1～3米，深者4～5米。每公里上堤防守队伍300～500人，同时又组织了机动抢险队，乘车沿堤往返巡逻。广大军民斗志昂扬，提出“人在堤在，水涨堤高”的豪迈战斗口号，发现险情，英勇抢护，共计河南堤防出现渗漏、蛰陷、脱坡、裂缝等险情130多处，险工出险12处、71坝次，经过抢护，均化险为夷。

河南黄河滩区居住着13个县、市的1001个村庄，49万多人，有耕地185万亩，此次洪水淹没527村，24万人，其中濮阳、长垣、东明三县即近20万人，经过抢救，绝大部分群众安全迁出，死亡4人，损失牲畜31头，塌房15万间，冲走粮食60余万斤，淹地120万亩。

花园口站洪峰出现后，山东省也迅速进行了部署。18日省委、省人委决定：“沿黄各地、县、乡党委、政府必须全党全民动员，集中一切力量与洪水搏斗，在不分洪的情况下，坚决保证沿河人民安全与农业大丰收”。并要求对所有参加防汛的干部、工人、民工、部队加强政治思想教育，建立党团临时支部，建立领导核心，启发群众保卫劳动生产果实，保卫社会主义建设的积极性，使全体防汛队伍积极勇敢信心百倍地投入战斗。在紧张防洪斗争中，要建立按级分段负责制。各级防汛机构与防汛队伍，明确他们的防守责任堤段，固定防守阵地，包干到底，保证全胜。要上下兼顾，两岸配合协作，做到任何一个堤段都有负责干部防守。

为了贯彻省委、省人委的决定，山东省黄河防汛办公室提出了四条具体措施：

一、迅速加强重点堤段的防守准备。主要是虹吸、涵闸、薄弱堤段、险工的防守。要根据堤段险要情况，存在问题，组织专门领导机关加强防守，并充分做好人力、料物和防护抢险的准备。

二、迅速做好料物供应准备。要求做到"前方保证严密防守不出疏漏，后方料物供应保证充足及时，前后方密切协作"。当前抓紧将第一线、第二线以内乡、社群众的防汛料物由专人负责迅速登记，有的可集中起来，以备随时调用。并将运输工具及交通线路搞好，以保不误供应。

三、迅速做好防守的人力组织工作，在人力组织上要求数量、质量同时保证。基干班可以早一点上堤，以便预先熟悉河防堤线的具体情况，便于大水到来后重点防守。每个防汛屋必须有领导核心，洪水期间的巡堤查水，是保证防汛胜利的重要关键之一，各级领导必须重视，切实做好上堤后的组织工作，使他们形成一个有纪律、有组织、有领导的战斗队伍，每个人都有具体的工作任务。

四、尽快做到滩地排洪畅通。要求各级党委和各级防汛指挥机构立即对滩地中阻碍排洪的一切民埝、灌溉渠道等进行拆除，滩地所筑高出地面的公路等如阻水严重，可分段拆除或全面拆除。

19日洪峰进入山东省境，沿黄各地、县共动员干部、群众和中国人民解放军110万人上堤防守。20日下午，山东省委第一书记舒同、书记处书记白如冰和副省长刘民生、李澄之等到泺口视察了水情，并到盖家沟险工与正在加高大堤的民工一起挖土、抬土。舒同指示：要对全河大堤险工普遍进行检查，除大堤加修子埝外，所有险工都要责成专人负责，并准备充足的防汛器材，保证洪峰安全通过；要采取有效措施，将黄河铁桥保护好，确保津浦铁路正常通车；立即动员滩区居民迅速转移到安全地区，免受损失。并指示济南市委进一步加强防汛工作的领导，保证战胜洪水。

由于山东河道较窄，洪峰水位表现较高，堤根水深2～4米，个别堤段达到5～6米。险工坝头有的被水漫顶，有的出水只有几分米，形势相当严重。

如齐河县豆腐窝以下险工坝岸几与水平，有130多段坝岸水漫坝顶，东阿、济南也有部分坝岸漫水，大堤出水只有1米多。东平湖由各山口进洪，最大进湖流量达10300立方米每秒，湖水位最高达44.81米，有44公里多湖堤洪水漫顶0.01～0.4米，又加5级东北风的袭击，波浪越堤而过，十分危急。在这紧要关头，东平湖湖堤和东阿以下临黄大堤采取了加高子埝的措施，一昼夜之间，加修子埝600多公里，对防止洪水漫溢起了重要作用。当时最紧张的安山湖堤段，风浪打在堤顶上，新修的子埝大量坍塌，广大干部群众在“人在堤在，誓与大堤共存亡”的战斗口号鼓舞下，站在堤顶，筑成一道人墙，抵挡风浪的袭击，经过19个小时的奋力拼搏，终于转危为安。

7月22日下午1时，洪峰到达齐河县境，在许坊大堤中部突然发生了漏洞，临河洞口直径约0.4米，背河出口直径0.05米，幸被焦兰英、焦秋香两个女少先队员发现，立即报警。县指挥部迅速组织千余人进行抢堵，有二、三十名青壮年，不顾危险，跳到水里去摸洞口，有50多名搬运工人也主动参加了战斗，经过大力抢堵才完全断流。23日下午4时，济南老徐庄又连续发生了3个漏洞，经过3500人连续7、8小时的紧张抢堵，到夜里24时才抢堵脱险。据统计山东共出现各种险情1290多段次，包括大堤漏洞18处，管涌109个，陷坑228个，大堤脱坡32处，埽坝坍塌蛰陷308段次，根石走失严重的175段次，掉塘子56段次，经过抢护都一一脱险。

在黄河抗洪抢险斗争的紧张日子里，党中央、国务院和全国各地给予了巨大的关怀和援助。当水情最紧张时，人民解放军出动陆、海、空、炮兵、通信、工兵等部队，并调来了飞机、橡皮船和救生工具，投入防洪抢险和滩区群众抢救。在短短的几天内，全国各地运来麻袋、蒲包、草包200多万条。辽宁、江苏、广州、上海、天津、青岛等市赶运来大批抢险物资。郑州铁路局调动车辆运送物资，邮电局工人冒险架过河电话线，使黄河南北两岸电话畅通。由于全国人民的支援和豫、鲁两省广大军民的团结奋战，赢得了抗御这次特大洪水斗争的伟大胜利。

第三节　1982年洪水

1982年8月2日，黄河下游花园口站出现洪峰流量15300立方米每秒的洪水，是建国以来仅次于1958年洪水的大洪水。沁河小董(大虹桥)站洪峰流量4130立方米每秒，超过沁河防洪设计标准。经过沿黄30万军民10

天的昼夜奋战,确保了堤防安全。

1982 年是枯水枯沙年。花园口站汛期水量 246 亿立方米,沙量 5.17 亿吨,分别较多年平均值偏少 9%和 53%,但洪水比较集中。7 月 29 日到 8 月 2 日,三门峡到花园口干支流区间 4 万多平方公里普降暴雨和大暴雨,局部地区降特大暴雨。5 日累计雨量:伊河陆浑站 782 毫米,为 1937 年有实测记载以来的最大记录;洛河赵堡站 645 毫米;沁河山路坪站 452 毫米;干流仓头站 423 毫米。其中伊河陆浑站日最大降雨量达 544 毫米。

由于以上地区的降雨,使伊、洛、沁河和黄河三门峡到花园口干流区间相继涨水。伊河经陆浑水库拦蓄后,龙门镇站洪峰流量 2820 立方米每秒;洛河白马寺站洪峰流量 6250 立方米每秒;伊洛河相应合成流量为 9070 立方米每秒。因夹滩(伊河和洛河在洛阳到偃师之间包括的地区)和两岸洪泛区进水,淹没面积达 260 余平方公里,滞蓄水量约 4.6 亿立方米,这是 1949 年以来没有过的。伊、洛河洪水汇合后,黑石关站洪峰流量削减为 4110 立方米每秒;沁河小董站洪峰流量 4130 立方米每秒;相应三门峡水库下泄流量 4840 立方米每秒,小浪底站洪峰流量 9340 立方米每秒。各支流与干流汇合后,形成了花园口站 15300 立方米每秒洪峰,7 日洪量 50.02 亿立方米。其中三门峡以上来水 19 亿立方米,占 37.8%;三花间来水 31.2 亿立方米(比 1958 年来水 28 亿大 3 亿立方米),占 62.2%。10000 立方米每秒以上的洪水持续 52 小时,平均含沙量 32.1 公斤每立方米。花园口以下河道“上淤下冲”,花园口至孙口间共淤积 0.8 亿吨,主要淤在滩上。由于高村至孙口滩区滞蓄水量较多,67.6%的泥沙淤积在这一河段,孙口以下共冲刷 0.38 亿吨。(见表 4—6)

1982 年洪水到达下游各站情况表　　表 4—6

站　名	时　间	水　位（米）	洪峰流量（米^3/秒）	备　注
花园口	8 月 2 日 20 时	93.99	15300	
夹河滩	8 月 3 日 4 时	75.60	14500	
高　村	8 月 5 日 2 时	64.11	13000	
孙　口	8 月 7 日 2 时	49.50	10100	东平湖分洪
艾　山	8 月 7 日 3 时	42.70	7430	

续表

站　名	时　间	水　位（米）	洪峰流量（$米^3$/秒）	备　注
泺　口	8月8日22时	31.69	6010	
利　津	8月9日23时	13.98	5810	

由于河道淤积抬高，这次洪水与1958年花园口站洪峰流量22300立方米每秒相比，虽沿程流量少7000～6000立方米每秒，而洪水位自花园口至孙口河段普遍较1958年高1米左右，其中开封柳园口高2.09米，长垣马寨至范县邢庙河段高1.5～2.02米，是建国以来的最高洪水位。沁河洪水位超过南岸部分堤顶0.21米。黄河滩区位山以上，除原阳、中牟、开封三处高滩的村庄未进水外，其余全部受淹，滩面水深一般在1米以上，深的达4～6米。据调查共淹滩区村庄1303个，受灾人口93.27万人，淹耕地217.44万亩，被淹农田基本绝收。倒塌房屋40.08万间。滩区水利和其他生产设施大部被毁，损失严重。

这次洪水，黄河大堤偎水长887公里，其中河南310公里，山东577公里。沁河堤偎水长150公里，东平湖水库二级湖堤偎水长26.7公里。临黄大堤堤根水深一般1～2米，深者达5～6米。渗水堤段17处，长3900米（河南4处，566米），管涌9处、40个（均在山东），裂缝30处长约700米（河南18处、长502米）。位山以上控导护滩工程经洪水漫顶与冲毁的计23处、152道坝垛。其中破坏的9处共67道坝垛，严重破坏的7处、20道坝垛。险工出险的坝垛801道，计1079坝次。其中河南出险224道坝垛、350坝次。较大险情有河南开封黑岗口、山东东阿井圈等险工，先后发生根石墩蛰，坦石坍塌。沁河南堤部分堤线，抢修子埝21公里，用土2.5万立方米，并出现漏洞一处。上述险情，均及时抢护，保证了安全。

党中央、国务院对黄河发生这次洪水非常关心。要求加强防守，保证黄河不出问题。中央防总分别向河南、山东发了电报，要求河南立即彻底破除长垣生产堤，建议山东启用东平湖（老湖）水库。

当8月2日10时沁河五龙口站出现4240立方米每秒洪峰后，据分析预报3日晨花园口站洪峰可达15000立方米每秒，黄河防总当即于8月2日13时以话代电紧急通知河南、山东黄河防汛办公室，要求各级防汛指挥部负责同志要日夜坚守岗位，组织群众加强大堤防守；生产堤没破的要抓紧破除；对险工薄弱堤段要重点防守；危险涵闸一律屯堵；沁河右堤不足设防标准的要抢修子埝等。同时，黄河防总即日派黄委会副主任刘连铭、李延安各带领工作组，分别到山东东平湖和河南安阳修防处协助防汛工作。

当沁河五龙口站出现洪峰后，新乡地委书记郝玉梅、张君仁与武陟县负责人亲临堤线指挥，组织近3万名防汛大军，冒雨抢修沁河堤子埝，经过10个多小时战斗，筑成一条长21公里的子埝。这次洪水位，超过五车口一段长1300米的堤顶0.1～0.21米。由于及时加修子埝，避免了洪水漫溢。

花园口洪峰出现后，黄委会主任袁隆和河务局郭林局长，陪同中共河南省委李庆伟书记、省政府崔光华副省长、省军区赵举副司令员等，冒雨赶赴郑州、开封市及中牟险工堤段，察看洪水情况，指挥抗洪斗争。黄委会副主任杨庆安坐阵黄河防总办公室，与大家一起分析水情变化，研究洪水处理及防守措施等。

这次洪水发生在中国共产党第12次全国代表大会召开前夕。党中央、国务院对这场洪水十分重视。国务院副总理万里在北京召集水电部部长钱正英和河南省省长戴苏理、山东省省长苏毅然，共同研究了战胜这场洪水的对策，确定运用东平湖老湖分洪，控制洛口流量不超过8000立方米每秒，以确保津浦铁路济南老铁桥的安全。水电部派周振先副司长带摄影组到黄河防洪前线，协助防汛和拍摄防洪斗争情况。

根据国务院和中央防汛总指挥部的决定，山东省人民政府立即召开会议，研究贯彻执行意见和防守措施，省及沿黄地、市县党、政、军负责人都亲临黄河第一线，指挥抗洪斗争。

为了做好东平湖老湖分洪，山东省委副书记、副省长、省抗旱防汛指挥部指挥李振，山东黄河河务局副局长张汝淮，同赴东平湖指挥分洪工作。8月6日22时，当孙口流量超过8000立方米每秒时，开启了林辛进湖闸分洪。7日11时，又开启了十里堡进湖闸，两闸最大分洪2400立方米每秒。9日孙口站水位回落，两闸先后于9日21、22时关闭，分洪历时71和60小时，共分洪水4亿立方米，相应湖水位涨到42.1米。分洪后艾山下泄流量最大7430立方米每秒，削减孙口洪峰2670立方米每秒，削减率达26.4%。洛口以下洪水基本没有漫滩，工情平稳，洪水安全入海。

东平湖分洪前，两天内将分洪区29000群众迁往安全地区，组织3900多人防守二级湖堤。分洪后闸后主溜道2公里范围内淤沙厚0.5～1米，最厚达2米，短期内难以耕种的土地有6275亩。

迎战这次洪水两省共组织31万军民(其中河南20万人)。广大军民团结战斗,涌现出不少英雄模范事迹。河南封丘县郭杏头大队党支部书记郭庆林,8月2日带领抢险队上堤,母亲病危,公社领导三次催他回去,他说:“我是党员,群众都在堤上冒雨抢险,我怎能回去呢?”一直战斗三天三夜,当水落回家后,母亲已经病故。濮阳习城公社兰寨大队的小队会计兰风初,抢救滩区群众两天不下火线,撑船救出被淹群众200多人,8月4日当船行至深水处时,由于他已累得精疲力竭,落水牺牲。安阳水泥厂工人马二印,回家探亲期间遇上黄河涨水,在濮阳滩区群众搬迁时,一小孩落水,他不顾个人安危,跳入水中抢救,当他把小孩推向岸边,自己却沉没在洪水中,献出了宝贵的生命。

中国人民解放军不愧是黄河防汛的坚强后盾,是抗洪抢险的突击力量。当陆浑水库下游坝坡出险后,洛阳军分区颜幼臣副司令员,带领部队步行60公里(公路冲毁),及时赶到现场,抢修了工程。济南部队炮兵某部接到抗洪抢险命令后,午夜一时出发,急行军200多公里,提前赶到东明县参加抗洪抢险。山东驻军89131部队战士徐立涛,得知母亲病危的消息后,仍积极参加滩区的救护工作,后接母亲病故的消息,仍忍痛坚持架舟救护群众。不少黄河上已离、退休的老干部、老工人,重返河防,参加抗洪斗争。

通信联络在战胜这次洪水中,保证了水情、险情、指令的传递,很好地完成了通信任务。7月29日夜,伊河洪水猛涨,陆浑水库水位急剧上升,大坝下游坡与右坝肩接合部出现冲沟,电站受淹,公路中断,情况非常紧急。陆浑水库与洛阳的有线通话中断,这时只有黄委会陆浑通信站至洛阳通信站的无线电通信畅通,为水库及下游的防洪斗争发挥了重要作用。

第四节 1951年凌汛

1950年12月下旬,受冷空气侵袭,黄河普遍淌凌。1951年1月7日从河口段开始封河,14日封河到郑州花园口,封冻总长550公里,总冰量5300万立方米,河槽蓄水10.57亿立方米。凌汛情况严重,山东省人民政府于20日发出《关于加强防护黄河凌汛的指示》,部署沿黄各地、县加强领导,战胜凌汛。各地、县立即恢复建立了防汛指挥部,发动群众作好组织准备工作。

1月22日气温普遍回升,27日河南郑州以下开河,冰水齐下,所到之处水鼓冰开,凌峰沿程增大。沿黄各级防汛队伍上堤防守。29日开河至济南泺口，30日开河至利津，凌峰流量增大为1160立方米每秒，水位上涨1.45米。仅4天时间垦利以上500公里河段全部开河，满河淌凌。30日21时开河至垦利前左1号坝，这时河口地区气温仍低，冰层坚厚，大量冰凌在1号坝堆积形成冰坝，前左水位陡涨2.4米，冰凌壅塞河道上到东张一带，积冰1000余万立方米，长15公里，利津、垦利河段全部漫滩偎堤，大块冰凌壅上堤坝。爆破队全力进行爆破，利津、垦利两县及修防处、段负责干部带领群众9300多人昼夜抢加子埝和巡查防守。这时河口地区气温剧降，积冰冻结愈坚，滩地也被插冰堵塞，2月2日18时利津站水位13.76米，超过1949年最高洪水位0.83米，大堤仅出水0.2～0.3米，局部堤段水与堤平，利津河段先后出现漏洞、渗水等险情13处，均经奋力抢护脱险。

2日夜11时利津王庄险工下首380米处，背河堤脚出现三个碗口大的漏洞流水，查水民工发现后鸣警告急，分段长刘奎三带领30多名工程队员及300余名民工急速赶到奋力抢堵，因临河全被冰凌覆盖，无法找到洞口，背河抢堵因天寒地冻取土困难，漏洞扩大，过水甚急。这时工程队员张汝滨、于宗五等冒险在临河破冰寻找洞口，发现大漩涡，正用麻袋、棉被抢堵之际，背河堤坡塌陷，继而堤身塌陷10余米，正在抢堵的工程队员张汝滨、于宗五、刘焕民、王廷楷，乡文书赵文举，后张窝村长刘朝阳及民工10余人和照明灯均陷入口门。工程班长王彩云仍与工人、民工奋力抢堵，终因堤身已溃，又值黑夜料不凑手，于3日1时45分决口成灾。张汝滨、刘朝阳、赵永恩三人在堵漏中不幸牺牲。决口后溃水在沾化富国一带入徒骇河归海，泛区宽14公里，长40公里，淹及利津、沾化县耕地42万亩，122个村庄，倒塌房屋8641间，受灾群众85415人，死亡18人。

王庄决口后，黄河水利委员会、山东省人民政府、山东河务局及地区负责人星夜赶往王庄组织抢救，安置灾区群众，研究堵口方案。堵口工程于3月21日开始，5月21日竣工，灾区很快恢复生产。

第五节 1969年凌汛

1968年12月至1969年2月，因受多次强冷空气侵袭，气温升降变幅大，黄河出现历史上少见的三次封河三次开河和三次漫滩偎堤的严重凌汛。

一、首次封河与开河： 1968年12月14日因受强冷空气侵袭，全河淌凌。1月上旬垦利义和庄首先插凌封河，13日封河至东明高村，封冻全长

245公里，冰量2462万立方米，河槽增加蓄水3.36亿立方米。15日后气温回升，菏泽、聊城河段全部解冻开河，大量冰水下泄，艾山出现1240立方米每秒凌峰，水位猛涨，水鼓冰开。当开河至齐河顾道口后，因下游河冰固封，大量冰凌受阻插堵形成冰坝，并继续向上堆积至齐河李隤，冰堆高出水面4至6米，冰插至河底，长清、平阴滩区漫水，有50公里大堤靠水出现渗水险情，当即组织群众上堤防守。由于李隤冰坝起到了拦冰蓄水的作用，对下游窄河道防凌有利未进行爆破。济南以下19日开河到惠民归仁险工受阻，又遇冷空气侵袭，冰凌向上堆积至马扎子，经研究分析尚不具备开河条件也未爆破。至1月20日山东河段尚有132公里封冻未开。

二、第二次封河与开河： 1月19日强冷空气侵袭，至24日零下10℃以上低气温持续6天，促成第二次封河。2月2日封河至郑州京广铁路桥以上，封冻长600公里，总冰量8550万立方米，河槽蓄水12.8亿立方米，三门峡水库关闸蓄水防凌。9日河南解冻开河，山东艾山以上河段相继开河。高村凌峰流量1040立方米每秒，到艾山增至2760立方米每秒，凌峰所至，水位猛涨，大量冰凌在李隤冰坝上端堆积成山，齐河潘庄水位涨至39.14米，接近1958年最高洪水位。长清、平阴滩区再次进水被淹。济南军区驻当地工程兵独立营全力以赴涉冰水抢救群众，经四昼夜将2万余群众全部救出脱险。独立营在抢救群众时，副连长张秀廷，排长吴安余，班长杨成启，副班长王元桢、蒋庆武，战士周登连、陆广德、阎世观、杨广佩等九人在冰水激流中不幸牺牲。

11日夜山东省抗旱防汛指挥部召开紧急电话会议布置防凌，动员组织沿黄广大群众，全力以赴，战胜凌汛。在利津、垦利窄弯易于插凌河段，集中爆破队进行炸破，山东军区紧急动员部队投入防凌和抢救工作。因气温回升，李隤冰坝以下局部开河，上游来冰在邹平方家插塞形成冰坝，向上延伸26公里，冰量达240万立方米，水位陡涨2米多，有50公里大堤高出水面2米左右，背河出现管涌等险情，章丘、邹平、济阳、高青四县滩区被淹，各县防凌指挥部组织群众上堤防守抢险和迁移滩区群众。

三、第三次封河与开河： 2月12日冷空气再次袭来，气温下降。由于三门峡水库关闸断流，下游河道流量小、气温低，封河发展很快，15日再次封河至郑州铁桥以上。同日三门峡水库水位升到323.68米，为给第三次开河拦蓄水量留下一定库容，减少库区淹没损失，16日开一孔泄流400立方米每秒。下游凌情严重，周恩来总理多次听取汇报，批准三门峡水库运用水位由326米提高到328米。山东省抗旱防汛指挥部召开防凌紧急会议，部署沿黄地、县加强防凌措施，确保安全渡汛。

第三次封河全长703公里，总冰量1.03亿立方米。2月25日气温回升，3月1日郑州花园口解冻开河，5日开河凌头到艾山，满河冰凌使李隤冰坝增长，冰坝阻水，长清、平阴滩区第三次漫水。7日李隤冰坝以下开河至邹平方家冰坝受阻，因漫滩走溜，堤防发生渗水、管涌、漏洞等险情，经抢护脱险。为减轻下游窄河段的压力，均未爆破冰坝。这时三门峡水库水位已达327.64米，根据气温回升情况，决定加大下泄流量850立方米每秒。9日李隤冰坝主溜道开通，同日又遇冷空气侵袭，惠民地区又向上封河至章丘刘家园。13日后气温回升，三门峡水库增大下泄流量的水头到洛口，流量1000立方米每秒，促成局部开河，爆破队在下游窄河段爆破以助开河。16日开河到利津罗家屋子，18日全河开通入海。

由于三次封河开河，东阿至垦利9县滩区多次进水，有130多个村庄6.6万人受灾，淹地27万亩。三门峡水库防凌蓄水，最高水位达327.72米，控制运用长达52天，蓄水18亿立方米。

第十六章 堵口工程

黄河下游是一条强烈的堆积性河道，由于泥沙堆积，一方面河床日益抬高，河道行洪能力降低，一遇非常洪水，就有漫堤决口的危险；另一方面，河槽泥沙堆积，河身日趋宽浅，主溜摆动不定，洪水一旦顶冲大堤，常有冲决。每次决口，都给人民生命财产带来巨大损失，故每当决口之后，必须及早堵复，以减少和消除溃水漫流的灾害。

第一节 堵口方法

堤防决口有夺流、分流之别。由于黄河下游处于“悬河”状态，河床高于两岸地面，决口后往往是全河夺流，堵口工程比较艰巨。

黄河下游堤防堵口工程早在战国时代，就具有相当的规模。《史记·河渠书》所记西汉武帝元封二年(公元前109年)的瓠子堵口，是记载最早的一次著名的堵口工程。汉武帝亲临堵口现场，命令随从官员自将军以下都背薪柴参加堵口，终于把黄河改道达23年之久的口门堵复。元至正十一年(1351年)，令工部尚书贾鲁为总治河防使，在黄河白茅口(今山东曹县)堵口时，采用沉船法，把黄河改道七年的口门堵复，这是在当时堵口技术上的一个创举。

历代黄河堵口多用埽工技术，传统的作法是：“捆厢进占，后浇戗土”。随着科学技术的进步，堵口技术无论从堵口方法、堵口材料、堵口设施和运输工具等都有很大发展。堵口方法计有立堵、平堵、混合堵三种：从决口口门两头用埽占向水中进堵，使口门逐渐缩窄，最后所剩的缺口，进行封堵截流，称为立堵。如溜势湍急，水头差大，亦可用双坝进堵，前者为正坝，后者为边坝。由口门河底平行逐层抛料填高，直至高出水面截堵水流，称为平堵。根据口门具体情况，立堵、平堵结合使用，称为混合堵。采用何种堵口方法，要依据口门土质、宽度、深度、流量、上下水头差，以及堵口材料等因素决定。过去黄河决口多用立堵，到本世纪20年代以后，才有采用平堵和混合堵的方式，并开始采用机械化施工。

进行堵口工程，首先要探测堵口地段的地质情况和水下地形，以及口门处的水文观测，据以做出堵口工程设计。

堤防决口由于有分流和夺流之不同，故在堵口时，对于堵口坝基、开挖引河、挑水坝三者的布局位置，要缜密研究，慎重考虑，务求三者相互呼应，密切配合，为顺利堵口创造条件。

堵合多处决口时，要掌握先堵下游口，后堵上游口，先堵小口，后堵大口的原则。若遇到小口在上游，大口在下游，一般应按先小后大的原则。但也要根据上下口门的距离及分流相差的程度研究而定。堵口时间，一般在枯水季节进行。堵口前要充分准备好人力、料物等，在口门上游有水库和引水闸的地方，要利用水库、引水闸配合堵口运用，控制下泄流量或分减流量，以有利堵口。堵口工程一经开工，必须抓紧施工，务必汛前完工，以利安全渡汛。

第二节 堵口工程纪实

一、郑州十堡堵口

光绪十三年(1887年)八月十四日大水，将近黎明时，郑州十堡以西堤身发生漏洞过水，当即用毡絮、铁锅进行堵塞后，又于上首发生漏洞过水，抢护不及，在石桥附近，堤身陡蛰，发生决口，又名石桥决口。开始口门宽三、四十丈，尚未夺溜，至二十四日，“口门已塌宽至三百余丈，深一丈七尺”，全河夺溜，溜分三股，直趋东南，经中牟、祥符、尉氏、扶沟、鄢陵、通许、太康、淮宁、西华、沈丘、项城等州县，主流沿贾鲁河、颍水夺淮入海。

决口以后，当即筹备堵口料物，于八月二十五日动工将东西两堤头进行裹护。至九月初，口门已刷至“五百五十丈”，九月二十九日，派河东河道总督李鹤年及河南巡抚倪文蔚筹办堵口事宜。堵口时口门宽五百五十丈，采取埽工进堵，计划“迎溜越口门进埽占约六百丈，除两坝裹头已做埽占外，尚须进占五百余丈，每占约五丈，约需一百一十占(按成规三日一占，东西并进，须一百六十五日，估需秸料至少为一万二千余垛)”。十一月十六日先动工开挖引河，计划“长二千五百丈，宽六十丈，划分九十段，按上下两截挑挖，先挖下截四十段”，至次年二月二十日开挖完毕，接挖上段除留“引河头三十丈待临时抢挑外，其余挑挖限于坝工前一律完成”。十二月二十日东西两坝开始修占进堵，至次年“五月二十日，东坝计成四十六占，共长二百四十五丈，西坝连挑水坝计成六十占，共长三百六十九丈，两坝合计共长六百一十四丈，挖引河二千九百丈。口门尚余三十余丈，再进六占，即可完工”。不料于二十一日西坝进至第六十占时，因急溜淘深，突然蛰陷，将捆厢船压入水中，绳缆未断，起捞不出，阻碍进占之路，难以施工，更因料物不足，时届大汛，遂暂停堵筑。八月改派吴大澂署理河督，吴于八月十日到达工地，十一、十二两天，亲自查勘了东西两坝，并向有关人员进行了访问，便上奏皇上陈述了堵口意见，派崔延桂督开引河，潘骏文总办西坝，陈许道、朱寿镛总办东坝。西坝东坝分别于十三及二十四日开工，采取双坝进堵，光绪十四年十二月十六日在金门挂缆，十七、十八两日正坝、边坝同时合龙，十九日闭气，加修了下边坝后戗。十堡堵口大工，历时一年之久[①]。

二、利津宫家堵口

1921 年 7 月，黄河在山东利津县宫家决口，全河夺溜，堵口工程由美国商人承包。自决口至堵口完成，历经两年，于 1923 年 10 月竣工，堵口采用平堵新法，用款 200 余万元。

利津宫家险工位于河道转弯处，是一著名险工，原有秸石埽坝 50 余道。民国 10 年(1921 年)7 月伏汛初涨，大溜正冲其上首大堤，河套、李家陡出新险，当即抢修秸埽 8 段暂为维护。该年 7 月中、下旬，黄河涨水，当时流量为 5292 立方米每秒，大溜顶冲宫家险工，溜急力猛，又值黑夜，风雨交加，抢护不及，于 7 月 19 日黎明时决口。

宫家背河地势低洼，决口时水头高三、四米，冲出口门，腾涌而下，决口后第三日，口门已刷宽 640 米，约分全河流量十分之七，水溜北流至于家庄东西分流，经大小郭家又合流向北，越徒骇河及九山新河，向北入无棣县果套儿河，漫流入海(见图 4—6)。

自宫家至海约长 150 里，宽 30 至 60 里，一片汪洋，尽成泽国，房屋土地，多被淹没。据灾赈公会报告，被淹村庄利津 358 个，沾化 320 个，滨县 170 个，无棣 154 个。四县灾民共计 18.4 万余人，流离失所，损失极大。

决口后口门不断冲刷发展，至十月下旬，向西扩展，已由原宽 640 米展至 1767 米，分流由七成变为全河夺流(当时全河流量为 4635 立方米每秒)，旧道阻塞，河身行将淤平，造成堵口困难。

---

① 引自《再续行水金鉴》第 12 册。

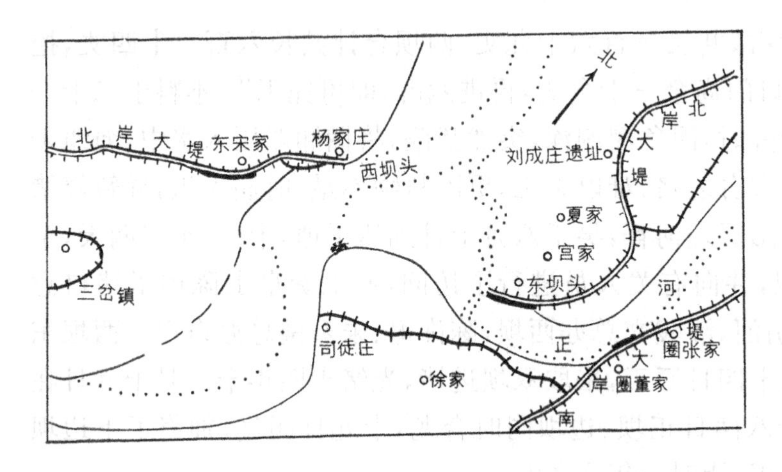

图 4—6 利津宫家决口示意图

堵口工程由美商亚洲建业公司经理卫琛氏（Paud P·whitham）承包施工，于 1922 年 11 月 20 日签订合同，并附计划图及工程作法说明书，作为施工监工根据，其施工程序如下（参见图 4—7）：

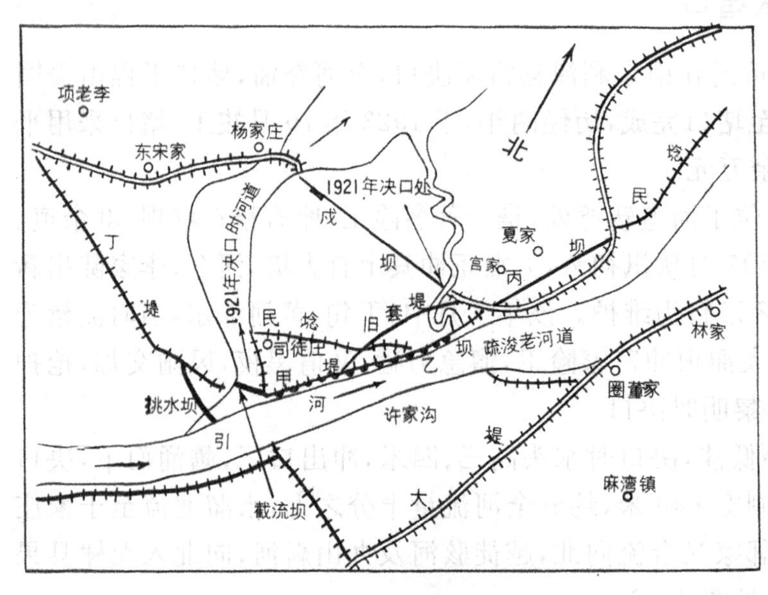

图 4—7 宫家决口堵筑后河道形势图

（一）引河 由盖家楼下首河道北折之处起至圈董家上首旧河身止，按上流溜向就河滩上挑挖引河，以引河水直趋旧道，长 1920 米，上口宽 152 米，底宽 91 米，深度以地势之高下与挖河底之倾斜规定之，自 2.89～1.11 米，除河头一段长 60.96 米，至临时抢挖外，其余于 12 月 1 日用人力分段开挖，或以铁道平车运送泥土分堆两岸。全河土工约计 26.5 万方。

（二）疏浚老河 宫家以下老河道淤积严重，有碍排洪，采用疏浚办法，由引河下首起，就原有河身开挖小河一道，长 11490 米，底宽 30 米，两岸边坡 1∶4，深度以地势与计划所挖河底纵坡而定，同时修复北岸老堤。河流经宁海下界老鸹嘴旧尾闾而入海，入海时约在 17 日早晨。

（三）截流坝 用打桩填石修截流坝堵口，代替传统埽工堵口。全部共分六段，即便桥、铺底、填石、席包、秸埽、填土等。施工时分以下步骤（见图4—8）：

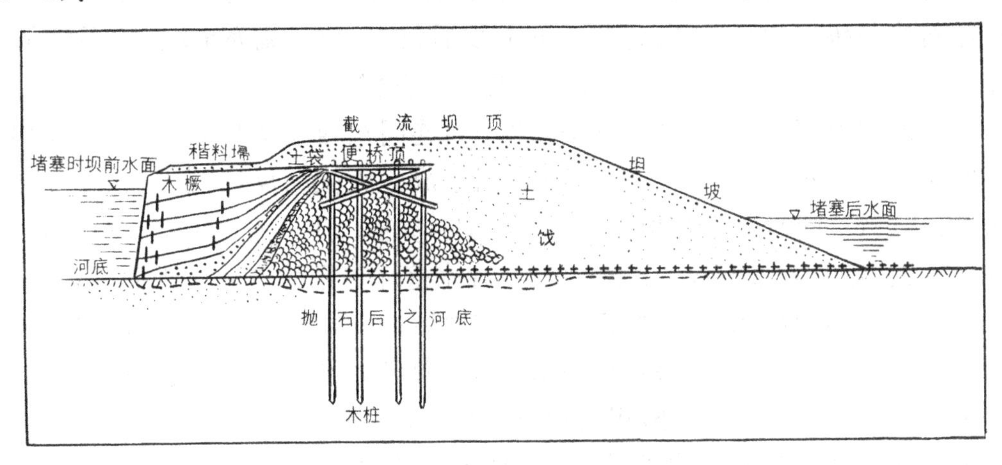

图 4—8　宫家堵口截流坝横断面图

1、便桥工—为平堵抛石用。由东坝（即甲堤上首）开始打桩，逐渐西进。每距 3 米下松桩一排，自东岸至西岸共 75 排。因西岸系新淤嫩滩，恐易冲刷，增添十排，每排并立四桩，中间两桩，相距 3 米，边桩距中桩 2.1 米，上架 0.3 米见方约 9 米长的横梁一根，并用木板两块斜叉夹持，用铁螺丝接连坚实。桩之大小方圆自 0.25 米至 0.46 米，长 10.66 米至 18.28 米，入土深自 6.4 米至 11.58 米不等。其中第 22、23、24 排及 76～83 排，或因中泓溜急，或因桩木略小，每排多打一根桩。开始打桩时，使用由上海购置的 30 马力锤重 1 吨的普通蒸汽打桩机，由于机械不灵，汽压不足，时常停顿，每日工作 10 小时打桩不过 4 根。后由美国运来新机一架，35 马力，锤重 1 吨半，每日可打十三、四根，进度较快。桩打好后，即于横梁上架纵梁四对（纵梁系长 10 米、宽 0.15 米、高 0.3 米之松木），每对相距 0.46 米，中间铺木板，上置轻便铁轨，至 3 月 30 日便桥告成。

2、铺底—便桥上首均用美国铁丝网铺垫，以防冲刷河底冲走石料，作法是先将长 45.7 米、宽 1.37 米或 1.12 米之网一卷，一端系于桥桩，一端由船徐徐放松尽其长度顺流铺垫，并用石块镇压以免移动。自 4 月 26 日开工，每桥空间各铺二卷，由东岸起至西岸河滩上，共用铁丝网 156 卷。

3、填石工—便桥告成铺底之后，即用人力铁车在桥上运送石块（至少 13.6 公斤），由东向西抛填桥空。于 5 月 1 日开始抛石，预计抛石 22 日可抬高水位 1.5 米至 1.8 米，届时引河已经竣工，开放引水即可取胜。抛石之初每日工人 300 多，铁车 20 多辆，逐渐增加，日以继夜，进行较快，由于填石愈多,过水面积愈小,河水渲泄不畅,水面抬高,截流坝前后差至1米,压力偏重,桥身颤动,情况吃紧,遂于15日晨提前开放引河,以减水势。至24日各空抛石均与桥架相平,渐行停止。此后坝后仅有渗水,流亦平缓(25日实测流量不过十分之三),坝前5丈以内渐见溜稳落淤。

截流坝填石以后,漏水严重,临水一面连同东西坝头自5月17日起均用麻袋装土抛护,前后并排3、4层,再用连成之大张苇席铺盖于前,多浇散土,层层填筑,同时运土加填坝身,以塞石隙渗漏。28日河水突涨,东西两坝先后冲毁,随即大抛石块,赶速抢护,当晚水落才告平稳。后又于截流坝前,修埽15段,埽面出水与桥顶相平。并在坝后,一面于距9米之处打木桩两行,桩距1.2米,中间填以秸料(类似边坝),防土冲失,一面浇筑后戗、灌土,仍未见效,遂又于未合之处,用石块抛小坝一道,宽1.5米多,出水0.6米至0.9米,用土包、散土加快填筑,至7月8日始得堵合,但填石仍有空隙渗漏,又于小堤之后再浇筑弧形之戗,终于1923年7月21日始断流闭气,至此,全河水量改走引河,回入故道。[①]

此次堵口工程按原订合同应于1923年6月30日前全部完成,但工程后期,由于人工缺少,进展很慢,工期已到,美国公司虚报完工,假托善后,直到10月中旬,才完成全部工程。

三、郑州花园口堵口

1938年国民党军队为阻止日本侵略军进攻,于6月9日扒开郑州市北郊花园口黄河大堤,使黄河改道,洪水泛滥于豫、皖、苏3省44个县,为患9年。

抗日战争胜利后,进行花园口堵口,自1946年3月1日开工,1947年3月15日合龙,黄水复回故道(见图4—9),4月20日闭气,5月堵口工程全部完成,历经1年零3个月。开始堵口时口门西浅水区采用捆厢埽进占,口门东的深水区采用栈桥抛石平堵,因汛期水深溜急,冲刷剧烈,桥桩冲塌,工程失败,后改用埽工双坝进占合龙成功,是立堵与平堵法结合进行的。共计用工300多万个,实支工款390亿元(中华民国币制),为近代规模较大的黄河堵口工程。

花园口口门初扒开时宽10米,不久涨水,口门逐渐冲刷扩大。至8月

---

① 潘镒芬《山东宫家决口堵筑工程始末记》

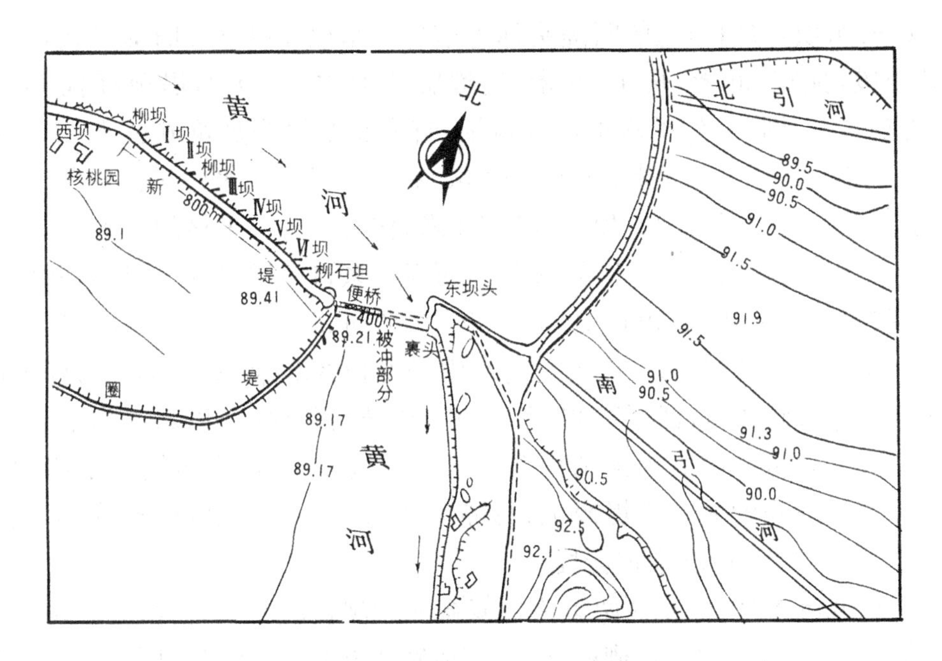

图 4—9 花园口堵口示意图

间，口门宽已达 400 米以上。为遏止口门继续扩大，当时在口门两边的断堤头厢修了裹头工程，但因东坝头迎溜冲刷，不久即被冲垮。1939 年 7 月，日军为防止黄河回归故道，保护其新修的汴新铁路，在口门以东的大堤上又开挖新口，遂形成了东西两个口门，中间仅留一线残堤。1942 年 8 月，黄水盛涨，两口门间的残堤被冲掉，口门合而为一，后因主溜靠向东部，口门又向东扩展，西部逐渐淤成浅滩。至 1945 年冬，经实测口门宽为 1460 米，过水部分水面宽为 1030 米，浅滩部分宽 430 米，最大水深为 9 米，平均流速 1.21 米每秒，过水流量为 746 立方米每秒。

花园口口门扒开之初，黄河主溜除由口门奔向东南外，还有部分水流仍由故道下泄，因水浅溜缓，大量泥沙淤淀在口门以下 50 公里左右的老河床内，1938 年 11 月 20 日，故道淤塞断流，此后，每年汛期涨水时，故道间断过水。据 1942 年 9 月观测分析，自决口后故道迭次上水，总计老河身已淤高 2.6 米，比当时口门河底高 11 米以上。

花园口决口后的第二年，国民政府有关部门就研究制定了《黄河堵口工程计划草案》，准备于抗日战争结束后付诸实施。1945 年 8 月 15 日日本投降后，有关部门进一步研究了堵口的具体技术措施，并由中央水利实验处于 1945 年 10 月在四川省长寿县作了水工模型试验，最后决定采用立堵加平堵的混合堵口方案。主要工程有以下四项：

(一)东坝:口门东边的断堤头称为东坝。东坝头以下因旧堤残缺,补修新堤一段,顶宽 20 米,长 1150 米,边坡临背河均为 1∶3,堤顶高程 97 米(大沽基点,下同)。为了水中进占筑坝,首先将断堤头盘筑成裹头,平均宽 30 米,长 20 米,高深 10 米,坝顶高程 93 米。由裹头向水中进占筑坝长 40 米,顶宽 10 米,高深 12 米,坝顶高程 93 米,作为东桥头平堵的基地。

(二)西坝:口门西边的断堤头称为西坝。系口门浅滩部分,故自断堤头起,向前浇土筑新堤长 800 米,顶宽 20 米,平均高 8 米,临水坡 1∶2,背水坡 1∶3,顶部高程 97 米。接新堤向水中进占长 355 米,埽宽 10 米,埽顶高程 94 米,埽后修戗堤,戗顶宽 20 米,高程、边坡与新堤同。以新堤为基础,又前进 20 米,顶宽 10 米,坝顶高程 93 米,并盘筑裹头,作为西桥头平堵的基地。在西坝新作的 800 米堤段上,每隔 150 米修一道丁坝,共 6 道,丁坝长 60 米,顶宽 10 米,用以维护新堤。

(三)截流大坝:由东西两裹头接修截流大坝,长 400 米。修筑方法是:

第一,做护底工程。用柳枝、软草编成宽 450 米、长 40 米、厚 0.5 米的柴排,顺水平铺于口门之间,上压碎石,高 0.5 米,防止冲刷河底。于护底工程下游的浅水处,打小木桩一排,出水高及桩距各 1 米,并酌打撑桩,以增加抗力。再用柳枝在木桩上编成柳篱,在深水处改打长桩 2～3 排,共宽 23 米,视水之深浅而定,桩间纵横铺镶柳枝,层层压石,以出水 1 米为度,以防大坝石块冲走。

第二,打桩架桥。在护底工程上用蒸汽打桩机打排桩架桥,桩长 10～20 米,每 6 根为一排,桩距 2.5 米,排距 4 米,均以木斜条与铁螺丝联系坚实,高出水面一律 4 米,桩顶高程 93 米,其上架设纵横梁,并铺木板,修成面宽 13 米的大桥,上铺轻便铁轨 5 条,中间一条行驶小型机车牵引的铁斗列车,两旁四条分行手推平车,运输石料。

第三,向桥下抛石平堵合龙。桥下抛石坝前水位抬高后,改抛长 7 米、直径 0.7 米之柳石辊,最后抛至高程 88 米,临河坡 1∶1.5,背河坡 1∶3。

(四)引河:口门以下故道淤积过高,有碍水流,必须开挖引河,计划引河分南北两条,南条长 4.73 公里,北条长 5.38 公里,以下汇为一股,长 2.67 公里。引河底宽,汇流以上为 20 米,以下增至 30 米,纵坡均为万分之一,两岸侧坡 1∶2,深度以地势高低而定。

1946 年 2 月,国民政府成立了黄河堵口复堤工程局,赵守钰任局长,李鸣钟、潘镒芬任副局长。3 月 1 日堵口工程正式开工。以“联总”(联合勤务总部)顾问美国人塔德(D. J. Tadd)为首的外籍工程技术人员,带着机械等设备投入了施工。经过一个多月的时间，到4月中旬，西坝新堤与浅水进占已经完成1000米，戗土浇了三分之一，东坝裹头和东坝新堤开始动工，深水架桥已立好了打栈桥木桩的打桩架，故道开挖引河也开了工。这时陶述曾已任堵复局总工程师，他认为在下游堤防未复和料物不齐的情况下，短期内不可能完成堵口任务，建议缓挖引河，经赵守钰同意后，决定停止引河的开挖。

5月20日深水打桩试验开始，至6月21日全部栈桥完成，共计打桩119排，全桥总长450米。

正当栈桥铁路通车并开始运石抛护时，河水日见上涨。6月26日，北风大作，大溜顶冲桥桩，桥身为之动摇。次日因溜势益猛，遂有4排桩被水冲去，桥身冲断，6月28日第一次洪峰，陕县流量4350立方米每秒，虽经多方抢护，终因洪水继续不断，到7月中旬东部44排桩全被冲走，汛前堵口计划失败。

汛期过后，因旧桥断桩处洪水淘刷过深，工作困难，遂在下游350米处另修新桥。此处水深3～4米，作为二坝，但打桩刚刚开始，又恰遇涨水，新线处水深达8～9米，新打的桩被水冲走，打桩机船险遭倾覆之祸。11月初，水落流缓，旧线断桥处淤积10米左右，施工有利，遂又回旧线重新打桩架桥平堵。

旧线打桩工程于11月5日开始，11日补桩完工，桥又修复。12月15日，桥上铁路通车，开始大量抛石，至17日，桥上、下水位差0.7米，流速增大，部分桥桩倾斜，加之运石跟不上，20日晨第92～95排桥桩被冲倒，栈桥再度冲断。时届严冬，河道冰凌蜂涌而至，阻塞桥前，桥桩不断冲垮，最后冲开缺口宽32米，水深12米，打桩进堵，难以进行。最后决定在平堵的基础上，采取埽工立堵法合龙。主要采取以下工程措施：

(一)改造加固进占大坝。用柳枝、块石、绳索等材料把残存石坝、栈桥改造成堵口正坝，于正坝前抛大柳石辊，以防底部水流淘刷。

(二)在正坝下游50米加厢一道边坝。在正坝、边坝之间，由东坝头向西，西坝头向东，每隔20米或40米处，添修横格坝一道，顶宽8米，各格坝之间以土浇填，作为土柜。并于边坝下游浇筑土戗，最终使整个大坝顶宽达到50余米。在施工过程中，使用了挖土机、运土机和推土机等先进工具。

(三)增挖引河。于原定之南北两引河间，再挖引河三道，并于南引河南边的挖土方坑，另增挖一道。新挖四道引河，可下泄流量360立方米每秒，连同原有的两条引河，约可分全河流量二分之一左右。

(四)接长及增修挑水坝。于西坝新堤第六坝接长250米，坝顶宽10米，成为挑水坝,把大溜挑离岸脚,趋向引河口。

(五)盘固坝头。正坝东西之两坝头,为合龙之凭借,必须盘筑牢固。

(六)抛填合龙。上述各项工程完成后,龙门(即口门或称金门)形成了长50多米、宽32米的龙门口,水深10米以上。

合龙的方法是:于3月8日引河放水,在龙门口上口两端对抛钢筋石笼(1米×1米×1米);在龙门口下口两端对抛柳石大枕。到3月15日4时,龙门口抛出水面,正坝合龙。随后在边坝口进行埽工合龙,并在正坝临水面加厢门帘埽,长17～18米共四段,于4月20日完全闭气,大功告成。

堵口耗用主要料物有:柳枝5062万公斤,秸料2065万公斤,木桩21.2万根,石料20万立方米,土方145万立方米,麻料111.5万公斤,草绳83.5万公斤,铅丝14万公斤,桥桩1139根,钢丝绳2350卷,铁锚675个。

四、山东利津五庄堵口

五庄位于惠民地区利津县黄河左岸,距黄河入海处70多公里。1955年元月下旬,气温骤然回升,花园口以上开河,出现凌峰流量1070立方米每秒,28日开至泺口凌峰流量增至2900立方米每秒,29日开到利津王庄险工下首。当时惠民地区日平均气温仍在零度以下,大河固封,来自上游的大量冰水受阻,形成冰堆、冰坝,水位陡涨,利津刘家夹河水位达15.31米,超出保证水位1.51米,滩区全部漫水,冰积如山,利津以上堤顶高出水面0.5～1米,局部堤段水与堤平,情况十分严重。

冰凌插塞之初,曾以人力爆破与飞机大炮轰击,因冰冻至河底,见效不大。水位盛涨时,曾利用小街子溢水堰分减凌水,因天寒地冻,溢水堰前围堤难以破开,分水很少,水位继续上涨,利津王庄至蒲台王旺庄堤段先后出现漏洞20余处。

29日夜,利津五庄村南大堤背河柳荫地出现管涌多处,分布范围方圆近30米。驻防干部立即组织民工用麻袋装土排压,并在临河打冰寻找洞口,发现洞口在临河堤脚,水深2米,立即抛草捆、装土麻袋、秸料等,但都从洞中冲出,漏洞急速扩大,堤顶塌陷成缺口,遂又沉船两只抢堵,亦未成功。当时刮着7级北风,照明灯全被刮灭,天寒地冻,取土困难,物料用尽,已无力挽救,终于29日23时30分堤身溃决,口门宽305米,水深6米,推估口门最大流量约1900立方米每秒。口门前临河滩地刷成深沟,长750米,宽110米,四图村群众赵荣岗、赵锡纯在沉船抢堵时,不幸落水牺牲。正当五庄村西抢险紧急时，五庄村东背河堤脚处出现漏洞，经抢堵无效，于31日1时溃决，形成上、下两口门。上口门在四图，下口门在五庄，相距约1公里，两口门溃水汇合，沿1921年宫家坝决口故道，经利津、滨县、沾化注入徒骇河入海。受灾范围东西宽25公里，南北长40公里，受灾村庄360个，人口17.7万人，土地88.1万亩，倒塌房屋5355间，死亡80人（见图4—10）。

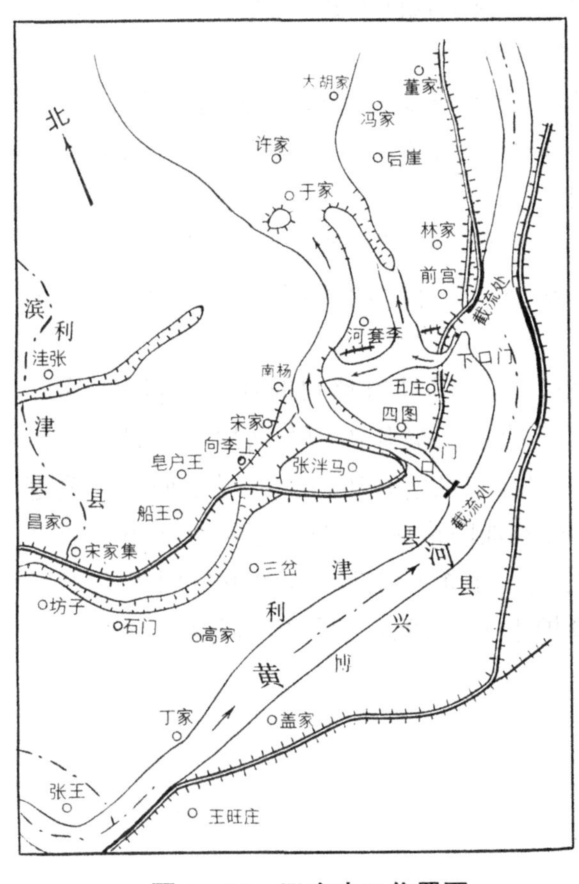

图4—10　五庄决口位置图

五庄决口后，惠民专署紧急组织群众坚守徒骇河西堤，控制灾区扩大。专署组成救灾委员会，派出大批干部分赴受灾各县，帮助灾民安置生活，组织生产。山东省人民政府立即于1月30日拨款65万元救济灾民。内务部谢觉哉部长由山东省政府副省长刘民生陪同，深入灾区慰问，指导救灾工作。

为争取桃汛前堵合决口，使灾区早日恢复生产，山东省人民委员会决定由山东黄河河务局与惠民专署组成“山东黄河五庄堵口指挥部”，指挥王国华，副指挥邢均、田浮萍、郝坤，政委李峰，副政委尚子芳。黄河水利委员会和山东河务局当即调派技术人员，勘查口门拟订堵口方案。

2月6日，实测上口门出流量约占57%，下口门出流量约占15%。经调查研究，确定先堵塞滩地进水沟口，截断水源，根据先堵小口后堵大口的原则，于2月9日先在过流少的下口门进水沟沉挂柳枝、树头缓溜落淤，并堵塞滩地串沟。当沟泄水小时，于沟的最窄处，用搂厢埽截堵断流，随即堵合大堤口门，新堤与旧堤之间插尖相接，新堤口门段宽14米，高出保证水位3.5米。

上进水沟口宽170余米，截流之前先在滩唇修做柳石堆四段，防止刷宽，又在沟前沉柳落淤，至3月6日实测，沟口平均水深已由4米减为1.8

米,平均流速降至0.6米每秒,沟口流量由360立方米每秒减为100立方米每秒。3月6日从滩地进水沟口处开始进占截流,6000余人从东西两岸正坝同时进占,3月9日边坝相辅进占。至3月10日,龙门口宽度12米。11日7时30分,开始进行合龙,先在正坝龙门口分抛苇石枕,两面夹击,抛至10时15分,枕已露出水面,接着于枕上压土加料,用蒲包装土抛护枕前,正坝合龙告成。15时边坝下占合龙,土柜、后戗浇筑同时进行,12日闭气,又进行加固,至13日15时,截流工程全部完成。

滩内截流后,大堤口门已成静水,旋即修复大堤口门,新堤位置后退35米,总长1110米,新旧堤接头亦用插尖结合。新堤口门段顶宽12米,插尖段顶宽10米,堤顶高出保证水位3米。

五庄堵口,由决口到合龙,历时40天。共用石料3585立方米,土方41万立方米,柳枝154万公斤,秸苇料182万公斤,麻绳7.3万公斤,实用工32.28万工日,总投资79.51万元。

五庄上口门系1921年宫家决口处,堤基埋有堵口时所抛之乱石,修堤时未能很好处理,此次凌汛漫滩后,水沿乱石缝隙渗到背河地下,初呈管涌,逐渐扩大成漏洞,以致决口。由此说明堤防坐落在决口处的堤基处理极关重要,必须摸清情况,对症下药,采取有效加固措施,以策安全。五庄下口门之决系防守疏忽所致,当时全部人力集中于抢护上口门,而下口门处无人看守,待至发现险情后,为时已晚,抢护不及,因此堤防防守必须固定专人,分段负责,以免顾此失彼。

第五篇

沁河下游防洪

沁河是黄河一大支流，是黄河洪水重要来源之一。沁河下游防洪与黄河下游防洪息息相关，远在金朝就有黄沁都巡河官居怀州兼沁水事。自明、清以来，历代均将沁河防洪与黄河防洪统一管理。

沁河发源于山西省沁源县霍山南麓的二郎神沟，流经安泽、沁水、阳城、晋城，至河南省的济源五龙口出太行山峡谷进入下游平原，经河南沁阳、博爱、温县，至武陟方陵汇入黄河。河道全长 485.5 公里，落差 1844 米，河道平均坡降 3.8‰。流域面积 13532 平方公里，占黄河三门峡至花园口区间流域面积的 32.5%。小董站多年平均总水量 10 亿立方米，年平均输沙量 689 万吨，平均含沙量每立方米 6.89 公斤。历史最大洪水是明成化十八年(1482年)，阳城九女台调查洪水 14000 立方米每秒。建国以来出现的最大洪水为 1982 年小董站洪峰流量 4130 立方米每秒。丹河是沁河最大的一条支流，发源于山西高平县丹株岭，经晋城、陵川，于河南博爱九府坟出山谷，进入平原下行 16.5 公里，经博爱至沁阳北金村汇入沁河，全长 169 公里，流域面积 3152 平方公里。九府坟以下两岸有断续小堤，能防御 1800 立方米每秒洪水，历史最大洪水发生在清道光二十六年(1846 年)，推算九府坟洪峰流量为 4770 立方米每秒。1954 年 8 月 13 日，山路平站实测最大流量为 1880 立方米每秒。

沁河下游系重要防洪河段，全长 89.5 公里，左堤长 76.285 公里，右堤长 85.341 公里，两岸堤距宽 800～1200 米，河床比降 0.5‰。丹河口以上左岸堤防有龙泉、杨华两个天然缺口，左堤的背河是沁丹河夹角地带，面积 41.2 平方公里，为自然蓄洪区，内有安全河、逍遥石河、景明石河，排泄太行山洪水入沁，当沁河五龙口流量超过 2500 立方米每秒时，可由缺口自然滞洪。丹河口以下河段常受黄河洪水顶托发生淤积，为地上河，每当洪水时溜势湍急多变，故素有“小黄河”之称。(见图 5—1、5—2)

1948 年前，沁河灾害频繁。自三国魏景初元年(公元 237 年)有记载以来，到 1948 年，共 1712 年，决溢 117 年，决口 293 次。

1949 年春，人民治河伊始，堵塞了民国时期留下的武陟大樊决口，挽河回归故道。建国后，沁河防洪在“除害兴利”的方针指导下，确定以防御小董站20年一遇流量4000立方米每秒洪水为目标，保证堤防不决口。遇超标准洪水，一在沁北自然滞洪区自然滞洪，二在南岸五车口分洪，以确保丹河口以上南岸堤防及丹河口以下北岸堤防安全。

在黄河水利委员会及省、地领导下，建立起修防机构，截至1987年修防

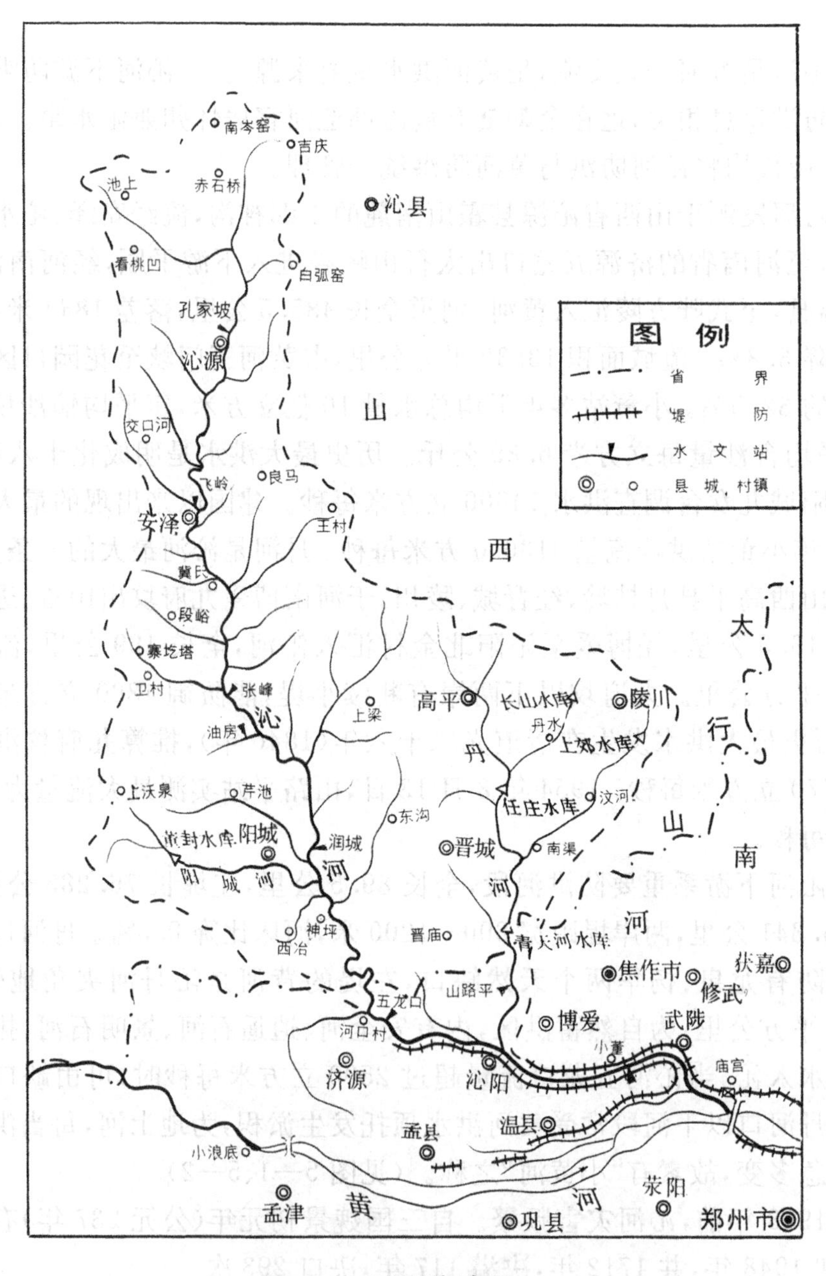

图5—1 沁河流域图

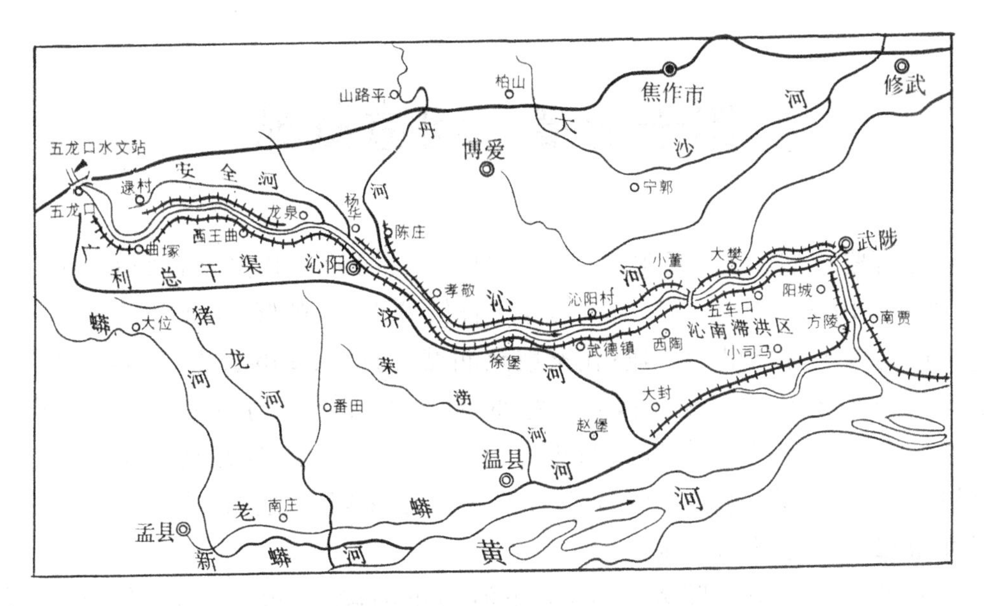

图 5—2 沁河下游防洪工程示意图

职工总人数达 880 人，按行政区划分段负责管理。同时在沿堤建立起群众防汛、护堤组织。护堤员 327 人，常年住守堤上，养护堤防。从 1949 年至 1983 年对旧有残破的堤防进行了三次大培修，并在沁阳伏背至济源五龙口等处，新增堤长 16.51 公里，完善了堤防体系。1981 年到 1983 年兴建武陟杨庄改道工程，使木栾店窄河段由 330 米展宽为 800 米。险工随着堤防的加高而改建，旧有的秸埽全部改为石坝或石护岸。1949 年至 1987 年共完成土方 2169 万立方米，石方 47 万立方米，用柳秸料 2500 万公斤。植树 1204 万株，植草 683 万平方米。捕捉獾狐、地鼠害物 3 万只。锥探 565 万眼，消灭堤身隐患 34650 处，共用劳力 1356 万工日，投资 7392 万元。使沁河的防洪目标由 1950 年防御小董站 2200 立方米每秒洪水提高到防御 4000 立方米每秒。增强了堤防的抗洪能力。

自 1949 年到 1987 年战胜了沁河小董站 1000 立方米每秒以上洪水 26 次，特别是战胜了 1954 年 3050 立方米每秒及 1982 年 4130 立方米每秒的大洪水，改变了沁河历史上决溢频繁的局面。但因现有水库库容有限，对洪水尚不能有效控制。灌溉引水，亦较紧张。待修建河口村等水库之后，下游防洪和灌溉缺水问题，才能从根本上得到解决。

第十七章　河道概况

沁河按自然特点，五龙口以上可分三段：河源至孔家坡，河道长 69 公里，落差 940 米，平均比降 13.62‰，河谷较顺直，植被好，水土流失轻微，年侵蚀量为每平方公里 280 吨；孔家坡至润城，河道长 235 公里，落差 531 米，平均比降 2.26‰，两岸陡峻，河谷弯曲窄深，植被较差，水土流失严重，是本流域的主要产沙区，年侵蚀量每平方公里 960 吨；润城至五龙口，河道长 92 公里，落差 328 米，平均比降 3.57‰。该河段深切于太行山中，水土流失年侵蚀量每平方公里 650 吨。

五龙口以下至方陵入黄河，为下游防洪河段，河道长 89.5 公里，落差 45 米，平均比降 0.5‰，本河段流经黄沁河冲积平原，水流曲折蜿蜒，有“沁无三里直”之说。从河口至丹河口由于溯源淤积影响，河床逐年淤高，呈地上河，河道内滩地高于两岸背河地面 2～4 米，木栾店处最高达 7 米。（见前图 5—1、5—2）

沁河两岸堤距宽 800 米至 1200 米，其中有两处最窄河段，一是水南关两岸堤距 258 米，二是木栾店两岸堤距 330 米，遇大洪水时有壅高水位的现象。1981 年兴建杨庄改道工程，木栾店河段展宽为 800 米。（见表 5—1）

沁河下游河道特征表　　　　**表 5—1**

河　段	长　度（公里）	平均宽（米）		河道面积（平方公里）		河底平均比降（‰）	滩槽高差（米）	临背悬差（米）
		全断面	河　槽	全断面	河　槽			
五龙口～伏背	10.0	640	640	6.40	6.40	13.2	1.4	1～2
伏背～丹河口	23.0	990	370	22.77	8.51	5.3	1.0～2.5	－0.2～－1.0*
丹河口～小董	33.0	980	490	32.34	16.17	4.2	0.5～1.2	－1.0～－2.0
小董～沁河口	23.5	1110	440	26.08	10.34	2.5	0.1～2.0	－3.0～－7.0
合　　计	89.5							

* 临河滩面高于背河地面为负，反之为正。

沁河下游河道为复式河槽，滩槽高差0.5～2.5米，一般主槽宽450米左右，平滩流量为700立方米每秒。由于河势游荡，险工逐渐增多，由1949年的24处增为44处。

第一节 水沙特性

沁河泥沙较少，流域内每平方公里土壤侵蚀量为776吨。全流域有水土流失面积10910平方公里，占总面积的81%。1951年～1987年统计，小董站年输沙量为689.43万吨，其中汛期(7～10月)619.37万吨，占总数的90%，平均含沙量6.6公斤每立方米。最大年份1954年输沙量3130万吨，最小年份1986年输沙量1.78万吨。

沁河水沙有以下特点：

一、沁河水沙来源：主要来自干流五龙口以上。1951～1987年小董站年平均径流量为10.48亿立方米，其中来自丹河山路平站的占19%，来自干流五龙口的占81%；年平均输沙量为689.43万吨，其中五龙口站为661.95万吨，占96%。

二、水沙量年际变化：年际径流量变幅较大，小董站最大1956年径流量为31亿立方米，最小1986年径流量为0.87亿立方米，两者的比值为36∶1。年际输沙量变化更大，最大1954年输沙量为3130万吨，最小1986年输沙量为1.78万吨，两者的比值为1758∶1。

三、水沙量年内分配：年径流量在年内分配不均。小董站7至10月径流量在年径流量中所占比重，平均达69.4%，最大1982年7至10月径流量占全年径流量的94%，最小1965年7至10月径流量只占全年径流量的18%。年输沙量在年内的分配也很不均匀。7至10月输沙量在年输沙量中，平均为90%，最大1979年7至10月输沙量占全年输沙量的100%，而最小的1965年7至10月输沙量仅占全年的33.8%。

四、流量含沙量变幅：流量变幅很大。小董站最大1982年8月2日出现洪峰流量为4130立方米每秒，其次是1954年8月4日的3050立方米每秒和1956年7月31日出现的2130立方米每秒。最小是多年不同月份都出现过干河，特别是1950年7月1日、1952年8月1日、1952年9月1日、1965年10月1日，大汛期也都呈现过干河。平均含沙量和瞬时最大含沙量的变幅很大。多年平均含沙量为6.6公斤每立方米，最大1954年平均含沙量为

11.3公斤每立方米,最小1986年平均含沙量为0.2公斤每立方米。最大断面平均含沙量是1961年8月14日的103公斤每立方米。详见表5—2。

沁河干支流主要控制水文站水沙特征值表 **表5—2**

分类	站名 / 特征值项目 / 年限	润城	五龙口	山路平	小董
		1954～1987	1953～1987	1954～1987	1951～1987
水量	多年平均年径流量(亿立方米)	7.96	11.74	2.83	10.48
	最大年径流量(亿立方米)	20.69(1963)	28.12(1963)	6.94(1956)	31.0(1956)
	最小年径流量(亿立方米)	1.01(1986)	3.08(1987)	1.37(1987)	0.87(1986)
	多年平均7至10月径流量(亿立方米)	5.22	7.57	1.35	7.27
	最大流量(米³/秒)	2710(1982.8.2)	4240(1982.8.2)	1880(1954.8.13)	4130(1982.8.2)
	最小流量(米³/秒)	1.71(1982.5.3)	0.088(1980.5.23)	0(1974.7.12)	0(1950.6.27)
沙量	多年平均年输沙量(万吨)	538.99(1955～1987)	661.95(1954～1987)	101.36	689.43
	最大年输沙量(万吨)	1529.5(1982)	2191.8(1982)	709(1956)	3130(1954)
	最小年输沙量(万吨)	18.48(1986)	8.67(1986)	0(1986)	1.78(1986)
	多年平均7至10月输沙量(万吨)	499.01	621.30	87.15	619.37
	多年平均含沙量(公斤/米³)	7.0(1955～1987)	5.7(1954～1987)	3.6	6.6

注:表中( )内系年月日

第二节 河道冲淤

根据1950～1983年水沙资料统计,沁河下游河道共淤积泥沙148万吨，占总来沙量2.88亿吨的0.5%。其中小董以上冲1799万吨，平均冲深0.23米，小董以下淤积1947万吨，平均淤厚0.54米。

1982年8月2日小董洪峰流量4130立方米每秒。这次洪水五龙口流量达4240立方米每秒，丹河山路平站流量480立方米每秒，太行山脚下3支流来水约790立方米每秒。由于这次洪水大，来势猛，致使小董以上河道主槽一般冲深0.3米，最深达1米，冲刷量为757万吨，滩地淤积795万吨。小董以下木栾店上下一段新改河道，河床又特别低洼（一般比原河槽低4～5米），水深（达10米左右）、流速小，落淤泥沙696万吨，新改河道淤高了1.53米。新河以下的老河道有所冲刷，滩地有所淤积。

根据1954年小董站3050立方米每秒与1982年小董站4130立方米每秒两次洪水水面线对比，各河段冲淤如表5—3。

1982年与1954年洪水位比较表　　　　**表5—3**

河　　段	长　　度 （公里）	1982年水位高于 1954年水位（米）
水北关以上	32	0.3～1.0
水北关～丹河口	7	−0.2～0.3
丹河口～西张计	18	0.5左右
西张计以下	32	2.0左右

第三节　河道演变

沁河在五龙口以上，属石山区峡谷河段，变化甚小。五龙口以下进入冲积平原，经济源、沁阳、博爱、温县，至武陟县方陵注入黄河。因黄河顶托及沁河泥沙关系，河床逐年淤高，呈地上河。历史上堤防多有决溢，形成改道，但随决随堵者多。沁河在武陟以上无重大变迁，武陟以下曾数易其道。

一、由武陟詹店入黄河

沁河最早记载见于战国时代的地理著作《山海经》。《山海经·北山经》记："谒戾之山……沁水出焉，南流注于河"。班固《汉书·地理志》记："沁水，东南至荥阳入河”。《水经注》记:“沁水出涅县谒戾山……又南出山过沁水县(济源王寨)北,又东过野王县(沁阳县)北,又东过州县(温县武德镇)北,又东过怀县(武陟张村)北,又东过武德县(武陟大城村)南,又东南至荥阳县北(武陟詹店附近),东入于河”。清康熙《武陟县志》载:“沁水源出沁州绵山,穿太行达济源经河内(沁阳县)合丹水而东,绕武陟城北由东而南入于黄河。性善迁,往由詹家店东入河,后徙由本店西南入河,去县四十余里”。清道光《武陟县志·山川》所记的“沁水故道在县东南。旧志云,自城子村(今大城村)、宝家湾(今宝村)迤逦而东,为沁水故道,废堤尚存”。此即由詹店以东注入黄河的沁水故道。

二、引沁入卫河

隋炀帝开永济渠引沁水作为水源,使沁河与卫河相通。《隋书·炀帝记》记载:大业四年(公元608年),隋炀帝“开永济渠,引沁水南达于河,北通涿郡(治蓟,在今北京城区西南隅)”。仅说明方向,未说明地点。现在只能根据后代一些有关记载来推测。《水部备考》载:“沁水一支,自武陟小原村东北由红荆口(获嘉红荆嘴)经卫辉府凡六十里,入卫河,昔隋炀帝引沁水北通涿郡,盖即此地也。”

三、由原武黑羊山入黄河

明洪武二十四年(1391年)黄河决原武黑羊山,分流两股,大部经开封东南由涡入淮,小部东经封丘于店、陈桥和民权、商丘、砀山,过徐州入淮。即所谓“小黄河”。此时沁河由詹店东入小黄河。明正统十三年(1448年),黄河北决新乡八柳树,南决荥泽孙家渡口,沁河复随黄河由孙家渡口南流。“天顺五年(1463年),为便利徐州以南的漕运,自武陟宝家湾开渠四十余里,至红荆口。天顺七年三月,开放缺口,沁水复入黑洋山小黄河旧道,谚亦呼为沁河,徐吕得济,漕运疏通二十五载有余”(清乾隆怀庆府志,河渠河防《黑羊山河渎庙碑记》)。明弘治二年(1492年)河决封丘荆隆口,入张秋运河,户部侍郎白昂“筑阳武长堤以防张秋,引中牟决河出荥泽杨桥以达淮”(《明史·河渠志》)。自此以后,“黑羊山沁河淤塞,北流乃永绝”(《原武县志》)。封丘县西北一段沁河亦于弘治六年淤(《明史·地理志》),沁河仍从詹店西南入河。

四、由武陟方陵入黄河

明万历十八年(1590年)沁水大涨,沁河又徙,经武陟县南的南贾、方陵之间注入黄河。后因黄河主槽南移,特别是在建国后修建的人民胜利渠长期引水的影响,从1962年沁河又自南贾下延10公里,至京广铁桥附近汇入黄河,即现行河道。

第十八章　洪水与河患

第一节　洪　水

沁河流域位于副热带季风区，流域平均降雨量在650毫米以下，40%集中于7～8月份，年降雨量最大沁阳站1094.2毫米(1954年)，陵川县附城站1日降雨量220毫米(1955年8月)，3日降雨量317.5毫米。沁河洪水系由暴雨形成。汛期(7～10月)径流量约占年径流量的60%以上。沁河洪水约有60～70%来自五龙口以上地区。洪水的特点是：峰高量小，来猛去速，含沙量少。建国后，小董站最大洪峰流量为4130立方米每秒。历年最大洪峰流量见表5—4。

沁河小董站历年最大洪峰流量统计表(小董一断面)　表5—4

时　间(年、月、日)	最大流量(米³/秒)	水位(米，大沽)	时间(年、月、日)	最大流量(米³/秒)	水位(米，大沽)
1950.10.21	788	105.05	1959.8.29	722	105.98
1951.8.28	305	104.62	1960.8.4	457	105.77
1952.8.2	234	104.63	1961.8.14	790	106.40
1953.8.3	1960	106.43	1962.9.27	1080	106.59
1954.8.4	3050	107.23	1963.9.11	904	106.33
1955.8.15	1140	105.86	1964.7.28	1600	106.62
1956.7.31	2130	106.60	1965.7.23	124	105.39
1957.7.19	1610	106.32	1966.7.23	1860	107.05
1958.8.3	1680	106.67	1967.9.10	666	106.00

续表

时　间（年、月、日）	最大流量（米³/秒）	水位（米，大沽）	时间（年、月、日）	最大流量（米³/秒）	水位（米，大沽）
1968.7.22	1800	107.01	1979.8.1	138	105.69
1969.9.26	279	105.60	1980.7.30	469	106.77
1970.8.1	934	106.56	1981.8.18	227	105.94
1971.8.22	1670	107.52	1982.8.2	4130	108.93
1972.9.2	475	106.04	1983.9.8	652	106.55
1973.7.8	670	106.41	1984.9.28	248	105.56
1974.8.10	200	105.68	1985.9.17	624	106.53
1975.7.22	409	101.16	1986.7.20	45.5	104.95
1976.8.27	813	106.76	1987.6.7	156	105.47
1977.8.22	478	106.25	1988.8.16	1040	107.32
1978.7.30	275	106.00			

注：表内1967年至1988年水位，系从小董二断面水位加0.8米减0.074米换算而来，唯1982年水位系实测黄海107.73米加1.2米换算。

宋嘉祐元年（1056年）沁河发生一次大洪水，把五龙口以上化成寺冲去。该寺以下约一华里处的河湾名曰“坠钟潭”，据传是该年洪水把化成寺的大钟冲至此处。明成化十八年（1482年）沁河大水，据调查推估，山西阳城九女台洪峰流量14000立方米每秒。清光绪二十一年（1895年）五龙口发生5700立方米每秒的洪水。1982年小董站实测最大洪水4130立方米每秒。丹河分别于清乾隆五十九年（1794年）、道光二十六年（1846年），发生过4100、4770立方米每秒的洪水。沁丹河的历史洪水情况见表5—5。

沁、丹河历史洪水统计表　　表 5—5

河　名	时　间	站　名	流　量（米³/秒）	备　注
沁河	1482 年	阳城九女台	14000	调查洪水
〃	1761 年	小　董	5000	调查洪水
〃	1895 年	五龙口	5700	调查洪水
〃	1895 年	小　董	6900	调查洪水
〃	1943 年	五龙口	4120	调查洪水
〃	1943 年	小　董	3970	调查洪水
〃	1954 年	小　董	3050	实测洪水
〃	1982 年	小　董	4130	实测洪水
丹河	1794 年	山路平	4100	调查洪水
〃	1846 年	九府坟	4770	调查洪水
〃	1892 年	九府坟	2100	调查洪水
〃	1932 年	九府坟	2000	调查洪水
〃	1954 年	山路平	1880	实测洪水
〃	1956 年	山路平	1570	实测洪水

第二节　河　患

沁河决溢，自三国魏景初元年（公元 237 年）始有记载，截至 1948 年的 1712 年间，有 117 年决溢，计 293 次。其中，明朝以前 1132 年间，决溢 18 年计 30 次；明朝 276 年间，决溢 27 年 43 次；清朝 268 年间，决溢 53 年计 172 次；民国 37 年间，决溢 19 年计 48 次。明以前多记为溢，明永乐以后溢与决并记，且决多于溢。发生区域主要在今济源、沁阳、博爱、温县、武陟。洪泛范围，北至卫河，南至黄河。

据历史调查，明成化十八年沁河洪水出现后，下游灾害严重，济源县沁水溢，沁阳县沁河决天师庙，口门宽30米，水由东门入城，淹了城隍庙，水涨至距城墙顶只有三砖，当时城墙高三丈六尺。又决沁阳东关宽30米，再决仁孝寺，口宽200米。武陟沁水溢被淹。

清乾隆二十六年（1761年）大水，济源县沁河堤岸漫溢，田庐淹没，广济渠石墙、石坝、石洞、石闸、阴洞俱被冲刷，沙垫淤浅。沁阳沁河决伏背东段堤15处，又决天师庙，沁阳城被淹，水从北门灌入，死亡人口1370余人，毁城墙28处。博爱决大岩朱湾等四口，丹河水决淹博爱清化镇，漂房舍2000余间。温县决寻村堤280丈，河改道。武陟决25口，水入县城，民房衙署倒塌甚多。

光绪二十一年（1895年）大水，按清宫档案奏折中记载：河内之柳园及武陟渠下等地决口，淹了沁阳、武陟、修武、济源、温县、获嘉、辉县、汲县、新乡、滑县等10个县的611个村。本次被淹灾民除温县未查清外，其他9县灾民共283000余人，灾情十分惨重。

1947年8月6日，沁河暴涨，武陟北堤大樊决口，口宽238米，溃水夺卫入北运河，淹及武陟、修武、获嘉、新乡、辉县五县的120多个村庄，洪泛区面积达400平方公里，灾民20多万人，灾情十分严重。沁河洪水曾使沁阳城被灌2次，明成化十八年一次，清乾隆二十六年一次；武陟县城被灌3次，明万历十二年一次，清顺治十年一次，清乾隆二十六年一次；汲县城被灌3次，明成化九年一次，清顺治十一年一次，清乾隆二十二年一次。此外，抗日战争时期，国民党军队与日本侵略军，为了以水代兵，竞相扒堤决口，给群众带来了很大灾害。民国28年（1939年）7月30日雨夜，国民党97军于沁北武陟老龙湾堤上扒口，口门宽78米，以阻止木栾店的日本侵略军西进，断绝新乡与武陟日军交通联系。同年，日本侵略军于8月2日至4日，在沁南武陟五车口扒口，口宽256米，企图解除老龙湾溃水对其围困并袭击沁南国民党军队活动区，淹没沁南地区80余村，泛区面积100余平方公里，造成严重的灾害。国民党武陟县长张敬忠于沁堤和方陵黄河堤涧沟分别破堤扒口，排泄泛水入黄河。民国28年8月16日，国民党军队于沁北堤大樊扒口，口宽205米，溃水沿下游老龙湾溃口泛道行洪至新乡入卫河。博爱县地方武装人员为防日本侵略军西进，于10月在沁河蒋村扒口，博爱县被淹20余村，并波及武陟、修武等地。沁河决溢详见表5—6。

沁河下游决溢表　　　　表 5—6

决溢时间		决溢地点			决溢情况	口门宽度（米）	资料来源
公元	朝代	地点	岸别	桩号			
1853年	清咸丰三年	沁阳			决怀庆，六月粤匪窜怀庆，放泄城外沁水		11
1868年	同治七年	沁阳			沁丹并溢淹北金村		1
〃	〃	武陟	右		七月沁河决，西南乡水深丈余		1
〃	〃	武陟	左	59＋520～59＋858	六月二十一日沁决赵樊，获嘉、辉县、汲县、浚县被灾	338	1、9、10
1871年	同治十年	温县	右	38＋800～36＋100	沁河决河内小王庄（徐堡村东）	300	1、10
〃	〃	武陟	右		六七月间，方陵等处沁河漫溢		10
1878年	光绪四年	武陟	右		南决方陵、朱原村		9、11
〃	〃	武陟	左	64＋000～64＋263	北决老龙湾、郭村	263	9、11
〃	〃	沁阳			怀庆府八月丙戌（初九）沁河决，十月癸已（十七日）沁河复决		1
1879年	光绪五年	沁阳	右	32＋760～32＋790	七月尚香因獾狐洞致决	30	5
1887年	光绪十三年	武陟	右	65＋300～65＋600	八月沁决小杨庄，口门宽 140 丈，水与护城堤平，开方陵堤放水，大溜归河，城得无恙	300	9、10
1889年	光绪十五年	博爱	左	35＋358～35＋492	内都与王贺交界处漫溢决口	34	1、10
1891年	光绪十七年	博爱	左	36＋600～36＋662	沁决内都	62	1、4
1895年	光绪二十一年	济源	左		河头漫决		6、10
〃	〃	沁阳	左	0＋056～0＋064	瑶头西头漫溢	8	1、5
〃	〃	〃	左	0＋741～0＋759	瑶头奶奶庙漫溢	18	5
〃	〃	〃	左	1＋080～1＋128	瑶头岳王庙漫溢	48	5
〃	〃	〃	左	1＋426～1＋431	瑶头东庄寨门口漫溢		5

续表

决溢时间		决溢地点			决溢情况	口门宽度(米)	资料来源
公元	朝代	地点	岸别	桩号			
1895年	光绪二十一年	沁阳	左	1+467～1+500	瑶头东庄东南漫溢	33	5
〃	〃	〃	左	1+568～1+640	瑶头东庄东头漫溢	72	5
〃	〃	〃	左	2+540～2+621	坞头奶奶庙獾狐洞致决	81	5
〃	〃	〃	左	3+185～3+225	王村西獾狐洞致决	40	5
〃	〃	〃	左	3+375～3+436	王村东獾狐洞致决	61	5
〃	〃	〃	左	4+863～4+962	范村东漫溢	99	5
〃	〃	〃	左	5+135～5+160	长沟西漫溢	25	5
〃	〃	〃	左	5+408～5+439	长沟东漫溢	31	5
〃	〃	〃	左	5+900～5+925	长沟东庄漫溢	25	5
〃	〃	〃	左	6+085～6+100	长沟东庄漫溢	15	5
〃	〃	〃	左	6+292～6+610	常乐原家坟漫溢	318	5
〃	〃		左	6+775～6+950	常乐大冢漫溢	175	5
〃	〃	〃	左	7+256～7+396	鲁村无影山漫溢	140	5、10
〃	〃	〃	左	7+800～7+900	鲁村清真寺后漫溢	100	5
〃	〃	〃	右	1+264～1+354	伏背因獾狐洞致决	90	5、10
〃	〃	〃	右	3+600～3+700	期城漫决	100	5
〃	〃	〃	右	4+875～4+950	东乡漫决	75	5
〃	〃	〃	右	5+100～5+190	东乡漫决	90	5
〃	〃	〃	右	8+325～8+350	西王曲黄堤口漫决	25	5
〃	〃	〃	右	21+440～21+615	水南关柳园漫决水围城，东门水深七尺，北门四尺	175	5、6、10

续表

决溢时间		决溢地点			决溢情况	口门宽度(米)	资料来源
公元	朝代	地点	岸别	桩号			
1895年	清光绪二十一年	沁阳	右		沁河决河内东关,仍由方陵泄水		1、9
〃	〃	〃	右	25+432～25+492	西王召獾狐洞致决	60	5
〃	〃	〃	右	29+440～29+505	马铺因闸口未上闸板致决	65	5
〃	〃	〃	右	30+070～30+090	龙涧獾狐洞致决	20	5
〃	〃	〃	右	30+363～30+423	龙涧獾狐洞致决	60	5
〃	〃	博爱	左	25+858～25+910	留村漫决	52	4、12
〃	〃	〃	左	26+954～27+504	蒋村漫决	550	4、12
〃	〃	〃	左	36+600～36+663	内都漫决	63	4、12
〃	〃	〃	左	43+357～43+391	武阁寨闸口过水致决	34	4、12
〃	〃	武陟	左	46+383～40+723	渠下堤身溃塌,口门宽90余丈,朱村楼下一带被冲	430	9.10
1904年	光绪三十年	〃	左		五月沁决大樊		1.3
1905年	光绪三十一年	沁阳	左	6+775～6+805	常乐堤身裂缝致决	30	5
1906年	光绪三十二年	武陟	左	58+435～58+530	北樊村民李法俊挖堤建闸不坚闰四月二十四日致决	95	1、9
1912年	民国1年	沁阳	左	1+635～1+637	窑头东庄宋守德挖阴洞一个,涨水无人防守致决		5
1913年	民国2年	博爱	左	36+913～36+926	8月2日,丹沁并涨,由引河导入,将内都闸口冲决二十五丈,堵复后8月17日又决,8月30日复决,均先后堵复	13	1、9、11
〃	〃	〃	左	39+300	白马沟闸水过水致决		11

续表

决溢时间		决溢地点			决溢情况	口门宽度（米）	资料来源
公元	朝代	地点	岸别	桩号			
1913年	民国2年	博爱	左	26+954～27+504	6月29日蒋村漫溢	550	4
〃	〃	沁阳	右	29+440～29+505	马铺闸漏水致决	65	1、9、11
〃	〃	〃	左		长沟，常乐沁水溢		9、11
〃	〃	武陟	左		乡绅乔俊德在大樊村西建闸不坚，8月被水冲决		1、9
1914年	民国3年	沁阳	右	28+500～28+600	马铺因獾狐洞致决	100	5
1915年	民国4年	〃	右	28+500～28+600	马铺去年决口未夯实复决	100	5
1917年	民国6年	武陟	右		8月大雨沁决方陵，冲塌闸门，武陟县西南被水者70余村		1、9、11
〃	〃	〃	左	59+160～59+336	北樊闸口冲决	176	12
1918年	民国7年	沁阳	右		马铺决。		11
〃	〃	武陟	左	59+160～59+336	北樊闸口去年未堵实，今又决，修武、获嘉被淹	176	1、9
1924年	民国13年	沁阳	左	4+863～4+962	沁决范村	99	5
〃	〃	沁阳	左	6+292～6+610	沁河决常乐原家坟	318	5
1926年	民国15年	沁阳	右	2+404～2+408	伏背闸未上闸板致决		5
1927年	民国16年	沁阳	左	9+555～9+557	高村因阴洞漏水致决，旋堵复		5
〃	〃	武陟	左		沁决北樊大樊间		1、3
1928年	民国17年	沁阳	左		沁决入丹，丹水横流，河身淤塞		1
1931年	民国20年	济源			8月大雨倾盆，接连七日，黄、沁两河漫溢		1
1932年	民国21年	沁阳	左	0+595～0+600	瑶头西头梨园，因獾狐洞致决		5

续表

决溢时间		决溢地点			决溢情况	口门宽度(米)	资料来源
公元	朝代	地点	岸别	桩号			
1937年	民国26年	武陟	左	50+700～50+780	北王村因獾狐洞决口十余丈(北王合龙碑)	80	3、12
1939年	民国28年	博爱	左	26+954～27+904	国民党区长张风生10月在蒋村扒口	950	12
〃	〃	武陟	左	65+135～65+213	7月30日国民党97军在老龙湾(西大原)扒口	78	3
〃	〃	〃	右	61+850～62+500	8月2日,日本侵略军在五车口扒口	650	2、12
〃	〃	〃	左	60+040～60+050	8月16日,国民党97军在大樊槐阴寺东扒口	10	3
〃	〃	〃	左	59+795～60+000	8月17日,大雨,沁河将大樊槐阴寺西冲决	205	3
〃	〃	〃	右		因沁南地区三面有堤,水无出路,愈积愈深,国民党县长张敬忠在方陵、涧沟扒堤,把水泄入黄河		9
〃	〃	沁阳	左		沁水决东沁阳,宽240米(黄委会1951年沁河查勘)		
〃	〃	〃	左		沁水决水北关(黄委会1951年沁河查勘)		
〃	〃	〃	右	9+300～9+350	国民党9军在王曲扒口	50	5
〃	〃	〃	右	10+240～10+250	国民党9军在王曲扒口	10	5
〃	〃	〃	右	19+175～19+179	国民党9军在马坡扒口		5
1940年	民国29年	〃	右	30+189～30+209	日本侵略军用炸药在龙涧、马铺间爆炸沁堤决口	20	5
〃	〃	〃	右	24+439～24+460	日本侵略军为堵蒋村口在仲贤扒口	21	5
〃	〃	〃	右	24+487～24+514	日本侵略军为堵蒋村口在仲贤扒口	27	5
〃	〃	〃	右	24+541～24+560	日本侵略军为堵蒋村口在仲贤扒口	19	5

续表

决溢时间		决溢地点			决溢情况	口门宽度(米)	资料来源
公元	朝代	地点	岸别	桩号			
1941年	民国30年	武陟	左		渠下决		3、12
〃	〃	〃	左		北王决		3、12
〃	〃	〃	左		大樊决		3、12
〃	〃	博爱	左		蒋村决		3、12
1942年	民国31年	博爱	左	26＋954～27＋904	蒋村决	950	4
1943年	民国32年	武陟	右	60＋650～61＋060	国民党武陟区长孟馨吾，为使五车口决泛之水不淹他的村庄(赵明村)，而在东小虹扒口，沁南受灾惨重	410	2、12
〃	〃	武陟	右	61＋850～62＋050	五车口决口	200	3.12
1947年	民国36年	武陟	左	60＋122～60＋360	堤身坍塌大樊致决，淹修武、获嘉、辉县、新乡等县，挟丹夺卫入北运河泛滥面积约400余平方公里，被灾村庄120个，20余万人受灾	238	1、3

注：(一)资料来源：1.《河南省历代旱涝等水文气候史料》(包括旱、涝、蝗、风、雹、霜、大雪、寒、暑，河南省水文总站编，1982年)，全省综合史料、豫西区史料和豫北区史料；2.武陟二段黄沁河修防记述(其中的沁河治理材料，1984年)；3.武陟一段黄沁河志(历代黄沁河在武陟县境决溢大水年表)；4.博爱段沁河志(堤线历年开口情况调查表)；5.沁阳段洪水调查；6.清宫奏折；7.《乾隆怀庆府志》；8.《道光河内县志》；9.《道光武陟县志》、《民国武陟续志》；10.《行水金鉴》、《续行水金鉴》、《再续行水金鉴》；11.《豫河志》、《豫河续志》、《豫河三志》；12.《河南黄河志》(黄河志总编辑室，1986年5月)；13.《河南沁河河道图》(河南河务局，1985年12月)。

(二)数字统计：1.从公元237年起到1948年止，1712年间共决溢117年，293次；2.分地区统计济源7年、7次，沁阳49年、107次，博爱8年、18次，温县8年、8次，武陟95年、153次。3.按朝代统计沁河决溢在明以前18年，30次；明朝27年，43次；清朝53年，172次；民国期间19年，48次。

第十九章　堤防工程

沁河自河南济源五龙口以下，两岸均有堤防工程，总长 161.62 公里。其中左堤起自济源逯村，中经沁阳瑶头、解住、水北关、北金村，入博爱县境，经留村、孝敬、武阁寨，入武陟县境，经沁阳村、小董、大樊、老龙湾、木栾店、南贾至白马泉与黄河北堤相接，计长 76.28 公里。其中沁阳龙泉无堤缺口 5010 米，杨华无堤缺口 1891 米，丹河口无堤段 1755 米，三段共长 8656 米。右堤起自济源五龙口，中经河头、沙沟，入沁阳县境，经伏背、王曲、水南关、尚香，入温县境，经亢村、善台、吴卜村，再入武陟县境，经东张计、石荆、五车口、杨庄、马蓬至方陵与黄河堤相接，计长 85.34 公里。堤防受水流顶冲部位皆设有护岸工程，统称险工。两岸共有险工 44 处，坝垛护岸 696 个，工程总长 42.20 公里，占堤线总长的 26%。

第一节　堤防沿革

沁河筑堤，沁阳较早，距今有 840 多年的历史。《金史 · 王兢传》载，金天眷年间（1138～1140 年），王兢任河内令时“沁水泛溢，岁发民筑堤”，说明沁阳城附近已筑有堤。明洪武十八年（1385 年）九月即诏修黄、沁、漳、卫等河堤，明永乐二年（1404 年）九月“修武陟马曲堤岸”，永乐十二年（1414 年）“修郭村马曲土堤五百余丈”。

清康熙四十二年（1703 年），沁河堤防已具有一定规模，多系“民修民守”。当时河督张鹏翮修河南堤工时指出：“河内（今沁阳县）沁河南岸西自伏背村起，东至回龙庙止，计长 20 里为民堤，自回龙庙至张庄长 6 里为官堤，西起张庄东至武陟交界张计村止，计长 40 里为民堤。沁河北岸西自留村东到张茹村，计长 45 里为民堤。武陟县境南岸自张计村起东至方陵，计长 75 里为民堤。沁河北岸有官堤七处，民堤四处。其中：大樊、原村、刘村、郭村、詹店、何家营、马营计长 21 里为官堤，东曲镇、傅村、木栾店、南贾村计长 60 里为民堤”。以上沁河南岸官堤及民堤共长 141 里，北岸官堤及民堤共长 135 里。其中两岸官堤仅 26 里，不及两岸堤防总长 276 里的十分之一。故当时沁河遇有大工则借官款兴修，事后仍摊征于民，五年或十年还清。清光绪九年（1883年），河内（沁阳）、武陟两县沁工改为“官督绅办”，每年由司库各发岁修银一万二千两。民国2年（1913年）又改“官督绅办”为官办，民国8年（1919年）堤防划归河南河务局统一管理。

自建国以来，沁河堤防除连续进行三次大修堤外，对右岸堤防由沁阳伏背向上伸延至济源五龙口，补齐了缺口堤线共长10.596公里，其中1954年沁阳修防段从伏背向上延伸3.088公里（其中济源2.90公里），1962年由济源申请，黄委会批准，在济源河头村修护村埝长2.59公里。1982年5月成立济源沁河修防段，1983年4月又将以上两段堤防缺口4918米补修起来，并进行加高培厚。1954年复堤时将右岸沁阳县东王曲至路村无堤段1450米修起来，左岸瑶头零点上延2046米（其中沁阳180米，济源1866米）。鲁村至西高村堵龙眼修堤450米。1981年至1982年沁河进行杨庄改道工程时，新修右岸堤2417米、左岸堤3195米，共长5612米（原右岸老堤拆除长3644米），以上沁河两岸共新增堤防长16.51公里。加1949年前堤防长145.11公里，共计两岸堤防总长161.626公里。（见表5—7）

沁河堤防统计表（截至1987年） **表5—7**

段别	岸别	起讫地点	起讫桩号	堤线长度（公里）
总计				161.626
小计	右	五龙口～方陵	－10＋596～75＋972	85.341
小计	左	逯村～白马泉	－2＋046～79＋700	76.285
济源段	右	五龙口～沙沟	－10＋596～－0＋230	10.366
	左	逯村～马村	－2＋046～－0＋180	1.866
沁阳段	右	西庄～尚香	－0＋230～34＋944	35.174
	左	瑶头～解住	－0＋180～11＋720	
	左	西沁阳～东沁阳	16＋730～18＋570	
	左	水北关～北金村	20＋461～22＋120	15.399
博爱段	左	陈庄～沁阳村	23＋875～44＋800	20.925

续表

段 别	岸别	起 迄 地 点	起 迄 桩 号	堤线长度(公里)
温县段	右	亢村～西张计	34＋944～46＋116	11.172
武陟二段	右	西张计～方陵	46＋116～75＋972	28.629
武陟一段	左	沁阳村～白马泉	44＋800～79＋700	38.095

注:①左岸断堤段:龙泉断堤5010米,杨华断堤1891米,丹河口断堤1755米。②武陟一段内包括改道堤线增长3.195公里。③武陟二段改道后堤线减少1.227公里。

第二节 堤防培修

1949年以前,沁河下游堤防低矮单薄,抗御洪水能力极弱。建国后,本着“除害兴利”的原则,首先堵复了大樊口门,修复了五车口、方陵等残缺堤段,至1987年共进行三次大修堤,使沁河防御标准由小董站2200立方米每秒提高到4000立方米每秒,增强了堤防抗洪能力。根据历史情况,沁河下游堤防,在丹河口以上采取“保南不保北”的原则。丹河口以下采取“保北不保南”的精神,对超标准洪水,采取南岸自然漫溢分洪的措施,以保北堤安全。

自1949年至1987年,堤防培修共完成土方1668.10万立方米,用工985万个,投资2093.2万元(不包括杨庄改道工程)。

沁河大规模的堤防培修分三次进行:

一、第一次修堤

1949至1954年,以防御1933年小董站流量2500立方米每秒洪水为标准,以河道自然洪水位为依据,两岸堤防顶部超高设防水位1米,堤顶宽度平工段5米,险工段6米,左岸丹河口以上暂不培修,右岸堤防顶宽平工段4米,险工段5米,临河坡1∶2,背河坡1∶3。按照上述标准,每年春冬组织群众进行复堤,人民群众的劳动热情很高,出现了不少劳动模范。经过6年的努力,计完成土方472万立方米,工日304万个,投资230.9万元,使堤防达到防御小董站2500立方米每秒的标准。为战胜1954年沁河小董站发生 3050 立方米每秒超标准洪水奠定了基础。

二、第二次修堤

1955～1973 年间进行第二次修堤。经过 1954 年大洪水之后，1955 年确定以防御小董站 4000 立方米每秒为目标。确定堤防工程标准为：左岸堤顶超高设防水位 1.5 米，平工段顶宽 5 米，险工段宽 7 米；右岸堤顶超高设防水位 1 米，平工段顶宽 5 米，险工段宽 6 米，背河边坡 1∶3，临河边坡 1∶2。新修堤戗顶宽 2 米，临河高与设防水位平，背河低于设防水位 1 米，边坡为 1∶3。1963 年将沁河左岸堤防超高改为 2 米，平工段顶宽改为 6 米，险工段顶宽改为 8 米，右岸堤防标准不变。但为了保护沁阳城的安全，将沁阳马坡至东王召一段 7 公里长堤段超高改为 1.5 米。1964 年河南河务局对沁河小董站二十年一遇 4130 立方米每秒及百年一遇 6260 立方米每秒洪水进行了水位计算及超标准洪水五车口分洪计算，确定了沁河口至老龙湾为黄河倒灌河段，计 14 公里，并明确老龙湾以下北岸执行黄河堤防工程标准，堤顶宽 15 米，超高 3 米，边坡 1∶3。大堤浸润线，沁河按 1∶6，黄河按 1∶8。按照以上标准进行修筑，共完成土方 464.21 万立方米，工日 311.3 万个，投资 532.8 万元。

三、第三次修堤

1974 年至 1983 年间由于黄河发生淤积，水位抬高，倒灌沁河水位相应升高，经河南河务局研究，认为沁河防御二十年一遇洪水标准偏低，应适当提高，拟防清光绪二十一年（1895 年）小董站 6900 立方米每秒取 7000 立方米每秒为标准。1976 年一面上报黄委会，同时下达基层单位进行修堤。当时拟定左岸堤防超高设防水位 2 米，右岸堤顶超高 1 米，随后黄委会下文批示，沁河防御标准仍按小董站洪峰流量 4000 立方米每秒不变，左岸堤防已经加高不变，今后仍按原标准修堤。由于沁河 1982 年发生超标准洪水，右岸堤防超高由原来的 1 米增为 1.5 米（各堤段工程标准如表 5—8）。

沁河 1974～1983 年堤防工程设计标准表　　　表 5—8

岸别	起 迄 地 点	堤顶超高(米)	顶宽(米)		临河坡	背河坡	浸润线
			平工	险工			
右	五龙口～马坡	1.0	5	7	1∶2	1∶3	1∶6
右	马坡～温县上界	1.5	5	7	1∶2	1∶3	1∶6
右	温县上界～武陟南关村	1.5	5	7	1∶2	1∶3	1∶6
右	南关村～方陵	2.5	10		1∶2.5	1∶3	1∶8
左	丹河口～武陟老龙湾	2.0	6	8	1∶2	1∶3	1∶6
左	老龙湾～白马泉	3.0	15		1∶2～1∶3	1∶3	1∶8

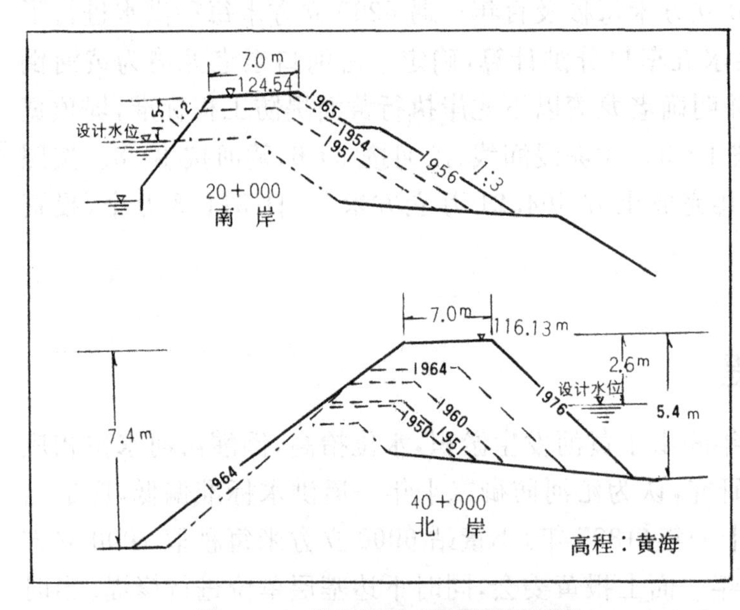

图 5—3　沁河历年培堤横断面图

这次修堤的特点是土方碾压全部采用拖拉机，还有部分堤段，如武陟木栾店以下前戗和马棚一带修堤采用了铲运机进行。到 1983 年培堤任务基本完成，1984～1987 年完成部分尾工，共完成土方 731.3 万立方米，工日 369.78 万个，投资 1329.54 万元。这次堤防培修及杨庄改道工程，为战胜 1982 年小董站 4130 立方米每秒的大洪水，发挥了很大的作用。(沁河历年培堤横断面变化情况见图 5—3)。

第三节　堤防加固

为了提高沁河堤防的抗洪能力，对堤身内部隐患和重点薄弱地段进行加固处理，主要采取放淤、修前后戗、抽槽换土和消灭隐患等措施。

一、放淤固堤

在沁河与黄河连接的左岸堤段，堤基深层有粗沙层，透水性强，1958 年黄河大水时该处出现 40 多处管涌，成为重点险段。为消除这一堤段险情，1967 年修建减压井工程，1972 年利用白马泉闸，引水放淤。在沁河堤段淤长 800 米，淤宽 200 米，平均淤厚 0.76 米，多者达 2 米以上，共淤土 15.39 万立方米，从而加固了堤防。

二、前戗和后戗工程

（一）前戗工程。木栾店至沁河口处于黄河倒灌河段，为沁北确保堤段，堤顶超高设防水位 3.6 米，顶宽 15 米，边坡 1∶3。为防黄沁河并涨，在该堤段修做前戗工程，长 7.8 公里，戗顶宽 10 米，低于大堤顶 2 米，边坡 1∶3，共完成土方 48.15 万立方米，投资 96.89 万元。

（二）后戗工程。沁河后戗工程系按大堤浸润线 1∶6（黄河标准 1∶8）考虑，顶部高出浸润线逸出点 0.5～1 米，顶宽 2～4 米，边坡1∶3～1∶4。新修杨庄改道左岸 3195 米及右岸 2417 米新堤，在堤顶以下 5 米，全部增修后戗，顶宽 4～6 米，边坡 1∶4～1∶5。其中上游临老河槽一段长 213 米，做二级后戗，低于一级戗台 1.2 米，顶宽 15.6 米，边坡 1∶5，共计土方4.15万立方米，投资 8.33 万元。其他堤段左岸仍有 4 段后戗工程，计长 1331 米。

三、抽槽换土

杨庄改道左岸新修堤防横截老河槽一段，堤基土系沙质，为了改善堤基土质，于新堤桩号 1＋040～1＋270 长 230 米段内做了抽槽换土，由河床高程 99 米（黄海），挖深 3～6 米，槽底宽 4 米，将沙土挖出，换成粘土和壤土，共做土方 8200 立方米。

四、消灭堤身隐患

(一)抽水洇堤,重点翻修。沁河左岸木栾店堤段(70+325~71+100)长 775 米,是在老寨墙的基础上修成的。为了解堤身内部情况,1966 年冬选择堤段 200 米,在堤顶开槽灌水,作洇堤试验,结果发现槽底冲成大洞相互贯通,遂于 70+625 处进行开挖,发现沙灰土墙、瓦砾寨壕、砖墙瓦洞等物。共完成挖填土方 1.89 万立方米,新增填土 0.3 万立方米,投资 3.94 万元。清除隐患 23 处,其中有砖墙寨门、蛰裂水洞、老獾狐洞穴、棺木尸骨、白音寺墙基和石碑等。

(二)锥探灌浆处理隐患。1949 年武陟第一修防段组成小组进行沿堤调查,发现隐患及时进行了翻修填实。1950 年武陟一段、二段和沁阳段,进一步普查隐患,查出的隐患全部进行翻筑。从 1951 年以后采用锥探的办法,沿堤普遍探查隐患,到 1970 年温陟黄沁河修防段试制手推式电动打锥机,每台班锥孔 300 眼。1974 年又改进为"黄河 744 型"柴油机自动打锥机,更为便利。同时供水、泥浆拌和、泥浆泵灌注泥浆都实现了机械化,工效比人工提高十倍。全沁河普遍开展机械化打锥压力灌浆消灭隐患工作,实践证明,压力灌浆填实隐患比人工翻筑有很大的优越性。从 1951 年至 1987 年沁河堤防共锥探 565.3 万眼,发现与处理隐患 28695 处,完成翻筑、灌浆送入土方 16.6 万立方米,投资 137.5 万元。

第四节 堤防险工

据《豫河志》载,明万历十六年(1588 年),潘季驯治河时曾奏称:"武陟县之莲花池,金圪垱其最冲射要害处也",提出:最险之处"仅四百余丈,甃之以石方为可久"。《怀庆府志》记:"万历四十三至四十五年(1615~1617 年)间,知府史东昌赞家赀数千金创筑石堤(西起回龙庙东至张庄)长约六里,民勒石记功称"史公堤。"清代有老龙湾、五车口、大小岩、大樊等生险记载。据《豫河续志》记载:"民国 7 年 8 月二、三两日大雨如注,沁河陡涨八尺五寸……同时南岸天师庙蛰埽台三段,泰山庙后塌堤十余丈,仲贤村埽台十七段全行蛰陷,龙洞陡生新险,亢村蛰陷埽台四段,走失埽台三段,并将堤身冲塌

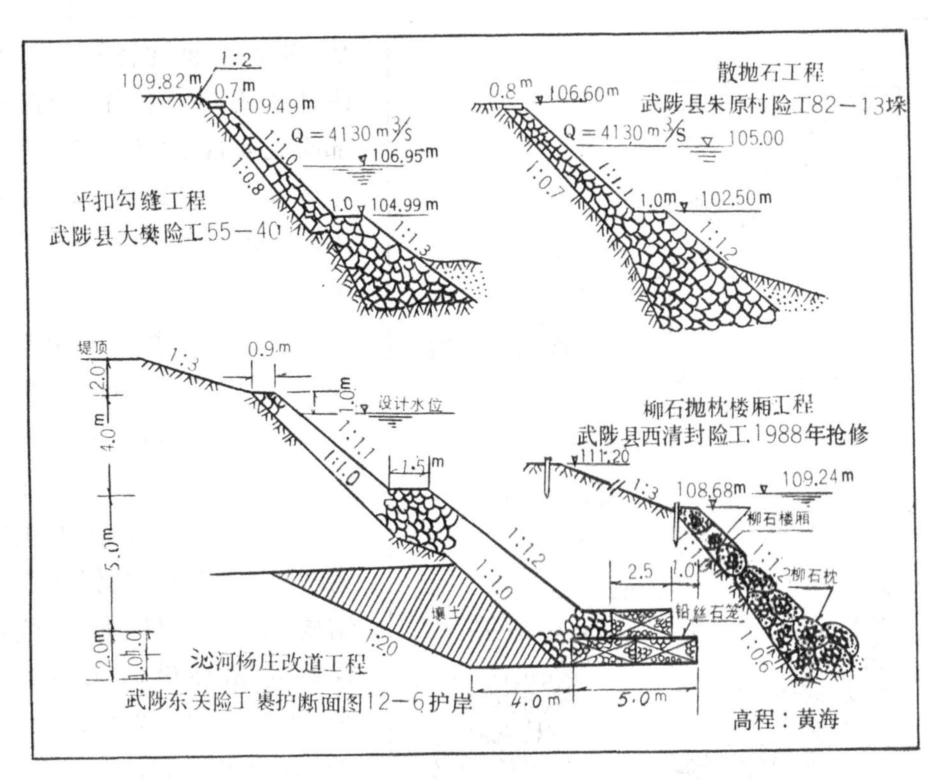

图 5—4 沁河险工坝岸断面(一)

六七十丈。北岸鲁村蛰陷埽台三段，走失埽台三段，西沁阳塌陷埽台五段，水北关溜势上提，留村埽台十三段全行走失，并将大石坝冲塌二丈余，孝敬新生巨险，堤塌百余丈，抢做新埽九段，走失四段，西良仕埽台四段全失，南张茹蛰陷埽台四段、走失一段”。根据现在沁河险工考证，兴建最早的险工是武陟木栾店，其次为沁阳水南关。从 18 世纪至 1948 年，沁河两岸保存下来的险工 24 处，其分布是沁阳的王曲、孔村、水南关、泰山庙、坞头、范村、鲁村、西沁阳、水北关，博爱的刘村，温县的善台、新村，武陟的王顺、白水、石荆、五车口、朱原村、方陵、沁阳村、南王、大樊、老龙湾、木栾店、南贾，总计各险工坝垛护岸 114 个。这些工程绝大多数为秸埽结构。1949 年至 1952 年汛期抢险和春季整险仍沿用埽工，同时使用柳石枕护根。为了保证堤防安全，1949 年根据河势演变情况，新建博爱的蒋村、孝敬、大小岩、西良仕、武阁寨，沁阳的尚香，武陟的小董，温县的吴卜村、亢村等 9 处险工。1950 年又新建沁阳长沟险工。截至 1987 年，沁河共有险工 44 处，坝垛 696 座，工程长度 42.2 公里，用土方 94.7 万立方米，石方 40.83 万立方米，工日 99 万个，投资 1269.7 万元。(沁河险工埧岸断面见图 5—4、5—5)

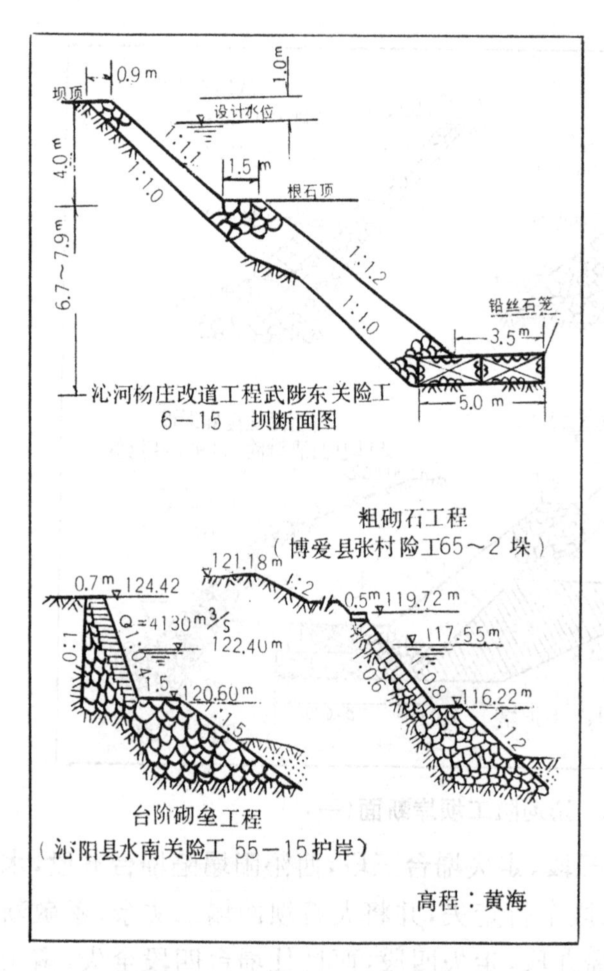

图 5—5 沁河险工坝岸断面图(二)

在险工的发展过程中，从 1953 年起就将秸埽工程改建为石垛石护岸工程，全部险工实现了“石化”。三十多年来，已使各险工的根石深度一般达到 7～8 米，有些主要险工根石深度达 9～13 米。险工修建都采用短丁坝及垛、护岸联合组成，以规顺河势。坝岸坦坡主要用石料平砌、台阶砌，平砌以水泥勾缝、散抛石护坦等。根石主要为散抛石、柳石枕、铅丝笼等结构。险工工程标准，一般坝垛顶部超高设防水位 0.5 米，坝顶宽 6～7 米，主坝 8 米，背水坡 1：1.5～1：2，石护坡顶宽 0.5～0.7 米，砌石外边坡 1：0.3～1：0.4，内坡 1：0～1：0.2，散抛石外坡 1：1～1：1.5，内坡 1：0.8～1：1.2，根石顶部一般低于设防水位 2～2.5 米，顶宽 1 米，边坡 1：1～1：1.5。

险工随着三次修堤进行加高改建，主要是根石顺坡接高，坦石后退加高，也有采用坦石挖槽戴帽加高的。经过三十多年的修建，险工数量增多，质量提高。

第二十章 滞洪工程

第一节 沁北自然滞洪区

沁北自然滞洪区，位于沁河与丹河汇流夹角地带，属沁阳县，北依太行山，南临沁河，东为丹河，东西长约20公里，南北宽1.5～3公里，面积为41.2平方公里。沁阳水北关以西，沁河北岸堤防上有龙泉、阳华两个天然缺口，缺口宽度分别为5010米及1891米。当沁河上游五龙口站发生2500立方米每秒以上洪水时，开始通过两个缺口向滞洪区漫溢滞洪，当大河水落后，漫溢洪水一部分从漫溢口回归沁河；另一部分从滞洪区下端北金村回归沁河，滞洪区内有仙神河、云阳河、安全河、逍遥石河、景明石河等支流，都发源于太行山区，其洪水均通过自然缺口泄入沁河。据调查逍遥石河1939年发生洪水970立方米每秒，说明这些区间支流，也是组成沁河洪水的一部分。沁北自然滞洪区，包括沁阳县城关、西万、西向、紫陵四个乡的39个自然村。截至1987年，内有耕地4.85万亩，人口4.98万，年产粮2392万公斤，房屋56655间，估算财产总值1.74亿元，滞洪一次损失1.42亿元(见图5—6、表5—9)。

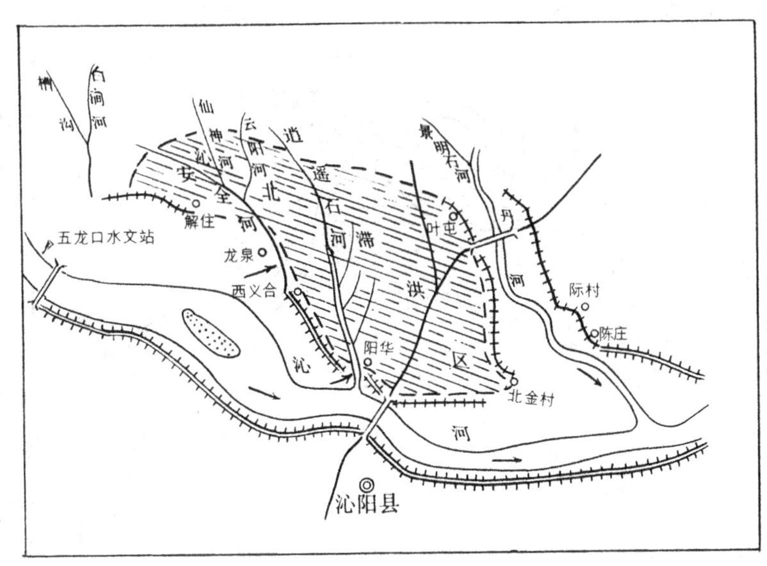

图5—6 沁北滞洪区示意图

1982年8月2日五龙口站发生4240立方米每秒洪水时，沁北自然滞洪区自然滞洪，该区内的仙神河、安全河、逍遥石河等也发生共计670立方米每秒洪水，滞洪区水深 0.5～1.9 米，淹没面积 18.2 平方公里，估算蓄洪量为 0.3 亿立方米，削减洪峰 220 立方米每秒，区内淹没耕地 24950 亩，人口 26682 人，倒房 512 间。

沁北自然滞洪区 1987 年社经情况调查表 表 5—9

乡 名	村（个）	户 数（户）	人 口（口）	耕 地（亩）	年总产量（万公斤）	房 屋（间）	牲 畜（头）	树 木（万株）
城 关	14	3331	16449	15849	773	20699	774	6.9
西 万	1	180	970	1480	95	841	48	0.5
西 向	14	4199	20499	18566	827	25392	1934	7.2
紫 陵	10	2617	11854	12623	697	9723	1380	4.3
合 计	39	10327	49772	48518	2392	56655	4136	18.9

第二节 沁南滞洪区

沁南滞洪区，位于河南省武陟县境，系黄河、沁河汇流的夹角地带。该区北东两面为沁河堤防，南为黄河大堤，地势低洼，1951 年开辟为黄沁河滞洪区（见图 5—7、表 5—10）。当黄河发生洪水时，京广黄河铁路桥以上壅水严重，若遇伊、洛、沁河并涨，严重威胁黄沁河北岸堤防安全时，在石荆沁河堤或解封黄河堤，开堤分滞洪水，以策安全。1958 年以后，黄河分洪未再安排沁南滞洪区任务，沁南滞洪区只承担沁河的分洪任务。当时沁河防洪标准为小董站流量 4000 立

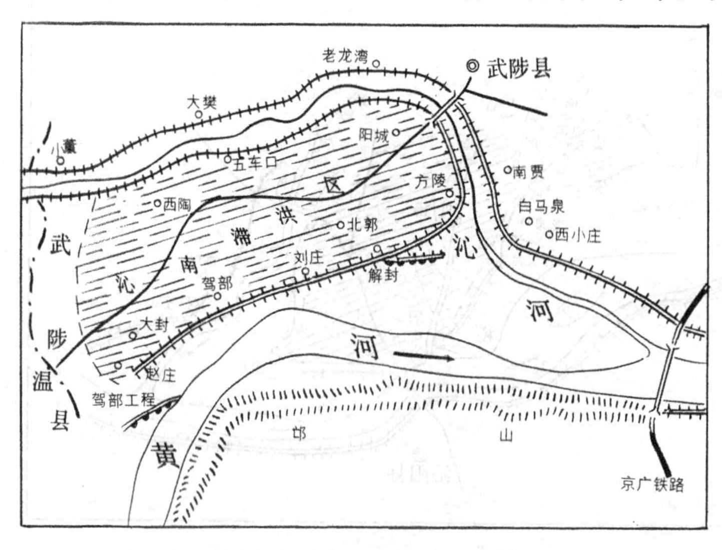

图 5—7 沁南滞洪区示意图

方米每秒，丹河口以下采取确保北岸堤防的原则，在南堤五车口（60＋400～60＋800 米）400 米的堤段，堤顶超高设防水位 0.5 米，做为预备分洪口，遇超标准洪水时即在五车口堤段自然漫溢分洪，入沁南滞洪区，以保证沁北大堤安全。分洪时，临时迁移滞洪区居民。当上游五龙口发生 4000 立方米每秒洪水时，预报滞洪分洪只有 8～10 小时，时间短，迁移困难。退水时从滞洪区末端方陵一带破堤泄入黄河，由于退水口河槽较高，96 米高程以下积水退不出去，须用机械抽排，才能恢复耕种。在 1983 年培堤时，沁河南堤标准，改为堤顶超高设防水位 1.5 米，顶宽 6 米，五车口缺口被堵复。自 50 年代以来，每年都准备分滞洪工作，但未运用过。沁南滞洪区，包括大封、西陶、大虹桥、北郭、阳城 5 个乡，截至 1987 年，共有 89 个村，19689 户，人口 97119 人，耕地 121388 亩，房屋 153121 间，年总产粮 4551 万公斤，按农户、全民、集体多级主要财产估算总值为 3.93 亿元，若滞洪一次估算损失总值为3.25 亿元。

沁南滞洪区水位、容积表 **表 5—10**

水位（米）	98.00	99.00	100.00	100.22	101.00	102.00
面　积（平方公里）	58	84.4	105.0	108	118	142.6
容　积（亿立方米）	0.50	1.24	2.20	2.44	3.34	5.18

注：高程黄海

第二十一章　杨庄改道工程

第一节　改道缘由

沁河下游河道堤距宽一般800至1200米，唯丹河口以下46公里处，为一卡口段，长约750米，堤距宽仅330米。左岸为木栾店(武陟县县城)，右岸为武陟老城，两岸堤防夹峙，河道在此急剧转弯直射木栾店险工。该险工为明万历年间修，历史悠久，有坝垛石护岸11个，长660米。明潘季驯治河时奏称："查得沁河发源于山西沁州绵山，穿太行，达济源，至武陟县而与黄河合，其湍急之势不下黄河。两河交并其势益甚。而武陟之莲花池、金圪垱(在木栾店险工下首)最其冲射要害之地，去岁(明万历十五年)，沁从此决，新乡、获嘉一带俱为鱼鳖，今幸堵塞筑有埽坝矣"。清乾隆二年(1737年)总河白钟山"将武陟木栾店埽工，改归黄河同知就近兼管"。光绪十六年(1890年)曾抢大险。据《许公敏督河奏议》记载："这次沁河一日水长一丈八尺，大溜几与堤平，木栾店寨即借堤为墙，居民住寨内者，不下数千家，形同釜底。"这里临背悬差很大，河内滩面高于木栾店背河地面5至7米，大堤高达16米，防洪水位高于背河地面12米，当沁河小董站发生4000立方米每秒洪水时，这里安全泄量只有3000立方米每秒，而且卡口处壅水高达1.8米，回水影响可达10公里左右，若遇黄河涨水倒灌，情况更为严重。1933年黄河涨大水，已倒灌至木栾店，当时木栾店洪水水位比背河地面高9至10米，可谓"千户居民，俱在釜底"。特别是1968年在木栾店卡口处又新建一座双曲拱桥，阻水面积达11%，该桥桥桩入土深为16至17米。这里的河床土质有9米至11米厚的细沙层，易冲刷，木栾店老险工坝头前根石冲刷深度即达10米以上。以此计算，桥桩的有效入土深仅为4至5米，一旦溜势集中冲刷，该桥可能倒垮，堤防安全难保。为了解决木栾店卡口险段，保证沁堤安全，故需进行局部河段改道。

第二节 工程建设

为了解决木栾店卡口问题，规划时曾设想过三个方案，一是大改道方案，二是向右展宽方案，三是杨庄小改道方案。经分析论证，认为：第一方案工程量大、占地多、工期长、投资大，不易实现；第二方案展宽不能解决临背悬差大、险桥和木栾店堤段向背河加修等问题；第三方案可将老河道最窄的卡口及险桥段放弃置于背河，向右岸开辟一段新河道，扩宽为 800 米，老左堤可作第二道防线，高 7 米、宽 200 至 900 米的老河道，作为新左堤戗平台，能减小临背悬差，改变河流直射形势，可大大增强堤防安全。经过比较后，报请水利部，水利部以〔80〕水规字第 85 号文批准，确定采用杨庄改道方案。

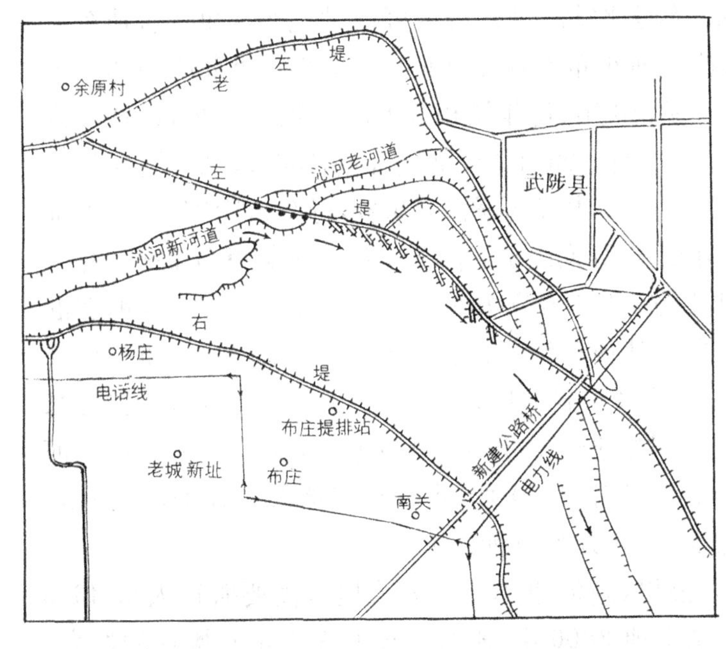

图 5—8 沁河杨庄改道工程平面图

杨庄改道工程由右岸杨庄起至左岸莲花池止，长约 3.5 公里。在杨庄处修新右堤，利用老右堤一段上下延长，将老河道封起来作为新左堤，使原河道由原 330 米扩宽至 800 米，裁弯取顺。为了保持新河段主槽与原河道主槽能够上下衔接，防止河流发生新的摆动，在新左堤上布设险工坝岸工程，上迎朱原村险工来溜，向下送入老河槽，并在改道区出口处的左岸滩沿上修一护滩工程，防止可能冲刷而出现的不利河势（见图 5—8）。

由于改道工程将老河道卡口段裁掉，老桥放弃，根据豫北通向豫西、晋东南交通的需要，在新改河道内重建新桥一座。

在防洪工程设计中，由于河道裁弯取顺，主槽长度比原来缩短 290 米，堤线较原来缩短 285 米，利用原右堤长 1200 米以节省工程量，保留原公路桥,供施工交通之用。

堤防工程设计按1983年水平,防御沁河小董站流量4000立方米每秒。为确保左堤安全,设计左堤高于右堤,左堤堤顶超高设计水位3.6米,堤顶宽15米,边坡1∶3,低于堤顶5米设后戗台,顶宽4～6米,边坡1∶5;右堤顶超高设计水位1米,顶宽10米,临河边坡1∶2,背河边坡1∶3,低于堤顶5米,设后戗台,顶宽5米,边坡1∶5。左堤护岸工程,顶部超高设计水位1.6米,坝顶宽10米,边坡1∶2。对于新左堤穿越老河槽的沙基堤段,结合护岸基槽开挖,进行"抽槽换土"和坝岸包淤,并修筑二级后戗延长渗径,保证堤身稳定。按照"因势利导,以弯导溜"的原则,合理利用老堤曲线形势布置险工弯道,依岸作坝,容易防守。护岸工程长1642米,坝、垛16个。左岸护滩工程长300米,顶宽8米,边坡1∶2,超高当地滩面0.5米,计作土方311.4万立方米,石方5.1万立方米。

武陟沁河公路桥,系二级公路桥,设计荷重可通过汽车—20吨,挂车—100吨。桥梁设计流量,按沁河小董站流量4000立方米每秒水位103.9米(黄海,下同),从1981年延后30年(每年淤积0.04米)加1.2米,设计水位105.1米,再加校核水位1米,计106.1米,梁底标高106.55米,超高设计水位1.45米。大桥全长756.7米,桥面总宽11.5米,行车道净宽9米,上部为后张法预应力钢筋混凝土T型梁组成,下部为双柱排架灌注桩基,并采用锚锭板式新型桥台,计土方36.7万立方米,石方0.89万立方米,钢筋混凝土及混凝土9600立方米。其他补偿迁建工程有:布庄提排站一座。设计流量0.2立方米每秒。左堤进水涵洞、排水涵洞各一座。设计流量1立方米每秒,北京至广州穿沁水下电缆迁建1389米,武陟县10千伏电力线过沁河迁建880米,武陟通讯线穿沁迁建2150米,武陟县广播线迁建21.65公里。赵庄引黄闸,设计引水流量10立方米每秒。

杨庄改道范围3平方公里(新河道1.5平方公里),需要搬迁人口4675人,房屋4899间,占、挖、踏土地3800亩(永久占地678.7亩),搬迁的群众,于1981年汛期由武陟县政府妥善安置。

杨庄改道工程从1981年3月开始至1984年汛前完成,历时3年零3个月。参加施工的有河南黄河河务局机械化施工总队,新乡、安阳修防处铲运机队,武陟一、二段,河务局电话队、测量队等单位。施工高峰期,工地实有1801人,投入铲运机86台,推土机、拖拉机33台,自卸汽车27部,挖掘机5台,装载机3台,吊车5台,钻孔机5部,混凝土拌和机械5部。施工中积极开展技术革新,试制成功1.5米多功能潜水电钻,解决了桩基造孔技术问题，提高了工效，保证了质量，节省了投资。该钻机荣获河南省科技三等奖和水电部科技四等奖。

受水电部委托，以黄委会杨庆安副主任为首，有河南省计委、省建行、省交通厅、河南河务局、改道工程指挥部，以及地区、县有关部门，黄河修防处、段等单位共 29 人组成的验收委员会，于 1983 年 3 月 2 日及 1983 年 6 月 2 日，分两次对防洪工程和交通大桥进行验收。验收委员会一致认为：沁河杨庄改道主体工程设计合理，施工质量优良，工程经受了 1982 年超标准洪水的考验，减免了一场沁南决口灾害，经济效益显著。

由于施工时重视工程质量管理，不断进行“百年大计，质量第一”的宣传教育，严把质量关，各项工程优良，合格率都达到 95%以上。

一、堤防、护岸土方工程，共检查 6215 个点次，干容重在 1.5 至 1.7 吨每立方米为 5958 个点次，合乎《河南黄（沁）河土方工程施工规范》要求的（干容重 1.5 吨每立方米）占 96%。工程完工后，黄委会驻工地工作组对右堤开膛抽查 10 个点，全部合格；堤顶高程，测量 118 个断面，达到和超过设计高程的占 99%；堤顶宽度，测量 110 个断面，达到标准的占 98%；边坡饱满、平顺，符合设计要求。

护岸石方工程的根石埋置深度、铅丝笼铺设及坦、根石坡度，均符合设计标准。

二、武陟沁河公路桥下部工程 52 棵桩基，造孔、清孔及孔径的扩孔率、孔斜率，均符合规范要求。水下混凝土均超过设计强度 200 号的要求。据西安公路研究所用机械阻抗法测试 6 棵桩和黄委会设计院钻取桩身岩芯 2 棵桩检验，检验结论为：“混凝土灌注质量优良，柱外形平整规则”。上部工程，T 型梁、排架、盖梁、系梁混凝土均超过设计强度 400 号要求，大梁吊装、桥面工程装修等均达到设计要求。整个大桥从设计到施工、试运行，均符合优质工程标准的要求。

三、迁建补偿工程，除赵庄引黄闸、水下电缆两项工程分别由施工单位承包外，其它各项在机电、线路安装精度等方面达到技术标准，试车运行正常，土建及混凝土工程经检验为优良品级。

沁河杨庄改道工程，按工程单位计有 327 个，其中优良品级为 314 个，占 96%。

整个工程总计完成土方 354.8 万立方米，石方 6.24 万立方米，混凝土 11258 立方米，共用工日 58.9 万个，投资 2843 万元，较水电部批准的修正概算 2906.5 万元，节约投资 63.5 万元。

经水电部人员到工地进行各项工程检查,认为杨庄改道整个工程符合国家优质工程标准。

第三节 效 益

杨庄改道工程于1982年7月20日完成防洪主体工程,同年8月2日沁河小董站就发生了4130立方米每秒超标准洪水,这是1895年以来87年间最大一次洪水。沁南堤防有15公里堤段堤顶出水高不足1米,五车口一段洪水超过堤顶0.21米,当地党政领导组织群众10万人上堤,冒雨抢修子埝21公里,保住了大堤的安全。

这次洪水,在杨庄改道区实测水位和局部冲刷深度都接近设计指标。改道区内水深约10米左右,在14坝处测得最高洪水位为103.96米,相应的右堤顶高程105.5米,左堤顶高程108.12米,与设计指标吻合;在大桥右端实测洪水水位103.78米,比当年设计洪水位仅低0.12米;在12号桥桩处实测冲刷深度为10.02米,比设计冲刷深度小5.86米。新修的堤防险工坝垛、桥桩等工程,均未发生险情。工程经受了洪水考验,保证了防洪安全。

若不修建该工程,这次洪水受木栾店卡口和老桥阻水影响,水位将壅高1.8米,回水长达10公里,超过五车口以上3公里。五车口分洪口势必漫溢分洪,洪水将淹没5个乡、9.6万人、12.28万亩耕地;同时洪水冲刷,超过老桥桩的设计冲刷深度,倒桥的可能性很大,北堤也可能因倒桥壅水造成决口,招致严重的后果。

杨庄改道工程的建成运用,避免了1982年洪水时使用沁南分洪的灾害,估算避免沁南分洪经济损失约1.5亿元(这是按当时国家平均水灾每人损失1000元推估的),经济效益相当于工程投资的五倍。

由于沁河杨庄改道工程设计合理,施工质量优良,效益显著,荣获1984年国家优质工程银质奖及河南省人民政府、黄委会优质工程证书和奖金。

第二十二章　防　汛

第一节　组织领导

一、防汛指挥机构：遵照黄河防汛总指挥部和河南省防汛指挥部的规定，沁河防汛办法参照黄河执行，专区（市）、县、乡各级防汛指挥部，实行行政首长负责制，分段防守，专区防汛指挥部专员任指挥长、地委书记任政委，军分区司令员、修防处主任任副指挥长，修防处为指挥部具体办事机构，即防汛办公室。县防汛指挥部，县长为指挥长，武装部长、修防段长为副指挥长，县委书记为政委，修防段为防汛指挥部办公室，负责一切具体业务工作。乡防汛指挥部，乡长为指挥长，副乡长、武装部长为副指挥，乡党委书记为政委。村防汛大队，村长任防汛大队长，村支书任指导员，民兵营长任副大队长。专县指挥部下设办公室、组教科、秘书科、供给科、公安科、清障组等。

二、防汛队伍：防汛队伍按照专业队伍与群众队伍相结合，军民联防的原则，组织各种防汛队伍，由各级防汛指挥部于 6 月底前全部组织好，并做好思想发动、技术训练和工具料物准备。沁河防汛队伍组织分第一线与第二线，距堤五里以内的村庄划为第一线，属基干队伍，五里至十里以内的村庄划为第二线，为预备队。一般每年组织 10～20 万人，第一线占 60%多，必要时可动员防汛区以外的人力加强防守。汛期设长防员制度。建国初期，堤上每一公里设一防汛屋，每屋设一长期防汛员，计 150 人；60 年代每半公里设一防汛屋，长期防汛员改为护堤员兼任，计 286 人，常年住堤，有汛防汛，无汛护堤。群众防汛队伍，建国初叫临防员和预备队，1954 年更名临防员为防汛基干队。基干队则分为查水队，每汛屋 20～40 人；抢险队每汛屋 30～60 人；护闸队每闸 30 人左右。各队设正副队长，沿堤村除组织基干队外，下余劳力参加防汛预备队。防汛队伍按行政区划，分段负责防守，一般中大洪水上堤国家给予工资补助，遇特大洪水全河义务防汛。滞洪区内则相应建立迁移救护、留守、安置等组织，滞洪时负责进行迁移安置。

三、技术培训：抢险堵漏技术培训，以治河老工人和技术人员为老师，每年对防汛骨干人员进行巡堤查险、抢险堵漏技术培训，结合教材用模型、实地演习等方法讲授，再以骨干为主，普遍传授技术，达到来之能战，战之能胜的要求。防汛警钟信号，建国初每一防汛屋设一铁钟，每遇洪水或有险情时按规定信号敲钟。1958 年大办钢铁，将大部分钟炼铁毁坏，留下个别的大钟，文物部门作文物保护起来。70 年代后，农村广播事业发展，改用有线广播来作为信号。

四、堤段责任制：防汛工作是一项组织严密，分工明确，责任重大的工作，建国初就严格执行了岗位责任制，按县、乡、村分段防守，每个险工、每个闸口，每个堤段都有明确分工，责任到人。地区领导分工到县，县领导分工到乡，乡领导分工到村，村按堤线长短分工到人。县直机关部门和领导，修防段的班、股人员，每年汛期都分有责任段，洪水到来前，进入责任段，领导群众查水查险共同防守。由于贯彻了岗位责任制，坚决依靠广大群众，对不少重大险情，都能及时抢护，化险为夷，取得建国以来不决口的重大成就。

第二节 防汛任务

沁河下游的防洪任务是：1950 年为保证小董站流量 2200 立方米每秒不生溃决；1951 年至 1953 年保证小董站流量 2500 立方米每秒不准决口，遇超标准洪水，经省、地防汛指挥部批准在武陟沁南滞洪；1954 年按照丹河口以上“保南不保北”、丹河口以下“保北不保南”的原则，确保小董站流量 4000 立方米每秒不决口，遇超标准洪水，沁北自然滞洪区进洪，南岸五车口自然漫溢分洪，以确保北岸安全。这一任务至 1987 年继续贯彻执行。根据上述任务，认真做好各项防汛工作：

一、防汛准备工作：(一)完成当年的渡汛工程；(二)做好各项防洪工程、非工程防洪措施、河道清障的检查；(三)制定好防洪方案；(四)各县防汛指挥部对所辖河段堤防发生各级洪水可能出现的问题，提出防守方案；(五)做好分滞洪区及滩区防洪各项准备，落实迁安救护方案与措施；(六)做好宣传动员，组织好各种防汛队伍；(七)准备好各类防汛料物；(八)召开防汛会议，部署防汛工作。

二、汛期工作：汛期各级防汛指挥部人员必须坚守岗位，尽职尽责，防汛业务部门，要做好气象、水情预报、测报和传递工作；随时了解河势工情，搞好防洪调度；要确保通信畅通；保证防汛料物器材供应，发生洪水时，按照岗位责任制，各负其责进入责任堤段，按照防汛方案，及时组织防汛队伍上堤防守，一旦发生险情，全力组织抢护，确保防洪安全。若滞洪区进洪则组织迁安救护，保护群众生命安全和财产尽量减少损失。汛后及时做好防汛总结。

第三节　防汛抢险纪实

一、重大险情纪要

（一）1953年8月3日，小董站出现洪峰1960立方米每秒，武陟东小虹因拆除旧闸，回填不实，遇水出现漏洞，洪水流出，险情紧急，二区区长李秋成，修防段技佐杜绳祖在现场指挥抢堵。东小虹闸口位于高滩，滩上水深约1米左右，抢堵群众近千人，一面抢堵漏洞进水口，一面在临河滩上打圈堤，因白天人多，指挥得力，数小时后即将漏洞堵住，转危为安。朱原村漏洞，系日军侵华期间在堤上修炮楼，外围挖沟切断堤防。日本侵略者投降后，群众拆砖弄瓦，扒掉的碎砖瓦块和沟内长草一并填入沟内。民国时期填筑缺口没有清基，构成隐患。当时，串沟过水，偎堤水深一米左右，在水到炮楼沟处，临河串沟内冒泡渗水，穿过堤身集中流出。背河皆系民宅，水冲墙倒院内流水，正值晚饭，发现及时，一声呼唤，群众上堤。当时，现场指挥的有段长安孝兰，区委书记王大良，因寻漏洞进口，洞身愈冲愈大，突然堤顶塌下，王大良在堤顶上随土陷下，参加抢堵的群众朱三梅（女）把他拉出，堤塌了个缺口，但陷下的土把洞填堵了，随之在堤前加料加土，将缺口填实。

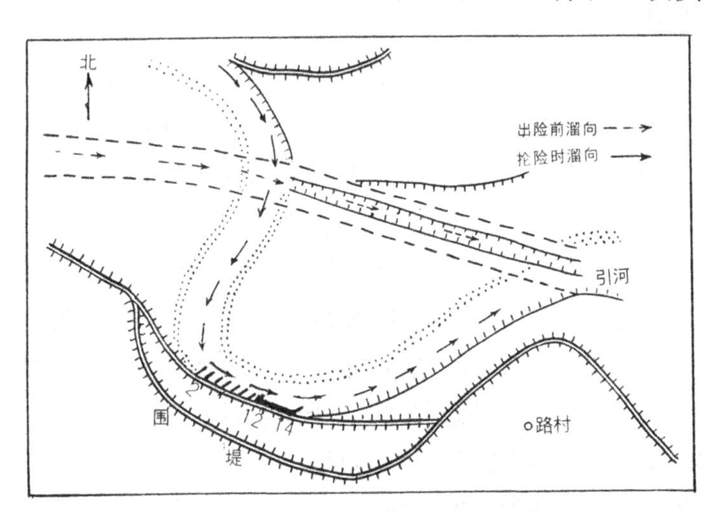

图5—9　1956年8月路村险工抢险河势工情示意图

（二）1956年7月30日，五龙口1360立方米每秒洪峰过后，大溜顶冲沁河右堤路村公里桩号12+000以下长580米堤段（见图5—9），31日夜滩地塌宽95米，8月1～2日又塌宽180米，8月3日滩岸全部冲失，堤身靠溜，于8月2日抢修56—1护岸、56—14坝，3日抢修56—2垛，4日抢修56—3至56—11九道护岸，4日夜堤线桩号11+720米～12+000米，长280米堤段又靠溜出险，立即抢修56—12坝，56—13护岸，两坝距离较远，中间淘刷坍塌。5日将56—13护岸抢修后，此时工地石料用完，纯用柳枝和麻袋装土修成。6日晨大溜顶冲对岸上游解住折回路村滩，形成沙滩兜溜，河势变为南北横河，顶冲56—13护岸，险情骤然吃紧，紧急增人加修，随蛰随加，同时推土袋柳枕护根。当时阴雨天气，道路泥泞车马难行，新乡专署调来的20部运石汽车，全部陷入泥泞动弹不得，抢险料物全靠人背肩抬，虽然万人上堤，抢险料物仍供应不上。大河流量在1000立方米每秒以上，河宽缩窄至百米以下，水深溜急，抛枕150个未见出水。至8月6日13时，洪流汹涌，瞬时埽上过水，抢修不及，该坝（56—13护岸）全部落水。为防险情继续恶化，于堤后抢修围埝，同时削堤展宽加帮后戗，作第二道防线迎战洪水。7日水势稍缓。8月9日五龙口流量756立方米每秒，河势上提至56—2垛，对岸河滩尖继续向南伸长，使险工扩大到400米长范围。当时56—12坝蛰陷入水，坝下有数十米堤顶塌去，只剩下背河残坡。情况万分紧张。为了有效地战胜洪水，一面于9日夜及时抢筑护沿埽，一面调民工2100名，在北岸滩面上挖长1公里、宽30米、深1.7米的引河，采取分流杀险的措施，减轻南岸险工负担。到8月15日542立方米每秒洪峰时，主溜由引河东流，路村险工逐渐脱险。

二、战胜大洪水纪实

（一）1954年洪水。1954年8月4日，五龙口出现洪峰2520立方米每秒，4日22时小董站出现洪峰3050立方米每秒。当时，沁阳大桥、木城桥被冲断，南北交通断绝，堤上涵闸28处漏水。23处险工有59座坝垛生险。大河顶冲堤防发生新险6处，5处坍塌。五车口老口门处发生漏洞1处，背河渗水的有18处，博爱段堤顶最低处出水1.63米，险象环生，十分紧张。全河600余名干部在专、县防汛指挥部的领导下，带领群众6万余人参加防汛，其中3万余群众投入抢险，加固薄弱堤段，堵塞漏洞和围堵闸口。新修坝垛护岸38道，抢险坝垛护岸59道。加修子埝长2615米，用石6267立方米，柳135万公斤，土方111594立方米。其中最严重的是：

1、五车口漏洞，系老口门堵口时新老堤结合不实造成。在紧急关头有831人参加抢险，司徒乡乡长王廉起连续下水六、七次，副乡长岳素琴（女）

带着 4 个妇女下水。在干部、党团员的带动下，抢险队纷纷下水，奋勇抢护，转危为安。

2、武陟王顺险工，原不靠河，仅有 2 个石垛一段护岸，这次洪水时大溜顶冲石坦全部蛰动，下首平工堤坦坍塌长 100 多米，上堤民工 800 多人，新修坝 1 道，垛 3 座，护岸 2 段，抢险垛 2 个，护岸 1 段。蒋村险工原有滩地宽 200 余米，一天塌至堤脚，仅剩 8 米，因堤基土质纯系沙土，背河开始渗水。县领导冒雨动员干部民工 500 余人上堤抢护，经 4 昼夜的艰苦奋战，抢修柳石坝 2 道，用土 700 立方米，使险情稳定。8 月 7 日大溜顶冲白马沟险工上首，两天将活柳坝工程冲完，河坍到堤坦，经挂柳推枕搂厢抢护 7 昼夜，完成石垛 2 座，护岸 4 段，终于战胜险情。木栾店险工处于河道卡口急转弯处，水流直射，溜急水深，将 4 个石垛，3 段护岸冲跨。县委书记韩鸿绪，修防段长赵又之带领干群抢险，并动员群众献砖献石，武陟中学师生也积极参加抢险，在干群同心协力下保住了工程的安全。

(二)1982 年洪水。1982 年 8 月 2 日 10 时五龙口站出现洪峰流量 4240 立方米每秒，水位 148.02 米(大沽，下同)，河水上涨 5.7 米以上，同日 21 时小董站出现洪峰流量 4130 立方米每秒，水位 108.93 米，滩地水涨 2.93 米，比 1954 年发生的 3050 立方米每秒洪水水位高 1.70 米，超过了堤防的防御标准。这次洪峰为马鞍形，小董站 8 月 2 日 5 时出现洪峰 2750 立方米每秒，13 时落至 1530 立方米每秒，21 时达到峰顶 4130 立方米每秒。2000 立方米每秒以上洪水持续 24.5 小时，1000 立方米每秒以上持续 53 小时，从 7 月 31 日至 8 月 6 日 8 时止，小董站洪水总量 5.14 亿立方米。

8 月 2 日凌晨，河南省防汛指挥部黄河防汛办公室，根据雨情、水情预报，指出沁南堤防洪高程不足，应及时抢修子埝。经征得新乡地区防汛指挥长同意并报经黄河防总批准，及时下达了加修子埝的通知，为沁南战胜这次洪水赢得了时间。同时新乡地区及沿河主要领导上堤，指挥群众防守，要求沁河所有涵闸，一律在洪水到达之前完成前堵后围工程；沁南堤标准不足者一律抢修子埝，其高度超出 8 月 2 日 5 时小董 2750 立方米每秒实际洪水位 2 米；沁南滞洪区要做好群众的迁安救护准备工作；沁河杨庄改道工程指挥部要疏通行洪障碍。这次共上堤军民防汛队伍 106286 人，每公里 500 人，每闸口 30～50 人，冒着大雨，进行巡堤、抢险、堵漏，加高子埝，屯堵闸口，利用杨庄改道工程降低水位 1.8 米，经过三昼夜奋战，战胜了洪水，保障了安全，避免了沁南分洪。

这次洪水从五龙口一出山口，首先沁北自然滞洪区进洪，水深 0.5 至

1.9米。沁河两岸大堤全部靠河行洪。左岸堤防堤脚水深一般1.3～5.2米，最浅的0.7米，最深的9.37米(东关险工)，丹河口以上堤顶出水僅1米，丹河口以下堤顶出水2.7至4.47米，平均3.7米左右。右岸堤防堤脚水深一般1.2米至5.8米，最浅的0.99米，最深的10.95米(杨庄改道区新右堤1＋000米处)，整个沁阳、温县长46公里堤段，堤顶出水平均1.9米，有15公里平均出水高度0.66米，其中石荆村至西小虹长2公里堤顶出水0.3～0.4米。五车口上下有一段长500米，洪水位超过堤顶0.21米。此时虽然沁河杨庄改道工程起到降低南岸洪水位1.8米的作用，但漫顶和超高很少的堤段仍相当危急。武陟、沁阳组织2.8万人共分七段紧急抢修子埝，四小时内抢修21.23公里，其中左堤1.8公里，右堤19.43公里，子埝高0.3～1.2米，平均高0.7米，顶宽0.4～1米，平均宽0.75米，共作土方2.49万立方米。

8月2日夜10时20分，武陟南岸东小虹(60＋426)背河堤身距地面高2米处，发生一直径0.2米的漏洞，修防段同志得知后，立即组织400人，经7小时紧急抢险，用900条麻袋装土，筑起高5米、厚1.5米、直径4米以上养水盆，解除了堤身溃决危险。当洪水降落后，在漏洞上游10米临河坡发现洞口，从洞口向下游沿堤肩有一条宽1～5厘米、长10米的裂缝。全堤线发生裂缝12处，裂缝总长374米，缝宽1～40厘米，杨庄改道工程新右堤临河施工道口，因铺土厚压实差，产生一道40厘米宽裂缝。全堤线脱坡7处，总长391米，其中最长者为武陟北岸72＋300米处，脱坡长336米。产生脱坡的原因主要是距前戗脚10米远有一果树园围墙逼流刷堤造成的。全堤线共发生背河渗水6处，总长240米，均为清水，渗水量不大。全堤线发生陷井6处，均系树坑未填实之故。对裂缝脱坡严重之地随时进行了处理。

这次洪水期间发生险情的险工有王曲、水南关、泰山庙、尚香、坞头、亢村、大小岩、南贾等8处工程，23个坝出险，抢险24次，其中险情较重者为沁阳水南关险工，有8道坝垛、护岸发生坍塌，25号垛因主溜顶冲根基淘刷，护坡石塌长15米、宽2米、高2.5米，其余7道坝岸因降雨坝基土推力加大，块石护坡坍塌。发现险情后都及时用柳石工、铅丝笼、抛块石进行抢护，转危为安。用石料2259立方米，柳1.58万公斤。

沁河所有59座涵闸工程(91孔)，能正常运用的仅30余座，大水到来之前，对绝大多数闸口进行了屯堵。由于涵闸工程质量差，防洪标准低，管理工作差，这次洪水期间发生险情的仍有12处，占涵闸总数的20%，险情较大者有武陟西大原闸，因沉陷建筑物裂缝，顺土石结合部渗水，引起洞内喷水。杨庄改道左堤新建大桥附近涵管，因洪水位过高，机房进水从闸板顶部和闸板四周向背河漏水，经在背河打草袋养水盆，临河闸前抛土袋，机房闸槽塞棉纱 15 公斤，解决了问题。闸前围堵除博爱合乎要求外，其它仅用麻袋土堵了闸孔，未将建筑物全部围堵起来，没有达到预计之目的。

这次洪水在滩区和沁北自然滞洪区，都造成一定的淹没损失，计淹没耕地 6.3 万亩，受灾人口 36388 人，倒房 4990 间，造成秋季减产。

第四节　大樊堵口

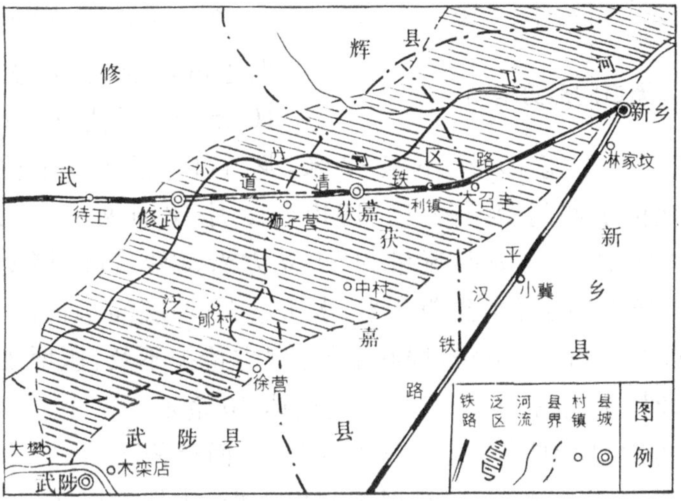

图 5—10　沁河大樊决口泛滥区平面示意图

大樊位于武陟县沁河北岸，东距木栾店约 10 公里，清至民国曾多次决口，是沁河上决口最多的险工。民国 36 年（1947 年）8 月 6 日，大樊决口，溃水经武陟、修武、获嘉、辉县、新乡经卫河入北运河（见图 5—10），泛滥面积约 400 平方公里，被淹村庄 120 多个，灾民 20 多万人。因国民党军队利用洪水来加强新乡外围防务，因此一直没有堵口。

1948 年 11 月，武陟县解放，人民政府县长张平即函请黄委会要求堵口，同时太行第四专署编制了堵口计划，派人到黄委会驻汴办事处商讨堵口事宜。黄委会确定调韩培诚协同太行四专署组成大樊堵口工程处，于 1949 年 2 月 20 日开始，5 月 3 日完成堵口工程。

大樊口门宽 630 米，其中主槽宽 180 米，堵口时水面宽 130 米，水深 0.3～1.5米，因决口时背河低洼，刷成深槽，口门底部皆沙，老滩高出水面 2.73米。堵复工程主要分为三部分：一、修复口门残堤段 450 米，沿堤修埽 450 米。其中西坝修护岸埽长 390 米，平均顶宽 3 米，高出水面 2.5 米，埽前抛散石柳石枕护根，并修 3 个柳石垛；东坝修护岸长 60 米，均宽 4 米，高出

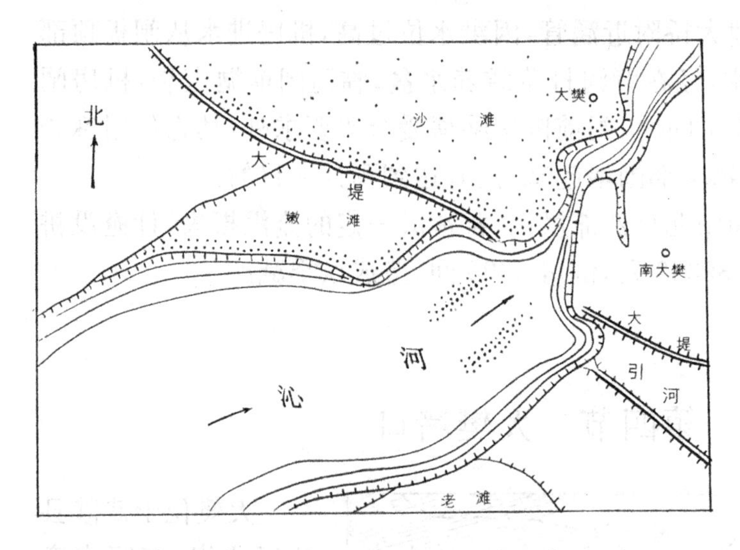

图 5—11　大樊口门形势略图

水面 2.5 米，埽前抛枕抛石护根，做柳石垛 1 个。新修护岸的背河口门两侧，加有戗台，护沿埽后堤顶宽 10 米，临坡 1：2，背坡 1：3，高出埽台 4～4.5 米。二、开挖引河长 3.9 公里，底宽 10 米，深 2.73 米。三、合龙工程，采用单坝进占法合龙，占宽 10 米，西坝进占 88 米，东坝进占 85 米，留龙门口上宽 15 米，下宽 13 米，龙门口先推 170 个枕出水后，以关门占合龙，枕前加厢门帘埽闭气。1949 年 3 月 18 日两坝占工完成，19 日开始合龙，20 日 12 时合龙时流量约 31 立方米每秒，口门堵塞后，埽前水位急剧上升 1.45 米，临背水头差 3 米，水压增大，埽底涌水冒沙，过水部分河水淘深 11.05 米，金门占下蛰，埽肚抽签。冒雪抢护不及，压埽土上不去，到 21 日上午 11 时，金门占失事，口门复决宽达 40 余米。

经过总结经验教训再次进行堵筑，从 4 月 1 日起，一面整修工程，一面备料。采取：一、改单坝进占为双坝进占，双坝中间作土柜，边坝后跟土戗；二、备足料物，整顿队伍，掌握时机，一气呵成；三、疏浚引河，降低水位。从 4 月中旬起，到 5 月 2 日晨 4 时开始合龙，正坝抛枕加厢，9 时边坝相继截流，继而抢填土柜紧跟后戗，3 日下午口门闭气。第二次双坝进占，正坝顶宽 12 米，边坝顶宽 7.5 米，土柜宽 10 米，戗顶宽 4 米。正坝东坝进占 10.5 米，西坝进占 11.5 米，龙口留上宽 11 米，下宽 9 米，边坝东坝进占 12 米，西坝进占 8 米，龙口留上宽 11 米，下宽 10 米。正坝口门抛 50 个枕出水，随用秸料加高压大土合龙，边坝下关门埽 6 米厚，压土麻袋抓底，上压大土，抢填土柜，加培戗土告成。

这次堵口共用石料 3573 立方米，柳秸料 2733960 公斤，挖引河 3.9 公里，计挖土 122911 立方米，用民技工 139534 个工日。

第六篇

防洪效益

黄河防洪,关系大局。历代均投入一定的人力财力进行防治,特别自1946年中国共产党领导人民治黄以来,国家在黄河中下游投入了大量的人力、物力和财力,修建了大规模的防洪工程,初步建成了"上拦下排、两岸分滞"的防洪工程体系和非工程防洪措施体系,从而战胜了历年洪水,赢得了人民治黄连续四十年伏秋大汛不决口的胜利,保卫了黄淮海大平原的安全和社会主义建设的顺利进行。

1986年黄委会在编报《黄河下游第四期堤防加固河道整治设计任务书》时,对黄河下游防洪效益进行了初步分析,1989年又遵照水利部水计〔1988〕103号文关于"四十年来水利建设成就应该认真总结,水利效益必须进行分析研究"的精神,对黄河中下游防洪措施的经济效益作了进一步分析。分析的原则:

一、采用静态计算方法。效益计算采用当年价格和1980年不变价格两种价格体系。

二、各地有关防洪工程的统计资料,在统计时间系列上遵照水利部水计〔1988〕103号文《关于全面开展建国四十年水利经济效益计算工作的通知》,这次经济分析的起始年为1950年,终止年为1987年。

三、搜集整理历年计划统计资料,计算出防洪的各项投入,包括:国家投资、群众自筹和运行费。综合利用水库只计算其防洪应分摊的投资。凡1987年底以前竣工验收的工程项目,不论其是否发挥过防洪效益,均计入投入。

四、投劳折资应根据劳动工日按当时当地实际民工工资或平均劳动日价值计算,但不含国家发给民工补助费(因该部分已包含在基建或事业费内)。如无统计劳动工日资料,则按土、石方等工程量根据当时当地实际情况折算。

五、洪水灾害在造成直接损失的同时,还会造成一些间接损失,这里估算的经济损失只包括直接损失和停产损失,洪水造成的间接损失计算方法没有解决。

六、遵照《水利经济计算规范》(SD139—85),"如由于修建新的水利工程使原有效益受到影响而又不能采取适当措施加以补救时，应在该项工程效益中扣除这部分损失，计算其净增的效益”。即考虑水利效益的转移和可能的负效益。

防洪经济效益分析涉及的范围，包括与黄河下游防洪密切有关的三门峡水库和伊、洛、沁河等，从1950年～1987年的38年中，防洪工程累计静态投资39.87亿元。其中基建费23.66亿元，事业费8.6亿元，移民费1.23亿元，年运行费6.38亿元。另外投劳折资7.6亿元。所取得的防洪经济效益为504.92亿元（当年价）。其中减免经济损失498.39亿元（减淹耕地1.39亿亩），其他效益（防凌、下游减淤等）6.53亿元。产生的负效益为6.95亿元。扣除总投资、投劳折资以及负效益，净效益为450.5亿元。

第二十三章　防洪投资

第一节　历代治河投资

古代治河大部投资用于筑堤与堵口上。据史料记载：汉代在秦代统一河政的基础上，沿河设立"河堤都尉"等主管治河官员，配备了防守人员，专事治理黄河。汉代治河以修堤、堵口为主，"濒河十郡，治堤岁费且万万"。此外，还有疏浚、裁弯取直、修筑护岸等，在险要河段修筑了百余里长的石堤。东汉明帝永平年间，"发卒数十万，遣景与王吴修渠筑堤，自荥阳东至千乘海口千余里"。此次治河，"景虽简省役费，然犹以百亿计"。

元代贾鲁堵口，所用料物有"桩木大者二万七千，榆柳杂梢六十六万六千，带梢连根株者三千六百，藁秸蒲苇杂草以束计者七百三十三万五千有奇，竹竿六十二万五千，苇席十有七万二千，小石二千艘，绳索大小不等五万七千，所沉大船百有二十，铁缆三十有二，铁锚三百三十有四，竹篾以斤计者十有五万，硾石三千块，铁钻万四千二百有奇，大钉三万三千二百三十有二"。总共用"中统钞百八十四万五千六百三十六锭有奇"。

明代治河兼顾漕运，淮阴以上，多以分水入淮为主要手段，并以洪泽湖拦蓄淮水，借淮水冲刷黄淮合流后的河道，把黄淮运的治理结成一体，修堤、堵口、开河的工程接连不断，糜费之巨，过于前代。嘉靖十四年(1535年)刘天和"浚河三万四千七百九十丈，筑长堤、缕水堤一万二千四百丈，修闸座一十有五，顺水坝八，植柳二百八十余万株，役夫一十四万有奇，白金七万八千余缗。"万历七年(1579年)潘季驯"筑高家堰堤六十余里，归仁集堤四十余里，柳浦湾堤东西七十余里，塞崔镇等决口百三十，筑徐、睢、邳、宿、桃、清两岸遥堤五万六千余丈，砀、丰大坝各一道，徐、沛、丰、砀缕堤百四十余里，建崔镇、徐升、季泰、三义减水石坝四座，建通济闸于甘罗城南，淮、扬间堤坝无不修筑，费帑金五十六万有奇"。万历三十三年十一月曹时聘"大挑朱家口用夫五十万"，"挪中外金钱以八十万计"。《明史·食货志》记，明嘉靖初年"天下财赋岁入大仓库者二百万两有奇"，"万历六年，太仓岁入凡四百五十余万两"。按后者计，一次河工大役就差不多占岁入总银数的八分之一或六分之一。

清代治河仍兼顾漕运，康、乾时期，大修黄河两岸堤防险工，大力进行黄运河道的疏浚开挖，糜帑之巨，为前所未有。康熙十六年(1677年)“南河大修之工用银二百五十万两”；乾隆四十四年(1779年)“仪封决河之塞，拨银五百六十万两”；四十九年“兰阳决河之塞，自例需工料外，加价至九百四十万两”；从嘉庆十年到十五年(1805～1810年)，“南河年例岁修及另案专案各工，共用银四千有九十九万两”。道光中，“东河、南河于年例岁修外，另案工程东河拨一百五十余万两，南河率拨二百余万两”。光绪十三年(1887年)“河南郑州大工，请拨一千二百万两”。又据魏源《筹河篇》中称：乾隆四十七年“青龙冈之决，历时三载，用帑二千万”；嘉庆二十四年(1819年)“武陟马营之决，用帑千数百万”。每年岁修，“南河计四百万，东河二、三百万”，共计六七百万两，再加民间的征发亦在千万两以上。当时全国的赋税每年收入不过六千万两，正所谓竭天下之财以事河了。

民国时期，黄河下游的治河投资极不稳定。民国初年，河南省年定银五十万零五千三百两，折合洋71.21万元。民国2年，减为52.67万元，4年又减为51万元，7年时再减，定额年支44万元，自是岁以为常。民国20年以后，治河经费大致在30万元上下。山东省民国10年前后，每年河工经费为48万元，17年时，常年修防经费核定为55.97万元。另据民国25年国民政府颁发的《统一黄河修防办法纲要》载，黄河修防经费规定由各省承担，按期交黄河水利委员会支用。河南省年交40万元，河北省年交25万元，山东省年交55万元，全下游治河经费共计为120万元。

上述不包括大规模的复堤和堵口投资，若遇有大规模的复堤、堵口，其经费另外计支。民国期间部分复堤、堵口工程的投资见表6—1。

民国时期部分复堤堵口投资表 表6—1

时间	工程名称	投资(万元)
4年	濮阳双合岭堵口	402.4*
12年	山东宫家堵口	200.0
15年	李升屯、黄花寺堵口	67.0
23年	长垣冯楼堵口	131.0

续表

时间	工程名称	投资（万元）
24年	长垣东了墙、九股路、香李庄堵口	105.95
24年	培修滑县至阳谷陶城铺金堤	35.17
26年	培修颜营至五龙潭金堤	30.5
36年	郑州花园口堵口	592.0

*《河南黄河志》作356.8万元

第二节　当代治河投资

从1946年2月起，冀鲁豫和渤海解放区人民政府，为防止花园口堵口黄河归故后可能造成的洪水灾害，保护人民生命财产安全，动员沿河两岸人民，对大堤普遍加高培厚。此后，根据河道不断淤积抬高和不同时期防御目标的要求，从1950年至1985年进行了三次大修堤，并进行了锥探灌浆、放淤固堤、消灭堤身隐患等工作。同时，沿堤改建新建险工134处，坝、垛、护岸5248道；修建控导护滩工程184处，坝、垛、护岸3344道。50年代初开辟了北金堤滞洪区，兴建了东平湖分洪工程，70年代又修建了齐河和垦利两处展宽工程，加上三门峡、陆浑干支流水库工程，形成了“上拦下排，两岸分滞”的防洪工程体系，对防洪已经和继续发挥重大作用。

一、下游防洪工程投资

黄河下游防洪工程投资主要由国家财政拨款，国家投资分防洪基本建设投资（含国家拨款给地方掌握的项目）、防汛岁修和管理养护的水利事业费。从1950～1987年总计完成土方8亿立方米，石方1712万立方米，投资29.99亿元。（详见表6—2）

黄河下游防洪分项投资表　　表6—2

项　　目	投　资（万元）	项　　目	投　资（万元）
总　　计	299898	10、北金堤分滞洪区	14057
1、大堤培修加固	41579	11、齐河、垦利展宽工程	14913
2、险工加高改建	9606	12、修防设备购置	6115
3、河道整治	6561	13、通信工程	3738
4、防滚河工程	582	14、水文测报、设站	2733
5、放淤固堤	22944	15、其它防洪工程	23150
6、滩区建设	3468	16、防洪岁修经费	74889
7、运石窄轨铁路	6273	17、管理人员经费	31681
8、防汛公路	1255	18、其它费用	28798
9、东平湖水库	7556		

此外，从1950年～1987年，沿河人民群众完成治河土、石方工程共投工4.75亿个，折资6.5亿元。[①]

二、三门峡水库投资

三门峡水库是黄河干流上一座以防洪为主的水利枢纽工程，1960年开始蓄水拦沙运用，1962年3月改为滞洪排沙运用。1965年和1969年后，分期进行改建，将电站厂房3条引水钢管改为泄流排沙钢管，增建2条隧洞，打开8个施工导流底孔，于1973年10月前先后完成投入运用。改建后水库基本维持冲淤平衡，潼关高程明显下降，发挥了防洪、防凌、春灌蓄水、发电等综合效益。1956年～1987年枢纽工程、移民、运行费总投资为10.9109亿元，其中枢纽工程投资8.2419亿元，移民31.89万人，投资1.7045亿元，水

① 上述防洪工程的修建和历年防汛岁修的土、石方工程，主要靠民工来完成。民工一般只发给生活补助费，补助标准，1950年～1960年每工日为0.6～0.8元，1960年以后每立方米土补助0.162～0.5元。1950～1960年临时工每日工资为1.25元，70年代为1.35元，80年代初为2.0元，1989年提高至2.4元。民工工资偏低，不能体现实际劳动日的价值，因此，民工劳动投入，按不同时期临时工工资标准进行折算，即临时工工资额与民工生活补助费之差作为投劳折资，有些工日统计不全的年份，参照当年完成土方、石方工程量按施工定额进行计算。

电站运行费 0.6222 亿元，水库运行费 0.3423 亿元。其中防洪工程基建投资(包括大坝年运行费)59589.34 万元。

三门峡水库自 1960 年 9 月投入运用，发挥了防洪(含减淤、防凌)、灌溉、发电等三项综合效益，故水库总投资应在各受益部门之间进行分摊，投资和年运行费的分摊按以下四类进行：(一)为各受益部门服务的共用工程投资；(二)虽为受益部门服务，但属枢纽不可缺少的组成部分，对其它受益部门也有一定效用的工程投资；(三)为补偿某一受害部门所需的工程投资；(四)各受益部门本身需要的专用和配套工程的投资。

以上四类投资中，除第四类应由专用部门单独承担外，其余三类应根据具体情况，由各受益部门共同分摊。分摊计算方法是按各受益部门获得效益的比例分摊进行计算，并将各受益部门所获得的经济效益折算为同一价格基础。考虑资金时间价值的动态分析方法，资金时间价值折算的基准年确定为 1988 年，各年的工程投资均以年初一次投入，各年的运行费和效益均按每年的年末一次结算。社会折现率采用 10%，从 1956 年至 1987 年共计 32 年。三门峡水库各受益部门经济效益现值的比例：防洪部分投资和年运行费占总投资和年运行费的 72.3%，灌溉部分为 8.9%，发电部分为 18.8%。以此作为投资分摊的比例，防洪工程基建费分摊投资为 59589.34 万元(包括大坝年运行费)，移民费分摊投资 12324.11 万元，库区年运行费分摊投资 2475.21 万元。

三、伊洛河投资

早在明清时代伊、洛河上就修建有堤防工程。建国以后，经过不断加修，现在伊、洛河下游堤防长 469.6 公里，其中伊河 212.1 公里，洛河 257.5 公里，有护岸、护滩工程 377 座。同时，在中上游干流上修筑了伊河陆浑水库和洛河故县水库，并在伊、洛河支流上建有 10 座中型水库，总库容为 2.06 亿立方米。水库以灌溉为主，对本流域亦可起到一定的削减洪水作用。从 1950～1987 年防洪工程投资为 11970.09 万元，其中防洪工程基建费 6534.91 万元，防汛岁修、运行费 5435.18 万元，投劳折资 2361.12 万元。[①]

① 防洪工程投资，凡以专用于防洪工程的费用，均按当年实际费用计入；综合利用工程，对防洪部分采用按库容比例分摊，投劳折资仍按总工日或工程量及施工定额进行计算。

四、沁河投资

沁河是一大支流，流域面积13532平方公里，约占三花区间流域面积的32.5%。沁河防洪主要靠堤防，现有堤防长161.62公里，有险工44处，坝垛696道。堤防工程达到防御小董站4000立方米每秒的设防标准。为解除木栾店卡口壅水，于1982年完成杨庄改道工程。沁河支流丹河的上游主要修有任庄和青天河水库，分别控制流域面积1300和2510平方公里。

据统计，从1950～1987年，沁河防洪工程投资12468.56万元，其中基建投资5949.04万元，防汛岁修费6445.92万元，运行费73.6万元。另投劳折资8666.34万元。

五、汶河投资

汶河流域面积为8485平方公里。汶河在戴村坝以下称大清河，流经东平湖入黄河。大清河两岸设有堤防，共长37.69公里，其中北堤17.69公里，南堤20公里，设防标准为防戴村坝流量7000立方米每秒，超标准洪水在北堤破口分洪入稻屯洼。戴村坝以上汶河两岸修有堤防99.6公里，并在中上游修建有大型水库一座，中型水库3座。大清河堤防投资已计入黄河下游防洪工程项目内，故不再行计算。

从以上统计和计算，黄河下游、三门峡水库和伊、洛、沁河的防洪工程，从1950～1987年的38年中，按当年面值计算，即静态总投资为39.87亿元，其中基建费23.66亿元，事业费8.6亿元，移民费1.23亿元，年运行费6.38亿元。另外投劳折资7.62亿元。以上分项投资详见表6—3。

黄河中下游防洪工程总投资表　　表6—3

项　目	合　计（万元）	基建费（万元）	事业费（万元）	移民费（万元）	运行费（万元）
黄河下游	299898.0	164530.0	74889.0		60479.0
三门峡水库	74388.66	59589.34		12324.11	2475.21
伊洛河	11970.09	6534.91	4667.84		767.34
沁　河	12468.56	5949.04	6445.92		73.6
合　计	398725.31	236603.29	86002.76	12324.11	63795.15

第二十四章　防洪效益估算

第一节　减免决口的经济效益

一、估算效益的工程标准

人民治黄在1946年开始时，堤防防御洪水能力很低，而且也缺少堤防测量资料。从1946年至1951年，堤防经过全面整修加培，已具有一定的抗洪能力，堤顶高程比1949年花园口站发生12300立方米每秒时的洪水位线还有0.6米以上的超高，同时，1951年有较完整的测量资料，因此，把1951年的堤防状况选做为计算防洪经济效益的工程标准。

二、大堤可能决溢的堤段

根据黄河两岸地形条件，在大多数情况下，决溢口门位置越靠上游，淹没影响的范围越大。在大洪水年份，往往在几个河段内相继发生决溢，但由于黄河是条悬河及多沙的特点，绝大多数情况最终发展形成一处主要溃水口门。因此，分析一次决溢的洪灾损失，按淹没影响范围最大的一处决溢考虑。现将各种决口形式的决溢次数和决溢所在堤段拟定如下：

（一）漫决　漫决次数和漫决堤段，根据历年洪水水面线与1951年大堤堤顶线比较而确定。当水面线高于堤顶线时，就认为发生漫决，高于堤顶线的位置所处的堤段就是漫决堤段。分析结果，从1951年～1987年共38年中，有12年的洪水位在不同堤段高于1951年大堤堤顶高程（见表6—4）。在发生漫决的12年中，水面线超出堤顶线的段数有28段，其中左岸15段，右岸13段。计算时每年按最上游的一个口门决溢计算洪灾损失，因此，漫决计算的次数为12次。决溢堤段，左岸原阳～陶城铺堤段4次，右岸兰考三义寨～东平湖堤段8次。

1946～1985 **年洪水可能漫决情况表**(1951 年大堤标准) **表 6—4**

序次	漫决年份	花园口洪峰流量(米³/秒)	水面线高于堤顶段数			最上游一个口门位置		
			左岸	右岸	合计	岸别	水位高于堤顶线高度(米)	决溢所在堤段
1	1957 年	13000	1	1	2	右	0.60	三义寨～东平湖
2	1958 年	22300	2	2	4	左	1.20	原　阳～陶城铺
3	1959 年	8640	1		1	左	0.25	原　阳～陶城铺
4	1975 年	8470	1	1	2	右	0.85	三义寨～东平湖
5	1976 年	10230	1	2	3	右	0.90	三义寨～东平湖
6	1978 年	5980	1	1	2	左	0.30	原　阳～陶城铺
7	1979 年	6160	1	1	2	右	0.35	三义寨～东平湖
8	1981 年	8060	1	1	2	右	0.50	三义寨～东平湖
9	1982 年	15300	3	1	4	左	1.65	原　阳～陶城铺
10	1983 年	8181	1	1	2	右	0.90	三义寨～东平湖
11	1984 年	6990	1	1	2	右	0.80	三义寨～东平湖
12	1985 年	8100	1	1	2	右	1.25	三义寨～东平湖
合计			15	13	28			

注:花园口流量为还原后成果

(二)冲决　冲决主要由于河道冲淤,造成河势突变,大溜顶冲堤身而造成的决口。根据统计,1951 年以来,在宽河道游荡性河段发生较严重横河或大溜顶冲大堤的年份有 13 年,计 27 次(见表 6—5)。在这 13 年中,有 4 年(1978 年、1981 年、1982 年、1983 年)已在漫决中计入,其他 9 年中,以 1952 年、1967 年、1977 年最为严重,将这三年作为冲决计入。决溢地点分别为:保合寨、赵兰庄、杨桥,所在堤段都在右岸郑州～兰考三义寨之间。

黄河下游发生横河、大溜顶冲大堤出险情况统计表　表 6—5

编号	出险时间（年月）	出险地点	险情
1	1952、9	保合寨 4 垛、4 护岸	对岸坐湾形成横河，滩地坍塌后退，大溜直冲大堤，堤冲塌长 45 米，宽 6 米，堤前水深达 10 米以上
2	1953、8	刘庄 6 坝	坍塌长 45 米，大溜顶冲
3	1954	花园口	
4	1954	邢庙 4 道坝	大溜顶冲大堤，坍塌长 40 米
5	1954、8	黑岗口盖坝	横河大溜顶冲出险
6	1960	青庄 5 道坝	大溜顶冲出险
7	1963	花园口 75～110 坝	大溜顶冲出险
8	1963	南裹头 2 道坝	大溜顶冲出险
9	1963	南小堤 17～24 坝	大溜顶冲出险
10	1963	柳园口 4～5 坝	
11	1964、10	花园口 181～191 坝	出现横河直冲大堤险工，根石淘刷严重
12	1964、9	南裹头 2 道坝	大溜顶冲
13	1967	赵兰庄 1.4 公里平工段	斜河出险
14	1972	高　村	
15	1977、7	赵　口	大溜顶冲 41 坝，长 20 米的赵口闸下裹头全部入水
16	1977、8	黑岗口 55 坝	大溜顶冲出险
17	1977、7	柳园口	横河，大溜顶冲
18	1977	杨　桥	横河，大溜顶冲
19	1978	黑岗口 39、41、46 坝	横河
20	1978	赵口 4 道坝	

续表

编号	出险时间(年月)	出险地点	险情
21	1978、7	黄寨、霍寨11道坝	
22	1978	杨桥	横河冲刷出险
23	1981、8	曹岗32道坝	主溜上提下挫大溜顶冲
24	1981	万滩	大溜顶冲出险
25	1982、9	黑岗口10道坝岸	对岸大张庄坐湾,直冲黑岗口,淘刷严重,19～29号坝出险,25护岸～26垛50米坦石及23护岸30米蛰陷入水,出险。
26	1982	高村 34～38坝	大溜顶冲出险
27	1983、9	北围堤	桃花峪山咀滩岸挑流形成横河,抢险53天,用石3万立方米

(三)溃决 黄河下游大堤是在过去老堤的基础上不断加培修筑起来的,堤身堤基隐患严重,每遇较大洪水就出现管涌、裂缝、塌陷等不同类型的险情。考虑到建国初期堤防工程状况,若不采用一系列加固措施,将出现更为严重的险情导致溃决更多。参照历年堤防出险情况,并为了使效益计算留有一定余地,除去漫决、冲决年份外,只计入一次溃决。溃决年份选在出险情况较多的1964年,溃决堤段拟定在50年代初期堤防工程最薄弱的兰考三义寨～东平湖堤段。

根据以上分析,如不加强防洪工程措施和非工程措施,则可能发生决溢16次。

三、决溢影响范围

黄河下游现行河道,由于河床的不断淤积抬高,已形成一条高悬于两岸地面的地上河,成为淮、海河流域的分水岭。根据历史决溢流路及泛滥范围的文献记载和调查考证资料,结合现在的地形地貌变化情况综合分析,在不发生重大改道的条件下，现行河道决溢两岸可能遭受洪泛也就是黄河下游防洪措施直接保护地区的面积约12万平方公里。

黄河下游河道长786公里，不同河段决溢影响范围及区内主要设施情况见表6—6。

表中决溢影响范围和面积，是指不同决溢情况下泛滥淹没地区的最大边界范围。就一次决溢而言，即是在同一个河段内，由于决溢口门位置和决溢状况不同，淹没范围也不尽相同。同时，由于各地区自然地理条件的差异，在不同的河段发生决溢，其成灾面积占受淹范围总面积的比重情况也不同。区内的地形高差起伏较大，原有水系泄流能力也较大，则成灾面积占受淹面积的比重就比较小。受淹范围很大时，往往一次决溢，只能淹没一部分地区，而成灾面积占可能受淹面积的比重就相对较小。受淹范围本来就比较小，决溢后大部分地区将受淹没，成灾面积占受淹范围总面积的比重相对就大。

黄河下游不同堤段决溢可能影响范围估计表　　表6—6

<table>
<tr><th colspan="2">决溢堤段</th><th>可能最大影响面积（平方公里）</th><th>影响范围</th><th>涉及主要城镇及其它设施</th></tr>
<tr><td rowspan="4">左岸</td><td>沁河口～原阳</td><td>33000</td><td>北界卫河、卫运河、漳卫新河；南界陶城铺以上为黄河，以下为徒骇河</td><td>新乡市、京广（郑州～新乡）、津浦（济南～德州）、新菏铁路、中原油田</td></tr>
<tr><td>原阳～陶城铺</td><td>18500</td><td>漫天然文岩渠和金堤河流域8000平方公里，若北金堤失守，漫徒骇河两岸，共计18500平方公里</td><td>津浦（济南～德州）铁路，中原油田，新菏铁路</td></tr>
<tr><td>陶城铺～津浦铁桥</td><td>10500</td><td>沿徒骇河两岸漫流入海</td><td>津浦（济南～德州）铁路，胜利油田北岸部分</td></tr>
<tr><td>津浦铁桥以下</td><td>6700</td><td>沿徒骇河两岸漫流入海</td><td>胜利油田北岸部分</td></tr>
</table>

续表

决溢堤段		可能最大影响面积(平方公里)	影响范围	涉及主要城镇及其它设施
右岸	郑州～开封埽街	28000	贾鲁河、沙颍河与惠济河、涡河之间	开封市、陇海(郑州～兰考)铁路
	埽街～兰考三义寨	21000	涡河与明清故道之间	开封市、陇海(郑州～兰考)铁路
	三义寨～东平湖	12500	高村以上决口,波及万福河与明清故道之间,并邳苍地区;高村以下决口,波及菏泽、丰县一带及梁济运河、南四湖,并邳苍地区。两处决口,泛区面积相近	徐州市、津浦(徐州～滕县)、新菏铁路
	济南以下	6700	沿小清河两岸漫流入海	济南少部分地区,胜利油田南岸部分

根据资料统计,右岸郑州～开封河段,1761 年中牟杨桥决溢,1843 年中牟九堡决溢和 1938 年郑州花园口扒口所造成的重大灾害,其影响区边界范围内的总面积都在 30000 平方公里左右,实际受淹成灾面积 13000～15000 平方公里,成灾面积与受淹范围总面积之比(简称成灾比)为 0.43～0.5。右岸兰考三义寨～东平湖河段,1935 年鄄城董庄决口,影响区边界范围内总面积约 21000 平方公里,实际成灾面积 12000 平方公里,成灾比为 0.57。左岸原阳～陶城铺河段,1933 年石头庄一带决口,影响区范围限于北金堤以南地区,面积约 5000 平方公里(未包括右岸决口,下同),实际成灾面积约 3500 平方公里,成灾比 0.7。从历史决溢情况看,同一地点决溢的成灾比与洪水大小没有明显关系,这可能是因为黄河洪水历时短,洪量相对较小。如发生决溢,较长时期不堵复,成灾情况往往由较长时期的渍水量来决定。

上述 16 次决溢中,只有 1958 年洪水较大,花园口洪峰为 22300 立方米每秒,其它决溢的洪峰均比 1958 年洪峰小 6500 立方米每秒以上。若计算各河段一次决溢的成灾面积时,除 1958 年外,其它年份同一河段内采用同一个成灾面积,参照历史决溢不同淹没情况并结合现在地形、地貌及排洪能力,分别量出决溢堤段一次决溢的成灾面积(见表 6—7)。

一次决溢成灾面积估算表　　表 6—7

岸　别	决　溢　堤　段	受淹范围面积（平方公里）	计算采用成灾面积（万亩）	备　注
左岸	原　阳～陶城铺	18500	1000	
右岸	郑州～兰考三义寨	28000	1000	
右岸	兰考三义寨～东平湖	12500	750	

四、洪灾损失估算

根据不同堤段决溢影响范围内的社会经济状况，将洪水灾害造成的直接经济损失分项估算如下：

（一）泛区面上的综合损失　泛区面上的综合损失，按一次决溢的成灾面积及单位面积综合损失扩大指标估算。由于黄河下游决溢的地点多在河南河段，因此，单位面积综合损失指标主要参照河南的统计资料，50 年代为 100 元/亩，60 年代为 240 元/亩，70 年代为 400 元/亩，80 年代为 600 元/亩。

（二）沙压农田损失　参照历史决溢情况，一次决溢在口门附近严重泥沙压地的范围约长 30 余公里，宽 10 公里，折合耕地 30 万亩（溃水流路沿程沙压面积不计）。按恢复耕地五年以上时间，按当年亩产 5 年内绝收估算损失，由此得出 1952～1985 年农田沙压损失为 21.13 亿元。

以上计算的是一个口门的农田沙压损失，事实上决溢可能是多处，虽然总的受灾面积与我们定在一个口门决溢相同，但口门多了，农田沙压损失就要大。考虑到决溢虽有多处沙压损失，但也还有一部分地区得到淤改，同时为了使效益计算留有余地，仍只计算一个口门决溢的沙压损失。

（三）铁路中断损失　铁路中断损失主要包括：1. 铁路修复费：临时抢修费和冲毁重建费。按一次决溢冲毁长度 10 公里，每公里造价 50 年代双线采用 60 万元，60 年代采用 100 万元，70 年代采用 200 万元，80 年代采用 350 万元，单线采用复线的二分之一计。2. 中断运输客货运净收入损失：客货运减少的净收入，分别按中断期（两个月）客运票价和货运收入扣除客货运成本估算。3. 中断运输造成的间接损失：中断客运造成的间接损失，目前尚无法估算，暂不计入。中断货运造成部分企业停工停产的损失，影响因素复杂，暂按少运一吨货物影响国民收入60元计算。

根据以上各项指标,估算出1987年水平黄河下游不同河段堤防决溢影响的铁路中断损失见表6—8。

1987年水平铁路损失估算表　　表6—8

项目 铁路名称	修复费用(亿元)	客运收入损失		货运收入损失			损失合计(亿元)
		每天客车对数(对)	损失(亿元)	年运输量(万吨)	货运收入损失(亿元)	部分间接损失(亿元)	
陇海(郑州～兰考)	0.35	20	0.16	3300	0.26	3.3	4.07
陇　海(徐州以东)	0.18	4	0.03	1700	0.14	1.7	2.05
京广(郑州～新乡)	0.35	24	0.19	6500	0.52	6.5	7.56
津　浦(济南以北)	0.35	16	0.13	4700	0.38	4.7	5.56
津　浦(济南以南)	0.35	16	0.13	4600	0.37	4.6	5.45
徐　州～阜　阳①							2.05
新　乡～菏　泽②							2.05

注:①栏内数据采用陇海铁路(徐州以东)数值。

②新乡～菏泽铁路1986年以前不计损失。

不同年份的铁路中断损失按各铁路的客、货运增长率推算。

(四)油田受淹损失　选择黄河口地区北岸防洪堤决口对胜利油田可能造成的损失作为典型,进行了调查分析。

首先根据河口地区洪水和工程情况确定决口后行洪流量,然后根据地形地貌推求淹没范围和面积。根据淹没范围对受淹油田进行资产调查。油田资产受淹的损失率,参照有关资料。根据淹没特点,该典型取6%～20%。此外尚有穿过淹没区的各类设施(如输油管道)的毁坏损失,堤防毁坏的修复费用,钻探设施受淹损失,未成油井受淹毁坏损失等。分析计算结果,以上各种直接淹没损失占受淹油田资产的30%。油田的停产损失以设计水平年减产的原油量和油价扣除成本计算。减产的原油量以日产油量和停产的天数计算,停产时间按淹没时间加上退水后各项设施所需修复时间考虑,本典型采用40～60天,原油价格按国际市场价格扣除成本,每吨以400元计。河口地区北岸防洪堤决口，油田损失值为 4.5 亿元。

中原油田 1979 年开始建设，当年建成生产能力 30 万吨，1985 年生产原油 550 万吨，形成固定资产和流动资产 21.5 亿元。考虑到该油田大部分位于北金堤滞洪区内，受淹后退水困难，停产时间按 90 天计，财产损失率取 30%，1985 年水平淹没一次损失值为 12.1 亿元。不同年份的受淹损失值，以当年的原油产量与 1985 年原油产量的比值推求。

(五)城市受淹损失　一般县城、小城市的受淹损失，列入泛区面上的综合损失。就目前情况而论，黄河在左岸京广铁路桥以上决口有可能淹新乡市，在右岸埽街以上决口有可能淹开封市。济南市、徐州市虽也在影响范围内，但济南市仅影响一部分，徐州市距黄河较远，可采取临时防护措施，暂不计其损失。

根据前述对 1951 年以来可能决溢情况的分析，左岸原阳以上及右岸兰考三义寨以上只有三次冲决，因发生冲决的流量不大，对开封市威胁相对偏小，同时为效益计算留有余地，暂不计及新乡市和开封市受淹损失。

在以上分析的决溢年份中，有同一河段连续二年及三年的情况，这样就会出现某一地区连年受到洪水灾害。在这种情况下，一方面由于灾区的经济状况没有恢复到正常发展水平，另一方面，受灾后的建设(如房屋等)抗洪能力也有所加强和提高。因此，连续受灾地区每次受灾的损失值将会逐渐减少，暂按第二年的损失值为第一年的 75%，第三年的损失值为第二年的 75%考虑。

根据前述分析的决溢次数、决溢堤段及各项洪灾损失指标，分别计算出各次决溢的洪灾损失(见表 6—9)。由表 6—9 可知，1950 年～1987 年，以 1951 年堤防工程为标准，总计减免的决溢损失达 475.76 亿元，减淹耕地 1.34亿亩。

1950～1987 年洪灾损失计算表(1951 年工程状况)　　**表 6—9**

次数	决溢计算年份	花园口洪峰流量(米³/秒)	决溢堤段	一个口门决溢洪灾损失						
				成灾面积(万亩)	面上综合损失指标(元/亩)	面上综合损失(亿元)	铁路中断损失(亿元)	农田沙压损失(亿元)	油田受淹损失(亿元)	损失合计(亿元)
1	1952	6000	郑州～三义寨	1000	100	10.00	2.54	0.45		12.99
2	1957	13000	三义寨～东平湖	750	100	7.50	0.82	0.45		8.77
3	1958	22300	原阳～陶城铺	1000	100	10.00	0.80	0.48		11.28

续表

次数	决溢计算年份	花园口洪峰流量(米³/秒)	决溢堤段	一个口门决溢洪灾损失						
				成灾面积(万亩)	面上综合损失指标(元/亩)	面上综合损失(亿元)	铁路中断损失(亿元)	农田沙压损失(亿元)	油田受淹损失(亿元)	损失合计(亿元)
4	1959	8640	原阳～陶城铺	800	75	6.00		0.35		6.35
5	1964	11980	三义寨～东平湖	750	240	18.00	1.39	0.42		19.81
6	1967	11860	郑州～三义寨	1000	240	24.00	3.00	0.83		27.83
7	1975	8470	三义寨～东平湖	750	400	30.00	1.47	1.23		32.70
8	1976	10230	三义寨～东平湖	750	300	22.50	1.51	0.56		24.57
9	1977	11260	郑州～三义寨	1000	400	40.00	3.46	1.19		44.65
10	1978	5989	原阳～陶城铺	800	400	32.00		1.37		33.37
11	1979	6160	三义寨～东平湖	750	400	30.00	1.72	1.63		33.35
12	1981	8060	三义寨～东平湖	750	600	45.00	1.81	2.18		48.99
13	1982	15300	原阳～陶城铺	800	600	48.00		2.16	4.40	54.56
14	1983	8180	三义寨～东平湖	750	600	45.00	1.91	2.69		49.60
15	1984	6990	三义寨～东平湖	750	450	33.75	1.97	1.75		37.47
16	1985	8100	三义寨～东平湖	750	333	25.35	2.02	2.10		29.47
损失累计						427.1	24.42	19.84	4.4	475.76

注:花园口洪峰流量为还原后成果

第二节　干支流防洪效益

一、滩地减淹经济效益

黄河下游滩区有人口138万人,耕地311万亩,村庄2036个。据实测资料统计，当花园口站洪峰流量在6000立方米每秒左右时，有的滩区开始漫滩，造成不同程度的淹没损失。本次计算以1980年不变价格为基准，建立最大5日洪量与淹没耕地面积和每亩耕地淹没扩大综合损失指标的关系；各年份的综合损失指标，根据当年洪水最大5日洪量在该关系图上对应量出，然后根据有无三门峡水库，黄河下游滩区的淹没面积及单位面积扩大综合损失指标，算出三门峡水库修建后所减免的黄河滩区淹没损失，减淹滩区按当年价格计算为57440万元，按1980年价格计算则为74622万元。

二、防凌经济效益

黄河下游除伏秋大汛外，凌汛的威胁亦很严重。据历史资料记载，1883～1936年54年中，有21年凌汛决口，平均五年两决口。人民治黄以来，除1951年和1955年于河口地区发生凌汛决口外，以后的30多年，由于加高加固大堤和修建了三门峡水库，连续战胜了多次严重凌汛，取得了显著的经济效益。

防凌效益计算，是根据历史上凌汛决口出现机遇和气温、河槽蓄水量、封冻长度、发生冰塞、冰坝的地点和壅高水位与凌灾损失的情况，分析估算出如不修建防洪工程，可能造成的凌汛损失。

三门峡水库自1960年9月投入运用以来，在黄河下游封冻以后，控制上游来水流量以减少河道内的槽蓄量，在预报行将开河的前几天，进一步控制下泄流量，必要时全关闸门断流，以减少槽蓄量和凌峰流量，使得多数年份平稳解冻开河，对于减轻黄河下游凌汛威胁具有显著作用。三门峡水库1960年9月运用以来防凌运用22年。为计算三门峡水库和堤防经济效益，采用1980年不变价格，房屋的造价为每间500元，加上财产损失则为每间1000元，淹没麦田损失折算为每亩150元。根据典型年凌灾调查分析计算，建立最大槽蓄增量与凌灾损失的关系，按照历年三门峡水库防凌调节控制运用对比有无三门峡水库的作用削减槽蓄增量以及1951年大堤防御能力，计算对在利津以下河段发生决口，其决口损失按1954～1955年度利津五庄决口的重现情况计，即淹没耕地88.1万亩，受灾人口17.7万人，倒塌房屋5355间，加上堵口费用等5708万元。并考虑国民经济发展的增长率采用2%计，在无三门峡水库和1951年的大堤标准计算决口的年数有：1955～1956年，1966年～1967年，1968～1969年，1969～1970年，1972～1973年，1976～1977年，1978～1979年，共7年。综上所述，黄河下游堤防和三门峡水库的防凌效益，按当年价格计算为43562万元，若以1980年价格计，则为55240万元。

三、黄河下游减淤效益

三门峡水库1960年9月～1962年3月进行蓄水拦沙运用，下泄清水，造成黄河下游河道的沿程冲刷。1962年3月～1964年10月水库改为滞洪排沙运用，水库继续淤积。据水库泥沙冲淤计算，1960年4月～1964年10月，库区淤积泥沙42.7亿吨，相应下游河道冲刷23.2亿吨。若不修三门峡水库，库区天然河道将冲刷2.2亿吨，下游河道则淤积6.6亿吨，建库与不建库相比，水库多淤积44.9亿吨，黄河下游少淤积28.8亿吨。1964年10月以后，三门峡枢纽改建投入运用，到1970年6月，黄河下游河道回淤沙量达21.1亿吨，大体上和水库拦沙期下游河道的冲刷量23.2亿吨相抵。可以认为，1960年10月～1970年6月近10年之内，黄河下游河道基本没有淤积抬高，大大减少第二次大修堤的工程量。按第二次修堤正常程序进行，其标准比第三次修堤后的大堤顶平均低1米，工程量比第三次修堤的堤防和险工加高改建的工程量减少12%计，即三门峡水库拦沙减淤作用在第二次修堤中节省土方16600万立方米，石方88万立方米。按1980年水平综合计算价格土方每立方米3元，石方每立方米50元折算，1961～1970年间进行修堤土、石方综合计算价格约为1980年水平的80%，按当年价格计算，减淤经济效益为21755万元，若以1980年不变价格计算，则为43510万元。

四、伊洛河防洪效益

具体计算分三个河段：

（一）洛河白马寺以上　因计算时正在施工的故县水库尚未发挥作用，只考虑白马寺以上1965年以来修大堤的作用。根据资料，建立白马寺站在修工程前洪峰与成灾面积关系，代表修工程前的情况，然后，用修工程后流量求得历年成灾面积减去实际统计历年成灾面积，得洛河白马寺以上的减淹面积为20.56万亩。

（二）伊河龙门以上　用上述同样的方法，建立龙门站在修工程前洪峰与成灾面积关系，求出龙门以上的减淹面积为60.9万亩。

（三）伊洛河下游　受伊河、洛河来水和黄河洪水及当地暴雨影响，建立

1965年以前洪水与成灾面积关系，代表修工程前的情况，用修工程后的洪水从关系曲线求得成灾面积，减去实际统计的成灾面积，即为伊、洛河下游的减淹面积，其值为62.86万亩。

（四）洪水综合损失指标　在淹没范围内有农作物，个人、国家、集体资产，各次淹没损失又与发生洪水的大小、流速、水深、淹没时间等因素有关。由于缺乏实际资料，参照河南省浉河、洪汝河、沙颍河等流域典型社会经济调查，确定各年代洪水综合损失指标。50年代为100元/亩，60年代为240元/亩，70年代为400元/亩，80年代为600元/亩。

综合以上所述，从1950年至1987年累计防洪工程效益为62245.6万元，按1980年价格为67587.43万元。减淹耕地200万亩，为修建防洪工程产生的负效益为523.7万元。

五、沁河防洪效益

（一）沁河干流　沁河下游堤防基本上从1960年加修，防洪标准达到20年一遇洪水，同样采用1960年以前小董站最大流量与成灾面积关系曲线，以此代表工程前的情况。用加修工程后流量在曲线上求得成灾面积减去实际统计的成灾面积，求得减淹面积263.09万亩，防洪工程效益为91552.8万元。

挖压耕地，用前法算得累计挖压占耕地面积为18.17万亩，负效益为613.62万元。

（二）支流丹河　对丹河上中游河段的防洪工程采取分项、逐年计算，然后综合相加的方法，首先确定各项工程下游原河道的安全泄量，绘制流量～淹没面积曲线，确定致灾洪水和减淹面积，调查估算各保护范围内各时段单位面积价值量；调查估算损失率；绘制洪峰流量～损失率关系曲线，然后根据减淹面积乘单位面积价值量再乘损失率求得防洪效益为14626万元，其中减免经济损失为10594万元，其它经济效益为4032万元。由于修建防洪工程带来负效益为1246万元。

沁河流域从建国后1950年至1987年，防洪总投资12468.56万元，投劳折资8666.34万元。总效益为106178.8万元，负效益为1859.62万元。

第三节　防洪工程的负效益

据《水利经济计算规范》中提出，考虑水利效益的转移和可能的负效益，如由于修建新的水利工程使原有效益受到影响又不能采取适当措施加以补救时，应在该项工程效益中扣除这部分损失，计算其净增的效益。修建防洪工程带来的负效益主要有：

一、移民经济效益降低

三门峡水库兴建时库区居民就陆续迁出，截至1964年底，共外迁31.89万人，其中65%被安置在干旱缺雨地区，居民生产生活水平有较大下降，居民收入下降带来一定负效益。但是库区土地自移民后由国营农场和部队农场等许多大小单位耕种，亦取得一定效益，从国民经济整体衡量，库区移民的负效益暂不计入，只计算1987年库区移民返迁分摊投资540.99万元。

二、库周塌岸负效益

自1960年9月三门峡水库开始蓄水运用至1987年底，库周塌岸达200余公里，塌岸宽度一般为300米左右，最宽达5公里，塌岸体积达5.15亿立方米，造成5万亩耕地、20多个村庄塌失，影响群众生产生活。从1960年到1987年底，库区治理投资达11102.86万元，分摊防洪部分投资8027.37万元。

三、库周浸没沼泽盐碱的负效益

据调查，三门峡水库自投入运用后，农田浸没、沼泽和盐碱面积，从1960年9月的23万亩，到1961年猛增至47万余亩。1962年3月水库改为滞洪排沙运用后，缩小到36.6万亩，经1964年～1973年枢纽改建，库区淤积有所缓和，地下水位有所下降，到1973年降到22.53万亩。对1961年～1973年间通过计算，粮食亩产平均降低65斤，按1980年不变价格计算，每亩粮食收入降低21元。1961年至1973年累计收入下降2360.4万元（1980

年不变价），若以当年价格计算，则为 1625.84 万元，考虑分摊后 1980 年不变价为 1706.56 万元，当年价为 1175.47 万元。

四、水库对渭河下游的负效益

三门峡水库投入运用后，库区淤积迅速发展，造成潼关河床 1967 年比建库前抬高 4 米左右，当黄、渭、洛河水沙条件不利时，黄河倒灌渭河，使渭河仓西到西阳河段长 8.8 公里的河道全被淤塞，渭河河口全部漫滩，南北夹槽淹没耕地 30 万亩，排水系统遭到破坏。渭河下游从 1960 年修筑防护堤到 1987 年止，前后加培 3 次，若不修建防护堤，由于三门峡水库运用，自 1960 年至 1987 年，将会造成渭河下游 59952.87 万元（当年价）的淹没损失。分摊防洪部分投资负效益 43345.93 万元。

五、滩地坍失负效益

1960 年～1964 年，三门峡水库下泄清水，黄河下游铁谢～陶城铺河段，共塌滩 327.9 平方公里，折合耕地 49 万亩，塌滩最严重的花园口至高村河段，除北岸封丘常堤附近塌到 1855 年形成的老滩以外，一般坍失的都是 1958 和 1959 年形成的二滩，扣除包括心滩在内的嫩滩地约 19 万亩，共坍失耕地 30 万亩。在计算负效益时按年月插补，以河南省中牟、开封的产量推算，若以 1980 年不变价格计算其损失的经济效益为 1293.58 万元，分摊防洪部分为635.26万元，若按当年价为 875.64 万元，分摊防洪部分为 633.09 万元。

六、东平湖运用带来的负效益

1982 年 8 月 2 日花园口站出现洪峰流量为 15300 立方米每秒，东平湖分洪，最大分洪流量 2400 立方米每秒，进湖沙量约 500 万立方米，闸后淤积大部分为粗沙，不能耕种的沙化面积约 6375 亩。湖区淹没损失按一年计算为 2200 万元，沙化损失按 5 年产量计为 700 万元，总损失当年价为 2900 万元。

七、修堤占压耕地带来的负效益

黄河下游堤防总长度为2000多公里,逐年进行加修,再加放淤固堤,挖、压、占地越来越多,相应地影响人民群众的农业生产而产生负效益。据统计,建国以来修堤共占压耕地13.05万亩,损失粮食6.368亿斤,按当年价格计算折合1.41亿元,扣除生产成本0.399亿元,净损失值1.011亿元,若按1980年价格计算为1.402亿元,扣除生产成本0.397亿元,净损失1.005亿元。

第四节 黄河下游防洪总效益

黄河下游防洪总经济效益,是黄河下游防洪工程、三门峡水库和伊、洛、沁河防洪工程及非工程防洪措施的整体效益。从1951～1987年共计38年的计算期累计静态投资39.87亿元(当年价),其中基建费23.66亿元,事业费8.6亿元,运行费6.38亿元,移民费1.23亿元。此外投劳折资7.6亿元。防洪经济效益达504.92亿元(当年价),减淹耕地1.39亿亩,产生负效益6.95亿元。若扣除总投入和负效益,以及投劳折资后,防洪净效益为450.5亿元。按1980年不变价格计算防洪效益为617.88亿元。(见表6—10)

黄河下游防洪效益总表 **表6—10**

项目 水系	减淹耕地(亿亩)	防洪效益(亿元)	负效益(亿元)	总投入(亿元)	投劳折资(亿元)
黄河下游防洪工程(包括三门峡水库)	1.34	488.04	6.71	37.42	6.5
伊洛河	0.02	6.22	0.05	1.2	0.2
沁河	0.03	10.66	0.19	1.25	0.9
合计	1.39	504.92	6.95	39.87	7.6

注:黄河下游防洪效益488.04亿元中,包括:①减免决溢475.76亿元;②减淹滩地5.74亿元;③减免凌灾4.36亿元;④河道减淤2.18亿元。

下　　编

黄河上中游防洪

第七篇

甘肃河段

黄河分两段流经甘肃境内：上段从青海省门堂以下入境，绕阿尼玛卿山经玛曲县城，于孤群石山流回青海，河长约392公里，流域面积为8850平方公里，这段黄河穿行于青藏高原，河谷深切，蜿蜒曲折，人烟稀少，防洪任务不大；下段从积石山县大河家乡再次流入甘肃，横贯中部峡谷地区，经临夏县、东乡族自治县、永靖县、兰州市、皋兰县、白银市、靖远县、景泰县至黑山峡入宁夏回族自治区，河长约480公里，流域面积（含主要支流湟水、大通河、大夏河、洮河、庄浪河、祖厉河等流域面积）134478平方公里。两段总长872公里，流域面积约14.33万平方公里，其中防洪重点是兰州市区段。

兰州，古属禹贡雍州地方。史籍上最早叫"金城"，西汉昭帝始元六年（公元前81年）置金城郡，距今已有2000多年历史。隋文帝开皇元年（公元581年），设兰州总管府于此，始有兰州之称。兰州市是甘肃省政治、经济和文化的中心，为甘肃省省会，也是整个西北地区以石油化工和机械制造为主的重要工业城市，是联系大西北的交通枢纽。兰州市辖三县五区（即永登县、皋兰县、榆中县和城关、七里河、安宁、西固、红固五个区），总面积1.4万平方公里，人口228万人，其中市区人口133.4万，耕地面积529万亩（据1985年统计）。

黄河兰州段的历史灾害频繁，据《兰州文史资料》记载：旱灾从1515年至1949年，发生过58次。地震灾害从公元138年至1937年，发生过33次。洪水灾害近200年来较大者有：清乾隆十八年（1753年）和四十年（1775年）、嘉庆十二年（1807年）、道光七年（1827年）和三十年（1850年）、咸丰八年（1858年）、同治七年（1868年）、光绪三十年（1904年），以及民国24年（1935年）和35年（1946年）等10次，每次大水都有冲断桥梁，倒塌房屋，冲毁良田，损伤人畜的记述。其中以光绪三十年（1904年）六月的洪水为甚，该年六月初一至初六连日下雨，黄河水暴涨，洪峰流量高达8600立方米每秒，为近代历史所少见。桑园峡口被河水漂来的草木杂物所壅塞，河水逆流，回水淹没东郊18个滩地和兰州市城周，南至皋兰山麓，西至阿干河，东城浸城丈余，以沙袋壅城门；下游浸淹至什川、青城及靖远沿河一带，田地、房屋损失极大,灾民万余,半月后水始退。

甘肃的防汛工作,原无专门机构。建国后于1955年5月成立了甘肃省防汛指挥部,每年汛期临时抽人日夜值班,汛后即行撤销。1981年由临时机构改为常设机构,负责处理全省防汛方面的日常工作。兰州市亦于1955年7月成立了市防汛工作领导小组。1964年黄河发生大水后,兰州市在市城建局内设立了市防汛指挥部,常年办公。

黄河兰州段是甘肃省的防洪重点。此段黄河由西向东纵贯市区,东端桑园峡,过水断面狭小,只能宣泄3000立方米每秒流量,超过这一流量,即严重威胁兰州市区东部滩地的安全。同时南河道的堵塞,也是该段突出问题。1970年以前,靠雁滩、马滩和崔家大滩南侧,各有一股支流,统称三滩南河道,常年过水宽度一般都在100~250米,1964年兰州黄河发大水时(洪峰流量达5660立方米每秒),三滩南河道分别过洪30%~50%,这对减轻市区黄河行洪压力起了重要作用。1970年以后,三滩农民筑坝截流,淤河造地,并在河道行洪范围内划地建房,修筑建筑物,严重压缩了行洪断面,增加了市区防洪的困难。

黄河兰州段内,两岸有山洪沟道81条,每遇暴雨,山洪暴发,洪水急流下泄,淹没人畜、房屋和田地。1951年8月1日,兰州特大暴雨,街巷成河;城关区几条山洪沟道,洪水齐发,冲毁大片农田;七里河区的雷坛河,洪水暴发,水深达10余米;雷坛河木桥桥孔被漂浮的树木、草捆堵塞,洪水越堤上岸,两岸房屋被冲倒塌,冲走人畜甚多。

黄河兰州段,历史上有凌无汛,河面曾有封冻,冰面可行人。自1961年及1969年相继建成盐锅峡、刘家峡水电站后,冬季再不结冰,无防凌任务。

黄河兰州段的防洪工作,建国后在省、市政府的关怀领导下,依靠群众,兴建了堤防工程与刘家峡水库,整治了黄河河道与山洪沟道,加强了防汛工作,故三十多年来,战胜了历年洪水,成绩是显著的。但防洪工程标准偏低,不配套,河道整治还远未完成,需要今后加紧进行。

第二十五章 防洪任务

第一节 河道概况

甘肃黄河，自兰州市西固区的西柳沟起，经安宁区、七里河区至城关区的桑园峡火车站止，河长约45公里，为防洪的重点河段。这段河道从西柳沟至沙井驿桥，河长约5公里，河面宽为300～400米，无河心滩，河床稳定，水面比降接近0.9‰；从沙井驿桥到七里河桥，河长17.5公里，河宽280～600米，水面比降约1～1.3‰，河心多滩地，主流摆动不定，时南时北，河岸易被冲刷；从七里河桥到中山铁桥，河长5.4公里，河宽约300～380米，这段河道除金城关处有夹心滩外，河床比较稳定，两岸河堤基本形成，水面比降0.8～0.9‰；从中山桥到桑园峡口约14公里一段，河宽约350米左右，当流量大于3000立方米每秒时，河道开始壅水，致使雁滩一带成为滞洪区，对东市区安全威胁很大。

兰州地处黄河河谷盆地，两岸群山绵亘，丘陵起伏，沟壑纵横，山间有流域面积大于0.5平方公里的山洪沟道81条，其中南岸32条(西固区16条，七里河区10条，城关区6条)，北岸49条(西固区11条，安宁区19条，城关区19条)。这些山洪沟道，沟短坡急，一遇暴雨，山洪暴发，洪水、泥石流奔流下泄，直接排入黄河，若黄河洪水和两岸山洪遭遇，增大了黄河干流的行洪压力，对洪道和黄河两岸居民构成了严重威胁。据记载，西固区的寺沟、白崖沟、洪水沟、元托峁沟、脑顶沟以及城关区的老狼沟、大洪沟、小洪沟、烂泥沟、鱼儿沟等洪沟，都曾多次发生洪水，其中西固区的寺沟，1875年(清光绪元年)、1935年和1943年曾3次发生洪水，每次洪水将直径1米的大块石或胶泥团，从沟内涌出，冲破堤岸，淹没居民、房屋和田地，危害严重。(见图7—1)

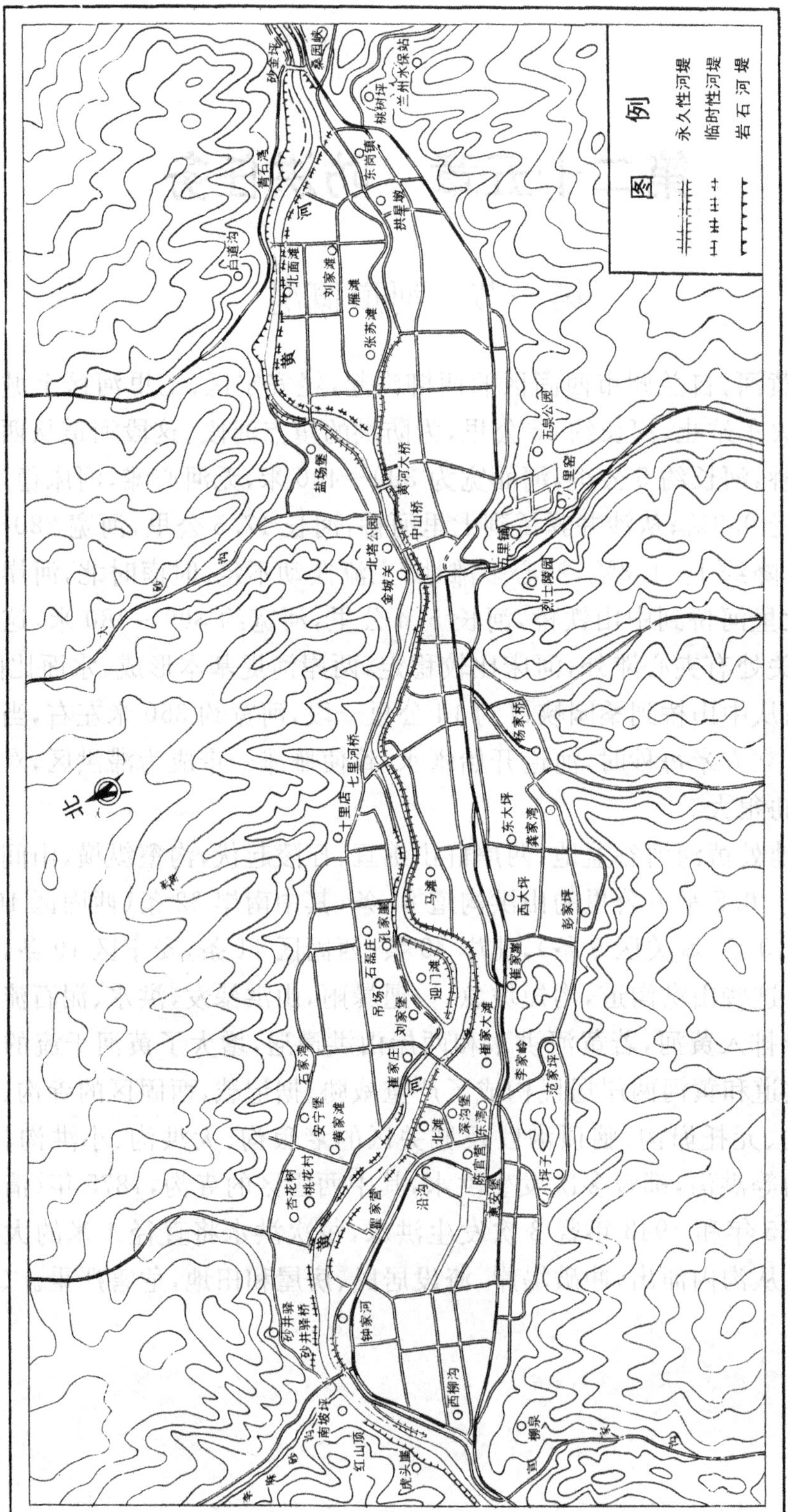

图7—1　黄河兰州段防洪工程平面图

第二节 洪水灾害

黄河兰州中山桥站(国民政府黄河水利委员会1933年设置)控制流域面积22.15万平方公里,距河源2119公里。区内洪水多由流域内降雨、积雪消融以及兰州附近河谷盆地局部暴雨所形成。

黄河上游洪水主要来自兰州以上吉迈至唐乃亥及循化至兰州两段区间。该两段区间汇集了洮河、大通河、湟水等20多条支流,集水面积广,特别是青海唐乃亥站以上地区,黄河流经青藏高原的东北边缘,集雨面积12.2万平方公里,区内面积大于1000平方公里的支流有23条,高程都在3000米以上。气候高寒湿润,地势西高东低,四周高山环绕,流域中部左岸的阿尼玛卿山脉对雨洪的发生作用较大。其中玛多(黄河沿)以上为河源湖群荒漠草原区,河源洪水受两湖的自然调蓄而平缓;玛多至吉迈区间,有较大支流和雨洪加入;吉迈至群强为高山峡谷区,河道切割较深,地形起伏较大,高山多草甸,谷地多灌木;群强至玛曲为沼泽草原区,地势宽阔平坦,遍布沼泽草地,地表蓄水能力较强,由于分水岭较低,是水汽的主要入口,也是常年比较固定的多雨中心;玛曲至唐乃亥左岸为高山冰雪溶水补给区,右岸为丘陵小平原间山区,阿尼玛卿雪山位于左岸,峰顶高6282米,在高温多雨季节,有大量融化的冰雪水补给黄河。这里多深山峡谷,有小片森林分布,雨带在此间经常摆动,产洪大小不一,是黄河上游最大的冰雪和降雨综合补给区。1981年9月黄河兰州站出现的5600立方米每秒洪水,主要是唐乃亥以上干支流地区降雨所造成。自8月13日至9月13日,唐乃亥以上出现持续阴雨天气,其连续降雨日数之多,降雨量之大为有资料以来所罕见。主要雨区分布在积石山一带,并东延至洮河上中游地区,以雨区中心久治站降水量318毫米为最大,郎木寺站274毫米次之。此次降水总量在150毫米以上的笼罩面积10.6万平方公里,降水总量在200毫米以上的7.4万平方公里,降水量大于250毫米的2.7万平方公里,大于300毫米的0.1万平方公里,而唐乃亥以上地区绝大部分降水量都在150～300毫米,为历年同期该区降水量的1～2倍。本年本区降雨的特点是:总量大,历时长,面上分布比较均匀。唐乃亥站于9月13日出现了接近200年一遇的洪峰流量5450立方米每秒,修建中的龙羊峡水库蓄洪9.8亿立方米,洪水于9月15日到达兰州中山桥,洪峰流量达5600立方米每秒。

兰州附近局部暴雨也时有发生，因兰州位于黄河之滨，历史上曾多次遭受黄河洪水和山洪危害。据史料记载，其较大者有：

东汉灵帝光和六年（公元183年）秋，金城（今兰州）河水溢出20余里。

明天顺五年（1461年）7月，兰县黄河水溢。

清乾隆十八年（1753年），兰州大雨，黄河泛涨，冲没房舍、田地甚多。

清乾隆四十年（1775年），兰州大雨，阿干河洪水，冲坏"卧桥"（即握桥）。

清嘉庆十二年（1807年）闰五月二十四日，金县（今榆中）暴雨三日，黄河水溢没东川、什川堡二十七个村庄。

清道光七年（1827年）七月，兰州黄河水涨，兰州、榆中沿河及东部各滩田地、房屋淹没甚多，灾民无处栖居。十五日后水始退。

清咸丰八年（1858年）六月二十二日，黄河水大涨，兰州冲断浮桥，盐场堡沿河淹死百余人。

清同治七年（1868年），从五月二十六日始，连日阴雨至七月，黄河水涨溢，淹没兰州、榆中河滩田地、房屋甚多。

清光绪十年（1884年）六月，兰州大雨，黄河水溢冲毁房屋、田地甚多。

清光绪十一年（1885年）六月，黄河暴涨，兰州黄河溢。

清光绪二十三年（1897年）秋，黄河上游暴涨，漂来大木甚多，沿河冲积成堆。

清光绪三十年（1904年）六月初，皋兰县连日阴雨，黄河暴涨，河滩数十村庄均被淹没，兰州城东南隔城墙浸塌丈余，"灾民二万余口。"1982年推算该年最大洪峰流量为8500立方米每秒。

清宣统元年（1909年）六月初一日大雨，黄河暴涨，二日午冲断兰州黄河浮桥铁索，桥船冲至靖远始泊岸。

民国22年（1933年）秋，兰州山洪暴发成灾。

民国35年（1946年）9月初，黄河暴涨，5日兰州中山铁桥一段，流量已超过防汛标准，为3163立方米每秒。14日最高流量达5900立方米每秒。中山铁桥桥墩全部淹没，浪花溅上桥面，桥上停止通行。沿河水已涨上埽台，东郊雁滩、段家滩、五里滩、张家滩、刘家滩被淹没农田1000余亩，冲坏水车5部，有些居民上树避灾。王家滩、人心滩、石沟滩、红柳滩、蘑菇滩、杜林滩、宋家滩、刘家河后滩等处，田地被淹2000余亩，水深2～3丈，灾民50余户。此为光绪三十年（1904年）以来黄河最大一次暴涨，沿河农村损失甚重。

1964年7月20日凌晨2时至5时，兰州市西固工业区的东部地区马耳山一带，突降暴雨70～80毫米，使元托峁沟等三条山洪水沟道，同时暴发山洪，洪峰流量高达280立方米每秒，沟内山崖塌方严重，造成恶性泥流，其中最大一处黄土崖塌方达30万立方米，山洪、泥流将排洪沟冲开5处，一股直冲石油采购站、铁路工人家属宿舍楼，淹没农田600余亩，把陈官营车站西闸口的五条铁轨，全部冲动，路基上的水深约1米；另一股冲进低洼的山丹街住宅区，将兰州炼油厂等18个单位的21栋家属宿舍全部冲塌，其中有7栋全部被淤泥淹没，从泥浆中抢救出209人，经医治救活166人，死亡43人，损失惨重。

1978年8月7日凌晨，兰州市区突降暴雨89毫米，使城关区徐家湾至安宁区的十里店之间14条洪道，同时暴发山洪，街巷水深80余厘米，1500户人家受害，3000多间房屋损坏倒塌。

1981年9月15日，经刘家峡水库调蓄后，实测中山铁桥洪峰流量为5600立方米每秒。洪水淹没农田、菜地、果园、林地共4万余亩，倒塌房屋3589间，造成2.33万户12万多人、数十个厂矿企业受灾，9个企业短期停产，一所大学、三所中学、六所小学暂时停课，直接经济损失2200万元。

第三节 防洪目标

黄河兰州段的防洪标准，以往没有明确规定。根据这一段的河道特点和洪水情况，国务院于1954年和1979年批准的《兰州市总体初步规划》和《兰州市总体规划》中提出：城市按6500立方米每秒、滩地按4500立方米每秒设防。1956年11月水利部北京勘测设计院为进行刘家峡水电站初步设计，曾与兰州市建设委员会签订了《兰州市防洪协议书》，协议书中规定：兰州市防洪标准为百年一遇，相应中山桥允许泄量为6500立方米每秒。1981年兰州市勘测设计院在制定《黄河兰州段河道规划设计方案》中提出：城市仍按6500立方米每秒设防，大部分滩地设防也定为6500立方米每秒。1982年5月和6月兰州市人民政府先后召开了设计方案会审会议和市政府常务会议，讨论通过了上述方案，并上报省人民政府批示。省人民政府于1983年元月以甘政发〔1983〕26号文批复，“同意城市按6500立方米每秒设防，局部滩地迎水面部分，也可按6500立方米每秒设防，其它部分仍按4500立方米每秒设防”。

黄河兰州段的防洪任务，是确保兰州市区内省、市党政军领导机关、重点企事业单位和主要居民区的安全；确保水源、电源、油库、铁路及主干道路的安全；尽量减少蔬菜、瓜、果基地的损失。

关于兰州市不同洪水威胁的范围，根据兰州市政府1981年6月上报的《兰州市区1981年安全渡汛方案》中提出的两种不同洪水流量的淹没范围和采取的措施如下：

一、当黄河流量达5000立方米每秒时，将淹没沿河的崔家大滩、马滩、北面滩、刘家滩、高滩以及日化厂、二毛厂、结核病院和吴家园一带。设防重点是保莱区群众安全和主要的蔬菜基地。需抢修临时堤防9处，总长1.47公里，尽力保住崔家大滩、迎门滩、雁滩等大部分村庄及8600亩菜地和有关企业单位的安全。马滩、北面滩、高滩、山西湖、瞿家营等处可能被淹，这些地方的6500余人需要撤出。

二、当黄河流量达6000立方米每秒时，代家滩、河湾滩、张家滩及职工医院均被淹，崔家滩至深沟桥3公里低洼的主干道路、七里河桥东、吴家园、木材厂、陆军医院、小西湖中医研究所等处也将被淹，洪水将达到中山桥桥面，滨河路，并有可能从西北方向涌入青年农场、二毛厂、结核病院、金城关、徐家湾等地区和单位的南部将被淹；雁滩仅剩余滩尖子和苏家滩、高滩、段家滩的一些高地。其主要措施是：

（一）临时抢修子埝24处，总长28.4公里；

（二）保护水源地及沿河泵房。凡按6500立方米每秒设防的供水机井，由各有关单位逐个密封保护，并对输电线杆采取必要的加固措施，以免造成断电、停水；设防标准低于6000立方米每秒的机井及沿河泵房，必要时可拆除电器或采取其它措施，尽力减少损失；

（三）撤出岸下和河心滩群众，共7处，2.4万人，其中城关区3处，1.9万人；七里河区3处，0.5万人；西固区1处，200余人。

为防御特大洪水，省政府于1988年5月以甘政发〔1988〕62号文批转甘肃省水利厅、省防汛指挥部《关于兰州市等五重点城镇防御特大洪水方案的通知》，其中有关兰州市防御特大洪水的方案如下：

一、当中山桥发生6500立方米每秒以上洪水时，为顾全大局，黄河两岸各滩、沿岸低洼地农田，均作为分洪、滞洪区域，不再抢险加固和拦堵，放弃滩地，迁出居民，任其淹没。撤离的具体组织工作，由兰州市政府及有关单位负责。

二、为保证市区厂矿、机关的交通、电源以及北滩油库、马滩水源井的安全，需临时抢筑草袋围埝拦堵洪水。南岸自西柳沟第一水厂开始，经铝厂和

11号公路，直至北滩油库地段，再由深沟桥沿101号公路，经山水沟、石炭子沟、兰石厂、电力修造厂、七里河黄河大桥直至雷坛河，沿滨河马路一直到雁滩南河道的住宅小区，在原有堤顶加筑草袋子堤。北岸主要是迎门滩的小文教区以及徐家湾、金城关至靖远路的罗锅沟桥，沿马路筑草袋子堤，拦堵洪水。经过拦堵，在市区沿岸和滩地，需要疏散与转移的群众约有13万人，由各有关单位和居委会负责组织疏散和安置。

三、当兰州地区，出现每小时20毫米以上的降雨时，应立即通告南、北山洪沟两岸危险地段的居民撤离，调动各种排水机械，排除低洼地区的积水，以保证人身安全。

对黄河兰州段的山洪防治，根据《兰州市总体规划》，采取“上治下防”的办法。“上治”就是搞好南北两山的水土保持，植树种草，从根本上减除山洪沟道的洪水威胁。“下防”即一方面修筑截洪坝，以免山洪直接冲入居民区；同时加固、拓宽疏通洪道，使山洪通畅下泄，排入黄河，减小山洪灾害所造成的损失。此外加强洪道的管理，严禁在洪道内填沟造田、盖房及修建其它建筑物，以确保洪水畅通。

第二十六章　防洪工程

第一节　堤防建设

黄河兰州段的堤防始于宋朝，修建在河水道(今金昌路北口)以西至雷坛河白云观一带，总长约1公里多，以后无大发展。从1954年开始，陆续修建，但多按防御1946年5900立方米每秒洪水设防，防洪标准偏低。70年代以后，由于河床淤高，河道缩窄，为防御百年一遇洪水，确保兰州城市和人民生命财产的安全，根据《兰州市总体规划》，确定城市按6500立方米每秒，滩地按4500立方米每秒设防。在黄河南岸，修建一条堤路相结合的滨河路。这条滨河路既作为联接城关、七里河、西固以至安宁等城区的一条主干道路，也作为保护黄河南岸市区防洪安全的重要设防堤段。这项堤路结合的堤段，分东、中、西三段，分期实施。

东段河堤—东起滑源路北口，西至雷坛河桥止。全长4786米，于1956～1958年建成，称滨河东路堤段。1959年进行扩建时，在该路北侧沿黄河南岸，修建了12～18米宽的绿化带、花园和沿河游览步道，汛期可观察水情，平时可供市民散步游览，目前已成为兰州市之一大景观。

中段河堤—东起雷坛河桥，西至七里河黄河大桥止，全长4600米，称滨河中路堤段。该段路北侧，沿黄河堤南，修建有人行游览步道，外侧为黄河堤岸挡土墙。于1980年3月至1982年9月完成，实际造价为3064万元。

西段河堤—东起七里河黄河大桥，西至七里河区的小金沟止，全长5800米，称滨河西路堤段。从1987年开工，至1988年7月已完成5200米，尚有600米，仍在施工中。

黄河北岸堤防，根据《黄河兰州段河道规划设计方案》中制定的建设计划，1985年已完成了迎门滩西部堤长950米，1986年已完成了迎门滩东部堤长2732米。其余堤段也已按规划完成或陆续完成。

以上黄河兰州段两岸堤防，截至1988年共完成永久性和半永久性河堤长30.49公里，其中南岸堤长24.3公里，北岸堤长6.19公里。(见表7—1)

黄河兰州段堤防建设情况一览表

表 7—1

岸别	起止地点	建设年份	设防标准（米³/秒）	堤长（公里）	堤防结构和形式	顶宽（米）	边坡		投资（万元）	备注
							临河	背河		
南岸	渭源路北口—平凉路北口	1960 年	5900	1.177	水泥砂浆砌块石护坡		1∶1.5			滨河东路
	平凉路北口—金昌路北口	1960 年	5900	0.864	水泥砂浆砌片石护坡		1∶1.5			滨河东路
	金昌路北口—静宁路北口	1979 年	5900	0.765	水泥砂浆砌块石挡土墙		8∶1	路		滨河东路
	静宁路北口—运输三队	1960 年	5900	1.740	水泥砂浆砌块石挡土墙		8∶1	路		滨河东路
	运输三队—雷坛河桥	1982 年	6500	0.240	水泥砂浆砌块石挡土墙		8∶1	路		滨河东路
	雷坛河桥—0+974	1982 年	6500	0.554	钢筋混凝土悬臂挡土墙					滨河中路
	0+974—七里河洪道桥	1982 年	6500	2.040	水泥砂浆砌石挡土墙		8∶1	路		滨河中路
	七里河洪道桥—3+113	1982 年	6500	0.099	钢筋混凝土悬臂挡土墙					滨河中路
	3+113—3+184	1982 年	6500	0.071	水泥砂浆砌块石挡土墙		8∶1	路	633.2	滨河中路
	3+184—3+250	1982 年	6500	0.066	钢筋混凝土悬臂挡土墙					滨河中路
	3+250—七里河黄河大桥	1982 年	6500	1.770	水泥砂浆砌块石挡土墙		8∶1	路		滨河中路
	七里河黄河大桥—小金沟	1988 年	6500	5.200	倾斜式挡土墙					滨河西路
	矿灯厂后河堤	1960 年		0.380	水泥砂浆砌块石护坡		1∶1.5		14.9	
	雁儿湾污水处理厂河堤	1977 年	6500	0.807	浆砌块石挡土墙					
	雁儿湾一级泵房河堤	1982 年	6500	0.190	浆砌块石挡土墙					
	雁滩尖子以北河堤	1961 年	5900	0.150	浆砌块石护坡					
	雁滩尖子以南河堤	1961 年	5900	0.050	干砌块石护坡					
	雁滩尖子分水坝	1964 年	5900	0.140	干砌大块石分水坝				40.9	
	军区汽修厂泵房—农校鱼池	1963 年	6500	0.720	水泥砂浆砌块石护坡		1∶1.5		41.5	

续表

岸别	起止地点	建设年份	设防标准（米³/秒）	堤长（公里）	堤防结构和形式	顶宽（米）	边坡		投资（万元）	备注
							临河	背河		
南岸	沙井驿便桥—原铝厂	1965年	5900	1.22	水泥砂浆砌块石护坡		1∶1.5			
	西固梁家湾		5900	0.700	水泥砂浆砌块石护坡					
	西固北滩	1960年	5900	3.060	干砌卵石护坡	3～5	1∶1.5	1∶1		
	西固岸门		5900	1.700	干砌和浆砌块石		1∶1.5	路		
	西固坡底下		5900	0.600	干砌块石					
	小计			24.303						
北岸	中山桥上、下游	1954年	6500	0.086	水泥砂浆砌块石挡土墙		8∶1			
	结核病院堤段	1965年	5900	0.364	水泥砂浆砌块石护坡	3～5	1∶1.5	1∶1	29.5	
	盐场堡河段	1964年	5900	0.198	水泥砂浆砌块石护坡				9.0	
	盐场堡河段	1964年	5900	0.480	干砌块石护坡					
	盐场堡河段	1980年	5900	0.270	白灰水泥砂浆砌块石挡土墙	3～5	8∶1	路	4.6	
	石门沟洪道附近	1987年	6500	0.150	浆砌块石挡土墙		8∶1	路		
	城关黄河大桥北堤	1979年	6500	0.100	浆砌块石挡土墙					
	三毛厂后—省轻工机械厂		6500	0.858	浆砌块石护坡					
	孔家崖迎门滩西部	1985年	6500	0.950	浆砌块石护坡					
	农业大学—孔家崖	1986年	6500	2.732	浆砌块石护坡				669.7	
	小计			6.188						
两岸合计				30.491						

关于河堤设计断面和超高，根据各河段的不同情况拟定。堤防超高一般河床淤积变化不大者，采取0.5米；河心多滩河段时冲时淤，河床变化较大者，采取0.8米；水位随流量加大，升高较快的壅水河段，采取1米。各河段的河道宽度、堤防标准见表7—2。

黄河兰州段河道整治规划一览表　　　　表7—2

断面编号	河道宽度				堤防标准					
	主河宽（米）	河滩宽（米）	河面总宽（米）	主流偏向	河宽（米）	设计水位（米）		超高（米）	堤顶标高（米）	
						南岸	北岸		南岸	北岸
1	175		175	顺	300	1544.23	1544.23	0.5	1544.73	1544.73
2	239	56	295	顺	400	1543.73	1543.73	0.5	1544.23	1544.23
3	160	305	465	南	460	1542.97	1542.97	0.5	1543.47	1543.47
4	170	202	372	北	370	1539.77	1540.20	0.5	1540.27	1540.70
5	314		314	北	314	1539.75	1540.17	0.5	1540.25	1540.67
6	378	89	467	北	400	1538.28	1538.73	0.8	1539.08	1539.53
7	470		470	北	470	1536.61	1537.06	0.8	1537.41	1537.86
8	343	175	518	北	510	1532.67	1533.12	0.8	1533.47	1533.92
9	266	247	513	北	510	1530.43	1530.88	0.8	1531.23	1531.68
10	488		488	北	520	1528.60	1529.05	0.8	1529.40	1529.85
11	132	480	612	南	610	1527.60	1527.60	0.8	1528.40	1528.40
12	280		280	北	350	1525.56	1526.01	0.8	1526.36	1526.81
13	209	281	490	顺	530	1523.81	1523.81	0.8	1524.61	1524.61
14	259		259	顺	259	1522.32	1522.32	0.5	1522.82	1522.82
15	316		316	北	320	1521.82	1522.27	0.5	1522.32	1522.77
16	380		380	顺	380	1520.06	1520.06	0.5	1520.56	1520.56

续表

断面编号	河道宽度				堤防标准					
	主河宽（米）	河滩宽（米）	河面总宽（米）	主流偏向	河宽（米）	设计水位（米）		超高（米）	堤顶标高（米）	
						南岸	北岸		南岸	北岸
17	165	164	329	顺	330	1519.01	1519.01	0.5	1519.51	1519.51
18	307		307	南	307	1518.22	1518.22	0.5	1518.72	1518.72
19	233		233	顺	233	1517.37	1517.37	0.5	1517.87	1517.87
20	304		304	顺	304	1515.98	1515.98	0.5	1516.48	1516.48
21	296	210	506	南	600	1515.30	1515.30	0.8	1516.10	1516.10
22	302		302	壅水区	310	1513.78	1513.78	0.8	1514.58	1514.58
23	367	漫滩	1600	壅水区	400	1512.50	1512.50	1.0	1513.50	1513.50
24	262	漫滩	1600	壅水区	350	1512.20	1512.20	1.0	1513.20	1513.20
25	317	漫滩	2000	壅水区	350	1512.00	1512.00	1.0	1513.00	1513.00
26	538	漫滩	1100	壅水区	530	1511.90	1511.90	1.0	1512.90	1512.90
27	130	30	160	壅水区	160	1511.45	1511.45	1.0	1512.45	1512.45
28	120		120		120	1510.65	1510.65	1.0	1511.65	1511.65

第二节 河道整治

黄河兰州段两岸河岸线总长约120公里，其中南岸线长61.4公里，北岸线长58.7公里。这段河道，过去未进行过系统整治，违章建设，倾倒垃圾，与河争地等现象比较普遍。自60年代以来，虽然沿河各地的厂矿、企业和社队，对河道整治作了一些工作，但多未按统一规划进行；“文革”期间，各自为政，盲目修建，使河道行洪更增加了一些人为障碍。为了改变这种情况，兰州市勘测设计院根据省、市党政领导的布置，从1980年12月开始，对黄河兰州段进行现场勘测研究。特别是1981年遇到了建国以来少见的大洪水，为整治河道制定规划提供了第一手可靠的科学依据，于当年年底提出了《黄河兰州段河道规划设计方案》。1982年经市政府召开中央和省、市在兰州有关单位参加的会审会议和市政府常务会议，讨论通过了上述方案，并上报省人民政府。于1983年元月正式批复，同意这一设计方案。

兰州为河谷盆地，黄河进入兰州段内，水流变缓，形成众多的沙洲和滩地，其中较大者有河湾三滩、崔家大滩、迎门滩、马滩和雁滩等，这些滩地多为本市蔬菜、瓜果生产基地，崔家大滩、马滩又是本市生产、生活的水源地。

70年代以前，黄河在崔家大滩、马滩和雁滩三地，除主河道外，在右岸均有支流，即南河道。70年代以后，群众与河争地，各滩南河道进口，先后被截堵，致使元托岇沟、深沟、石炭子沟、烂泥沟和鱼儿沟等洪道，洪水出山后没有出路，这不但增加了黄河干流的防洪负担，而且也给南山排洪和工业、生活用水带来了困难。为了解决这一问题，兰州市勘测设计院在《黄河兰州段河道规划设计方案》中，分别对雁滩、马滩、崔家大滩(包括南河道的规划治理)、迎门滩等重要滩地，制定了全面治理规划，并拟订了分期实施方案，共需完成滩地堤防44.3公里，包括一些闸坝和桥涵等，共需投资5622万元。由于资金问题尚未解决，还需进一步完善规划设计，以便分期实施。

黄河兰州段两岸山洪沟道，由于以往长期失修，挖山采石，倾倒废渣，特别是淤地造田等原因，已造成部分沟道出口堵塞，一遇山洪暴发，沟岸溃决，将造成严重灾害。为了防治沟道洪水，根据《兰州市总体规划》中提出的治理办法，对黄河两岸81条洪道，先后进行查勘、设计，提出整治扩建方案。截至1987年已扩建整治了42条，长96公里。其余根据轻重缓急和危害程度仍在陆续拓建。

为了搞好南北两山水土保持，减少黄河兰州段两岸山洪的危害，兰州市从1958年开始，即背冰上山，植树造林，但由于上水工程资金没有落实，直到1982年，绿化保存面积仅1万余亩。1983年以来，在中央领导同志关于种草种树、治穷致富指示精神鼓舞下，甘肃省委提出“全省绿化看兰州，兰州绿化看南、北两山”的号召，省政府下决心落实了资金，要求市区各有关部门大力承包荒山，掀起绿化热潮，并逐步成为全市人民的自觉行动。截至1987年已绿化面积7万余亩，占南北两山山前山面宜林面积约60%，为减轻兰州风沙、泥石流已显示了初步效益。

第三节 河道管理

黄河兰州段内，黄河干流长45公里，两岸山洪沟道81条。为加强河道和洪道管理，兰州市市政工程管理处根据《兰州市总体规划》和《黄河兰州段河道规划设计方案》中提出的要求，于1982年成立了河、洪道管理科，1988年改为市政设施管理科。管理科下设城关、七里河、安宁和西固四个区管理所。实行分级管理。市和县、区防汛指挥部门，负责检查河、洪道防汛准备工作情况，督促修复危险工程和清除河道阻水障碍，制定防汛抢险方案，拟订防汛规划，监督有关部门，分期实施。城关、七里河、安宁和西固四区负责河、洪道的日常管理和养护维修，按照市、区分管范围，分别由市政工程管理处和区城建管理部门负责。各县、区在制定防汛方案进行河、洪道工程治理时，必须服从城市总体规划和黄河兰州段流域治理规划，按照全局统一部署，进行工作。

为了管好用好黄河兰州段内的河道和洪道，兰州市人民政府以兰政发〔1985〕150号文颁发了《兰州市河道、洪道防汛管理暂行规定》。规定在河道、洪道范围内，严禁下列违章行为：

一、擅自架设跨越桥梁，立杆架线，敷设管道，修建建筑物；

二、淤河争地，围田造地，削山填沟，种植阻水植物；

三、擅自挖沟取土，炸山采石，采砂洗砂，掏金采矿；

四、围圈占用，修堤筑坝，建窑建房，截流蓄水或妨碍排洪，堵塞泄洪山口；

五、开挖便道，堆物晒粪，倾倒垃圾、废土、废渣，破堤扒口，挖穴埋葬；

六、拆动或损坏堤堰、护岸、栏杆；

七、排放未经处理的污水，漂洗有毒有害物品，使用电具、爆炸物或有毒物捕捉鱼类；

八、挖树拔草，放牧牲畜，燃放野火，进行生产作业或行驶机动车辆。

黄河兰州段各区管理所所辖河道、洪道的管理范围，详见表7—3。

黄河兰州段各区管理所所辖河、洪道管理范围一览表　　表7—3

项目 / 数量 / 区别	河道					洪道				
	河岸线长度(公里)			起止地点		洪道条数(条)			起止沟名	
	合计	南岸	北岸	南岸	北岸	合计	南岸	北岸	南岸	北岸
西固区	51.2	33.3	17.9	河口铁路桥至崔家大滩9号断面	河口铁路桥至八面沟	27	16	11	大沟至黄胶泥沟	大套沟至八面沟
安宁区	23.8	无	23.8	无	八面沟至马槽沟	20	无	20	无	盐沟至圈沟
七里河区	13.5	13.5	无	崔家大滩9号断面至雷坛河	无	10	10	无	大金沟至雷坛河	无
城关区	31.6	14.6	17.0	雷坛河至桑园峡铁路桥	马槽沟至桑园峡铁路桥	24	6	18	老狼沟至阳洼沟	马槽沟至水源沟
总计	120.1	61.4	58.7	河口铁路桥至桑园峡铁路桥	河口铁路桥至桑园峡铁路桥	81	32	49	大沟至阳洼沟	大套沟至水源沟

第二十七章　防　汛

第一节　组织领导

甘肃省防汛工作,以往没有专门组织。1955年5月成立了甘肃省防汛指挥部,在省政府的领导下,原由省农林厅、民政厅、交通厅、公安厅、卫生厅、兰州市人民委员会、省气象局、兰州中心气象台、邮电局、黄委会兰州水文总站、省水利局及省保险公司等12个单位共同组成;由省长或副省长一人任主任,农林厅厅长、兰州市市长任副主任,负责统一指挥全省防汛抢险事宜。在省水利局内设省防汛办公室,具体负责统一提供洪水情报,研究水情变化,进行上下联系,传达命令及技术指导等日常业务;有洪水灾害时,组织技术力量,协助地方抢救。省防汛办公室,设正副主任各1人,秘书2人,水情组4人(除由兰州中心气象台、兰州水文总站各调配一人外,余均由水利局调派),工务组4人。

在省防汛指挥部领导下,兰州市、永靖、皋兰、靖远、景泰等黄河沿岸市、县,均分别成立防汛指挥所,统一指挥辖区内的一切防洪、抢险、抢收事宜;由当地县人民委员会组织有关部门组成,由党政负责人担任正副指挥,抽调专职干部,设立秘书、情报、工务、组宣4组,负责上下及有关方面的水情、雨情情报,险工抢护、整修,器材工具供应,以及宣传教育、组织群众和保卫工作。

兰州市按照省防汛工作指示精神,1955年7月,成立了市防汛工作领导小组,专门负责办理兰州市防汛工作。同时要求各机关、厂矿,建立防汛基层组织,指定专人负责,把防汛工作做好。

甘肃省防汛指挥部于1981年6月改为常设机构。为适应机构改革和实际工作需要,指挥仍由副省长担任,副指挥由省建委、省水利厅、省军区和省政府办公厅等单位负责人担任,成员有省计委、财政厅、商业厅、交通厅、物资局、邮电局、气象局、电力局、兰州市政府、兰州铁路局、供销社等单位。办公室设正、副主任各一人,办公地点在省水利厅水利管理局内,负责处理防汛日常工作。

兰州市防汛指挥部于1964年黄河大水后，改为常设机构，由市长任总指挥，市建委、计委、兰州军分区、水电局等单位负责人任副总指挥；物资局、商业局、气象局、规划局、房产局、公安局、铁路局、民政局、供电局、电信局和三县、四区等单位的负责人组成，共21人。市防汛指挥部下设办公室，设市建委内。县、区也都成立了防汛指挥部，下设办公室或防汛专人负责。抢险队以各区为主，分别组织一定数量的抢险队伍。

兰州市防汛指挥部在1979年《兰州市安全渡汛方案》中要求：各级防汛指挥机构，必须在各级政府的统一领导下，有职有权，切实负起责任，在平常搞好经常性的安全检查，督促有关单位搞好洪水来临前的预防措施。在抢险时，指挥、调动各有关部门出人、出车、出物资，组织抗洪抢险。各级防汛机构都要设办事机构，处理日常工作。各区有2～3名专职人员，各县有1名专职人员。防汛任务较大的工矿、企业，也要设置机构，指定专人，专管防汛。

对水文、气象、水调部门的情报、预报，要做到及时、准确。电信邮政部门，要保证及时、准确地传递情报。计划、物资、商业部门，要保证防洪物资的及时供应。交通运输部门，要保证抢险物资的优先调运。公安机关，在抢险期间要负责协助各地做好保卫工作，严防坏人乘机破坏。

各县、区都要根据本地区防汛任务大小，组织必要数量的以民兵为主的抢险队伍，常备不懈，随时做好紧急出动准备，一旦有事，召之即来，来之能战，战之能胜。为确保市区安全，市区共组织3万人的抢险队伍，其中城关区1.2万人，七里河区0.8万人，西固区0.6万人，安宁区0.4万人。同时对医疗救护和后勤供应队伍，也要组织安排好。

第二节　防汛准备

在省政府的领导下，为确保全省防汛工作的胜利，省防汛指挥部成立后，对物料的准备、民工动员及防洪抢险、通讯联系等都作了部署，并规定黄河干流上游贵德、循化、上诠，湟水享堂以及黄河兰州等水文站和兰州中心气象台，发报各处雨情、水情和风情，还规定各险工地段抢险采用信号如举火、鸣锣、击鼓、打钟等传递办法，互通消息。对技术指导、防汛经费使用原则、范围以及具体办法，在1955年省防汛指挥部成立时，都作了较全面的布置，形成了制度。

近年来，随着科技的进步，在防汛通信技术方面，也有了较快的发展。省防汛指挥部办公室,除有专用电话线外,还增设了长途直拨电话;在气象预报方面,配置了预报警报器;在水情、灾情传递方面,更新了老式电传机,增设了图文传真机;在无线电通信方面,电台设备更新为频合式短波单边带电台,这不但增大了电台功率,同时也拓宽了通信途径,提高了通信质量。

甘肃省防汛工作,每年从5月1日开始,至9月30日结束,汛期日夜值班,做到情况反映准确,问题处理及时;每年汛前、汛后进行堤防、水库和防洪工程的检查,发现问题及时处理,把隐患和问题消灭在汛前,贯彻了"以防为主,防重于抢"的方针。

防汛物资储备,根据每年防汛任务大小,由供销社储备草袋,物资局储备木材、水泥和钢材;商业厅储备防汛专用铅丝,以备防汛、抢险所需。

第三节 抗洪抢险

黄河兰州段,虽然两岸大部地区高出黄河河槽,但也有一部分滨河地区低洼,特别是河心滩地,受洪水威胁很大,所以遇到较大洪水,就会受到淹没损失。

据记载,黄河兰州段发生5000立方米每秒以上洪水有:1904年7月18日的8600立方米每秒;1935年8月4日的5510立方米每秒;1943年6月27日的5060立方米每秒;1946年9月13日的5900立方米每秒;1964年7月26日的5660立方米每秒;1967年9月10日的5510立方米每秒和1981年9月15日的5600立方米每秒,共计7次。现将1955年和1981年较大洪水的抗洪抢险情况,纪要如下:

一、1955年洪水

1955年7月中旬,黄河上游及洮河流域发生大雨,14日兰州中山桥站黄河水位达1515.70米,流量4650立方米每秒,接近兰州站建站20年来的最高水位,也是建国后第一次较大洪水。中共兰州市委和兰州市人民委员会,根据兰州市具体情况,采取了一系列的紧急措施,指定专人于7月16日成立了兰州市防洪指挥小组,处理防洪、抢险事宜,同时要求各机关、厂矿建立防汛基层组织,指定专人负责,所需防汛抢险工具、料物以及交通运输车辆等,作了统一登记、调配;同时由省水利局及兰州市建设局等单位,抽派技术人员，分别对低洼地区进行了全面的勘测、检查。

省防汛工作计划指出，以兰州铁桥水文站水位 1515.00 米（相应流量为 3600 立方米每秒）为警戒水位。要求在沿河堤岸、滩头主要险工地段，提高水位到兰州站 1516.70 米时，不发生溃决为标准。兰州市采取的措施是：划分地段，由各机关、厂矿及群众自行防护为主，国家给以必要的支援，以全面动员，分别防守，统一指挥，重点防护的办法，布置了防汛抢险工作。

在工程措施方面，主要是对堤岸加固加高，迎水面用草袋装砂砾防护堤坡，其次整修堤基，加固堤背，补修裂缝、压挑水坝、筑堤埂、堵水口、挂稍护坡、储备草袋、装砂砾移置岸头，堵击洪水等措施。

在省、市防汛机构的统一指挥下，发动和组织了各方面的力量，对一些低洼地区的防汛工程，进行了整修加固。兰州木材堆料厂、兰州木器厂、兰州面粉厂和兰州毛纺厂，会同组织力量，动员职工劳动 1010 个工日，完成了本市全部险工中的主要工程；陆军医院、高干休养所、兰州军区后勤工兵部队，将原来计划夯填土方的工程，改成块石砌堤工程，提高了工程质量。第一区发动了基层干部、工人、店员、居民群众，积极参加了巡堤防守和沙袋储备工作。第四区在“防汛就是为了生产”的口号下，发动农民积极参加了防洪抢险斗争，在生产空间，分段包干，限期完成。不但搞好了防汛，而且推动了生产。第三区调用戒烟所的烟民，及时地完成了北面滩、宋家滩等地河堤工程。其他六区的市民群众和建筑三公司的工人，也对防洪抢险发挥了积极作用。

黄河两岸的防洪工程，在省、市防汛部门的统一领导下，依靠群众，按要求完成河堤工程 24 处，长 32.7 公里，土石方 1.385 万立方米，用草袋1.115 万条。国家投资 2600 多元，机关单位投资 2100 多元。发动群众投工 1.06 万工日，雇用劳力 4300 多名，共完成滩地工程 10 处，长 3.8 公里，土石方1.16 万立方米，用草袋 1500 条，保证了安全。

二、1981 年洪水

1981 年 9 月，黄河上游发生了建国以来少见的大洪水，对龙羊峡水库施工围堰、刘家峡水库及兰州市的安全，造成了严重的威胁。在国务院和甘肃省政府的领导下，经过广大军民的努力防护，保证了安全。

（一）水情、汛情

1981 年 8 月 13 日至 9 月 13 日，黄河上游龙羊峡以上 10 万多平方公里的流域范围内,28 天连续普降大雨。据气象部门对该区降雨实况统计,8 月 16 日至 31 日,降雨 60～120 毫米,9 月 1 日至 13 日,降雨 70～140 毫米,形成径流约 100 亿立方米。

正在施工建设中的龙羊峡水库(指围堰前)流量由 9 月 5 日的 910 立方米每秒,迅速上升到 12 日的 5000 立方米每秒,而且一直持续到 18 日。13 日 20 时最大洪峰流量达到 5570 立方米每秒。龙羊峡围堰到 9 月 18 日蓄水达 9.75 亿立方米,据水文实测与分析,这次洪峰与洪量,均超过了龙羊峡围堰的设计防洪标准,险情严重。

刘家峡水库的汛期调度计划和渡汛方案,原已考虑了龙羊峡临时围堰挡水因素,确定 7、8 两个月汛限水位为 1720 米,9 月份为 1726 米。9 月上旬刘家峡入库流量迅速增加,库水位上升很快,9 月 6 日已达 1726.6 米,9 月 10 日达 1728.4 米(相应库容 42.7 亿立方米)。与此同时,刘家峡水库以下汇入兰州段的湟水、大通河的流量,也在 700 立方米每秒左右。尽管当时黄河兰州段流量已达到 4500 立方米每秒,刘家峡水库仍处于进大于出的蓄水过程。一旦上游龙羊峡围堰出事,刘家峡水库安全将受到严重威胁。为此,刘家峡水库不得不于 9 月 14 日加大泄量,兰州段控制在 5500 立方米每秒。据推算,如无龙、刘两库的削峰滞洪作用,黄河兰州段的洪峰流量,将近 6700～7300 立方米每秒。

(二)抗洪抢险

9 月 11 日 23 时,接到国务院《关于加强黄河上游防汛工作的紧急通知》后,省委、省政府主要负责人,连夜召开会议,研究落实抗洪措施。省委书记、省长李登瀛于 12 日凌晨 1 时,奔赴刘家峡水库,现场指挥加高加固大坝工程。12 日晨 8 时,省委代理第一书记冯纪新主持召开了由省级机关和兰州市党政领导人参加的紧急动员大会,部署抗洪抢险工作,并向沿黄地、县发出了紧急通知。12 日 14 时,省委副书记、常务副省长肖剑光,主持成立并召开了省非常防汛指挥部会议,确定李登瀛任总指挥、肖剑光任副总指挥,副省长年得祥、张建纲,省军区副司令员刘德琛,兰州军区作战部副部长王志成等任指挥部成员。非常防汛指挥部研究确定:这次抗洪抢险的重点是保刘家峡水库及兰州市的安全。兰州市的保护重点是水源地、电力设施、交通、通讯及保证城市生产、生活秩序。非常防汛指挥部在省政府办公厅设立了办公室和值班室,建立了水情分析、物资保证、治安保卫以及工交财贸等四个组,分别负责办理各方面的具体业务。

兰州市、区两级，也相应成立了以市长、区长为指挥的非常防汛指挥部。沿黄河有关地、县主要负责人，也都亲临第一线，组织指挥抗洪抢险，仅在一两天内，兰州市及沿黄地区，动员组织起几十万群众，投入抗洪斗争。有5万多军民组成的抢险队伍，星夜赶赴刘家峡水库和兰州市重点设防的险工、险段，展开了紧张而有秩序的抢险战斗。

省水利厅由厅长、副厅长、总工程师、副总工程师、工程师等几十人组成的抢险小组，及时加强了原省防汛办公室，建立起一个水文、气象、水情、汛情综合分析班子，组织4个抢险工程技术检查指导小组，随时向非常防汛指挥部反映水情、汛情和抢险动态，提出有分析、有科学根据的渡汛方案，供指挥部决策参考。

省计委、财办抽出负责人，组织物资、商业、供销部门及时提供抢险物资。三天时间共动员各类车辆8000多部(台)，运送草袋96万条，准备铅丝300多吨、汽油2000多吨，以及铁锨、抬扛、架子车等大量抢险工具。他们在保证抢险物资、器材供应的同时，还为加强市场供应做了大量组织工作，及时为黄河北岸一些受洪水威胁的地方，抢运400万斤面粉等，保证一旦桥梁被冲毁后居民一个月用粮及其它日用品的需要，对加快抢险工程的进行和居民情绪的稳定，都起了重要作用。

中国人民解放军在这次抗洪抢险中，发挥了机动、攻坚、突击的重要作用。兰州军区、省军区、兰州警备区主要负责人率领4000多名指战员，奋战在刘家峡水库大坝上、马滩水源地，以及其它重点设防的险要堤段。舟桥部队星夜出动，解救被洪水围困的群众。总之，那里有重大险情，人民子弟兵就出现在那里。

省、市邮电部门和沿黄河有关各县的广大邮电职工，全力以赴，积极维护和抢修通讯线路，保证了抗洪抢险通讯联络的畅通无阻。

公安部门出动了1200多名干警，增哨加岗，日夜巡逻，加强了抗洪抢险中的治安保卫工作，维持了社会治安、交通秩序和水上安全。

在这次抗洪抢险过程中，由于国务院和中央防总的正确指导，省委、省政府的重视，各级党、政主要负责人亲临指挥，各有关部门的密切协作，驻军部队的有力支援，广大军民的奋力抗洪，取得了决定性胜利。刘家峡水库安然无恙，兰州5500立方米每秒的高峰流量历时5天，基本做到了人畜无伤亡，供水、供电、交通、通讯一直保持正常，厂矿企业坚持了正常生产，机关、学校照常上班、上课，商店照常营业，保证了城市生产、生活的正常秩序。沿黄地、县，也都基本做到了抗洪、生产两不误。

但由于这次洪水峰高量大，持续时间长，黄河兰州段洪峰流量大大超过市区滩地和沿黄各县农业区的设防标准，给兰州的滩地农业生产和沿黄河10个县、30个公社，近20万人口的地带，造成了一定的损失。据统计，淹没农田10万余亩(其中包括市区菜地3万亩)，冲毁房屋4000间，1.4万户的7.4万人被迫搬迁，冲毁河堤34公里，水利设施200多处，造成经济损失约2000多万元。

第八篇

宁夏河段

黄河宁夏河段位于黄河上游，自中卫县南长滩入境，流经中卫、中宁、青铜峡、吴忠、灵武、陶乐、永宁、银川、贺兰、平罗、惠农11个县、市，到石嘴山市麻黄沟出境。境内流长397公里，约占黄河全长的1/14，其中流经引黄灌区318公里。河水面低于地面，基本属于地下河。河道比降由上而下为1/1100～1/6000，年平均水量(全国水资源计算统一系列1966～1979年平均)，中卫下河沿站325亿立方米，青铜峡站320亿立方米，石嘴山站301亿立方米。由于水量充沛，自古以来就有灌溉和通航之利，素有"天下黄河富宁夏"之说。但每遇洪水都有程度不同的淹漫灾害。当洪水流量超过4000立方米每秒时，开始淹漫滩地，顶托排水，危及沿河农田、村庄和渠道的安全。

宁夏黄河防洪工程起源于清代。雍正年间修惠农渠时，因渠近河岸，恐河水泛涨渠被冲决，沿河筑堤以护，全长175公里。乾隆三年地震原堤被毁后，又筑新堤，全长160公里。中华人民共和国成立后，为保护农田、村庄，通令沿河乡村，组织群众修堤，以挡洪水。1964年春，国家气象局预报黄河有大水，宁夏自治区政府当即责令水利局勘测设计防御6000立方米每秒洪水的堤防工程，并组织沿河各县、市，动员劳力按统一规划标准修筑防洪堤，当年筑堤280公里，有效地限制了汛期洪水的淹漫范围。1981年4月22日，自治区政府通知沿河各县市做好防御黄河可能出现大洪水的准备工作，7月26日又批转了水利局制订的"按防御1964年洪水设防修复防洪堤"的渡汛计划。9月初大水到来之前已加固加高防洪堤257公里，又新修防洪堤167公里。依靠堤防加人防，战胜了洪水，减轻了灾害。1982年按6000立方米每秒设计，7310立方米每秒校核的标准，全面整修防洪堤，沿河11个县、市分段包干，将原堤加高、培厚、裁弯取直，并在应筑堤之处，全部筑起新堤，计修筑过堤建筑物130余座，现有堤防两岸合计447公里，堤顶高出1981年洪水位1～1.2米，堤顶宽4～8米，每隔500米设会车道一处，长15米。

黄河宁夏段防洪尚存问题是：有些堤段没有达到设计6000立方米每秒的防洪标准；上游水库每年加大下泄量期间，沿河护岸工程时有崩塌，常出现险情；龙羊峡水库建成后，黄河洪枯水出现机率尚无确切的论证，不好因势设防。

第二十八章　防　洪

第一节　河道概况

黄河在宁夏境内，由黑山峡、青铜峡至石嘴山，呈三收两放形势，流经卫宁与银川平原中间。由于泥沙及石子的淤积变化，河流左右冲撞，岁无宁时。在下河沿至青铜峡河段长124公里，比降平均为1/1150，坡陡流急，冲刷力强，但河床质多为卵石，冲蚀携带量相对较少，河床摆动幅度亦小。青铜峡至仁存渡河段长38公里，比降为1/2800，河床为砂砾。仁存渡以下至石嘴山河段长156公里，比降为1/6000，河床为细沙土，抗冲能力小，河道摆动幅度较大。

卫宁平原的河道古无记述，从地形和黄河推移质的遗存判断，古时的黄河流出黑山峡后，曾由中卫县的碱碱湖、荒草湖、马场湖、高墩湖、龙宫湖、姚家滩、新谢滩，过黑山嘴、李家园子、黄家琫、九塘湖、钓鱼台至胜金关一带流过，古河床遗迹现今依然可见。黄河南岸的山台子脚下永康堡、红崖子等处，亦有河道南移将香山洪积扇冲塌成陡崖的遗迹。泉眼山台地至中卫宣和堡东南台地上，有古渠痕迹，传为昊王渠，是河道东南移之前傍香山洪积扇边缘开过的古渠遗迹。

中宁县境内，河床上段局限于泉眼山与胜金关岩岸之间。过此河流分叉较多，南岸之南北河子为黄河故道遗迹；北岸靠山较近，河床摆动幅度较小。六十年前，河床主流紧靠胜金关，掠石空堡及得胜墩而过，如今主流已远离老岸500～1000米不等，这是人为活动与河流堆积自行调整的结果。

黄河流出青铜峡后，平原开阔，河道变迁较大，北魏郦道元的《水经注》中记述北魏河道大势为："河水又北过富平县西，河侧有两山相对，水出其间，即上河峡也，世谓之青山峡。河水历峡北注，枝分东出。河水又北经富平县故城西……。河水又北经薄骨律镇城在河渚上，赫连果城也，桑果余林，仍在洲上……。又北经上河城东，世谓之汉城……。河水又北经典农城东，俗名之为吕城……。河水又东北经廉县故城东……。河水又北与枝津合。水受大河，东北经富平城，所在分裂，以溉田圃，北流入河，今无水……。河水又东经浑怀障西……河水又东北，历石崖山西，去北地五百里”。这段文字表明黄河出青铜峡(古名青山峡)后呈直线北流，直至银川市东(古典农城)，转东北流至平罗县暖泉(古廉县城)东又北流，又东北流经石嘴山出宁夏境。同时还表明黄河出青铜峡后分为东、西二河，西为主河，东为岔河，二河之间有滩，滩上有果园和重要城镇。《水经注》所记北魏时黄河河道位置、流向，与今天河道相比，面积较大的沙洲心在今河道以西，二河之间的沙洲上移、变窄，东西二河主岔换位。

这里根据史籍记载的城镇与河道变迁，将青铜峡至石嘴山之间约 200 公里黄河分上中下三段。上段自青铜峡至灵武横城堡长 70 公里，中段自横城堡至陶乐县马大沟长 56 公里，下段自陶乐至石嘴山长 68 公里，分述于下。(见图 8—1)

一、上段河道变迁

《汉书 · 地理志》记载：“灵州，惠帝四年(公元前 191 年)置，有河奇苑，号非苑，莽曰令周”。《括地志》云“薄骨律镇城，以在河渚之中，随水上下，未尝陷没，故曰灵州(今吴忠市东塔乡)，初在河北胡城，大统六年(公元 540 年)于果园复筑城以为州，即今之州城是也”。《太平寰宇记》记述，北宋灵州城仍在唐代旧址。这说明唐宋时的灵州与汉灵州城、北魏薄骨律镇城，大致处于同一地方，据此可知由汉至宋一千三百年间，上段河道没有发生大的变迁。西夏至元代的情况未见记述。《明史 · 地理志三》记载“黄河出峡东流”，与《水经注》所述“河水历峡北注”有明显变化。明洪武十七年(1384 年)及宣德三年(1428 年)灵州城因河水崩陷，两次迁徙，河道极度东移。天启二年(1622 年)“河大决，(灵州)居民屡夜惊，议他徙”。河东道张九德令以石筑堤，即用丁坝挑流，与顺坝护岸相结合的方法，挑大流行于故道。清顺治初年，河道又东移，冲刷灵州城，乃于河忠堡西岸挑沟，以分水势，后来河竟西趋。此后上段河道基本稳定于以今河床为主道的范围内。

二、中段河道变迁

《元和郡县志》卷四记载：“怀远县……本名饮汗城，赫连勃勃以此为丽子园……其城仪凤二年(公元 677 年)为河水泛损，三年于故城西更筑新城”。据考证，怀远旧城即汉代吕城，在黄河畔的渡口叫吕渡，《西夏地形图》

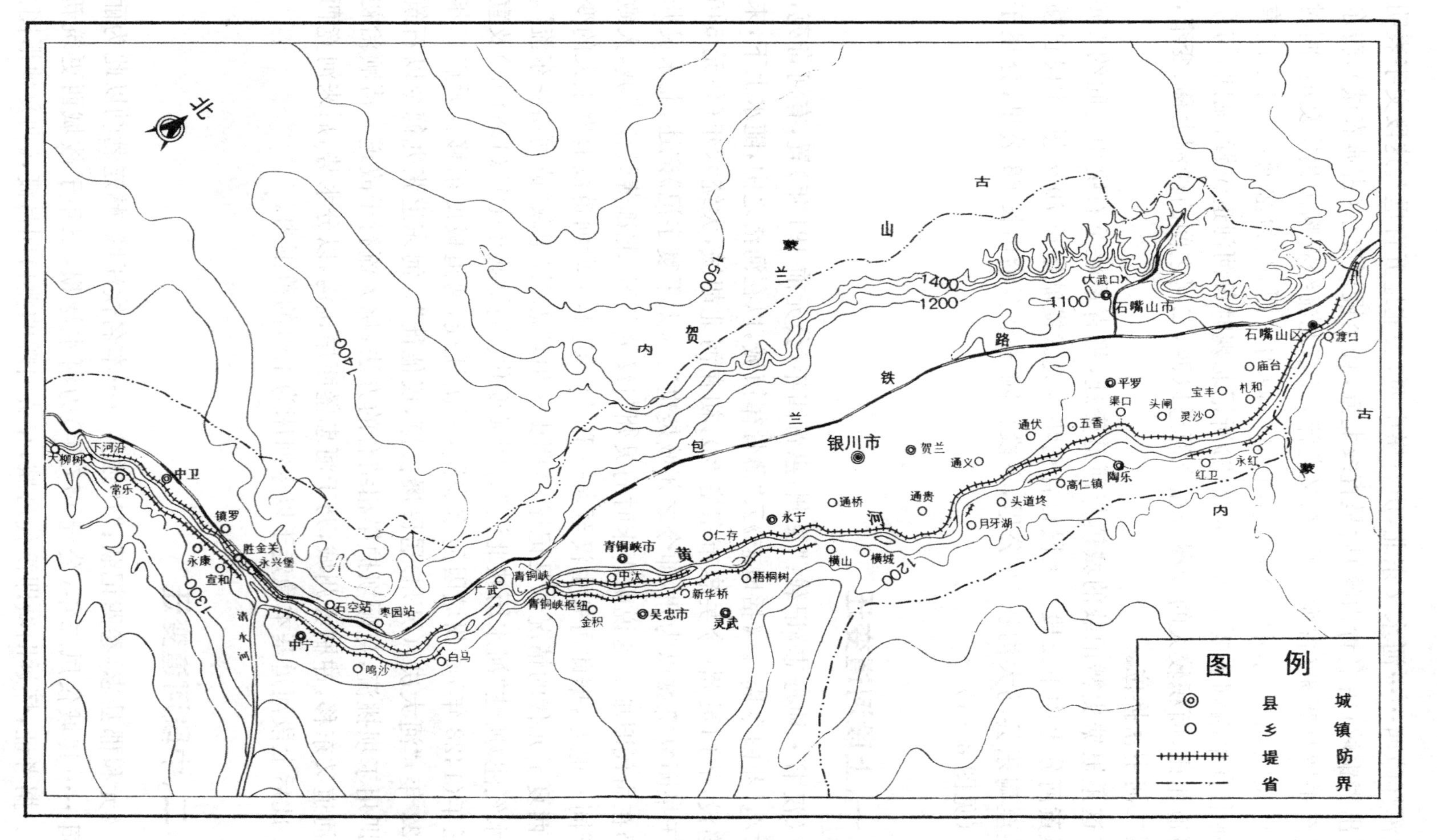

图8—1 黄河宁夏河段河道图

上尚有此城名。明弘治《宁夏新志》卷一记载:“高台寺城东十五里李夏废寺,台高三丈,庆恭王重修之,下有大湖万顷,水色山光,一望豁然”。“高台寺城东十五里有废城,台居其东,元时呼为下省”。清乾隆《银川小志》云“高台寺,旧建城东二十里,为黄河崩没”。以上记述结合实地考察,说明西汉到唐初七百年间,中段河道无大变迁。唐仪凤二年黄河大水毁怀远城到明万历年间高台寺为黄河崩没的近千年间,黄河主流东西摆动,时而东徙,时而折回。明末清初河道主流急剧东移至今河槽位置,此后中段河道以现河槽为主道的左右摆动始终不断。

三、下段河道变迁

《西夏书事》卷十记载:省嵬城建于西夏李德明时期(1024年),位于省嵬山西南麓。明弘治《宁夏新志》卷一记述:“省嵬山在宁夏府东北百四十里,黄河东岸。”清乾隆《宁夏府志》卷三关于省嵬山的记述不变,省嵬城的位置却由河东变成河西,再据明、清、民国时期的地方志记述,平罗县城与黄河岸的距离由明末到民国初三百年间由原15里变为30里。结合现实地形地貌,得知下段河道为沙质河床,主流易徙,分叉较多,更早的年代,黄河故道在今惠农渠和唐徕渠之间的西河,雁窝池高程仍低于今黄河,是古河道遗迹。河道不断东移,最明显的是清初顺治年间大水后,主河道由省嵬城西移到城东,涸出广袤河滩,为雍正年间开惠农、昌润等渠,发展灌溉面积创造了条件。现今下段河道仍在缓慢东移。

第二节 洪水灾害

黄河宁夏段洪水主要来自上游吉迈至唐乃亥和循化至兰州两段区间,该两段区间汇集了洮河、大通河、湟水、祖厉河等20多条支流,年水量达264亿立方米,占青铜峡年径流量80%以上。汇入宁夏段内的黄河支流、河沟年径流量3.62亿立方米,占青铜峡年径流量1.1%,其中清水河2.16亿立方米,红柳沟0.15亿立方米,山水河(苦水河)0.15亿立方米,其他沿河沟道1.16亿立方米。

根据青铜峡站多年洪水资料,大洪水多发生在七、九两月,八月份发生的多系一般洪水,因入夏以后,太平洋副高强盛,黄河上游地区幅合气流强烈，雨强度较大，常造成七月的大洪水；九月初北部冷空气南下，且较稳定，上游易于产生大面积连阴雨，而造成九月的大洪水。一般说，出现在七月的洪水，峰型较尖瘦，流量保持在5000立方米每秒以上平均为四天；出现在九月的洪水，峰型较肥胖，流量保持在5000立方米每秒以上平均为七天。就工程出险而言，九月份洪水因持续时间较长，堤防受洪水浸袭时间也长，因而发生的险情较多。本河段几次大洪水情况见表8—1

黄河青铜峡站洪水情况表 表8—1

洪水发生 年 月 日	青铜峡洪峰流量（米³/秒）	最大45天洪水总量（亿立方米）	流量在5000米³/秒以上（天）	流量从4000米³/秒涨到峰顶（天）
1943、7、10	5180	136	3	11
1946、9、16	6230	146	9	9
1964、7、29	5930	130	5	4
1967、9、13	5140	148	6	13
1981、9、17	6040（天然6700）	142（天然154）	6	8
平 均	5700	140	6	9

黄河宁夏段洪水的记载最早见于唐代，明代以后洪水记载逐渐增多。清乾隆四十八年在青铜峡大山嘴设立报汛水尺，建立报汛制度以后，洪水逐年有记载。1939年5月国民政府黄河水利委员会在青铜峡设水文站以来，洪水发生的情况，记载详细准确。现将历史上发生的大洪水辑录如下：

唐高宗仪凤二年（公元677年），“黄河大水，毁怀远县，三年于故城西更筑新城”（即今之银川市旧城）。

宋真宗咸平五年（1002年），“夏州旱，秋七月筑河防。……八月大雨，河防决，雨九昼夜不止，河水暴涨，……蕃汉漂溺者无数”。

宋徽宗政和元年（1111年），“秋八月，夏州大水大风雨，河水暴涨，汉源渠溢，陷长堤入城，坏军营五所、仓库民舍千余区”。

明太祖洪武十七年（1384年），“灵州守御千户所以故城为河水崩陷，唯遗西南一角，于故城北七里筑城”。

明宣宗宣德三年（1428年），“（灵州）城湮于河水，又去旧城东北五里筑之”。

明神宗万历十五年(1587年),“七月黄河暴发,将原修镇河堡西岔河大堤并拦水堤冲决”。

清顺治初,“灵州(今灵武)被水冲啮,因于河忠堡西岸挑沟以分水势,后河竟西趋,将河忠堡隔于河东”。

清康熙九年(1670年),“宁夏河溢,淹灵州(今灵武县城)南关居民”。

清乾隆四年(1739年)六月,宁夏“新渠、宝丰雨后水发,黄河泛滥围城,水深二、三尺,四、五尺不等,而夏、朔、平三县因老埂已经修筑坚固,田禾并无被水之处。”

清乾隆二十五年(1760年),五月“河水暴涨,崩岸陷堤,将近广武城。兵民惊恐,日夜防护。宁夏横城一带亦为河水崩陷,陕西总督急委河员来宁防治,发白马、张恩、渠口、铁桶等民加修葛家桥、贾家桥以远董家滩河埽码头,水始东行”。

清嘉庆七年(1802年),“宁夏府前次长水共一丈三寸后,又报七月十七日接长水一尺六寸……,向来黄河盛涨不过四五日必消,此次异涨经廿余日之久,濒河老兵民合称数十年来,从未见如此大水。……宁夏、宁朔、平罗、中卫、灵州等州县被淹较重之地二千七百五十顷”。

清嘉庆十一年(1806年),“宁夏县属之河忠堡,向在黄河东岸,本年雨水过多,河湖盛涨,黄河东徙,致将田禾庄屋,尽被淹冲,情形最为惨切,幸河水渐次而涨,居民近移高阜之地,尚未损伤人口,……又任春堡、王洪堡、王太堡、通贵堡四处沿河地亩、房屋多被浸淹,情形亦重。……宁朔县属之张亮、谢宝二堡秋禾被淹较重,冲刷房屋亦多。……平罗县属之西永固池、通城、通伏、通惠、万宝池、东通平等六堡,秋禾俱被淹浸,受伤较重。”

清嘉庆十三年(1808年),“据宁夏府申报,黄河于闰五月初四至十一日,共长水七尺三寸,廿五日长水二尺一寸,六月初二长水一尺二寸,计长水三次,共一丈六寸,已入峡口志桩刻迹”。“据中卫县禀报,河水泛涨,美利渠坍被冲并淹没二蒿洼等三处田庐。又据平罗县禀报,被淹市口堡等二十村庄,并冲断各堡堤埂。宁夏、宁朔、灵州三处陆续禀报,沿河庄堡六日内被水冲淹”。

清嘉庆二十四年(1819年),“宁夏府呈报黄河自五月初八日起至廿四日止,共涨水八尺二寸,已入峡口志桩八字二刻迹。又据宁夏县详称河水漫溢,被淹村庄四十余处”。

清道光十一年(1831年),“宁夏飞报,六月二十四至三十日三次长水已至十一字二刻迹。溯查历届报水从无如此之大”。

清道光二十九年(1849年),“宁夏府呈报,黄河水势于五月十六日泛涨起至十八日,陆续共涨水七尺四寸,廿七日又涨水三尺八寸,六月廿四日又涨水三尺一寸,连前共涨水一丈四尺三寸,已入峡口志桩十四字三刻迹”。“黄河水涨,冲圮猪嘴码头”。

清道光三十年(1850年),“黄河水势于五月初九日泛涨起至十二日,陆续共涨水七尺四寸,六月初八并十六日又两次涨水七尺七寸,连前共涨水一丈五尺一寸,已入峡口志桩十五字一刻迹”。“宁夏府阴雨,黄河涨水,黄花(渠)桥以北地区,全成一片汪洋,一般庄子都进了水,农田全部泡在水中,人来往靠船只,人畜死亡无其数,水落后除高杆作物,都叫水淹死”。

清光绪二十四年(1898年),“夏雨大且久,山溪到处盈溢,灌泻各川,汇入黄流,水势汹涌为数十年所未见。中卫县……六月初四、五、六等日河水涨发,两岸田亩房屋尽行冲入河内”。

清光绪三十年(1904年),“夏六月初一日,兰州一带连日大雨,灵州峡口河水陡涨,龙王庙被冲,并决长堤十数里”(据调查青铜峡洪峰流量达7450立方米每秒,相当于百年一遇洪水)。“七月宁夏河溢,四渠均决(指唐徕、汉延、惠农、大清)淹没民田庐舍无算。平罗石嘴山尤甚”。

民国23年(1934年),黄河至宁夏境……沿河一带到处漫淹,田庐漂没损失巨大,据报中卫、金积、灵武、平罗、磴口等县冲去村落一千余处,灾民数十万人,中卫、金积两邑灾情尤重。

民国24年(1935年),“八月一二等日天雨连绵,至五六两日,黄河水位竟涨一丈余尺,势极汹汹,遂将(秦渠)上下两河口中经修稳固三十年之石砌旧长坪冲断,而猪嘴码头以上石长坪同时冲断两处约十余丈,长坪下游之桩河堤坪,亦同时冲刷殆尽,河渠不分,以致秦渠水量过大,减水洞全开,犹退泄不及”。

民国32年(1943年),“六月,正当本省夏粮成熟时期,忽因上流(青海、甘肃)河水猛涨,致本省境内黄河水位高度升至1000.07米(黄海高程,以下同)横溢泛滥,浪涛汹汹,冲刷两岸良田,多至坍塌滩地或被淹没,或竟变为深流,禾苗草木,尽随波流以去”。青铜峡黄河本年最大流量5100立方米每秒。

民国35年(1946年)9月16日,青铜峡洪峰流量达6230立方米每秒,沿河两岸农田受淹面积达20多万亩,河东秦渠、河西汉延渠均遭决口,平罗县通伏、渠口大都受淹,永宁民生渠以东一片汪洋,黄河、秦渠相隔的细腰子坍段冲决几十丈，河逼夺渠。

1964年7月19～23日，上游大部地区普降大雨或暴雨，干支流洪水相遇，形成黄河宁夏段大洪水，7月29日青铜峡最大洪峰5930立方米每秒，流量在3000立方米每秒以上持续13天（7月24日至8月5日），沿河动员十万军民抢险。由于汛前修筑了堤防，汛期又积极防守，才未造成大灾。据汛后调查受淹农田3.69万亩，大部分为堤外河滩地，堤内基本农田共740亩，塌岸150亩，淹房700间，倒塌68间，造成陶乐、惠民渠改口，中宁七星渠和跃进渠进水困难。

1981年8月13日～9月13日，上游连降30多天连阴雨，总雨量超过历史同期值一倍，雨区出现几个中心，都在300毫米上下，降雨范围之广，连降天数之多，雨量之大，为有资料记录以来所罕见。青铜峡9月17日最大洪峰6040立方米每秒，流量在3000立方米每秒以上持续28天（9月7日到10月4日），接近50年一遇。实淹农田8.72万亩，其中成灾（减产三成以上）3.9万亩，淹房4500间，倒塌1200间，冲毁码关三百多座。中宁田家滩、吴忠陈袁滩、中卫刘庄、申滩等处防洪堤决口，损失较重。

自1939年到1988年的50年间，共发生4000立方米每秒以上洪水18次，其中5000立方米每秒以上大洪水5次（详见表8—2）。

青铜峡站发生4000米³/秒以上洪水统计表　　表8—2

洪水发生时间（年、月、日）	洪峰流量（米³/秒）	洪水发生时间（年、月、日）	洪峰流量（米³/秒）
1940、9、22	4340	1964、7、29	5930
1943、7、10	5180	1967、9、13	5140
1945、8、26	4420	1968、9、17	4220
1946、9、16	6230	1972、7、25	4020
1949、7、28	4940	1978、9、17	4240
1955、7、17	4590	1979、9、10	4220
1958、8、28	4120	1981、9、17	6040
1959、8、6	4270	1983、7、28	4440
1963、10、3	4050	1984、7、30	4630

第三节 防洪任务

宁夏段黄河洪水超过4000立方米每秒时，开始淹漫两岸滩地，洪水越大，淹没范围越广，灾害损失越重。根据黄河青铜峡站洪峰流量4220、6000、7310立方米每秒时的相应水位，绘出沿河两岸无堤或溃堤时可能淹没的范围，量得淹没面积分别为8.22(河东0.53，河西7.69)、55.35(河东28.87、河西26.48)、79.66(河东34.99，河西44.67)万亩。卫宁灌区沿河两岸包括中卫、中宁、青铜峡三县市的15个乡和国营渠口农场，10.84万人，17.6万亩耕地(基本农田13.47万亩，河滩地4.13万亩)。沿岸有美利、七星、跃进、羚羊寿等引水渠口，还有煤矿、瓷厂、砖瓦厂数处。长庆油田输油管道在中宁县鸣沙乡附近穿越黄河，中宁电厂在关帝乡河段有取水口两处，下河沿、莫家楼和石空为三处轮船渡口，其中石空渡口跨河交通有黄河公路桥，还有跨河高压线等。青铜峡灌区沿河两岸包括青铜峡、吴忠、灵武、永宁、银川、贺兰、平罗、惠农、陶乐九县市的29个乡，还有国营惠农农场及各县市农场、农牧场、五七农场等28个单位，共计12.95万人，41.91万亩耕地(基本农田30.98万亩，河滩地10.93万亩)。沿岸渠道左岸(西岸)有西干、唐徕、汉延、惠农、泰民等渠引水口，右岸(东岸)有东干、秦、汉、马莲等渠引水口及陶乐扬水渠道。跨河交通有黄河青铜峡铁桥，叶盛公路桥，石嘴山公路桥及陶乐县马太沟轮船渡口，还有跨河高压线及电话线多条，均为防洪的保护范围。

汛期防护重点段由上而下有：一、中卫县镇罗乡刘庄防洪堤，关系到跃进渠及包兰铁路的安全，1981年汛期堤防决口，洪水冲入跃进渠，危及包兰铁路的安全，当时组织军民抢堵才未造成大的灾害。二、中卫县申滩混凝土灌注桩护岸工程长800米，保护着七星渠及同心扬水工程的安全。三、中宁县战备塀上下的朱滩、黄斌险工段，保护中宁石空黄河大桥和县城安全。四、青铜峡细腰子塀蔡家河口段，是历史老险工。黄河与秦渠仅一堤之隔，鹰嘴码头至蔡家河口3.2公里一段，当黄河洪峰流量超过5000立方米每秒时，水位即高出河东灌区地面，如溃决将严重威胁青铜峡、吴忠、灵武三市县的40万人民生命财产安全。五、吴忠市叶家洼子、秦坝关、古城湾险工段，秦坝关河床距秦渠仅50米，此处塌岸有待治理。六、永宁县望洪乡东升险工段，保护着包兰公路、惠农渠和望洪镇的安全。七、陶乐县沙拐湾险工段，保护着扬水站，此处顶冲塌岸，侵蚀良田，有待加强。八、石嘴山旧市区防洪堤，当黄河洪峰流量达5660立方米每秒时水位超过市区地面0.8米，如溃堤将淹没市区。

根据以上防洪要求，提出以防御青铜峡站6000立方米每秒的洪水为标准，进行修防。

第四节　堤防工程

据清乾隆《宁夏府志》卷八记载，雍正年间因“惠农渠迫近河岸，恐河水泛涨，渠被冲决，沿河筑堤以护之”。“旧堤埂原开惠农渠筑，起宁夏县王太堡至平罗县石嘴口，长三百五十里；新堤埂乾隆三年（地震后）修复惠农渠时筑，起宁夏县王太堡至平罗县北贺兰山坂长三百二十里”。为保护惠民、利民二渠，陶乐县于清朝末年沿河修筑防洪堤。历史上沿河群众多自发修筑堤埂，拦挡洪水，保护农田、村庄。建国后，将群众自发修筑的局部小堤，发展为国家主办以防洪为主的顺河长堤。1963年前，每年汛前沿河各县市都要组织群众整修和增修堤防。1964年按防御6000立方米每秒洪水标准，组织技术人员勘测设计防洪工程，并责令沿河11个县、市，组织劳力，分段包干，按统一规划设计标准修建防洪堤，当年汛前完成堤防280公里。由于“文革”十年动乱，防洪堤多处遭到破坏，1981年9月大水来临前，沿河各县市组织劳力整修防洪堤257公里，新修堤防167公里。汛期大水时，由于汛情预报准确及时，组织得力，未造成重大损失。

1982年春，中央拨给宁夏防洪抢险费800万元，除抢险民工生活补助及防洪物资等项开支239万元（包括常年防汛抢险费100万元）外，其余561万元全部用于修筑防洪工程。按《宁夏黄河整治规划》所定防洪标准设计洪峰流量6000立方米每秒（相当于二十年一遇），校核洪峰流量7310立方米每秒（相当于五十年一遇），确定河岸线、防洪堤线及堤顶高程，要求高出1981年9月最高水位1～1.2米，内外侧坡1：2，堤顶宽一般4米，每公里设15米长的会车道，险工段堤顶宽7米，共计修成新堤长146公里，土方221万立方米，加固原有防洪堤长254公里，土方192.45万立方米。此外还加高了防止倒灌淹漫的主要排水沟埂44.39公里，土石方33.85万立方米，共用工日224万个，使用机械台班9311个，完成土石方447.03万立方米。同时，还修成过堤涵洞、桥梁、退水闸和渡槽等建筑物115座，浆砌块石8457立方米，混凝土462立方米，在堤内外30米内营造了护堤林带。沿堤埋设了控制断面桩和里程碑。

1982年大规模整修新修防洪堤后，沿河11个县市都及时建立起堤防管理所，负责本县市境内的堤防管护和沿堤绿化。两岸现有防洪堤共长447公里，其中左岸堤长266.9公里，右岸堤长180.1公里。左右岸堤防依地势高低而筑，中间断续不连贯。历来是全区最险要的青铜峡细腰子坍，经修复加固后，堤顶宽由3米左右增为7至10米，其他险要段，如关系到包兰铁路和渠道安全的确保堤防，经整修加固，也达到了设计要求。现有黄河堤防保护着沿河两岸100多万人口和400多万亩农田的灌溉。（宁夏黄河堤防主要指标见表8—3）

宁夏黄河堤防情况表　　表8—3

分类 名称	主河道长度（公里）	堤防长度（公里）	起止地点	建成时间	防洪能力（米³/秒）		说明
					设计	校核	
卫宁灌区	119.2	168.6 左岸85 右岸83.6	下河沿～青铜峡水库	1964年建成 1981年重建 1982年整修	6000	7310	堤顶宽：平工段4米，险工段7米，内外边坡1：2
青铜峡灌区	190.0	278.4 左岸181.9 右岸96.5	青铜峡～石嘴山	1964年建成 1981年增建 1982年整修	6000	7310	堤顶一律高出1981年洪水位1～1.2米，顶宽一般4米，险要段7米，内外边坡均为1：2
合计	309.2	447 左岸266.9 右岸180.1	下河沿～石嘴山		6000	7310	

第五节　河道整治

黄河干流宁夏段，全长397公里，其中与甘肃、内蒙古共有河段长56公里，即入境段17公里，出境段39公里。河道高程：入境1272米，出境1071米，总落差201米，平均比降0.51‰。河道流向，从入境至支流红柳沟汇入处，基本自西向东，红柳沟至出境大致由西南流向东北。河道宽度，从入境至青铜峡基本为河谷型，长124公里，河槽较窄，枯水期水面宽200～300米，洪水期展宽10倍，达2000～3000米；青铜峡至石嘴山基本为平原型河道，长194公里，河槽宽浅，枯水期水面宽300～500米，洪水期宽达3000～4000米。

宁夏黄河属冲积河床，河槽横向和纵向是多变与发展的过程，小水时水流归槽，流向变曲，水流曲率大；大水时主槽对水流的约束作用减小，流向趋于顺直。宁夏段内有大小河心滩约150个，有“三十年河东，三十年河西”之说，主槽横向摆动频繁。纵向变化与来沙量和挟沙能力有关。从入境至青铜峡河床以砂砾石组成为主，青铜峡至出境以砂砾石和砂质组成为主。从1964年和1981年两次大洪水比较可知，除中卫申滩至青铜峡库区有淤积外，其它段基本稳定。申滩至青铜峡101公里，水位抬高0.8～1.1米，行洪能力减少41%。主要原因一是卫宁灌区沿河群众围河造田，束窄河道；二是青铜峡库区淤积，抬高水位，河道比降变缓。

一、治河工程演进

《后汉书》西羌传记载：东汉顺帝永建四年（公元129年）尚书仆射虞诩使谒者郭璜激河浚渠为屯田，此为以石筑堤修渠引水，防止河水冲刷的最早记载。所谓激河，是以船载石趋于工程地点，在急流中推石下沉，在水中形成潜坝或顺河引水堤，起护岸防冲、抬高水位的作用，历代相沿。宁夏各古渠首都采用这种方法修建“迎水长㮾”，维护河岸免遭河水冲塌，至今卫宁灌区渠道因系无坝引水，仍在采用。

北魏太平真君五年（公元444年），刁雍为薄骨律镇将时，在富平南三十里、河西古高渠之北八里、分河之下五里平地凿渠，并采用了堵截西河的办法以抬高水位。《刁雍传》说：“今求从小河（西河）东南岸斜断到西北岸，计长二百七十步，广十步，高二丈，绝断小河”。这是见诸史册筑坝截河的较早工程，它是采用草土混合修筑的拦水土坝，后来逐步发展为草土护岸和草土逼水码头等。

用石料护岸防冲，始见于明末天启年间。据《灵州河堤记》说：“灵州濒河而城，岁费薪夫数千以御河……壬戌，河大决，居民屡夜惊，议他徙，而张公（九德）谓曰：河能徙城，人独不能徙河乎，公相度水势，从十里外倡建石堤，乃大兴石堤之役，而议者纷谓滨河皆流沙，不受任石，恐卒无成功，适旋筑旋溃，众口愈嚣，公坚持之曰：此根虚易倾耳，水岂能负石而趋耶，益令聚石投之，一日尽八百艘，三日基始定。于是从南隅实地始垒石为堤，首四十余丈，用遏水冲，继以次迤而西北，其垒石亦如之，计堤长六千余丈，功甫成，而河西徙复由故道，视先所受啮地淤为滩，可耕可艺，去城已十数里矣。是役也，经始于天启癸亥之正月，告成于天启乙丑之四月，凡费时二年有半，费金九百一十有奇。费米麦六十石，而贮尚有余”。张九德以石筑丁坝挑流与顺坝护岸相结合的方法，收到了效果，后世多效法之，是治河工程的一大进展。

清康熙四十八年(1709年)，宁夏水利同知王全臣在修唐徕渠口时，“于黄河内，筑迎水坪一道，用柳囤数千，内贮石子，排列而行，中间用石块柴草填塞，上复用草石加垒，过于水面，更用大石块衬其根基，其坪宽一、二丈，高一丈六、七尺不等，自观音堂起至石灰窑止，共长四百五十余丈，逆流而上，直入峡内”。使用柳囤就地盛集卵石，施工方便，取料容易，适应变形，此乃石笼治河抗冲的前身。

青铜峡出口黄河右岸原秦渠口下的猪嘴码头，为清康熙年间创建，对保护秦渠安全作用甚大。道光二十九年(1849年)，河水暴涨冲圮失修，至光绪三十四年(1908年)宁夏道陈必淮上书督宪修复，“……共计码头袤长八十丈，高四丈，外裹厚石，中实土薪，斜插河中，隐隐然有撑持东南半壁之势”。修复工程费银一万二千余两，摊柴三十万束，历经以后不断加固维修，迄今码头仍屹立河边，护岸导流，作用显著。施工技术较前有所改进，水下部分，选沉大石稳定基础，水上部分对茬干砌，以草塞缝，植柳固岸，增强了抗冲能力。

1933至1943年间，沿河各主要县皆设有河工处，专事防洪治河护岸之事，在中卫县境内，有大坪湾、新墩、镇靖、孟家河沟、大胜湾、黄白寨子、张家湾等处；中宁县境内有俞丁村、石空堡、枣园堡、大胜咀、渠口堡、张恩堡等处，宁朔县境内有王洪堡河工。金积、灵武两县境有猪嘴码头、上下蒋家湾、古城湾等处。

治河护岸所采取的方法以抛石、砌石码头为主，利用长丁坝挑流、短丁坝组护岸的布局，对于保护渠路、庄田，颇见成效。

自建国以来，治河工程发展很快，到1987年，沿河两岸修建码头(丁坝)共达900余座，国家补助治河资金7046.6万元，连同群众自筹劳力、物料费，超过一亿元。在治河技术上，开始沿用前人旧法，即以投石激河之法，修建码头，往往事倍功半。1958年采用铅丝笼，1964年采用四面体抛修防御工程，对于防治塌岸、稳定河床，起到较好的作用。

治河之术，有待研讨之处甚多，1981年黄河大水之后，曾试以压力灌注桩、水力冲桩及混凝土灌注桩法，经数年考验，虽仍不能防止急流淘刷土岸和冰凌撞击，但桩体可以原地存留不动，并起到一定的挑流作用，今后还需继续改进。

二、整治工程

为加速宁夏段黄河治理工程,避免盲目性,于1979年提出宁夏黄河河道整治规划,整治的原则是:结合现有河势及工程设施,因势利导,上下游左右岸兼筹并顾,局部利益服从整体利益。整治的标准是按流量6000立方米每秒设计,7310立方米每秒校核。

沿河现有险工段,均是整治河道的组成部分,与30年代对照已有显著变化。昔日的险工,有的已远离河岸而变为良田,有的淹没于青铜峡水库,有的至今仍为险工,也有因河床摆动原非险工而今成为新险工。现有整治的主要险工是:

(一)细腰子塀险工　在青铜峡出口右岸,为保护秦渠进水口及渠首段渠身的安全,自清康熙年间修猪嘴码头起,经历代修葺,险工逐渐下移,相继出现漕河滩、上下蒋家湾、蔡家河口等处险工,共长达7.8公里。民国24年秋后涨水,河水决堤入秦渠,渠民倾力抢修,筑成新堤,中间细瘦,堤顶仅容单车过往,群众形象地称之为"细腰子塀"。由于险段位置居河渠之要冲,工程安危关系秦渠的存废,1964年黄河大水之前,自治区水利局选派有经验的河工李景牧等,动员民工千余人,采用铅丝笼装块石加固基础、块石砌护坡面的方法,共用块石1.6万立方米,当年安全渡过了大汛,但经几次滑塌"细腰"仍未消除。1978年的一次大滑塌有近30米长的一段护岸连同堤身滑塌河内,形同决口,紧急抢护才未成灾。1981年9月黄河大水后,按防御6000～7310立方米每秒洪水设防,确定坝顶宽7～10米,高出最高洪水位1.5米,分为四段连续施工两个冬春,计鹰嘴码头段长1.7公里,漕河滩段长1.3公里,猪嘴码头段长2.28公里,蔡家河段长2.52公里,共长7.8公里。计完成土方50000立方米,抛护混凝土四面体1524立方米,铅丝笼装块石9072立方米,国家补助工料费37万元。经过连年加固,目前黄河主流逐渐西移,淘刷减缓,"细腰"亦变肥,形成双车道,坝顶铺石子,堤外植树,既便于行车也防风蚀。

(二)永宁望洪险工　望洪堡之东南,包兰公路及惠农渠紧邻黄河,1935年河道西移,危及干渠和公路的安全,当时宁夏省建设厅专门成立河工处抢修,建成挑流码头六座。未几,码头全被洪水吞噬,前功尽弃。次年春建设厅长李翰园调动军工裁弯改道,主流东趋,险情解除。

1978年黄河主流再度偏向西岸,两年相继抢护,见效甚微。1981年春季涨水,险情扩大。9月,黄河大汛,奋力投掷铅丝笼块石20000余立方米,抛混凝土四面体100块,均被淘入河中。1982年春,趁黄河枯水季节,部署修建码头五座,另以灌注混凝土桩试验,桩深入黄河高水位以下22米,桩径40厘米,间距1.5米,顶端用横梁连系,共长800米。经大水冲刷之后,证明桩虽孤立于距岸20米左右的水中,但能减缓流速,挑顺河流,其作用如同防风林带,而在桩间所修五座码头得以保存。近期河势东移,流态顺直,形势有所好转。

(三)永宁东升险工　1977年东升村开始出险,1979年塌断民生渠长300余米,距惠农渠东升桥仅200余米,迫于应急,部署修作大码头五座。经大量投掷铅丝笼块石万余立方米,随投随陷,除一、二、三号码头外,余均走失。有的护岸被冲塌后退,连修三次仍未站住,不得已采用裁顺河湾之议,历时一冬春,两次开挖引河顺道。原河道弯曲长度6.4公里,水面比降1/8700,采用裁弯取直的方法,裁直河段长2.4公里,开挖引河宽50米、深2～3.5米,比降1/3200,利用水流冲刷力扩大直河段的过水断面,使主流东移,原弯道内已淤积成滩,河道已远离惠农渠3公里余。本段险工先后投资近300万元,裁弯费用只占十分之一。东升裁弯后,上游的北滩,下游的通贵、星火及陶乐的红旗码头,平罗的灵沙等急弯塌岸,逐渐缓和趋于顺直。

三、拆除阻水工程

胜金关至泉眼山河段,左岸属中宁县,右岸属中卫县。70年代初,两岸各自为政,与河争地,修建丁坝,互不相让,县、乡领导也暗中支持,两岸矛盾逐年加深。1981年大水前,修成超规划线码头有:右岸张洪一、二号,马滩一、二号及红崖等五座;左岸千棵柳、永兴一、二、三、五号及小将坪等六座。每座码头长100米至300米不等,其中左岸之小将坪与右岸之马滩一号坪相对峙,河面宽度只有360米;北岸之千棵柳、永兴一号码头与南岸之张洪二号码头挑流最烈。随着矛盾的加深,坪长也在逐步向河内延伸,有令不行,有禁不止。9月,黄河大水来临,长坪上下,水位相差1.5～2.3米,北岸刘庄河堤决口,中宁永兴堡惨遭水灾,冲坏粮田二千余亩,河心滩村庄、农田均被水淹,河南田滩及康滩堤决口,大水淹及中宁县城郊,黄河绕道至莫家嘴汇流,毁稻地一万三千余亩。1982年自治区水利局汛前检查黄河行洪障碍,按规划线划定违章码头拆除长度,每座码头给于拆除补助费3000元,召集两县有关负责人商讨,限期拆除。由于两县互相猜忌、观望,均未按决议执行。

1983年7月下旬预报黄河洪水流量将超过4000立方米每秒，如不及时拆障，恐蹈1981年水灾覆辙。自治区防汛指挥部乃组织区、地两级拆障监督小组，会同两县及社队有关负责人员，现场监督执行，在7月25日及27日间，相继拆除两岸码头九座。南岸张洪二号及北岸永兴五号，因影响新堤安全，同意留待低水期拆除，直至1984年7月才告完成。行洪障碍拆除之后，河流较前顺直，水位下降，流态平稳，冲淘逐渐缓和。

黄河整治规划原拟定河道裁弯15处，重点护岸工程391处，防洪堤447公里，全部投资4150万元。除防洪堤已于1982年基本完成和险工段细腰子拼加高培厚，永宁东升河段已裁弯取直外，其他工程因经费不落实，尚未实施。

第六节 防汛抢险

1959年前，沿河各县市在每年汛前都组织有以当地党政军（县人武部）主要负责人参加的防汛指挥部，配备专人昼夜值班，传递水情，全面负责县境河段的防汛工作。沿河各县均成立有以基干民兵为骨干的抢险队伍，当黄河流量增至3000～4000立方米每秒时，抢险队伍驻堤巡逻，监视水情，抢修险段。县市直属各单位负责做好防汛运输、通讯及物资、生活供应等准备工作。

1959年自治区成立防汛指挥部和防汛办公室后，每年汛前都要视预报洪水情况，组织工作组或派人到沿河各县市检查新修防洪工程质量，鉴定原有防洪工程抗洪能力，同时检查防汛组织是否落实，抢险物料是否齐备等防汛抢险准备工作。汛期注意做好汛情传递，发现险情及时处理，从而有效地减轻了洪水灾害。兹将1964年及1981年两年宁夏段黄河大水抗洪抢险情况摘要记述如下：

一、1964年黄河大水

1963年汛期黄河青铜峡洪峰流量4054立方米每秒，淹没稻田4094亩，青豆及其他作物17043亩，毁民房315间，码头32座，渡槽1座。汛后自治区党委指示水电局组织力量查勘，摸清沿河险工情况。下河沿至青铜峡，险工段共计68处，其中受洪水淹没的11处，洪枯水期间塌岸的57处，有的严重威胁着渠道安全,而且还有土堤约50公里断续不连,只能拦挡小洪水漫滩。青铜峡至石嘴山,塌岸险工7处,均无工程设施,虽有堤防127.5公里,但缺乏统一规划,堤防弯曲断续,低矮单薄,只可防御4000立方米每秒以下洪水,抗洪能力较低。

1964年春国家气象局预报黄河汛期有大水,自治区党委专门讨论了防汛问题,指示1964年必须把堤防修建到抗御20年一遇的洪水6000立方米每秒,个别重点地段如青铜峡和石嘴山市区等处,要提高到能抗御50年一遇洪水7000立方米每秒以上。责成水电局勘测设计堤防工程,又指示沿河各县市组织劳力包干完成本县市境内防洪堤。4月下旬即在长达200多公里的沿河两岸地段先后开工,到7月中旬全部完工,共整修加固和新修堤防280公里,修做土石方280多万立方米,使用民工58万工日。区防汛指挥部在接到兰州预报,洪水将超过6000立方米每秒的电报后,于7月24日夜召开电话会议作了紧急动员,三天时间就从沿河11个县、市、自治区直属单位及当地驻军组织起十万人的抗洪大军,进入防汛抗洪第一线。7月29日青铜峡洪峰流量最高达5930立方米每秒,为中华人民共和国成立以来宁夏段首次大洪水。在大水期间抗洪大军日夜奋战,不仅加固了薄弱堤段,而且加筑了许多补充性防御工程,在青铜峡和石嘴山打了两个硬仗,堵住了决口,制止了洪水危害。大水期间,将正在施工的青铜峡枢纽炸开上下围堰过洪,估计流量超过7000立方米每秒,导致黄河左岸决口,水入原唐徕渠,严重威胁到河西各大干渠的安全。自治区政府副主席马玉槐和水电局、工程局领导商定,闸堵原唐徕渠施工的便桥,抢堵决口。工程局用钢梁横在两墩之间,形同底槛,老水手用闸木塞柴,阻挡大水进渠,用枢纽施工现场的大吊车接转堵口物料。经过三昼夜奋战,堵住了决口,转危为安(汛期过后重新恢复围堰,清除基坑淤积约20万立方米,影响工期半年以上)。石嘴山市园艺场一段堤防单薄,大水一来就冲开决口,当即堵住。为保住市区安全,决定按地形另建第二道防洪堤,并将市区街南的居民、物资搬迁到街北高处。7月23日开始修筑第二道防洪堤,长4公里,高3米,顶宽4米,在基本完成时一线老林业站有两处于31日夜溃堤,几十人被困在断堤上。在决堤当天上午,正在石嘴山防洪的自治区水电局党委书记冯德厚,检查该段堤防时看有决堤危险,随即与市委书记杨正喜商定,将渡口船只调来抢险,当晚接渡了被围困的几十人和其他物资,幸好筑起的第二道防线起了作用,洪水过后未遭损失,群众说:“共产党料事如神”。

在十多天的防汛抗洪中,自治区和各县市的工交、财贸、文教、卫生等部门，也参加了这场斗争。供销、物资部门把所有适用于防汛的物资，向防汛指挥部交了底，听候调用。交通运输部门组织了专门车队，铁路运输部门增开列车，为运送防汛物资和人员服务。邮电部门在7月上旬即检修了线路，并架设了一百多公里为防汛所用的新线路，增开了从银川直达各重点地段的无线电路10条，安装了数十架电话交换台和无线电台。商业部门调集了大批防汛器材和生活用品，送货上堤。卫生部门动员了大批医药和医护人员，上堤巡回医疗。特别是中国人民解放军驻宁部队，在防汛抗洪斗争中，指到哪里，打到哪里，吃苦耐劳，不畏艰险。由于众志成城，前方后方一条心，从而夺得了这次防洪斗争的胜利。

二、1981年黄河大水

1964年修筑的防洪堤，由于“文革”十年动乱，破坏严重，有的堤段因河道摆动而塌毁，有的堤段被人夷平为田，已不能发挥整体的防洪效用。1980年6月16日，人民日报报道：“黄河流域防汛工作要抓早抓好，黄河中下游近年来连续干旱，去冬以来气温偏低，雨量稀少，气候异常是发生大洪水的征兆”。科学家认为近期是太阳黑子活动的高峰期，对一些江河发生洪水，将有较大影响。针对这种情况，自治区政府于1981年4月22日和7月13日先后发出紧急通知，要求沿河11个县市抓紧做好防御黄河可能出现大洪水的准备工作，并下拨92万元用于重点河防工程。7月26日自治区政府又批转了水利局制订的“大战30天，按防御1964年5930立方米每秒洪水设防修复防洪堤”的渡汛计划。水利局领导立即奔赴青铜峡、永宁等重点险段，帮助整修加固，落实渡汛计划。9月初，沿河各县市已修复加固旧堤防257公里，又新建堤防167公里，从而恢复了堤防防洪的整体效用。9月初黄河上游降大雨，10日刘家峡水库蓄水位超过限制水位2.46米，六天之内入库流量由4000立方米每秒增大到5240立方米每秒，出库日平均流量为4950立方米每秒，17日青铜峡出现洪峰6040立方米每秒，超过1964年洪水（若无龙羊峡水库施工围堰的调蓄，这次洪峰将近6700立方米每秒）。

在大水到来前，自治区政府于9月9日召开了抗洪紧急电话会议，部署防洪抢险工作。11日自治区政府发布了防洪抢险第一号命令，各级党政军负责人立即奔赴抗洪抢险第一线，组织广大军民，奋起抗洪。沿河11个县、市分片划段专人负责，一面检查堤防，摸清险情，清除隐患；一面抽调车辆，运送抗洪物资，架设通讯线路，及时传递汛情。12日上游水势续涨，自治区政府发布了抗洪抢险第二号命令，要求必须按照6000立方米每秒洪水设防，7000立方米每秒洪水准备，军民齐动员，全力以赴投入抗洪斗争。在16日最大洪峰进入宁夏前，已将多数堤防加高一米左右，青铜峡以下各县、市还增设了第二、第三道防线，九个重点险要河段都派出军队，实行军民联防。对防线外危险区的人员，事先已有秩序地安全转移，对可能淹没的庄稼及时抢收抢运。16日大洪峰来临后，军民同心协力，顽强固守，一处出险，各方支援，立即抢护。中卫刘庄河堤决口20多米，洪水涌进跃进渠，危及与渠平行的包兰铁路。自治区政府主席马信闻讯赶赴现场，会同自治区水利局、中卫县的领导与技术干部，立即制订出抢险方案，当即在胜金关扒开跃进渠右堤，使大水回注黄河，并组织起2300人的军民抢险队伍，奋战七昼夜，堵住了决口，保证了包兰铁路的安全通车。中宁县田滩堤防决口300米，淹没康滩渠，直奔备战埂，导致下段决口，洪水经莫家嘴入河，严重威胁县城安全。当即组织近4000人，于两天内修成第二道防线，并协助险工地区居民转移，才免遭重大损失。吴忠市柳条滩和扬滩堤防决口，抢堵不及，淹没中滩泰民渠以东秋作物10115亩，毁农田1300亩，淹倒房屋1389间，冲坏码头14座，毁坏防洪堤13公里。永宁县望洪堤出险，某炮团指战员跳进齐腰深的水中，筑成人墙，奋力抢堵，化险为夷。石嘴山洪峰流量5660立方米每秒时，洪水位高出市区地面0.8米，高出铁路支线0.4米，第三排水沟倒灌15公里，沟内水位比农田高出一米多，情况危急。自治区政府副主席李庶民，会同石嘴山市和自治区水利局的领导沉着指挥，组织二千多名战士、农民和职工，驻守在6000米长的堤防上，每10米设一岗，岗哨附近均备有装土草袋，并在砖瓦厂险堤外坡增筑了二道台阶，加了土牛，在堤内坡增置了防风浪设施，同时清除了埋藏在堤防内的碎砖、炉渣，另换新土夯实。第一道防洪堤大部被河水冲垮，洪水漫过堤埂，直向第二道防洪堤扑来，威胁整个石嘴山市区安全。防洪指挥部立即动员人力加固第二道防洪堤，保卫了煤城安全。第三排水沟低洼地带燕窝池、高庙湖等处填方段外坡脚出现滑坡，十分危急，驻军赶来用草袋培砌，方转危为安。

这次大水，中卫下河沿以上，河渠不分，一片汪洋，渡口中断(宁夏境内所有船渡均中断)。洪水位距青铜峡铁桥桥面仅0.8米，桥西墩坍陷不止，紧急抛石抢护。叶盛黄河公路桥亦告急，曾将黄河桥西的土堤用推土机推开，拟分洪入西河便道，以减轻主河流量，后因水未再涨，才未分洪。

在二十多天的防汛抢险中，有近20万人上堤，万众一心，迎战洪峰。幸好宁夏境内行洪期间天晴无雨，加之汛情传递准确及时，区水文总站每天把水情公报送有关单位，并在宁夏日报和人民广播电台发布，为防洪抢险部署提供重要依据。沿河堤防发现险情及时抢护，发生决口，立即抢堵，堤防加人防，大大减轻了灾害损失，夺得了宁夏抗洪斗争史上一大胜利。

为总结这次抗洪抢险斗争的经验教训，认真完成善后工作及加强堤防管理，自治区政府于10月15日在银川召开了全区抗洪胜利表彰大会，表彰637名先进集体和个人(两次大水情况见表8—4)。

1964年、1981年黄河宁夏段洪水情况表　　表8—4

站　名	1964年洪峰		1981年洪峰		水位涨差（米）	河床冲淤（米）	备　注
	水位（米）	流量（米³/秒）	水位（米）	流量（米³/秒）			
下河沿	1235.17	5980	1235.19	5780	0.02	淤0.2	水文站
申　滩	1216.13	5980	1216.81	5780	0.68	淤0.8	
千棵柳	1198.97	5980	1199.94	5780	0.97	淤1.1	
康　滩	1180.75	5980	1181.58	5780	0.83	淤1.0	
白　马	1159.40	5980	1160.31	5780	0.91	淤1.1	
青铜峡	1138.73	5460	1138.87	5870	0.14	冲0.1	水文站
通　桥	1109.20	5460	1109.24	5870	0.04	淤0.1	
红崖子	1093.40	5440	1093.51	5660	0.11	冲0.1	
石嘴山	1091.42	5440	1091.89	5660	0.47	淤0.2	水文站

第二十九章 防 凌

第一节 凌汛灾害

中宁县枣园以上139公里的黄河河道，因坡陡流急，为不常封河段，以下260多公里，河宽流缓，为常封河段。封河一般在“大雪”以后开始，自下而上日进数里至十数里不等。封河的速度与位置，随气温的高低，流凌的稀稠而别，冷冬封河最上可达下河沿，暖冬则不过枣园。中华人民共和国成立以来，1954年和1966年两个冷冬封河年曾至下河沿；1967年和1968年青铜峡、刘家峡两座水库蓄水运用后，黄河水温、流量、流速都发生了变化，不常封河段由中宁县枣园下延20多公里到新田，青铜峡坝址下游附近从1966年冬季也开始不再封冻，以下不常封河段延至永宁县望洪乡一带。

据石嘴山水文站观测资料，石嘴山平均在11月24日开始流凌，12月26日封河，次年3月7日开河，多年变幅在40天左右，冰厚0.5米左右。青铜峡和刘家峡两水库蓄水前，始凌期石嘴山比青铜峡早5～20天，比下河沿早10～30天，封河期石嘴山也比青铜峡早5～10天，比下河沿早20多天。青、刘两库蓄水运用后，始凌期石嘴山比青铜峡早5～50天，比下河沿早10～70天。

封、开河日期，沿河顺序变化。封河自下而上游，开河相反为自上而下游，区内这种顺序上下相差天数为：封河5～30天，开河5～40天。在顺序递变中，封河时的永宁望洪乡和石嘴山两处，有时偏迟10多天，中宁枣园乡有时偏早几天；开河时贺兰潘昶乡上下，有时分别早或迟5～10天。区内黄河这种封开河顺序，对凌汛涨水过程起着加大作用。凌汛期遇冷空气活动频繁的年份，或遇强寒潮袭击，弯窄河段常易堵冰结坝，冰坝和冰塞都将造成壅水淹没灾害。宁夏河段一般凌汛年份灾害不大，冷冬年份灾害较重。水库蓄水运用后，冰情有所减轻。宁夏河段1954～1955年、1956～1957年、1966～1967年、1967～1968年、1973～1974年等冷冬年份，均出现过冰坝（塞）灾害。（见图8—2）

冰坝大都在开河期出现，1967年3月开河时，青铜峡至石嘴山河段内

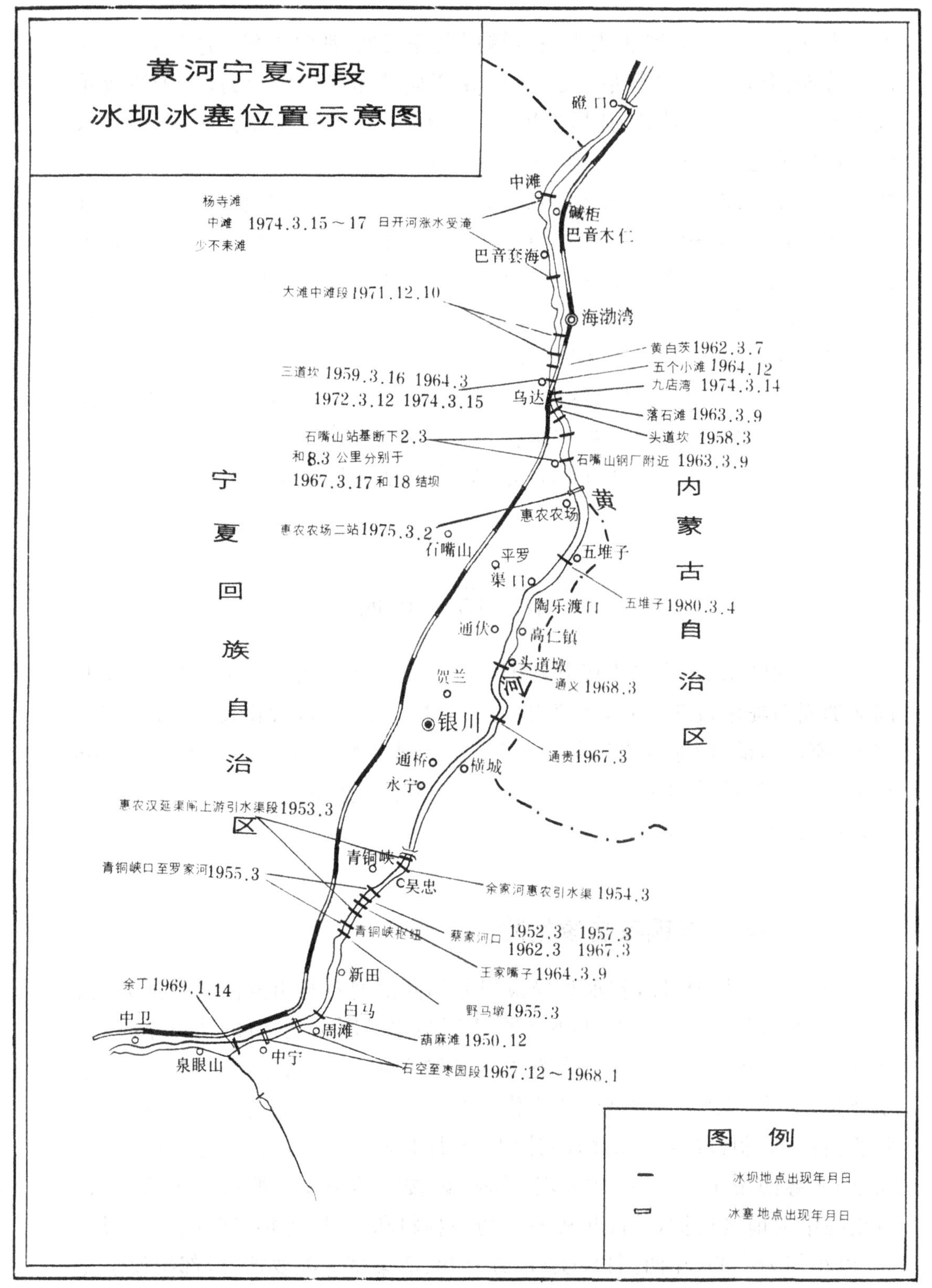

图 8—2 黄河宁夏河段冰坝冰塞位置示意图

有蔡家河口、通贵、石嘴山水文站至钢厂段等三处，都曾出现过冰坝，是历年冰塞分布河段较长，处数最多的一年，由于防凌抢险措施得力，幸未造成重大灾害。1974年3月开河时，平罗县的通福乡由于冰塞，水位抬高，历年未曾淹过的滩地，皆被水漫。3月14日石嘴山水文站处开河，下游阿左旗巴音牧仁公社扬寺滩处，水鼓冰开，结成冰坝，垮后下游复结，坝长5～7公里，坝高约3米，壅水5～6米高，河心滩受淹，危及滩上居民生命财产安全。自治区水利局副局长薛池云3月16日得到告急电话后，立即赶赴现场指挥营救。宁夏军区及驻宁5411部队出动车队，自治区及灾区附近内蒙古26个单位积极支援，由兰州、北京两军区派来六架直升飞机临场营救。至17日下午，经8小时抢救，被冰凌围困的431名群众得以安全脱险。这次凌汛，共淹地4000余亩，倒房260间，损失粮食1万余公斤。

1950年以来宁夏河段历年冰坝(塞)灾害情况见表8—5。

第二节　防凌抢险

防凌如同防洪，中华人民共和国成立后这项工作得到大力加强。防凌期间除加固旧堤增设新堤外，还使用炸药、大炮、飞机等现代化技术手段，炸开冰坝，疏通河道，消除壅水现象。1955年3月青铜峡及1967年12月至1968年2月中宁的防凌抢险，是1950年以来宁夏防凌抢险最紧张的两次，由于措施得力，灾害损失大减。

一、1955年青铜峡防凌抢险

1955年2月19日，省水利局银川分局向沿河各县市发出紧急通知，指出去冬天冷，最冷时达摄氏零下32°，黄河结冰又厚又宽，有的地方结冰八、九分米，比往年厚一倍以上。入春以来气候变化较大，弯窄河段已有集结冰坝征象，要求抓紧时间做好防凌工作。26日在银川召开防凌紧急会议，组成防凌指挥部，制订出统一的防凌计划。3月2日防凌指挥部进驻第一线(宁朔县)领导防凌工作，一面在大坝、小坝、陈俊堡等地发动群众组织防凌队，日夜在沿河地区巡护，一面积极备运防凌物料和工具。为加强防凌的情报工作，以小坝为中心，在西河口、峡口、方家巷、清渠亭等险要地方，都架设了专用电话，并安装了发电机和照明灯，以利抢险。10日气候突变，开河冰凌壅

黄河宁夏段1950年以来历年冰坝(塞)灾害情况表

表8—5

年份	地点		结成时间(月日)	消失时间(月日)	结坝				壅水高度(米)	消失原因	淹没范围		受灾人数	损失柴草(万斤)	损失粮食(万斤)	被冲房屋(间)
	县	地名			历时(小时)	长度(米)	宽度(公里)	高度(米)			耕地(亩)	林场(个)				
1950年	中宁	葫麻滩	12				0.5						(3户)			
1952年	青铜峡	蔡家河口	3		约130			3		炮击开						
1953年	青铜峡	惠农、汉延渠口闸上引水渠	3													
1954年	青铜峡	余家河惠农渠引水渠	3													
1955年	青铜峡	峡内野马墩	3				3									
	青铜峡	峡口至罗家河	3			800	6	3		炸开						
1957年	青铜峡	蔡家河口	3		100											
1958年	石嘴山	头道坎	3			150	1	2		拖开						
1959年	阿左旗(内蒙)	三道坎	3、16	3、17					2	拖开						
1962年	青铜峡	蔡家河口	3		约60											
1962年	阿左旗(内蒙)	黄白茨湾	3、7				1	3	4	炸开	1700					200
1963年	石嘴山	石嘴山钢厂	3、9	3、9	7		1	2	2							
1963年	阿左旗(内蒙)	三道坎桥上游落石滩	3、9	3、12	65					拖开						
1964年	青铜峡	王家嘴子	3、9	3、12	约80		3	2～3	1	炮轰开						

续表

年份	地点		结成时间（月日）	消失时间（月日）	结坝				壅水高度（米）	消失原因	淹没范围		受灾人数	损失柴草（万斤）	损失粮食（万斤）	被冲房屋（间）
	县	地名			历时（小时）	长度（米）	宽度（公里）	高度（米）			耕地（亩）	林场（个）				
1964年	阿左旗（内蒙）	三道坎	3							炮击冲开						
	阿左旗（内蒙）	三道坎上五个小汰	12													
1967年	青铜峡	蔡家河口	3		48											
1967年	贺兰	通贵	3		4						3000					
1967年	石嘴山	石嘴山水文站基断下2.3公里	3、17	3、18	32		2.1	0.7～1.0	2.0	拖开	1000					
	石嘴山	水文站基断下8.5公里	3、18	3、20	47		5.0	0.7～1.0		拖开						
1967年	中宁	康滩、城关	12、25	12、25			冰塞									
1968年	中宁	东华、长滩、枣园等5公社沿河10个大队	1、3	1、3			16		2		17155	6	9840		1	364
			1、14	1、17												
1968年	贺兰	通义	3													
1969年	中宁	余丁	1、14					3	2		300					
1971年	阿左旗（内蒙）	大滩南头下1公里	12、10	12、15	140			1～1.5	4		2200		65		2	162
	阿左旗（内蒙）	大滩南头下2.6公里	12、10	12、15				1～1.5								

续表

年份	地点		结成时间（月日）	消失时间（月日）	结坝				壅水高度（米）	消失原因	淹没范围		受灾人数	损失柴草（万斤）	损失粮食（万斤）	被冲房屋（间）
	县	地名			历时（小时）	长度（米）	宽度（公里）	高度（米）			耕地（亩）	林场（个）				
1971年	阿左旗（内蒙）	中滩南头	12、10	12、15				1～1.5								
	阿左旗（内蒙）	中滩南头下2.6公里	12、10	12、15		250	0.7	1～1.5								
1972年	阿左旗（内蒙）	三道坎桥上游	3、12	3、15	50		5		1.5	拖开						
1974年	阿左旗（内蒙）	九店湾	3、14	3、15	14		7	3	5～6	拖开						
	阿左旗（内蒙）	三道坎桥上5公里	3、15	3、16	14		5	3以上	6以上	拖开						
	阿左旗（内蒙）	杨寺滩	3、15	3、17												
	阿左旗（内蒙）	少不来滩	3、15	3、17							4000		431	15	2	260
	阿左旗（内蒙）	中滩	3、15	3、17												
1975年	石嘴山	惠农农场二站	3、2						0.5	拖开						
	阿左旗（内蒙）	三道坎下大中滩	3、4								3720					
	阿左旗（内蒙）	巴青木仁中滩等队	3、4													
1980年	陶乐	五堆子	3、4						1	冲开						

注：1955年3月青铜峡北端至罗家河10公里河段结冰坝十几处（表列为最大二处）为几十年间最严重一次，事先动员3000多人防凌爆破，未造成灾害。

塞唐徕渠、汉延渠正闸以上，危及大干渠的安全，防凌指挥部立即动员驻军、农民与干部1000余人，昼夜打冰炸冰。防凌队员不畏艰险，日夜不停地打冰、埋炸药、投手榴弹爆破，紧急时用山炮、迫击炮轰击，使冰坝随结随破，解除了险情。3月13日，细腰子塀附近，黄河河道形成了一道冰坝，冰块聚积到西河口，又进到惠农、汉延两渠口，情势危急，住余家桥某炮兵连发弹50多发，才将冰坝打通。经过10日到15日六天的日夜奋战，终于夺得防凌斗争的胜利。青铜峡灌区各干渠退水闸底槽因冰凌冲撞，多遭损伤，当年春天即予修复。宁朔县水利局会计唐振中在抢险中，由永庆闸落水牺牲。

二、1967年至1968年中宁防凌抢险

1967年12月6日，黄河上游刘家峡水库截流闸门失灵，下泄水量逐日增大，正值黄河封冻期，河水逐日上涨。中宁县境内青铜峡水库回水末端上游河段发生冰塞，冰层之上流水复结成冰，层层加厚，由左岸余家营子起跨河到右岸长滩，横河结冰成坝，越壅越高，阻水横溢，淹没范围急剧扩大。兰州军区派飞机轰炸冰坝，随炸随结，未起作用；又调工兵，用炸药爆破，仍未见效。于是紧急加筑堤埂和迁移傍河人家，才限制住淹没范围，缩小了灾害损失。这次凌汛，持续到1968年2月3日，长达50天，为近数十年所未见。受灾面积影响到5个公社10个大队，64个生产队，1566户，9840人，淹没土地17155亩，其中受灾严重的有289户1602人，6083亩地，淹房364间(其中倒塌22间)，淹没林场6个，防洪工程损坏多处。在凌汛期间，中央水电部水科院、水电总局、青铜峡工程局、西北设计院以及宁夏军区等单位，均派人来察看凌情凌灾，并协助防凌工作。

自青铜峡和刘家峡两水库先后于1967年、1968年蓄水以来，宁夏段黄河冰情变化很大，原布设三处水文站中，只石嘴山站有冰情，不能反映冰情变化。宁夏水文部门从70年代初在沿河增设10多处观测点，进行防凌测报工作，取得了水库影响后的变化规律资料。各点每年封河、开河日期如表8—6。

黄河宁夏段沿程逐年封河、开河日期统计表(1968年—1982年)　　**表8—6**

地点	管理站	自黑山峡计里程(公里)	1968～1969		1969～1970		1970～1971		1971～1972		1972～1973	
			封	开	封	开	封	开	封	开	封	开
下河沿	下河沿	57	未		未		未		未		未	
申　滩	申　滩	80										
胜金关	胜金关	98										
何　营	泉眼山	98										
余　丁	泉眼山	112										
石　空		115	1、14	3、6								
康　滩	泉眼山	119										
枣　园		135									1、5	1、20
周　滩	南河子	140		3、7					未		1、2	1、20
新　田	鸣沙州	159							1、下	2、上	12、31	1、20
青铜峡坝上	水电厂	180	12、1	3、10	12、9	2、12					12、13	2、11
新华桥	郭家桥	208		3、3					未		1、3	2、8
叶　盛	望　洪	211										
仁存渡		217			1、6	2.6						
望　洪	望　洪	225							1、4	3、5		2、14
通　桥	贺家庙	246										
横　城		253										
潘　昶	贺家庙	271		3、13					12、20	3、8	12月底	2、23
头道墩		285			12、26							
通　伏	通　伏	295							12、22	3、10	12、31	3、2
高仁镇	熊家庄	295										
陶乐渡口		318		3、18	12、22	3、10						
五堆子	熊家庄	330										
红岩子	熊家庄	342			12、20	3、14						
熊家庄	熊家庄	364							12、29	3、12	12、23	
石嘴山	石嘴山	375	12、31	3、14	2、7	3、19	12、24	3、14	未		12、29	3、3

续表

地点	管理站	自黑山峡计里程（公里）	1973～1974		1974～1975		1975～1976		1976～1977		1977～1978	
			封	开	封	开	封	开	封	开	封	开
下河沿	下河沿	57	未		未		未		未		未	
申　滩	申　滩	80	未		未		未		未		未	
胜金关	胜金关	98	未		未		未		未			
何　营	泉眼山	98										
余　丁	泉眼山	112	未		未		未		未			
石　空		115										
康　滩	泉眼山	119									未	
枣　园		135									1、10	3、1
周　滩	南河子	140	未		未		12、18			2、2	1、8	3、1
新　田	鸣沙州	159	1月初	3、1	未		12、18		12、28	2、5	1、6	3、2
青铜峡坝上	水电厂	180	12、18	3、5	12、14	2、3	12、8		12、25	3、1	12、25	3、8
新华桥	郭家桥	208	未		未		未		2月中	2、23	1、18	2、25
叶　盛	望　洪	211	2、7	2、25			1、20	2月中				
仁存渡		217										
望　洪	望　洪	225	1、27	2、25	1、2	2、11	12、29	2、14	1、5	3、5	1、10	3、5
通　桥	贺家庙	246										
横　城		253				2、17						
潘　昶	贺家庙	271	1、15	2、27	12、19	3、5	12、17	2、21	12、31	3、6	12、21	3、9
头道墩		285										
通　伏	通　伏	295	1、9	3、10	12、18	3、5	12、15	2、24	12、30		12、25	3、12
高仁镇	熊家庄	295										
陶乐渡口		318										
五堆子	熊家庄	330										
红岩子	熊家庄	342										
熊家庄	熊家庄	364	12、29	3、14	12、16	3、1	1、2	3、3	12、28	3、7	1、24	3、10
石嘴山	石嘴山	375	1、30	3、14	未		12、25	3、2	12、28	3、10	1、20	3、3

续表

地点	管理站	自黑山峡计里程（公里）	1978～1979		1979～1980		1980～1981		1981～1982	
			封	开	封	开	封	开	封	开
下河沿	下河沿	57	未		未		未		未	
申　滩	申　滩	80	未		未		未		未	
胜金关	胜金关	98	未		未		未		未	
何　营	泉眼山	98								
余丁	泉眼山	112								
石　空		115								
康　滩	泉眼山	119	未		未		未		未	
枣　园		135	未							
周　滩	南河子	140	未		2、3	2、18	未		未	
新　田	鸣沙州	159	未		1、22	2、21	1月底前	2、5	未	
青铜峡坝上	水电厂	180	1、14	2、6		2、27	12、14	2、14	12、3	2、8
新华桥	郭家桥	208	未		2、1	2、26	未		未	
叶　盛	望　洪	211			2、1	2、24	未		未	
仁存渡		217								
望　洪	望　洪	225	未		1、29	2、27	1、25	2、15	未	
通　桥	贺家庙	246			1、22	2、28	1、5		1、24	2、11
横　城		253								
潘　昶	贺家庙	271	1、31	2、11	1、16	3、1	1、1	2、19	1、11	2、16
头道墩		285								
通　伏	通　伏	295	2、1	2、11						
高仁镇	熊家庄	295			1、13	3、3	12、29	3、4	1、5	2、18
陶乐渡口		318								
五堆子	熊家庄	330			1、10	3、4	12、27	3、6	1、1	2、21
红岩子	熊家庄	342								
熊家庄	熊家庄	364	1、21	2、15			1、25		12、31	2、25
石嘴山	石嘴山	375	1、22	2、9	1、9	3、3	1、24	3、5	12、30	2、23

注："封""开"所列数字(如1、20，2、23等)为月、日

第三十章 工程管理

第一节 机构设置

工程管理,远期已无可考。民国22年(1933年)宁夏省建设厅水利局下设河工处,凡黄河有险工的县,如中卫、中宁、金积、灵武及主要险工王洪堡,均分设河工处,负责修筑护岸工程。1939年水利实行自治,各县河工处裁撤,河工任务划归所在县水利局,唯留王洪堡河工处,归建设厅直接领导,专事修防抢险。

中华人民共和国成立后,黄河宁夏段实行分县划段管理河道堤防,汛期负责本县段黄河防洪。1959年自治区成立防汛指挥部负责统一领导黄河修防工作,指挥部下设办公室,作为常设专职机构。总结以往"修堤不管堤,三年堤变地"的经验教训,1982年在大修沿河防洪堤之后,沿河十一个县、市均成立有黄河管理所,归县市水利局(科)领导。沿堤县界设分界牌,分县编号设立公里桩以明确责任,空旷地段设河堤管理点。沿河堤防每10公里左右设管理房一处(3间),共有35个管理所(点),有职工118名,其中行政干部16名,技术干部3名,工人47名,合同工52名。分段定人承包巡护,保证了堤防的基本完整稳定。在防汛抗洪抢险调度上,各管理所都架设了有线电话。黄河宁夏段各县市所管堤防及管理机构人员情况见表8—7。

黄河宁夏段各县市所管堤防及管理机构人员情况　表8—7

县　市	防洪堤(公里)	码　头(座)	管理所(点)(个)	职　工(个)	
				正　式	合　同
中　卫	71	230	6	12	1
中　宁	73.6	501	1	7	0
青铜峡	23.4	39	6	11	13
吴　忠	40.2	66	3	14	10

续表

县　　市	防　洪　堤（公里）	码　　头（座）	管理所(点)（个）	职　　工(个)	
				正　式	合　同
灵　武	37.3	48	2	6	4
永　宁	23.1	28	2	7	0
银　川	30.2	5	3	1	4
贺　兰	22.2	0	2	2	8
平　罗	43.6	10	7	2	9
惠　农	45.4	8	1	4	0
陶　乐	37	48	2	0	3
合　计	447	983	35	66	52

第二节　管理工作

为加强水利管理工作，制订了宁夏回族自治区水利管理条例，经1983年2月26日自治区第四届人民代表大会常委会第18次会议通过并公布实施。

这个管理条例规定了各类水利工程的保护范围，其中黄河为堤防内外坡脚各30米，保护范围内的土地，由水利管理单位负责管理。

管理条例还规定，禁止在工程保护范围内打井、埋葬、取土、建窑、挖沙、建筑、放牧、铲草、挖池养鱼、种植芦苇和水稻，以及进行其它危及工程安全的活动；禁止在防洪堤内的河滩、蓄洪区内进行建筑、围垦。

各县、市堤防管理所(点)负责本县、市段防洪工程的养护加固和堤防绿化等工作。每年汛期以前，组织所在受益乡、村投入劳力维修堤防，抢险时还要筹集材料(如麦草)。堤防绿化，规定株行距各2米，共8行，每公里植树4000株，已植树231.5公里(单堤)，成活率在90%以上。

近几年除工程的整修加固外，着重加强了工程的管理巡护工作和岗位责任制。由于有专人管护，保证了堤防的完整。挖堤取土、平堤为田等破坏情况基本消除。为减轻国家负担,各堤防管理所(点)都在逐步开展综合经营,为社会增加财富,走管理人员经费自给的道路。

第九篇

内蒙古河段

内蒙古黄河流域面积共有11.15万平方公里，1953年以前属绥远省，1954年蒙绥合并成为内蒙古自治区的辖区，现包括阿拉善盟、巴彦淖尔盟、伊克昭盟、乌兰察布盟和乌海市、包头市、呼和浩特市的全部或部分地区，既是自治区的政治、经济、文化中心，也分布重要的工农业基地，有670多万人口。本区段黄河防洪安全，对内蒙古中西部地区的发展至关重要。

黄河内蒙古段地处黄河流域的最北端，也是黄河上游的末端，地势海拔多在千米以上，干旱少雨，年降水量仅200毫米左右，而蒸发量却大于2000毫米。年内温差较大，最高气温近40℃，最低－35℃，构成内蒙古黄河防洪工作的一些特点，既要防洪，又要防凌，所以内蒙古的黄河防洪任务十分艰巨复杂。具体任务是多方面多目标的：

第一，保护黄河两岸的河套灌区、伊盟南岸灌区和土默川灌区1000多万亩的粮食基地不受洪水淹没。

第二，保护三盛公灌溉枢纽和北南两岸总干渠正常运转。

第三，保护包兰铁路干线及黄河桥梁畅通无阻。包兰铁路是内地经由内蒙古通往宁夏和西北地区的交通干线，基本上沿黄河铺设，最近的地方距河道仅数百米。一旦被洪水冲断，将会给国家和人民造成极为严重的损失。因此，必须确保包兰铁路安全运输。

第四，保护包头工业基地的防洪安全。

此外，内蒙古防洪还是全河防洪的重要组成部分。这里汛期防洪的好坏，不仅与上游水量调节有关，且对中下游的防洪安全也将产生一定影响。

历史上，内蒙古河段防洪问题很多，因无堤防造成的水灾极其严重。1949年原绥远省“九一九”和平起义，相继成立人民政府，随即领导群众沿河修建防洪堤，加强防洪工作，情况大为改观。近四十年来，沿河基本没发生大的洪水灾害，成绩是巨大的。实践证明，修建防洪堤工程是战胜洪水灾害的根本措施和物质基础。但单纯依靠堤防，有时并不能完全解决问题，还必须建立一个以堤防、河道整治等组成的工程体系，加上强大的人民防汛队伍和现代化防汛技术手段，以及上游水库对洪水的适时统一调度等，才能确保本段黄河防洪的安全。

第三十一章　防　洪

第一节　河道概况

一、河道现状

黄河从宁夏回族自治区的石嘴山市和内蒙古自治区伊克昭盟的拉僧庙入境，流经乌海市区、阿拉善左旗、鄂托克旗、磴口县、杭锦旗、杭锦后旗、临河县、五原县、乌拉特前旗、包头市区、达拉特旗、土默特右旗、托克托县、清水河县以及准格尔旗，至山西省河曲旧城和伊克昭盟的榆树湾出境，共长830公里，总落差215米。河道流向，从石嘴山市入境至磴口县，大致是西南流向东北，磴口县至包头市基本是自西向东，包头市至清水河喇嘛湾，是由西北向东南，以下至出境基本是由北向南。黄河进入自治区境内后，河身逐渐由窄深变为浅宽，河道坡降变缓，至包头市境内，已接近黄河河口的坡降，虽地处上游，已具有下游河床的特性(参见表9—1)，这一带的中水河槽宽度一般在500～1500米之间。喇嘛湾以下，河道又流入峡谷之中，河身宽百多米，坡降变陡，流速增大一倍以上，河水常不结冰，内蒙古防洪防凌的重点是喇嘛湾以上黄河的各个段落。喇嘛湾以上黄河各个段落的情况，根据《内蒙黄河防洪及河道治理规划》划分如下：

(一)黄河入境至老磴口段　共长88公里，为弯曲性河流，河道稳定，一般水面比地面低10～18米，黄河从二阶台地的河谷中穿行。其中一二级台地多为乌海市蔬菜生产基地。在乌海市区河槽上建有大型铁路桥及公路桥两座。此处防洪问题小，防凌问题较大。

(二)老磴口至三盛公水利枢纽段　共长42公里，为枢纽以上库区回水范围，左岸筑有库区围堤16公里，再往上，黄河两岸筑有防洪堤20公里。三盛公水利枢纽工程，是60年代初由国家投资在黄河上兴建的大型水利枢纽，在枢纽工程两侧建有北南两总干渠进水闸及第一干渠进水闸(乌沈闸)，拦河闸以上3000米处建有包兰铁路桥一座。所以，此处为内蒙古黄河防洪防凌工作最为重要的区段。

内蒙古黄河河道特性表　　表 9—1

河段起止地点	河型	长度(公里)	宽度(公里)			平均比降	河道面积(平方公里)		
			堤距	河槽	滩地		河　槽	滩　地	全河道
合　　计		830					703.54	1402.74	2106.28
石嘴山～三盛公	峡　谷	145.5		0.4～2	0.5	1/2400	87.30	72.75	160.05
三盛公～祥太东	宽浅游荡	23	3	1	2	1/8000	26.25	24.43	50.68
祥太东～明星六队	游　荡	20.2	6	2.1	3.7	1/9000	37	47	84
明星六队～老楞	宽浅游荡	53.4	4.97	1.92	3.05	1/8200	103.5	162	265.5
老楞～四科河头	宽浅游荡	60	4.3	2.5	1.8	1/7000	137.49	98.51	236
四科河头～刁人沟	狭深微曲	58.05	3.27	1.46	1.81	1/6200	85	104.8	189.8
刁人沟～池家圪堵	狭深微曲	74.05	4.32	1.5	2.82	1/4300	111	209.25	320.25
池家圪堵～镫口村	蜿　蜒	111	2.6～3.98	0.3	2.1	1/10000	28	172	200
镫口村～喇嘛湾	蜿　蜒	154	2.4～6.9	0.25～0.65	3.6	1/10000	88	512	600
喇嘛湾～河　曲	峡　谷	130.8				1/1200			

(三)三盛公至四科河头段　共长 156.6 公里,属于微曲性河道。主要流经河套灌区及伊盟南岸灌区,河道比降较缓,水面宽 1300～1500 米。右岸多为冲积砂砾石台地,其上沿河修有南岸总干渠;左岸为冲积平原,沿河平行布设有北岸总干渠及包兰铁路干线。此段河槽宽浅散乱,岔流沙洲较多,两岸险工多达 24 处,中大水位时淘岸严重,河道横向摆动大。二十多年来,光黄河右岸自巴拉亥开始,就先后有两个生产队落河,防洪堤改线二十多公里。其下的阿斯壕险工处,黄河把南岸的总干渠先后冲断三次而被迫改线,退入库布其沙漠,故此河段两岸,不仅是防洪防凌的重点,也是河道治理的重点。

(四)四科河头至喇嘛湾段　共长 397.1 公里,属于弯曲性河道,河道基本稳定。但此段上有右岸西沙拐河道整治工程及左岸柳匠圪旦、东沙拐险工等多处，存有险情恶性暴发性质。再下在昭君坟处建有包钢水源地工程，即在黄河河道中修筑了三个桥墩式引水建筑物及相应的扬水、沉沙设备；包钢并在此处两岸建有块石护岸及一些丁坝挑流工程。往下还有黄河铁路、公路桥各一座，镫口大型扬水站一座，包头市东河区自来水厂从黄河引水设备和内蒙古航运局造船码头等工程设施。再往下两岸还建有扬水灌溉工程多处。因此，此段黄河防洪、防凌同样十分艰巨和复杂。

二、河道历史变迁

内蒙古河套平原，黄河变迁较大。西山嘴以下至河口镇附近一带河道也有变迁，但变幅较小。根据一些史籍记载，从古至今，各段河道变迁较大者，有以下几段：

（一）黄河在河套平原以西的变迁　据《中国自然地理·历史自然地理》一书说："处于荒漠草原地带的乌兰布和沙漠北部原是黄河的冲积平原，现在黄河位于其南。从现在的乌海市（1976年1月乌达与海勃湾两市合并，成立乌海市—编者注）附近三道坎流出山峡，向北直趋阴山脚下。自晚更新世以下，这段河道北段渐向东移动，旧河道至今有遗迹可见的仍有三条"。大体变迁是这段河道以南北方向由西向东缓慢移动。三条旧河道遗迹中最东面的一条，当是今磴口县西南二十里柳子以上傅家湾子的古河道遗迹。据在清末贻谷派人测量的乌加河图现场调查："由傅家湾子至康四店一带，西循沙山，似是河堤被沙侵压，势如土崖断续三十余里，疑是旧大河口，然无东岸。据人云，系多年所冲，像黄河东迁留此堤"。

1963年，北京大学教授侯仁之带领考古工作组，对乌兰布和沙漠北部进行历史地理考察，发现傅家湾子以下至乌拉河口一段黄河也至少有三道古河道遗迹。第一道在布隆淖以西约5公里，又15公里为第二道，再西20公里为第三道。这第三道恰巧和傅家湾子的古河道遗迹南北相对正，肯定是这条古河道的上下两段。这条古河道距布隆淖附近的黄河故道相距70多公里，距今约有2000多年。

（二）河套段内河道变迁　上述布隆淖附近黄河故道折而北流进入了河套。此处的河道变迁，据《中国历史地图集》所标绘的西汉时期的河套平原上的黄河，是从今布隆淖西北处分为南北两支，南支是支流，水不大；北支是主流，绕了一个大弯，叫河水，就是当时的黄河。公元六世纪《水经注》一书记载是："河水又北经临戎县故城（今磴口县布淖河拐子）西"。"河水又北，屈而为南河出焉。河水又北迤西，溢于窳浑县故城(今磴口县沙金套海白城子)东。……其水积而为屠申泽，泽东西一百二十里……河水又屈而东流，为北河，东经高阙(今学者多认为在狼山口子)南”。以下北河即沿着狼山脚下东南流，至今西山嘴出套与南河汇流而东。河道的变化情况是：

1、两千多年前由西到东最后改道的一条黄河故道在磴口和布淖中间，也就是《水经注》指出的在临戎以西，如同侯仁之在考察乌兰布和沙漠北部时所做的复原图一样，至清末时已流经其东南，改道到今乌拉河，距临戎东西距离约 5 公里。

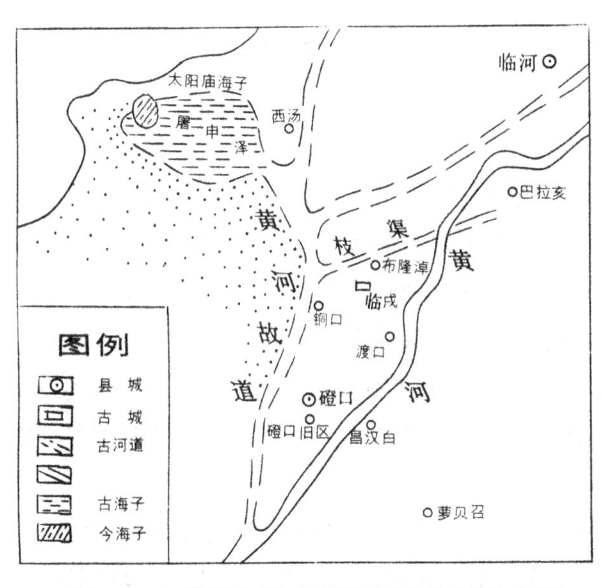

图 9—1 枝渠东出和黄河相对位置示意图

2、黄河入套口部“北迤西溢”而形成的屠申泽(见图 9—1)，它与黄河相沟通，成为黄河的一个天然调节大水库。据学者计算，此泽面积约为 700 多平方公里。但在北魏以后，河道不断东移，加之乌兰布和沙漠不断东侵，屠申泽逐渐变小，至清乾隆时仅成为一个“腾格里鄂博”的小湖，后来又变小改称为太阳庙海子。如今已完全干涸，开辟成一个农场。

3、上述南北二河，在近 300 年内发生了变化。历史地理学家谭其骧考证，此处河势于清初时开始变化，至乾隆时，北河为支流，南河变为主流。至同治、光绪以来，北河逐渐淤塞，多不以黄河目之，改称乌加河，而南河就正式称为黄河了。今黄河河道于 1934 年因洪水曾北移 3～4 公里，以后又逐渐南移，摆幅为 5～9 公里。

4、乌加河系黄河故道，即史称北河，在相当长的时间内与黄河相通，只是流量逐渐减少。至其完全与黄河断流的时间有两种说法：一说在同治、光绪年间，一说是在道光三十年(1850 年)。后说称断流是上游被流沙和风沙淤断 30 里，从而使黄河完全南迁。

乌加河，系蒙古名字“乌兰加令”(即“红色的老黄河”或“河的一端”的意思)的转称。此后在清末河套灌区八大干渠开挖之后，乌加河即被做为干渠退水之总通道。以后当地群众又利用乌加河的水进行灌溉。在本世纪 60 年代中期，随着灌区的规划和改建，乌加河又被改造为总排干沟道。

5、乌梁素海是乌加河下游的重要组成部分，也是古北河遗留下来的一段河迹湖。乌梁素海的产生，是在河套灌区开发以后，距今约有七八十年的时间。随着灌区退水的增多，乌梁素海成为乌加河退水之总汇而又起调节作用。乌梁素海的面积初由3000多亩逐步扩大到10000多亩、50000多亩至20多万亩，1949年最大曾达到120万亩，总库容约6亿多立方米。灌区改建后，乌梁素海面积又逐渐缩小，现在只有37万多亩。

乌梁素海在历史上对黄河洪水曾起过调节作用。现在又被利用为河套灌区总排干的退水出路。

（三）包头以西和以东的河道变迁　据史料记载，这段河道没有发生过太大的变迁，只是横向有些摆动，所谓“三十年河东，三十年河西”。其中最重要者为包头以西的黄河变迁。《水经注》有如下记载：“河水又东经固阳县故城南，……河水灌其西南隅，又东南，枝津注焉。水上承大河于临沃县，东流七十里，北灌田南北二十里，注于河”。文中提到的固阳，在今包头市西北，临沃在包头市西17.5公里的火车站南面麻池古城。引文的意思是说，河水在固阳西南决开一个东南流向的岔流，该岔流从临沃以上大河上开口，东流35公里，并灌溉北侧一面的土地，最后岔流又注到大河里去。很明显，这条岔流就是早期的三湖河。所以后来的三湖河也是一条天然河道，并被用作灌溉渠道。

其次是土默川平原上的黄河变迁。据《河套平原自然条件及其改造》一书的资料介绍，除民生渠外，还有许多河道分布于大黑河以西及京包铁路与黄河之间的三角地区，主河道位于民生渠之南、大城西及发彦申一带，呈东西向，河道宽200～250米，最宽处650米。以后河道逐渐由北向南滚动6～10公里，即黄河现行流路。

第二节　洪水灾害

在1949年以前，内蒙古受黄河洪水及山沟洪水两种灾害，而且经常发生，比较严重，但记载阙如。中华人民共和国成立以后，经过治理，洪水灾害有所减轻。

一、黄河洪水　以老磴口水文站1961～1980年资料为准，黄河干流的水文特征值是：最大流量为1964年7月30日的5710立方米每秒，最小流量为1963年1月3日的90立方米每秒；多年平均流量为970立方米每秒，多年平均迳流量306.2亿立方米；多年平均输沙量为1.24亿吨，多年平均含沙量4.06公斤每立方米。

中华人民共和国成立后40年内，先后发生三次大洪水(见表9—2)。

磴口站建国后发生的三次大洪水情况表 表9—2

项目 / 年月日	最大洪峰流量(米³/秒)	洪水总量(亿立方米)	年来水总量(亿立方米)	百分比(%)
1964.7.11～8.29	5710	138.75	422.58	33
1967.8.22～10.14	5450	174.89	564.58	31
1981.9.4～10.7	5540	116.08	331.13	35

另外，在防洪规划中，采用石嘴山水文站的洪水频率是：20年一遇流量为5810立方米每秒，50年一遇为6650立方米每秒，百年一遇为7230立方米每秒。

关于凌汛期的洪水构成和伏汛洪水有所不同。内蒙古段黄河解冻开河一般在三月中、下旬，少数年份在四月上旬。

根据多年记载开河时流量特征值和开河时间如表9—3。

黄河内蒙古段各站凌期开河时间及流量特征值表 表9—3

项目 / 站名		石嘴山	渡口堂	三湖河	昭君坟	头道拐
开河日期	最早	2月26日	3月7日	3月10日	3月17日	3月14日
	平均	3月8日	3月17日	3月19日	3月24日	3月23日
	最晚	3月18日	3月27日	4月5日	4月2日	3月31日
开河时流量(米³/秒)	最小	338	381	346	480	309
	平均	439	616	617	693	602
	最大	950	1200	1000	1370	1800

由于封河结冰厚度一般为0.8～1.2米，所以内蒙古段凌汛期洪水除上游来水外，消冰水也是重要组成部分。因系自上而下开河，开河前水位要上

涨1米左右，开河时又要上涨0.5米以上，出现明显的洪峰。内蒙古段凌汛洪水历时9天左右，不足伏汛的1/3。洪峰流量虽远比伏汛为小，但其水位往往超过同年伏汛的最高水位。如三湖河1958年开河洪峰流量仅1920立方米每秒，而其相应水位却高达1020.69米，相当于伏汛通过5500立方米每秒时的水位。内蒙古河段历年开河最大洪峰流量较开河前一般增大1000立方米每秒以上，最大可达2200～2370立方米每秒。增值越大，水位越高。

以上两个时期的洪水，主要是来自上游。

二、支流山洪　据统计，狼山、乌拉山共有山洪沟175条，其中较大者为25条；大青山和蛮汗山共有山洪沟60多条，其中较大者有十几条；黄河南岸有八大孔兑及其他季节性河流。在以上较大山洪沟中，真正够得上黄河一级支流的只有伊克昭盟的八大孔兑、纳林川，大青山南的五大山沟、昆都仑河、大黑河、浑河等。

大黑河是内蒙古黄河上的最大支流，发源于卓资县以东的阴山山地，与京包铁路平行西流，至旗下营折向西南，经呼和浩特市至托克托县葡萄拐汇入黄河，全长230公里，流域面积1.3万平方公里。大黑河沿途接纳十几条山洪沟的汇集，如小黑河、水磨沟、万家沟和什拉乌素河、宝贝河等。大黑河从50年代以来大量发展灌溉，消耗了绝大部分河水，成了季节性河流。一般在美岱1000立方米每秒的洪峰，下泄至三两村不足50立方米每秒，故流入黄河的水极少。其次昆都仑河最长，流域面积最大，洪峰流量在1000立方米每秒以上，大者可达4000立方米每秒。但在其下游已修了昆都仑水库，主要解决包头市防洪和城市供水，没有洪水下泄入黄河。至于其他较大山洪沟的洪水，也都为当地群众发展引洪淤灌所利用，同样没有洪水退入黄河。

三、洪凌灾害　包括黄河洪水溃溢、凌汛决口和山洪泛滥三个方面的灾害。由于历史上记载的资料不全，从地方志、其他历史文献和一些报刊上辑录下来的洪水灾害资料，最早是从清代开始的，且极不完整，很难反映历史上严重水灾情况。兹将水灾情况综合归纳如表9—4。

在灾害表中，1750～1950年（按200年计）为一阶段，共发生各种水灾35次，其中黄河洪水灾害13次，凌汛灾害6次，山洪灾害16次。如把前二者合在一起视为黄河水灾，共占发生水灾次数的55%，而山洪占45%，黄河水灾是主要的。如把1951～1981年（按30年计）做为第二阶段，共发生各种水灾31次，其中黄河洪水灾害2次，凌汛灾害5次，山洪灾害24次。如把前二者合在一起视为黄河水灾，共占发生次数的22%，山洪灾害占78%，即黄河水灾大大低于山洪灾害，黄河水灾发生的频率明显地下降。其原因是：

第一，在中国共产党各级党委和人民政府的领导下，依靠群众，大大加强了防洪工作。主要从1950年春季开始，国家投资，沿黄河正式修建了防洪堤工程，并不断提高防洪标准。在防凌方面，从1951年开始使用了飞机、大炮等手段，形成有效的防御体系。

第二，近四十年来，国家和地方在黄河上修建了一系列河道整治工程，对稳定河道起了作用。同时国家在上游修建的水利水能利用开发工程也发生了作用，可以实行水量调节控制洪水。

第三，沿河两岸逐渐建筑了很多现代化工厂，开辟不少引黄灌溉农业基地，形成内蒙古自治区一个新兴的经济地带，各个方面都加强了对黄河水灾的防护。

由于以上原因，1964年、1967年和1981年发生5500立方米每秒左右的大洪水都没发生水灾，这同历史上每遇2000立方米每秒的一般黄河流量即发生大水灾，形成鲜明的对比。但今后对防御黄河超标准的大洪水问题，尚需进一步解决。

近四十年来沿河地带的山洪灾害也在减少。因为从50年代初开始，各地大量发展引洪淤灌，修建许多山沟水库和其他蓄水工程，不断开展水土保持，一般山洪下不来，连大黑河也常常干河。但特大山洪仍可能发生，治理任务还十分艰巨。

黄河内蒙古河段历史洪水灾害情况表　　表9—4

年代	洪水灾害情况
清乾隆二十四年(1759年)	大黑河、浑津河，涨水冲地一百八十顷。(《呼市气象局材料》)
乾隆三十八年(1773年)	七月，归化城之八十三村蒙古等被水成灾，在六成以上，于归化城厅仓内动支粟米，借给被灾之土默，以资接济。(《山西通志稿》)
道光二年(1822年)	八月，归化城、萨拉齐二厅山水涨发，浑河、黑河毕克齐丰后庄等三十七村庄被灾。毕克齐木磨沟十村庄被淹，人多淹死。铁帽、达赖、丹坍、巧报、哈拉沁等五村房屋倒塌。萨拉齐所属善岱四十三村被淹，房屋倒塌。(《呼市气象局材料》、《绥远通志稿》)
道光十七年(1837年)	7月，蠲缓萨拉齐水灾赋额。(《山西通志稿》)

续表

年代	洪水灾害情况
道光三十年(1850年)	秋,河木镇水与堤平,昼夜加修堤堰,经数日水不稍退。7月2日夜,天大雨,彻夜不止;平地水深数尺。黎明,镇东南皮条沟村附近之堤防溃决,逆流入镇,全市顷刻即浸入巨浪中之商店民房,悉被冲毁。仅留沿堤高处之房院数十所,侵渍月余,水始尽退,损失财产数百金。幸少伤残人口。南滩一带被灾尤重,镇东南之双墙村,亦同遭淹没焉。相传河口镇经此次大水,巨商多有移往包头,市况稍衰。(《绥远通志稿》)
咸丰六年(1856年)	夏,托克托、归化、萨拉齐三厅淫雨为灾,大水淹没田禾谷饥。善岱、萨拉齐至托县水深三尺,陆地行舟。翌年贷灾民籽种口粮。(《呼市气象局材料》、《清朝续文献通考》)
同治六年(1867年)	黄河由今之第三区王八窑子决口,水势东流,直达邑境东界,长流一百五十里,除沿山高地外,皆汪洋一片,悉成泽国。房屋倒塌,村落为墟,以至人无栖止,马无停厩,生命财产付诸流水。(《萨拉齐县志》)
光绪二十四年(1898年)	7月中旬,东柳沟洪水泛滥,张义成窑子、辛二窑子、翟二圪旦、砒牙圪旦等遭水淹,良田变沙滩,损失严重。(据《达拉特旗水利水保志》)
光绪二十九年(1903年)	夏,黄河由准格尔决口,名曰车驾口子,水势湍急,向东北流,达包境东界五区,半壁悉成水海,面积曾不以往广阔,而灾侵甚巨。(《萨拉齐县志》)
光绪三十年(1904年)	秋,黄河水泛滥,五原一带近岸民舍多被毁伤。(《五原厅志稿》) 托城河口镇,亦以淫雨连锦,黄河水涨,淹没成灾。包头背山面河……山水易入中城。是年7月20日,大雨淋漓……城内东西瓦窑沟山洪汹涌而下,冲向西城。经济通衢、商铺德成茂、同祥魁、永文元数家及西端口袋房粉房各巷,立成泽国。(《绥远通志稿》)
宣统二年(1910年)	河套黄河解冻开河。处处卡结冰坝,洪水漫溢,大量牲畜被淹死。(《河套灌区水利简史》)
民国元年(1912年)	秋,五原河水大发,田禾多被淹没。(《五原厅志稿》) 8月,归化黑河水涨出岸,沿丰厚庄二十四村被淹成灾。萨拉齐沿黄、黑两河、善岱、中滩等二十七村被水成灾。9月,清水河东西北三乡被水,并霜冻成灾。(《绥远通志稿》)
1913年	8月,萨拉齐县北山洪暴发,县城近及苏波尔盖、东老藏营、水涧沟门各村淹没田庄、伤损牲畜极多,冲毁北城墙三丈有余。(《绥远通志稿》)
1926年	3月,黄河解冻开河,三盛公一带涨水高及墙顶。大片土地房屋被淹。(《河套灌区水利简史》)
1927年	3月,黄河解冻开河,临河附近凌汛溢岸,水位暴涨决堤,直冲县城。(《河套灌区水利简史》) 7月23日,和林格尔浑河水涨,沿河八十家子至圐图兔三十七村田禾悉为冲毁。(《绥远通志稿》)

续表

年代	洪水灾害情况
1929年	立秋后，大雨五日夜，山洪暴发，黄南决口，大小黑河混为一流，归、托、萨、包、五原、临河……等十县悉成泽国，晚禾淹没，田产冲毁无算。归绥南境，黑河河流改道，沿岸数十村庄极目汪洋，田禾荡尽。（《绥远通志稿》） 7月，连降大雨，哈什拉川山洪暴发，新民堡附近土城东大社等被淹，有百余人死亡，400户外迁。罕台川洪水也将羊场湾3000亩良田变为沙丘。（据《达拉特旗水利水保志》）
1931年	包头县属，秋雨连绵，……黄河泛溢，东至老凤圪堵，西至什拉门沟，长四十里，禾稼完全冲毁。 8月，五原淫雨不止，河水暴涨，五、临各渠退水，悉聚于乌兰脑包，缘乌北侧水出峡南，河渠决口，屋崩禾没，四面汪洋，伤人甚多。时乌加河水亦出岸，与后河合，山洪屡发，乌兰脑包北至山麓，水深七八尺，月余水势不减，秋禾尽淹，遂成大灾。（《绥远通志稿》）
1932年	6月20日，罕台川山洪，20余户无家可归，毁耕地2万亩，死牲畜近千头。（据《达拉特旗水利水保志》）
1933年	黄河解冻开河，磴口黄河决口，淹没面积沿河长150多公里。（《河套灌区水利简史》） 入夏以来，阴雨连绵，计达四十余日，黄河泛滥，山洪暴发，情势危急，已达极点，加以陇（甘肃）、宁（宁夏）两省雨水尤大，汇流而东，遂致绥西悉成泽国，所有绥属临河、五原、东胜、萨拉齐、托克托沿河各县一片汪洋，田禾淹没，人民离析……（《申报》）
1934年	黄河八月水大，磴口实测最大流量2500立方米每秒，北岸黄河泛滥，沿河十多道渠均被淹没，房倒屋塌，交通断绝。五原由丰济渠口至沙河渠口，30多里黄河北岸普遍串决。包头黄河漫溢十多万亩，19个乡，300余村庄均泡在水中。“居民哭号之声，惨不忍闻”。（据李宝泰《勘测报告》）
1935年	9月8日，五原境内黄河水势猛涨，沙河渠背冲断，县城危急，刻在抢堵中。又包头、五原、临河各沿河坝，均由军队民夫驻防溃决。（《申报》）
1943年	7月12日，石嘴山黄河洪峰流量4800立方米每秒。西起石嘴山东至米仓县的协成渠，淹没5000多平方公里，淹耕地300万亩，倒塌房屋2400间，死伤700多人。（据《巴盟水利档案资料》）
1945年	春季开河，临河塔儿湾卡结冰坝，县城被淹。（《河套灌区水利简史》） 7月29日，黄河涨水，临河县城被淹。河套五、临一带，因河水猛涨，永济、丰济、长济三大干渠告决，附近田禾全被没，人畜死伤甚惨。（《申报》）
1946年	黄河出现5000立方米每秒的大洪水，沿河几十里，皆为黄泛区。（据《达拉特旗水利水保志》）
1946年	秋，萨县、托县山洪暴发，黑河暴涨，沿河农村被淹，托县县城也告急，群众向东渠头高处搬迁。（据《托克托县志》）

续表

年 代	洪 水 灾 害 情 况
1950 年	3 月 18 日,渡口堂卡结冰坝,米仓县被淹没 20 公里,沿河一带被淹 45 公里。(《河套灌区水利简史》)
1951～1981 年(共 30 年)	共发生黄河洪水灾害 2 次,开河凌汛灾害 5 次,山洪灾害 24 次。

第三节　防洪工程

历史上的内蒙古黄河防洪工程,主要是修建挡水堤坝,以保护城镇、村庄和渠道。

最早保护城镇的防洪工程,是托克托县城和河口镇之间的顺水坝,《绥远通志稿》和《托克托县志》均作了具体记述。河口,明称君子津,入清称河口镇。位于托克托县城南三公里大黑河入黄河处。该镇交通便利,历史悠久,自辽金以来水运发达,成为货物集散转运之地。至民国 10 年平绥铁路通车后,方为包头所取代。因此,在清代为保护这一商业城市,民间和官府便在托城河口镇城西修起防洪顺水坝一道。此坝北起托城北阁外,沿黑河东岸,曲折南行绕经河口镇西,复折而东,至皮条沟村东梁全长 10 里,高丈余,宽 5 尺,纯用土筑。该坝始修年月已不可考。据民间传说,康熙年间清政府拨来款银,由河口薛姓大户承包,大坝筑成后,又沿堤种树千余株。《绥远通志稿》记载,此坝于光绪十三年(1887 年)为通制恩承主持修筑一次,三十年黄河决口,托城河口被灾甚巨。托克托厅抚民通判兼理事孙多煌禀请修堤,从赈款项下拨银万两,于次年由魏鋆时主持开工,大加修治,将坝顶展宽加筑,沿堤植柳树千余株。至民国 2 年,对河堤又加筑一次。《绥远通志稿》记载,道光三十年(1850 年)秋黄河发大水,"河口镇水与堤平,昼夜加修堤堰",至黎明,皮条沟村的堤防溃决。这说明此处防洪堤至迟在道光三十年前就已修成,可视为内蒙古黄河防洪堤修堤之开始,至今约有 150 至 200 多年左右。

至于保护渠道和耕地的沿河小堤坝始修时间,约在光绪十七年前。因为在河套灌区,随着八大干渠的相继开挖,各干渠口常遭黄河洪水淹没,甚至被冲断。开渠的地商,如王同春等,便在各干渠口两侧和黄河岸低洼处修筑临时堤坝,以挡洪水。但因工程量大,各个防洪堤坝很难大量修筑。光绪二十九年四月，钦差大臣贻谷将缠金、长胜干渠收归官有后，为大量放垦土地创造条件，根据王同春等人提供的情况，便决定先在长胜渠渠口附近利用原来的挡水土埝，进一步修筑沿黄河土坝，并与长胜干支渠形成一个灌溉防汛的整体。当年秋，贻谷派司事徐振海组织沿河土坝的施工，至第二年秋方告完成。至光绪三十二年，后套渠道已大部分收归官有，在渠工大兴的同时，据垦务调查局"伊盟杭渠沿河坝工调查表"等所载资料，又西起阿善沙河渠，经阿善大东渠、十大股新旧渠口以至吕波河头等修筑沿河堤坝，共计九段，堵筑十大股渠旧口一段；从锦秀堂东起，经义和渠、老郭渠及塔布渠新旧口等共修筑二十一段。光绪三十三年，又在长济渠桥南加修了五段。所修堤坝长度，大约相当河套境黄河北岸长度的三分之一。这样修起的防洪堤雏形，成为后套修建防洪堤的先声。据《华北水利月刊》1932 年所载《黄河中游调查报告》称：从清末至民国，在"民生渠口至河口镇间，虽系沙河而水流稳畅，两岸村落居民，每围村筑堤以防洪水。"

以上由清代中末期逐渐修起的具有特种目的的小段防洪堤坝，是随着城镇和垦务的兴起而兴起，又随着城镇和垦务的衰落而失修。到民国期间，大致在本世纪 30 年代前后的二三十年间，由于战乱，官府对黄河防洪堤坝再未过问，原分散修起的小段防洪堤无形中转为民堤，长期失修破败，基本无防洪能力。如民国 23 年 7 月 5 日《包头日报》报道，"托县县城之西紧接黑河堤畔杨柳林立，俱为数十年之成材。近二十年，临城小河，水几枯竭，甚至与黄河河流亦断绝。而河堤树木，数年前亦砍伐殆尽，树身为地方官厅售价用去，树根则为贫民发掘，当薪焚烧"。民国 24 年黄委会工程师李宝泰调查河套黄河水灾后，说临河本年被灾原因，"实因沿河北岸堤坝，均行残毁，早失防洪能力"。其间在民国 22 年（1933 年）秋，虽然五原、临河两县曾发动民众沿河择要修建堤埝，但规模很小，作用不大。及至抗战事发，又停顿数年。其中包头、萨县、托县黄河防洪工程，因日本侵略军沿河设防，禁止人们接近该堤，"因以失修，竟致废弛"。民国 31 年（1942 年），由绥西水利局对河套防洪堤开始统筹培修了一次，次年洪水泛滥，又抢修了一次。1945 年，地方政府用国民党政府拨来培修沿河坝款 1000 万元（法币），又择要整修了一次。1946 年黄河大水，处处决溢，包、萨、托三县人民紧急呼吁，迫切要求抢修防洪堤，于是省水利局遂派测量队分赴险工各地测量，用救济署粮款，发动灾民 2500 人，以工代赈修堤。至 1947 年，对黄河南岸达拉特旗防洪堤亦开始重点兴修。由于不断培修，后套黄河防洪堤长度已达 150 公里。《绥远省后套灌溉区初步整理工程计划概要》说，虽经逐年补修，"终系人力不足，工款有限，仅择最险要段落培成，……尚未能联成一气”，但至1949年又有两三年的失修和破坏。

从1950年开始，在国家投资支持下，经过多年的努力，建成了具有一定防洪能力的防洪堤，对黄河河道险工，也逐年进行整治，形成较完整的防洪工程体系，为内蒙古黄河防汛奠定了物质基础。

一、堤防建设

1950年春，黄河凌汛卡冰结坝，水位上升，原有防洪堤丧失防洪能力，以致从渡口堂到包头南海子段发生水灾，部分地区损失惨重。人民政府给灾区群众赈发救灾粮食33万斤。此时，新成立的绥远省人民政府鉴于历史上频繁发生的洪水灾害及当前的事态发展，深感沿河修建防洪堤的必要性，在百废待兴的情况下，毅然决定，从当年起逐步修建黄河两岸防洪堤工程，以防止洪水和凌汛灾害。绥远省水利局根据省人民政府的决定，编制黄河防洪堤计划，上报中央人民政府水利部批准。4月8日水利部派工程师陈子颛、粟宗嵩会同黄委会阎树楠、耿鸿枢等人组成的勘测组来绥帮助工作。由绥远省人民政府水利局长王文景陪同赴河套，对西起三盛公，东至包头、萨县各段黄河险工地段和拟修建的防洪堤线进行了初步勘查，在利用旧堤的基础上拟定出黄河大堤施工的方法步骤。相继黄委会第二测量队由队长刘杰三、常光普带领来到河套，测量了西山嘴到黄杨闸的防洪堤堤线及黄河大断面，并对乌梁素海的旧坝也做了测量。西山嘴以东至包头南海子防洪堤，由绥远省水利局第一测量队施测。南海子到萨、托两县防洪堤，由省局第二、三测量队施测。先后总计完成370公里的防洪堤堤线施测任务。

由于黄河左岸多系产粮区，城镇较多，居民点稠密，决定先修左岸防洪堤。右岸只在群众聚居及产粮灌区重点修筑。

1950年3月18日，中央人民政府水利部以黄工字第664号文批准修建绥远省境内黄河防洪堤工程，并调拨工程费小米300万斤。左岸防洪堤修筑以防渡口堂流量4500立方米每秒为标准，右岸重点堤段（如达拉特旗），以防4000立方米每秒流量为标准。施测全线防洪堤土方量为292万立方米，分段修筑。为加强防洪堤施工领导，当年4月，绥远省人民政府决定成立“绥远省人民政府黄河左岸堤工监察委员会”，并设立堤工监工处，统筹负责修建防洪堤事宜。同时决定动员部分军队义务承担施工任务。5月16日，抽调起义部队一万人投入修建晏江县附近黄河防洪堤工程，少部分地区也动员部分农民参加施工。右岸达拉特旗防洪堤施工劳力达2300多人，至1950年8月初，绥远省境内黄河左岸防洪堤土方共完成303万立方米，兴修防洪堤长200余公里。

1951年2月，为适应修筑防洪堤的需要，设于包头的黄河左岸防洪堤监工处改为“绥远省人民政府水利局黄河防洪堤工程处”。

1951年和1952年对防洪堤工程继续加高培厚，并向两端逐步延伸，此后又连续两年整修。特别是1954年，黄河两岸共动员民工2万余人，突击修堤一个多月，完成土方306万立方米，累计完成土方1126万立方米，修堤长度达到620余公里。以后至1963年，每年也都完成少量的土方岁修任务，从未间断。1964年～1974年，中间结合防御两次大洪水，又连续培修很多堤防土方，据《内蒙古自治区水利建设资料汇编》统计，累计完成土方2354万立方米，堤防长度达到787公里。1975年～1985年的十年间，对部分堤线险工段不断进行调整，有的后退修新堤，有的修套堤，对旧堤普遍加高培厚，特别是1981年结合防汛抢险，完成堤防培修土方616万立方米。据《内蒙古黄河防洪及河道治理规划》截至1985年的统计资料，内蒙古黄河防洪堤累计完成土方达到4132万立方米，堤防长度达895公里。

防洪堤的设计标准和防洪标准也有个逐渐修改提高和不断完善的过程。1950年修堤时，限于当时的技术条件，未能做出统一规划。当时计划防洪标准，只是以丰济渠口水文站1943年最大洪水高程，作为规划堤防高度之依据，其堤线一般按距河岸1～2公里处就地定线。按照经验，堤顶顶宽一律采用3米，超高1米，渗透线长度为6倍的堤高。防洪标准，当时尚未明确，至1952年根据部分实测黄河断面进行初步推算，才提出保证任务是：防御渡口堂水文站4500立方米每秒，镫口水文站3500立方米每秒。至1954年根据进一步计算，又提高渡口堂防洪标准为5000立方米每秒，包头以下为4500立方米每秒，这基本上是十年一遇的防洪标准。以后经过修正，防洪标准又提高到50年一遇洪峰流量6000立方米每秒。至1985年，左岸的防洪堤及右岸胜利渠至公山壕一段防洪堤150公里，均能防御6000立方米每秒的洪水，其余堤段均能防5000立方米每秒的洪水，经过多次调整后的两岸防洪堤的堤距，一般是900米至5500米，上宽下窄，平均是2500米，堤顶宽3～5米，堤高2～5米，迎水面边坡1：2～1：3，背水面边坡1：3，均超高1米。（见图9—2）

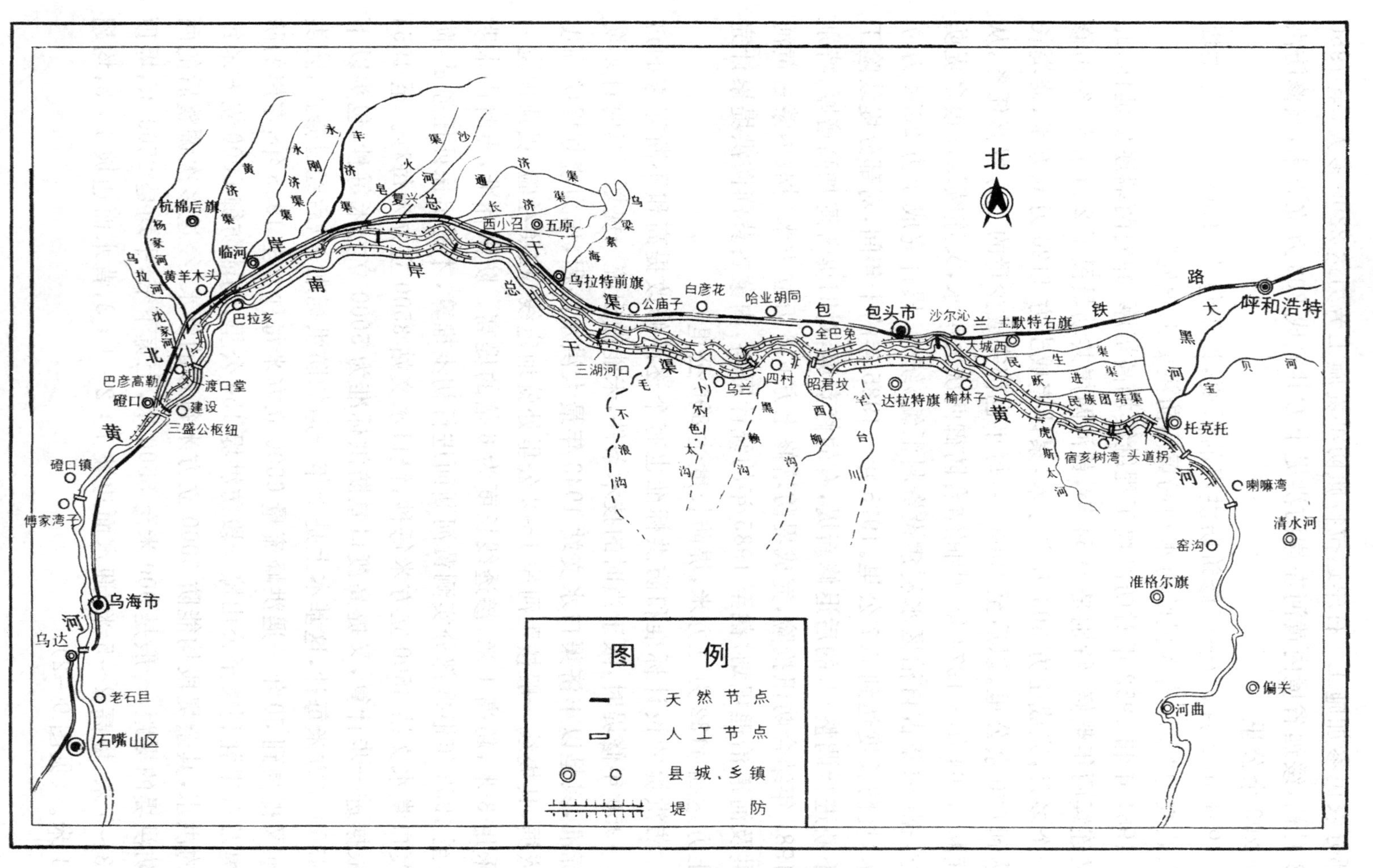

图9—2 内蒙古黄河河道形势图

二、河道整治

黄河险工多集中在拉僧庙至喇嘛湾长655公里的段落内。在此一区间，河道比降平缓，河床宽浅，弯道多，两岸布设了大量引水工程，水流方向受人为的因素较大。特别自1961年上游及三盛公等水利枢纽建成使用后，使黄河的来水来沙及河床的边界条件发生了很大变化，河的横向摆动渐剧，产生不少险工。根据《内蒙古黄河防洪及河道治理规划》提供的资料，截至1985年共有河道险工66处，其中左岸38处，右岸28处。按政区划分，乌海3处，巴盟24处，伊盟27处，包头10处，呼和浩特2处。险工段的长度分别为千米至万米不等。（详见表9—5）

多年来，由于河道游荡摆动，给社会经济财产造成重大损失。据不完全统计，河水冲滩淘岸的横向宽度约为1公里至5公里不等，已淘断防洪堤百余次，损失耕地、林地30多万亩，使20多个生产队先后落河。仍有40处险工，对包兰铁路、南北两岸总干渠及灌区有严重威胁，如西柳匠险工河段，20年前黄河距防洪堤约2000米，1980年黄河冲断堤400米，退筑防洪堤2.8公里。1981年黄河大水后，又冲断新堤500米，退堤4.15公里，黄河仍在北淘。民族团结渠口险工，多年来，由于河道摆动，用于扬水灌溉的后池不稳定，引水没保证。仅以1975年为例，后池因河道变形，造成五次大滑坡，三次大塌方，少灌耕地10万亩。巴拉亥险工，20多年来，河道南移2公里，冲没土地达2万亩，使防洪堤改线20多公里，有两个生产队落河，有2262人搬迁，造成直接经济损失600多万元。因此，治理河道实是一项十分必要和紧迫的任务。治理的办法主要有工程及生物两种措施：

内蒙古黄河河道险工情况表　　表9—5

岸别	编号	所属旗县	名称位置	险工长度(米)
左岸	1	磴口县	拦河闸下～红卫乡	1200
左岸	2	磴口县	南套子～红卫乡	1500
左岸	3	磴口县	东地～渡口乡	2000
左岸	4	磴口县	永胜～渡口乡	1150
左岸	5	磴口县	南尖子～渡口乡	2500

续表

岸别	编号	所属旗县	名称位置	险工长度(米)
左岸	6	杭锦后旗	黄河村～黄河乡	6000
左岸	7	杭锦后旗	黄河入村～黄河乡	1500
左岸	8	临河县	河曲圪旦～友谊乡	3000
左岸	9	临河县	德成渠口～团结乡	2500
左岸	10	临河县	跃进二队～团结乡	4000
左岸	11	五原县	韩五河头～景阳林乡	4000
左岸	12	五原县	联合一队～景阳林乡	5500
左岸	13	五原县	三苗树～景阳林乡	2500
左岸	14	五原县	复兴大坝～锦旗乡	2000
左岸	15	五原县	白银赤老～锦旗乡	2000
左岸	16	五原县	西河头～锦旗乡	
左岸	17	乌拉特前旗	西科河头～金星乡	2500
左岸	18	乌拉特前旗	西柳匠～西小召乡	2000
左岸	19	乌拉特前旗	布袋口～金星乡	3000
左岸	20	乌拉特前旗	南河头～金山嘴乡	2000
左岸	21	乌拉特前旗	三湖河口～稽亥乡	2500
左岸	22	乌拉特前旗	三银河头～先锋乡	3000
左岸	23	乌拉特前旗	西付家圪堵～先锋乡	3000
左岸	24	乌拉特前旗	大沙坝～黑柳子乡	2000
左岸	25	包头郊区	三义口～全巴图乡	1000
左岸	26	包头郊区	南圪堵～全巴图乡	1500

续表

岸 别	编 号	所属旗县	名 称 位 置	险工长度(米)
左岸	27	包头郊区	包钢水源地	1000
左岸	28	包头郊区	南海子～河东乡	1000
左岸	29	包头郊区	镫口～古城湾	2000
左岸	30	土默特右旗	官地～沙尔沁	3000
左岸	31	土默特右旗	康换营～大城西	2000
左岸	32	土默特右旗	民族团结渠口～五犋牛窑	
左岸	33	土默特右旗	血已卜～将军窑	3500
左岸	34	土默特右旗	池家圪旦～程套海	2000
左岸	35	托克托县	八里湾～树尔圪梁	
左岸	36	托克托县	东营子～中滩乡	1500
左岸	37	乌 达	黄柏茨～乌达	1000
左岸	38	乌 达	乌兰木头～乌达	1000
右岸	39	杭锦旗	巴拉亥～巴拉亥乡	
右岸	40	杭锦旗	阿斯壕～巴拉亥乡	
右岸	41	杭锦旗	敖包圪旦～巴拉亥乡	10000
右岸	42	杭锦旗	羊场～吉尔格郎图乡	2000
右岸	43	杭锦旗	巴计湾～吉尔格郎图乡	4000
右岸	44	杭锦旗	西沙拐～永胜乡	
右岸	45	杭锦旗	东沙拐～永胜乡	
右岸	46	杭锦旗	史三河头～独贵他拉乡	6000
右岸	47	杭锦旗	什赖柴登～独贵他拉乡	

续表

岸别	编号	所属旗县	名称位置	险工长度(米)
右岸	48	杭锦旗	刘柱拐子～独贵他拉乡	3000
右岸	49	杭锦旗	公格尔～独贵他拉乡	6000
右岸	50	杭锦旗	黑小淖～独贵他拉乡	2000
右岸	51	达拉特旗	张四圪堵～中和西乡	2500
右岸	52	达拉特旗	乌兰新建～乌兰乡	2500
右岸	53	达拉特旗	蒲圪卜～乌兰乡	2500
右岸	54	达拉特旗	元成濠～四村乡	3000
右岸	55	达拉特旗	下羊场～四村乡	3000
右岸	56	达拉特旗	柳林圪梁～解放乡	4000
右岸	57	达拉特旗	王黄毛圪梁～大树湾乡	5000
右岸	58	达拉特旗	贾家河头～德胜太乡	5000
右岸	59	达拉特旗	丁家营子～榆林子	4000
右岸	60	达拉特旗	召圪梁～吉嘎斯太乡	3000
右岸	61	准格尔	李三濠～蓿亥树乡	6000
右岸	62	准格尔	张家圪旦～十二连城乡	3000
右岸	63	准格尔	官牛犋～十二连城乡	1500
右岸	64	准格尔	巨河滩～十二连城乡	4000
右岸	65	准格尔	小滩子～大路乡	4000
右岸	66	准格尔	下海勃湾～海勃湾	1000

(一)工程措施　50年代,近河两岸荒地多,人烟少,对黄河冲淘岸堤,吞没农田,采取了“退让”对策。60年代初至70年代中期,沿河两岸已建成铁路、总干渠、大批扬水站和若干工厂,黄河淘刷必须修守,各地采取了“守”

的措施。但这些措施多系分散孤立地进行，有成功也有失败，收获并不理想。从70年代中期至80年代，又开始采取“攻”的对策：在统一的治河规划指导下，有计划有重点的综合治理。截至1985年不完全统计，二十多年来各地共整治河道险工23处，建成埽石坝垛172个、混凝土坝垛106个，完成埽石护岸多处，修围堤6000多米，挖引河2665米，进行人工裁弯7处。7处人工裁弯是：1953年的义生永裁弯、豆腐窑子裁弯、三盛公裁弯；1964年的河曲圪旦裁弯、乌兰计裁弯；1969年的四大股裁弯：1977年西沙拐裁弯。以上工程共投资1000多万元（各个险工的整治情况详见表9—6）。

险工治理后，不同程度地形成了人工节点。其中有6处已建成牢固的永久性工程，如三盛公水利枢纽、复兴大坝、西沙拐、三湖河口以及画匠营子黄河大桥等。这些险工多年来都经受了洪水的考验，起到了明显的定河固岸作用。这些人工节点与原来10个天然节点结合在一起，有效地限制了黄河的摆动，收到巨大的经济效益。

内蒙古黄河河道险工治理情况表　　表9—6

序号	岸别	名称位置	治理情况
1	左岸	黄柏茨～乌达	1982年初步治理，修筑小档距短坝垛，共计10个埽石坝垛及护岸工程。
2	左岸	三盛公拦河闸下红卫乡	1961年后，陆续修建护岸工程500多米及3个埽石坝垛工程，档距各300米。
3	左岸	南套子～红卫乡	1964～1983年修筑埽石坝垛10座，需加固。
4	左岸	东地～渡口乡	1976～1984年，共修埽石坝垛6座，钢筋混凝土坝垛10座。
5	左岸	永胜～渡口乡	1977～1984年，共修埽坝垛7个。
6	左岸	南尖子乡～渡口乡	1976年修筑埽石坝垛7座。
7	左岸	黄河一村～黄河乡	1972年修埽坝垛2座，1979年进行局部河道整治，1982年在西河岔淤滩固槽。
8	左岸	韩五河头～景阳林乡	1977年开始修坝垛护岸，现有埽石坝垛10座，钢筋混凝土坝垛9座。
9	左岸	联合一队～景阳林乡	1978年筑坝垛3座，1979年筑钢筋混凝土坝垛10座加密档距。

续表

序号	岸别	名称位置	治　理　情　况
10	左岸	三苗树～景阳林乡	1972年修埽坝垛6座，至1975年抢修埽坝垛12座。
11	左岸	复兴大坝～锦旗乡	1976年开始修埽坝垛10座，以后多次冲毁抢险，现已建成埽坝15座，钢筋混凝土坝垛17座。
12	左岸	白银赤老～锦旗乡	1979年修埽石坝6座，1984年加固护岸钢筋混凝土坝垛3座。
13	左岸	西河头～锦旗乡	1982～1983年修钢筋混凝土坝垛15座护湾，使河槽回淤。
14	左岸	西柳匠～西小召乡	1982年筑埽石坝垛9座，钢筋混凝土坝垛15座，进行护岸导流。
15	左岸	三湖河口～稽亥乡	1974年开始修筑埽石坝垛，至1984年修筑22个，钢筋混凝土坝垛9座。
16	左岸	包钢水源地	60年代，在河中修了三个丁坝，做块石护岸200米。
17	左岸	南海子～河东乡	1970年筑坝垛17个，护岸850米。
18	左岸	镫口～古城湾	1964年做石坝垛13个，先后做块石护岸1800米。
19	左岸	八里湾～树尔圪梁	1984年筑埽石坝垛4个，钢筋混凝土坝垛9个。
20	右岸	西沙拐～永胜乡	1972年修整治工程，即挖引河筑拦河坝，修围堤950米及坝垛9座，埽石坝垛10个，钢筋混凝土坝垛6个。围堤及防洪路格堤6公里。裁弯截流坝250米，筑护岸堤2041米，使黄河北移2公里，约投资400多万元。保护20万亩、灌溉河湾6000亩土地及电讯畅通。
21	右岸	东沙拐～永胜乡	1976年开始修治河工程护岸坝垛
22	右岸	公格尔	1980～1984年修筑3组八个坝垛及200米长的埽石土料护岸工程。用款130万元。
23	右岸	小滩子～大路乡	筑丁坝2道

多年来，治理险工所采用的工程形式，比较多的是对畸形河湾裁弯取

直，以坝护湾，以湾导流，筑顺坝防洪导流和落淤还滩等。在工程结构方面，大量采用埽石材料修筑埽石坝垛、钢筋混凝土坝垛卷沉埽棒和铅丝笼块石护岸护坡，安装导流冲淤船等。在落淤还滩工程上还采用沉树落淤、打桩编柳和挂埽落淤等多种形式。钢筋混凝土坝垛，系预制钢筋混凝土杆件框架式坝垛的简称。此项工程技术结构，系内蒙古水利勘测设计院副总工程师石秉直设计，于 1976 年完成，开始用于治理西沙拐，经十多年试验后，推广到东地、韩五河头、联合一队、复兴大坝等险工治理。该坝垛形似马架式工棚，用 13 根钢筋混凝土杆件，上装 6 块挡水板，下垫柴埽沉排，在河道险工处就位，可顶托水流，使河岸回淤，化险为夷，有费省效宏的特点。该项技术成果，于 1981 年曾获得内蒙古自治区优秀设计一等奖和全国 70 年代水工优秀设计表扬奖。

（二）生物措施　30 多年前，黄河滩地植被茂盛，红柳、河柳、芨芨、白茨等均根深叶茂，起着落淤护滩的作用。50 年代，修建防洪堤，开挖引水渠口、修建草闸和防洪使用埽料，以及沿河群众任意砍伐开荒等，使河滩的天然林草基本全部遭到破坏。进入 60 年代后，对新修的防洪堤需要保护，对险工治理也需要固滩，各级政府水利防汛部门便都大力提倡在防洪堤两侧和河滩地上营造黄河保安林和护堤林。截至 1983 年统计，在 160 万亩河滩地中，除 62 万亩耕地外，现已造林 24 万亩，约占滩地面积的 15%。防洪堤的绿化长度 462 公里，约占堤长的 50%。其中乌拉特前旗黄河林场在 50 公里黄河沿岸造林 8.6 万亩，一般依河顺湾，形成了河滩防护林网络，起到了护岸稳滩的作用。土右旗黄河林场在沿河岸 40 公里长的河滩内造林 5.4 万亩，形成了强大的顺河稳滩生物工程体系。黄河工程管理局在南岸导流堤的黄河滩地及库区围堤两侧营造起林木 7000 多亩，使三盛公枢纽工程上下河滩稳定，堤防坚固，还为治河埽料年提供 500 多万斤，林业收入近 10 万元。伊盟西沙拐堤新造林木 5000 多亩，五原堤防二段营造堤滩林 9000 多亩，形成了治河生物措施的良好基地。

目前黄河滩及堤防工程造林存在的问题是：第一、国家规定沿堤内外各 100 米的范围，均为国家修堤用土和造林用地，但不少堤段被农民占为耕地，严重影响稳滩固堤工作。再是对新形成的河湾滩地产权还没有明文规定归属关系，也影响淤滩固岸工作。第二、对河滩造林规划缺少经费保证。第三、对现有滩岸造林管理不严，尤缺护林经费，破坏严重。

第四节 防汛工作

内蒙古沿黄河两岸,清朝光绪年间已开始在重点的河段修筑一些堤防,但未形成经常性的防汛工作和防汛制度。民国17年(1928年)绥远省建设厅主管水利,但只重抗旱,多方引水灌溉,40年代初,防汛的重点仍在灌区,主要防止渠道决口和堵打窜漏。建国后,由于社会条件的变化,对黄河防汛工作开始重视,经大力修守堤防,防止了重大洪水灾害。

一、民国后期的防汛

1939年春,第八战区副司令长官兼绥远省政府主席傅作义,率十万之众进入后套,主持绥远对日抗战。基于当时解决军需民食的需要,傅作义提出"治水与治军并重"的口号,在对日侵略军作战的间隙,组织军队和群众兴修水利,加强防汛工作。1939年冬至1940年,傅部对日侵略军连续进行了包头、绥西、五原三大战役后,于1941年春决定重建绥西水利局,并立即制订了《绥西各渠伏汛期间巡防抢险紧急办法》。当时由于各干渠敞口自流,让干渠多进水,虽然减轻了黄河防洪负担,却加重了渠道防汛。因此,在上述防汛抢险办法中,特规定将各干渠划分若干段落,设常年巡防组,专司查巡、防汛、抢险、报汛等职能。如遇水险发生,当竭力抢堵,并将决口地点、水深、长度、水量大小等火速呈报省政府及专管机构。通电报地方,不得逾越12小时,无电报地方要疾骑飞报,不得逾越24小时。如渠社或常年巡防组织执行不力,或发生水险延期不报,呈请省府分别给予惩处。对成绩卓著者给予奖励。至1942年7月,又进一步颁发《绥西各渠防汛队组织及服务通则》,规定沿河各县均需组织伏汛期间防汛队,设大队长一人,由渠道灌区内之县长兼任,负责该县境内各渠防汛督导。各灌区内如遇水险发生,应速与附近驻军取得联系,共同抢堵河道险情。并规定将传递水情之报端书写"水险"二字,以示紧急,不得延误。

1943年6月27日起,黄河水势大涨,至7月12日水位已达1942年伏汛期河道最高水位。加之绥西各地大雨滂沱,河水溢出北岸长达100余公里,民舍田禾尽遭淹没。傅部立即通令兵工一师、民夫千余,对黄河溃决进行抢险堵复。但临河、狼山、晏江三县已被淹没大半,形成空前大灾,灾民流离多达数万。绥西乃成立黄河防汛总站，作为防汛抢险指挥机构，立即拟定导浚及堵决措施。首先动员民众堵复决口、修筑沿河坝、关束大干渠口三项紧要工程，经民众20天的日夜抢险，终于堵复为患最烈的台儿湾黄河决口，堵筑新旧堤长约20多里，并抢筑杨、乌两渠间的挡水坝，关闭黄杨新渠口，修筑黄土拉亥渠至兰锁渠之间的新河埝，关闭永济渠口、丰济渠口，节束复兴渠口及修堵迤南沿河坝的20多处决口，节束和关闭义和、川惠、通济、长济、塔布、华惠等渠口，引导该区域内泛水东绕入黄及防护抢堵乌加河、乌梁素海等10余处主要整治工程。在防洪抢险中，绥远省军政各机关，又进一步组织起防汛指挥部，并将绥西划分为四个防汛区，所在汛区防汛军民均受其直接指挥。此次洪灾为绥西数十年来所罕有，据黄委会工程师董在华当年10月视察报告称：淹没田禾数达42.4万亩，冲毁房屋2450多间。

1945年，绥远省政府鉴于1943年黄河大水的惨痛教训，决心彻底整治河防，并颁发黄河《沿河坝移民守护办法》，挑选精悍的坝民防御河患。《办法》中规定，沿河坝移民看守，以沿河的各乡为单位，分别负责，将河堤就近划属于各乡负责管护，责任明确。如情况急迫，各乡彼此之间仍有相互援救的义务。坝民需严格挑选，年龄应在20～45岁之间，要求“家室清白，确无不良嗜好”，并有“冒险牺牲精神”者。

1946年黄河洪水再度暴发，绥西水利局及各专署、市、县政府紧急动员泛区民众抗洪抢险。同时请各地驻军对防区各渠坝险工及决口进行整治和堵复，协助地方抗洪除险。要求部队通信人员对绥远省建设厅水利局及各市、县、乡的水险情报或水险电话、电报等，应视与军事情报同等重要，立予接转或拍发。1947年省水利局遵省府令再次颁发《绥远省河渠防汛队办法》，确定省水利局负责省内各河渠防汛抢险队的领导地位，意在加强防洪抢险中的统筹指挥督导，以便调动泛区内民众，协同一致，抗御洪患水灾。

二、建国后的防汛工作

从1950年到1951年，沿黄河开始修建防洪堤，当时防汛的重点仍在灌区。从1952年开始，情况有了显著变化。首先是绥西地区，黄杨闸大型钢筋混凝土闸门建成，其他大干渠口也相继整修或新建控制性草闸，在汛期可以节制洪水进渠，在冬季可防止发生凌汛。同时防洪堤在不断加修，防洪能力逐步增强。至1954年，已修堤长620公里，初步形成左岸渡口堂以下可防4500立方米每秒的防洪能力，中滩以下可防3500立方米每秒的防洪能力。

1955年继续加修堤防,左岸防洪能力进一步达到6000立方米每秒。这期间对防汛工作实行“点线控制”,即修建防洪堤,加强黄河防汛;加强灌区渠口闸的建筑,防止渠道决口。60年代初,三盛公水利枢纽建成,南北两岸通过一首制引水,内蒙古正式由防灌区一个面过渡到防黄河一条线。在防汛的组织领导、工作制度、汛前准备,以及通讯联络等方面,也都不断进行变革和加强。

(一)防汛组织领导　1950年防汛以黄河为重点,成立了省及包头、陕坝三个防汛指挥部,沿黄河各县市旗也都成立防汛指挥部,每部设一个防汛队,区乡级政府组设防汛分队,划分平工险工分段管理,并将所准备的材料事先按需要分配到各段。当时规定汛期为6月15日至10月15日,防汛工作开始纠正历来只注意决口抢险而忽视平时防护的偏差。

1951年6月8日,中央政务院发出加强防汛指示,强调:“防汛工作是群众性的工作,领导机关必须联系广大群众,才能做好这一工作。各级防汛领导机构的组织,应根据去年的经验,以地方人民政府为主体,由行政首长负责领导,由水利机构办理日常事务,并邀请当地驻军代表和有关机关团体参加”。绥远省人民政府根据中央精神与前一年的实践经验,连续制订了《绥远省防汛办法》、《绥远省人民政府防汛指挥部组织规程》、《绥远省陕坝、萨县区防汛指挥部组织规程》、《绥远省县(市旗)防汛组织规程》,以及《绥远省县(市旗)防汛队及抢险队组织规程》等办法。在办法中规定:县以上防汛领导机构为委员制,设主任一人,副主任二人,分别由当地政府领导人、军队领导人和水利部门的负责人担任;设政治委员一人,由当地党委书记担任;委员若干人,由有关部门领导人担任。各级防汛机构下设水情、抢险、秘书三组,由水利部门兼办。在县(市、旗)以下成立防汛队及抢险队的办法中规定,防汛队及抢险队各设正副队长一人,由防汛部主任、副主任兼任。区乡长分别担任各有关河渠防汛堤段的防汛队长或分队长。

1951年6月12日,新组建的绥远省人民政府防汛指挥部成立,由省政府副主席奎壁任主任,省军区参谋长王跃南和省水利局长王文景分任副主任,以下专区、县区乡各级防汛机构均相继成立起来。

1953年3月,省防汛指挥部对原《绥远省防汛办法》又进行了修正,并经省人民政府批准执行。在修正办法中规定:设立绥中区、绥西区、伊盟区三个防汛区。后者系新增设。其组织领导与具体任务如下:

1.绥中区—以集宁专署为主体,组织绥中区防汛指挥部,领导托县、萨县、包头县、包头市四个防汛部,负责绥中段黄河左岸及包、萨、托各县境内由黄河开口之各渠道防汛。

2. 绥西区—以陕坝专署为主体，组设绥西区防汛指挥部，领导米仓、狼山、临河、晏江、五原、安北及宁夏省磴口县七个防汛指挥部，负责绥西段黄河左岸后套各渠道之防汛。

3. 伊盟区—以伊盟自治区人民政府为主体，组设伊盟区防汛指挥部，领导达拉特旗、准格尔旗两个防汛指挥部，负责黄河右岸及境内由黄河开口之各渠道防汛。

到 1954 年元月，绥远、内蒙合并，成立起统一的内蒙古自治区防汛领导机构，名为内蒙古区防汛指挥部，下设防汛办公室于水利局，办公室主任由分管的局长兼任。除指挥部领导成员由自治区人民政府正副主席和军区领导担任外，委员构成有所扩大，凡水利、农业、气象、公安、邮电、铁路、交通、商业、物资等厅局领导人均担任委员。指挥部已变为常设机构，常年办公。盟市旗县以下防汛机构相应作了类似调整。但防汛、抢险队的组织变成临时性的群众组织，主要是搞黄河防汛，渠道行水期间的防护一律由各管理机构自行负责。这种防汛体制延续至今，基本上没有多大变动。

(二)汛前准备　绥远省在 1950 年前的防汛工作中重点放在临时抢险堵决口方面，从 1950 年开始实行"防重于抢"的方针，要求事先做好以下准备工作：

1. 组织工作组，分赴各险工地段进行隐患检查。

2. 整修堤防，按计划一定完成。

3. 作好积柴备料工作。一般年份储备防汛柴草 1000 万公斤左右；由商业、供销部门控制备用的防汛麻袋、草袋也在数万以至数十万条。

4. 组织防汛抢险队伍，一般以民兵为骨干，每年组织防汛抢险队伍大都在 10 万人上下。至于防特大洪水临时动员的防汛人员更多，如 1981 年达到 18 万人。

防汛抢险的民工，一般都是义务性质的，但对抢险两天以上者，每人每天补助食米 1.5 公斤。1964 年规定，受益区民工参加抢险，从第四天起每人每日补助伙食费 0.4 元，非受益区每人每日补助 0.5 元。各旗县防汛部门按批准的计划指标，每年都掌握一部分防汛粮，供补助防汛抢险民工使用。黄河防汛费，由国家开支。渠道防汛费，由水费开支。

(三)通讯联络　黄河水情联系，从 1951 年开始，黄委会通知兰州、石嘴山、三盛公等黄河水文站，由 7 月 1 日开始直接用电报向专属防汛部门报汛。同年规定各地水情和汛情联系，尽先用电报电话传递，不得有误。无电报电话地方，配备防汛专用马匹，飞骑驰报。从1952年开始，国家拨专款架设专用防汛电话线路100公里，以后历年均有增设。淮河“75·8”大水后，自治区又在沿岸有线电话的基础上，又增设无线电台通讯，先后在包头市、巴彦淖尔盟、伊克昭盟安设“747”型无线电台，到1980年已设置32部。

第五节　抗洪斗争纪实

一、1964年洪水

入汛以来，黄河上游西柳沟发生3000立方米每秒以上的洪峰6次，7月30日磴口出现大洪峰5730立方米每秒，是1935年以来有记载的第二次大洪水。本次洪峰特点是：水位高、流量大、持续时间长。在三盛公闸以上5000～5730立方米每秒的洪峰流量持续5天，包头到土默特旗段4000立方米每秒以上洪峰流量持续5天；托克托县至准格尔旗的4000立方米每秒以上洪峰流量持续7天。大水下泄期间，河床普遍刷深，堤段水深1～2米，有的堤段深达3米多，有的堤段水面距堤顶仅有0.3～0.5米。由于堤防靠水的时间长，险工段河堤出现脱坡、漏洞50多处。7月20日晚，自治区党委、人民委员会向沿河两岸盟、市、旗(县)发出紧急动员抗洪抢险的通知。24日上午，自治区主席乌兰夫主持党委会议，作出防御黄河大洪水的原则决定，并指定党委、人委负责同志直接领导抗洪抢险。至7月26日，沿河各县(旗)上堤防洪抢险民众及部队已达3.5万人，7月30日人数最高达10万人。7月30日下午2时石嘴山洪峰流量达5620立方米每秒时，三盛公拦河闸以上已有4个昼夜进行迁移及防护工作，并对二十里柳子的沙坨空隙带及库区围堤进行了堵截和加固。三盛公以下两岸军民苦战了5到10昼夜，到8月6日统计，完成加固堤防土方150多万立方米。不够高度的堤坝普遍加高0.5至1米，使两岸700多公里的堤防增强了抗洪能力。随着河水持续暴涨，包头镫口段黄河大堤被淘断，眼看就要决口，直接威胁京包铁路，后经近千军民连战三昼夜，决口及时堵复。准格尔旗李三壕一带堤段因风浪淘刷就要漫顶之际，经250名民工苦战后堵复。全河段经苦战十多个昼夜，终于8月1日取得防汛的全面胜利。

二、1967年洪水

8月25日，黄河上游兰州水文站出现4000立方米每秒的洪峰。8月26日海勃湾市一带突降暴雨，从凌晨5时至下午5时止，降雨量达110毫米，为该地区所罕见，致使山洪暴发，市区水深0.3～0.7米。包兰铁路在乌达碱柜间被冲断23处。9月上旬，黄河上游又连降大雨，黄河水位不断上涨，9月5日出现5250立方米每秒的洪峰。于9月10日，伊克昭盟上堤2700人，准备柴草80万斤，草袋1.5万条，木桩2800根。巴彦淖尔盟河堤大部上水，全盟上堤2200人，日夜防护。阿拉善左旗巴音木仁公社沿河民堤9月8日决口一处，一个村庄被水围困，淹草滩400亩，后经抢修堵复。黄河三盛公枢纽及库区围堤上堤抢险人数达500名。9月15日，5510立方米每秒的洪峰进入内蒙古段，防汛抢险进入紧张阶段。伊克昭盟准格尔旗十二连城官牛犋堤段9月13日先后决口3处，最大1处口宽70多米，淹没耕地2000亩。9月20日，昭君坟至托克托段最大洪峰流量达5390立方米每秒，黄河防洪堤大部上水，险工段水面已距堤顶0.3米，大堤渗水严重，其中小滩子段13日至19日先后决口16处，后经堵复，未酿成大灾。土左旗上堤2100人。自治区防汛指挥部连夜调运草袋10000条、木杆1000根，次日晨紧急调派解放军战士500名赴托克托县防洪前线，参加抢险。这次抢险持续至9月20日，达半月之久，才取得完全胜利。

三、1981年洪水

8月以来黄河上游连降大雨，9月中旬甘肃、宁夏黄河连续出现大洪水，9月21日，石嘴山站洪峰高达5820立方米每秒。自治区人民政府接到通知后立即召开紧急会议，确定：确保呼和浩特、包头市及沿河两岸工农牧业生产安全，确保包兰铁路畅行，并研究了防洪人员、物资、经费等具体抗洪措施。9月15日，向沿黄各盟(市)发出紧急通知，要求加修河堤，力保5500～6000立方米每秒洪峰不决口。伊克昭盟境河堤险工多，防洪任务艰巨，自治区人民政府主席孔飞于17日亲赴该地，加强指挥。各级党政军领导也都亲临第一线，至9月19日，沿河抗洪抢险人数已达到18万人，经日夜抢险防护，使沿河数百里河堤普遍得到加高加固。在河堤普遍吃水达1米左右，甚至2米的情况下没有出险。9月23日，又在三盛公枢纽以上二十里柳子处分洪400立方米每秒，以确保三盛公枢纽下泄流量稳定在5230立方米每秒，减轻了下游防洪负担。9月28日，黄河大水安全过境。

第三十二章　防　凌

春季防凌，是内蒙古自治区黄河防汛工作的一项特殊任务。1949 年以前，历代政权始终没有把黄河防凌做为一项任务肯定下来，对防凌仅限于在凌汛决溢后的抢险堵口。1950 年，在刚成立的人民政府对防凌工作无暇顾及的情况下，遭受到一次大的凌汛灾害。故从 1951 年开始，人民政府根据 1950 年凌汛灾害的惨痛教训，就把黄河防凌工作做为一项重要任务来抓。除抓紧修建黄河防洪堤外，首次制定了《绥远省防凌计划》，布置沿河一带贯彻执行。从此，各级政府对防凌工作逐步加强，凌汛灾害逐步减少。

第一节　凌汛特征

一、凌情：内蒙古段黄河每年冬季都要封冻，次春开河。开河以前先流凌，冰壅水高，形成凌汛。

因气象条件不同，内蒙古与上游兰州黄河的凌情也不同。兰州与内蒙古段，经度相差 6°13′，纬度相差 4°37′，致使上下游的温度差较大。其中冰期月平均气温相差 5℃以上(见表 9—7)。在自然情况下，包头段的封冻比兰州要早 20 多天，而解冻开河却晚一个多月。

黄河上游站凌期各月平均气温统计表　　　　**表 9—7**

站　名	东　经	北　纬	11 月平均气温(℃)	12 月平均气温(℃)	1 月平均气温(℃)	2 月平均气温(℃)	3 月平均气温(℃)
兰　州	103°49′	36°03′	1.8	−5.8	−7.4	−2.1	5.6
磴　口	107°10′	40°30′	−1.7	−9.4	−11.2	−7.8	0.8
包　头	110°02′	40°40′	−2.5	−10.5	−12.6	−8.6	0.1

内蒙古黄河一般于 11 月中旬流凌，12 月上中旬封冻，封冻天数一般 100 天左右，最长可达 130 多天。结冰厚度一般在 0.6 米以上，最大为 1.20

米。春季解冻开河，一般在3月中、下旬，少数月份在四月上旬。开河最大流量，多年平均为1700～3500立方米每秒，开河最低最高水位差为2～3米（见表9—8）。

黄河内蒙古段各站凌汛特征值表　　表9—8

项目		石嘴山	渡口堂	三湖河	昭君坟	头道拐
流凌日期	最早	11月11日	11月8日	11月4日	11月8日	11月6日
	平均	11月25日	11月19日	11月17日	11月18日	11月18日
	最晚	12月13日	12月3日	11月29日	11月28日	11月27日
封冻日期	最早	12月7日	11月23日	11月15日	11月14日	11月23日
	平均	12月28日	12月25日	12月1日	12月1日	12月18日
	最晚	2月7日	12月19日	12月16日	12月14日	1月6日
封冻天数		39～93	86～119	93～136	97～131	62～122
断面结冰厚度（米）		0.37～0.7	0.55～1.02	0.58～0.97	0.60～1.17	0.55～1.12
开河日期	最早	2月26日	3月7日	3月10日	3月17日	3月14日
	平均	3月8日	3月17日	3月19日	3月24日	3月23日
	最晚	3月18日	3月27日	4月5日	4月2日	3月31日
开河最大流量（米^3/秒）		1700	1890	2220	2920	3500
开河水位（米）	最低	1087.27	1049.85	1019.13	1007.99	988.06
	最高	1090.23	1052.12	1020.69	1009.70	989.88

注：下游站开河最大流量逐段比上游大，并不是两岸支流汇流的增量，而是槽蓄冰水逐日消融释放下泄的结果。据水文统计，整个内蒙古段槽蓄水量平均为6.32亿立方米，最少时接近5亿立方米，最多时近9亿立方米。

二、凌汛：内蒙古黄河在开河期间，流冰壅塞堆积，冰块面积大小不一，最大为18万平方米，在河湾处最易形成冰坝。冰坝一般长约一公里，最长的达6公里，冰坝的冰面均高出水面半米多，最高可达2.5米，宽及两岸。由于卡结冰坝，过水断面缩小，上游水位急剧上升。一般的冰坝涨水半米左右，最大可达6米。解冻开河时，如突遇降温天气，流冰重叠冻结，其厚度可超过3米，此种流冰形态，更易卡结冰坝。大块流冰多，卡冰结坝持续时间长，涨水也较多，一般的冰坝仅持续数小时，最大的冰坝可持续3～5天，涨水达一定高度后，冰坝即为水压力冲垮。冰坝溃决后，水位迅速下落，一天内可下降1.5米，一般一、二天后，河水就归槽，流冰终止，凌汛基本结束。

内蒙古黄河的开河，由于封冻至开河期间的流量变化，和解冻时全区的风向、风速、气温的不同，便会产生三种不同情况：第一是上下游同时解冻，短的在两三天全部开通，这种开法，大部分是通顺的。其次，是由下而上的开，也较通顺。这两种情况，当地俗称“文开”。据1951年至1973年的统计，“文开”的机率约占40%。第三是由上而下的开河，群众叫“武开”，最容易卡结冰坝。武开的机率约占60%。

三、卡结冰坝的险工段：弄清容易卡结冰坝的河段，是掌握凌汛情况、制定防凌方案的最重要依据。这项工作从1951年春季就开始进行，根据历史经验和当时现场检查，确定了一些险工段。这些险工段系每年河道易于出险的弯曲和过窄河段，即绥西黄杨闸，临河台儿湾，包头大树湾、南海子，萨县八大股、土合气、五犋牛、窑子等处。此后在800多公里的河段上被认定的历年主要卡冰结坝位置(或叫险工段)共计有50余处(详见图9—3)。基本上每年卡结冰坝或冰桥的地点都不出这个范围。这为确定防凌重点，布置防凌工作创造了条件。

第二节　冰情预报

冰期水文、气象的观测与预报，为防凌工作的耳目。此项工作，内蒙古防凌指挥部规定由两方面的力量来承担，一是沿黄河盟、市、旗、县防凌机构，均须派专人于元月底前后对各自防区的黄河冰情，如冰厚、宽度、冰面高度、亮子分布等，做出现场钻探调查，并将资料逐级上报。另一方面是各黄河水文站对黄河冰情进行调查。然后由内蒙古防凌指挥部水情组进行综合分析，并根据当地气象长、中、短期预报，进行冰期水文、气象预报。

气象方面，现在已能进行冰期各次寒潮入侵的次数、时间、路径和降温强度，解冻开河日期的增温预报，以及影响凌汛形成的有关气象因素，如风向、风力、降水量等预报，有条件的还可从气象因素分析各种冰情预报，如流凌、封冻、解冻日期等预报。除发布重点站的预报外，自治区防凌指挥部水情组还提供沿河气象因素的实况及预报值。在水文方面，现在已能进行冰情和水情预报。冰情预报是指各种冰情现象出现日期和冰厚、冰塞、冰坝、开河形

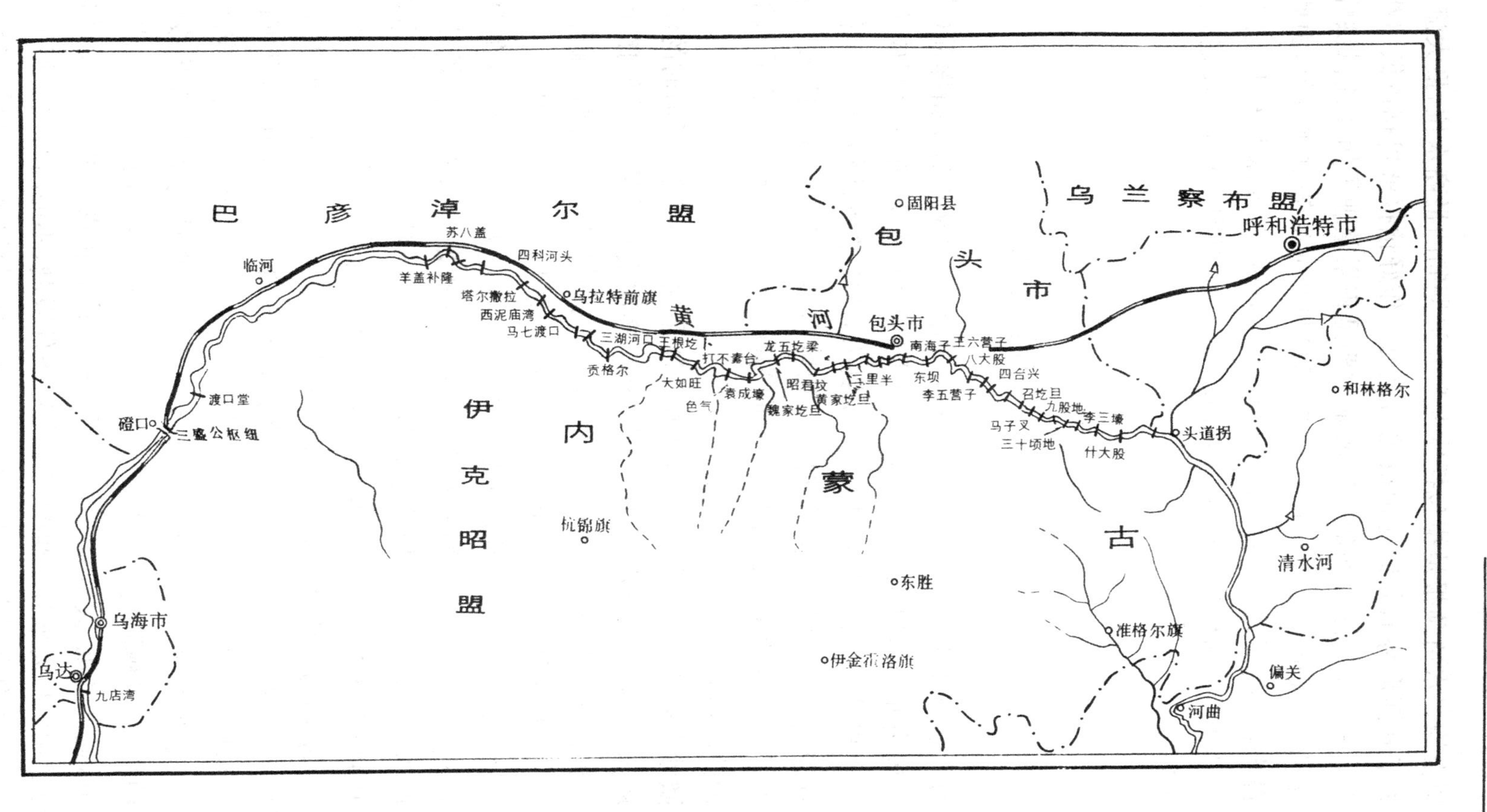

图9—3 黄河内蒙古段历年主要卡冰结坝位置示意图

势的预报等。水情预报是指包括冰期和开河期间的最高水位，最大流量等。

关于开河形势的分析与预报尤为重要。作好预报就可据以做出相应的防凌决策和措施。这方面的研究成果主要是积累整理了历年凌汛洪峰增量（即开河最大流量减去开河时流量的差数）与开河形势对比资料，由此资料大致得出：三湖河凌汛洪峰流量增值超过 1000 立方米每秒和包头超过 1300 立方米每秒时，除个别年份外，开河形势大都是“武开”；反之，小于此数，“文开”的情况较多。

第三节 防凌措施

为加强防凌工作的领导，从 1951 年开始，单独成立防凌指挥部（凌汛期间常在包头办公），组织以民兵为骨干的防凌抢险队伍，在堤上存放柴土，以供抢险之用；防护堤划分责任段，落实到人，严密监视冰情变化；在各部门、上下游、左右岸之间做好相互支援，密切协作，如遇险情，召之即来。这是战胜凌汛必不可少的条件。在另一方面，为战胜凌汛，历年来还先后采取了以下几种防凌措施：

撒沙土融冰：冰面铺盖沙土，能加速冰层的融消，减少开河时的流冰量。这是从 50 年代初就开始使用的群众经验。多次实验结果是：冰面撒土后，比自由冰面能多融消 4～5 厘米。但因冰面积水不易排走，突遇寒流有消而复冰现象，作用不大。冰面撒土方法，从 60 年代以后已很少再用。

炸药爆冰：为了破坏冰坝形成的条件，减少过大过厚的冰块，在 1960 年以前，采取了提前预爆冰层的作法。根据每年查勘的冰情，对急湾浅滩等冰层较厚的段落，在解冻前用黄色炸药进行爆破。一般用 3 公斤半的炸药包进行水中爆破，可炸开直径 10.5 米、面积 79.3 平方米的冰。从 1956 年至 1960 年期间，每年爆冰面积约在 300 万平方米以上，最多近 600 万平方米，耗费炸药 25 吨以上。但实践证明，在预爆的冰段不一定先开，且开河时仍有卡冰结坝现象，收效不大。从 1963 年以后，取消了对冰层预爆的作法。

机、炮轰炸冰坝：从 1951 年开始，几乎年年都动用飞机、大炮投弹轰炸卡结的冰坝，以解除凌汛危害。尤其对两岸无堤防或堤防不坚固而卡结冰坝的地方，通过飞机、大炮轰击冰坝，可以较快地制止洪水漫溢。但飞机起飞受气象条件限制，大炮轰击也受河岸交通条件限制，不能随时发挥作用。有时轰炸冰坝，命中率不高，耗费太大。所以从 1970 年以来，飞机尽量少用，大炮也仅在重点河段配备，实际上是备而不用。

拖垮冰坝：一般情况，解冻开河卡结少量冰坝是难以避免的，只要涨水不多，无多大妨碍，应尽量使冰坝自行垮掉，这对下游的好处，一是可以避免流冰过度集中，二是下游冰层可以充分解体消融。否则过早处理，将会发生冰坝搬家，边打边结的情况。采取拖的办法，多年来已使内蒙古段大的卡结冰坝数量大为减少。1960 年开河时，三道坎以上约一公里处，卡结冰坝高出水面 2 米多，壅高水位近 3 米，采取了拖的办法，3 天后冰块流走，不仅对铁路大桥起到了良好作用，同时经天然水库调节，也消减了上游的凌汛洪峰，延缓了槽蓄水量的释放，使下游呈现"文开"形势。

但以上几种办法，都是辅助性的，未能彻底改变黄河的开河形势。多年来实践证明，采取以下几种工程措施，是根治凌汛灾害的关键：

一是上游水库的适时调度。刘家峡水库发电，冰期下泄流量较天然情况为大，这对内蒙古段的封河有好处。下泄流量，一般以 700 立方米每秒为宜。待封河后，下泄流量就应小些。二月中旬以后，下泄流量应更小些，使石嘴山不产生凌汛洪峰。在内蒙古段解冻开河的半个月之内，要求上游水库控制下泄流量比封冻时减少 300 立方米每秒，即对开河有利。

二是加固培修防洪堤。1956 年以前，凌汛每年上堤防凌人数达 1 万多人，最多时达 5 万多人。近年来，由于黄河建设条件的变化，开河形势有所改变，每年上堤防凌人数不足千人。修建防洪堤后，凡有防洪堤的段落，卡结冰坝的涨水高度，也从来没超过堤顶，所以，只要坚持以防为主，加固堤防，消除隐患，是能战胜凌汛灾害的。

三是依靠水工建筑物的自身防护。现在内蒙古段黄河上的工程建筑逐渐增多，计有两座铁路大桥、四座公路桥，还有三盛公水利枢纽和包钢水源地两处工程。不同的水工建筑都设有不同的防凌措施，例如桥梁防凌，在解冻前夕都将上下游一定范围内的冰层炸开，并沿桥墩开凿冰沟，避免桥孔流冰受堵塞，并防止流冰对桥墩的撞击。在乌达铁路大桥前面还修建了破冰体，加固了桥墩的抗冰能力。三盛公水利枢纽，开河时如闸孔受流冰堵塞，即关闭闸门，壅高水位后再迅速开闸，堵冰即能消除。

四是适当引用凌水浇地。近年来多次采用，最多年份曾引用凌水浇地达 60 多万亩

总之，随着对凌汛认识的不断加深和提高，防凌措施也在不断改变和完善，旧的办法被抛弃，新的办法被采用。

第四节 1951年防凌纪实

1951年的春季凌汛是50年来最严重的一次。在凌汛期间,全省共卡结冰坝43道,黄河堤防决口11处,干支渠道决口60余处,淹没土地76000多亩,被灾人数2450人,倒塌房屋568间。经过大力抢险防护,凌汛灾情大大减轻,取得了重要的经验。

一、防凌准备 1950年冬季,水利局即派干部分赴各沿河地段检查堤防和黄河冰情,吸收群众防凌的经验与意见,确定了易于卡结冰坝的险工地段,制订出内蒙古历史上第一个全河性《绥远省防凌计划》。同时,省领导决定由军区选派炮兵,协助防凌,并于1951年3月21日携带轻重迫击炮进驻阵地。为了切实掌握水情,便于指挥,特电知黄河上游各水文站,从3月10日起,逐日向省水利局和陕坝专署水利局报汛。还函请归绥电信局提前于3月21日安装好包、萨防汛电话。中共绥远省委、省人民政府,还电令有关专署、旗县缓办其他行政工作,先集中力量加强防凌,并在包头组织全省性的防凌指挥部,统一指挥全河段的防凌工作。

二、凌汛情况 本段黄河于3月21日开河至后套后,就到处卡结冰坝,属于"武开"形势,情况极为严重。当日渡口堂东南冲破堤防1000多米,磴口县之二、三、四区及米仓县之第三区一片汪洋。黄杨闸职工及炮兵前往抢堵,用炮弹轰击6小时,冰坝方破。24日又在薛成渠口形成冰坝,涨水冲破堤防500米,溃水三面包围黄杨闸。凌水涌进永济干渠,临河马道桥以南都结了冰坝。合济渠及黄济渠因有冰坝,共决口13处,处处告急。接着25日至31日,后套黄河及大干渠都结有冰坝,此消彼结,防不胜防。从25日开始,包头萨县段黄河处处卡结冰坝,其中决口成灾的有:包头县黄河左岸的李虎圪堵一带,冲破防洪堤250余米;贾家河道一带冲破150米,淹没6个村;右岸四村一带,萨县土合气一带,准格尔二道壕一带,均淹没大片村庄土地。直至4月4日,全境凌汛才告结束。

三、爆破抢护 这次凌汛期间,沿河各市、旗、县都组织了防汛队、抢险队、运输队,男女青壮年一齐出动,爆炸冰坝,抢修堤防。解放军空军、炮兵、工兵也全力支援,先后动用了飞机、榴弹炮、轻重迫击炮、手榴弹等各种武器,仅飞机就出动了35架次、投弹201枚,对减灾起了重要作用。在这次防凌斗争中,有三名解放军战士和三名抢险队员不幸牺牲。

第三十三章　堤防管理

黄河堤防管理工作，虽早在1944年已经开始，但系统管理还是从50年代初逐步开始的。多年来，在党和人民政府领导下，依靠沿河群众，建立了管理机构，认真贯彻了上级政府部门颁发的水利法规，进行了大量的管理工作，保持了堤防工程的坚固完整，发挥了防洪防凌的重大作用。

第一节　机　构

随着防洪工程的修建和发展，堤防管理机构逐步设立，人员逐步充实。截至1985年统计，黄河防洪堤管理机构，除自治区，巴盟、伊盟、阿拉善盟与包头、呼和浩特、乌海市及有关沿河旗、县建有防汛指挥部外，还设有35个堤防管理所，共有管理人员637人。（详见表9—9）

内蒙古黄河防洪堤各盟市管理机构、人员情况表　　表9—9

盟　　市	堤防长度（公里）	现有堤防管理所（个）	现有管理人员
伊　盟	428	15	218
巴　盟	279	10	304
包　头	143	7	100
呼和浩特	25	3	15
乌　海	20	0	0
合　计	895	35	637

从堤防工程和管理人员的现状看，管理力量在数量、结构等方面，都显得不适应工程管理任务的需要。如伊盟15个堤防管理所的218人中，只有技术干部5人，亦农亦水人员（临时工）占50%以上。

各堤防管理所，多年来在管好工程的同时，结合开展了以堤防植树种草为中心的多种经营，以便逐步做到以堤养堤，自给自足。达拉特旗吉格斯太乡黄河防洪堤管理所自己动手，修建房屋10间，搭棚圈4间，架设防汛电话1.8公里，植树257亩，护坡种草6万平方米，并采取林粮间作的办法，种地100亩，收入颇丰。土默特右旗1958年成立的李五营黄河堤防管理所，现有护堤员13人，多年来在堤防管养方面做了大量工作。共计修筑过水涵洞11处，消除堤身隐患7000余处，其中堵鼠洞20万个，灭鼠25万只，回填雨淋沟7000余条。结合管理，他们按照"临河防浪，背河取材，防风固堤"的原则，在大堤两侧共植树4200亩，种护堤坡芨芁草10公里，做到了堤防绿化，每年林业收入达8000多元，做到了生活自给有余。由于堤防管理养护的好，节约国家维修费10000元，减少社队负担8000元，此种一业为主综合经营的势头正方兴未艾。

堤防管理有大量水土资源的优势，搞多种经营大有可为。为实现防汛管理工作的科学化、现代化，内蒙古自治区于1985年研究制定了《内蒙古黄河防洪及河道治理规划》，正在组织实施。

第二节 管理法规

1942～1943年，绥远省绥西水利局在黄河左岸择要修筑了一些防洪堤，对防洪起了一定作用。1944年临河县政府根据本县情况制定了《临河县境沿河坝移民看守暂行办法》(当地称堤为坝)，提出移民充当坝民防守的办法。办法规定了坝民的选择条件、坝民的权利义务以及坝民的组织领导等内容。主要如下：

一、关于坝民的选择条件：(一)年龄须在20岁以上，45岁以下者；(二)家室清白，确无不良嗜好者；(三)家室人口简单，工作勤劳，身体健壮，有热心公益精神者。

二、关于坝民应享的权利：(一)每户按人口之多寡，得承租沿河耕地30亩至50亩，并不论公私荒地，得尽量垦种；(二)坝民承租私人之耕地，与地主按一九成比例分股，荒地垦种2年内不分股，以示优异；(三)公田不论荒熟地，均以规定法令章则办理；(四)坝民对于政府之救济、贷种等，享有优先发给之权利；(五)坝民耕种收益，除负担征实粮外，其余应负担之征购粮应豁免之。

三、关于坝民之义务：(一)经常看守防护所划分之沿河坝段落，不得溃决；(二)经常巡察所划分之沿河坝；(三)得在沿河坝附近，在政府指定地点建筑房舍居住；(四)如沿河有溃决事情发生，由段长带领，集中全力抢堵。

四、关于坝民组织领导：(一)将沿河坝依乡划分若干段，由乡长任段长，领导段内之坝民；(二)坝民如违犯规定，得依法受惩；(三)各段直接受县政府管理指导。

以上办法制定后，并未很好地得到贯彻执行。中华人民共和国成立后，为了加强堤防管理工作，根据形势的需要，不断地制定和修改完善有关堤防管理的法规，其主要情况如下：

一、1951 年暂行办法　从 1950 年开始，防洪堤的管理便提到日程上来。1951 年，绥远省人民政府水利局拟定了《绥远省黄河河堤管养修防暂行办法》，经报请省人民政府审查批准，于 7 月 14 日颁布执行。

《暂行办法》强调指出："堤防的管养修防是自己的事"，应积极参加管养修防组织，以保证堤防的安全。办法规定：在距河 5 公里的各村成立管养队，在距河 15 公里的各村成立修防队，均由村政府直接领导，有计划地进行管养修防工作。

管养修防队，均依村、乡、区组织分设小、中、大队，并由各级干部担任领导。管理队员从不脱离生产的群众中选任，规定每 1 公里至 5 公里的堤段设一名队员，负责经常管养。凡年满 18 岁至 50 岁的男子均为队员。在防汛抢险期间管养队酌给食米；整修工程期间，一般为义务劳动，特殊情形酌发伙食。

1951 年 12 月 26 日绥远省人民政府颁布的《绥远省土地改革中对水利工程、公路、农作物试验、育苗选林各项用地割留土办法(草案)》，第二章第二条规定："黄河两岸防洪堤，背水面距堤根 100 米以内及迎水面之所有土地，一律收归国有，作为造林及工程用地；如迎水面无地或少地，则根据需要，由市、县、旗人民政府勘定，将背水面之土地展宽。"

二、1954 年暂行办法　当年一月，内蒙古自治区与绥远省合并，旋即由内蒙古自治区人民政府水利局拟定出《内蒙古自治区防洪工程管理、养护、岁修、防汛暂行办法(草案)》。办法有以下几个特点：

(一)办法着重管、养、修、防四个方面，适用范围扩大为防洪工程，包括河道堤防、险工建筑、城市防水工程以及国家投资修建的滞洪、分洪工程。

(二)在组织及职责一章中，除保留原办法中规定区、乡、村所组织的修防组织外，还特别提出盟(专)、市、县、旗以及直辖镇等均要成立修防组织，并由行政首长担任主任，到汛期，还要在“原修防机构基础上组成防汛指挥部”。

（三）办法规定群众参加国家投资的修防工作为半义务性质。因提高防洪标准而修建的防洪工程原则上由国家投资，不列入岁修范围，但凡岁修工程或防汛抢险所使用的就地取材的物料，一般皆动员群众负担。防汛经费，一律由内蒙古水利局掌握或核转报销。

（四）在养护防洪工程方面，办法强调了各级修防组织要发动近堤居民，在堤坡普遍种草，并于堤外距堤脚“五公尺至五十公尺以内”植树造林，堤内10米外多栽杨柳树。此外，还提出要与林业部门共同拟定营造水源涵养林和护堤岸林栽植办法。

三、1957年暂行办法　1957年是实现农业合作化的一年，也是黄河防洪堤工程大部完成的一年，这些情况促使对1954年颁布的暂行办法作了修改，定名为《内蒙古自治区防洪工程管理养护暂行办法（草案）》，由自治区人民委员会于7月19日颁布实施。新的暂行办法（草案）对旧的暂行办法主要作了以下几点修改：

（一）对旧办法中的四项功能，分出岁修、防汛两项任务，只保留管理、养护两项。

（二）新办法的条文增加了对防洪工程加强管理的具体规定。如第三条规定：“不论是国家投资或民办公助或群众自行修筑的防洪工程（小民埝在外），均由国家统一管理，并指导群众进行经常的养护工作。”第五条规定：“有防洪工程的乡，可在当地乡人民委员会直接指导下，吸收沿河农业生产合作社或群众积极分子参加，组织防洪工程管理委员会（或护堤委员会），并与当地水利机构协作进行管理。”这说明，防洪工程管理，由原来以群众管理为主，过渡到由以国家管理为主与基层集体管理相结合的阶段。这对实行管理专业化有积极作用。管理分工上，凡防洪工程跨两个行政区划者，规定由上一级行政领导机关进行管理，或委托主要行政单位进行管理。这样就确定了以国家管理防洪工程为主的新体制。

（三）为奖励在防洪堤两侧植树造林，新办法规定了林业收益政策。如第十一条规定：“由农业生产合作社营造或由国家补助经合作社营造的护堤岸林，……林权和收益归社所有”。第十二条规定：“由国家投资营造而委托当地农业社合作经营管理的护堤岸林，林权归国家所有，其将来收益，可协商按比例分成。”但不管哪种林，如用作防洪抢险需要时，均可砍伐，对合作社营造林可付给合理价款。

(四)新办法首次规定了在堤外不得修建有碍防洪和危害对岸安全的挑流顶水埽坝;不得在河滩上堆放杂物;不得在堤外修建民埝和加高培厚旧民埝,并不得在堤身放牧、挖道口、修牛圈、挖粮窖、割堤坡草皮和在堤脚两侧随意取土等。

四、1965年暂行办法　1957年修定的《内蒙古自治区防洪工程管理养护暂行办法(草案)》经过多年实践,到1965年又进行了修改,并于3月2日由内蒙古自治区人民委员会将修改后的《内蒙古自治区防洪工程管理暂行办法》颁发各地贯彻实施。1965年暂行办法修改和增加的要点是:

(一)首先修改了过去对防洪工程实行大包大揽、统统由国家管理的规定,确定了"统一领导,分级管理"的原则。即国家修建的防洪工程由国家管理,社队修建的防洪工程由社队管理,城市修建的防洪工程由城建部门管理,其它单位修建的专用防洪工程由修建部门分别管理。但所有工程的防汛工作,统一由防汛部门指挥调度。

(二)规定沿堤各社队在自己管区内,按3~5公里指派一名护堤员,并受公社和上级堤防管理部门双重领导。各大、中河流按公社成立堤防管理段,或两三个公社成立联合管理段,作为堤防基层管理机构。段长人选,由水利部门指派在职人员或亦农亦水人员充任。

(三)在第四章有关管理规定中,第一次明确规定了堤防管理用地。即"在黄河堤防内外侧各距堤脚100米、西辽河堤防内外侧各距堤脚50米、大黑河堤防内外侧各距堤脚30米,其他河流距堤防20至30米,划为堤防管理养护用地,由堤防管理机构管理使用"。还规定在堤防管理范围内和两岸堤防之间的河滩天然林,一律由各级水利部门负责经营管理。

(四)在条文中,特别新增加了"生产经营管理"一章(第五章),指出:各工程管理机构应在管好工程的前提下,积极利用附近土地资源,开展以绿化造林为中心的生产经营,增加收入,逐步达到自给自足,"以堤养堤,以工程养工程"。

(五)对社队指派的护堤员,规定享有与社员同样的政治生活和福利待遇。其收入一般应略高于农业生产的同等劳力的收入。所分得的收入(包括国家补助),一般应大部分或全部交给所在社队,由社队评工记分,参加社队的分红。

五、1972年试行办法　在本年6月19日,由内蒙古自治区革命委员会生产建设指挥部颁发了《内蒙古自治区防洪工程管理试行办法》,同时废止1965年颁发的《内蒙古自治区防洪工程管理暂行办法》。对照前后两个办法的内容,试行办法是前一个暂行办法的翻版,没增加什么新条文。所以1965年颁发的《内蒙古自治区防洪工程管理暂行办法》是比较好的一个法规。它继承和积累了历年防洪工程管理上行之有效的经验,至今仍在执行。

第十篇

龙门至三门峡河段

龙门位于山西省河津县与陕西省韩城市间，三门峡位于河南省三门峡市与山西省平陆县交界处。龙门至三门峡河段全长245公里，地处黄河中游，为晋陕、晋豫三省的界河。《史记·河渠书》所述“故导河自积石历龙门，南到华阴，东下砥柱”，其中“历龙门，南到华阴，东下砥柱”，就是指这段河道。

龙门至三门峡河段(以下简称龙三段)，两岸为黄土台塬，高出河床50米至200米。其中：龙门至潼关河段(以下简称龙潼段)穿行于汾渭地堑谷凹地区；潼关至三门峡大坝河段(以下简称潼三段)，穿行于中条山与崤山谷凹地区。沿程汇入的主要支流，左岸有汾河、涑水河；右岸有澽水、北洛河、渭河、宏农涧河。(见图10—1)

渭河自高陵耿镇桥以下至渭河口，长165公里，是三门峡水库1960年建成运用后受回水影响的河段，地处秦川东部，南有秦岭，北有台塬。

龙门至三门峡河段，包括渭河耿镇桥以下河段，流经山西运城，陕西西安、渭南，河南三门峡的三省四市，沿河有20个县(市、区)，人口111万人，耕地386万亩，是陕、晋、豫三省的重要粮棉产地。土地、能源、矿藏及水资源丰富，交通发达，具有发展工农业生产的优越条件，已经形成三省的经济协作区。

这一带，历史悠久，文化发达。早在秦汉以前，劳动人民就在这里休养生息，遗留至今的秦代兵马俑、元代永乐宫等名胜古迹，是国内外游人向往的旅游胜地。

三门峡水库修建以前，龙三河段及渭河下游都是天然河道。其中，龙潼段属淤积型游荡性河道，主流摆动不定，河漫滩地此消彼长，历史上两岸群众为争种滩地常起纠纷；潼三段属峡谷型河道，两岸滩地较少，河床稳定；渭河下游属微淤河道，两岸没有堤防。

三门峡水库修建以后，龙三段发生了显著变化。潼三段是水库常年运用段，河床普遍淤积抬高，滩地不能正常耕种，库周围高岸耕地、村庄、扬水站常被水浸塌。从70年代起，山西、河南省分别成立了管理机构，开始防护治

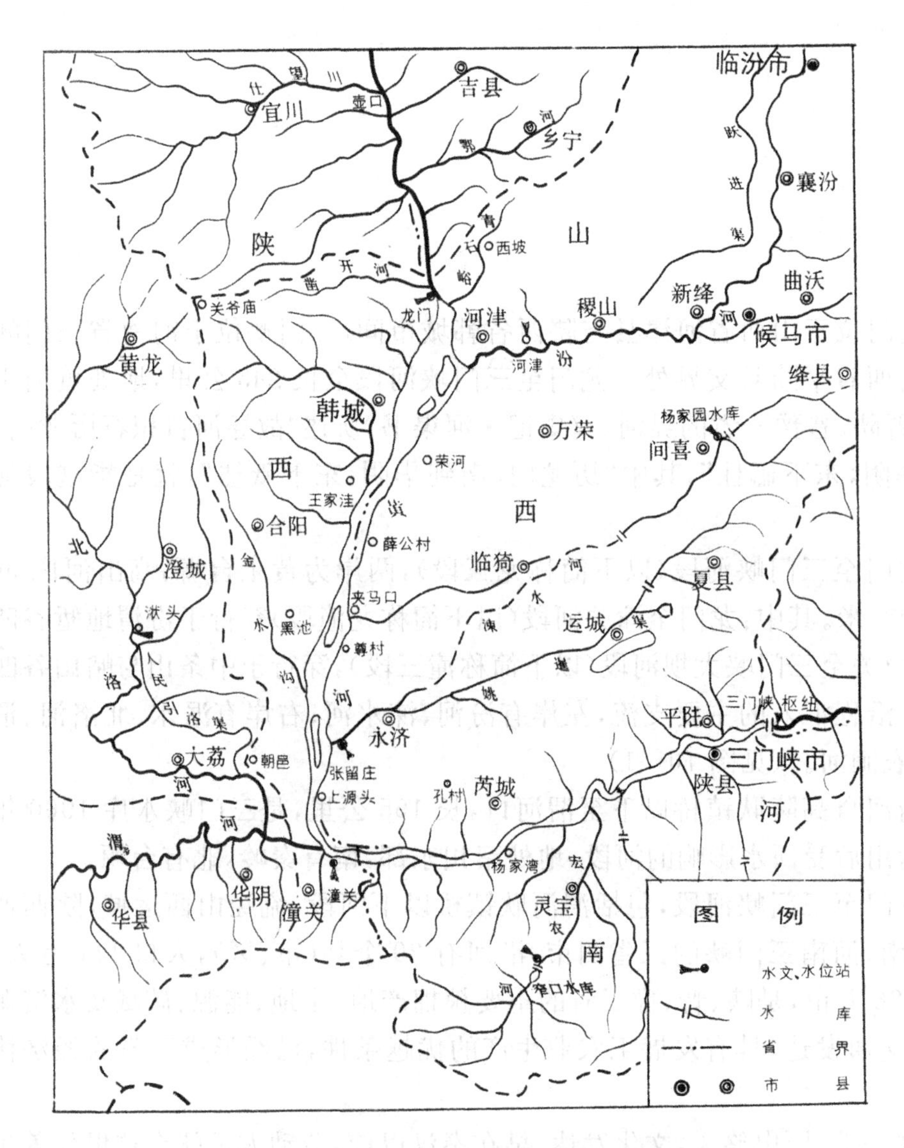

图 10—1　黄河龙门至三门峡河段示意图

理。在龙潼河段的下段蒲州至潼关属三门峡水库 335 米高程(大沽标高,以下同)以下库区,也是黄河、北洛河和渭河三河汇流区。龙潼河段是陕、晋两省界河,河道游荡不定,两岸时起水事纠纷。为协调两岸矛盾,经国务院批准,1985 年开始成立统一管理机构,隶属黄委会领导。渭河下游耿镇桥以下河段受三门峡水库回水影响,产生淤积,洪水漫滩淹村机遇增加。从 1960 年开始修筑堤防、整治河道,修建治涝排水工程,并成立了陕西省三门峡库区管理局。

从1960年至1987年底，在龙潼河段两岸共建防护工程25处，总长104.7公里；潼三段两岸建防冲刷与防风浪护岸工程26处，总长32.5公里；渭河下游建堤防178.65公里（其中支流河堤长54公里），河道整治工程49处，现存45处，坝垛891座，控制河长89.8公里，开挖排水沟10条，总长113.5公里，兴建抽排站11座，设计排水能力20.65立方米每秒，控制排水面积45万亩，修建支流水库6座。

龙三段与渭河下游（335米高程以下）的治理，实质上也是三门峡水库库区的治理，经过多年努力，河势基本稳定，塌岸、塌村初步得到控制，已建工程对防洪、排涝、护岸效果显著。因治理任务还很艰巨，需要继续进行。

第三十四章　龙门至潼关段防治

第一节　河道概况

黄河龙门至潼关河段俗称小北干流，长132.5公里，穿行于山西省运城地区和陕西省渭南地区之间，两岸为黄土台塬，高出河床50至200米。黄河出禹门口后，由宽100米的峡谷河槽，骤然展宽为4公里，朝邑附近最宽达19公里，至潼关河宽收缩为850米。河段流域面积18.5万平方公里，河道总面积1107平方公里，其中滩区面积696平方公里，占河道总面积的63%。两岸汇入主要支流，左岸有汾河、涑水河；右岸有湿水、北洛河、渭河。

小北干流属大陆性气候。冬季受蒙古高压控制，气候干燥寒冷，雨量稀少；夏季西太平洋副热带高压增强、北移，暖湿的海洋气团侵入本流域，冷暖气团相遇，降雨增多。

该河段的河床比降为3至6‱，平均为4‱。河道比较顺直，弯曲系数为1.12，滩槽高差一般0.5～1.5米，断面河相系数达40以上，稳定系数在0.38至0.78之间。河槽淤积泥沙中径约为0.13毫米，滩地泥沙中径约为0.99毫米（见表10—1）。本河道中段由万荣庙前至临猗夹马口，长30公里，两岸土质好，耐冲刷，河道比较窄（约3至5公里），主流有一定控制，无大的摆动。上下两段，即龙门至庙前（长42.5公里），夹马口至潼关（长60公里），因河道宽阔（约4至18公里）边界条件差，主溜摆动较大，具有典型游荡河道的特点。

龙门至庙前河段河道的变化，据山西省万荣县原荣河县志记载，明武宗正德二年（1507年）河水至城下，淹西北隅；1555年、1570年水入城内；1911年以后，大河东侵，屡遭河患。陕西省韩城县志也记载，河患始于清康熙元年（1662年）。1879年，崖下滩有芝川至禹门的大道，至1892年全行湮没，河下谢庄等十余村老崖亦崩落。据1921年地形图，黄河主流在东岸范村至南甲店，基本偏东，而1938年航片显示，黄河出禹门口后，一直沿西岸流到庙前，最大摆幅5公里。1950年主流基本走西岸，1959年黄河从小石嘴入范村沿东岸流至庙前，左右摆幅9公里。60年代，主流偏东，1968年以后受到两岸

黄河禹门口～潼关河段基本特征数值统计表

表 10—1

河段	河段长度（公里）	河道宽度（公里）			滩槽高差（米）	主流摆动宽度（公里）		曲折系数	历年自然弯道		1967年洪水比降（‰）	1967年枯水比降（‰）	沿程河床质中质粒径（毫米）		平滩以下河相特征值		平滩河槽宽度（米）		
		最宽	最窄	平均		最大	一般		曲率半径（公里）	中心角（度）			河槽部分	滩地部分	稳定系数	宽深比	最宽	最窄	平均
禹门口～庙前	42.5	13	3.5	6.86	1.85	10.4	3.4～6.4	1.0～1.4	1.4～4.6	6.8～111°	5.43	4.68	0.169	0.122	0.34	44.22	10510	750	3159
庙前～夹马口	30	6.6	3.5	4.73	1.25	6.0	3.0～4.8	1.0～1.13	1.6～3.6	6.2～123°	1.29	3.93	0.144	0.110	0.367	52.4	5700	630	2940
夹马口～潼关	60	18.8	2.4	11.59	1.78	14.8	3.0～13.0	1.0～1.12	1.5～7.8	72～120°	2.72	3.05	0.122	0.0838	0.733	4.08	6840	435	3239
禹门口～潼关	132.5	18.8	2.4	8.87	1.70	14.8	3.0～13.0	1.0～1.4			3.943	3.774	0.130	0.0994	0.25～0.54	43.79	10510	435	3157

工程的制约，主流变化较小。1970年至1974年，主流偏西，1975年至1988年，主流居中或略偏西。

夹马口至潼关段的河道变化，据永济县志记载，明穆宗隆庆四年（1570年），黄河泛涨，大河西徙，大庆关移于河东。1584年、1801年、1894年，均出现黄河主流西摆的情况。1921年与1938年河势对比，主流由西到东，最大摆幅达10公里。1950年至1967年，黄河偏东。1968年以后，黄河逐渐在小奕、华原各形成一个大湾，水流从华原流向蒲州城西工程，再向南偏东岸流向潼关。

河道摆动不定，滩地也随之变化。据1959年航测图统计，两岸滩地82.3万亩。建库以后，滩地面积有所增加，1968年、1971年、1984年的滩地面积分别为116、123、104万亩（见表10—2）。1984年两岸的104万亩滩地，其中耕地与林地约占一半，其余为嫩滩、荒滩。面积一万亩以上的滩地有九处：东岸有清涧湾滩、连伯滩、宝鼎滩、永济滩；西岸有昝村滩、芝川滩、太里滩、新民滩与朝邑滩等。其中朝邑滩最大，面积41万亩。

本河段335米高程以下属三门峡水库库区，东岸为永济、芮城县，西岸为大荔、潼关县，共有滩地50万亩。1961年2月9日，这里的库水位最高达到332.58米，滩地被淹。1963年11月以后，水库改为滞洪排沙，水位降低，滩地可以利用。为了耕种库区土地，从1963年起，先后办起了华阴、沙苑、朝邑三个地方国营农场及华阴、雨林、大荔三个军队农场。1970年10月开始，又先后建立了华阴与朝邑军用试验场及051靶场。1985年，陕西省三门峡库区移民开始返库安置。这样，就加重了防洪管理的任务。

黄河小北干流不同时期两岸滩地面积统计表　　表10—2

滩地面积（万亩）	其中		说明
	山西	陕西	
82.30	13.74	68.56	1959年航测图
115.90	19.40	96.50	1968年小北干流规划数
122.76	42.92	79.84	1971年地形图
103.84	44.90	58.94	1984年底（1986年规划时统计）

历史上，龙门至潼关河段存在多种灾害。洪水侵袭，造成山西省的河津、荣河、永济县城及陕西省的朝邑县城、芝川镇被迫搬迁。荣河旧城1920年政府机关搬迁，1923年、1932年、1940年、1942年，洪水先后侵入旧城。另外冰凌危害也很严重。清光绪二十年(1894年)正月，黄河冰凌将河津县120户人家的苍头码头全部冲没。建国后，1950年8月14日和26日两次大洪水，先后造成40余人死亡，塌滩4.5万亩，受灾面积9万亩。据1955年至1980年统计，龙潼河段塌失高岸土地1.8万亩，迁移58个村、2.5万人。

第二节　洪水泥沙

一、洪水

本河段洪水多由河口镇至龙门区间暴雨形成。来自河口镇以上的洪水，构成龙门站洪水的基流。

根据龙门站1933～1982年48年实测及调查洪水资料，洪峰流量大于20000立方米每秒的2次(1942年、1967年)，占4%；大于10000立方米每秒的25次，多年平均洪峰流量9620立方米每秒。历年最大洪量为：1天9.2亿立方米(1967年)，7天32.8亿立方米(1954年)，15天65.4亿立方米、30天128亿立方米(后二者均为1967年)。

该河段对洪水有削峰作用，其削峰率大体可分三个阶段：三门峡建库前(1960年以前)，龙门大于10000立方米每秒的洪峰到潼关一般削减12.9～28.2%，个别达42.2%；1960年～1973年，由于潼关以上汇流区受水库影响，大量淤积，排洪能力降低，大于10000立方米每秒洪峰削减30～60%，如1967年龙门站21000立方米每秒到潼关为9530立方米每秒，削减56.2%；1973年以后，削峰率趋向减少，一般削减15%左右，个别达40%。

1967年8月11日龙门站实测洪峰21000立方米每秒，为该站实测最大洪水，相当于20年一遇。

漫滩洪水直接影响滩区生产和人民生命财产的安全。由于河道游荡，滩槽变化不定，某些河段滩槽亦不明显，因此漫滩洪水随河段、时间而变化。在1986年规划中，根据计算，结合调查访问，该河段漫滩流量大致为6000～8000立方米每秒，其中禹门口到庙前5000～6000立方米每秒；庙前到浪店7000～8000立方米每秒；浪店到潼关4000～6000立方米每秒。

二、泥沙

统计1950～1984年龙门、华县、洑头、河津四站资料，多年平均输沙量15.11亿吨，其中龙门站多年平均输沙量9.91亿吨，占四站的65.6%。泥沙主要来自水土流失严重的河口镇到龙门区间。

本河段泥沙冲淤的总趋势是淤积的。据历史记载，明万历元年(1573年)，蒲州城西修石堤，堤高12尺(4米)，1972年打井时，发现堤顶已在地面以下12米，在1573至1972年的399年中，地面淤高16米，平均每年淤高0.04米。根据实测资料，河道在总的淤积过程中，有些年份产生冲刷，如1952年、1955年、1975年、1978年等；一年之内也发生冲淤变化，一般是汛期淤积，非汛期冲刷。统计1958年至1980年资料，该河段累计淤积24.2亿吨，平均每年淤积1.1亿吨。

在本河段内，泥沙的分布，与河段纵剖面、河槽形态、河道整治工程布置、三门峡水库运用方式及潼关河床高程的升降变化等因素有关。1986年统计泥沙分布如表10—3。

禹门口至潼关各河段、滩地及河槽泥沙分布表　　表10—3

项目＼河段断面号	41—45	45—54	54—57	57—62	62—68	全河段
全断面(%)	6	45	13	17	19	100
主　槽(%)	3	26	24	24	23	100
滩　地(%)	7.1	52.0	8.9	14.5	17.5	100
主槽/全断面(%)	13.6	15.8	50.18	38.4	32.9	27.18
滩地/全断面(%)	86.4	84.2	49.82	61.6	67.1	72.82

三、水沙特性

龙门水文站建站以来，实测年最大水量539.4亿立方米(1967年)，最小191.8亿立方米(1969年)，大小比为2.8：1；年最大输沙量24.6亿吨(1967年)，年最小为1.6亿吨(1961年)，大小比为15.4：1。1967年实测

21000立方米每秒，是人民治黄以来最大洪水，最小流量为53.2立方米每秒（1978年6月28日）。龙门水文站多年平均含沙量为31.52公斤每立方米，最大含沙量为933公斤每立方米（1966年7月18日），最小为零（1981年3月1日）。

水沙集中在每年汛期的7至10月，更多集中在7月中旬至9月中旬。龙门站多年平均来水量314.4亿立方米，其中汛期243亿立方米，占全年77%；多年平均来沙量9.91亿吨，汛期8.86亿吨，占全年89%。由于龙门洪峰是河口镇—龙门区间干支流降暴雨所形成，而这段干支流坡度大，植被差，产流条件好，使龙门洪水过程具有陡涨陡落、流速大、历时短、多峰、流量变幅大的特点。1967年21000立方米每秒洪水时，流速达10.4米每秒。统计1933年至1979年的46年洪水资料，大于10000立方米每秒洪峰流量25次，洪水上涨历时平均为8.3小时，流量变幅从2000到20000立方米每秒，平均每小时上涨率为2200立方米每秒。

该河段河槽冲淤变化大，统计龙门站1937年至1975年汛前资料，平均河底高程变化幅度达7米。1978年7月8日和9月1日、1984年8月1日，龙门三次洪峰分别为6400、6920、5860立方米每秒，量级相近，其下大石咀水位站相应最高水位分别为377、375.47、378.45米，水位相差很大，最大为2.98米。1967年8月11日与1977年7月6日两次大洪水相比，龙门站洪峰流量分别为21000和14500立方米每秒，在其下的北赵水位站，相应最高水位分别为354.84米和357.35米，流量大水位低，流量小水位高，相差2.51米。

河道"揭底"冲刷是该河段的一个显著特征。根据实测资料，1951年、1954年、1964年、1966年、1969年、1970年、1977年（7月和8月），本河段先后8次出现"揭底"。"揭底"时，龙门站最大流量7460～17500立方米每秒，最大含沙量542～933公斤每立方米，最大冲刷深度（龙门）9米（1970年8月1日），最大冲刷长度132公里（至潼关），最短49.4公里（1969年），最大冲刷量0.88亿立方米（见表10—4）。河道"揭底"冲刷，给工程增加了防守困难。

第三节 防治沿革

据史籍记载，龙门至潼关河段，虽早于东魏孝静帝天平二年（公元535

黄河龙门至潼关段“揭河底”冲刷表

表 10—4

时间（年、月、日）	龙门					沿程冲刷深度（米）						冲刷长度（公里）	揭河底前龙门站700米³/秒水位（米）
	最大流量（米³/秒）	最大含沙量（公斤/米³）	冲刷深度（米）	冲刷时段悬移质（d_{60}毫米）	冲刷时段水面比降（‰）	北赵	安昌	王村	夹马口	上源头	潼关		
1951.8.15	13700	542	2.19								－0.1	132	378.3
1954.8.31～9.6	17500	605	1.69				－1.10				－0.3	132	377.58
1964.7.6～7.7	10200	695	3.5	0.027～0.085	14.4				－1.0	－0.35	＋0.7	51#以下90	382.13
1966.7.16～20	7460	933	7.5	0.038～0.058	25.3	－0.45		＋1.1		＋0.7		73	380.35
1969.7.26～29	8860	740	2.85	0.034～0.074			＋0.9					49	380.90
1970.8.1～5	13800	826	9.0	0.0533～0.0715		－0.16		0.1	0	－0.2	－1.45	90	378.83
1977.7.6	14500	690	4.0			－1.1		－0.8	－0.6	＋0.4		71	378.44
1977.8.6	12700	821	2.0			－1.0		－0.8	－1.8	＋0.6		71	376.16

年)就曾修筑过蒲津西岸河堤,宋、明各代蒲州河堤也不断有所维修,但直至民国年间,并没有系统的防护工程。河道整治工程于建国后陆续开始。1960年至1961年禹门口黄河铁桥动工时,将左岸石咀打掉2～3米,右岸封堵了大水时过流的骆驼巷对局部河势产生影响。1965年,铁道部、水电部调查处理禹门口问题时,提出汛前扒开禹门口骆驼巷,以利大水分流,并提出对河道进行规划。1968年,黄委会提出了《黄河禹门口至潼关段河道整治规划及今年汛前工程的意见》。同年,水电部下达了〔1968〕水电军规水字第75号文指出:"这一河段的规划与三门峡库区规划有关,而三门峡库区现在还没有一个全面的规划。因此,对黄委提出的黄河禹门口至潼关段河道整治规划,留待以后继续研究,这次暂不审批"。"考虑两省及黄委的意见,我部同意规划中今年汛前计划的七处工程"。从此以后,河道工程迅速开展修做。

滩区围垦工程始于1969年。这一年,水电部军事管制委员会以〔1969〕水电军生水字第141号文,批准陕、晋两省修建陕西朝邑滩、山西省永济老城防护工程,即围垦工程。

1985年,中央同意陕西省三门峡库区移民返库安置后,该河段335米高程以下地区,为了移民生产生活及安全,避水工程、撤退道路、通讯设施,民房及各种公用房屋建筑陆续兴建,给河道治理和防洪增加了复杂性和艰巨性。

第四节　防治措施

一、防治原则

龙门至潼关段,河道摆动,滩地变化,陕、晋两省群众争种滩地,由来已久。建国后,为解决这段河道水事纠纷,1952年9月23日,政务院明确陕、晋两省以黄河主流为界。根据这一原则,在1953及1963年陕、晋两省达成治河协议的基础上,水电部于1972年9月19日,邀请陕、晋两省及黄委会的人员座谈,协商了五项治理原则:一是黄河北干流的治理,应坚决贯彻国务院关于黄河治理的指示和有关规定,充分协商,团结治水,坚决不做阻水挑流工程。未经批准,不得再行围垦。二是黄委会应主动会同晋、陕两省做好北干流的整治规划,河道工程均应由黄委会会同两省逐年进行现场查勘定线,上报审批后,按轻重缓急,分期实施。在研究一岸工程时,对岸应派有关人员参加。三是做好水土保持工作,黄委会应及时总结,推广有关经验。四是根据因势利导,因地制宜的原则,现有河道的阻水挑流工程应予废除。五是晋、陕两省保证按照上述原则贯彻执行,并各自做好群众的思想工作。

1987年,黄委会在《黄河禹门口至潼关段河道治理规划报告》中提出,对整治工程须遵照以下几项原则:一、统一治理思想,做到上下游左右岸统筹兼顾,团结治河,两岸互利;二、根据河道演变规律,因势利导,以坝护湾,以湾导流,稳定中水河槽,控制中水流路,维护、改善现有河势;三、根据规划的治导线,利用和改造现有工程,清除行洪障碍,部署必要的控导和防护工程,工程的布设要坚决反对以邻为壑;四、保护沿岸村庄、铁路的安全,稳定主流,以有利于两岸提灌站引水、支流入黄和滩区生产的发展。1988年3月,水利部在北京召集晋陕两省、黄委会及部有关单位座谈审查该规划时,同意了这些原则。

二、河道整治

现有的河道整治建筑物、滩区围堤等,都是在人民治河以后修建起来的。

(一)防护工程

防护工程大体分三个阶段进行:第一阶段1949至1967年,两岸自发地修建了少量的防护工程;第二阶段1968至1984年,晋、陕两省一方面按照水电部或黄委会批准的项目修建工程,另一方面还有未经批准两省自行修建的防护工程;第三阶段,1985至1988年,黄委会对该河段实行人、财、物和工程规划、设计、施工统一管理,但也出现一些两省自行修建工程的情况。

第一阶段,两岸修有两处工程。一处是合阳县东王护滗[①] 工程,石护岸长200米,1965年修建;另一处是永济县护蒲州城工程,1966年修建。

第二阶段,即从1968年规划开始,到1984年黄委会实行统一管理前,两岸修做大量的防护工程。其情况是:

1.经过水电部或黄委会审批的工程

1968年6月13日,水电部在批复黄委会《黄河禹门口至潼关段河道整治规划》中,同意当年汛前修做规划中提出的山西省的禹门口、汾河口和蒲

① 滗水是一种含有氮、磷等成份的肥水。

州，陕西省的芝川夏阳村、朝邑、赵渡及潼关七项工程。这是龙门至潼关河段首次批复修建的工程。

1969年5月28日，水利电力部又以〔1969〕水电军生水字等141号文，同意黄委会关于修建陕西朝邑滩、山西永济老城防护工程的报告。黄委会在〔1969〕黄革生字第4号文中指出：为防止黄河向西改道，陕西朝邑滩放淤围堤堵串和撤退道路工程，在原规划放淤围堤堤线的基础上，改为从该线始端至废华鲁堤与该线交点连成直线，修成防护工程；山西永济老城防护工程，关系很多村庄和同蒲铁路的安全，因此在不外跨原城墙的原则下，西城墙做230米长，北城墙做50米长，永济老城至韩家庄做土堤5400米长防护工程，由晋、陕两省地方投资，并于1969年汛前完成。

1971年11月20日，水电部在〔1971〕水电综字第240号《关于保护南同蒲铁路工程方案的复函》中，对山西省晋发〔1971〕186号文作了批复，同意在三家店一带修建防护工程。全部工程共修六组、24个坝垛，总投资核定为100万元，由山西省1971年册田水库基建投资中调用。在工程设计、定线中，黄委会派人参加协助。

1973年，黄委会根据山西省晋革业〔1973年〕2号文《关于黄河北干流近期防洪工程的设计报告及一九七三年工程安排计划》、陕西省陕革水发〔1973〕第031号文《关于报送黄河北干流韩城等县护岸设计文件的报告》，对晋、陕两省提出的十一项工程审查后，同意每省四项，共八项工程。并指出：所修工程均系防护性工程，修做时不要搞水中进占。陕西省的夏阳和潼关工程，都应改为就岸维护。水电部分别以〔1973〕水电计字第51号、第52号文批复，同意陕西省修做史代村、赤壁咀、夏阳、潼关四处工程，山西省修做斜沟口、荣河、赵村湾、浪店四处工程。

1976年6月9日，水电部以〔1976〕水电规字第50号文《对山西省尊村引黄电灌工程初步设计的意见》，批复进水闸与一级站应布置在已批准的围垦堤以内。为保证渠首枢纽安全，对枢纽上游1400米、下游至四号坝约400米一段围垦堤，可按百年设计、千年校核的防洪标准加固，其余围垦堤仍按原规定的防洪标准，不应提高。

1979年，黄委会分别以黄工第9号、第10号文批复：同意陕西省续建合阳东王护濮工程，就岸接长450米，韩城下峪口工程下延1400米；同意山西省就岸修做刘家崖(500米)，北阳湾(720米)护岸工程。

1984年8月30日，水电部在批复山西省黄河禹门口提水工程初步设计的同时，以〔1984〕水电水规字第83号文，批复同意陕西省在韩城下峪口修建防护工程，要求防护堤前沿坝头联线，不能超过桥南工程下首至南谢(黄河测淤63断面右端点)的联线，这样有理顺河势，加强控制河势的作用。

在这个阶段，工程均按照水电部和黄委会批复的设计施工，两岸没有矛盾。

2.未经水电部和黄委会审批修建的工程

1968年水电部批准晋、陕两省新修七处工程以后，接着两省也开始自行修建工程。在1968年至1984年期间，两省自行修建的工程分三种情况：一种是新修工程，如山西省的清涧湾、大石咀、小石咀、屈村等工程，陕西的桥南、兴新、华原、牛毛湾等工程；另一种是在水电部或黄委会批准修建工程的基础上，接着向下顺延或向河中延伸，如山西省的汾河口、庙前(斜沟口)等，陕西省的太里等工程；第三种情况是不按水电部与黄委会批准的工程设计施工，修建新工程，如山西省的城西工程等。

对两省自行修建未经水电部和黄委会批准的工程，少数对岸同意；多数因影响黄河主流变化，对岸有意见。

第三阶段，从1985年以后，黄河龙门至潼关河段，划归黄委会统一管理后，机构人员、计划投资、工程设计审批，均由黄委会安排办理。

1985年至1988年，经过黄委会审查批准的工程有新建的陕西省合阳县榆林工程；续建的山西省浪店和陕西省桥南、华原等工程。在此期间，两岸未经批准自行新建和续建的工程有陕西省的雨林、牛毛湾，山西省的蒲州城西、舜帝等，给两岸造成一些矛盾。

截至1986年底，晋、陕两省在黄河龙门至潼关修建的河道工程，见表10—5。

(二)滩区围垦工程

历史上，黄河龙门至潼关段河道滩区没有修建过围垦堤工程。

1969年，水电部以〔69〕水电军生水字第141号文，批复陕西朝邑滩防护工程时，陕西省就着手改修成朝邑围垦堤，到1970年围垦堤基本修成，全长35公里，围地面积约17万亩。

1971年，国务院以〔1971〕国发文53号，批准陕西省新民、山西省永济两滩修做围垦堤。新民围垦堤北起申都村，南至金水沟，从高岸边向东1～2公里宽，修堤长19公里，围堤内土地面积约3.5万亩。实际围垦面积5.34万亩。但由于土地盐碱，不利耕种而荒芜，围堤失修。永济围垦堤北起尊村，南至永济老城角，围堤长18公里，围地面积约8万亩。实际已修成不封口的

黄河禹门口～潼关现有河道工程统计表(截至1986年)

表10—5

省名	县名	工程名称	修建年月	工程长度		土堤		坝垛数		完成工程量、投工、投资				工程效益					
				工程长度(米)	护砌长(米)	土堤(条)	长度(米)	丁坝(道)	垛(座)	土方(万米³)	石方(万米³)	投工(万工日)	投资(万元)	保护岸长(米)	护村(个)	护村(万人)	护站(座)	护站(万亩)	护地(万亩)
山西省	河津	3		19137	10886			48	20	405.543	109.7377	746.000	1788.290	19137	9	1.8868	1	3.6	9.1220
		禹门口	1968.9	3500	5336			12		69.825	23.0247	102.100	251.580	3500	1	0.2410	1	3.6	0.4900
		清涧湾	1970	3450	5550			9	10	182.955	39.0860	322.140	598.460	3450	2	0.5296			0.5820
		汾河口	1969	12187				27	10	152.763	47.6270	321.760	938.250	12187	6	1.1162			8.0500
	万荣	3		10040	7340	3	4715	24	16	153.75	21.7260	395.052	982.668	10040	41	3.5072			5.7000
		西范	1978	4410	1560	1	3410	9		73.45	3.0350	28.670	210.763	4410	34	2.7076			5.2000
		庙前	1970	4260	4470	1	580	11	15	64.706	14.2290	268.262	583.731	4260	3	0.4449			0.3000
		城南	1971	1370	1310	1	725	4	1	15.594	4.4620	98.120	188.174	1370	4	0.3547			0.2000
	临猗	4		8627	8685			60	5	100.89	20.3800	393.210	753.150	9269	9	0.5341	2	45.3	0.2780
		北赵	1970	4180	3879			23	5	41.66	9.2900	233.140	328.930	4200	5	0.274	1	5.3	
		屈村	1970	2578	2832			23		34.85	6.6100	104.350	255.360	3000	2	0.1523			0.2680
		浪店	1970	912	947			9		11.04	2.4300	38.580	84.520	1112	1	0.0292			0.0100
		夹马口	1979	957	1027			5		13.34	2.0500	17.140	84.340	957	1	0.0786	1	40	
	永济	3		26050	19972	3	5000	65	83	315.19	65.07	429.91	1718.83	24860	51	3.3700	3	189.15	5.0900
		小樊	1971	6860	7380				46	50.74	16.42	54.88	401.74	6860	9	0.5600	3	189.15	1.2400
		尊村	1973	11800	7132			65		186.42	22.7	289.79	677.66	13000	21	1.4000			2.5000
		城西	1978	7390	5460	3	5000		37	78.03	25.95	85.24	639.43	5000	21	1.4100			1.3500
	芮城	1		1198	1198				2	21.85	4.46	24.27	106.21	1200			1	4.50	0.1800
		凤凰嘴	1974	1198	1198				2	21.85	4.46	24.27	106.21	1200			1	4.50	0.1800
合计		14		65052	48081	6	9715	197	126	997.223	221.3737	1988.442	5349.148	64506	110	9.2981	7	242.55	20.3700

续表

省名	县名	工程名称	修建年月	工程长度 工程长度（米）	工程长度 护砌长（米）	土堤 土堤（条）	土堤 长度（米）	坝垛数 丁坝（道）	坝垛数 垛（座）	完成工程量、投工、投资 土方（万米³）	石方（万米³）	投工（万工日）	投资（万元）	工程效益 保护岸长（米）	护村（个）	护村（万人）	护站（座）	护站（万亩）	护地（万亩）
陕西省	韩城	5		4670	5250			4	21	47.38	18.51	54.16	877.17	2580	3	0.2321	2	0.09	0.5700
		桥南	1969.7	700	1140			4		8.46	3.95	18.14	88.50	600	1	0.1121	1	0.05	0.0400
		下峪口	1981.8	770	860				7	8.50	2.41	6.74	73.90	780	1	0.0600			
		下峪口下延	1985～1986	2000	2000					25.0	9.0		650.0						
		史代	1973.3	500	500				6	2.41	1.65	15.27	38.90	500			1	0.04	
		芝川	1970.1	700	750				8	3.01	1.50	14.01	25.87	700	1	0.0600			0.5300
	合阳	3		10140	12550			5	92	200.71	33.27	244.267	1402.23	9250	8	0.5950	2	85.08	0.6018
		太里	1972～1983	6500	8740			5	47	169.23	22.88	185.591	992.92	6500	2	0.0615	2	85.08	0.0759
		东王	1972～1979	2750	2920				39	12.24	4.30	33.776	136.74	2750	5	0.3838			0.5259
		新兴	1980～1981	890	890				6	19.24	6.09	24.900	272.57		1	0.1497			
	大荔	2		19900	12394			28	122	188.9	58.03	125.78	2804.39	20000	61	3.09	3	8.5	9.0400
		华原	1979～1982	16000	10542			19	104	142.21	43.38	89.38	2057.08	17000	29	0.89	2	8.5	5.8000
		牛毛湾	1972～1984.5	3900	1852			9	18	46.69	14.65	36.40	747.31	3000	32	2.20	1		3.2400
	潼关	1		4900	5229				20	90.47	8.76	55.87	234.27	4900	3	0.30	2	18.5	0.9000
		七里村	1972.6	4900	5229				20	90.47	8.76	55.87	234.27	4900	3	0.30	2	18.5	0.9000
合计		11		39610	35423			37	255	527.46	118.57	480.077	5318.06	36730	75	4.2171	9	112.17	11.1118
两省总计		25		104662	83504	6	9715	234	381	1524.683	339.9437	2468.519	10667.208	101236	185	13.5152	16	354.72	31.4818

舜帝工程和方池工程，并对围堤进行块石维护，在一定程度上，起到了河道防护工程的作用。

截至 1987 年的围堤工程见表 10—6。

围堤工程统计表　　表 10—6

滩名	围堤		围垦面积（万亩）	盐碱沼泽地（万亩）
	长（公里）	高（米）		
永济	11.8	2	16.35	
新民	15.6	1～2	5.35	3.6
朝邑	35	2～3	19.19	10.33

三、整治工程

（一）护岸控导工程

1. 工程标准：为保护高岸耕地、村庄、扬水站以及重要节点工程，工程顶部高程按 1967 年龙门水文站出现的最大洪峰流量 21000 立方米每秒相应当地水位设防。一般护滩工程，比滩面超高 1 米设计。整治河宽：禹门口至庙前段，一般 3 公里；庙前至夹马口段，一般 2.5 公里；夹马口至潼关 3～5 公里。1990 年国务院国函字 26 号文批准的黄河小北干流规划，整治河宽为 2.5 公里。

2. 工程布设：龙门至潼关河段防护工程，多以老岸为依托，逐步向下延伸。建筑物型式，有坝、垛、护岸等。垛长一般 30 米，坝长一般 100～120 米，护岸长度不定。坝轴线与水流方向的夹角多为 30～40 度，工程顶部一般宽为 8～12 米，可作为运输料物和查险防守之用。

3. 建筑物结构：坝、垛、护岸工程，以填土作基础，临水面护以块石或铅丝笼石。工程土坡，临水面 1：1.1，背水坡 1：2；块石外边坡为 1：1.3。块石护坡高度，与坝、垛、护岸平。由于河道水流速度较大，护坡块石较厚，护石顶宽 0.8～1 米，底宽 5～7 米。铅丝笼石起护基作用。

4. 工程施工：建筑物在滩地施工时，先作土坝基，随着土坝基的升高，接着抛砌块石和铅丝笼石。如在水中进占，则先抛块石至水面，紧接着石后填土。滩地施工的优点是用料少，投资省，进度快；其缺点是无巩固根基，一经着流淘刷，坝体易下墩下蛰，防守抢护困难。水中进占，虽施工困难，用料多，进度慢，但基础牢固，抗冲力强，易于防守。

新修一处工程非一次施工所能完成。坝前着流之后，迅速形成冲坑，土坝基裹护工程即相继下蛰，需边蛰边抢护加高加固。这种抢护，实际是施工的继续，需经多次抢险，待坝前冲刷坑达到一定深度，坝垛基础才能稳固。冲刷坑深度因工程结构、着流情况、河床土质而异，据实测一般为10～20米。

(二)滩区围垦堤工程

新民、永济两滩地围垦堤工程，按照水电部〔71〕水电综字第35号文规定：防御标准按龙门流量11000立方米每秒考虑(平均三到五年发生一次)，堤顶宽5米，堤身高平均2.5到3米。如遇超11000立方米每秒的大水，即从预留分流口门滞洪放淤，淤高滩面，防止碱化，有利生产。

预留分流口门宽度，新民滩700米，永济滩1400米，口门高程与龙门11000立方米每秒洪水相适应。围堤为土堤，口门两侧可用石裹护。为保护堤线安全，沿堤可有计划地修建部分不挑流的防护工程。

四、滩区防治

(一)概况

黄河龙门至潼关河段，两岸多滩地。1987年统计，两岸万亩以上滩地共有9处。面积103.8万亩(见表10—7)，其中以朝邑、永济、新民、连伯滩最大，其概况是：

1.朝邑滩—位于陕西省大荔县东部，是黄河小北干流最大的滩地。滩面高程331～335米，滩地总面积41万亩，其中耕地34.5万亩。该滩围垦堤将滩区分为内外两部分：

(1)内滩：受黄河、北洛河回水淤积影响，北高南低中间洼，南北总坡降为1/20000，中间以朝邑老城为基准，向北以1/5000比降递升；向南以1/2000升高。西部老崖塬坡脚下，系咸丰故道，地势最低洼，形成东高西低，横比降1/2000～1/3000。除靠近塬坡和朝邑老城以东部分土质为粘性土外，其余大部分为砂壤土和粉砂土。据陕西省水文地质二队提出的《三门峡水库潼关以上库区1971年土壤盐碱化调查报告》，围垦区内有轻盐碱土地2.02万亩，中度盐碱地1.5万亩，重盐碱弃耕地2.22万亩，共5.74万亩，积水面积0.77万亩。

黄河禹门口～潼关河段两岸滩地利用情况调查表　表 10—7

滩地名称	所在县境	滩地面积利用情况(万亩)					滩地高程(大沽、米)
		总面积	耕地	林地	鱼池	其它	
山西省	总滩地面积	44.9000	18.1285	4.5736	0.1555	22.0404	
清涧湾	河津	1.1925	0.8400	0.2300		0.1205	379～381.4
连伯滩	河津、万荣	17.6213	9.9800	1.6200		6.0213	369～375
宝鼎滩	万荣	1.0000	0.5000	0.2000		0.3000	357.7～360
其它	临猗、芮城	0.9662	0.6007	0.0455	0.0013	0.3187	330～354.6
永济滩	永济	24.1200	6.2078	2.4781	0.1542	15.2799	333～338
陕西省	总滩地面积	58.9400	27.4337	4.3787	0.1947	26.9329	329～378
昝村滩	韩城	4.0237	0.9200	0.1180		2.9857	360～378
芝川滩	韩城	1.8300	1.0520	0.0200	0.0005	0.7575	360
太里滩	合阳	1.6613	0.4060	0.1800	0.0404	1.0349	347～351
新民滩	合阳	10.4250	0.2310	3.0050	0.0792	7.1098	342.2～344.8
朝邑滩	大荔	41.0000	24.8247	1.0557	0.0746	15.0450	332.7～344.6
两省总计		103.8400	45.5622	8.9523	0.3502	48.9733	

1969 年，在围堤上修建华园放淤闸，引水流量 30 立方米每秒，闸后沿老崖下至北洛河修一长 23 公里退水渠，渠尾修有扬水流量为 3.71 立方米每秒的排水站，建成后一直没有使用。

1985 年以前，内滩由国营农场及部队、机关、工厂等 60 多个单位占用，耕地面积达滩地面积 80%，土地利用系数为 0.85，滩内主要种植小麦、玉米、大豆、棉花、花生。低洼滩地正在发展养渔业。1985 年，返库移民开始进入，截至 1988 年底，已有 2.1 万人在此定居。

(2)外滩：朝邑围堤至黄河水边滩地称之为外滩，土地面积 21.81 万亩。地势总趋势是北高南低，东高西低。表层土质，因黄河洪水漫淤，多为粘土和砂壤土,适于耕地,没有盐碱现象。

1970年,部队建立031试验基地,一面打靶,一面耕种。1985年移民返库后,靶场东西方向收缩为4.5公里,北起华原,南至渭河,仍为部队打靶、耕种。移民在靶场东边界至黄河水边滩地上定居耕种。截至1988年底,在雨林一带已返库定居移民为8700人,这部分移民受洪水威胁最大。

2.永济滩—南起韩阳村,北至尊村,以蒲州老城为界,南北分为韩阳滩和尊村滩,总面积24.12万亩。

1973年至1977年,以永济围垦堤作基础,修成舜帝、方池两处防护工程;1978年至1988年,修做蒲州城西工程。三处工程总长21公里,其中石护岸长14公里,起了护堤、护村作用。1976年修建尊村大型扬水站,设计引水流量46.5立方米每秒,设计浇地167万亩,投资1.3亿元。其一级总干渠沿黄河一级台塬南引至丰乐堡,长15.8公里,为滩地灌溉、养鱼提供了充足水源。

滩地除种植业外,从1982年开始发展养鱼,至1984年,养鱼面积1542亩,每亩年产鱼400～500斤,最高800斤。

3.连伯滩—位于山西省河津县与万荣县境内,北接清涧湾滩,南到庙前,东南临汾河,西靠黄河,总面积17.62万亩。滩区北高南低,东高西低,土质为砂土和砂壤土。

1969年至1983年,修汾河口工程,总长12公里,堤顶宽10米,堤高3～5米,丁坝26座,磨盘坝10座。1978年至1984年,接汾河口工程修有西范工程1公里,丁坝9座。两县交界处,在滩内建土堤3.4公里。滩区建有机井350眼、西范扬水站一处、太阳村和黄村抽排站两处。汾河口、西范工程虽然对连伯滩起了保护作用,防止黄河洪水侵袭,但洪水不漫淤,工程内外形成临背差,大裹头处高差1.8米,造成1.2万亩土地盐碱化。

连伯滩中,共计有耕地9.98万亩,林地1.62万亩,盐碱荒地4.45万亩,嫩滩砂地1.55万亩。河津县在该滩办有黄河农场,已建成两万亩林网方田。

4.新民滩—位于陕西省合阳县境内,南北长18公里,东西宽3～7公里,总面积10.43万亩。

1971年建有高2米、顶宽6米、长15.6公里的围堤。由于土质为细沙或粉质沙土,土地盐碱沼泽,围堤内外土地都没有很好利用,围堤残缺。

龙潼河段河道滩地土质肥沃，水量充足，是发展工农业生产的好地方。因此，晋、陕两省十分注意河势变化对滩地的影响。从60年代后期开始，两岸对滩地进行了防护治理。

(二)防治措施

这段河道洪水危害滩地的形式有两种：一是主流变化，造成滩地坍塌；二是洪水漫滩淹没。这两种形式的危害，都给两岸群众的生产生活带来严重威胁。为此，两岸对滩地采取了防护措施。

龙潼河段的现有防护工程，多数是为了保护滩地。两岸万亩以上的九处滩地中，如东岸清涧湾滩、连伯滩、宝鼎滩、永济滩、城西滩；西岸昝村滩、芝川滩、太里滩、朝邑滩，均修有护滩工程。

这些工程的结构形式，一般是建土堤、修块石坝垛及护岸工程，以防塌滩和洪水漫滩。

陕西省的返库移民，一部分安置在朝邑滩区。该滩外高内低，西侧又是咸丰故道，对防洪极为不利。华原工程的修建，对防止黄河西倒，保护朝邑滩返库移民的安全，起了重要作用。

滩区的防治，特别是省界河道上的滩区防治，两岸都十分重视。龙潼河段的整治规划，已经国务院1990年国函字第26号文批准，为这段河道今后的防治提供了依据。

五、支流河口防治

龙门至潼关河段两岸汇入的支流较多，这些支流河口受黄河洪水倒灌影响，常给支流河口段造成灾害。下面是几条主要支流河口的防治情况：

(一)汾河河口防治

汾河发源于山西省宁武县管涔山，在万荣县境内入黄河。

汾河河口段多灾害。据记载：清嘉庆二年(1797年)12月地震。1805年、1806年大旱，没有种上小麦。1815年，大水漂没房舍无数。1954年9月3日，黄河龙门流量16400立方米每秒，9月6日汾河河口站流量3320立方米每秒(是建国后汾河最大洪水)，黄、汾滩地全部淹没。

汾河入黄口不固定。河口段(指河津县苍底汾河大桥到万荣县庙前)有32公里河段作了防治。防治措施：一是修筑堤防，防止洪水漫溢和黄河倒灌;二是沿黄滩岸修建石护岸工程,防止黄河冲刷塌岸。河口段在明万历末年(1620年)即有堤防,现有土堤是建国后修建起来的。1969年,为防止黄河塌滩、夺汾,开始修做汾河口石护岸工程。1975年,河津县按二十年一遇洪水设防标准(河津站洪峰流量2010立方米每秒),将河槽整修成复式断面,主河槽宽70～90米,深1.5～2.5米,堤距宽300米,堤高2米,堤顶宽3～5米,左岸临高崖,右岸临滩,沿河修堤长15公里。经十数年的努力,至1988年,河口段河道初步稳定,排洪顺畅,河口稳定在万荣县的庙前附近,既防止了黄河冲刷塌岸,黄河倒灌造成的漫溢灾害也基本上得到控制。河口地区汾、黄之间的大片滩地也逐年开发成林、渠、路网的方块良田。

(二)涑水河

涑水河河口段位于三门峡水库335米高程以下回水区,水库淤积使这一带河槽与滩地抬高,排水不畅,造成洪害。1984年8月洪水淹没永济县东村乡麻村农田,积水直到1985年5月才排完,5000亩耕地中淹没2300亩,40户房屋遭受损失。同时河口段受上游来水的污染严重,据16个监测项目统计,不同程度超过国家排放标准的占11项。涑水河在进入黄河的宏道园处,污水淹没滩地7000亩,致使浅层地下水不能饮用,土地荒废,蚊蝇繁殖。这些问题还有待进一步处理。

为加大河道的泄流能力,建国后整治了伍姓湖至河口27.8公里的河段。其中:开挖伍姓湖至蒲州15.2公里,一般低于地面3米,最深10米;蒲州至河口12.6公里,开挖成宽浅河道。开挖以后,减轻了涑水河对盐池、硝池的威胁,也减少了伍姓湖以下的土地淹没和盐碱化。

(三)涺水河

涺水河下段23公里长的范围内,有洪、涝、浸没及盐碱灾害。1964年,黄河洪水顶托,涺水河倒灌长10公里,淹没农田7000亩,受灾326户、15000人,其中两个大队被迫搬迁。1981年调查,韩城市芝川镇地下水位比1968年上升2米,盐碱地面积由1958年的500亩增加到4775亩,受涝面积8000亩,仅滩子村平水年受涝面积就有3000亩。

1973年,涺河上游修建了薛峰水库,河道洪水得到了控制。1983年6月,韩城市南至东少梁10公里的下游河道整治成复式河槽,主槽宽10米,深2米,堤距70～90米,堤长18.4公里,堤顶宽5米,可防20年一遇洪水,同时也能防止黄河龙门流量21000立方米每秒洪水的倒灌影响。

第五节 河道管理

一、管理机构

历史上，黄河龙门至潼关段河道没有专门管理机构。两岸在发生水事纠纷时，由当地政府出面调解。1949 年至 1967 年，河道管理仍然处于这样一种状况。

1968 年以后，晋、陕两省先后设立黄河治理管理机构，负责各自一岸的河道管理工作。

1982 年，国务院为解决黄河禹门口至潼关段陕、晋两省水利纠纷，以〔1982〕国函字 229 号文，批准成立黄河北干流禹门口至潼关段河务局。1983 年，水利电力部水电劳字〔1983〕第 79 号文批准成立三门峡水利枢纽管理局时，将河务局改名为库区治理分局。库区治理分局属三门峡水利枢纽局领导，专门负责黄河禹门口至潼关段河道管理工作。

1985 年 2 月，晋、陕两省根据国务院〔1982〕229 号文分别成立黄河小北干流管理局，由三门峡水利枢纽管理局库区治理分局管理。1987 年 12 月 31 日，水利电力部〔1987〕水电劳字第 115 号文批复，为精简机构层次，便于统一管理，同意撤销三门峡水利枢纽管理局库区治理分局，黄河小北干流陕、晋两省管理局由黄河水利委员会直接领导。

(一)山西省管理机构沿革

1968 年开始河道治理时，由运城地区水利局负责东岸河津、万荣、临猗、永济、芮城五县河道管理。1973 年 8 月 1 日，山西省水利厅成立黄河河务处，承担全省黄河治理任务。1977 年 4 月 5 日，山西省晋发〔1977 年〕16 号文，批准成立山西省三门峡库区管理局，地址设在运城市，为省水利厅直属局，行政业务工作由省水利厅领导。1984 年全局有职工 35 人。

1985 年 2 月，根据国务院批文，成立黄河小北干流山西管理局，地址在运城市。1985 年～1987 年，该局由三门峡水利枢纽管理局库区治理分局领导。1988 年因库区治理分局撤销，直接由黄委会领导。1988 年有职工 32 人。

1968 年～1988 年，东岸沿黄县也先后成立管理机构。

河津县：1968年成立河津县治黄工程指挥部，机构设在禹门口，任务是建设管理禹门口、清涧湾、汾河口工程。1972年曾改称治汾指挥部，1976年又改为治黄工程指挥部，1985年管理机构改名为河津修防段，有职工52人。

万荣县：1969 年成立万荣县治黄指挥部，机构设在庙前。1985 年管理机构改为黄河万荣修防段，有职工 38 人。

临猗县：1972 年成立临猗治黄指挥部，设在北赵，1980 年迁移临晋镇。1985 年管理机构改为黄河临猗修防段，有职工 43 人。

永济县：1973 年成立永济治黄总部，设在蒲州老城，下属永济县分部和 1680 部队。分部于 1980 年撤销，由总部统一管理。1985 年，机构改为黄河永济修防段，有职工 18 人。

芮城县：1971 年成立芮城县治黄指挥部，1987 年 4 月，成立黄河芮城修防段，同县治黄指挥部分开，专管黄河潼关以上河道，有职工 12 人。

(二)陕西省管理机构沿革

1949 年 5 月，西安解放后，黄委会在西安设立黄河水利委员会上游工程处。1950 年 4 月，黄委会将上游工程处改为黄河水利委员会西北工程局。1960 年下半年，随着三门峡水利枢纽工程的基本竣工，为了做好三门峡水库的管理工作，改黄河水利委员会西北工程局为三门峡库区管理局陕西分局，隶属陕西省。1962 年 1 月，陕西省人委决定，将陕西分局更名为陕西省水利水电厅三门峡库区管理局。1968 年 9 月 7 日，成立陕西省水利水电厅三门峡库区管理局革命委员会。1970 年 1 月 15 日更名为陕西省渭南地区三门峡库区管理局革命委员会。1978 年 7 月，更名为陕西省三门峡库区管理局，仍隶属陕西省水电局领导。1985 年 2 月，根据 1982 年国务院 229 号文批示，成立黄河小北干流陕西管理局，隶属三门峡水利枢纽局库区分局领导。1988 年 1 月开始，隶属黄委会直接领导。

黄河小北干流陕西的韩城、合阳、大荔、潼关四县(市)的管理机构，是从 1969 年以后逐步建立起来的。各县治黄管理机构，1969 年至 1980 年由所在县管理，1981 年至 1985 年 2 月交由陕西省三门峡库区管理局领导，1985 年 2 月至 1988 年年底移交黄河小北干流陕西管理局管理。

韩城县：1969 年成立韩城县防洪工程指挥部，1981 年改为三门峡库区韩城修防段，1985 年又改为黄河韩城修防段。管理机构所在地，1969 年至 1987 年在下峪口，1988 年迁至韩城市内。

合阳县：1979 年成立合阳县治黄工程指挥部，1981 年改为三门峡库区合阳修防段，1985 年又改为黄河合阳修防段，机构设在东王乡王村街。

大荔县：1969年成立大荔县打坝指挥部，1971年改为大荔县黄河管理站，1977年又改为大荔县抢险指挥部，1981年再改为三门峡库区大荔修防段，1985年改为黄河大荔修防段，管理机构设在华原镇。

潼关县：1972年成立潼关黄河护岸指挥部，1981年改称三门峡库区潼关修防段，1985年又改为黄河潼关修防段，机构设在潼关港口(老县城)。

二、工程管理

黄河龙门至潼关河段工程管理是从1968年开始修工程以后逐步发展起来的。1968年至1984年，由陕、晋两省各自管理；1985年至1988年，两岸重新组建管理机构，由黄委会统一管理。

(一)1968年至1984年期间

1. 山西省：

龙门至潼关河段工程是60年代后期开始修建起来的。1980年以前，沿用水利电力部1964年颁发的《堤防工程管理通则(试行)》；1980年以后，在贯彻执行水利部《河道堤防工程管理通则》的同时，山西省三门峡库区管理局根据国务院、山西省及黄委会的有关规定，制订了自己的管理办法。1981年，制定了《关于黄河三门峡库区及小北干流堤防工程管理的意见》，同年山西省运城地区行政公署批转沿黄各县贯彻执行。其主要内容：(1)维护防洪堤坝安全是沿河社队和群众的重要义务，要积极自觉维护，保证堤坝不受破坏；(2)防洪堤坝工程，防汛防护林带，抢险施工的道路、通讯、照明线路，堤坝上的备防石料及堤坝道路两旁树木等，要确定专人管理，不得破坏；(3)防护工程内外100米为工程管理范围，由治黄单位造林、取土、存料。护村、护站工程335米高程以上土地，除工程占地外，留足10米取土；(4)严禁在堤坝上耕种、放牧、取土或修其它建筑物，凡需破堤搞穿叉建筑，需经治黄单位同意，否则不得施工；(5)堤坝和道路两旁的树木以及防护林带，由治黄单位栽植、管理、更新，任何单位和个人不得擅自砍伐；(6)严禁污水和有毒物排入河道。1982年、1984年、1985年1月，河津、临猗、万荣三县政府分别发了《关于加强保护黄河滩防护林带和黄河大坝的通告》、《关于保护黄河沿岸通讯线路、堤坝和防护林带的通告》、《关于保护黄河沿岸通讯线路、堤坝和防护林带等治黄工程设施的通告》。

维修养护：每年冬春枯水期，对河道工程进行整修、加固。1968年至

1984年,山西省防汛岁修费用为513万元。

河道查勘:1970年开始进行河势查勘,查勘时间多在汛后进行。查勘内容主要是河势演变状况、工程损坏情况等,为编订来年工程计划、进行河道整治及其它项目建设提供信息依据。每次查勘后,绘出当年河势图,写出查勘报告。1983年,山西省三管局根据水电部和省水利厅要求,开展了"三查、三定"(查安全,定标准;查效益,定措施;查综合经营开展情况,定发展计划)工作。

2.陕西省:

1984年9月1日,陕西省第六届人民代表大会常务委员会第八次会议审议批准了《陕西省河道堤防工程管理规定》,并于9月12日公布施行。该规定分七章26条,主要内容有:建立健全河道堤防管理机构和群众管护组织,签订管理合同,落实管护责任。对城市、集镇及一般堤防的防洪工程确定了设防标准。沿堤两侧划定护堤地、安全管理范围和护堤地宽度,韩城至潼关河段防洪堤临河100至200米,背河50至100米,主要堤防临河、背河各宽50至100米为安全管理范围。防汛任务大的河道堤防管理单位要建立防汛指挥机构。在保护区内的每个有劳动能力的干部、群众和当地驻军,都应在当地人民政府统一领导下,每年参加防洪工程义务劳动十天左右。对河道堤防工程管理的奖励与惩罚,也作了具体规定。

(二)1985年至1988年期间

在此期间,两岸机构归属黄委会系统实行统一管理。

1.制订管理制度:1986年,黄委会制订了《黄河小北干流河道管理规定》,提出工程管理单位的任务是:在统一规划指导下,统一工程设计标准和设计审查,统一计划和组织施工,对河道及防护工程实行统一管理,处理水利纠纷。同时要求任何单位和个人都不准在河道和工程管护范围内修建阻水挑流工程和进行危害工程安全的活动。为保护水利工程的完整和安全,对已经接管的工程,按接交时确定的管护范围进行管理;还未划定工程管护范围的,按陕西、山西两省有关规定确定管护范围;凡新建、续建工程,都应按上述规定同时划定工程管护范围;严禁在河道内及滩地上任意修建拦河坝、码头、提灌站、管道、高渠、高路、生产堤等阻水或挑水工程。还根据水利部《河道堤防工程管理通则》作了相应规定。

1987年3月,三门峡水利枢纽管理局对河道工程设计作了暂行规定。主要内容:(1)工程设计标准,节点控导工程,按龙门站21000立方米每秒设防,护滩工程按龙门站11000立方米每秒设防;(2)工程断面,坝顶宽11米,土坡1∶2,石护坡1∶1.3;(3)工程超高,节点控导工程1.5米,护滩工程1米;(4)工程设计由黄河小北干流陕西、山西管理局统一组织,严格设计规范和执行有关规定;(5)对黄河工程施工的民技工实行统一标准。

2.定期查勘河势:1985年由黄委会统一管理后,每年汛后,一般在10月下旬或11月上旬,进行一次河势查勘。由黄委会组织晋、陕两省业务单位参加,共同进行。查勘目的是了解河道经过大汛期以后河势、工情的变化,为下一个年度拟订基本建设项目和岁修计划提供依据。

3.维修养护:龙门至潼关河段的防护工程于60年代后期逐步修建起来后,有的经过大水考验,不少工程未经大水考验,根基不稳,工程维修养护任务大。管理单位的主要任务就是加强工程维修养护。晋、陕两省每年防汛岁修经费保持200万元。

4.多种经营:1979年水电部、财政部和国家水产总局在广东省东莞县召开全国水库养鱼和综合经营经验交流会后,龙门至潼关河段的晋、陕两省治黄机构开始了多种经营。

1985年黄委会统一管理后,多种经营发展更加迅速,项目有:种植业—在防护工程两旁及管护范围内植树造林,种小麦、沙打旺草、黄花菜、花生等;养殖业—养鱼,饲养牛、羊、鸡;加工业—主要是食品加工;工业—办洗煤焦化厂、纸厂、棉纺厂,以及商业、运输业等。1985年,黄河小北干流陕西管理局纯收入30000元,人均收入300元;黄河小北干流山西管理局,1985年至1988年,年纯收入分别为8万元、10.5万元、13万元、25万元,人均年收入分别为434元、522元、646元和1000元。1988年,山西临猗修防段被评为全国水利系统的先进单位,山西万荣县及陕西大荔县修防段均被评为黄河系统先进单位,受到水利部、黄委会的奖励和表彰。

三、防汛抢险

(一)组织领导　龙门至潼关河段陕、晋两省防汛组织系统见表10—8。

(二)防汛工作　1969年修建河道工程以后至1985年,防汛工作由两省及其有关地、县行政和业务单位管理。1985年6月27日,三门峡水利枢纽管理局颁发了《黄河小北干流治理工程报险办法的规定》。其主要内容是落实岗位责任制,规定在汛前或汛期,各防汛机构应做好以下工作:

1.制定防汛方案。每年汛前,根据河道的冲淤变化情况和工程的防洪能

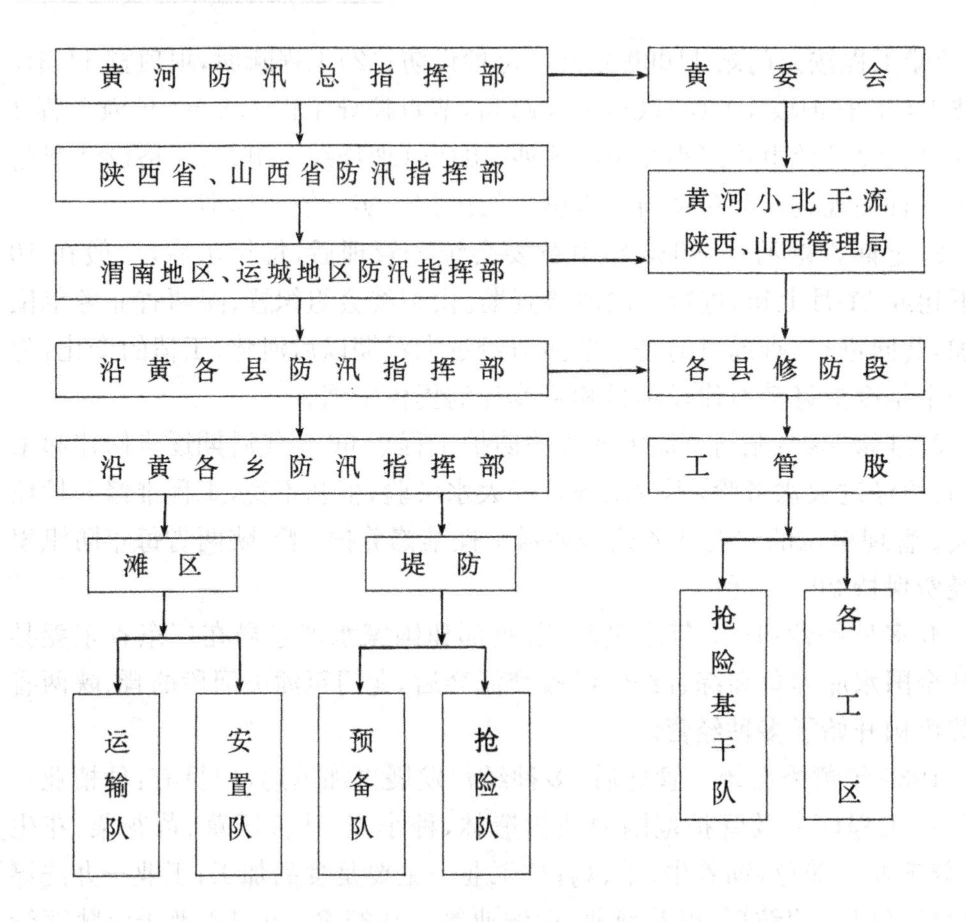

表10—8 龙门至潼关河段陕、晋两省防汛组织系统表

力，制定工程防守方案，提出各级流量下的工程防守重点。

2.汛前对工程进行一次全面检查，发现问题，及时处理。同时储备各种防汛料物，主要是块石、铅丝及编织袋等。

3.汛期及时传递水情、工情，观测水位变化。

（三）交通与通讯　1.交通。龙门至潼关河段由于两岸岸高，沟壑多，就岸修建的防护工程除禹门口、清涧湾、大石嘴、小石嘴、汾河口、西范工程连为一体外，其它工程多互不相连，岸边通往工程的道路均为简易土公路，工程顶部是工地唯一的交通通道。2.通讯。郑州至渭南、运城的通讯，1969年至1984年期间通过邮电系统长途电话联系，从1988年开始，通过全国直拨电话系统联系。黄河小北干流山西、陕西管理局至所辖各县修防段的联系，一直是通过邮电系统，进行有线通讯。各工程对外通讯，除陕西的牛毛湾、华原、太里、下峪口及山西的禹门口、庙前、尊村、蒲州城西几处仅有有线联系外，其它工程既无有线通讯，也无无线通讯。

第三十五章 潼关至三门峡段防治

潼关至三门峡大坝,长 113.5 公里,流域面积 6257 平方公里,位于黄河中游晋、陕、豫三省交界处,属峡谷河段。三门峡水库修建以后,这段河道变成库区。由于水库蓄水,库周塌岸严重,为了维护库区的村庄、耕地及引水建筑物的安全,对这一河段开展了防护治理。

第一节 河道概况

黄河流至潼关以后,穿行在秦岭和中条山阶地之间。从潼关至三门峡水库大坝,除北岸潼关至大禹渡段为二级阶地,河岸比较低缓外,其余河岸均较陡峻,高出河槽 30 至 50 米。库岸地形破碎,沟谷密度每平方公里 1 至 2 公里。

三门峡水库处于黄河地堑和汾渭地堑组成的山间盆地中,边缘为古老基岩山地构成的分水岭,盆地内堆积巨厚的第三、第四系松散沉积层。库周除了分布有山前洪积倾斜平原外,新第四纪以来发育的三级阶地是主要的地貌类型。

本河段上宽下窄。上段,潼关至芮城县的马家庄,长 55.5 公里,平均宽 4 公里,最大宽 6.3 公里,湾道半径 2500 至 3500 米,曲率 1.21,纵坡降由建库前的 2.6‰,减少至 2‰,主流变化较大;下段,马家庄至三门峡大坝,长 58 公里,河道狭窄,一般宽只有 1.5 公里,最宽 3.7 公里,弯道半径为 7000 至 1500 米,曲率 1.31,纵坡降由建库前的 4‰,降至 3‰,河道受两岸制约,河势变化较小。

这段河道的最大特点是具有河道与水库的双重性。三门峡水库建成运用后,由于库区泥沙淤积严重,水库运用方式随之改变。1973 年,水库改成"蓄清排浑"运用后,汛期泄洪排沙,水位低,成天然河道状态;非汛期蓄水防凌、发电、灌溉,水位高,成为水库。坝前最高水位与最低水位差可达 30 米至 40 米。河道这一特点,给河岸的防护与治理带来了复杂性。

潼关至三门峡大坝河段属北温带大陆性气候,四季分明,光照好,但气候干燥，降雨量少，年平均气温 11.6℃至 14℃，每年 7 月最热，平均气温 24.6℃，1 月最冷，平均气温 1.7℃。据 1957 年至 1980 年记载，年平均降水量 632 毫米。

1960 年至 1962 年三门峡市气象站观测，全年东北风、东南风、西南风多，东风最多，西北风、东南风最强，最大风速达每秒 15 米至 18 米，形成的最大波浪高分别达 1.3 与 1.7 米，这是造成高水位时河岸坍塌的主要原因之一。

潼关至三门峡河段建库前后洪涝、浸没、塌岸灾害频繁。

一、洪涝灾害

洪害：据调查，1843 年陕县站出现 36000 立方米每秒特大洪水。民谣"道光二十三，黄河涨上天，冲走太阳渡，稍带万锦滩"，正是描写这场洪水对该河段危害的情景。

三门峡水库修建以前，平陆、陕县、灵宝、潼关县城在黄河边，隋开皇十六年(公元 596 年)在灵宝县西设立的阌乡县(1954 年 9 月并入灵宝县)也在黄河边，地势均比较低(平、陕、灵、潼四县城高程分别为 310、305、307、320 米)，常受洪水侵害。据《灵宝县治黄志》记载，1589 年、1646 年、1864 年、1887 年，水大涨，冲毁阌乡县城，寺庙民房尽倾塌。

涝灾：《灵宝县治黄志》还记载 1677 年、1688 年、1843 年，暴雨积水丈余，冲垮灵宝城东西部，漂流房村树木无数。

二、水库修建后浸没、塌岸灾害

(一)浸没灾害：1961 年 2 月 9 日，三门峡水库坝前水位曾达 332.58 米，浸没危害两岸严重。三门峡枢纽工程改建后，水库运用方式作了改变，水位降低，浸没水灾减缓。地下水上升范围，一般距库边 1 至 2 公里，南岸最大达 3 至 5 公里，北岸 3 公里。库周地下水位上升，给库周环境造成影响和危害。

1. 塌井。建库前地下水位一般埋深在塬面下 20 至 30 米，井壁多为松散黄土或粉砂。地下水位上升后，井壁浸没崩解、坍塌。1961 年底，沿岸六县(区)共塌陷水井 1296 眼，占原有井数 70%，造成群众饮水困难。

2. 水变苦。芮城县彩霞村有 5 眼水井水质变苦，不能饮用。

3. 地面湿陷、裂缝。库周黄土易产生湿陷、裂缝。1961 年 7 月,陕县温塘、平陆席家坪、芮城郑家等地,在距库边 1 公里范围内,出现 100 米至 200 米长的裂缝,缝宽 0.1 米至 0.2 米,地面下沉 0.2 米至 0.3 米,郑家两孔窑洞坍塌。1981 年前后,平陆县的西延等地又出现地面裂缝与下沉现象。

(二)塌岸:三门峡水库初期运用,水位高,塌岸线长,占库岸线长的 54%;枢纽工程改建后,运用水位降低,塌岸线减为库岸线的 42.5%。由于库岸坍塌,毁坏耕地 5.25 万亩,塌失村庄 66 个,迁移 4.2 万人,塌毁扬水站、机井,减少水浇地 5.3 万亩。塌岸还造成 9 人死亡,11 人受伤。

塌岸最长达 4 至 5 公里,如灵宝的东西古驿、芮城的原村等。塌岸最宽的为杨家湾,累计塌宽近千米。塌岸最大的为七里铺,1961 年 9 月一次塌毁高岸耕地约 100 亩,超过百万立方米。塌岸最快的为东古驿,1979 年 10 月 9 日至 19 日十天塌宽 150 米,平均每天塌宽 15 米。

从 1971 年开始护岸治理以后,塌岸现象有所缓和。

第二节　洪水泥沙

一、径流与洪水

据陕县水文站 1919 年至 1959 年资料统计,多年平均流量 1340 立方米每秒,多年平均来水量 416.4 亿立方米。1964 年来水量最多,为 699.3 亿立方米,是多年平均的 1.68 倍;1969 年来水量最少,为 268.7 亿立方米,是多年均值的 64.5%,说明年际变化大。

本河段内,陕县站建站以来实测最大洪水,是 1933 年 8 月 10 日洪峰流量 22000 立方米每秒,为多年平均流量的 16.4 倍。1952 年 10 月,调查陕县站 1843 年 8 月 9 日的洪水 36000 立方米每秒,是最大的一次洪水。1977 年 8 月 6 日,潼关站实测 15400 立方米每秒洪水,是该站建站以来发生的较大一次洪水。

最小流量为陕县站 1928 年 12 月 22 日,流量 145 立方米每秒;潼关站 1981 年 6 月 2 日,流量 75 立方米每秒。

二、泥沙

据陕县站1919年至1959年的41年的资料统计，多年平均含沙量37.7公斤每立方米，多年平均输沙量16亿吨。1933年输沙量最大，为39.1亿吨，是多年均值的2.44倍；1928年输沙量最少，为4.88亿吨，是多年均值的30.5%。含沙量1977年8月6日最大达911公斤每立方米，为多年平均含沙量的24倍；1979年6月18日含沙量最小，仅0.32公斤每立方米，不足多年均值的1%。

三、水沙特性

潼关至三门峡河段，流域面积小，水沙主要来自潼关以上干流，占潼关站的75%。其次是渭河、北洛河。

水沙的时间分布，据潼关站1933年至1979年的34年资料统计，年径流量每年汛期(7至10月)占57.6%；年输沙量，每年汛期占全年的85%。从每年出现的最大洪水看，主要集中在7～9月，其中8月占53%。

四、建库后河段水情变化

(一)坝前水位变化　1959年7月22日，三门峡洪峰流量6200立方米每秒，相应水位283.14米。建库后坝前水位急骤抬高。由于水库经过了蓄水运用(1960年9月15日至1962年3月20日)、滞洪排沙(1962年3月20日至1973年11月30日)、蓄清排浑(1973年12月以后)三个不同阶段，其水位不尽一致。1973年蓄清排浑控制运用以后，非汛期除1977年3月1日最高水位达到325.99米以外，其余年份最高水位维持在324米左右，汛期最高水位在318米左右。

(二)河段泥沙冲淤变化　据黄委会勘测规划设计院1988年9月所作的《陕西省三门峡库区渭、洛河治理规划》提供的资料，三门峡水库修建以后，潼关至大坝段产生淤积，按断面法计算累积淤积量：1964年10月为最大值，达37.4亿立方米。随着水库运用方式的改变，泄流排沙能力的增加，河段泥沙淤积量减少，1973年10月累计淤积量曾降为27.3亿立方米。其后，水库进入蓄清排浑控制运用阶段，河段泥沙有冲有淤，变化不大，1987

年10月,累计淤积量为27.978亿立方米。

(三)潼关水位　以潼关1000立方米每秒左右的流量相应的水位,作为衡量潼关水位的变化标准。潼关水位变化,直接影响黄河禹门口至潼关河段和渭河下游河道。

潼关站建库前后流量为1000立方米每秒的水位变化见表10—9。

黄河潼关站1960—1987年1000米³/秒水位变化表　　表10—9

时　间(年月日)	流量(米³/秒)	水位(米)	水位累计升高(米)	330米高程以下面积(米²)	时　间(年月日)	流量(米³/秒)	水位(米)	水位累计升高(米)	330米高程以下面积(米²)
1960.3.21	1020	323.69	0	5856	1973.11.11	1000	326.64	2.95	3010
1960.11.21	1000	328.34	4.65	4560	1974.11.16	1000	326.68	2.99	3130
1961.6.21	1070	326.72			1975.11.28	975	326.00	2.31	3800
1962.11.11	1020	325.11	1.42	4730	1976.11.8	993	326.25	2.56	3350
1963.12.1	1000	325.81	2.12	3900	1977.11.6	1060	326.82	3.13	3310
1964.12.10	1020	328.08	4.39	2520	1978.11.15	977	327.25	3.56	3200
1965.11.6	1050	327.63	3.94	2630	1979.11.1	977	327.61	3.92	2620
1966.11.21	1060	327.72	4.03	2630	1980.11.1	1000	327.37	3.68	3210
1967.11.14	1040	328.36	4.67	2500	1981.11.9	983	326.93	3.24	
1968.11.11	1000	328.22	4.53	2510	1982.10.4	1010	327.33	3.64	
1969.8.4	1000	328.22	4.53	1590	1983.12.20	1070	326.70	3.01	
1970.3.23	1000	328.92	5.23	1450	1984.12.5	1000	326.47	2.78	
1970.11.13	1060	327.80	4.11	2260	1985.11.27	970	326.26	2.57	3350
1971.11.15	1050	327.52	3.83	2370	1986.9.16	992	326.87	3.18	
1972.7.6	1010	327.74	4.05	2420	1987.9.3	1010	326.93	3.24	

从表10—9可以看出,建库后,潼关河床显著抬高。1000立方米每秒相应的水位,1970年3月23日与1960年3月21日的水位相比(即建库前后水位比),升高5.23米,达到最大值。随后,水库运用方式改变,潼关水位有所降低。1987年潼关1000立方米每秒流量的水位维持在327米左右,比建库前仍升高3米多。

从表10—9中还可以看出,潼关站330米高程以下过流面积,建库前1960年3月为5856平方米,建库后1970年3月只有1450平方米,减少75%。其后,随着三门峡水利枢纽工程的改建,泄流能力增大,潼关高程降低,过流面积有所增加,但1987年也只接近建库前的60%。这种过流面积减小,过流能力降低的状况,必然使潼关以上壅水,给黄河小北干流及渭、洛河下游的防洪产生不利影响。

第三节　防治沿革

潼关至三门峡河段属山区峡谷河道,建库前沿河部分村镇遭受洪害,仅局部进行防护。建库后,该河段成为库区,出现塌岸塌村现象,开始进行防护治理。

一、建库以前

据1987年编纂的《灵宝县治黄志》资料,金大定二十七年(1187年)二月,金世宗诏令:每年黄河将泛时,令二部官员沿河检视。于是河南府陕州、阌乡、灵宝、湖城等县(今阌乡、湖城皆归灵宝县)之令左皆管理筹划河防之事。清光绪年间(1881年至1890年),因黄河危害阌乡县城,开展了护城工程建设。光绪十六年(1890年),阌乡县令孙叔谦修石堤护城,取得明显效果。

二、建库以后

建库前本河段两岸只建有小型扬水站。1960～1980年,两岸修建大小扬水站82处。大禹渡扬水站规模最大,该站的一级站上下游及沉沙池临河一面都修了石护岸工程。

1966年10月至1970年4月修潼关铁路桥时，建有施工临时设施，竣工时未彻底清除，严重阻水，致使潼关河床显著抬高，影响小北干流及渭、洛河行洪排沙。1974年1月，国务院副总理余秋里批示："此患应早解决"。1974年2月1日，水利电力部在批给山西省农办的(74)水电水字第5号文中指出："至于清除后的河势变化，由我部负责统筹解决"。1975年4月3日，水利电力部给晋、豫、陕三省水利局的〔1975〕水电计字第98号通知中指出：目前黄河潼关铁桥以下河势因铁桥残存施工临时设施的清除，发生一些新的变化，影响部分高岸的坍塌和沿岸村庄及扬水站的安全，需要采取必要的防护措施，要求三省编制计划和急需兴建的工程设计，报部审批。从此以后，本河段护岸工程建设纳入水利电力部计划，全面展开。

第四节 防治措施

一、防治原则

1975年6月24日，黄委会报给水电部的《关于晋、豫、陕三省一九七五年潼关至三门峡大坝库区防护工程的审查意见》中，提出了修建防护工程的五项原则：

(一)三门峡水库是个整体，修建防护工程一定要贯彻上下游、左右岸统筹兼顾，团结治河，为水库运用创造条件。

(二)库区防护工程应以保护335米高程以上的村庄、扬水站和高岸塬地为重点，不能在335米以下搞护滩工程。

(三)修建库区防护工程，需经两省协商一致，报部审批后，方可修做。

(四)根据水库近期运用确定的防凌蓄水高程，防护工程高度不超过326米。326米以上的防护可采用生物措施。

(五)兴建库区防护工程要贯彻自力更生、艰苦奋斗、勤俭建国的方针，实行群众自办和国家补助相结合的办法。

1975年9月3日，水利电力部在批复上述文件中，除了同意上述五项原则外，又补充三条原则：

1. 修建防护工程时，不许借机修阻水挑流工程；在335米以下不能修水库和围耕；在库区滩地不应植树造林；凡涉及两省者，需经协商一致。工程设计报送你会审批，同时报部备查。

2.请督促拆除凤凰咀下首一号坝及扬水站至八号桥墩以下的阻水挑流工程和七里村超出批准设计的阻水挑流工程,待拆除后再审批下达防护工程投资。

3.库区的治理投资,今后由你会统一掌握,分别轻重缓急,统筹安排。

二、防治措施

根据不同河段发生的塌岸原因不同,相应采取不同的防治措施:

上段,潼关至大禹渡河段,针对以水流冲刷发生塌岸为主的特点,采取河道整治的形式,用砌石坝或石护岸防治塌岸。

下段,大禹渡至大坝段,针对既有水流冲刷塌岸,又有风浪塌岸的情况,采取防护工程的下部抛散石或铅丝笼装石,上部砌石或混凝土预制块防护;仅是风浪发生的塌岸,采取砌石或混凝土块护坡,或植树造林护岸。

三、防治概况

据《灵宝县治黄志》记载,清光绪十五年(1889年)至十七年,阕乡县城(现并入灵宝县)南有湖水,北临黄河,每遇水溢河涨,城垣屡有倾圮。知县孙叔谦利用暴雨从县西甘间峪冲出的巨石,组织当地民众凿打条石,先陆运后水运至阕乡县城北河边,装入旧船,分别在预定的十二个地点凿船沉石,再抛石出水面后,用米汁和灰砌坝十二道。同时修湖堤240丈,共用石52325.7方,支银12万两。至此,黄河与湖水再未侵地一寸,阕城免水冲之患达70年。

自建库以来,从1960年开始,地方水利部门修建扬水站工程,1971年以后治黄部门开始兴建护岸工程。

四、整治工程

(一)工程类型　根据塌岸的原因,分为砌石坝和护岸,以块石护岸居多。块石或混凝土块护坡。

(二)工程平面布设　潼关至大禹渡河段,根据河势变化,以石护岸或护湾,考虑上下、左右塌岸情况,合理布点,防止连续坍塌;大禹渡至大坝段,除了按上段布设工程外,针对风浪产生的塌岸,塌哪里,护哪里。

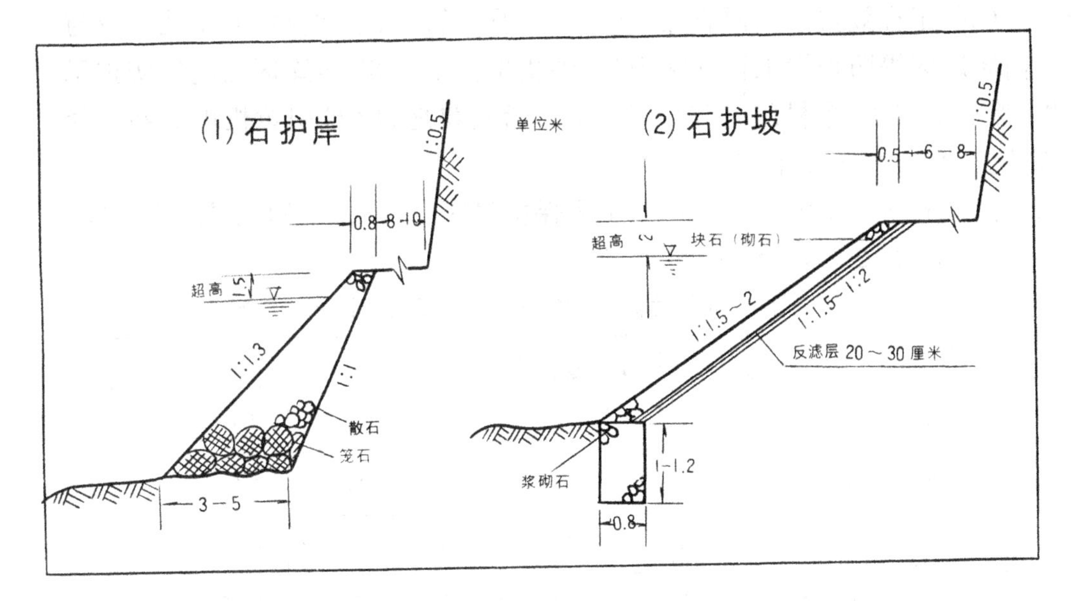

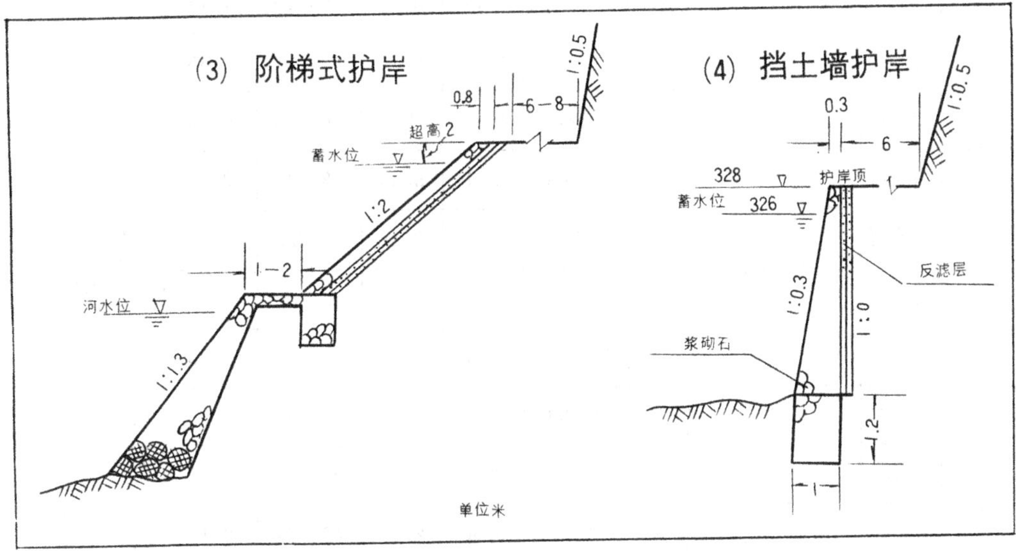

图 10—2　潼关至三门峡河段护岸工程断面图

（三）建筑物结构　根据塌岸原因及库岸地形，护岸工程结构分为四种，如图 10—2。

（四）完成工程量及投资　据黄委会工务处 1986 年《黄河小北干流、三门峡库区、渭河下游险工、护滩、护岸工程技术管理卡》统计，潼关至三门峡段修建护岸工程 26 处；丁坝 11 座、垛 130 座，护岸 55 段，共 196 座（段）；工程长度 32554.5 米；完成土方 374.4 万立方米、石方 76.77 万立方米，备石 2.65 万立方米；投资 2394.09 万元。（详见表 10—10）。

（五）工程效益　山西省在1983年9月“三查三定”的《黄河小北干流与三门峡库区堤防护岸工程立案报告》中指出：“至1982年库区已建的防护工程，保护沿河17个村庄、14617人、1.96万亩耕地、12处引黄机电灌站。经济效益为7742.9万元。”

河南省截至1988年底，护岸工程保护村庄32个、2.159万人，耕地2.1万亩，扬水站12个，码头7处。

三门峡库区（潼关—大坝段）防护工程统计表　　表10—10

省县名称	工程处数（处）	坝垛护岸数（座）				工程长度（米）	工程量（万米³）		投资（万元）	备石（万米³）	备注
		小计	丁坝	垛	护岸		土方	石方			
总计	26	196	11	130	55	32554.5	374.40	76.68	2394.09	2.65	
山西省	10	55	4	17	34	15129.0	198.39	36.88	1173.02	1.42	
芮城县	5	40	4	17	19	9626.0	123.08	30.53	756.80	1.17	
	古贤	19		13	6	2854.0	35.92	8.34	140.33	0.43	
	原村	17	4	4	9	4368.0	38.61	14.91	365.32	0.43	
	礼教	2			2	1660.0	42.41	5.48	181.44	0.30	
	大禹渡	1			1	200.0	3.01	0.48	20.23		防浪工程100米
	马头崖	1			1	544.0	3.13	1.32	49.48	0.01	防浪工程310米
平陆县	5	15			15	5503.0	75.31	6.35	416.22	0.25	
	车村	3			3	1950.0	25.12	1.07	92.70		防浪工程
	张峪	2			2	720.0	12.81	1.39	61.93	0.07	防浪工程长600米
	太阳渡	2			2	933.0	9.60	2.07	102.54	0.18	防浪工程长533米
	盘　南	4			4	980.0	13.02	0.60	97.53		防浪工程
	茅　津	4			4	920.0	14.76	1.22	61.52		防浪工程长560米
河南省	16	141	7	113	21	17425.5	176.01	39.80	1221.07	1.23	

续表

省县名称	工程处数（处）	坝垛护岸数（座）				工程长度（米）	工程量（万米³）		投资（万元）	备石（万米³）	备注
		小计	丁坝	垛	护岸		土方	石方			
灵宝县	7处	114	4	103	7	10662.0	98.47	28.42	708.88	1.07	
	鸡子岭	73		72	1	4420.0	42.28	5.29	163.25	0.38	
	盘　西	6		5	1	1557.0	8.70	4.09	88.62	0.18	
	杨家湾	1			1	517.0	13.83	1.87	57.72	0.05	
	东古驿	27	4	22	1	2400.0	2.67	9.06	266.71	0.40	
	老　城	1			1	600.0	3.00	4.12	10.30		防浪工程
	北　营	3		2	1	535.0	7.55	0.83	37.85		防浪工程
	北　村	3		2	1	633.0	20.44	3.16	84.43	0.06	防浪工程长258米
陕　县	4处	18	2	10	6	3102.5	34.94	7.17	261.14		
	城　村	4	1		3	620.5	10.11	0.56	24.90		防浪工程长453米
	辛　店	2			2	1302.0	6.21	0.88	30.91		防浪工程
	七　里	11		10	1	1040.0	17.23	5.57	200.33		防浪工程长570米
	南　关	1	1			140.0	1.39	0.16	5.00		防浪工程
三门峡市湖滨区	5处	9	1		8	3661.0	42.60	4.21	251.05	0.16	
	后　川	1			1	1057.0	15.85	1.2	103.20	0.10	防浪工程
	会　兴	3			3	600.0	6.95	1.14	69.70		防浪工程
	东　坡	1			1	120.0	2.49	0.15	6.15		防浪工程
	小　安	3	1		2	1424.0	11.74	1.32	56.25	0.06	防浪工程长921米
	大　安	1			1	460.0	5.57	0.40	15.75		防浪工程

第五节　河道管理

一、管理机构

山西省:1971 年开始修建护岸工程,由运城地区水利局管理防汛与河道治理。1973 年 4 月省水利厅成立黄河河务处,负责这段黄河的治理任务。1978 年成立省三门峡库区管理局(直属省水利厅领导)后,管理黄河禹门口至三门峡大坝河道治理。1985 年黄河小北干流由黄委会统一管理后,省三门峡库区管理局专门管理本河段治理。下设芮城县治黄指挥部和平陆县三门峡库区管理局。

陕西省:潼关县 1972 年至 1979 年成立潼关黄河护岸指挥部,1979 年至 1985 年改为三门峡库区潼关修防段,均由陕西省三门峡库区管理局领导。1985 年,黄河小北干流由黄委会统一管理后,改为黄河潼关修防段,由黄河小北干流陕西管理局领导。

河南省:1977 年成立洛阳地区三门峡库区管理局,由洛阳地区水利局领导。1986 年,地市行政区划变动,三门峡市升为地级市,治黄机构更名为三门峡市黄河管理局,直属三门峡市领导。管辖沿黄灵宝、陕县、湖滨区治黄工程管理处。

二、工程管理

(一)管理制度:1980 年,黄委会发了《三门峡库区潼关至大坝段护岸工程设计、施工、管理的暂行规定》的通知,对施工管理提出了八条规定、工程管理提出七条规定。施工管理规定:对影响河势变化的护岸工程,在施工定线时要邀请对岸同志参加;修做护岸工程时要保证施工质量,工程竣工后组织验收。工程管理规定:护岸工程要划定管理范围和安全区,其土地归国家所有,由工程管理单位统一管理;护岸工程实行专业管理与群众管理相结合的原则;工程完成后,植树种草,进行绿化;每年进行一至二次河势查勘,掌握河势工情变化,为工程修守提供资料。

各省在执行以上规定外,山西省运城地区行署还向各县提出:护村、护站(扬水站)和库区防护工程 335 米高程以上土地,除工程占地外,要留足

10 米，以便抢险取土；严禁污水和有毒物质排入河道等。河南省洛阳地区行署提出：凡已建工程地段，护岸外 50 米范围，未建工程地段 326 米高程以下 100 米宽范围，均归各县、市治黄工程处使用；护岸工程顶部宽度 10～20 米不等，视库岸低高定宽窄，335 米高程以下库区不准返迁村庄或个体居民。

（二）防汛抢险：库区的防汛任务，一是对工程进行检查，发现险情及时抢护；二是对 335 米高程以下的少部分返库移民及滩地生产人员，及时组织撤离。1977 年开始治理以来，还没因发生洪水造成人员伤亡事故。

1. 组织领导。根据国家防总提出的防汛工作实行行政首长负责制的精神，两岸各地、市、县、乡、村，在汛前成立防汛办公室或防汛领导小组，由相应的行政首长负责。同时组织群众防汛抢险队，以村为主，每队数十人。潼关至大禹渡河段两岸的灵宝、芮城县，修建的防护工程多为乱石护岸或坝垛，防汛抢险队每年都担负有一定的抢险任务。

2. 防汛工作。每年汛前组织防汛检查，除黄委会派人到现场检查外，各地、县也组织检查。检查内容，包括防汛队伍、工程、料物、通讯等，发现问题，及时处理。洪水期间，一旦工程出险，由治黄专业队伍负责抢护，群众负责采运料物。抢护方式多是抛块石或铅丝笼石。1988 年 8 月，河南省灵宝县东古驿工程抢险，抢护高岸长 241 米，用石 9753 立方米，投资 33.3 万元。

3. 通讯。有线通讯与无线通讯网络，已初步建立起来，山西省芮城县、平陆县，陕西省潼关县，从治黄机构到所辖工程管理站，都有专用通讯线联系；河南省灵宝县、陕县治黄工程管理处与所辖工程管理站的联系，县至乡走地方邮电系统，乡至工程管理站安有专用线；三门峡市湖滨区治黄工程管理处至会兴护岸工程，用有线联系。无线通讯，重点护岸工程设有报话机。

（三）多种经营：这一带开展多种经营起步较晚。1980 年以后，开始发展种植业、养殖业，如陕县的养鸭场、芮城县的农场等，由于管理不善、效益低，有的停办，有的没有扩展。近几年，发展服务业、加工业、小工厂，情况有所好转。以平陆县三门峡库区管理局与外单位合办的硅铁厂效益最好。1986 年建厂，设计年产硅铁 1200 吨，产值 72 万元。但由于炼硅铁耗电太多，发展受到一定限制。

第三十六章　渭河下游防洪

渭河下游，上自陕西省咸阳陇海铁路桥，下至潼关注入黄河，长 208 公里，流经咸阳、西安、渭南三个地、市的 11 个县(市、区)，有土地 135 万亩，涉及人口 42 万人(包括 335 米高程以下移民 9.6 万人)。这里远在秦汉时期，就是经济文化的发达地区。古城西安秦、汉、唐等十一代王朝均建都于此，当时为全国政治、经济、文化的中心。

渭河下游长期以来处于基本冲淤平衡状态，是一条地下河，一般没有洪水灾害。自 1960 年 9 月三门峡水库建成运用后，由于泥沙的严重淤积，地处黄、渭、北洛河交汇处的潼关河床高程不断抬高，致使渭河下游发生严重淤积，河道排洪能力下降，支流排水困难，以致出现了洪水浸没、盐碱化灾害。

为了解决上述问题，根据中央决定，对三门峡枢纽工程先后进行了两次改建，并将水库运用由“蓄水拦沙”改为“滞洪排沙”。同时积极支持陕西兴建渭河下游防洪、排涝、河道整治以及兴建南山支流水库等工程。截至 1987 年，共修建渭河防护堤 178.65 公里，保护居民 28.96 万人，耕地 55.64 万亩。修建河道整治工程 45 处，排水站 11 处，抽排能力 20.65 立方米每秒。修建支流水库 6 座(其中拦沙坝 1 座)。修筑防汛撤退道路 11 条计 50.88 公里。规划群众避水楼 9000 座，1985 年至 1988 年已建 4166 座。这些防洪工程措施和非工程措施对保障渭河下游人民生命财产安全和发展生产都发挥了重要作用。

三门峡水库改建运用以来，库区淤积虽有所缓和，但渭河下游河道因淤积，排洪能力下降，河道不断游荡变化，因此，渭河下游的防洪任务还相当繁重。(见图 10—3)

第一节　河道概况

一、河道类型

渭河发源于甘肃省渭源县鸟鼠山以南的壑壑山，河道全长 818 公里，流

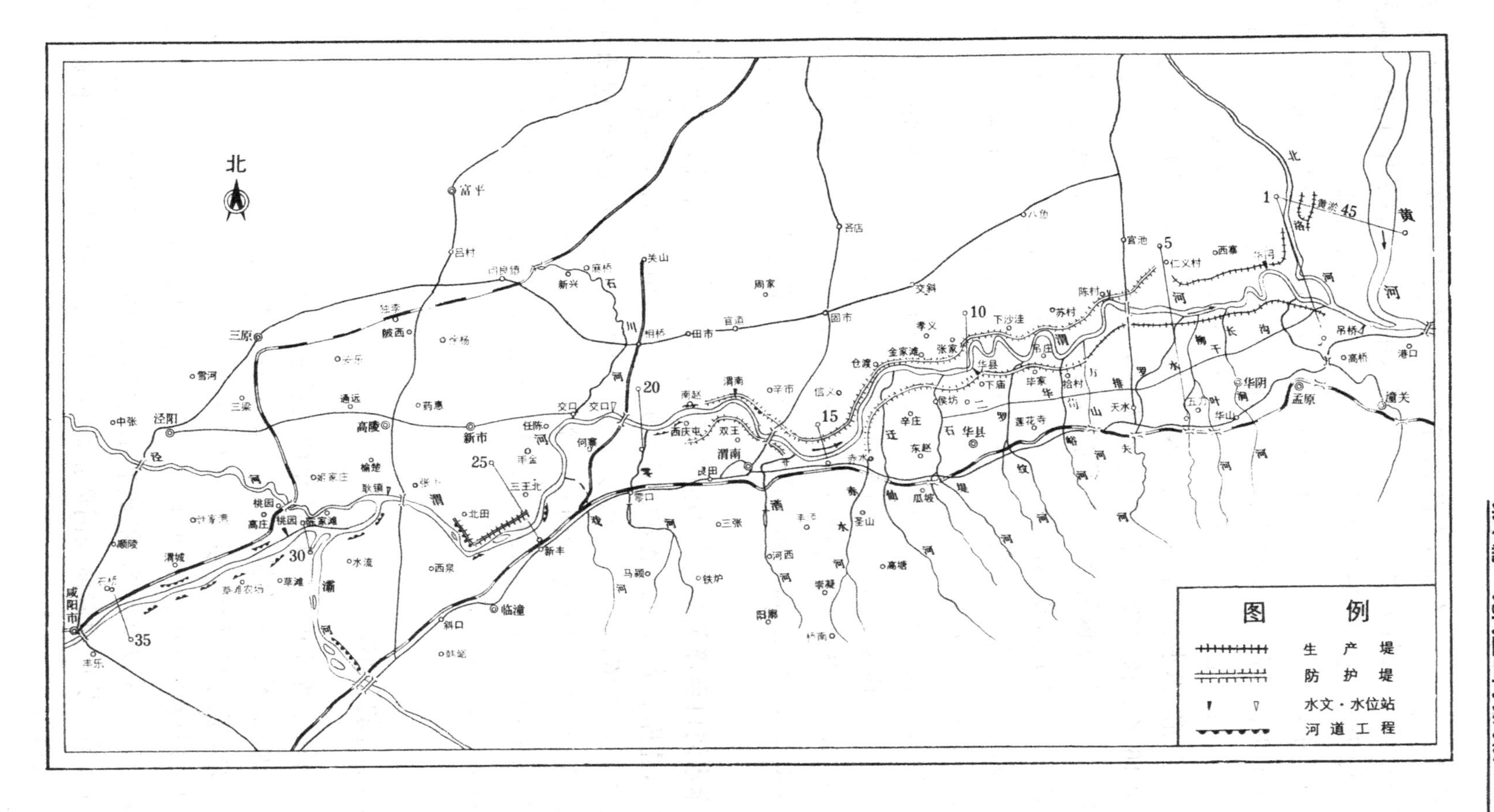

图10—3 渭河下游河道示意图

域面积13.5万平方公里，在陕西省面积(不包括泾、洛河)3.36万平方公里。上游经过甘肃省天水县于宝鸡峡出谷，中、下游横贯关中平原，流域的南部属秦岭山区，北部多属黄土地区，干流两岸属河谷阶地区。咸阳铁桥至潼关称为下游，大部属三门峡库区。渭河下游流经咸阳市的秦都区、渭城区，西安市的未央区、灞桥区及高陵、临潼、渭南、大荔、华县、华阴、潼关等11个县(市、区)。沿途汇入的较大支流，左岸有泾河、石川河及北洛河；右岸有沣、灞、戏、零、湭、赤水、遇仙、石堤、罗纹、苟峪、方山、葱峪、罗夫、柳叶、长涧、白龙涧河16条。该河段按河道特性大体分为三段：

咸阳铁桥至耿镇桥为游荡型河道，长37公里。在三门峡建库前，河道平均比降约为0.86‰，建库后为0.6‰左右。中水时河宽1至1.5公里，河槽平面上无明显弯道，河身宽浅，水流比较散乱，分汊多滩，主流位置摆动不定，易冲易淤，极不稳定。

耿镇桥至赤水河口为微弯型河道，长约61公里。河道比降在建库前船北村至交口平均为0.37‰，交口至华县0.2‰，建库后河道淤积发展，比降变缓，至1963年汛后，船北村至交口为0.33‰，交口至华县为0.18‰。中水河宽400至1000米，从上向下逐渐变窄，两岸依附边滩，很少分汊，变化较小。

赤水河口至潼关为弯曲型河道，长约110公里。建库前河床平均比降约0.14‰，建库后赤水河口至方山河为0.12‰，方山河至潼关为0.1‰。在黄、渭、北洛三河汇流区，河道经常变动，自1927年以来，黄河东西摆动共有五次大的变迁。1971年以前渭河在旧潼关县城西门外入黄河。此后，因黄河河势不断西倒，渭河口逐年上提，到1988年底渭河口已上提3950米，使渭河下游防洪任务更加严峻。

二、河道变化

三门峡水库1961年、1962年两次蓄水，水位超过潼关，回水末端到达渭淤14断面(华县赤水镇)。1961年8月蓄水，10月21日坝前水位高达332.53米，正遇渭河发生洪水，因水库回水影响造成华县以下河道淤积，以致在河口形成拦门沙。1962年5月30日，渭河河槽水面宽仅152米，河床淤高4.5米，水深仅0.5米，形成静水河段，至1962年7月底渭河洪水才冲开一道小槽。从此随着潼关河床抬高，黄河洪水的倒灌，为渭河下游防洪带来更大困难。

渭河下游在三门峡水库运用以前，冲淤相对平衡。三门峡水库建成运用以后，渭河下游河道发生严重淤积，淤积末端和淤积重心向上延伸。截至1982年累计淤积量最多达10.65亿立方米。由于水库的改建作用，库区淤积有所缓和，至1987年，渭河下游累计淤积量下降为9.93亿立方米。

根据每年汛前、汛后施测咸阳至潼关的37个断面资料计算统计，渭河下游冲淤情况见表10—11。

渭河下游1960—1987年冲淤情况表　　表10—11

时段 \ 冲淤体积	当年淤积量	累计淤积量	时段 \ 冲淤体积	当年淤积量	累计淤积量
1960年6月13日～1961年11月13日	0.8045	0.8045	1971年6月5日～1971年10月26日	0.4622	9.3236
1961年11月13日～1963年11月13日	0.5371	1.3416	1971年10月26日～1972年5月	－0.0410	9.2826
1962年11月13日～1962年7月11日	0.1121	1.4537	1972年5月～1972年10月	0.0342	9.3168
1963年7月11日～1963年10月16日	0.1042	1.5579	1972年10月～1973年6月	－0.0239	9.2929
1963年10月16日～1964年6月11日	－0.2058	1.3521	1973年6月～1973年10月	1.0250	10.3179
1964年6月11日～1964年10月11日	0.4932	1.8453	1973年10月～1974年6月	0.0810	10.3989
1964年10月11日～1965年4月16日	0.0865	1.9318	1974年6月～1974年10月	0.0087	10.4076
1965年4月16日～1965年10月12日	0.1519	2.0837	1974年10月～1975年6月	－0.0436	10.3640
1965年10月12日～1966年5月15日	0.0553	2.1390	1975年6月～1975年10月	－1.2218	9.1422
1966年5月15日～1966年10月7日	2.6022	4.7412	1976年6月～10月	0.1213	9.2653
1966年10月7日～1967年10月14日	1.7727	6.5139	1977年6月～10月	0.7099	9.9752
1967年10月14日～1968年10月22日	1.9499	8.4638	1978年6月～10月	0.1480	10.1232
1968年10月22日～1969年10月9日	0.5494	9.0132	1979年6月～10月	0.2552	10.3784
1969年10月9日～1970年5月12日	－0.0172	8.9960	1980年6月～10月	－0.1429	10.2355
1970年5月12日～1970年10月7日	－0.1147	8.8813	1981年6月～10月	0.1439	10.3794
1970年10月7日～1971年6月5日	－0.0199	8.8614	1982年6月～10月	0.2709	10.6503

续表

时段＼冲淤体积	当年淤积量	累计淤积量	时段＼冲淤体积	当年淤积量	累计淤积量
1983年6月～10月	－1.0267	9.6236	1986年6月～10月	0.1549	9.7506
1984年6月～10月	－0.3828	9.2408	1987年6月～10月	0.1769	9.9275
1985年6月～10月	0.3549	9.5957			

注：①自咸阳到潼关208公里，施测37个断面，每年汛前汛后各施测一次。
②采用断面法计算。③淤积量单位为亿立方米。

从渭河北岸长陵火车站附近发掘的秦代古井估算，2500年来渭河滩槽淤高在1米以下，渭河下游河道历史上冲淤相对平衡。但是建库后泾河口(28断面)以下滩面不断抬高。自1960年7月～1977年10月，渭河1—10断面平均淤厚3.5米；11—18断面平均淤厚2.3米；19—28断面平均淤高0.8米。

由于滩槽的淤积，河道排洪能力降低，如华县水文站在三门峡水库建库前的平槽流量约为5000立方米每秒左右，建库后1962年7月平槽流量为3000立方米每秒，1966年9月平槽流量为2800立方米每秒，1968年8月平槽流量仅为1040立方米每秒。以后河床冲刷过洪能力有所扩大，1973年8月平槽流量为2000立方米每秒，经过8月洪水后，过洪能力约增加到3000立方米每秒。1978年平槽流量约3500立方米每秒。

华县站1954年9月4日洪峰流量4970立方米每秒，水位337.84米，建库后1963年5月25日最大流量4570立方米每秒，水位338.45米，约抬升0.60米；1966年7月28日流量5180立方米每秒，水位339.47米，抬升约1.60米；1968年9月12日流量5000立方米每秒，水位340.54米，抬升2.7米；1973年9月1日流量5010立方米每秒，水位341.57米，抬升3.73米。

临潼站1973年8月31日洪水流量6050立方米每秒，水位比1966年7月27日6250立方米每秒的洪水位抬升0.62米，1975年洪水位又比1973年洪水位抬升0.43米。

三、洪水

渭河下游洪水主要来源于渭河咸阳以上5.15万平方公里，泾河口以上

4.54 万平方公里，北洛河口以上 2.69 万平方公里及南山支流 2.1 万平方公里。流量的变化与上述流域降水密切相关。每年 7、8、9 月为暴雨季节，大洪水多发生在这一时段，汛期水量约占年水量的 59%。据华县站 1935 至 1985 年统计，年平均水量 86.7 亿立方米，年平均沙量 4.1 亿吨，年平均含沙量 47.3 公斤/米^3。1954 年 8 月，华县站实测最大洪峰流量 7660 立方米每秒。据考证，渭河 1898 年华县站洪峰流量为 11500 立方米每秒，1933 年为 8340 立方米每秒。渭河下游历年实测最大流量见表 10—12。

渭河历年最大流量统计表（流量米^3/秒）　　**表 10—12**

站名 / 流量 / 年份	临潼		渭南		华县		华阴	
	流量	月日	流量	月日	流量	月日	流量	月日
1935 年					3970	8.29		
1936 年					5130	8.20		
1937 年					5500	9.80		
1938 年					3810	10.13		
1939 年					3030	7.26		
1940 年					4290	9.21		
1941 年					4350	8.22		
1942 年					2090	9.10		
1943 年					3470	9.28		
1951 年					4140	9.80		
1952 年					4430	8.18		
1953 年					3690	7.30		
1954 年					7660	8.19		
1955 年					4780	9.17		
1956 年					5310	6.25		

续表

年份 \ 流量 \ 站名	临潼		渭南		华县		华阴	
	流量	月日	流量	月日	流量	月日	流量	月日
1957年					4360	7.19		
1958年					6040	8.21		
1959年					3920	7.16		
1960年					2900	8.40		
1961年	2590	10.18			2700	10.19		
1962年	4610	7.28			3540	7.28	2960	7.30
1963年	4320	5.20			4570	5.25	3830	5.26
1964年	5310	9.14			5130	9.15	3810	9.16
1965年	3390	7.90			3200	7.90	2990	7.90
1966年	6250	7.27			5180	7.28	3730	7.29
1967年	2650	9.10			2110	5.19	2110	5.19
1968年	5460	9.11			5000	9.12		
1969年	1210	9.28			1260	4.24		
1970年	5520	8.31	5810	8.31	4320	8.31		
1971年	1670	6.30	1500	6.30	1500	6.30		
1972年	2210	9.60	2190	9.20	1800	9.30		
1973年	6050	8.31	5420	8.31	5010	9.10		
1974年	3300	9.14	3200	9.14	3150	9.14		
1975年	4600	10.20	4380	10.40	4010	10.20		

续表

站名 流量 年份	临潼		渭南		华县		华阴	
	流量	月日	流量	月日	流量	月日	流量	月日
1976年	4900	8.29	5100	8.29	4900	8.29	4320	8.30
1977年	5550	7.70	5110	7.70	4470	7.70	4000	7.8
1978年	2770	7.50	2640	7.50	2520	7.50	2420	7.60
1979年	927	7.31			866	9.23	830	9.24
1980年	4490	7.30			3770	7.40	2500	7.50
1981年	7610	8.22			5380	8.23	4800	9.90
1982年	1650	8.10			1620	8.10	1590	8.20
1983年	4660	9.28			4160	9.28	3990	9.29
1984年	4110	6.10			3900	9.10	3800	9.11
1985年	2540	9.16			2660	9.16	2690	9.17
1986年	3120	6.27			2980	6.28		
1987年	2080	8.40			1670	8.40		

四、灾害

据资料统计,1960年以前洪水灾害较少,1961年至1984年间,受灾较重的18次,发生在7、8、9三个月16次,10月的2次。灾害主要指标如表10—13。

渭河下游1961年～1984年洪灾情况表　　表10—13

年份	淹没面积(万亩)	倒房(间)	死人(个)	损失粮食(万斤)
1961年	50.40	48		
1961年	66.80			6.84
1962年	35.50	9	3	
1963年	39.52	402		0.3
1964年	52.88	2002	11	14
1965年	19.18	11496	49	118.2
1966年	43.00	15561		
1968年	17.40	13140	9	258
1973年	25.02	22		
1974年	1.79	134	1	
1975年	27.36	1000		
1976年	5.22			
1977年	33.10	287	4	
1980年	22.10			
1981年	49.00	6354		14
1982年	11.00	1338		
1983年	30.29			
1984年	6.97			

洪水淤积也造成了南山支流河口段的倒灌淤塞，尤其华县、华阴11条支流淤塞严重，洪水时常常破堤淹地，造成重大损失。

此外，由于河道淤积，水位抬高，改变了地下水自然排泄规律。1962年渭河、北洛河下游两岸地下水位继续上升，库周335米以上农田浸没面积达到47万亩，其中盐碱化25万亩，沼泽化4.5万亩。渭河335米以下移民区原有耕地39.9万亩，大部分盐碱化、沼泽化，以至荒芜不能耕种，虽经十多年治理，到1972年渭河沿岸一级阶地的沼泽化和盐碱化面积仍达26万亩。

第二节　堤防工程

渭河下游过去没有堤防工程。1957年4月黄河三门峡水利枢纽开始修建后，为了延缓移民，并保护库区人民生命财产安全，1958年4月3日陕西省谢怀德副省长在有关厅局长会议上提出：在陕西省三门峡库区沿渭、洛河两岸高程335米以上筑堤，防御标准按三门峡水库坝前水位340米进行设计。10月黄河西北工程局经实地勘查定线，报经省政府决定，按渭河两岸实际地面高程335～338米筑堤。

1959年，黄河西北工程局、陕西省水电勘测设计院依照中央确定三门峡大坝按350米高程施工，1967年以前按千年一遇洪水位限制在340米以下，二百年一遇洪水位为338.5米。确定按338.5米与340米作为防护工程设计标准。以前者作设计，后者作校核。堤防设计水平年为1967年。并建议先修渭河南岸华县黄河村至渭南县白杨村，北岸大荔县杨村至渭南县沙王村两段，共长96.3公里。1960年4月，水电部批准了渭河防护工程建设，自1960年开始，库区各县陆续修筑渭河防护大堤。

1960年2月7日，华县、大荔县人民政府领导全县人民修建渭河下游南岸石堤河以东、北岸苏村的第一期防护堤。对南山支流河口段的防护堤，按1959年11月15日陕西省人委会议确定的要求修筑。遒河、赤水河、石堤河、罗纹河沿旧堤进行加高，接连渭河防护堤。

1960年北岸完成19.1公里，堤顶高程338.5～340.2米，达到防御1960年千年一遇洪水的水库回水位(坝前水位为335米)，并加有风浪超高1.8～2米，总计土方194.9万立方米；南岸完成黄河村至北老庄14.7公里防护堤，防御渭河二百年一遇洪水(坝前水位335米)，总计土方69.24万立方米。北老庄至赤水河口由群众自修民埝8.6公里，土方7.1万立方米。并在三张村南修建涵洞口径1.3米的闸1座，扩建后李涵闸1座，解决防护区排水问题。

1962 年 6 月华县毕家修筑了方山河口至罗纹河口防御渭河 12 年一遇洪水标准的生产堤(低于防护堤标准的称生产堤)。

1962 年华县人民政府组织沿河下庙、侯坊等五个公社的群众,对罗纹河安家桥至赤水河旧铁路一段防护堤进行加高,总长 21 公里,顶宽 3.0 米,总计完成土方 29.3 万立方米。从此,华县防护区全部形成,以后随着淤积不断加高培厚,至 1974 年共加高培厚 4 次。

1962 年 4 月渭南县新建仓渡至沙王防护堤,全长 18.43 公里。按防御渭河当年 12 年一遇的洪水标准,堤顶宽 2.5 米,临水波 1:2.5,背水波 1:2,过堤道坡 35 处,总计完成土方 35.4 万立方米。

1964 年 11 月渭南县新建湭河至白杨村防护堤。按防御渭河 50 年一遇的洪水标准,全长 13 公里。本次只修建 10.91 公里,堤顶高程 348.18~351.11 米,顶宽 3~5 米,临水坡 1:3,背水坡 1:2,道坡 33 处,穿堤小涵洞(管)8 座,共计完成土方 47.47 万立方米。

1967 年 10 月渭南县新建金滩防护堤,全长 5.65 公里。防御 1967 年渭河 50 年一遇洪水,堤顶宽 4 米,临水坡 1:2.5,背水坡 1:2,共完成土方 37.2 万立方米。工程可保护 0.14 万人及 0.9 万亩土地。

1969 年汛后,渭南县建成埝头防护堤,按防御渭河 1969 年 50 年一遇洪水标准。堤顶宽 4 米,临水坡 1:2.5,背水坡 1:2。并在埝头村西建排水涵闸一处,共完成土方 24.86 万立方米,保护埝头、田家两个大队 0.28 万人,土地 0.31 万亩。

1971 年渭南县新建仁义寨至叶家滩防护堤,按防御渭河 1971 年 20 年一遇洪水(华县水文站流量为 8650 米^3/秒)标准。堤长 0.32 公里,顶宽 4 米,临水坡 1:2.5,背水坡 1:2,完成土方 14.37 万立方米,保护土地 0.37 万亩。

1972 年 10 月渭南县新建槐衙至孟家防护堤。按防御渭河 50 年一遇洪水,并考虑三门峡水库关闸三天的回水影响,堤长 4.6 公里,堤顶宽 6 米,临水坡 1:2.5,背水坡 1:2,完成土方 40.2 万立方米,保护耕地 0.5 万亩和地区化工厂安全。

1974 至 1976 年渭南县全面加高培厚防护堤。加高培厚堤顶宽 6 米,临水坡 1:2.5,背水坡 1:2,北岸堤顶高程 348.58~352 米,南岸堤顶高程 349.4~352.8 米,总计完成土方 317.59 万立方米。使堤防抗洪能力达到防御渭河 50 年一遇洪水回水水位标准,可保护 11 个乡(镇)、89 个大队、275 个自然村,12.26 万人,25.9 万亩耕地。

1968 年大荔县重建张家防护堤。按防渭河 1969 年 12 年一遇洪水标准，全长 6.9 公里，堤顶宽 3.5 米，临河坡 1∶2.5，背河坡 1∶2，总计完成土方 54.49 万立方米，保护张家公社三个大队 0.5 万人，耕地 1.4 万亩。

1974 年 5 月大荔县加高培厚防护堤，东起仁义村，西到渭南县与金滩堤相接，全长 29.124 公里。可防御渭河 1978 年相当 50 年一遇洪水。总计完成土方 268.4 万立方米。

1977 年 11 月新建渭河北岸临潼县三王村至高陵县吴村阳防护大堤。堤线自临潼南屯村起，经过东、西渭阳村南向西经高陵县境的夹滩村，终至吴村阳村东南城脚，全长 11.78 公里。其中临潼县 8.9 公里，高陵县 2.88 公里，保护面积 3.07 万亩。工程按防 1983 年渭河 50 年一遇洪水回水位设防。堤顶宽 6 米，临水坡 1∶2.5，背水坡 1∶2，修道坡 25 条。共完成土方 87.21 万立方米，保护耕地 2.75 万亩，人口 1.52 万人。

渭河下游防护堤，截至 1988 年总长 178.65 公里（内含华县支流堤 47.94公里，渭南县 6.41 公里）。历年建设情况如表 10—14。

渭河下游防护堤工程建设统计表　　　表 10—14

县别	堤长（公里）	防御标准	效益			投资（万元）	工程量		投工日（万个）	修建年份
			村镇（个）	居民（万人）	耕地（万亩）		土方（万立方米）	石方混凝土（立方米）		
高陵	2.88	50 年一遇洪水回水	7	0.22	0.35	12.10	12.50	100	5.22	1977～1978
临潼	8.90	50 年一遇洪水回水	6	0.76	2.68	67.64	76.62	300	42.16	1977
渭南	61.08	50 年一遇洪水回水	275	12.27	25.91	625.52	956.38	2200	450.63	1962～1978
华县	77.79	50 年一遇洪水回水	247	10.50	20.60	748.54	966.55	6870	552.98	1960～1974
大荔	28.00	50 年一遇洪水回水	18	5.21	6.10	319.67	594.59	1700	391.75	1960～1974
合计	178.65		553	28.96	55.64	1773.47	2606.64	11170	1442.74	

注：渭南的 61.08 公里防洪堤中，支堤 6.41 公里；华县 77.79 公里防洪堤中，支堤 47.9 公里。

渭河防护堤经过 3～4 次加高培厚，达到防御渭河华县站 1978 年 50 年一遇洪水回水位标准。但是由于河道淤积继续发展，堤防施工质量差，土质复杂，堤身干容重测定合格率仅 15～25%（渭南、华县、大荔）。在 1987 年测量堤顶高程有一半低于防 50 年一遇洪水标准。1988 年陕西省三门峡库区渡汛方案明确（经陕西省防汛抗旱指挥部批准）：渭河下游防护堤防御标准为防华县站7660立方米每秒(12年一遇)。支流堤土质多沙,质量更差,防御标准降为华县站5500立方米每秒。

第三节 河道整治

渭河下游自咸阳铁路桥至潼关河口,河宽150至2200米,两岸有宽广的滩面,共有滩地107.77万亩,为陕西省粮棉油基地之一。1960年以前没有河道治理工程。1960年以后因受三门峡水库淤积影响,河道淤积迅速发展,耐冲河岸被淤埋,河槽平面摆动加剧。主流变化不定,往往冲断堤身,给下游防洪造成很大威胁,从此,开展了河道整治工程。

1964年陕西省三门峡库区管理局首先在华县詹刘、大荔县苏村等河湾修建了护堤工程,作了试点。为了进一步控制河势,1965至1966年开始了全面的河道整治,修建了华县北王,渭南县埝头、张义、西庆屯、河滩里、八里店、上涨渡,临潼县张家庄、季家,华阴县冯庄等16处护堤、护村、护滩工程,改变了河道两岸边界条件,对控制主流获得了良好效果。

一、整治规划

1972年陕西省《渭河中、下游主河道治理规划报告》中提出的规划原则是:因势利导,结合治理工程及天然节点,“以坝护湾,以湾导流”,制定中水治导线,稳定中水河槽。

中水流量咸阳铁路桥至灞河口采用1700立方米每秒,灞河口以下采用2820立方米每秒。其主要指标如表10—15。

渭河下游河道整治规划主要指标表　　表10—15

河　段	长　度(公里)	弯曲半径(米)	中心角(度)	中水治导线宽度(米)
咸阳铁桥～耿镇桥	37	2800～6500	13°～42°	大于700
耿镇桥～赤水河口	61	1050～2200	35°～85°30′	500
赤水河口以下	110	510～1820	38°～111°30′	400

二、工程措施

(一)控导工程　为了控制主流,保滩护岸,按规划治导线修建了护滩控导工程。截至1988年,渭河下游两岸共修建控导工程49处,现存45处,坝垛891座,控制河长89.8公里(详见表10—16)。经多年考验,效果良好。

渭河下游河道治理工程统计表(截至1988年)　表10—16

工程名称	坝垛数(座)				控制河长(公里)	投资(万元)	修建年份
	合计	雁翅	丁坝	护岸			
碱滩	71	69		2	6.10	570.06	1972～1982年
店上	27	17	9	1	1.75	105.36	1970～1988年
正阳	42	41		1	4.22	439.26	1969～1988年
农六	22	1	21		2.30	169.00	1970～1981年
草滩农场	13	13			2.20	64.00	1965～1981年
自来水源地	22		22		3.85	260.00	1976～1981年
车站	16		16		3.30	86.00	1969～1982年
华山分厂	21		21		1.95	130.00	1969～1982年
三奶厂	24	17	7		4.89	116.00	1963～1981年
水流	61	61			4.96	151.20	1969～1982年
梁村	14	14			1.00	51.55	1981～1983年
泾渭堡	35	35			1.79	32.50	1965～1977年
王家滩	7		7		1.20	23.88	1973～1976年
吴村阳	29	29			2.42	70.35	1969～1980年
夹滩	17		17		2.02	27.21	1970～1972年

续表

工程名称	坝垛数(座)				控制河长(公里)	投资(万元)	修建年份
	合计	雁翅	丁坝	护岸			
周家	6	6			0.50	6.53	1986年
张庄	30	12	13	5	2.62	33.45	1965～1978年
席家	47	19	23	5	6.22	55.38	1966～1976年
季家	30	24	6		2.11	71.33	1966～1968年
寇家	15	11	4		1.15	53.75	1985～1988年
西渭阳	5		5		0.89	24.93	1976年
滩王	6	6			0.85	23.16	1974年
任陈	11	6	5		2.26	33.23	1966～1973年
三王	16	10	6		2.64	24.38	1968～1976年
南赵	12	4	8		1.14	45.80	1977～1980年
沙王	11	6	4	1	1.13	69.55	1976～1978年
河滩李	9	1	8		0.74	31.39	1972～1976年
上涨渡	14	13	1		0.58	84.32	1966～1988年
苍渡	21	13	6	2	1.50	61.78	1976～1988年
张义	7	3	3	1	0.60	41.00	1966～1984年
西庆屯	16	3	13		1.38	44.78	1970～1976年
梁赵	1			1	0.61	29.40	1986年
八里店	7	1	6		1.65	85.04	1966～1981年
树园	18	14	4		1.31	57.64	1978～1986年

续表

工程名称	坝垛数(座)				控制河长(公里)	投资(万元)	修建年份
	合计	雁翅	丁坝	护岸			
田家	31	21	10		2.61	70.24	1974～1980 年
埝头	10	1	9		0.95	27.42	1966～1971 年
魏三庄	5	5			0.33	26.57	1983 年
北王	15	7	6	2	1.60	51.90	1965～1979 年
滨坝	13	8	4	1	1.10	45.19	1972～1976 年
占刘	15	3	10	2	2.18	31.71	1964～1976 年
新兴	36	28	8		2.44	82.07	1971～1981 年
下沙洼	8	2	6		0.50	23.40	1964～1981 年
苏村	23	15	6	2	2.00	42.93	1964～1967 年
陈村	21	11	10		1.66	144.59	1964～1976 年
吊桥	1			1	0.60	33.35	1981 年
总计	881	550	304	27	89.8	3752.58	

注:投资中含地方投资 1567.02 万元

控导工程所修坝、垛,多为柳石或秸土结构,大部分是水中进占,水下用稍秸料作柳石枕或层稍秸料层土,搂厢至水面以上 1 米时填筑土料,抛石笼护根,水面以上用散石护坡。

(二)渭河尾闾开挖　由于 1967 年黄、渭、北洛河水沙条件特殊遭遇,黄河龙门站汛期洪峰连续不断,5000 立方米每秒以上洪峰共 15 次,其中 14000 立方米每秒以上洪峰 5 次,最大洪峰流量 8 月 11 日 21000 立方米每秒。潼关 8 月 11 日流量 9530 立方米每秒,水位 330.44 米。潼关水位 8 月下旬至 9 月下旬一直保持在 330 米左右。此时渭河水小,黄河倒灌,发生槽滩淤积,又遇到北洛河小水大沙(月平均流量 55.4 立方米每秒,输沙 0.797 亿吨),以致将苍西村至河口段淤塞。8 月 23 日以后苍西村附近水位不断上

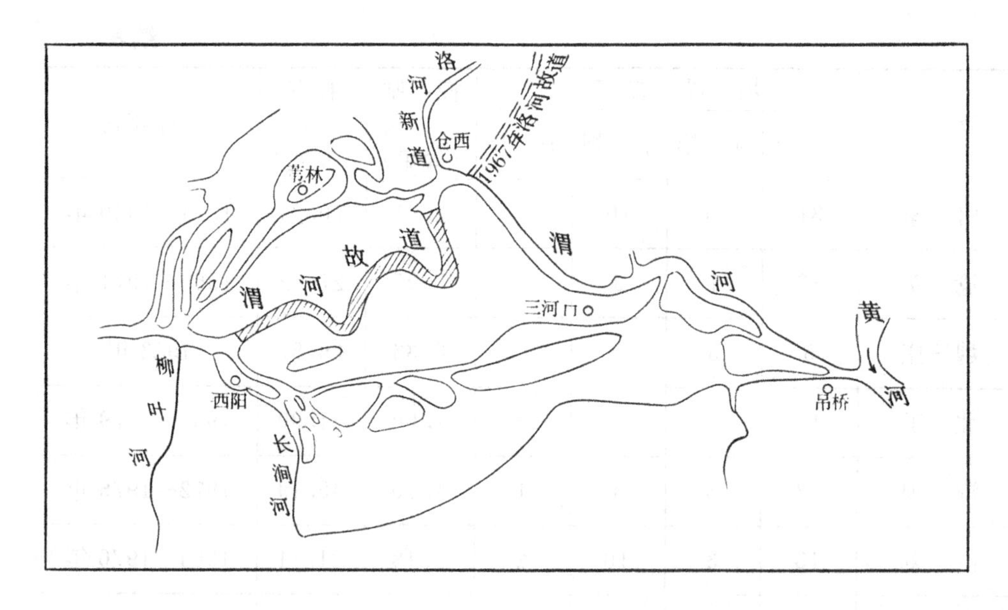

图 10—4 渭河下游淤塞段河势示意图

升，达到 333 米左右，使渭河来水全部漫滩，9 月份华县站输沙量为 0.936 亿吨，至 9 月底已将渭河苍西村至西阳村一段长 8.8 公里的河道全部淤死，形成南北多股分流进入夹槽(见图 10—4)。10 月初潼关水位开始下降，渭河两岸南北夹槽积水开始分路归槽，苍西村至河口一段河道出现跌水溯源冲刷，至 10 月 4 日已发展到苍西村，进度日速达一公里。由于西阳村以上分流没有来水冲刷，所以淤塞段仍然存在。为此水电部 1968 年 2 月中旬指定黄委会会同陕西省三门峡库区管理局到现场调查研究，提出治理方案。遂于 3 月中旬召开了省、地、县、农场和业务单位参加的现场会议，确定在淤塞河段沿原河线开挖一条深 1.5 米、宽 20 至 30 米的引河，然后利用汛期前小洪水进行冲刷。1968 年 5 月 4 日由当地组织民工及华阴农场职工开挖引河，8 月完成通水，经过汛期洪水，冲出了新河道，解决了河口堵塞。

(三)仁义裁弯　仁义裁弯工程位于大荔县仁义村南，距渭河口 40 公里，自 1915 年前后成湾，后来逐年发展，至裁弯前发展成牛鼻圈形的环河，弯道总长 12 公里，其颈部最窄处相距 2.5 公里。1969 年陕西省三门峡库区管理局研究了人工裁弯取直的措施方案。1973 年底开工，至 1974 年 8 月引河挖通，经当年洪水冲刷，新河道基本形成，分洪流量达到洪峰流量的大半。1975 年以后经过多次冲深和扩宽，至 1980 年老河淤废，洪水全部通过新河下泄。(见图 10—5)

裁弯后缩短河道 9 公里，扩大滩地 9000 亩，上游河道比降由 1.16‱增大到1.6～1.87‱,水位明显下降。

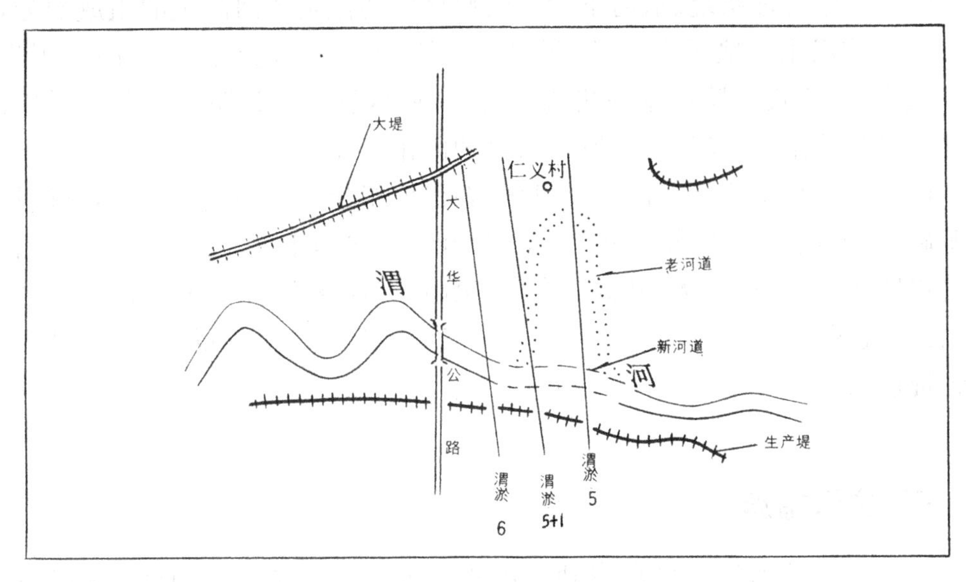

图10—5 渭河仁义裁弯工程示意图

第四节 防 汛

一、方针任务

历史上渭河虽有洪水发生,但较少造成过大的洪涝灾害。1960年三门峡水库运用后,因渭河下游淤积,河道发生很大变化,给渭河下游防洪带来新的任务。

1961年陕西省防汛会议要求渭河下游各级防汛工作贯彻“以防为主,防重于抢”的方针。1963年陕西省召开三门峡库区防汛会议,根据周恩来总理关于三门峡工程以防洪为主,其他为辅,确保西安和黄河下游安全的指示精神,明确渭河下游防汛任务是确保西安和渭河下游两岸人民生命财产安全。并且强调要求堤防不决口,遇到特大洪水尽量减少灾害损失。

二、组织领导

1961年,根据中央指示精神,陕西省在大荔、华阴库区设立防汛指挥分部，架设防汛专用临时电话，做好库区防汛工作。

(一)防汛管理系统。渭河下游三门峡库区防汛是黄河防汛的组成部分，是陕西省防汛重点地区之一，沿河地、市、县、乡，每年把渭河下游防汛工作列入重点，逐级设立防汛指挥机构，三门峡库区管理局设防汛办公室，修防段(站)设立防汛组，专门负责所辖河段的防汛工作。

(二)群众防汛抢险队伍。各县每年在汛前组建以党团员为骨干，以民兵为基础，思想进步，抢险技术熟练，纪律严明，召之即来，来之能战，战之能胜的防汛队伍。分有守护队、堤防巡查队、抢险队、迁移安置队、救生队、运输队等。各队按区划堤段分任务，平时做好准备，一旦需要，随调随到，各负其责，保证堤防安全。

三、防洪措施

为了保证渭河沿岸群众遭到大洪水时能及早安全撤离，1964 年以后，陕西省三门峡库区管理局每年编制安全渡汛方案，经陕西省防汛指挥部批准执行。在安全撤退中规定：

(一)当咸阳水文站出现流量 2500 立方米每秒，临潼站 3000 立方米每秒，华县站 3000 立方米每秒洪水时，洪水可能上滩，滩区人员全部撤出。

(二)当咸阳站发生流量 4710 立方米每秒，华县站 5500 立方米每秒洪水时，全河漫滩，涉及人口 8.67 万人，耕地 63.39 万亩，滩区人员全部撤出，有村台的村庄，人、畜及重要物资上避水台。

(三)当咸阳站流量 6000 立方米每秒，华县站 7660 立方米每秒时，未设防的地区将受到淹没，防护工程可能决口，涉及村庄 299 个，人口 19.15 万人，耕地 82.5 万亩，要求沿河两岸滩区人员全部撤出。西安市草滩至灞河口、华县防护区、渭南湭河两岸和大荔、华阴库边可能淹没。因此，要求华县防护区夹槽以北群众，除一部分撤出外，大部分上避水楼，其它地区全部撤出。

(四)当咸阳站出现流量 8600 立方米每秒，华县站 10800 立方米每秒时，全河吃紧，将淹没村庄 691 个，人口 37.41 万人，耕地 104.8 万亩，要求淹没范围内除华县一部分人上避水楼外，其它地区的群众和重要物资全部撤出。

(五)当咸阳站出现流量 10900 立方米每秒，华县站 14000 立方米每秒时，淹没区的 42.3 万人和重要物资全部撤出。

四、防汛料物

防汛抢险料物是防汛的重要物资，每年汛前地、县防汛部门和三门峡库区管理局都准备大量草袋、麻袋、木桩、土料、石料、照明设备。河道险工每个坝垛备用抢险保坝石料100立方米左右，并再储存一部分石料供地、县防汛部门防大汛抢大险统一调用。供销社代储草袋、油、铁丝等，用时调拨，用后结算。

五、防汛纪实

(一)1966年洪水。1966年7月26日，渭、洛河上游普降大雨、暴雨，27日泾河张家山站出现洪峰流量7520立方米每秒，渭河临潼站相应洪峰流量6250立方米每秒，华县站洪峰流量5180立方米每秒，北洛河洑头站洪峰流量3360立方米每秒。渭河华县站、北洛河洑头站洪峰流量是三门峡水库运用以来最大的实测流量。这次洪水含沙量高，渭河临潼站656公斤每立方米，北洛河洑头站为760公斤每立方米。临潼站洪水传递到华阴站削峰60%，洑头站洪峰传递到朝邑站削减45%。从洪水起涨到峰顶的时间，泾河张家山站3小时，渭河临潼站8小时，华县站17小时，华阴站33小时，北洛河洑头站2小时，朝邑站22小时。洪水流速小，传播时间长。1954年咸阳站7220立方米每秒洪水时，咸阳站到华县站距离140公里，传播时间15小时。这次洪水自临潼站到华县站距离86.2公里，传播时间达23小时，传播时间之长是罕见的。

这次洪水渭河下游洪水位显著抬升，耿镇桥至渭南树园村的洪水位接近或略高于1954年洪水位，树园村以下同流量水位更高，华县比1954年的7660立方米每秒洪水位高0.64米，华阴三河口附近比1954年洪水位高1.74米。渭河耿镇桥以下全部出槽漫滩，防护堤全部临水，生产堤多处溃决，水深1.0～1.5米，335米高程以下几乎全部淹没。渭河、北洛河两岸淹没村庄46个，受灾群众25000人，淹没秋田43万亩。

汛情发生后，西安市、渭南、大荔等九个县市领导率领万名干部，11万防汛大军防汛抢险。在洪水到来之前，将可能淹没的3.1万人和牲畜全部撤至安全地带。洪水期抢护险工44个坝垛。洪水过后省领导又分赴灾区慰问，对灾区人民生产生活进行安排，及时抢种秋田20万亩。

洪水后实测资料分析，洪水漫滩滩面普遍淤积，临潼县船北村至渭南县上涨渡间，滩面平均淤积 0.5 米，渭南至大荔间淤积 0.5～1 米，大荔县杨村至三河口淤积 0.4～0.7 米，渭河拦门沙段淤积 0.3～0.5 米。但主槽发生冲刷，耿镇桥至树园村为冲刷河段，河床最深点冲 1 至 3 米。树园村至河口间普遍淤积，河槽缩窄，过水面积减小，河底最深点抬升 1 至 2 米，拦门沙段河槽普遍冲刷，最深点下降 0.2 至 1 米。

这次洪水渭河下游淤积 1.95 亿立方米，北洛河淤积 0.63 亿立方米，共淤积泥沙 2.58 亿立方米，为洪水淤积量最大的一次。

（二）1968 年洪水。1968 年 9 月 6 日前后，渭河流域发生大面积连阴雨，雨区主要在甘肃的天水和陕西省宝鸡、咸阳、西安、渭南地区。降雨由 6 日 8 时到 11 日 8 时，一般降水量 90 至 110 毫米，最大宝鸡市达 153 毫米。9 月 9 日 10 时临潼水文站第一次洪峰流量 3800 立方米每秒，10 日 14 时到华县洪峰流量为 2600 立方米每秒，11 日 20 时临潼出现第二次洪峰，流量为 5460 立方米每秒，华县 12 日 8 时 40 分洪峰流量 4740 立方米每秒。这次洪水特点是：1.持续时间长—华县 2000 立方米每秒以上的洪水持续达 5 天之久。2.流速缓慢—由临潼到华县的流速每秒仅 1 米，比 1966 年洪水流速小了一半。3.水位比往年高—华县 4740 立方米每秒时，水位为 340.53 米，与 1966 年 7 月华县 4500 立方米每秒时相应水位 338.77 米比较，水位抬高 1.76米。

10 日 10 时省农委主任鱼得江赶到毕家公社察看，动员群众撤离，14 时回到华县向省革委会主任李瑞山作了汇报。李瑞山立即召集 21 军等驻陕部队负责人会议，研究部署华县救灾，并指示渭南地区党政军全力支援灾区。10 日 18 时华县水文站流量 2600 立方米每秒，毕家公社马家放淤闸西端与大堤结合处被洪水冲决，口门很快扩大。10 日晚罗纹河安家桥南东堤 150 米处决口，苟峪河拾村南东堤漫溢，方山河出口东堤和老铁路北东堤决口。洪水很快淹没毕家公社的全部和下庙、莲花寺、柳枝公社老公路以北部分村庄，受灾群众达 5 万多人，死 9 人，牲畜 416 头，倒塌房屋 13140 间。11 日 4 时人民解放军乘水陆两用汽车赶到毕家抢救被洪水围困的群众，渭南地区救生机船也来到毕家，将被洪水包围的群众运送到河对岸苏村地区。同时调运到灾区大量的抢险救生物资。经过七天七夜的艰苦奋斗，将 10000 多人运送到县城，安置在学校、机关食宿，其中 3000 多人运送到苏村公社安置。大荔县派出医疗队为受灾群众治病。

（三）1981 年洪水。1981 年 8 月中旬陕西省连续降雨 10 多天，特别是关中西部连续出现暴雨，致使渭、泾、灞河洪水暴涨。22 日咸阳站出现洪峰流量 5780 立方米每秒，同日临潼站最大流量 7610 立方米每秒，23 日华县站流量 5380 立方米每秒，均为三门峡水库运用后第一大洪水，是建国以后第二大洪水。

这次洪水位普遍升高，传播时间加长。临潼站实测最高水位 378.03 米，高出 1954 年洪水位 2.03 米，比建库后最高水位(1975 年)高出 0.83 米，华县站实测最高水位 341.05 米，高出 1954 年洪水位 2.24 米。由于河道淤积重心上移，河道比降变缓，洪水传播时间咸阳站到临潼站正常为 6 小时，这次达 9.5 小时，临潼站到华县站正常为 9 小时，这次达 19.5 小时。

这次洪水各级领导都很重视，及时作了具体部署。但由于水位高，普遍漫滩，防护堤全线临水，堤前水深 1.5～2 米，各支流倒灌 2～4 公里，渭南县以下洪水位高出背河地面 4 米左右，沿河 80 公里生产堤全部冲毁或漫顶，华阴县五条支流决口 8 处，华县方山河堤决口 2 外，罗纹河堤发生漏洞 1 处，严重渗水和塌坡各 1 处，临潼县防护堤因排水涵洞与大堤结合不良，决口宽 18 米，淹地约 2000 亩。河道整治工程普遍被洪水漫顶，损坏坝垛 68 个，冲垮 4 个。

这次洪水在 335 米高程以下地区有 40 多个单位被淹，335 米高程以上沿河 14 个村庄和一些工厂被淹或被水包围。西安市北郊有 8 个村庄及草滩农场、三奶场、华山一分厂、渭河鱼场等被洪水包围和淹没，淹没水深0.8—1 米。总计淹没耕地 49 万亩，倒房 5354 间(包括滩区生产房)，毁坏机井 816 眼，钻机 2 台，估算造成经济损失 2000 万元，使 20 多万人生产生活受到影响。

第五节 工程管理

1959 年渭河下游列入三门峡库区治理以后，开始修建了防洪、排涝、河道整治等工程。同时开展了工程管理工作，使工程发挥了应有的作用。

一、机构沿革

1960 年 9 月以前，黄河西北工程局负责三门峡库区治理工作，9 月以后改为三门峡库区管理局陕西分局，1962 年 1 月改为陕西省水利水电厅三门峡库区管理局，1970年1月下放渭南地区改为渭南地区三门峡库区管理局，1978年7月改为陕西省三门峡库区管理局。

1959年冬开始工程建设，华县、华阴、渭南、大荔等县相继成立三门峡库区管理站或工程指挥部，行政归县领导，业务归属陕西省三门峡库区管理局领导。1972年库区管理局成立工程管理科。1981年为了理顺库区治理，将潼关、华阴、华县、渭南、大荔等县的管理单位接收，由库区管理局领导，更名为三门峡库区某县修防段。渭南以上临潼、高陵县，西安、咸阳市保持原专管组织，业务仍和该局联系。沿河段(站)以下设有专管组织，防护堤管理设分段(组)，分段(组)以下配备一定数量的护堤员。支流河堤各县普遍设立河防委员会，在当地政府领导下，实行专业管理与群众管理相结合。河道险工由各段(站)按照坝垛数量配备护坝员。据统计，1967年管理人员20人，其中干部10人，工人10人。到1985年管理人员增加到182人，其中干部87人，工人95人。

二、规章制度

为了加强工程管理，1978年9月陕西省三门峡库区管理局制定了《陕西省三门峡库区工程管理试行办法》，1982年陕西省渭南地区行政公署颁发《关于保护三门峡库区防洪工程设施的通告》。1983年11月15日陕西省三门峡库区管理局制定了《陕西省三门峡库区工程管理办法(试行稿)》，1985年12月重新修订了《陕西省三门峡库区河道及工程管理试行办法(修订稿)》，发至库区各有关单位和渭河下游沿河乡、村执行。库区工程管理试行办法主要有总则、组织管理、工程管理、河道管理、库区防汛、绿化管理等内容。其主要内容如下：

(一)组织管理

1.各县(市)管理单位，除抓好基层管理单位而外，还应经常向各县(市)的党政领导汇报工作，以及时取得当地党政领导对管理工作的支持。

(1)县(市)管理委员会由县(市)主管县(市)长任主任委员，县水电局、修防段(站)负责同志任副主任委员，有关乡(公社)负责同志任委员。

(2)乡(公社)管理委员会由乡(公社)负责同志任主任委员，乡(公社)管理段负责同志任副主任委员，有关大队负责同志任委员。该管理委员会必须在县(市)管理委员会统一领导下进行工作。

2.根据库区实际情况,设立职能管理单位,实行双重领导。各段(站)为县管理委员会的常设办事机构。除向主管单位请示汇报工作外,同时也要经常向所在地党政部门汇报请示。如遇重大问题可提请县(市)管理委员会研究处理。

河道管理段属乡(公社)管理委员会办事机构,接受县管理委员会的领导。

各管理单位,应根据工程规模和管理任务大小,本着精干的原则,配备一定数量的专职管理人员。县属管理单位职工编制和临时工、合同工指标由本单位提出计划,经三管局审定后,报县主管部门批准,纳入劳动计划配备。临时工、合同工政治待遇、劳动报酬、口粮标准和生活福利等,可按当地同级事业单位有关规定执行。

堤防、险工管护工作,由管理单位与乡(公社)签订合同,实行承包管理责任制。由乡(公社)组织的管护人员必须是政治觉悟高,热爱管理工作,身体健康,吃、住、工作在工程,户口,口粮在队,劳动报酬由乡(公社)在管护收益提成中给予解决。管护人员收入应等于或略高于当地大队干部的水平。

3.各级管理部门要采取各种形式,有计划、有步骤培训管护人员,并保持管护人员相对稳定。对坚持原则,在管理工作和技术革新中有显著成绩者,要给予支持、表扬和奖励。管护人员的更换,应报上级主管部门批准。

4.各级管理机构的主要任务是:

(1)宣传党的政策和工程管理工作的意义,贯彻执行有关工程管理工作的规定,建立健全各种制度,制定群众性的工程管护公约。

(2)编制工程管理工作及工程加固培修的长期计划和年度计划。

(3)认真做好工程养护、整修、机电设备和线路维修等。搞好工程绿化,保护林、草,确保工程完整安全。

(4)经常深入检查,随时掌握工程险情和河道变化,加强河势和水位变化观测,发现问题及时研究汇报,并组织群众采取有效措施进行处理。

(5)对违犯工程管理办法,损害工程及附属建筑物器材的单位和个人,有权干涉制止和批评教育,对问题严重的有权建议有关单位处理。

(二)工程管理

1.堤防管理

(1)各段堤防应自下而上在背水堤肩埋设里程桩。插牌立界,划分责任管理段。

(2)护堤员要向群众宣传护堤意义、公约、大力贯彻并模范遵守堤防管理有关规定。

(3)堤防管理十项规定：

①禁止在河堤放牧、播种农作物。

②禁止在河堤上任意铲刨草皮和攀折，砍伐防浪林、护堤林木。

③禁止铁木轮车和履带拖拉机在堤顶通行。堤顶泥泞期间，禁止各种车辆通行（防汛车辆除外）。

④禁止任何单位和个人在河堤上任意破堤引水，挖沟开路。如生产必须时，应经三管局批准，方能动工。

⑤禁止在河堤上任意修建临时或永久性建筑物和设置场园（护堤房除外）。

⑥禁止破坏管理养护界碑、里程桩、电杆、电线、测验设施、测量标志、管理房屋及其它一切附属建筑物。

⑦禁止距堤脚临河五十米、背河二十米以内打井、取土、取沙、埋葬、烧荒、修渠筑路及修建其它有碍堤防安全的建筑物。

⑧禁止在河中炸鱼、药鱼，排泄有害废水、倾倒垃圾等，以保证工程安全，防止水质污染。

⑨禁止在主流和洪水河槽里随意修建阻水挑流的建筑物、生产围堤、填方渠道、道路。

⑩禁止在河滩上任意营造成片林带。

2.险工和控导工程管理

(1)险工和控导工程要经常检查维修，汛前、汛后全面整修，储备足够的备防石料及其它防汛抢险料物，做到坝完整、石码方。

(2)坚持探摸根石制度，注意观测河势流向，掌握工程变化，做到主动防守，遇有险情，立即抢护。

(3)护坝员要严守职责，对备防石料、梢料、铅丝、木桩等防汛抢险料物要加强保管，任何单位和个人不准以任何借口擅自挪用。对扒用险工石料及工程设施者，要严肃处理。

(4)在不妨碍行洪、抢险和运输的前提下，按照管理部门的统一规划，在土坝基两侧坡面上和坝裆间植护滩林，做到工程措施和生物措施相结合。

(三)河道管理

1.严禁在洪水河道修建阻水工程，如成片林、生产堤、高垫方渠道等。

2. 修建跨河桥，在不影响行洪、河势变化和上下游、左右岸安全的原则下，经陕西省三门峡库区管理局同意方可施工。当建筑物影响行洪、阻水、挑流和上下游安全或河势发生不良变化时，按照“谁设障谁清障”的原则，由设障单位负责清除或处理。

3. 河道水、土、砂、石，由河道管理部门按照河道堤防管理规定统一有计划地组织开采，不得任意开采。

4. 河道工程由三门峡库区管理局和各段(站)统一管理，进行工程维修养护，观测记载，掌握河势和工程变化，积累资料，为防汛和工程建设提供依据。

5. 河道防汛工作，每年汛前组织有关部门进行查勘制定渡汛方案，并对河道堤防、险工护岸、排水及涵闸工程、防汛料物、防汛组织、水情测报、通讯、照明、观测设施等进行全面检查，发现问题，及时采取措施，并将检查情况及存在问题上报主管部门。

(四)堤防绿化

堤防工程到1975年基本绿化。背河堤坡面种植4至5行，以杨树为主，临河坡面以灌木紫穗槐和草为主，固堤防冲。堤脚外为防浪林，大荔堤段以柳为主，宽度30～50米，华县毕家以柳为主，宽度20至30米，临潼、高陵以杨、柳为主，宽15至20米，起缓溜防冲作用。至1979年树木大部分成材，后来，因社会问题和管理不善，以及不适当的更新，造成堤防树木大量损毁。1983年推行绿化管理承包责任制，新植树成活率85%以上，栽一段管护一段，成林一段。1988年黄河防汛会议上决定堤防工程不植树，1989年堤防工程植树停止。

绿化投资和收益分成，1980年以前采用国家出钱买苗，动员沿堤群众和护堤员栽植，由护堤员管护。分成办法是：防浪林土地国有，国家分得六成，社队分四成；堤防林收益，国家分三成，社队分七成。1980年以后逐步改为国家投苗，栽、管由群众或护堤员承包，收益国家得大头，个人得小头的办法。

三、工程维修

为了消除工程隐患，提高质量，保证工程完整，每年汛前汛后检查水毁工程情况，编报维修计划，上报黄委会，黄委会给予岁修投资，整修加固工程。陕西省三门峡库区管理局历年来根据下达投资安排岁修工程任务，下达给各修防段(站)，并协助各级管理部门组织劳力，进行季节性和经常性维修养护。一般在6月底大汛到来之前基本完成当年岁修任务，达到工程完整，并在险工和堤防险段备存一定数量的石料、土料、草袋、木桩、照明设施等，以备抢险和整修需用。1960年至1985年国家投入防汛岁修费共1509.3万元，1975至1985年完成土方62.7万立方米，石方17.91万立方米，植树472.79万株，用工253.16万工日。

附　录

黄河下游 1949～1987 年汛期水情工情纪要

纪要主要记述了汛期黄河下游来水量、来沙量、水沙特点、下游河道及三门峡库区冲淤量、洪水漫滩偎堤及防汛抢险等情况。纪要中使用的水文资料情况如下：

一、1949～1984 年洪峰流量、水位、含沙量等，采用黄河水文年鉴数值。1985 年～1987 年洪峰流量、水位、含沙量等采用各水文总站“水文月报”初步整编数值。

二、有关历年水、沙量，三门峡库区及下游河道冲淤量等数值，采用 1985 年《黄河流域防汛资料汇编》统计数值。径流量、输沙量多年平均值，为各站有资料以来至 1985 年系列的平均值。具体数值为：三门峡水库入库水、沙量为龙门、华县、河津、洑头四站之和。汛期多年平均水量为 260.78 亿立方米，多年平均输沙量为 13.81 亿吨；花园口站汛期多年平均水量为276.47 亿立方米，多年平均输沙量为 10.19 亿吨。

三、三门峡库区及下游河道冲淤量，除提示为“冲淤量累计值”外，均为当年汛期的数值。三门峡库区冲淤量累计值自 1958 年 11 月 17 日计起，下游河道冲淤量累计值自 1950 年 7 月计起，为三门峡至利津河段的数值（已扣除涵闸引沙量），系用输沙量平衡法计算。

四、汛期指每年 7～10 月。

五、潼关站水位，均统一为 1984 年以前基本水尺的数值。

一九四九年

1949 年汛期丰水多沙。花园口站总水量 458 亿立方米，总输沙量12.80 亿吨，水量较多年同期平均值偏多 65.7%，沙量偏多 25.6%。汛期出现两次大于 10000 立方米每秒的洪峰。7 月 27 日，花园口站出现 11700 立方米每秒的洪峰。9 月 14 日又出现 12300 立方米每秒的洪峰，这场洪水水量大、来势猛，5 天、12 天洪量分别为 43.1 亿立方米和 82.8 亿立方米，10000 立方米每秒以上流量历时达 49 小时，泺口站 30 米高程以上的高水位持续 16 天，造成平原省北岸寿张县（今河南省台前县）枣包楼严善人民埝和南岸梁山县大陆庄民埝溃决，洪水分别入北金堤区和东平湖区。经两区滞洪后，9 月 22 日洛口站洪峰流量削减为 7410 立方米每秒。

当时全国刚解放，堤防和险工坝埽工程尚未来得及整修，在 7 月洪水时相继出险。9 月洪水时，东坝头以下，两岸大堤出水一般只有 1 米左右，部分堤段出水高度只有 0.2～0.3 米。堤身隐患和弱点相继暴露，坝埽坍塌掉蛰时有发生，封丘贯台、菏泽朱口、东明高村、濮阳南小堤、鄄城苏泗庄、济南董道口、蒲台麻湾、利津王庄、垦利前左及一号坝等险工险情严重。河势上提下挫变化频繁，位山以下有十多处险工脱河。为防止洪水漫坝，济南以下险工的主要坝埽，临时用秸料将坝顶加高 0.5～1.0 米，并在险要堤段堤顶上抢修了 200 公里长的子埝。平原省动员专、县、区干部 4000 多人带领 15 万群众上堤防守，抢护堤防脱坡、渗水、蛰陷等各类险情 224 处，长 5000 多米，抢堵大小漏洞 224 个。山东省组织群众 20 多万人上堤防守，抢护险工坝埽 2290 坝次，堤防渗水、脱坡、蛰陷等，出险总长度 54880 米，抢堵大小漏洞 582 个。共计抢险用石 7.2 万立方米，柳杂软料 255 万多公斤，木桩 8.3 万根，草袋、麻袋共 17.1 万条，抢做土方 66.9 万立方米。全河军民奋战 40 多个日日夜夜，战胜了黄河归故后的首次大水。

一九五〇年

1950 年汛期干旱少雨，黄河流域平均降雨量约 90 毫米，又多集中在 10 月下半月。汛期花园口站总水量 236 亿立方米，总输沙量 9.8 亿吨，分别比多年同期平均值偏少 15％和 3.8％。花园口站发生两次大于 5000 立方米每秒的洪峰，7 月 22 日首次洪峰流量 6180 立方米每秒。10 月 22 日又出现洪峰流量为 7250 立方米每秒的洪水，这次洪水是由于黄河中游秋雨连绵形成的，其特点是洪峰不大，但持续时间较长。由于前期无大洪水，下游河槽无明显冲刷，水位表现较高，汛期下游河道淤积泥沙 1.59 亿吨。下游平原、山东河段滩区普遍漫水，洪水偎堤，全线堤防、险工吃紧，寿张民埝形势危急，寿张县六区区长赵鸿军、武装委员会主任于吉平同志临危不惧，以身抵挡出水漏洞。经全河军民日夜防守堤防，抢护险情，取得了安全渡汛的胜利。

这年是中华人民共和国诞生后的第一个汛期，为加强黄河防汛工作的领导，中央决定成立黄河防汛总指挥部，统一领导平原、山东、河南三省黄河防汛工作，由各省主席、副主席及黄河水利委员会主任分任总指挥部的正、副主任。并于6月下旬在河南省开封市召开了三省防汛会议，正式成立了黄河防汛总指挥部。吴芝圃（河南省人民政府主席）任主任，郭子化（山东省人民政府副主席）、韩哲一（平原省人民政府副主席）、王化云（黄委会主任）任副主任。省以下各级防汛指挥部以地方为主，由当地党、政、军及河务部门负责人共同组成，集中统一指挥。在各级防汛指挥部的领导下，全河组织了防汛队伍36万人。河务部门普遍开展了加固堤防和消除堤身隐患工作，当年共挖填獾狐洞穴5245个，捕捉獾狐332只，填垫水沟浪窝7570处。为鼓励群众护堤的积极性，黄河防汛总指挥部制定推行了开挖堤身隐患按方给资及捕捉獾狐按只奖励的办法。

一九五一年

1951年汛期属平水少沙年，洪峰次数不多，水情比较平稳。汛期花园口站总水量286亿立方米，输沙量7.93亿吨，与多年同期平均值相比，水量偏多3.4%，沙量偏少22.2%。花园口站出现三次流量大于5000立方米每秒的洪峰。最大洪水发生在8月中旬，主要由无定河流域降暴雨形成。8月15日干流龙门站出现13700立方米每秒的洪峰，最大含沙量为542.4公斤每立方米，潼关站相应洪峰流量为10000立方米每秒，最大含沙量310公斤每立方米，形成了8月17日花园口站9220立方米每秒的最大洪峰，最大含沙量124.84公斤每立方米。20日洪峰通过利津站，流量为5780立方米每秒。这场洪水造成下游菏泽岔河头，郓城苏阁、黄庄及濮阳习城集等滩区进水，水深0.2～0.7米。东明冷寨、郓城杨集及伟那里、范县邢庙等河段堤河进水，寿张民埝洪水全部偎堤，堤根水深1.5米左右。汛期河势变化不大，东明高村、菏泽刘庄、滨县张肖堂、利津佛陀寺等险工均发生不同程度的险情，下游河道共淤积泥沙0.64亿吨。

为增强堤防抗洪强度，清除堤身隐患，从当年春季起，对全线堤防开展了大规模的锥探工作。8月中旬洪水出现前，河南、平原两省即组织民工、技工3642人，锥孔581.41万眼，共发现獾狐洞穴、军沟、碉堡、抗日洞、防空洞、土井、树坑、裂缝及群众报告的大小隐患10944个。其中惠民段在刘王庄大堤老口门处锥探，发现长达35米、宽5米、深4米的暗洞，东明段郭院村南500米堤段内，锥出大小洞穴300余个。

一九五二年

1952年汛期水少、沙枯，洪峰不大。花园口站总水量253亿立方米，总输沙量5.73亿吨，分别比多年同期平均值偏少8.5%和43.76%。花园口站虽有8次涨水过程，但8月12日最大洪峰流量只有6000立方米每秒。汛期下游河道冲刷泥沙0.67亿吨，河势变化不大。河道工程有平原省濮县史王庄、河南省陈兰段杨庄、广郑段保合寨等险工先后出险，以9月下旬保合寨险情为最严重。保合寨出险前，大河在对岸坐湾，形成斜河顶冲，保合寨前滩地急剧坍塌后退，大溜直冲脱河多年的保合寨险工坝岸，同时又受河槽下切影响，坝前水面宽由起初的千余米，缩窄至100多米，坝前水深达10米以上。尽管当时大河流量仅2000立方米每秒左右，但由于溜势集中，淘刷力强，使45米长的堤段堤顶坍塌9米宽，仅剩背河堤坡，堤顶上的运石铁路支线悬空，形势极为严重。当即调集陈兰、中牟、开封、广郑各修防段200名工程队员及4000多民工，350辆运石车皮投入抢险，经过10昼夜的抛枕、搂厢和抢筑后戗，同时加固旧坝及护岸4道，新修石垛4个，才化险为夷。这次抢险共用石料6000立方米，柳枝50万公斤。

一九五三年

1953年黄河防汛工作的方针和任务是：大力组织群众，贯彻检查制度，做好一切准备，很好的利用滞洪工程，保证陕州1933年同样洪水位299.14米不发生溃决。

汛期属平水多沙年。花园口站总水量272亿立方米，总输沙量12.6亿吨，与多年同期平均值相比，水量偏少1.6%，沙量偏多23.7%。

汛期下游出现两次较大洪水，以8月3日花园口站11200立方米每秒洪峰最大，洪水主要来自伊、洛、沁河流域。8月2日和3日，沁河小董站及洛河黑石关站分别出现1960和5210立方米每秒的洪峰。其次是8月28日，花园口站实测洪峰流量8406立方米每秒，这次洪水主要来自干流吴堡以上山、陕区间。洪水过程中，中牟九堡险工下首115、116号坝出现严重险情，菏泽刘庄险工坝埽、护岸坍塌长达490余米，经过5昼夜的大力抢护，用石2400余立方米，柳枝30万公斤。寿张民埝一夜间出现漏洞18个，东平湖运河西堤及宋金河堤数百米长的堤段堤身坍塌，并出现不少漏洞。沁河洪水时，沁阳县高村堤段堤顶出水高度仅 0.4 米，武陟东小虹闸口及朱元村堤段出现了漏洞，险情十分严重。本年全河组织 12 万人上堤防守，抢护险工坝岸 55 处，抢堵漏洞 106 个，抢收滩地庄稼 40 多万亩。汛期下游河道共淤积泥沙 5.52 亿吨。

一九五四年

1954 年汛期丰水丰沙，洪水次数多。秦厂站总水量 385 亿立方米，总输沙量 18.7 亿吨，与多年同期平均值相比，水量偏多 39.2%，沙量偏多 83.5%。汛期秦厂站 3000 立方米每秒的洪峰接连不断，其中大于 5000 立方米每秒的洪峰 6 次，大于 10000 立方米每秒的洪峰 2 次。8 月 5 日最大洪峰流量 15000 立方米每秒，9 月 8 日又出现洪峰流量为 12300 立方米每秒的洪水。第一次洪水主要由伊、洛、沁河来水组成，8 月 4 日洛河黑石关站洪峰流量为 8420 立方米每秒，沁河小董站洪峰流量 3050 立方米每秒。花园口站 5 天、12 天洪量分别为 37.3 亿立方米和 77.1 亿立方米。洪水进入陶城铺以下河段，受艾山河段卡水影响，洪水演进迟缓，持续时间较长，使两岸大堤出现不同程度的脱坡、裂缝、蛰陷等险情，部分险工坝埽根石走失。当时东平湖水库尚无控制工程，部分洪水注入湖区后，又遇汶河涨水(8 月 13 日，戴村坝洪峰流量 3600 立方米每秒)，致使湖水暴涨，湖堤出水高度只剩 0.5 米左右，并多处发生渗水、脱坡、蛰陷等险情，又遇狂风暴雨，大有溃决的危险。为减少损失，保全东平湖梁山区，经黄河防总研究，并征得山东省委同意，于 8 月 13 日开放了东平九区滞洪区滞洪，从而使泺口洪峰流量削减为 7290 立方米每秒。这次洪水，滩区淹没耕地 35 万亩，有 485 个村庄、18.9 万人受灾。滞洪运用前，东平九区内群众已全部安全迁出。洪水时，下游堤防(主要是东平湖堤和运河西堤)出险 230 处，漏洞、管涌及背河渗水等数十处。险工出险 593 坝次。全河组织干部、群众 12 万多人上堤防守，连续奋战二十多个昼夜战胜了洪水。汛期下游河道淤积泥沙 5.41 亿吨。

一九五五年

1955 年汛期降雨频繁，7 月至 9 月降雨达 21 次，其中暴雨 13 次。降雨时间和雨量分布是，上下游以 8 月份雨量最多，中游以 9 月份雨量最多。由于降雨多，黄河下游多次涨水，秦厂站大于 3000 立方米每秒的洪峰有 16

次，其中大于5000立方米每秒的洪峰5次。9月19日最大洪峰流量为6800立方米每秒。汛期日平均流量在3000立方米每秒以上的历时62天。在洪水遭遇方面，渭河及伊、洛、沁河洪水遭遇四次，黄河与汶河洪水相遇有五次。汛期花园口站总水量341亿立方米，比多年同期平均值偏多23.3%，总输沙量9.92亿吨，比多年同期平均值偏少2.6%，是一个多水平沙年。汛期下游河道冲刷泥沙1.43亿吨。汛末与汛初相比，花园口以下各流量站3000立方米每秒同流量水位普遍降低了0.07米～0.3米。由于洪峰小，流量比较稳定，河道工程没有发生大的险情。

一九五六年

1956年汛期洪水来得早，洪水次数多，是一个平水多沙年。秦厂站总水量288亿立方米，接近多年同期平均值，总输沙量12.9亿吨，较多年同期平均值偏多26.6%，汛期下游河道淤积泥沙2.56亿吨。6月13日秦厂站即出现3500立方米每秒的洪峰，6月27日又出现了7580立方米每秒的洪峰，峰型较胖，5000立方米每秒以上流量持续75小时。7至9月又出现14次中小洪峰，其中以8月5日洪峰流量8360立方米每秒为最大。由于汛前河道淤积，水位表现较高，6月27日首次洪水时，秦厂站最高水位97.26米，超过警戒水位0.36米，高村站水位61.63米，高于1954年洪水位0.02米。高村以上部分滩地串水漫滩，高村至艾山滩区普遍漫水，水深0.8至1.2米，堤根水深1至1.5米。汛期河势变化及河湾坍塌现象比较突出。洪水过程中，河南的黑岗口、柳园口、曹岗、高村、南小堤等主要险工都不靠大溜，而山东的史王庄、孙口及朱口、刘庄工程着河较紧，出现了溜势避强侵弱的不利形势，其中变化最严重者为濮阳南小堤险工下首的榆林大湾。该湾处滩地上与堤河相通的8条串沟，每次洪水时皆过水，8月5日洪水时，串沟过水占全河的三分之一。另外，范县的旧城及孙口险工下首滩岸不断坍塌坐湾，山东齐河县红庙河湾自然裁弯取直等变化亦是较大的。

一九五七年

1957年汛期总的特点是枯水枯沙，黄河中下游7月份雨水非常集中，洪峰接连出现，防汛形势比较严重。汛期花园口站总水量196亿立方米，总输沙量7.12亿吨，与多年同期平均值相比，水量偏少29%，沙量偏少30%。

其中7月份水量89.73亿立方米，占汛期总水量的46.8%。由于降雨集中，7月份花园口站出现9次大于5000立方米每秒的洪峰，其中有6次集中在16日至20日。以7月19日的13000立方米每秒洪峰最大，又与汶河洪水相遇，使这场洪水具的峰型胖、水位高、历时长的特点。7月汶河出现了近40年来未有的大洪水，19日临汶站最大洪峰流量6890立方米每秒，大清河戴村坝相应洪峰流量为6020立方米每秒。虽然稻屯洼滞洪，仍有部分洪水入东平湖，又加黄庄至铁山头民埝溃决，使黄、汶河洪水同时入湖，湖水位急剧升高至44.06米，超过保证水位0.56米。地方党委政府及时组织3万多人上堤防守，抢修子埝，保证了安全。由于东平湖涨水，黄河洪水到达后，东平湖不仅不能调节，湖水反而大量进入黄河，团山出湖流量达到2000立方米每秒以上。因黄、汶河洪水遭遇，花园口站13000立方米每秒洪水到达下游，孙口、艾山、泺口洪峰流量分别达11900、10800和9630立方米每秒，沿河水位大都超过了保证水位，致使黄河和东平湖区的防守异常紧张。

汛期下游淤积泥沙2.97亿吨。洪水时河南东坝头以上有部分滩区进水，东坝头以下基本全部漫滩，水深0.5米至1.5米，总计淹地约200万亩，村庄1200个。各级防汛指挥部本着“先人后物，先老幼病残，后青壮年，先牲畜粮食，后其它财产”的原则，及时组织军民77249人，进行防守抢险和救护，保证了群众的安全。

一九五八年

1958年汛期丰水丰沙，花园口站总水量454亿立方米，总输沙量25.1亿吨，与多年同期平均值相比，水量偏多64.2%，沙量偏多146.3%。7、8月份黄河中下游多暴雨，并在三门峡至花园口区间发生特大暴雨。7月份三花间和伊、洛河降雨量在250毫米以上，最大564毫米，7月16日垣曲站日降雨量达366.5毫米。8月份泾、渭河中下游及北洛河平均降雨量都大于200毫米，超过历年同期最大值。各地连续降雨，大小洪峰接踵出现。8月3日，沁河小董站洪峰1680立方米每秒。8月13日干流龙门站洪峰10800立方米每秒，17日洛河黑石关站洪峰9450立方米每秒。21～22日，渭河华县和黄河陕县站洪峰流量分别为6040立方米每秒和9540立方米每秒。7月中旬三花间干支流来水，组成了7月17日24时花园口站22300立方米每秒的大洪水。洪水峰高、量大、持续时间长。花园口站10000立方米每秒以上流量历时81小时，最大5天、12天洪量分别为56.3亿立方米和86.76亿立方米。洪峰到达夹河滩、高村、孙口各站流量分别为20500、17900和15900立方米每秒。经东平湖自然调蓄后，艾山、泺口、利津站洪峰流量相应为12600、11900、10400立方米每秒。东坝头以下洪水普遍漫滩，堤根水深4至6米。高村、艾山、泺口各站洪水超过保证水位0.38米、0.93米、1.09米，有的堤段超过保证水位1米，历时35到80小时。齐河豆腐窝以下险工坝岸几乎与洪水位平，并有130多段坝岸漫顶。东阿、济南也有部分坝岸漫水。东平湖区形势尤为严重，黄河水从各山口进湖，最大流量9500立方米每秒，使湖水位急剧上涨，最高水位达44.81米，蓄洪量9.5亿立方米，超过当年保证水位1.31米，超蓄水量2.5亿立方米。有44公里湖堤洪水漫顶0.1米左右，又受五级东北风袭击，使波浪越堤而过，形势极为严重。黄河防总及时分析了当时的雨情、水情和工情，认为花园口出现洪峰后，主要来水区的三花间雨势已减弱，后续水量不大，而且汶河来水亦不大。据此征得河南、山东省委同意后，并报请国务院批准，决定采取"依靠群众，固守大堤，不分洪，不滞洪，坚决战胜洪水"的方案。河南、山东两省党政军民总动员，组织200万人上堤防守，一昼夜间，在东平湖堤和东阿以下临黄堤上抢修成1米多高、600多公里长的挡水子埝，防止了洪水漫决之险。全河上下连续奋战8个昼夜，战胜了这次大洪水。洪水过程中，下游淹没滩地304.8万亩，险工、控导工程抢险1998坝次，抢护渗水堤段59961米，塌坡堤段23879米，裂缝堤段1392米，管涌4312个，陷坑228个，蛰陷险情195处，抢堵漏洞19个。

汛期下游河道呈现淤滩刷槽的形势，河道总淤积量为6.53亿吨，其中7月大洪水过程中(7月13日至23日)，花园口至利津河段，主槽冲刷8.6亿吨，滩地淤积10.69亿吨，总淤积量为2.09亿吨。

一九五九年

1959年汛期黄河流域降雨分布不均匀，雨量主要集中在7、8月，且以8月份最多。雨区主要集中在河口镇上下、山陕区间及汾河流域，造成洪峰繁多，洪水含沙量大。汛期花园口站总水量254亿立方米，总输沙量19.2亿吨，与多年同期平均值相比，水量偏少8.2%，沙量偏多88.4%，下游河道淤积泥沙5.84亿吨。7、8月份上游及山陕区间干支流多次涨水，7月21日和8月4日，龙门站分别出现12400立方米每秒和11300立方米每秒的洪峰。8月21日潼关站最大洪峰流量11900立方米每秒，三门峡枢纽工程开始部分拦洪，通过最大流量为10200立方米每秒。下游伊、洛、沁河加水不多，8

月22日洪水演进到花园口站,洪峰流量9480立方米每秒,最大含沙量269公斤每立方米。受河床淤积影响,水位表现较高,封丘曹岗、濮阳南小堤、鄄城苏泗庄河段洪水位普遍高于或接近于1958年(花园口站洪峰流量22300立方米每秒)洪水位。汛期河势发生一些新的变化,濮阳南小堤以下榆林河段因串沟夺流,河湾取直,致使菏泽刘庄险工脱河。刘庄险工以下塌滩发生新险,经900名干部、工人和6300名民工18个昼夜的抢护,加修新坝11段,险情始趋平稳。鄄城苏泗庄险工溜势下移,使对岸王密城湾继续向纵深发展。郓城苏阁险工脱河,大溜直冲对岸潘集,杨集险工河势下延。由于汛期河势提挫变化,险工、护滩工程共出险776段次,均经及时抢护而趋稳定。

自1958年汛后至本年汛末,花园口以下两岸滩区修筑生产堤420余公里,保护滩区耕地140多万亩。花园口站9480立方米每秒洪水时,有300公里长的生产堤偎水,堤根水深一般0.5至1米,最深2.5米左右,部分生产堤溃决进水。两岸有86公里临黄堤偎水,水深0.5至1米,最深1.5米,经组织6400人上堤防守,得以安全渡汛。

一九六〇年

1960年汛期黄河防汛工作的方针是:“以防洪为主,防洪用洪并举”。在防洪方面,以防御花园口站洪峰流量25000立方米每秒为目标,相应水位94.6米不分洪、不滞洪,确保黄河大堤不决口。并规定两岸生产堤以防御花园口站发生10000立方米每秒的洪水为目标,争取不发生溃决。在用洪方面,以蓄水灌溉为主,使灌、蓄、淤、压、洗、排相结合。

本年汛期黄河为枯水枯沙,洪峰流量小。花园口站总水量134亿立方米,总输沙量5.1亿吨,与多年同期平均值相比,水量偏少51.5%,沙量偏少50%。8月4日潼关站出现最大洪峰流量为6080立方米每秒,经三门峡水库调蓄后,最大下泄流量为3980立方米每秒,8月6日花园口站相应洪峰流量为4000立方米每秒。

汛期下游河道淤积泥沙1.53亿吨,泥沙淤积累计量达37.62亿吨。黄河下游河道形势有了新变化。三门峡枢纽自9月开始蓄水拦沙;下游郑州花园口拦河枢纽建成,6月5日泄洪闸投入运用;山东位山拦河闸截流壅水等,使河势发生了新变化。三门峡水库下泄清水,孟津至官庄峪河道主槽发生不同程度的冲刷。花园口枢纽的运用,小水时河床演变与天然河道差别不大,但遇含沙量较大的洪峰,受泄洪闸和溢流堰过水流量的制约,枢纽以上发生淤积，枢纽以下发生冲刷，局部刷深达3.7米以上，由于闸、堰过水大小不一，影响主流射向不定，导致原阳马庄至郑州六堡河段河势左右摆动。位山枢纽截流后，壅水段普遍淤积，险工溜势下延，枢纽以下至齐河官庄河段普遍发生冲刷，局部刷深达4米。汛期洪水不大，新修控导工程受急溜淘刷，有150多道坝垛出险600多次。东平湖水库开始蓄水，有27.5公里长的围坝发生渗水，出现管涌5706个，漏洞9个，裂缝段总长8457米，石护坡坍塌10466平方米，均及时进行了抢护，保证了工程安全。

在用洪方面，充分运用沿黄涵闸、虹吸和灌区水库，大引、大蓄、大灌、大淤。豫、鲁、冀三省，1月至10月共计引水131亿立方米，其中汛期引水56亿立方米，灌溉面积4364万亩，蓄水13.4亿立方米，放淤改良沙荒碱地89万亩。

一九六一年

1961年汛期黄河流域水多、沙少。三门峡水库入库总水量319.12亿立方米，比多年同期平均值偏多22.4%，总沙量12.63亿吨，比多年同期平均值偏少8.5%。干流龙门站出现大于5000立方米每秒的洪峰有5次，8月2日最大洪峰流量为7250立方米每秒，潼关站相应洪峰流量为7920立方米每秒，经三门峡水库蓄洪拦沙调节后，出库流量减小到2500立方米每秒左右。下游花园口站汛期总水量294亿立方米，总输沙量2.7亿吨，与多年同期平均值相比，水量偏多6.3%，沙量偏少73.5%。10月19日花园口站最大洪峰流量为6300立方米每秒。

三门峡水库滞洪拦沙运用后，改变了下游水沙条件，清水冲刷影响河道纵向和横向变化，滩地坍塌严重，工程出新险多。如封丘禅房护滩工程冲垮后，长9500米的滩岸坍塌后退3200多米；油房寨护滩工程全部冲垮，塌滩长7000多米，宽3000多米；鄄城营房险工前300米宽的滩岸，近20天的时间全部塌尽；禅房塌滩坐湾形成入袖河势数月不变，工程出险形势严重，抢险历时较长。高村、陶城铺险工整个汛期连续抢险。禅房、黑石、油房寨等工程抢险时间也很长。汛期内共有106处险工、护滩工程抢险1086坝次，抢险用石89869立方米，用柳秸软料66.43万公斤，铅丝61572公斤，木桩23730根。滩区生产堤决口，淹没耕地16万亩，150公里临黄堤偎水，发生渗水、管涌等险情21处。河口地区漫滩淹地31万亩。20公里长的尾闾河段，河势南摆6公里多，另行新路入海。

汛期，三门峡水库蓄水拦沙运用，库区淤积泥沙 12.1 亿吨，其中潼关以下淤积 9.88 亿吨。水库下泄清水，下游河道共冲刷泥沙 5.01 亿吨。

一九六二年

1962 年汛期黄河防洪方针是："在中央的正确领导下，全河一条心，四省一条心，密切协作，上下兼顾，加强防守，运用好三门峡水库和东平湖水库，以防御花园口站洪峰流量 18000 立方米每秒的洪水为目标，保证黄河不决口。同时水库运用应以防洪排沙为主，尽量争取库区少淹没，少淤积，做好库区防汛工作，取得全面胜利。"

汛期黄河流域水量偏枯。三门峡入库总水量 201.96 亿立方米，总沙量 7.44 亿吨，与多年同期平均值相比，水量偏少 22.56%，沙量偏少 46.13%。潼关站出现三次大于 4000 立方米每秒的洪峰，7 月 30 日最大洪峰流量 4410 立方米每秒。经三门峡水库调蓄后，下泄流量都未超过 3000 立方米每秒。花园口站总水量 235 亿立方米，总输沙量 3.18 亿吨，分别较多年同期平均值偏少 15%和 68.8%。8 月 16 日，花园口站出现最大洪峰流量为 6030 立方米每秒。汛期汶河来水较多，戴村坝站总水量 20.85 亿立方米，比多年同期平均值偏多 77.9%，7 月 30 日戴村坝出现最大洪峰流量 1360 立方米每秒。在黄河洪水时，由于汶河加水，艾山、泺口、罗家屋子等站最大洪峰流量分别为 6120、5820、5610 立方米每秒。汛期下游河道共冲刷泥沙 2.94 亿吨。主要冲刷部位在花园口至高村河段，泺口至河口河段略有淤积。洪水时，罗家屋子以下全部漫滩，淹地 15 万亩。

本年，三门峡水库以防洪排沙运用为主，汛期 12 个深孔闸门敞开泄流，出库泥沙总量为 2.3 亿吨，库区淤积泥沙 5.46 亿吨，泥沙淤积累计量为 22.39 亿吨。由于三门峡水库汛期敞开泄流，下游中水流量时间缩短，工程出险较少，总计有 70 处工程出险 449 坝次，抢险用石 3 万多立方米。

一九六三年

1963 年黄河下游干支流 5 月份出现了历年同期最大洪峰。渭、洛、汾河和下游伊、洛、沁河 5 月份径流量也为历年同期的最大值，并达到历年同期平均值的三倍以上，其中沁河小董站、汾河河津站多达 8 至 7 倍，渭河华县站 5 月份径流量居全年各月之首。而大汛期的 7、8 月份水量偏枯，9、10 月水量又较多,整个汛期属于丰水少沙情况。

5月下旬,黄河中下游干支流发生洪水。25日和26日,北洛河洑头站和渭河华县站出现272立方米每秒和4570立方米每秒的洪峰,也是年内最大流量。潼关站相应洪峰流量为4400立方米每秒。5月26至27日,下游沁河小董站,洛河黑石关站和黄河花园口站洪峰流量分别为646、1700和5300立方米每秒。汛期花园口站总水量309亿立方米,比多年同期平均值偏多11.8%,输沙量5.75亿吨,比多年同期平均值偏少43.6%。8月30日,潼关站最大洪峰流量为6120立方米每秒,9月24日,花园口站最大洪峰流量为5620立方米每秒。汛期汶河水量偏丰,戴村坝站总水量为23.29亿立方米,比多年同期平均值偏多98.7%。7月28日最大洪峰流量为2540立方米每秒,洪水注入东平湖,老湖水位高达42.97米。二级湖堤于当年汛前修复,堤身较单薄,一般堤段仅出水0.5米。为确保二级湖堤完整,保留新湖区不滞洪,组织了3700多人在二级湖堤上抢修了0.5米高的子埝。8月上旬,金堤河流域出现了有记载以来的特大暴雨,8月3日五爷庙站日雨量达311毫米。这次降雨产生径流总量达7.7亿立方米(不包括黄河倒灌水量1.2亿立方米),连同汛期各月水量总计为9.6亿立方米,为该区历年同期最大水量的4.4倍,8月10日17时破开张庄(在今台前县)临黄大堤向黄河退水,18日最大退水流量737立方米每秒。9月份黄河流量大于3000立方米每秒时,黄河由张庄口门倒灌金堤河,9月23日最大日平均倒灌流量250立方米每秒。

三门峡水库汛期入库总水量262.33亿立方米,总沙量9.32亿吨,出库总沙量4.27亿吨,库区淤积泥沙5.05亿吨,其中潼关以上淤积0.24亿吨,潼关以下淤积4.81亿吨,淤积泥沙累计达28.24亿吨。下游河道仍受清水冲刷作用,汛期冲刷泥沙2.44亿吨,郑州京广铁桥以上和位山枢纽以下,河道仍以纵向刷深为主,中间河段平面摆动加剧。同时,花园口拦河枢纽自1962年12月19日破坝以后,也影响附近河段的流势。由于中水流量历时长,埽坝工程出险较多,汛期共有97处工程出险871坝次,抢险用石6.7万立方米,柳秸软料353万公斤。

三门峡水库自1961年滞洪拦沙蓄水运用以来,下游河道发生冲刷,但利津以下河口河段淤积延伸,水位抬高。1963年5月31日利津站5040立方米每秒洪水时,罗家屋子相应洪水位8.78米,超过1958年洪水位(利津站洪峰流量10400立方米每秒)0.07米。罗家屋子民埝处漫溢溃决,分流三分之一入草桥沟经钓口河入海,后将决口堵复。

一九六四年

1964年黄河丰水丰沙，入汛早，出汛晚，干支流多次涨水，中水流量历时长，三门峡库区淤积严重，下游河道冲淤变化较大，工程抢险非常紧张。进入4、5月份黄河流域即多暴雨，除6月份少雨外，其它各月雨水都比常年偏多。汛期三门峡水库入库总水量437.46亿立方米，总沙量27.79亿吨，分别比多年同期平均值偏多67.75%和101.23%。下游花园口站总水量518亿立方米，总输沙量11.9亿吨，分别比多年同期平均值偏多87.4%和16.8%。黄河中、上游出现了大洪水。7月26日，上游西柳沟站最大洪峰流量5660立方米每秒，青铜峡至包头河段洪峰流量都在5000立方米每秒以上。中游龙门站出现大于5000立方米每秒的洪峰8次，其中大于10000立方米每秒的洪峰2次。8月13日，吴堡、龙门两站最大洪峰流量为17500立方米每秒和17300立方米每秒，潼关站相应洪峰为12400立方米每秒。这次洪水，三门峡水库最大下泄流量4820立方米每秒。汛期渭河降雨偏多，华县站出现14次大于2000立方米每秒的洪峰，其中大于4000立方米每秒的4次，9月15日最大洪峰流量为5130立方米每秒。下游花园口站首次洪峰出现在5月25日，流量为4580立方米每秒，汛期出现3000立方米每秒以上的洪峰10次，其中6次洪水主要来自伊、洛河。7月28日花园口站最大洪峰9430立方米每秒，即由伊、洛、沁河和三花区间洪水组成，洛河黑石关站和沁河小董站分别出现2900和1600立方米每秒的洪峰。8月31日和9月2日汶河戴村坝出现了6600立方米每秒和6930立方米每秒的洪峰，超过了本站1957年的最大洪峰。由于中下游干支流不断涨水，艾山以下各站8、9、10月月平均流量一直维持在5600至7270立方米每秒之间，为历年水文记载中所少见。

汛期三门峡水库12个深孔闸门敞泄运用，库区淤积泥沙19.48亿吨。其中潼关以下淤积12.94亿吨。三门峡水库自1960年蓄水运用以来，包括塌岸在内，库区泥沙淤积累计量达47.39亿吨，淤积已占去335米高程以下库容的40%，潼关以上淤积量计达10.48亿吨，淤积部位上延，出现了“翘尾巴”现象，库周浸没和库区淹没严重。汛期下游花园口站输沙量虽较常年偏多，但水量较大，下游河道冲刷泥沙7.17亿吨。由于中水流量持续时间长，河势变化较大，塌滩严重。据调查，孟津至位山河段塌滩面积22.9万亩，位山以上河槽一般展宽200多米，多者达千余米，位山以下河槽也普遍展宽。险工溜势多有下挫，一般1至3公里，多者4至6公里，使一些老险工和控导工程脱河，出现新险。花园口至位山河段全部脱河或基本脱河的工程有17处，有脱河趋势的8处。位山以下河势提挫变化幅度大，险工和护滩工程着溜段增长，坝前河槽刷深，根石走失严重。下游共有148处工程抢险4000多坝次，抢险用石23.5万立方米，柳秸料920万公斤，铅丝300吨，均比1958年大洪水时为多。因黄汶河洪水遭遇，艾山以下险情严重，除险工护滩工程出险外，平工堤段发生渗水246段，总长9100多米，管涌33处、146个，其中齐河段庄、董寺等渗水尤为严重。

1月1日，河口尾闾段自罗家屋子以下人工破堤改道，分水入草桥沟经钓口河入海，流程缩短22公里，河道比降增大。老河道7月底断流，新河道处于造滩刷槽的过程，水流比较散乱。至10月，利津站同流量水位降低0.4米左右。

一九六五年

1965年汛期全流域降雨偏少，上游兰州至包头区间和下游沁河流域偏少6至5成。花园口站汛期总水量165亿立方米，比多年同期平均值偏少40.32%，输沙量3.63亿吨，除三门峡水库下泄清水期间的1960年、1961年外，本年输沙量是最少的一年。7月22日，花园口站出现最大洪峰流量6440立方米每秒，全汛期平均流量只有1420立方米每秒，日平均流量大于3000立方米每秒的时间只有8天。沁河流域旱情严重，由于抗旱用水，小董站汛期断流53天，平时流量也只有8立方米每秒左右。1月至10月，河南河段有10处险工、43段坝垛出险113次，抢险用石1.08万立方米。

汛期，渭河洪水不大，但三门峡库区范围内大荔、华县、渭南一带，7月20日出现了百年一遇的大暴雨。大荔县城、许庄、段家、汉村及华县站日雨量达141至151毫米，蒲城洑头日雨量166毫米，造成山塬洪水暴发，大荔县城被水围困，县城以下北洛河两岸生产堤几乎全部冲垮。朝邑旧城以下的灌溉斗渠溃决60余处，洪水经过柳村、新市一带在黄河滩地漫流。渭河下游南岸二华地区的罗纹河、荀峪河、石堤河等三条南山支流发生约三十年一遇的洪水。赤水、迁仙、方山、葱峪、罗夫、柳叶、长涧等七条南山支流都发生了超过防御标准（十年一遇）的洪水。支流河堤（陇海老铁路以南、防护区以外）决口39处，其中华县15处，华阴24处，洪水穿过老铁路入防护区，造成内涝灾害。这次暴雨洪水，大荔、华县分别淹没秋田3.4万亩及7.5万亩。

一九六六年

1966年汛期黄河流域降雨在时间和地区分布上都不均匀。支流汾河、沁河和汶河流域降雨较多，雨水集中在7、8月份。中游地区降水量虽然不多，但时段集中。山陕区间多沙地区主要支流出现了历年来的最大洪峰，如窟野河温家川站7月28日洪峰流量8380立方米每秒。7月18日，三川河后大成站洪峰流量4070立方米每秒，无定河川口站洪峰流量为4930立方米每秒。干流龙门站出现三次大于9000立方米每秒的洪峰，7月29日最大洪峰流量为10100立方米每秒。由于龙门以上各支流洪水出现时间不同，7月18日龙门站最大含沙量为933公斤每立方米。汛期三门峡水库入库总沙量27.25亿吨，出库总沙量18.49亿吨，库区淤积泥沙8.76亿吨，是淤积量较多的年份之一。

下游花园口站汛期总水量313亿立方米，总输沙量17.5亿吨，与多年同期平均值相比，水量偏多13.2%，沙量偏多71.13%，是一个多水丰沙年。花园口站出现6次大于5000立方米每秒的洪峰，8月1日最大洪峰流量8480立方米每秒，最大含沙量247公斤每立方米。这场洪水，洪峰沿程削减不多，夹河滩、高村、孙口站相应洪峰流量为8490至8270立方米每秒，泺口、利津站洪峰为7600、7070立方米每秒。汛期来沙量较大，下游河道淤积泥沙2.84亿吨。河势流路很不稳定，河南河段原来25处靠河工程，汛后完全脱河或半脱河的17处，工程新险较多。河南21处工程的105个坝垛出险190坝次，其中府君寺、大张庄、辛店、彭楼四处新修工程出险129坝次包括沁河抢险在内，共用石料2.55万立方米，柳秸软料264.3万公斤，铅丝17.17吨，木桩3546根。山东河段抢险455坝次，用石1.77万立方米，柳秸软料36.6万公斤，铅丝8.88吨。洪水期间，山东河段有55公里以上大堤偎水，共上3000多人防守。

本年渭河、北洛河洪水较大。7月28日渭河华县站洪峰流量5180立方米每秒，27日北洛河洑头站洪峰流量3360立方米每秒。水位也较高，在蒲城东湾一带水位达352米高程，大荔县新桥一带水位345米左右，有些河段超过了50年一遇洪水位。渭河洪水超过了1954年洪水位。渭河、北洛河两岸共淹没秋田43万多亩，其中大荔县13万亩。淹没村庄60个，其中北洛河沿岸25个，渭河沿岸33个，黄河沿岸2个。

一九六七年

1967年汛期黄河丰水丰沙，北干流及其支流孤山川、朱家川都发生了大洪水。8月11日龙门站洪峰流量21000立方米每秒，是有实测记录以来的最大洪水。8月6日孤山川高石崖站洪峰流量5670立方米每秒，为有实测资料以来的次大洪水。8月10日朱家川后会村站洪峰流量2420立方米每秒。8月11日黄河潼关站洪峰流量9530立方米每秒，9月潼关站平均流量达5410立方米每秒。汛期三门峡水库入库总水量437.07亿立方米，总沙量27.38亿吨，与多年同期平均值相比，水量偏多67.59%，沙量偏多98.26%。三门峡出库泥沙17.49亿吨，库区淤积9.89亿吨，其中潼关以下淤积1.16亿吨，库区淤积泥沙累计量达57.38亿吨。汛期北干流洪水较大，禹门口以下两岸滩地全部进水，淹地18.3万亩。北洛河8、9月份流量不大，但先后出现4次沙峰，含沙量高达550至770公斤每立方米。渭河没有大水，渭河口受黄河洪水顶托影响，又加北洛河小水大沙，致使渭河下游河口尾间段自渭淤2至渭淤4断面间8.8公里河段被淤塞，造成渭河洪水上滩，渭河下游淹没秋田6万多亩，倒房625间，防守、抢险任务繁重。

三门峡以下干支流没有大洪水。10月2日花园口站最大洪峰流量为7280立方米每秒，但中水流量历时很长，7至10月各月平均流量为3050、4210、5700、3840立方米每秒。汛期花园口站总水量445亿立方米，总输沙量16.5亿吨，与多年同期平均值相比，水沙量各偏多60.96%和61.92%。由于中水时间长，下游河道有微冲。滩地坍塌比较严重，艾山以上塌滩18万亩，部分村庄掉河。郑州京广铁路桥至柳园口河段13处险工中有3处靠河，东坝头至艾山河势普遍下滑，发生新险。汛期下游共出险1800多坝次，抢险用石14.2万立方米，其中山东河段抢险1556坝次，用石6万多立方米，柳秸软料117万公斤，铅丝26吨。河口河段淤积严重，入海河道流路不畅。9月14日花园口站6840立方米每秒洪峰，到达利津站流量仍为6840立方米每秒，利津、罗家屋子最高水位为13.84米、9.47米，分别高于1958年洪水位0.08、0.76米。山东邹平以下生产堤全部靠水，惠民地区北镇、道旭普遍漫滩，淹地30万亩，其中孤岛地区淹地20万亩。洪水包围村庄和农场群众15000多人，利津县一千二村和爱林公社水深1.5米以上，百分之九十以上的房屋被冲毁，情况十分严重。山东省防汛指挥部及时组织部队、群众12500多人严加防守，战胜了洪水。

一九六八年

1968年汛期黄河水、沙量较常年偏少，洪水次数不多，洪峰流量也不大。汛期，三门峡水库入库水量305.69亿立方米，沙量14.39亿吨，与多年同期平均值相比，水量偏多17.21%，沙量偏多4.2%。三门峡出库沙量12.06亿吨，库区淤积泥沙2.33亿吨，其中潼关以下淤积0.47亿吨。下游花园口站总水量332亿立方米，总输沙量12亿吨，与多年同期平均值相比，水量偏多20.08%，沙量偏多17.76%。下游河道淤积泥沙0.83亿吨。9月12日，渭河华县站最大洪峰流量为5000立方米每秒，渭河下游河道淤积，这次洪水华县站水位比1954年(洪峰7660立方米每秒)洪水位高1.73米，是历年来的最高水位，华县毕家防护堤及罗纹河支堤多处决口，造成毕家防护区受灾。9月13日，潼关站出现最大洪峰流量6750立方米每秒。下游花园口站有3次大于5000立方米每秒的洪峰，10月4日最大洪峰流量为7340立方米每秒，花园口以下洪水基本未出槽，洪峰沿程削减不多，通过利津站洪峰流量为6900立方米每秒。汛期中水流量持续时间较长，花园口站9、10月月平均流量为4220和3870立方米每秒，月平均含沙量为37和24.6公斤每立方米。河势普遍下挫，新险较多。孟津河段河势北移，温(县)孟(县)滩区自去年汛后至今年汛末塌滩4.7万亩。下游共有129处工程发生大小险情1566坝次，抢险用石13万立方米，柳秸软料704万公斤，铅丝40000多公斤。洪水淹没滩地28万亩，塌滩8万多亩。

一九六九年

1969年汛期黄河水枯沙少，洪水次数不多，但含沙量较大。汛期三门峡水库入库总水量118.48亿立方米，沙量13.12亿吨，与多年同期平均值相比，水量偏少54.57%，沙量偏少5%。三门峡枢纽两条隧洞投入运用，泄流能力增加，排沙能力相应提高，汛期出库沙量10.91亿吨，全库区淤积泥沙2.21亿吨，但潼关以下冲刷1.08亿吨。潼关站7月28日最大洪峰流量为5680立方米每秒。下游花园口站总水量131亿立方米，总输沙量7.96亿吨，与多年同期平均值相比，水量偏少52.62%，沙量偏少21.89%。8月2日花园口站最大洪峰流量只有4500立方米每秒，7至10月各月平均流量为1000～1540立方米每秒。汛期输沙量不多，但由于水量少，花园口站平均含沙量达71.15公斤每立方米,8月4日最大含沙量为318公斤每立方米。下游河道淤积泥沙5.93亿吨。河势变化也较大,河南河段有15处工程抢险44坝次,抢险用石2.37万立方米。

7月18日13时24分,黄河河口地区发生7级地震,21时33分和19日9时许,又发生两次续震,震级均为6级。地震中心在东径120度,北纬38.2度,地处莱州湾的长岛附近。地震波及惠民、烟台、昌潍、临沂四地区,仅就河口地区沿黄邹平、高青、博兴、垦利、惠民、滨县、利津等7个县、82个公社(乡)调查,倒房4000间,险房4000间,死亡4人,伤66人,死亡牲畜8头,伤33头。南岸麻湾以下、北岸宫家以下堤防、险工、涵闸工程受到不同程度影响。其中北岸四段以下、南岸渔洼以下部分工程遭到毁坏,明显受地震影响的堤段有:南岸小街子～梅家、东张村以西临河辅道、孤岛防护堤7～13公里堤段、西河口隔堤,北岸宫家五庄小口门背河堤脚外40米处、利津南关大堤背河、集贤村附近的王家崖子及四段以下六合村附近等处,多发生裂缝、蛰陷及背河堤脚外冒水等险情。垦利一号坝(义和庄险工)6段坝面及宫家险工30～33号坝、张家滩险工12～14坝浆砌石与土石结合部发生裂缝。佛陀寺胜利闸上游浆砌石护坡裂缝,涵洞接头处有错动。苇改闸洞身蛰裂,两岸翼墙与闸身脱离。为确保黄河安全渡汛,保护油田和沿河群众生命财产安全,河口防汛指挥部及时组织黄河职工、解放军、九二三厂和军马厂职工及沿河群众,奋力抢修堤防险工,30多天完成土方7万多立方米,压力灌浆3.8万眼,灌浆土方2200多立方米。一些破坏严重的工程,汛后又彻底进行翻填处理。

一九七〇年

1970年汛期黄河水枯沙丰。主要沙峰集中在7月底至8月初,三门峡库区和下游河道淤积比较严重。汛期三门峡水库入库水量176.66亿立方米,沙量20.65亿吨,与多年同期平均值相比,水量偏少32.26%,沙量偏多49.53%。下游花园口站总水量182亿立方米,输沙量14.7亿吨,与多年同期平均值相比,水量偏少34.17%,沙量偏多44.26%。汛期洪水次数不多。干流龙门站出现三次大于5000立方米每秒的洪峰,8月2日最大洪峰流量为13800立方米每秒,最大含沙量826公斤每立方米(8月3日)。渭河华县站出现4次大于2000立方米每秒的洪峰,8月1日最大洪峰流量为4320立方米每秒,最大含沙量702公斤每立方米(8月3日)。8月3日潼关站最大洪峰流量8420立方米每秒，最大含沙量631公斤每立方米。下游花园口站出现3次中常洪水，8月31日最大洪峰流量5830立方米每秒，其次为9月1日的洪峰流量5520立方米每秒。

本年三门峡枢纽继续改建，6月底打开大坝三个底孔，库区溯源冲刷发展到坫垮与潼关之间。汛期库区淤积泥沙2.71亿吨，但潼关以下冲刷1.74亿吨，潼关河床平均高程稍有下降，全库区泥沙淤积累计量为59.74亿吨。汛期来沙集中在7、8月份几次洪水过程中，黄河北干流发生严重淤积，但8月2日洪水过程中，龙门以上万宝山至王村附近出现强烈的"揭河底"现象，龙门断面河床平均高程下降了9米。这次揭底冲刷后，同流量水位变幅较大，龙门站水位下降6.3～6.6米，北赵下降0.9～1.1米，王村下降0.6米，上源头下降0.1米左右。这次揭河底，禹门口以下约30公里的河段形成明显的深槽，北赵、王村一带河床在强烈冲刷之后，随之发生急剧淤积，引起下游河段河势变化，主槽摆动。今年渭河来水较常年偏丰约16%，渭河下游冲刷泥沙约0.12万吨。黄河干流三门峡至花园口区间，伊、洛、沁河少沙区来水较常年偏少约50%，下游河道淤积泥沙7.63亿吨，比三门峡建库前平均淤积量大一倍多。河槽淤积，河床断面向宽浅变化，加剧了主流游荡摆动，许多老险工脱河，出现新险。

一九七一年

1971年汛期黄河水枯沙少，并具有洪峰小、沙峰大，洪峰与沙峰不相应的特点。汛期除上游兰州以上和下游沁河流域雨量接近常年外，其余大部分地区降雨较常年偏少16～27%。中游地区暴雨集中，无定河暴雨中心最大日降雨量为213毫米，窟野河神木县杨家坪实测12小时雨量达408.7毫米，均为有记载以来的最大值。这次降雨形成了汛期的最大洪水，7月26日龙门站洪峰流量14300立方米每秒，潼关站相应洪峰流量为10200立方米每秒，经三门峡水库调蓄后，出库最大流量为5500立方米每秒，洪峰到达花园口站流量为5040立方米每秒。汛期洪峰不大，但沙峰高，主要沙峰出现在8月中下旬。8月18日和20日，龙门、潼关站最大含沙量为649公斤每立方米和746公斤每立方米。8月22日，渭河华县站洪峰流量1380立方米每秒之前，出现了含沙量为666公斤每立方米的沙峰。三门峡水库入库水量131.60亿立方米，沙量12.06亿吨，与多年同期平均值相比，水量偏少49.54%，沙量偏少12.67%。由于三门峡枢纽自1970年6月至本年10月增建的8个底孔陆续投入运用，泄水建筑物高程降低，因而除自然来沙下排外，还把潼关以下库区原来淤积的泥沙排出一部分。汛期潼关以下冲刷1.14亿吨，潼关以上库区淤积1.21亿吨。洪水时潼关以上22公里的河段淤积泥沙800多万吨，河床平均淤高2.6米，因洪水时渭河水小，仍造成渭河倒灌，回水长达50公里。黄河洪水过后，北洛河涨水也倒灌渭河，造成渭河陈村附近(距潼关约50公里)河槽淤高2米多。

汛期花园口站总水量156亿立方米，总输沙量9.12亿吨，与多年同期平均值相比，水量偏少43.58%，沙量偏少10.5%。因水量偏少的多，水沙又不相适应，下游河道在1969、1970两年严重淤积的基础上，今年汛期又淤积了5.38亿吨，且绝大部分泥沙淤在河槽内。由于黄河连续几年没有大洪水，又受滩区生产堤束水影响，加剧了河槽淤积速度。河南东坝头至青庄河段，滩槽高差由1968年的1米左右，减小到0.15米左右。长垣油房寨、马寨断面河槽平均高程高于临河堤脚地面3米多，滩面横比降加大，对下游防洪极为不利。

一九七二年

1972年汛期黄河流域普遍少雨，与历年同期相比，上游兰州以上雨量偏少23%，中游地区偏少28～41%，是枯水枯沙年。汛期三门峡水库入库水量126.37亿立方米，沙量4.34亿吨，分别比多年同期平均值偏少51.55%和68.57%。库区共淤积泥沙1.11亿吨，其中潼关以下冲刷1.50亿吨，主要冲刷部位在距潼关19.5公里的坫埼以下，潼关河床平均高程基本无变化。7月20日龙门站出现一次较大洪峰，流量10900立方米每秒，含沙量为387公斤每立方米。潼关站相应洪峰流量8600立方米每秒，含沙量302公斤每立方米。经三门峡水库调蓄后，最大下泄流量5000立方米每秒。下游花园口站汛期总水量135亿立方米，总输沙量3.83亿吨，与多年同期平均值相比，水量偏少51.17%，沙量偏少62.41%，下游河道淤积泥沙1.68亿吨。7月22日和9月2日，花园口站先后出现4090和4170立方米每秒的洪峰，后一次洪水与1971年汛末同流量水位相比，高村以下水位普遍偏高，河口段罗家屋子水位接近1958年洪水位。河口河段逐年淤积延伸，罗家屋子以下发生两次小改道，第一次发生在7月下旬，由罗家屋子以下约46公里处向东北方向改道，较老河道流程缩短2公里，新口门距老口门约10公里；第二次发生在9月上旬，改道点在罗家屋子以下约39公里处，水流分成东北与正东两股，两处口门相距3～4公里，主流走正东一股，与第一次改道口门相距约10公里，新河口在老神仙沟左侧入海，流程较汛前老河道缩短约8公里，两次改道范围都较小，对上游河段影响不大。

7月下旬，黄河北干流出现洪水时，三门峡库区朝邑滩下部串水，部分地区水深1米以上。汛期渭河水小，黄河洪水两次倒灌渭河，加之黄河主流北靠，形成鸡心滩，渭河口下延1.6公里。

一九七三年

1973年汛期，黄河流域降雨量接近常年，中游地区8月上半月大旱，下半月水土流失地区连降暴雨，强度很大。上游刘家峡水库蓄水40亿立方米。宁、内蒙古灌区引水较多。三门峡水库入库水量186.75亿立方米，沙量15.43亿吨，与多年同期平均值相比，水量偏少28.39%，沙量偏多11.73%。下游花园口站总水量212亿立方米，总输沙量13.9亿吨，与多年同期平均值相比，水量偏少23.32%，沙量偏多36.41%，下游河道淤积泥沙3.68亿吨。

黄河已连续五年枯水。本年汛期洪峰不大，但含沙量很大，且水沙不相适应。8月25日，龙门站最大洪峰流量6210立方米每秒，最大含沙量334公斤每立方米。9月1日，渭河华县站最大洪峰流量5010立方米每秒，相应含沙量380公斤每立方米，而最大含沙量为721公斤每立方米，出现在8月19日。9月2日，潼关站最大洪峰流量5080立方米每秒，而最大含沙量为527公斤每立方米，出现在峰前的8月27日。三门峡水库相应最大下泄流量为4570立方米每秒，最大含沙量447公斤每立方米。下游花园口站8月30日和9月3日分别出现5020立方米每秒和5890立方米每秒的洪峰，全汛期日平均流量大于3000立方米每秒的只有19天，8月17日日平均流量138立方米每秒，是年内最小值。洪水期间，花园口至利津各站最大含沙量为499～222公斤每立方米，河道淤积十分严重。9月份实测河槽平均高程与1972年汛末相比：花园口至艾山河段平均抬高0.3米，其中杨小寨断面抬高0.7米；艾山至利津河段平均抬高0.13米，其中泺口断面抬高0.73米。洪水水位表现高，花园口站5020立方米每秒洪水时，花园口至青庄160公里河段内，水位普遍高于1958年（花园口洪峰流量22300立方米每秒）洪水位0.2至0.5米，其中封丘曹岗高0.77米。位山以上低滩全部漫水，东坝头以上部分高滩也上了水，淹地60余万亩，近百公里临黄大堤偎水。山东东明南滩及河南兰考北滩生产堤决口，造成164个村庄进水或被水包围，7万多人受灾。灾情发生后，国务院派工作组深入灾区调查慰问，济南军区两次派舟桥部队支援救护，经多方努力，群众得以妥善安置，无伤亡。滩区进水，一般落淤厚度 0.3～0.5 米，堤河平均淤厚 1 米多，落淤泥沙近 1 亿吨。由于主槽淤积加重，主流游荡加剧，河势坐湾，斜河顶冲，滩地坍塌，工程出险较多。如京广铁路桥以上，孤柏咀河湾着河吃紧，导致武陟驾部塌滩坐湾，使黄河距漭河仅剩 200 余米；郑州铁桥以下，原阳任村堤高滩受主溜顶冲，13 户群众房屋掉河；东明贾炉村受大溜顶冲，1 户群众房屋掉河，黄河距临黄堤仅剩 200 余米；10 月上旬，郑州石桥险工受大溜顶冲，使 40 多年没靠河的堤段相继出险。险工、控导工程抢险也很紧张，共有 107 处工程的 575 个坝垛出险，抢险用石 7 万多立方米。

汛期三门峡水库敞泄运用，库区冲刷泥沙 0.69 亿吨，其中潼关以上淤积 1.47 亿吨。汛末潼关断面 1000 立方米每秒流量水位 326.64 米，比 1972 年同期降低 0.63 米。8 月下旬到 9 月初，泾、渭河连续涨水，8 月 20 日和 9 月 1 日，华县站洪峰流量为 1210 立方米每秒和 5010 立方米每秒，相应含沙量为 721 公斤每立方米和 330 公斤每立方米。后一次洪水，渭河下游生产堤溃决，滩区进水后普遍落淤 0.3～0.5 米。

一九七四年

1974 年汛期黄河流域降雨偏少，刘家峡水库蓄水 30 多亿立方米和宁蒙灌区引水，三门峡水库入库水量 124.12 亿立方米，沙量 6.92 亿吨，与多年同期平均值相比，水量偏少 52.41%，沙量偏少 49.9%。库区共淤积泥沙 0.43 亿吨，其中潼关以下库区冲刷 0.98 亿吨。下游花园口站总水量 126 亿立方米，总输沙量 4.66 亿吨，河道淤积泥沙 1.86 亿吨。汛期中下游洪水次数不多。8 月 1 日干流龙门站最大洪峰流量 9000 立方米每秒时，最大含沙量 533 公斤每立方米。黄河这次洪峰与渭河、北洛河沙峰相遇，华县与洑头站最大流量分别为 600 及 171 立方米每秒，而含沙量分别达 763 及 966 公斤每立方米，渭河口发生倒灌顶托。相应这次洪水，潼关站洪峰流量 7040 立方米每秒，三门峡最大下泄流量 4180 立方米每秒。渭河华县站最大洪峰出现在 9 月 14 日，流量为 3150 立方米每秒。汾河、北洛河洪水不大，8 月 1 日河津站最大流量 146 立方米每秒，7 月 28 日洑头站最大流量为 240 立方米每秒。下游花园口站有 4 次大于 3000 立方米每秒的洪峰，9 月 16 日最大洪峰流量 4150 立方米每秒，花园口至利津各站含沙量为 38.5～48.3 公斤每立方米。8月上旬,下游出现一次较大的沙峰过程,三门峡出库最大含沙量391公斤每立方米,小浪底含沙量为385公斤每立方米,利津站最大含沙量为95.6公斤每立方米,泥沙大部分淤积在小浪底至夹河滩河段。8月2日和14日,汶河临汶站分别出现1010和1600立方米每秒的洪峰,戴村坝相应洪峰流量为829和1370立方米每秒,洪水注入东平湖老湖,水位达42.68米,相应蓄量5亿立方米,陈山口闸最大出湖流量为500立方米每秒。8月9日,金堤河范县站出现452立方米每秒的洪峰,为1963年以来又一次大水,张庄闸入黄流量361立方米每秒,入黄水量3.1亿立方米。

国务院以国发〔1974〕27号文件批示:黄河滩区应迅速废除生产堤,修筑避水台,实行"一水一麦"一季留足群众全年口粮的政策。河南、山东两省黄河滩区生产堤共破除口门201处,完成避水台土方993万立方米。洪水时,两岸共有15个滩区的生产堤口门进水,有91个村庄、37000多人受灾,淹地17万亩。

河口河道发生两次摆动。8月中旬,罗14断面以下2.5公里处,左岸向东北方向出一汊河,过流70%以上。10月中旬,罗10断面以下约2公里处,从左岸向北偏西又出一汊河,入海流程缩短10余公里,原老河道淤死。两次摆动,新河入海流路都不顺畅,罗家屋子最高水位达8.81米,高于1958年洪水位0.1米。钓口站最高水位7.01米,为记载中的最高值。罗5断面以下大部漫滩。

一九七五年

1975年汛期,全流域降雨量较常年同期偏多42%,其中泾、渭、洛河及伊、洛河流域偏多50%以上,降雨多集中在9、10两月。汛期三门峡水库入库水量305.46亿立方米,沙量9.77亿吨。与多年同期平均值相比,水量偏多17.13%,沙量偏少29.25%。库区冲刷泥沙3.36亿吨,其中潼关以下冲刷2.83亿吨,潼关以上冲刷0.53亿吨。汛末潼关站1000立方米每秒流量的水位下降到325.9米,为建库以来的最低值。下游花园口站总水量351亿立方米,总输沙量13.3亿吨,与多年同期平均值相比,水量偏多26.96%,沙量偏多30.52%,下游河道淤积泥沙1.84亿吨。汛期中下游洪水次数较多,洪峰流量不大。9月1日龙门站最大洪峰流量5940立方米每秒,10月2日和4日,渭河华县和黄河潼关站最大洪峰流量为4010立方米每秒和5910立方米每秒,三门峡水库相应最大出库流量为5480立方米每秒。下游花园口站大于3000立方米每秒的洪峰有11次，其中10月2日和4日洪峰流量为7580立方米每秒和7420立方米每秒。两峰在夹河滩重合，最大流量为7720立方米每秒，夹河滩以下洪峰削减不多，艾山、利津站洪峰为7020立方米每秒和6500立方米每秒。洪水过程中生产堤多处决口，滩区淹地180多万亩，其中河南60万亩，有134个村庄，18万人受灾，倒房35000多间；山东120万亩，975个村庄，40万人受灾，倒房95000多间。洪水进滩后，计有24.6万人上避水台(或高房台)，25.8万人迁往滩外。两岸965公里大堤偎水，菏泽及惠民地区堤段偎水时间长达七、八十天，堤根水深一般2～3米，最大4米多。山东有100多公里堤段发生渗水，严重的有东明于楼、济南牛角峪、齐河豆腐窝等。出现管涌372个，东阿井圈附近出现30多眼的管涌群，郓城仲堌堆管涌直径达0.1米；堤身裂缝81段、长5300多米，严重的有章丘侯家、济南马道口等；险工坝头蛰裂、根石走失等共449段次，抢险用石6.89万立方米。河南堤防出险不多，险工坝段抢险59坝次。河口河段水位较高，利津站6500立方米每秒的水位比1958年洪水位高0.76米，罗家屋子水位比1958年洪水位高0.55米。利津以下河分三股入海，中股为大河，河势蜿蜒，水流比较集中，河门延伸10余公里；东股由张家圈分流1000多立方米每秒，顺东大堤经三道沟从神仙沟入海；西股从一千二口门分流1000多立方米每秒，顺利呈公路从二河入海。

渭河洪水时，淹滩地14.3万亩，一个村庄进水，倒房200多间。大荔、渭南、华县罗纹河以上防护堤偎水深1米左右。渭南酒河口至孟家防护堤决口2段，15000多人及时进行抢堵，保护了工程安全。

8月上旬受3号台风影响，伊河上游降暴雨，8日陆浑水库最大入库(东湾站)流量4200立方米每秒，水库最高蓄水位315.47米，相应蓄量5.81亿立方米。入库洪峰及库水位为建库后的最大值。

一九七六年

1976年黄河水丰沙少，洪水次数不多，但洪量较大。汛期三门峡水库入库水量317.82亿立方米，沙量8.96亿吨，与多年同期平均值相比，水量偏多21.87%，沙量偏少35.12%。库区冲刷泥沙1.87亿吨，其中潼关以上淤积0.51亿吨，潼关以下冲刷2.38亿吨，汛末潼关站1000立方米每秒流量水位为326.23米，接近1975年同期数值。下游花园口站总水量350亿立方米，总输沙量8.77亿吨，与多年同期平均值相比，水量偏多26.6%，沙量偏少13.94%。下游河道淤积泥沙2.04亿吨，其中滩地淤积约3亿吨，主槽冲刷约0.93亿吨。汛末各站3000立方米每秒流量水位，较1975年同期降低0.16～0.57米。利津站受河口改道溯源冲刷的影响，同流量水位下降1米多。

汛期，潼关站有6次大于5000立方米每秒的洪峰，其中7月30日和8月3日两次洪水主要来自干流龙门以上，潼关洪峰流量分别为5000和7030立方米每秒。后一次洪水，吴堡、龙门站相应洪峰流量分别为24000和10600立方米每秒。8月中旬以后洪水主要来自渭河。花园口站大于5000立方米每秒的洪峰有5次，8月27日和9月1日，连续出现9210和9060立方米每秒的洪峰，两次洪峰在艾山以下汇合，使洪水具有峰高、量大、持续时间长的特点。艾山、泺口、利津站洪峰为9100、8000、8020立方米每秒，为汛期最大洪峰。这次洪水，花园口站8000立方米每秒以上流量持续7天，最大5天、12天洪量分别为42亿立方米和84亿立方米，接近1958年洪水总量。开封柳园口以下550多公里河段的水位，普遍高于1958年洪水位0.5～1米。河南东坝头以下，除东明焦园、鄄城营房、梁山阴柳科滩区没进水外，其余全部进水，淹地200万亩。滩区水深一般2米左右，滨县北镇滩最大水深6米左右，滩区滞蓄水量20多亿立方米。有1639个村庄被水包围或进水，倒房33万间，95万人受灾，迁出67万人。两岸820多公里临黄堤偎水，堤根水深3～5米。有44段、9200多米长的堤身发生裂缝，236段、8400多米长的堤段堤脚发生渗水，管涌700多个，漏洞4个，其中济阳高家纸坊漏洞直径5厘米，冒浑水。东坝头以上河势下延外移，孟县化工、封丘禅房、原阳双井工程出险，菏泽刘庄河势南摆，工程重新靠河，造成堤岸坍塌，连续抢险。鄄城苏泗庄、梁山路那里、范县韩胡同、阳谷陶城铺等险工、控导工程发生坝头墩蛰的严重险情。长清桃园护滩工程冲垮，滩地行溜。高青孟口护滩工程被水冲垮。河口南防洪堤顺堤行洪，堤坡坍塌严重。下游共有130处工程出险1164次，抢险用石10万立方米，柳秸软料1400多万公斤。豫、鲁两省24万群众和解放军9个团上堤防守、抢险和救护群众。

河口尾闾河段由于淤积延伸，水位抬高，主流摆动分汊，变化不定。为有计划、有控制地安排河口流路，减轻河口防洪紧张形势，经水电部批准，从4月20日开始进行人工改道，在罗家屋子截流，改走清水沟。由利津县出工4500多人，从两岸向河中心进土。5月6日后，三门峡水库控制下泄流量，采取两岸涵闸尽量引水等措施配合截流堵口工程，经昼夜抢堵，于20日胜利合龙，5月27日黄河改走清水沟入海。改道前，西河口距钓口河流路的河门

64公里，改道后缩短流程37公里。这次改道是建国以来河口三次改道中规模最大的一次。改道初期，新河道经历一段冲刷过程。7月初，1340立方米每秒流量到达后，因口门尚未完全冲开，发生了壅水现象。7月14日以后，随着口门扩宽，水位逐渐下降，7月23日洪水时，未出现壅水现象。9月8日，利津站洪峰流量8020立方米每秒，最大含沙量55公斤每立方米，为河道溯源冲刷提供了有利条件，使同流量水位自下而上大幅度下降，溯源冲刷影响到章丘刘家园附近，距改道点181.5公里。

一九七七年

1977年汛期枯水丰沙，但洪水和含沙量集中，峰值都较大。三门峡水库入库水量168.15亿立方米，沙量23.09亿吨，与多年同期平均值相比，水量偏少35.52%，沙量偏多67.20%。7、8月份三次洪水(12天)中总沙量17.3亿吨，占汛期总沙量的74.91%，库区共淤积泥沙2.49亿吨，其中潼关以上淤积2.47亿吨。下游花园口站总水量185亿立方米，总输沙量16.6亿吨，与多年同期平均值相比，水量偏少33.08%，沙量偏多62.90%。汛期黄河中游干支流发生三次大洪水。7月5日～6日，延河流域降暴雨，形成特大洪水，甘谷驿、延安站洪峰流量为9050立方米每秒和7200立方米每秒，造成河水决堤漫溢，冲毁农田6.6万亩、库坝200多座，洪水冲进延安市，造成134人死亡，倒塌房屋4132间。洪水汇入干流后，龙门站出现14500立方米每秒的洪峰，潼关相应洪峰为13600立方米每秒。8月1日～2日孤山川流域降暴雨，平均雨量达144毫米，暴雨汇流加上垮坝流量，高石崖站出现10300立方米每秒的洪峰，是建站以来的最大洪水。汇入干流后，吴堡、龙门、潼关站相继出现15000立方米每秒、13600立方米每秒和12000立方米每秒的洪峰。8月5日～6日，无定河下游发生大洪水，白家川洪峰流量3840立方米每秒，干流龙门站相应出现12700立方米每秒洪峰，含沙量达821公斤每立方米。渭河、北洛河也同时涨水，华县站洪峰1450立方米每秒，含沙量高达905公斤每立方米，潼关洪峰增大到15400立方米每秒，最大含沙量911公斤每立方米。洪水过程中，龙门至夹马口河段河道发生揭底冲刷，渭河下游河道也发生了揭底冲刷现象。8月7日，三门峡水库相应最大下泄流量8900立方米每秒。下游花园口站出现3次大于7000立方米每秒的洪峰，8月8日最大洪峰流量10800立方米每秒。这次洪水，三门峡出库和小浪底站含沙量分别为911和941公斤每立方米，到花园口站减少至

437公斤每立方米，利津站为188公斤每立方米。7月9日花园口站8100立方米每秒洪水的含沙量也很大，三门峡至高村河段为589～405公斤每立方米，高村以下减少至200公斤每立方米左右，由于洪水期间含沙量较大，河道淤积泥沙10.06吨。

高含沙水流给防汛工作带来许多新问题：一是洪水不大，但东坝头以上原阳、封丘一带部分高滩进水。下游滩区进水共淹地92万亩，滞蓄水量约5.8亿立方米，落淤泥沙2.3亿立方米，淤地58万亩，一般淤厚0.3至1.0米。二是高村以上河势变化剧烈，险情严重。洪水期间下游有53处工程出险，比较严重的有孟县化工，花园口将军坝，中牟赵口、杨桥，开封柳园口等。三是局部河段水位、流量突落猛涨。花园口站10800立方米每秒洪水时，含沙量特别大，花园口以上铁谢至驾部河段，涨水过程中发生泥沙暂时停滞堆积现象，使下游水位突降，当堆积的泥沙冲开后，水位又陡涨，驾部水尺水位6小时内下降0.83米后，在1.5小时内又猛升2.84米，使花园口流量加大近2000立方米每秒。这种因河床冲淤而造成的水位、流量陡落猛涨现象，是以往未曾有过的，对堤防安全威胁很大。下游出现的这些新情况、新问题说明，防汛不仅要防大洪水，也要注意经常发生的中小洪水。

本年两次高含沙水流，自中游地区挟带大量煤块至下游，落淤在滩地上，洪水过后，从孟县到东明高村的河滩上，有许多群众在挖煤，挖出的煤块有的重达百余斤。

一九七八年

1978年为少水平沙年，中下游洪水不多，洪峰不大。汛期三门峡水库入库水量225.87亿立方米，沙量12.84亿吨，与多年同期平均值相比，水量偏少13.4%，沙量偏少7.03%。库区冲刷泥沙1.47亿吨，其中潼关以下冲刷1.92亿吨，汛末潼关站1000立方米每秒流量水位为327.2米，比1977年同期降低了0.3米。三门峡以下，沁河多次断流，小董站总水量只有1.57亿立方米，比常年同期偏少80.8%；洛河黑石关站水量9.34亿立方米，比常年同期偏少50%；黄河花园口站总水量225亿立方米，总输沙量11.6亿吨，与多年同期平均值相比，水量偏少18.62%，沙量偏多13.84%，下游河道共淤积泥沙2.75亿吨。汛期龙门站大于5000立方米每秒的洪峰有3次。9月1日最大洪峰流量为6920立方米每秒。渭河华县站7月5日最大洪峰流量2520立方米每秒，最大含沙量为560公斤每立方米。8月8日北洛河洑头站最大洪峰流量1240立方米每秒，7月19日，最大含沙量为874公斤每立方米。潼关站大于5000立方米每秒的洪峰3次，8月9日最大洪峰流量7300立方米每秒。下游花园口站出现3次大于4000立方米每秒的洪峰，9月20日最大洪峰流量为5640立方米每秒。后一次洪水，东明徐夹堤至单占间生产堤决口，焦园、长兴集滩区进水，一般水深1米左右，水围村庄117个，受灾人口59380人，淹地7.5万亩，倒房1750间，死亡2人。10月16日堵口断流。河势变化较大的河段有：郑州京广铁桥以上因赵沟、寺湾、汜水河口等山湾着流段长，导流能力强，造成孟县化工、温县关白庄、武陟驾部等河段河势北滚塌滩，东唐郭至索余会村间，黄河、漭河汇流，河距大堤不足千米。东明单占、马厂工程溜势上提，横河顶冲徐夹堤和单占工程上首，老君堂工程因溜势下滑，洪水期间新修18号坝冲垮，滩面串沟过流占大河的80%，形成夺河，使脱河多年的黄寨、霍寨险工又靠溜抢险。高村以下河势比较稳定。汛期共有64处工程、326段坝出险803次，抢险用石11万立方米，柳秸料800多万公斤。其中河南32处工程，153坝段出险342次，抢险用石4.2万立方米；山东32处工程，173坝段出险461次，抢险用石6.7万立方米。

汛期黄河、北洛河洪水3次倒灌渭河口。8月8日，北洛河洑头站1240立方米每秒的洪峰，先于黄河洪水到达，华阴站倒灌流量24立方米每秒；8月27日潼关2040立方米每秒的小洪峰时，渭河基流更小，华阴站倒灌流量66立方米每秒；9月1日潼关站洪峰5210立方米每秒时，华阴站倒灌流量146立方米每秒。

一九七九年

1979年汛期，黄河流域大部分地区降雨偏少，洪水次数不多，是个少水少沙年。三门峡水库水量222.24亿立方米，沙量9.94亿吨，与多年同期平均值相比，水量偏少14.78%，沙量偏少28.02%，库区冲刷泥沙1.46亿吨，其中潼关以下冲刷1.81亿吨，潼关站汛末1000立方米每秒流量的水位为327.7米。花园口站总水量224亿立方米，总输沙量8.74亿吨，与多年同期平均值相比，水量偏少18.98%，沙量偏少14.23%。下游河道淤积泥沙2.69亿吨。汛期潼关站出现2次大于5000立方米每秒的洪峰，8月12日最大洪峰流量为11100立方米每秒，其次为8月14日洪峰流量6980立方米每秒。两次洪水都来自干流吴堡以上和窟野河，相应这两次洪水，龙门站洪峰分别为13000立方米每秒和9770立方米每秒。三门峡水库相应最大下泄流量为7350立方米每秒和6010立方米每秒。下游花园口站8月14日和16日出现两次洪峰，流量分别为6600立方米每秒和5900立方米每秒。后一次洪水，夹河滩以下各站洪峰流量为6500～4090立方米每秒，是汛期的最大洪峰。东坝头以上河势变化较大，郑州京广铁桥以上，赵沟山湾洪水时河势外移，对岸化工工程河势相应下滑后，在温县单庄坐湾，使大玉兰工程出现抄后路的危险。荥阳孤柏咀湾管流不死，影响武陟驾部工程河势提挫变化频繁，西余会坐湾塌滩，形成黄、漭河汇流，大溜向北摆动4公里，塌滩3万余亩，使武陟刘村至解封一段临黄堤偎水，有重现1933年大河靠堤出险之势，被迫临堤下埽抢险。郑州铁桥以下，原阳双井、黑石，开封府君寺，封丘贯台等工程完全脱河，而脱河十多年的封丘辛店工程又重新靠河。当年修做的开封欧坦工程，受大溜顶冲，上游连坝被冲断。黄河河口河势摆动变化较大，清4断面以下河由东北流向改向东南流，主流摆往右岸，北大堤附近淤高1米多，堤河断流。汛期下游共有77处工程的315道坝垛出险538次，抢险用石5.4万立方米。

洪水期间，山东沿河淤地改土30万亩。其中东明阎潭淤区淤改5.9万亩，鄄城苏泗庄、旧城淤改6万多亩，垦利南展宽区放淤27天，改良盐碱荒地8.2万亩，垦利十八户淤区淤改荒地4万多亩。

一九八〇年

1980年汛期枯水枯沙，洪水次数不多，洪峰流量较小。三门峡水库入库总水量132.01亿立方米，总沙量5.03亿吨，与多年同期平均值相比，水量偏少49.38%，沙量偏少63.6%。下游花园口站总水量151.2亿立方米，总输沙量4.54亿吨，与多年同期平均值相比，水量偏少45.31%，沙量偏少55.44%。黄河中下游都未发生大洪水。10月8日，龙门站洪峰流量3190立方米每秒，是历年来洪水出现最晚、洪峰最小的一年，潼关站相应洪峰流量3180立方米每秒。7月4日渭河华县站最大洪峰流量3770立方米每秒，北洛河、汾河洪峰也不大。花园口站7月6日出现4440立方米每秒洪峰后，10月11日又出现4420立方米每秒的洪峰，两次洪水，三门峡最大出库含沙量分别为341公斤每立方米和492公斤每立方米。汛期下游河道淤积泥沙2.88亿吨。共有33处险工、控导工程抢险261坝次，抢险用石3万立方米。

7月29日沁河发生一次小洪水，五龙口和小董站洪峰流量为677立方米每秒和469立方米每秒。由于沁河近几年没有大洪水，河道淤积，行洪障碍增多，这场洪水水位表现很高，流速小，洪峰传播时间增长，淹没滩地6.7万亩，沁河堤防有88.65公里靠水，没有发生大的险情。

为改善三门峡库区淤积状况，降低潼关河床高程，7月中旬至10月底，在高柏至潼关28公里河段内，用机船带拖耙自下而上进行拖淤，取得一定效果。汛期三门峡库区共冲刷泥沙1.83亿吨，其中潼关以下冲刷2.19亿吨，潼关以上淤积0.36亿吨，库区淤积泥沙累计量为52.56亿吨。汛末潼关站1000立方米每秒流量的水位为327.4米，比1979年同期降低了0.3米。

一九八一年

1981年9月中旬，黄河兰州以上干流出现了有实测资料以来的最大洪水(仅次于1904年洪水)，洪水主要来源于唐乃亥以上地区。9月13日唐乃亥站洪峰流量为5450立方米每秒，其重现期约为200年一遇，最大15天洪量为58.6亿立方米。9月15日，兰州站相应洪峰流量为5600立方米每秒，若无在建的龙羊峡水库和刘家峡水库调蓄，兰州站洪峰流量将达6820立方米每秒，兰州河段出现了1938年以来的最高水位。

汛期三门峡水库入库总水量340.04亿立方米，沙量9.81亿吨，与多年同期平均值相比，水量偏多30.39％，沙量偏少28.96％。三门峡库区冲刷泥沙4.25亿吨，其中潼关以上冲刷0.74亿吨，潼关以下冲刷3.51亿吨。龙门站出现4000立方米每秒以上的洪峰6次，7月8日最大洪峰流量为6400立方米每秒。8月23日和9月8日，渭河华县站分别出现5380立方米每秒和5360立方米每秒的洪峰，居实测资料记载中的第三位。渭河下游生产堤多处决口，西安以北草滩一带农田及部分生产单位受淹，南山支流河道多处倒灌，支堤决口。潼关站7月8日和9月8日，相应出现两次洪峰，流量分别为6430立方米每秒和6540立方米每秒。9月9日三门峡水库最大下泄流量为6330立方米每秒。

花园口站汛期总水量364.27亿立方米，总沙量12.20亿吨，与多年同期平均值相比，水量偏多31.86％，沙量偏多19.73％。下游河道淤积泥沙1.04亿吨，其中滩地淤积0.68亿吨，主槽淤积0.36亿吨。花园口站出现5次大于5000立方米每秒的洪峰，其中9月10日最大洪峰流量8060立方米每秒。9月30日又出现了7050立方米每秒的洪峰，洪水总量为135亿立方米，洪水主要来自兰州以上，花园口站5000立方米每秒以上流量持续17

天。自9月10日洪水时下游开始漫滩，淹地152.77万亩(河南87.87万亩，山东64.9万亩)，有636个村庄、47万人受灾(河南293个村庄、27万人，山东343个村庄、20万人)，倒塌房屋2.27万间。两岸467.5公里临黄大堤偎水，险工控导工程出险1464坝次，抢险用石17.95万立方米，柳秸软料1138.6万公斤。渭河洪水时，淹滩地56.98万亩，22个村庄、29000多人受灾，倒房6803间。渭河下游有23处工程的96个坝垛出险，抢险用石7600立方米，柳秸软料10.75公斤。

一九八二年

1982年汛期，黄河水少、沙少、洪峰次数少，但洪量集中。下游花园口站出现了15300立方米每秒的洪峰，沁河小董站发生了4130立方米每秒的超标准洪水。汛期三门峡水库入库水量180.99亿立方米，沙量5.1亿吨，与多年同期平均值相比，水量偏少30.60%，沙量偏少63.07%。三门峡库区冲刷泥沙0.45亿吨，其中潼关以上淤积0.77亿吨，潼关以下冲刷1.22亿吨，汛末潼关站1000立方米每秒流量的水位为326.9米。花园口站汛期总水量246.36亿立方米，总输沙量5.17亿吨，与多年同期平均值相比，水量偏少10.9%，沙量偏少49.07%，平均含沙量为21.07公斤每立方米，下游河道出现了淤滩刷槽的形势。花园口以下除利津站外，汛末较汛初同流量水位一般下降0.2～0.6米，滩面一般淤厚0.05～0.3米。

汛期龙门站出现三次大于3000立方米每秒的洪峰，7月31日最大洪峰流量5050立方米每秒，相应最大含沙量为221公斤每立方米。潼关站相应洪峰流量为4760立方米每秒，最大含沙量103公斤每立方米。渭河、北洛河、汾河都没有大水。7月10日和31日渭河口两次倒灌，最大倒灌流量为123立方米每秒。下游花园口站发生4次3000立方米每秒以上的洪峰，8月2日15300立方米每秒的洪峰是建国以来仅次于1958年的大洪水。洪水主要来自三门峡至花园口区间干支流。8月1日，伊河龙门镇、洛河白马寺也分别出现2890立方米每秒和5380立方米每秒的洪峰。伊河、洛河洪水相遇，并在伊、洛河夹滩地区和两岸漫(决)溢，滞蓄水量约4.6亿立方米，使洛河黑石关站洪峰流量削减为4110立方米每秒，汇入黄河组成了8月2日20时花园口站15300立方米每秒的洪峰。同日10时，沁河五龙口站也出现了4240立方米每秒的洪峰，是1895年以来的最大洪水。经过沁北自然滞洪区滞洪和河槽调蓄，20时小董站洪峰流量为4130立方米每秒，超过了沁河防御小董站 4000 立方米每秒洪水的设防标准。干支流洪水相遇，使花园口站最大 5 天洪量达到 40.84 亿立方米，仅次于 1958 年和 1976 年同时段的洪量。洪峰到达孙口站，流量为 10100 立方米每秒。洪水时，国务院副总理万里在北京召集水电部钱正英部长和当时在北京开会的河南、山东省省长，共同研究了防御洪水的措施，确定当孙口站流量超过 8000 立方米每秒时运用东平湖老湖区分洪，以控制泺口流量不超过 8000 立方米每秒。8 月 6 日 22 时和 7 日 11 时，先后开启东平湖林辛、十里堡闸分洪，两闸最大进湖流量为 2404 立方米每秒，进湖水量近 4 亿立方米，相应湖水位 42.11 米(分洪前老湖水位 39.08 米，分洪时汶河未加水)，分滞洪水后，艾山站洪峰流量削减为 7430 立方米每秒，泺口、利津站洪峰流量分别为 6010、5810 立方米每秒，艾山以下河势工情比较平稳。这场洪水淹滩地 217.44 万亩，1303 个村庄、93.27 万人受灾，倒房 40.08 万间。据当年调查，集体和群众个人财产损失达 4 亿元。东平湖老湖区淹地 10.83 万亩，13.11 万人受灾。分洪后，湖区落淤泥沙约 500 万立方米，闸后土地沙化面积 6375 亩。东平湖围坝有 6 处、315 米长渗水，发生管涌 6 处。黄河下游 887 公里临黄大堤偎水，堤根水深 2～4 米，深处达 5～6 米，堤身发生裂缝、渗水、坍塌等险情 71 处，总长 7457 米，出现陷坑 27 个、管涌 83 个。汛期有 155 处险工、控导工程抢险 1470 坝次，抢险用石10.64万立方米。开封黑岗口险工 19～29 护岸发生墩蛰的严重险情，东阿井圈险工和沁河水南关险工险情也很严重。豫、鲁两省共组织 31 万多人防守黄、沁河大堤和东平湖围堤。

沁河杨庄改道工程于本年 5 月竣工，对沁河安全通过超标准洪水起了重要作用。当沁河上游五龙口站出现 4240 立方米每秒洪峰时，根据水情分析，武陟县南岸五车口一带堤防有漫溢的危险。为避免沁南区被淹，决定在确保北堤安全的前提下，在五车口上下堤段抢修子埝。河南省防指当即组织三万军民冒雨奋战，10 小时内抢修子埝 21 公里，并及时抢护了武陟东小虹漏洞和 25 处堤防险情及 7 处险工出险的 21 个坝垛。当洪峰通过时，沁河南堤虽有 1300 米长的堤段洪水超过原堤顶 0.1～0.21 米，但由于抢修子埝挡水，并大力防守，才化险为夷。

一九八三年

1983 年汛期，黄河丰水枯沙，洪峰次数较多，秋汛洪水较大。汛期三门峡水库入库总水量 309.2 亿立方米，沙量 5.43 亿吨，与多年同期平均值相比,水量偏多18.56%,沙量偏少60.67%。三门峡库区冲刷泥沙3.82亿吨,其中潼关以上冲刷0.43亿吨,潼关以下冲刷3.39亿吨。汛末潼关站1000立方米每秒流量的水位为326.6米,比1982年同期下降了0.3米,基本恢复到控制运用前1973年汛末的水平。下游花园口站总水量379.8亿立方米,总输沙量7.44亿吨,与多年同期平均值相比,水量偏多37.40%,沙量偏少26.98%。汛期龙门站有2次中小洪峰,8月5日最大洪峰流量为4900立方米每秒。渭河华县站出现5次2000立方米每秒以上的洪峰,9月28日最大洪峰流量为4160立方米每秒。潼关站出现7次大于4000立方米每秒的洪峰,8月1日最大洪峰流量为6200立方米每秒。下游花园口站3000立方米每秒以上的洪峰多达14次,8月2日最大洪峰流量为8180立方米每秒,10月8日又出现6960立方米每秒的洪峰。两次洪水都以渭河中下游和伊、洛河来水为主,水沙条件较好,汛期下游河道淤积0.03亿吨。两次洪水时,滩区淹地62万亩,水围村庄346个,人口22.7万人。由于秋汛洪水出现的晚,滩区积水退不出,霜降时节尚有40万亩滩地不能种麦,影响了农业生产。

下游第一次洪水落水时,郑州京广铁路桥以上大河在南岸桃花峪坐湾,主流北趋造成武陟北围堤前老滩严重坍塌。8月9日,北围堤6+400处堤脚距大河只剩12米,威胁北围堤安全。河务部门共同研究,决定采取“临堤下埽”的抢护措施。河南省防汛指挥部紧急组织动员5700多军民,配合黄河工程队员,从8月10日投入抢险,连续战斗53天,在1500米长的堤段上,抢修了26个垛及25段护岸,抢险用石3万立方米,各种软料1500万公斤,投资326万元。这次北围堤出险部位之长,抢险历时之久,用料之多是历年所仅见。下游河道共有48处险工、82处控导工程抢险1148坝次,共计抢险用石13.2万立方米,柳秸软料1800多万公斤(包括北围堤抢险用料在内)。洪水漫滩使两岸245公里临黄大堤偎水,堤根水深2～3米,豫、鲁两省组织10000多人上堤防守。

一九八四年

1984年汛期黄河水沙基本特点是:水丰沙枯,洪水次数多,洪峰不大,含沙量小。三门峡水库入库总水量270亿立方米,沙量6.82亿吨,与多年同期平均值相比,水量偏多3.5%,沙量偏少50.6%。库区冲刷泥沙2.54亿吨,其中潼关以上冲刷0.19亿吨,潼关以下冲刷2.35亿吨,汛末潼关站

1000立方米每秒流量的水位为326.7米。下游花园口站总水量377.96亿立方米，总输沙量7.51亿吨，与多年同期平均值相比，水量偏多36.7%，沙量偏少26.30%。8月1日龙门站最大洪峰流量5860立方米每秒，9月10日，渭河华县站最大洪峰流量为3900立方米每秒，8月5日，潼关站最大洪峰流量为6430立方米每秒，三门峡水库相应最大出库流量为5820立方米每秒。下游花园口站出现7次大于5000立方米每秒的洪峰，8月6日最大洪峰流量为6990立方米每秒，洪水主要来自龙门以上干流和渭河，最大含沙量为81.5公斤每立方米；其次为9月26日洪峰流量6460立方米每秒，洪水主要来自渭河和伊、洛河(9月25日洛河黑石关站洪峰流量为2400立方米每秒)。两次洪水含沙量为50～20公斤每立方米。由于水沙条件较好，下游河道淤积泥沙0.26亿吨，下游各站同流量水位都有所下降。后一次洪水，山东黄河滩区串沟过水淹地27万亩，西河口以下淹地13万亩，有63公里黄河大堤偎水，山东省组织900多名基干班员上堤防守。汛期，郑州京广铁桥以上大部分工程河势下挫，工程脱河现象较多。温县大玉兰工程上首，河势坐湾成入袖之势。郑州铁桥至东坝头河段主流居中，使原阳双井、大张庄，郑州马渡，封丘曹岗等十处工程脱河。东明老君堂控导工程河势下挫，新修的26、27号坝受大流顶冲，坝身坍塌下蛰，抢护不及被冲垮。汛期下游险工、控导工程共827段坝岸抢险1173次，抢险用石11.18万立方米，柳秸软料971万公斤。

汶河流域汛期降雨较多，7月13日和8月13日，戴村坝站分别出现1590立方米每秒和900立方米每秒的洪峰，使东平湖区老湖水量增至5.6亿立方米，相应湖水位42.91米，超过了42.5米的警戒水位。8月19日陈山口出湖闸开闸泄水，最大出湖流量201立方米每秒，湖区42.5米以上的高水位仍持续15天，东平湖围坝局部堤段出现渗水险情，东平湖防汛指挥部组织700多人上堤防守。

一九八五年

1985年伏汛期水量偏枯，秋汛期水量偏丰。汛期花园口站总水量264.75亿立方米，比多年同期平均值偏少4.2%，其中9、10月份水量占汛期总水量的72%。7、8月间，花园口站只出现2次3000多立方米每秒的小洪峰，最大洪峰出现在9月17日，流量为8260立方米每秒。洪水主要来自干流龙门以下和渭河，潼关站洪峰流量为5300立方米每秒。汛期汶河来水较多，总水量7.3亿立方米，7月13日戴村坝洪峰640立方米每秒，东平湖老湖区水位达42.85米，相应蓄量5.51亿立方米。受黄河流量顶托，湖水泄不出去，而使湖区42.0米以上水位持续长达92天。

汛期沙量偏枯。三门峡入库沙量6.45亿吨，比多年同期平均值偏少53.28%，库区冲刷泥沙2.3亿吨，其中潼关以上冲刷0.42亿吨，潼关以下冲刷1.88亿吨，潼关站汛末1000立方米每秒流量的水位为326.79米。下游花园口站输沙量6.81亿吨，比多年同期平均值偏少33.16%，下游河道略有冲刷。高村以上河势变化较大。孟县化工工程前，主流受对岸滩咀顶托，形成横河顶冲温县、孟县交界处滩地，滩地坍塌，孟县黄河堤下段冲失170米长。为控制河势和险情，在温县滩地上抢修1470米长的连坝及14个坝垛，又从孟县黄河堤顺堤向上游抢护305米长，新修4个垛及4段护岸。郑州花园口东大坝受大溜顶冲，新修的3、4、5号坝分别被冲断37米、40米和60米。封丘大功河段主流南移1500多米，开封欧坦工程主流北趋3000多米而使工程脱河。原阳双井、长垣榆林控导工程和高村险工都发生了较大险情。下游共有128处险工、控导工程抢险1011坝次，抢险用石11万立方米，各种软料2032万公斤。秋汛洪水时，下游滩区淹地105万亩(其中生产堤以外45万亩)。受灾较重的范县、台前淹地15.3万亩，17.7万人受灾。东平湖区淹没耕地13.6万亩。河口地区淹地14万亩。

本年6月国务院批转水电部关于黄河、长江、淮河、永定河防御特大洪水方案，文中确定："当花园口发生三万秒立米以上至四万六千秒立米特大洪水时，除充分运用三门峡、陆浑、北金堤和东平湖拦洪滞洪外，还要努力固守南岸郑州至东坝头和北岸沁河口至原阳大堤。要运用黄河北岸封丘县大功临时溢洪堰分洪五千秒立米，再运用豆腐窝和李家岸两座分洪闸，向山东齐河北展宽区分洪二千秒立米，再由北展宽区的大吴闸向徒骇河分洪700秒立米"。并规定："黄河北金堤滞洪区的滞洪运用和大功临时溢洪堰的分洪运用，需经国务院批准。"

8月3日，安阳至许昌一带发生一次强飑线天气形势，并东移造成黄河下游大部分地区出现了灾害性的飓风。菏泽、梁山一带风力达9至11级，并伴有12级阵风和暴雨。两岸通信线路、堤防树木、房屋及其它设施遭受严重破坏，黄河郑州至濮阳和郑州至济南通讯中断3～5天，树木、电杆倒折，造成堤顶交通阻塞。

一九八六年

1986年汛期黄河流域干旱少雨，中下游地区降雨次数少、雨量小、干旱时间持续长。整个汛期呈现了枯水枯沙，洪峰次数少，洪峰小的特点。汛期三门峡水库入库水量135.05亿立方米，沙量2.3亿吨，与多年同期平均值相比，水量偏少48.21%，沙量偏少83.34%。三门峡库区冲刷泥沙1.29亿吨，其中潼关以上淤积0.05亿吨，潼关以下冲刷1.34亿吨，汛末潼关站1000立方米每秒流量水位为327.1米。下游花园口站总水量143亿立方米，输沙量2.66亿吨，与多年同期平均值相比，水量偏少48.3%，沙量偏少73.9%，平均含沙量为18.6公斤每立方米，下游河道冲淤基本平衡。汛期中下游洪水不大，但洪水来得早。6月28日渭河华县站最大洪峰流量2980立方米每秒，29日黄河潼关站最大洪峰流量为4620立方米每秒。下游花园口站6月30日至7月12日出现3次大于3000立方米每秒的洪峰，12日最大洪峰流量为4130立方米每秒。7月下半月平均流量为2175立方米每秒，8、9、10月份月平均流量分别为1240、1170和655立方米每秒。由于汛期水小，且中水流量时间很短，河势无大变化，只有一些新修靠溜工程出现一般险情，共计抢险324坝次，抢险用石3.1万立方米。

为加强黄河防汛管理工作，在黄河防总召开的防汛工作会议上，讨论通过了《黄河防汛管理工作规定》，并正式颁发执行。入汛后，为进一步落实防御特大洪水措施，对封丘大功分洪口门增加备防石料一万立方米，以便分洪运用时尽量控制口门分流形势。经过三年的努力，黄河北金堤滞洪区基本完成了无线通讯系统的组网工作。

一九八七年

1987年汛期，黄河全流域干旱少雨，上游龙羊峡、刘家峡水库汛期蓄水40.7亿立方米，兰州站径流量只有100.27亿立方米，比多年平均值偏少49.2%。三门峡水库入库总水量75.48亿立方米，沙量3.21亿吨，与多年同期平均值相比，水量偏少71.06%，沙量偏少76.76%，库区淤积泥沙0.66亿吨，其中潼关以上淤积1.07亿吨，潼关以下冲刷0.41亿吨。汛末潼关站1000立方米每秒流量的水位为327.20米。下游花园口站总水量92.17亿立方米，输沙量1.81亿吨，与多年同期平均值相比，水量偏少66.66%，沙量偏少82.24%，平均含沙量为19.64公斤每立方米，均为有资料记载以来的最小值，下游河道淤积泥沙1.61亿吨。8月29日，花园口站出现4600立方米每秒的洪峰，是汛期唯一大于3000立方米每秒的一次洪水。由于天旱少雨，沿河灌溉引水较多。利津站从10月2日至16日断流15天，是历年汛期不曾有的现象。下游河势变化不大，有46处险工、控导工程抢险190坝次，抢险用石1.7万立方米。

汛期各级防汛指挥部突出抓了防汛责任制的建立和河道清障工作。下游滩区按规定要求完成了破除生产堤口门的任务，豫、鲁两省共破除口门478个，口门总长度98.75公里，占生产堤总长度(510.61公里)的19.3%，同时清除河道阻水片林6748亩。为保证防洪安全，国务院以国函〔1987〕123号文，对黄河郑州京广线老铁桥和济南泺口老铁桥作出应尽快予以拆除的批示。要求京广老铁桥于1988年6月底前全部完成拆除任务。责成铁道部要抓紧济南铁路枢纽配套工程的建设，济南北关至黄河南岸的北环铁路复线工程，应于1989年2月底完工，泺口黄河老桥的拆除任务，要于1989年6月底前完成。依此，郑州京广老桥于当年7月27日开始动工拆除。

防御黄河特大洪水措施方面，大功分洪区分洪口门的爆破方案，经河南黄河河务局与中国人民解放军南京工程兵学院共同研究，采用SJY53—I型液体炸药爆破方案。分洪运用时，由济南军区54军担负爆破施工任务。并于当年8月5日，在郑州岗李水库废渠堤上进行了爆破试验，取得成功。

黄河下游1950～1987年度凌汛实况纪要

纪要主要记述了黄河下游历年凌汛期的气温、水情、冰情、封河、开河、防凌措施及防凌斗争等情况。纪要中的气温资料情况如下：

一、气温资料：1984年以前为河南、山东省气象台整编资料。1985年以后为两省气象台当年发布资料。多年月平均气温值计算系列年：菏泽为1953—1954年～1983—1984年，郑州、济南为1950—1951年～1983—1984年，北镇为1957—1958～1984—1985年。

二、北镇气温：1950～1956年系用惠民站资料。1957年以后为北镇站资料。

三、文内"气温转正"系说明气温回升到零度以上，"气温转负"说明气温下降到零度以下。各站旬、月气温多年平均值(又称常年值)如下表：

各站旬、月气温多年平均值

日期		郑州	菏泽	济南	北镇
十二月	上旬	3.3	2.4	2.8	1.1
	中旬	1.9	0.7	1.2	－0.9
	下旬	0	－1.1	－0.5	－3.0
	月平均	1.7	0.6	1.1	－1.0
元月	上旬	－0.1	－1.5	－1.1	－3.3
	中旬	－0.7	－1.9	－1.7	－3.9
	下旬	－0.1	－1.5	－1.2	－3.8
	月平均	－0.3	－1.7	－1.4	－3.7

（表头：气温℃ / 站 / 日期）

续表

日期＼气温℃＼站		郑州	菏泽	济南	北镇
二月	上旬	0.7	－0.2	－0.1	－2.9
	中旬	2.2	1.3	1.3	－0.9
	下旬	3.5	2.7	2.6	0.3
	月平均	2.1	1.2	1.1	－1.2

注：表内“－”值为0℃以下，正值为0℃以上

1950—1951年度

1951年1月7日封河，封河段长度550公里，最上封河到郑州花园口，冰量5300万立方米，开河时利津王庄临黄大堤发生决口。

1950年11月25日，济南日平均气温转负，全河流冰花。12月份各地气温接近常年，河道淌凌时断时续。1951年1月上旬济南、北镇平均气温较常年偏低。泺口至利津河段流量为200～460立方米每秒，1月7日自河口向上插凌封河。1月中旬济南、北镇旬平均气温较常年偏低5℃多，封河发展很快，14日封河最上段到郑州花园口。封河后，花园口至利津河槽蓄水增量达3.64亿立方米。

1月下旬气温回升，26日花园口开河，出现770立方米每秒的洪峰，沿程水鼓冰开，流量增大。30日开河凌头到利津时满河流冰，此时河口封河段冰质坚硬，流冰在一号坝插塞形成冰坝，前左水位陡涨2.4米，利津、垦利滩区进水。31日冰坝接长到东张，长约15公里，积冰量约1000万立方米，当即调爆破队爆破，同时组织9300多人上堤抢修子埝。因冰坝太长，爆破难以奏效。2月1日，冰坝接长到宁海，当晚又刮起东北大风，气温急剧下降，河槽内积冰冻结，滩地流冰滞塞。冰坝上游水位继续上涨，利津洪峰流量增至1160立方米每秒，最高水位达13.76米，超过1949年伏汛最高洪水位0.83米，北岸十六户，南岸宁海、东张一带临黄堤顶出水仅0.2～0.3米，局部堤段水与堤顶平，冰块壅上堤坝，当即组织群众拼力抢修子埝，加修埽坝。蒋家庄、扈家庄、东张、西张、章丘屋子等堤段也先后出现漏洞、渗水险情13处，虽经抢护脱险，但凌情严重之势不减。2日23时，利津王庄险工以下380米

处临黄堤背河堤脚又出现三个漏洞，经奋力抢堵无效，于3日1时45分溃决，口门迅速扩展至217米(大堤桩号328＋970～329＋187)。参加抢险的工程队员张汝滨，民工刘朝阳、赵永恩不幸落水牺牲。王庄决口后，水分两股，一股流向东北，一股流向西北，在八里庄附近汇合后，由沾化县境富国、杨家屋子、垛鄌归徒骇河后入海。洪水泛区宽约14公里，长40余公里，淹及利津、沾化县耕地42万亩，122个村庄，倒房8641间，受灾群众85415人，死亡6人。

王庄决口后，山东黄河河务局局长江衍坤、省及专署领导及时赶往王庄，组织抢救安置工作。黄委会主任王化云率工程技术人员星夜赶到，视察工情，指导工作，研究堵口问题。由山东黄河河务局拟订堵口实施计划，经黄委会和山东省人民政府报请中央批准，3月15日省人民政府做出《关于王庄黄河堵口工作的决定》，由省政府及黄河水利委员会组成堵口委员会，在工地成立堵口指挥部，决定限5月中旬堵口合龙。经筹划调集技工、民工7000余人，配合工程队施工，于3月21日开工。采取在口门两端打两排大桩，中间以麻袋装土抛填，在即将合龙时河水突然上涨，而停止抛填。4月1日又采取帮宽东西两坝头，两边同时单坝进占，7日强堵下占合龙闭气。4月14日复堤工程动工，险工埽坝加固，抛石护根等相继进行，5月21日全部竣工。共做土方24万立方米，耗用秸料140万公斤，柳枝24.6万公斤，石料4200立方米，木桩1.2万根，铅丝1000公斤，麻袋7.5万条，用工24.84万工日，总投资105.5万元。

1951—1952年度

凌期冬暖、春寒。济南、惠民地区1951年12月及1952年1月平均气温较常年偏高1.3℃～2.4℃，2月分平均气温较常年偏低2.3℃～1.8℃。1月1日至5日和2月2日至6日，下游两次全面淌凌，但没有封河。两次淌凌时大河流量分别为700与500立方米每秒。

1951年凌汛利津王庄大堤决口后，考虑利津窄河段极易卡冰，威胁堤防安全，于当年冬季在垦利县小街子(当时为利津县)建成减凌溢水堰工程，必要时利用溢水堰分泄凌水。

1952—1953 年度

凌期封河较晚，封河段总长 220 公里，总冰量 1040 万立方米。封河期花园口至利津河槽蓄水增量约 2.3 亿立方米。

1952 年 12 月上旬，郑州、济南、惠民各地气温较常年偏低 5.2℃～7.8℃，下游全河淌凌。中、下旬气温回升，淌凌消失。1953 年 1 月中旬受强寒流侵袭，气温大幅度下降，17 日济南、惠民日平均气温降至－12℃和－14.5℃，最低气温接近－20℃，利津河段开始封河，当日河道流量 311 立方米每秒。18 日到 19 日，前左以下、杨房、泺口、艾山、陶城铺、苏泗庄及河南境内中牟等河段先后断断续续封河，最上封河到郑州花园口。

1 月下旬气温回升，22 日至 25 日，高青刘春家以上封冻段开河，但刘春家以下冰质还坚硬，流冰自刘春家向上插封至滨县小开河，插冰段长约 6 公里，插冰厚 1～2 米，有的冰堆如丘，有的冰块爬上坝岸，小开河水位陡涨 2.57米，杨房、马扎子水位也上涨 2 米多，小开河对岸冰水漫滩，五合村被水包围。2 月上、中旬冷空气活动频繁，插冰段稳固不动且有所发展。2 月下旬气温回升，23 日惠民地区日平均气温转正，26 日刘春家以下插冰段融化开河，利津、前左封河段也相继开河，凌汛结束。

1953—1954 年度

凌期气温接近常年，封河晚，封河长度只有 80 公里，冰量约 720 万立方米。

1953 年 12 月下旬，惠民地区气温较常年略偏低，山东河段曾出现流冰花。1954 年 1 月上、中旬气温较常年偏高 2.5℃～4.2℃，河内冰花消失。1 月下旬冷空气侵袭，25 日惠民地区日平均和最低气温分别降至－7.7℃和－14.4℃，神仙沟河门处已于 1 月 25 日前插凌封河。由于引河以下河形弯曲，宽度仅六、七十米，使冰凌壅塞，又逐渐上插。31 日封河到前左，封河时河道流量 538 立方米每秒，当日章丘屋子、东张、纪冯、王家庄、路家庄也分段插封。至 2 月 6 日，利津张家滩、宫家又相继封河，并在纪冯坝头以下，章丘屋子上首及义和庄险工 13 至 14 坝间，形成严重冰塞。引河与滨州屋子以下到入海口处插封更严重。封河时罗家屋子至前左水位上涨 2～3 米，利津水位升高近 1 米，利津以下大部漫滩。由于涨水，当年汛期淤塞断流的甜水沟子被冲开过流，孤岛上十余村居户被水围困。纪冯至章丘屋子全部漫滩，滩地水深1米左右，老董十四户至南岭子一带滩区串水偎堤。

2月8日惠民地区日平均气温转正，9日至10日最高气温达16.5℃，封河段冰凌融化，11日全部开河。

1954—1955年度

凌期气温低，封河早，封河段长623公里，冰量达1亿立方米。开河时麻湾形成冰坝，利津五庄临黄大堤溃决。

1954年12月初，各地日平均气温转负，9日至14日受强寒流影响，各地日平均气温降至－11.4℃～－8.2℃，15日河口四号桩至小沙河段插凌封河，19日封河到前左，水位上涨2.97米，滩地漫水。25日以后，冷空气活动频繁，受封河插冰阻水影响，泺口、利津流量由初封河时的600立方米每秒左右，减小到80立方米每秒，但秦厂以上来水流量仍为600～800立方米每秒，使河槽蓄水增量多达8.85亿立方米。此期间封河发展很快，1955年1月15日最上封河到荥阳汜水河口，封河总长度623公里，最大冰量1亿立方米。

1月19日至22日，济南以上各地日平均气温转正，河南封河段冰凌融化。26日高村以上开河后出现2180立方米每秒的洪峰，流量沿程增大，孙口以下形成水鼓冰开的开河形势，艾山、泺口、杨房洪峰流量达3000～2830立方米每秒。29日2时许，开河到利津王家庄险工时，因冰凌卡塞不能下泄，大量流冰接续上排到麻湾，形成长约24公里的冰坝，积冰量达1200万立方米。利津水位上涨4.29米，最高水位达15.31米，超过当年保证水位1.5米，壅水影响范围长达90公里，冰坝以上蓄水约2.1亿立方米，造成利津以上40公里长的河段内冰水漫滩，有30公里长的河段堤顶出水只有0.5～1米，局部河段水与堤顶平。各级防凌指挥部一面组织力量抢修子埝，一面调飞机、大炮轰击冰坝，但效果不大。当晚刮起七级北风，气温继续下降，防守更加困难。王家庄至王旺庄河段临黄堤发生漏洞20多处，刘家夹河背河堤坡出现冒水，张家滩背河20米范围内也发生3处冒水险情，佛陀寺堤身严重坍塌，经奋力抢护险情有所缓和，但形势仍很严重。经请示山东省委批准，于29日19时炸开垦利小街子溢水堰前围堤分水，开始过流很少，再继续爆破围堤缺口，但时机已迟，至21时许，利津五庄大堤296＋180公里处，背河柳荫地多处冒水，当即组织人力，用麻袋装土压护，并在临河打冰寻找洞口，在2米水深下发现洞口，随即抛草捆、玉米秸、土袋等都被冲出，漏洞迅速扩大，堤顶突然塌陷成缺口，先后采取沉船堵截和船装土袋沉堵等措施，都被冲出，遂用大船装秸料、土袋沉堵也被冲出，口门已扩宽至10米以上，水流甚急。当时风大，照明灯全被刮灭，又天寒地冻，取土困难，料物用尽，终于29日23时30分堤身溃决，口门迅速扩宽至305米，水深达6米，过流约1900立方米每秒。堤顶塌陷时四图村抢险民工赵荣岗、赵锡纯不幸落水牺牲。正当五庄村南紧张抢险之时，村北大堤298＋200公里处背河堤脚也出现漏洞，几次抢堵不成，堤顶塌陷2米多，于31日1时发生溃决，口门扩宽至200余米。冰水流出约2公里同西口门溃水汇合，沿1921年宫家决口故道经利津、沾化入徒骇河。受灾范围东西宽50华里，南北长约80华里，利津、滨县、沾化三县360个村庄，17.7万人受灾，淹没耕地88.1万亩，倒房5355间，死亡80人。

2月6日惠民地区日平均气温转正，8日至10日冰坝开通，15日开河到罗家屋子，17日封河段开通，凌汛结束。

五庄大堤决口后，为争取桃汛前堵合决口，山东省人民委员会决定由山东河务局与惠民专署组成堵口指挥部。河务局组织工程技术人员，勘查口门拟订堵口方案。2月上旬组织民技工1370余人，在东口门滩唇进水口挂柳、抛柳树头缓溜落淤。2月28日东口门滩地沟口堵合断流。3月6日组织6000多民技工从西口门东西两坝头正坝进占，11日正坝抛枕合龙，边坝下金门占闭气。继续修筑后戗加固，13日堵口完成。共用石3585立方米，柳枝18.5万公斤，秸草料192.5万公斤，用工67900工日，投资60.35万元。4月初调集民工6600人修复口门堤坝工程，5月底完成，共做土方39.64万立方米，用工35.65万工日，投资48.53万元。

1955—1956年度

凌期前期气温偏高，封河晚，章丘以上两次封河，封河长度500公里，最上封河到河南省武陟县境沁河口，冰量5785万立方米。封河期花园口至利津河槽蓄水增量2.82亿立方米。

1956年1月6日，受强冷空气影响，菏泽、济南、惠民地区日平均气温骤降至－10℃左右，利津河段流量440立方米每秒，当日河口小沙、四号桩及河南省长垣石头庄等河段插凌封河。9日断断续续封河到开封黑岗口。1月中旬气温回升，东阿至章丘封冻河段开河。章丘河王庄、东邢家、胡家岸，历城霍家溜等河段流凌插塞，插冰严重的河段冰厚2米左右，滩地壅冰有的高达6米。1月19日又一次强寒流入侵，伴有大风雪，封河进一步发展。27日最上封河到了武陟沁河口，此后气温回升，高村至艾山河段开河，出现了1080～2200立方米每秒的洪峰，济南老徐庄至北店子插冰形成冰坝，长约16公里，积冰量约1920万立方米。济南杨庄、齐河南坦水位上涨3.8米，造成冰水上滩。30日老徐庄冰坝开通，泺口洪峰流量增至3190立方米每秒，水位上涨3.49米，当晚开河到利津佛陀寺时卡冰，张家滩水位上涨3.3米，造成漫滩。31日利津洪峰流量2920立方米每秒，佛陀寺、前左相继开河。此时河口地区刮起五级东北风，气温下降，开河到滨州屋子后停止，并形成壅水漫滩，水流自罗家屋子串沟入海。河南封冻河段于1月30日至2月1日开河，夹河滩、高村又出现3750和3340立方米每秒的洪峰，此时下游已开河到罗家屋子以下，沿程再无卡冰阻水现象。2月4日洪峰通过利津，流量为2810立方米每秒。3月5日罗家屋子以下封冻段全部融冰开河。

1956—1957年度

凌期气候严寒，封河早，开河晚。孙口以上两次封河，封河长399公里，最上封河到武陟秦厂，冰量7340万立方米。

入冬后冷空气来得早，1956年12月7日各地日平均气温转负，河道普遍淌凌。12月中旬遭强寒流侵袭，山东各地日平均气温下降到－7.2℃～－11.5℃，北镇最低气温达－16.6℃。14日惠民崔常开始插凌封河，29日封河发展到阳谷县陶城铺。1957年1月中下旬气温持续偏低。22日封河发展到菏泽刘庄，封河段长度339公里，冰量4700万立方米；河南石头庄、夹河滩、石桥、秦厂等处也分段插封。全河封冻段长度达399公里，最大冰量7340万立方米。1月下旬气温回升，27日孙口以上开河，流冰在孙口以下2公里的南党处插塞形成冰坝，并向上发展到高岭，冰坝长5公里，冰量约1000万立方米，冰坝以上孙口水位高达47.29米，比封河前升高2.01米，孙口以上滩地进水。南党以下，东阿封河段开河后，30日齐河李隫至潘庄插冰，第一次开河中止。

1月底和2月上旬，冷空气活动频繁，菏泽、济南旬平均气温较常年偏低4.9℃～6.5℃，河道淌凌，南党冰坝增长。2月10日封河又发展到菏泽刘庄以上，冰量达到6740万立方米。2月中旬随着气温回升，冰凌融化很快，27日南党冰坝开下，艾山、泺口站相继出现1200立方米每秒的洪峰。泺口以下开河过程中因沟头、马扎子等处卡冰严重，形成较高的水头。28日利津洪峰流量达到3430立方米每秒，开河过王家庄河段，3月4日四号桩以下全部开河，凌汛结束。

1957—1958年度

该年度封河较晚，封河段长度366公里，冰量2575万立方米，最上封河到河南省中牟辛寨河段。1957年12月及1958年1月上旬，各地平均气温较常年偏高。1月11日受冷空气南下影响，黄河下游普降大雪，气温急剧下降，15日～16日，济南、北镇日平均气温降至－13.7℃及－15.1℃，最低气温达－16.5℃、－19.8℃。此时泺口至利津河道流量只有100立方米每秒左右，河口小沙、垦利义和庄、高青刘春家、邹平马扎子到郓城苏阁封河30余段，封河段总长度达260公里。元月下旬气温仍较常年偏低，26日封河发展到河南省中牟辛寨。封河后花园口流量稳定在300立方米每秒左右，花园口至利津河槽蓄水增量为2.91亿立方米。2月初气温回升很快，艾山以上融冰开河，艾山、泺口出现1080、1290立方米每秒洪峰，6日开河到利津王家庄险工，曾出现卡冰现象，7日利津洪峰流量增大到1490立方米每秒，罗家屋子以上开河。2月22日罗家屋子以下冰凌全部消融。

1958—1959年度

凌期的气温具有两头高、中期偏低的特点，下游封河晚，开河早，凌情属一般年份。

受冷空气影响，1958年12月30日前后，下游各地日平均气温转负。1959年1月初河道开始淌凌。5日北镇日平均和最低气温分别降至－11.4℃及－17.3℃，河口河段流量240立方米每秒，当日河口四号桩插凌封河。6日断续封河18段，总长65公里，最上封河到鄄城苏泗庄。7日气温回升，齐河大王庙以下冰凌下滑到惠民清河镇。1月15日受较强冷空气影响，气温大幅度下降，封河段增加到50多段，封河总长度402公里，最上封河到河南长垣石头庄，冰量3213万立方米。封河期花园口至利津河槽蓄水增量达5.9亿立方米。

1月下旬气温回升，23日至26日，邢庙、杨集及位山、程官庄、胡家岸、沟阳家等封河段先后开河。27日济阳小街子开河后，流冰曾在白龙湾、薛王邵、兰家卡塞。28日以后，气温下降，开河停止。2月上旬气温稳定回升，冰凌融化，前左以上基本开河，至2月26日冰凌全部消融，凌汛结束。

1959—1960年度

1959年12月、1960年1月平均气温接近常年，2月份气温较常年偏高3℃～4℃。由于三门峡枢纽基本建成，山东位山拦河枢纽控制运用，1959年12月至1960年2月，泺口站月平均流量分别为334、120、62.8立方米每秒，下游两次封河。

1959年12月下旬受较强冷空气影响，20日至21日，济南日平均和最低气温降至－8.4℃和－12.2℃，北镇日平均气温降至－12℃以下，最低气温达－20.9℃。范县旧城河段首先插凌封河，继而利津佛陀寺至河口、滨县张肖堂、惠民崔常、济阳张辛等河段又先后插封，至1960年1月2日封河到济南八里庄，共封河32段，总长度158.8公里，冰量约683万立方米。1月上半月气温稳定回升，泺口以上封河段开河。

1月下半月，接连几次冷空气入侵，高村至泺口河道流量不足40立方米每秒，造成下游第二次封河。1月25日最上封河到兰考东坝头，封河段总长度554公里，冰量2380万立方米。28日以后，气温有所回升，但日平均气温尚在0℃以下，三门峡水库下泄506立方米每秒流量的水头进入下游河段，花园口至孙口河槽蓄水增量达3.51亿立方米，使孙口以上封河冰凌随水头开下。为减小下游开河威胁，位山拦河闸自28日控制下泄流量100立方米每秒左右。30日济南日平均气温转正，泺口以上封河段融冰开河，至2月17日，全河开通。

山东位山拦河枢纽，自1958年5月1日动工兴建，1959年11月25日拦河坝开始截流，至12月7日合龙，上游来水通过拦河闸下泄。

1960—1961年度

凌期前期偏冷，后期偏暖，封河早，发展快，泺口以上两次封河。最上封河到河南武陟秦厂，封河长度373公里，冰量2070万立方米。

1960年12月中、下旬，是凌期气温最低的时段。16日至18日受强冷空气南下影响，气温骤降，博兴王旺庄首先封河。受三门峡水库关闸蓄水影响，下游高村至孙口河道几乎断流。位山以下由于东平湖泄水，流量增大到100

立方米每秒左右，封河发展很快。12月28日封河发展到高村，封河段长318.4公里，冰量约1000万立方米。1961年1月上旬气温回升，三门峡水库下泄448立方米每秒的水头进入下游河段，东明高村至历城霍家溜封河段开河。1月中旬冷空气入侵并伴有六、七级北风，11日济南日平均气温和最低气温分别降至－7.3℃和－13.7℃。12日泺口以上位山闸至十里堡、南党、苏泗庄及菏泽刘庄等河段再次封河，至1月25日最上封河到武陟秦厂后气温回升。为争取文开河形势，三门峡水库第二次关闸断流，花园口站1月下旬至2月上旬平均流量只有22立方米每秒，水力作用很小，封河段冰凌大部就地融化，至2月27日全部融冰开河。

该年度三门峡水库首次投入防凌蓄水运用。1960年11月20日至12月22日和1961年1月8日至2月8日，水库两次关闸蓄水。1960年12月24日最高蓄水位331.18米，相应蓄水量66.0亿立方米。1961年2月9日最高蓄水位达332.58米，相应蓄水量75.2亿立方米。

1961—1962年度

凌期气温偏高，来水较大，下游没有封河。

1961年12月、1962年1月，济南、北镇月平均气温接近常年，2月份平均气温较常年偏高1.5℃左右。三门峡水库12月平均下泄流量1610立方米每秒，1月上旬平均下泄流量827立方米每秒。1月18日至2月16日，三门峡水库关闸断流，最高蓄水位达327.96米，相应蓄水量37.4亿立方米。

1962—1963年度

凌期前期偏暖，来水较大，后期冷空气活动频繁，气温偏低，封河晚，开河亦晚，封河段长度320公里，最上封河到东阿范坡，冰量3363万立方米。

1962年12月底至1963年1月上、中旬，接连三次冷空气活动，12月29日济南、北镇日平均气温转负，河口河段出现流冰。1月上旬，冷空气势力较强，降温幅度较大，但河道流量在1000立方米每秒以上，没有形成封河。1月11日第三次冷空气侵袭，河口河段流量减小到500立方米每秒左右。14日夜，河口小沙以下插凌封河。1月15日至2月初冷空气活动频繁，气温较常年偏低，封河发展很快，2月4日最上封河到东阿范坡。2月8日气温回升，13日济南日平均气温转正。由于封河后三门峡水库关闸断流，2月中旬，艾山河段流量减退到150立方米每秒左右，封河段呈现融冰开河的形势，至3月2日冰凌全部融化，凌汛结束。

三门峡水库于2月2日至17日关闸蓄水，2月21日水库最高蓄水位达317.15米，相应蓄水量6.54亿立方米。

1963—1964年度

凌期前期气温偏高，后期偏低，河口河段两次封河。1963年12月下旬首次封河到罗家屋子，封河长度55公里。1964年2月中旬，第二次封河到河南省开封高朱庄，封河段长度324公里，冰量2890万立方米。

1963年12月24日强冷空气影响，位山以下河道淌凌。26日河口汊1断面处开始封河，31日封河到罗家屋子。由于流冰插塞，罗家屋子水位上涨到9.01米，高于1958年汛期洪水位(利津洪峰10400立方米每秒)0.3米，造成两岸漫滩，水淹大孤岛及军区牧场等48个村庄，5000多人被水包围，淹地面积50万亩。为减轻灾害，1964年1月1日破开罗家屋子以下1100米处民埝分水，口门最大扩宽到120米，过水约300立方米每秒，分流入草桥沟经钓口河入海。1月4日以后气温回升，封河段融冰开河。

1月中旬至2月中旬，冷空气活动频繁，下游各地气温持续偏低。三门峡水库自2月1日控制日平均下泄流量330立方米每秒左右，2月12日至3月2日关闸断流。15日以后，花园口流量回落到150立方米每秒左右，下游又全面封河。2月14日，断续封河到开封高朱庄。25日气温开始大幅度回升，3月2日泺口以上冰凌融化，5日罗家屋子以上全部解冻。

在第一次封河时，利津流量800立方米每秒。第二次封河过程中，三门峡水库关闸蓄水，最高蓄水位达321.96米，相应蓄水量11.9亿立方米。封河期，花园口至利津河槽蓄水增量为1.99亿立方米。

1964—1965年度

入冬后，黄河下游冷空气势力不强，下游各地气温较常年偏高0.5℃～1.8℃。1964年12月至1965年2月，三门峡水库12个深孔全开泄流，各月平均下泄流量为990、755、759立方米每秒。1月中旬，一股较强冷空气入侵，济南、北镇最低气温降至－10℃～－10.6℃，河道淌凌密度达50%～90%，由于冷空气持续时间短，河道流量较大，没有形成封河。1月20日气温回升，流凌消失。

1965—1966年度

凌期前期气温偏低，后期偏高，封河早，开河也较早，最上封河到梁山陈垓，封河长度275公里，最大冰量3104万立方米。

1965年12月15日受较强冷空气影响，济南、北镇日平均气温转负，17日垦利张家圈插凌封河，当时河道流量380立方米每秒左右。12月下旬接连两次较强冷空气入侵，至1966年1月7日，封河段增长到275公里，封河最上端到梁山陈垓。以后气温回升，齐河以上开河，11日章丘河王庄形成冰塞。1月17日以后，冷空气南下，气温下降，封河又自河王庄向上发展，30日封河到梁山蔡楼，冰量达3104万立方米。2月初气温回升很快，冰凌融化。6日济南北店子以上开河。8日河王庄冰塞消融，到16日，除垦利小街子、下家庄、利津王家庄等5公里长的卡冰段外，其余封冻河段全部开河。

凌期未运用三门峡水库防凌蓄水。

1966—1967年度

凌期冷空气活动频繁，气温偏低，封河较早，开河较晚，封河长度616公里，冰量多达1.424亿立方米，是历年来冰量最多的一年。

受强冷空气影响，1966年12月初气温骤降，下游全河淌凌。12月18日以后，冷空气连续不断，12月下旬济南、北镇平均气温较常年偏低5℃左右，24日高青刘春家开始插凌封河，至1967年1月1日封河发展到河南省兰考东坝头，9日封河到郑州京广铁路桥，17日最上封河到荥阳孤柏咀，封河长度616公里，冰量1.424亿立方米。1月下旬气温回升，22日花园口以上融冰开河，花园口站出现700立方米每秒的洪峰。30日位山以上开河，孙口站洪峰流量为710立方米每秒。由于三门峡水库关闸蓄水，2月中、下旬利津河段流量减小到200～100立方米每秒以下，封河段大多就地融化。26日三门峡水库下泄流量1460立方米每秒，水头进入利津河段，冰凌随水而下。3月1日罗家屋子以上开河，4日全河开通，凌汛结束。

三门峡水库1月21日至2月14日关闸断流，2月21日防凌运用最高水位达325.20米，相应蓄水量11.4亿立方米。

1967—1968年度

凌期气温偏低，来水偏丰。封河早、开河晚，封河长度323公里，冰量6374万立方米，最上封河到梁山蔡楼。

入冬后强冷空气来得早，且低气温持续时间长。1967年11月30日北镇日平均气温转负，12月7日济南、北镇日平均气温降至－6.5℃～－8.3℃，最低气温降至－9.3℃～－11.8℃，是历年同期出现的第二个低气温值。8日全河淌凌，14日垦利张家圈插凌封河，河道流量为462立方米每秒。12月下旬济南、北镇平均气温较常年偏低5℃左右，月底封河到齐河官庄。1968年1月上、中旬气温有所回升，艾山河段淌凌密度达80%左右。11日平阴顾道口和齐河李隫插凌形成冰塞。潘庄至艾山水位上涨2米，两岸滩区进水，洪水偎堤，东阿殷庄临黄堤背河发生管涌。1月21日艾山以下全面封河，艾山水位继续上涨到40.98米，较封河前抬高4.58米，长清、平阴、梁山及齐河、东阿等县滩区进水，淹地3万多亩，40个村庄被水包围。2月上旬气温持续偏低，封河最上发展到梁山蔡楼。封河过程中花园口至利津河槽蓄水增量达7.2亿立方米。

2月中、下旬气温回升。经三门峡水库调蓄，孙口以下流量减小到300～400立方米每秒，艾山以上冰凌就地融化。25日以后气温大幅度回升，来水增加，封河段边融边开，3月3日开河到济阳张辛。4日，博兴麻湾、利津张家滩卡冰，冰凌上排到王旺庄，水位上涨2米多，左岸宫家至韩家墩滩区漫水，有33个生产队，1230多人被水围困。5日利津流量增大到1020立方米每秒，张家滩、麻湾卡冰段冲开后，张家圈又发生卡冰，造成壅水漫滩，经爆破和飞机轰炸，冰凌开下，3月8日全部开河，凌汛结束。

封河期上游来水较大，1月下旬至2月中旬，潼关平均流量为1000～1250立方米每秒。开河期三门峡水库控制运用，日平均下泄流量由200立方米每秒逐步增加到700立方米每秒以上，水库最高运用水位达327.91米，相应蓄水量18.12亿立方米。

1968—1969年度

凌期冷空气活动频繁，气温低，变幅大，出现了三次封河，三次开河和三次漫滩的严重形势。封河长度703公里，最上封河到郑州京广铁路桥，冰量

1.033亿立方米。

1968年12月13日，较强冷空气入侵，下游各地气温大幅度下降，河道出现淌凌。1969年1月初，泺口以下河道流量300立方米每秒左右。济南、北镇日平均气温降至－10℃左右，2日垦利义和庄插凌封河后，西河口、利津王家庄、济南盖家沟、泺口及东阿井圈等河段也相继封河。1月13日封河到高村，封河长度245公里，冰量2462万立方米。1月15日以后气温回升，东阿以上封河段解冻开河，艾山出现1240立方米每秒的洪峰，艾山以下水鼓冰开，大量流冰在平阴顾道口至齐河李隫插塞形成冰坝，潘庄水位上涨，造成长（清）、平（阴）滩区进水。18日至19日济南、章丘河段又相继开河，邹平梯子坝至惠民归仁河段发生卡冰，由于气温下降，开河停止。

1月24日又一次强冷空气入侵，低气温持续8天之久，下游第二次封河。2月2日封河到郑州京广铁路桥，封河长度660公里，冰量达8650万立方米。受封河影响，花园口至利津河段河槽蓄水增量达5.11亿立方米。2月7日至12日，郑州、济南日平均气温回升到7.8℃～13℃，开河发展很快。由于河槽蓄水量大，三门峡水库虽于2月6日关闸断流，开河时高村、孙口、艾山仍出现1040、2650、2760立方米每秒的洪峰。开河流冰，使李隫冰坝插塞更严重，潘庄水位涨至39.14米，冰坝以上拦蓄水量约4.5亿立方米，造成长清、平阴滩区第二次进水。11日泺口开河时洪峰流量减小到1210立方米每秒，流冰在邹平方家插塞，形成第二道冰坝，并向上游延伸长约26公里，积冰量240多万立方米。冰坝以上水位猛涨2米多，洪水漫滩，章丘、邹平、济阳、高青四县55个村庄，2万多人被水围困，倒房95间，淹地面积5.4万亩，两岸50多公里临黄大堤偎水，背河出现管涌险情。

2月13日强冷空气再次入侵时，下游河道流量只有100立方米每秒左右，使之第三次封河。24日封河又发展到郑州京广铁路桥以上，封河总长度703公里，最大冰量达1.033亿立方米。以后随着气温回升，3月初高村以上解冻开河，出现993立方米每秒的洪峰。5日开河到艾山，洪峰增大至1430立方米每秒，大量流冰插塞在李隫冰坝以上，周家门前水位上涨到39.55米，长清、平阴滩区第三次进水。6日泺口开河，洪峰流量1040立方米每秒。开河到方家时，冰坝阻水，两岸滩区又进水。3月9日李隫冰坝主溜沟通，上游水位回落，冰坝威胁减轻。此时，又受冷空气影响，封河段接长到章丘刘家园。3月13日气温回升到0℃以上，水温也上升到0.5℃左右，14日方家冰坝以下过流增大，又对下游窄河道封冻段辅以爆破措施。利津綦家咀、王家庄及垦利纪冯开河时也曾发生卡冰，利津、王家庄水位分别涨至13.65及

13.02米，都接近1958年汛期洪水位(利津洪峰流量10400立方米每秒)。罗家屋子水位高达9.53米，超过1958年洪水位0.82米，利津王家庄以下两岸全部漫滩。17日方家冰坝滑落，河水归槽，18日全河开通。

长清、平阴滩区进水后，连同东阿、齐河县进水滩区，共有70个村庄，4万多人被水包围，倒房430多间，淹地12万亩。自第一次漫滩后，50多公里临黄大堤偎水，堤根水深2～3米，背河出现渗水，群众上堤防守。第二次漫滩时，济南军区派出工程兵独立营的指战员，冒着严寒，涉冰水奋战四昼夜，救护群众2万多人。为救护群众，副连长张秀廷、排长吴安余、班长杨成启、副班长王元祯、蒋庆武，战士周登连、陆广德、阎世观、杨广佩等九位同志，在冰水激流中献出了宝贵的生命。

该年度凌情严重，周恩来总理多次听取凌情汇报，确定三门峡水库防凌运用水位由326米提高到328米。第二次开河时，2月6日至15日三门峡水库关闸断流，最高防凌蓄水位达327.72米，相应蓄水量17.9亿立方米。

1969—1970年度

凌期冷空气活动频繁，气温变幅大，封河早，且两次封河两次开河，封河长度436公里，最上封河到河南省开封黑岗口，冰量9000万立方米。

受冷空气影响，1969年12月7日，北镇日平均气温转负，16日河口河段断续封河，至22日封河到济南泺口铁路桥，封河段长度50公里，冰量约140万立方米。12月下旬气温回升，三门峡水库下泄750立方米每秒流量的水头进入封冻河段，形成了水到河开的形势，26日开河到罗家屋子，遇气温下降，开河停止。

12月26日至27日强冷空气入侵，封河向上发展，30日封河至济南盖家沟。1970年1月4日冷空气再次入侵，东明、兰考、开封等宽浅河段插冰封河，夹河滩水位上涨至74.14米，仅低于1958年汛期洪水位(洪峰流量20500立方米每秒)0.17米，造成开封刘店公社低滩区和封丘顺河街滩区进水，有8个村庄被水包围。1月15日前后又一股冷空气南下，封河继续发展到开封黑岗口。下旬气温回升，进入开河期，由于前期花园口至利津河槽蓄水量达8.5亿立方米，三门峡水库虽于25日关闸断流，孙口、艾山开河时仍出现2400立方米每秒的洪峰。流冰在济南老徐庄至齐河南坦插塞形成冰坝，插冰长达15公里，积冰量约2160万立方米，冰厚一般2～3米，严重处达8.3米。北店子水位陡涨4.21米，超过1958年汛期洪水位(泺口洪峰

11900 立方米每秒)0.19 米。造成南岸玉符河到北沙河以西,长(清)济(南)公路以北滩区进水。历城县东方红公社 5 个生产大队、3670 人受灾,70%的房屋倒塌,淹地 7500 亩。长清县城关、许寺公社 69 个村庄、21000 多人受灾,倒房 1230 多间,淹地 8 万亩。北岸齐河县城关公社 3 个村庄、1100 人被水包围,灾情都比较严重。三门峡水库关闸后,2 月 8 日冰坝上下游水位回落,但冰坝固封不动。中旬气温大幅度回升,上游来水也增大,11 日冰坝河段主溜道通水,泺口以下冰凌大部就地融化,至 2 月 18 日罗家屋子开河,凌汛结束。

第二次开河时,1 月 25 日至 30 日三门峡水库关闸断流,最高蓄水位 323.31 米,相应蓄水量 8.85 亿立方米。

1970—1971 年度

凌汛期前期气温偏高,后期偏低,封河晚,开河晚。最上封河到历城付家庄,封河长 190 公里,冰量 2200 万立方米。

1970 年 11 月底河道一度淌凌。12 月 19 日北镇日平均气温转负,1971 年 1 月 5 日,垦利一号坝河段卡凌后又下滑,且流凌日渐消失。1 月下旬至 2 月上旬接连三次冷空气过程,北镇旬平均气温较常年偏低 2.3℃～2.7℃。1 月 28 日自河口插凌封河,至 2 月 10 日最上封河到历城县傅家庄。2 月 11 日济南日平均气温转正,15 日邹平梯子坝以上开河。三门峡水库于 2 月 14 日至 3 月 5 日关闸蓄水,最高蓄水位达 323.42 米,相应蓄量 10.6 亿立方米,关闸后花园口以下河道流量减小到 50 立方米每秒以下。3 月初,河南、山东沿黄地区普降大雪,气温下降幅度较大,花园口以下河道流凌速度缓慢,有节节封河现象。5 日气温回升,冰凌就地融化。3 月 15 日垦利一号坝以上开河,三门峡水库开闸放水,水头到达河口河段,冰层被鼓开,流冰在罗 6—1 断面处阻塞,造成壅水漫滩,孤岛油田防洪堤偎水,3 月 17 日冰凌入海,凌汛结束。

两次开河之际,均以破冰船相助。2 月 4 日至 8 日,由两艘破冰船在河口罗 4 断面以下疏通 5.5 公里长的溜道,但由于气温尚低,破冰后冰花阻塞严重,破冰停止。2 月 17 日至 21 日再次将罗 4 至罗 7 断面之间 17 公里长的封冻河段破通一条 60 米～100 米宽的溜道,但又遇气温下降,封河段仍未开通。

1971—1972 年度

凌期封河较早，开河也早。封河长度 252 公里，冰量 2312 万立方米，最上封河到河南省开封黑岗口。封河期花园口至利津河槽蓄水增量 6.9 亿立方米。

1971 年 11 月 28 日河道出现岸冰，12 月下旬初，高村以下河道流量不足 200 立方米每秒，沿河各地日平均气温降至－5.9℃～－8.8℃，郓城杨集以下至利津断续封河 21 段，长度 32 公里，23 日封河到封丘古城。12 月 26 日至 27 日受强冷空气影响，郑州、北镇日平均气温分别降至－9.4℃和－12.5℃，最低气温降至－17.9℃，达到历年同期最低值。29 日封河发展到开封黑岗口，封河段长度 252 公里，冰量 2312 万立方米。封河过程中孙口以上插冰阻水比较严重，夹河滩站封河水位高达 74.55 米，超过当年汛期洪水位(洪峰流量 4190 立方米每秒)0.49 米，比 1958 年汛期洪水位还高 0.24 米。高村站最高水位 61.47 米，也接近当年汛期洪水位，夹河滩至孙口河段滩区生产堤大都偎水，堤根水深一般 0.5 米左右。北岸封丘生产堤决口，念张村进水，长垣、濮阳、范县部分低滩上水。南岸兰考生产堤决口。河南滩区共淹地 11.75 万亩，其中生产堤以外 7.4 万亩，有 12 个村庄、3874 人被水围困，倒房 39 间。山东省菏泽、鄄城、郓城部份低滩上水。东明焦园、长兴集滩区进水，有 21 个村庄、12550 人被围困，共淹地 4.39 万亩，其中生产堤以外 1.79 万亩。

1972 年 1 月上旬气温开始回升，来水流量增至 700～800 立方米每秒，沿途出现水到河开的形势，艾山洪峰流量增大到 1100 立方米每秒。艾山以下开河速度加快，齐河谯庄，惠民五甲杨，滨县道旭、小高家，博兴王旺庄，利津宫家、王家庄及垦利卞家庄都曾卡冰，王平口、道旭、綦家咀滩区一度进水，未造成大的损失。至 1 月 19 日全河开通。1 月下旬以后，又有几次较强冷空气活动，各地日平均气温降至－8℃左右，河道淌凌最大密度达到 80%，由于流量较大，没再形成封河，是历年凌汛结束最早的一年。

凌期未运用三门峡水库防凌蓄水。

1972—1973 年度

凌期封河早，开河也早，而且是两次封河。封河长度 137 公里，冰量 900

万立方米，最上封河到惠民归仁险工。

黄河河口由于1972年汛期发生两次小改道，流路不畅。入冬后冷空气来得早，河道流量只有230立方米每秒左右。1972年12月12日北镇日平均气温刚转负，罗家屋子以下即插凌封河。18日封河到博兴王旺庄，共10段，长74公里，冰量约300万立方米。12月下旬气温回升，上段形成开河，26日流冰在垦利十八户和罗4断面附近卡塞，罗家屋子水位涨至8.71米。第一次开河未开通。

1973年1月初，受冷空气影响，封河由垦利十八户向上发展，至14日，最上封河到惠民归仁险工，封河长度137公里，冰量900万立方米。1月中旬气温回升，三门峡水库下泄流量870立方米每秒的水头进入封冻河段，形成水到冰开的开河形势。18日清河镇以上开河，滨县大小崔卡凌形成冰桥，北岸薛王邵至大小崔，南岸新徐至段王漫滩。冰桥冲垮后，在张肖堂、利津卡冰，利津水位涨至14.35米，高出1958年汛期洪水位(利津洪峰10400立方米每秒)0.59米。19日开河过利津王家庄，由于封河时宁海到东坝河段插冰严重，冰盖鼓不开，大量流冰堆积，阻塞了河槽和滩地，在宁海形成长5公里的冰坝，壅起的冰堆有的高达7～8米，冰坝以上水位急速上涨，冰水漫过宁海坝头又冲断坝基，宁海附近水位仅比汛期保证水位低0.15米。王家庄水位高达13.81米，超过1958年汛期洪水位0.72米，高水位持续5天之久。地、县防指组织干部518人，带领6800名基干队员上堤防守，并调集爆破队配合部队爆破冰坝。与此同时，三门峡水库控泄流量300立方米每秒左右，24日利津流量减小至400立方米每秒左右，水位下降，凌情缓和。以后气温回升，冰凌融化，冰坝逐渐脱落，主溜道过水，冰坝上游水位回落，河水归槽。至2月4日全部融冰开河。

由于宁海冰坝阻水，上游20公里河段普遍漫滩行洪，利津、垦利、博兴三县的15处险工、120公里临黄大堤偎水，共发生渗水、管涌30多处。凌水包围利津、垦利县32个生产大队、2292户、10450人，有200多户群众的922间房屋进水，倒房248间，淹地面积10.5万亩。

三门峡水库自1月19日控制下泄流量200立方米每秒左右，至2月4日开河时，水库蓄水位达316.99米，相应蓄水量4.52亿立方米。

1973—1974年度

凌期封河较早，开河较晚，而且是两次封河。封河段长462公里，最上封河到河南省原阳马庄，冰量5004万立方米。

1973年12月下旬冷空气活动频繁，利津河段流量400立方米每秒左右，25日垦利纪冯坝头插凌封河，继而王家庄、路家庄、王家院等窄河段也插封。30日封河到齐河大王庙，封河段长160公里。1974年1月中旬至2月上旬各地气温较常年偏低，三门峡水库控泄流量350立方米每秒左右，封河发展较快，1月28日最上封河到原阳马庄。2月中旬前后气温大幅度回升，河南河段解冻开河，冰水齐下，艾山以下出现900立方米每秒左右的洪峰。开河过程中，齐河官庄至顾小庄和谯庄至豆腐窝河段卡冰，上游水位上涨2米多，洪水漫滩，齐河水坡村，长清西兴隆、后兴隆、小侯庄、老李庄、郭庄等进水。17日卡冰段开通后，邹平官道房家至惠民簸箕李又插冰3公里长，梯子坝水位上涨2.72米，造成两岸漫滩，济阳郭家寺，邹平北高、范家井、官道等村被水围困。19日清河镇以上开河，薛王邵、五甲杨、翟里孙河段节节卡冰，高青北杜一带串水漫滩，20公里长临黄大堤偎水，堤根水深2米左右。高青以下开河比较顺利，至2月20日全河开通。这次开河过程中，曾对济南泺口窄河段冰凌进行了爆破，以疏通溜道。并用破冰船疏通了清河镇至大小崔、兰家至五甲杨、张肖堂至大道王、麻湾至张家滩及利津东关至一号坝等近40公里长的封冻河段的主溜道，以助顺利开河。

2月下旬冷空气入侵，恰遇三门峡水库控泄200立方米每秒左右的小流量进入山东河段，又加上沿黄涵闸春灌引水，使孙口以下流量不足100立方米每秒，致使梁山路那里以下又断断续续封河47公里，冰量约80万立方米。27日气温回升，三门峡水库泄流加大，水头进入封冻河段时冰凌很快开下，至3月2日冰凌入海，凌汛结束。

三门峡水库防凌运用，由1972年以前的关闸蓄水为主的方式，改为在凌期全面调节下游流量的运用方式。本年度三门峡水库自1973年12月2日开始凌前蓄水，至12月10日蓄水至311.06米，相应蓄水量2.26亿立方米。下游封河前，水库进行补水调节，日平均下泄流量550立方米每秒左右。封河后，12月27日至1974年2月19日，控制日平均下泄流量200～300立方米每秒。至2月25日，水库最高防凌运用水位达324.81米，相应蓄水量17亿立方米。

1974—1975年度

凌期冷空气势力不强，气温较常年偏高1℃～2℃，下游没有封河。

三门峡水库于 1974 年 11 月 13 日开始凌前蓄水，起蓄水位 310.81 米，相应蓄量 1.8 亿立方米，至 12 月 4 日蓄水至 320.07 米，相应蓄水量 7.8 亿立方米。12 月 5 日至 31 日，经三门峡水库调节，下泄流量为 550 立方米每秒左右。

1975—1976 年度

凌期上游来水较大，下游冷空气来得虽早，但封河晚、开河早，封河长度 40 公里。

1975 年 12 月上旬冷空气入侵，6 日至 7 日济南、北镇日平均气温转负。中旬平均气温较常年偏低 3℃左右，孙口以下河道淌凌。1976 年 1 月上旬冷空气活动频繁，利津河段流量 700 立方米每秒左右。20 日前后，气温明显下降，孙口以下淌凌密度达 80%左右。27 日钓口以下插凌封河，至 30 日封河到罗家屋子，西河口苇改闸以上也插封 2 公里，封河总长度 40 公里，冰量约百余万立方米。封河后钓口水位涨至 7.28 米时水尺被冲毁。罗家屋子最高水位达到 9.44 米，超过当年汛期洪水位(利津洪峰 6500 立方米每秒)0.18 米，两岸滩区进水，河口东大堤偎水，鱼户口过流约 30 立方米每秒，滩区群众的生产屋子被水包围。2 月上旬气温回升，9 日融冰开河，凌汛结束。

凌期未运用三门峡水库防凌蓄水。

1976—1977 年度

凌期气温偏低，封河较早，开河较晚，封河长度 404 公里，冰量 7104 万立方米，最上封河到开封市黑岗口。

1976 年 12 月下旬至 1977 年 1 月底，气温持续偏低。河口河段 1976 年汛期改道清水沟后，流势尚不规顺，过流不通畅。12 月 26 日强冷空气入侵，济南、北镇日平均气温骤降至－10℃左右，孙口以下河道淌凌密度达 80%左右，27 日河口南防洪堤 17 公里处插凌封河。1 月 2 日封河到惠民上界，7 日即封河到开封黑岗口，共封河 50 多段，总长度 320 公里。1 月中、下旬又有两次冷空气影响，黑岗口以下封河长度增至 404 公里，冰量增大到 7104 万立方米。封河时河口河段水位一般上涨 2 米左右，西河口最高水位达8.99 米，超过当年汛期洪水位(利津洪峰 8020 立方米每秒)0.07 米。下游河槽蓄水增量达 3.55 亿立方米。封河壅水，造成滨县、利津、博兴、垦利等县滩区进水,14个村庄被水包围,淹地10万亩。两岸160公里临黄大堤偎水,6000多人上堤防守。

2月上旬各地气温回升转正,梁山以上开河。下旬气温大幅度回升,水温也升至6℃～7℃。河道流量200～300立方米每秒,冰凌就地融化,至3月8日全部解冻开河。

三门峡水库自1976年12月2日开始凌前蓄水,至21日蓄水至317.24米,相应蓄水量4.8亿立方米。12月下旬水库补水调节,平均下泄流量742立方米每秒。封河后水库控制日平均下泄流量350立方米每秒,后期由于上游来水增大,下泄流量增至1300立方米每秒。1977年3月1日,水库最高防凌运用水位达325.99米。相应蓄水量19.5亿立方米。开河期,2月中旬至3月上旬,河南、山东两省引黄涵闸结合灌溉引水9亿立方米。

1977—1978年度

凌期,气温前期偏高,后期气温接近常年。由于河道流量小,1978年2月16日河口地区插凌封河,是历年来封河最晚的年份,封河长度52公里,冰量约200万立方米,最上封河到惠民崔常险工。

1977年12月、1978年1月份,济南、北镇平均气温较常年偏高2℃～3℃。二月初三门峡水库开始春灌蓄水,日平均下泄流量200立方米每秒左右。2月中旬受冷空气影响,气温较常年偏低3℃多,恰遇小流量进入河口河段,16日利津刘家夹河、王家庄及垦利十八户至西河口等河段插凌封河,19日断续封河到惠民崔常险工,共15段,长52公里。20日气温回升,21日全部开河。

三门峡水库于1977年11月8日开始凌前蓄水,12月20日蓄水至320.09米,相应蓄水量6.58亿立方米。12月24日至月底,水库补水调节下泄流量700～800立方米每秒。封河期最高防凌蓄水位为320.81米,相应蓄水量7.7亿立方米。

1978—1979年度

凌期封河晚,惠民河段两次封河,壅水漫滩比较严重,封河段长度434公里,最上封河到原阳大张庄,冰量4355万立方米。

凌期有三次较强冷空气过程均伴有降雪。12月中、下旬受冷空气影响,河道发生淌凌，1979年元月中旬气温大幅度下降，15日北镇最低气温降至－9.1℃，当晚河口清4断面处插凌封河，23日封河到滨县大高家，封河段长110公里，冰量1000万立方米。封河时，麻湾以上插冰壅水，北镇滩进水，北镇公路大桥交通中断。1月下旬气温回升，上段开河流冰在麻湾插塞形成冰坝。1月28日又一次强寒流入侵，并伴有大风雪，气温大幅度下降，又值三门峡水库控泄的小流量进入下游，封河发展很快。2月2日封河到原阳大张庄，封河长度434公里，冰量4355万立方米。5日以后气温大幅度回升，菏泽以上封河段大部分融冰开河，艾山、泺口分别出现1390、1190立方米每秒的洪峰。9日开河凌头到博兴王旺庄，麻湾冰坝未动。阻水更为严重，道旭水位涨到17.47米，北镇滩再次进水，公路桥交通第二次中断。在气温回升过程中，王旺庄以下开河条件还不成熟，为争取顺利开河，惠民地区调集9个爆破队，对王家庄上下9公里长的封河段进行了爆破。2月15日一号坝以上主溜道通水，19日全部融冰开河。

该年度凌汛插冰壅水比较严重。首次封河时，河口地区南防洪堤十八公里处水位涨到7.22米，护林以下漫滩。利津、麻湾水位分别涨到14.76米、15.83米，凌水漫滩，行驶在北镇滩区公路上的汽车和群众被围困在凌水中，经各方抢救才得脱险。利津、滨县、博兴滩区65个村庄，28927人受灾，淹地面积20万亩，滩区通讯和水利设施遭到不同程度破坏。由于高水位持续时间较长，北镇以下190公里长的临黄大堤偎水，堤根水深一般2米左右，深处达3～4米。有51段、23000多米长的堤段渗水，出现管涌8处、30多眼，堤身纵向裂缝5段、长305米，有2段、2000米长的堤段塌坡。地、县防指组织3950多人上堤防守，并组织干部、群众500多人，出动80多部汽车，突击抢修护岸工程70余米，保护了堤防安全。

三门峡水库自1978年11月15日开始凌前蓄水，至12月15日蓄水至321.08米，相应蓄水量8.5亿立方米。12月下旬至元月中旬，水库补水调节下游流量。封河期最高防凌运用水位322.98米，相应蓄水量11.6亿立方米。

1979—1980年度

凌期气候前期偏暖，后期降温幅度较大，封河较晚，最上封河到梁山十里堡，封河长度304公里，冰量2710万立方米。封河期花园口至利津河槽蓄水增量1.74亿立方米。

1980年1月26日气温大幅度下降,30日河口地区南防洪堤十八公里以下封河。2月上旬,济南、北镇旬平均气温较常年偏低近5℃,11日封河到梁山十里堡。封河过程中,邹平马扎子、章丘刘家园河段水位上涨3.3～2.5米,造成惠民、高青部分滩地串水漫滩。2月中、下旬气温回升,冰凌就地融化,26日全部融冰开河,凌汛结束。

三门峡水库,1979年12月19日凌前蓄水至317.19米,相应蓄水量4.2亿立方米。由于气温偏高,来水较大,12月下旬下泄流量1100立方米每秒。封河期最高防凌蓄水位达321.33米,相应蓄水量9.09亿立方米。

1980—1981年度

凌期前期偏冷,后期偏暖,封河较早,封河长度350公里,冰量4000万立方米,最上封河到河南省范县林楼。封河期花园口至利津河槽蓄水增量2.3亿立方米。

入冬后冷空气活动频繁,1980年12月25日河道全面淌凌,河道流量只有250立方米每秒左右。29日济南北店子、老徐庄、泺口和高青大郭家等分段插凌封河。1981年1月1日河口南防洪堤17公里以下封河,至29日最上封河到范县林楼,共31段,总长度350公里。2月上、中旬气温回升,19日西河口以上融冰开河。2月下旬受强冷空气影响,开河停止。直到3月3日全部融冰开河,凌汛结束。

陶城铺以上封河过程中,梁山国那里至范县林楼河段涨水2米多,造成范县旧城,台前吴坝、夹河和梁山戴庙、银山等滩区进水。范县54个生产大队、34991人受灾,淹地46400亩,倒房68间。台前县23个生产大队、15587人受灾,淹地7000多亩,倒房230间。梁山县11个生产队、6000多人受灾,淹地4000多亩。

三门峡水库1980年11月25日开始凌前蓄水,至12月7日蓄水至316.12米,相应蓄水量3.81亿立方米。12月8日至29日,水库补水调节下游流量。封河期最高蓄水位322.56米,相应蓄水量11.0亿立方米。

1981—1982年度

凌期气温偏高,封河晚,开河早,封河长度138公里,最上封河到济南北店子,冰量1500万立方米。封河期花园口至利津河槽蓄水增量为1.95亿立方米。

1981 年 12 月初，利津河段曾出现淌凌。12 月中旬至 1982 年 1 月上旬，又出现两次淌凌过程。1 月中旬济南、北镇旬平均气温较常年偏低 1℃～1.6℃。由于前期通过河南省人民胜利渠和山东省位山、潘庄引黄闸，向河北省及京津地区送水，日平均放水总流量 200 立方米每秒左右，影响泺口以下河道流量减小到 350 立方米每秒左右。1 月 18 日，利津宫家至麻湾河段插凌封河，21 日封河到惠民清河镇。此时向河北送水停止，泺口流量回增至 700 立方米每秒左右，清河镇河段插冰阻水，造成惠民归仁至五甲杨、高青孟口至张王庄滩区进水，淹地 1.2 万亩。两岸 42 公里长临黄大堤偎水，堤根水深 1 米左右，归仁、王集、茶棚张堤段发生渗水，惠民、高青县调集 570 名基干队员上堤防守。1 月 27 日再次受冷空气影响，封河向上发展到济南北店子险工。2 月上、中旬气温回升，沿黄涵闸开始春灌引水，泺口以下流量减小到 150 立方米每秒，封冻河段冰凌就地融化，20 日全部解冻开河。

三门峡水库于 1981 年 11 月 24 日开始进行凌前蓄水，至 28 日蓄水至 315.65米，相应蓄水量 3.7 亿立方米。12 月中旬水库调节下泄流量 600 立方米每秒左右，封河期控泄流量 230～400 立方米每秒，最高防凌蓄水位 322.73米，相应蓄水量 11.5 亿立方米。

1982—1983 年度

凌期封河较晚，封河长度 110 公里，冰量 1100 万立方米，最上封河到滨县赵四勿。

凌期 1982 年 12 月份气温接近常年，1983 年 1 月上旬气温较常年稍偏低。河口河段流量 477 立方米每秒。10 日，河口十八公里水位站以下封河，25 日封河到滨县赵四勿。封河时利津王家庄至垦利路家庄河段水位升高 2 米左右，造成利津东坝、垦利纪冯滩区及河口清 2 断面附近北岸滩地漫水，有 21 公里长临黄堤偎水，两县组织 60 多名基干队员上堤防守。

本年度未运用三门峡水库进行凌前蓄水。下游封河期水库控泄流量 550～600 立方米每秒。至开河时最高防凌运用水位 320.42 米，相应蓄水量 7.5 亿立方米。

凌期山东位山、潘庄引黄闸向河北省京津地区送水。位山引黄闸自 1982 年 11 月 1 日至 12 月 23 日，日平均放水流量 600 立方米每秒。潘庄引黄闸自 1982 年 11 月 11 日至 1983 年 1 月 3 日，日平均放水流量 80～100

立方米每秒。

1983～1984 年度

凌期气温前期偏高,中后期持续偏低,封河长度 330 公里,最上封河到山东郓城伟庄险工,冰量 4029 万立方米。封河期花园口至利津河槽蓄水增量 4.8 亿立方米。

受冷空气影响,1983 年 12 月下旬孙口以下河道淌凌。1984 年 1 月初冷空气势力增强,5 日西河口插凌封河,21 日封河到惠民上界,至 2 月 8 日最上封河到郓城伟庄险工。2 月中旬气温回升,冰凌融化,至 3 月 9 日全部融冰开河。

封河过程中,章丘刘家园至邹平马扎子河段水位壅高 1.8～2 米,河口河段水位壅高 2～2.3 米。利津小李庄、垦利采家庄及西河口以下右岸曾串水漫滩。

三门峡水库于 1983 年 12 月 20 日开始凌前蓄水,至 26 日蓄水至 313.6 米,相应蓄水量 2.61 亿立方米。12 月 28 日至 1984 年 1 月 4 日,水库调节下泄流量 530～350 立方米每秒,加上三花间伊、洛河来水,下游封河流量 500 立方米每秒左右。封河期水库控泄流量 400～450 立方米每秒,最高防凌运用水位达 324.58 米,相应蓄水量 15.4 亿立方米。

1984—1985 年度

凌期气候异常,前期、后期气温明显偏低,中期气温明显偏高,封河早,开河晚,而且是两次封河。封河长度 259 公里,最上封河到山东省齐河县枯河险工,冰量 3606 万立方米。封河期花园口至利津河槽蓄水增量 2.83 亿立方米。

入冬后冷空气活动频繁,1984 年 12 月 25 日河口十八公里水位站以下封河。当日河道流量 1000 立方米每秒左右,十八公里站水位升高 1.4 米,两岸漫滩,孤东油田交通中断,2000 多名职工和群众被围困,五、六天后水位回落,凌情缓和。西河口至利津河段封河时水位升高 2 米左右,南岸纪冯至一号坝、北岸中古店至罗家屋子滩区进水,一千二村被水包围,淹地 19 万亩。1985 年 1 月 17 日最上封河到齐河县枯河险工。17 日以后济南以上开河时,齐河谯庄至豆腐窝和济南曹家圈至席家道口河段卡冰,席家道口至北店子水位上涨 4～3.4 米，谯庄水位上涨 1 米左右，齐河县张村、长清县侯庄及北沙河一带漫滩。1 月 27 日受冷空气影响，流凌又上排到枯河险工。2 月上旬气温大幅度回升，开河发展很快。2 月 7 日济阳以上开河，16 日开河到朱家屋子，西河口断面也解冻。此时又遇冷空气入侵，开河停止，且朱家屋子以上至王家院又插冰封河。封河时王家庄水位上涨近 3 米，利津站水位高达 14.92 米，超出历史最高洪水位（1976 年汛期洪峰 8060 立方米每秒）0.21 米，回水影响到滨县张肖堂，造成南岸曹店以下，北岸利津县城以下全部漫滩，水深 1～4 米，有 25 个村庄、5439 人被水包围，淹地面积扩大到 31.3 万亩，倒房 150 间。滩区 20 多公里输电线路和 28 公里通讯杆线被冲毁。125 公里长的临黄大堤偎水，堤根水深 1.5～3 米，有 18 段、1250 米长的堤防发生渗水，3 段、630 米长的堤身出现裂缝，发生管涌 5 处，冲毁了垦利宁海、宋家庄和利津中古店护滩工程。地、县防汛指挥部组织 2000 人上堤防守。2 月 26 日北镇日平均气温转正，冰凌开始融化，至 3 月 11 日全部解冻开河，凌汛结束。

凌期，三门峡枢纽工程因泄水底孔检修进行钢拱围堰沉放试验，于 1984 年 11 月 28 日至 12 月 4 日，将库水位抬高至 318.14 米。12 月中旬，枢纽下游张公岛导水墙加固施工，限制下泄流量不超过 600 立方米每秒。封河后水库最高防凌运用水位 324.90 米，相应蓄水量 16.3 亿立方米。

1985—1986 年度

凌期气候前期偏冷，后期偏暖，封河较早，封河长度 200 公里，最上封河到济阳邢家渡，冰量 2988 万立方米。

1985 年 12 月 5 日强冷空气入侵，济南、北镇日平均气温达到历年同期最低值，下游全河淌凌。13 日河口十八公里水位站以下封河，16 日封河到垦利一号坝。十八公里至一号坝河段水位上涨 1.5～2.4 米，造成利津县一千二、集贤、双合镇、东张和垦利县宁海、梅家庄等滩地串水漫滩，淹地 4 万多亩。1986 年 1 月上旬又受强冷空气影响，1 月 13 日封河发展到济阳邢家渡，共封冻 11 段，总长 200 公里。刘家园水位上升 2.59 米，济阳县城以下两岸滩区进水。济阳、章丘、邹平三县十八个村庄被水包围，淹地 6 万多亩。此后气温回升，2 月 3 日惠民五甲杨以上开河，2 月 20 日全部解冻。

三门峡水库于 1985 年 11 月 24 日开始凌前蓄水，至 12 月 5 日蓄水至 314.49 米，相应蓄水量 3.05 亿立方米。12 月 8 日至 16 日，水库对下游进行补水调节，封河期最高防凌运用水位 322.63 米，相应蓄水量 11.6 亿立方米。

1986—1987 年度

凌期冷空气势力不强，气温变幅不大，封河较早，开河也较早。封河长度 190 公里，冰量 1670 万立方米，最上封河到历城县河套圈险工。

1986 年 12 月 17 日首次冷空气入侵，济南、北镇日平均气温转负，河道稀疏流冰。至 25 日，北镇日平均负气温累计值只有 19.7℃，尚不具备封河条件。由于河口流路不畅，河道流量较小，南防洪堤十八公里以下插凌封河。1987 年 1 月 16 日，封河发展到历城县河套圈险工。以后气温回升较快，冰凌逐渐融化，18 日济阳以上开河，至 2 月 10 日全部融冰解冻。

1986 年 10 月 15 日，上游龙羊峡水库下闸蓄水。三门峡水库于 10 月底开始凌前蓄水，至 12 月 3 日，蓄水至 316.09 米，相应蓄水量 3.87 亿立方米。12 月 4 日至 1987 年 1 月 2 日，水库对下游进行补水调节运用。封河期控制日平均下泄流量 400 立方米每秒左右，水库最高防凌蓄水位 316.28 米，相应蓄水量 3.98 亿立方米。

责任编辑　张素秋
责任校对　刘　迎
封面设计　孙宪勇
版式设计　胡颖珺

黄 河 志

（共十一卷）

黄河大事记
黄河流域综述
黄河水文志
黄河勘测志
黄河科学研究志
黄河规划志
黄河防洪志
黄河水土保持志
黄河水利水电工程志
黄河河政志
黄河人文志

河南人民出版社

ISBN 978-7-215-10565-2

9 787215 105652 >

本卷定价：296.00元